메가스터디 수능 기출 '올픽'

어떻게 다른가?

✦ 수능 기출 완벽 큐레이션 ✦

출제 시기 분류

기출문제를 최근 3개년과 그 이전으로 분류하여
각각 **BOOK❶**, **BOOK❷**로 구분

▼

우수 기출 선별

학교, 학원 선생님들이 참여, 수험생들이 꼭 풀어야 하는
우수 기출문제를 선별하여 **BOOK❷**에 수록

▼

효율적인 재배치

기출을 단원별, 유형별, 배점별로 재분류하고
고난도 기출문제는 별도 코너화하여 **BOOK❶**, **BOOK❷**에 재배치

▼

BOOK ❶

최신 기출

ALL

✕

BOOK ❷

우수 기출

PICK

방대한 역대 기출문제들을 분류 ▸ 선별 ▸ 재배치의 과정을 거쳐 수능 대비에 최적화된 구성으로 배열했습니다.
많은 문제만 단순하게 모아 놓은 기출문제집은 그만!
수능 기출 '올픽'으로 효율적이고 완벽한 기출 학습을 시작해 보세요.

수능 기출

올픽 미적분

발행일	2024년 12월 13일
펴낸곳	메가스터디(주)
펴낸이	손은진
개발 책임	배경윤
개발	김민, 성기은, 오성한, 신상희, 김건지
디자인	이정숙, 주희연, 신은지
마케팅	엄재욱, 김세정
제작	이성재, 장병미
주소	서울시 서초구 효령로 304(서초동) 국제전자센터 24층
대표전화	1661.5431
홈페이지	http://www.megastudybooks.com
출판사 신고 번호	제 2015-000159호
출간제안/원고투고	메가스터디북스 홈페이지 <투고 문의>에 등록

메가스터디BOOKS

'메가스터디북스'는 메가스터디㈜의 교육, 학습 전문 출판 브랜드입니다.
초중고 참고서는 물론, 어린이/청소년 교양서, 성인 학습서까지 다양한 도서를 출간하고 있습니다.

수능 기출

올픽

미적분

BOOK ①

역대 수능 기출문제 중에는 최근 출제 경향에 맞지 않는 문제가 많습니다.
기출문제는 무조건 다 풀기보다 최근 3개년 수능·평가원·교육청 기출문제를 중심으로
최신 수능 경향을 파악하며 학습해야 합니다.

수능 기출 학습 시너지를 높이는 '올픽'의 BOOK ① × BOOK ② 활용 Tip!
BOOK ①의 최신 기출문제를 먼저 푼 후, 본인의 학습 상태에 따라 **BOOK ②**의
우수 기출문제까지 풀면 효율적이고 완벽한 기출 학습이 가능합니다!

BOOK ❶ 구성과 특징

▶ 2015 개정 교육과정으로 치러진 **최근 3개년의 수능 · 평가원 · 교육청의 모든 기출문제**를 담았습니다.

① 최근 3개년 및 단원별 기출 분석

■ 최근 3개년 수능의 수학Ⅱ 과목에 대한 단원별·배점별 문항 수 및 출제 유형을 분석하여 출제 흐름을 한눈에 알 수 있도록 했습니다.

■ 최근 3개년 기출 분석을 통해 각 단원의 유형별 흐름과 중요도를 알고, 단원의 출제 흐름을 예측하여 수능에 적극적으로 대비할 수 있도록 했습니다.

■ 최근 3개년의 각 단원의 출제 경향을 파악하여 출제코드와 공략 코드를 제시하여 수능을 예측하고 대비할 수 있도록 했습니다.

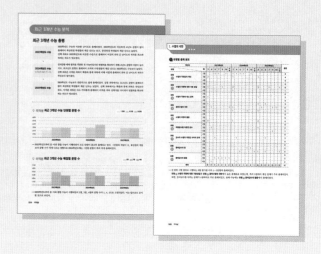

② 수능 실전 개념

■ 수능 및 모의고사 기출에 이용된 필수 핵심 개념만을 모아 대단 원별로 제공했습니다.

■ 최근 3개년 수능에 출제된 개념을 별도로 표시하여 어떤 개념이 주로 이용되었는지 파악할 수 있도록 했습니다.

③ 유형별 기출

■ 최근 3개년의 모든 기출문제를 유형별로 제시했습니다.

■ 각 유형의 기출문제를 해결하는 데 필요한 공식 및 개념을 제시 했고, 유형별 경향과 그 대비법도 함께 제시하여 효율적인 기출 학습을 할 수 있도록 했습니다. 또한, 문제 풀이에 도움이 되는 풀이 방법 및 공식을 참고 및 실전Tip 으로 제시했습니다.

■ 최근 3개년 수능에 출제된 유형을 별도로 표시하여 어떤 유형 에서 주로 출제되었는지 파악할 수 있도록 했습니다.

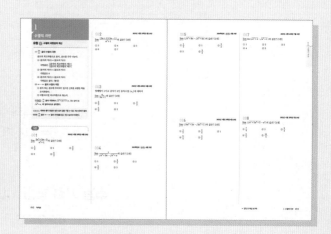

④ 고난도 기출

■ 최근 3개년의 기출문제 중 고난도, 초고난도 수준의 문제를 대단원마다 제시하여 수능 1등급으로 도약할 수 있도록 했습니다.

■ 여러 가지 개념과 원리를 복합적으로 이용하는 문제나 다양한 수능적 발상을 이용하는 문제를 접할 수 있도록 했습니다.

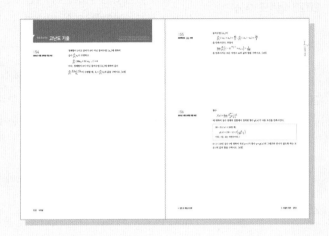

⑤ 정답 및 해설

■ 모든 문제 풀이를 단계로 제시하여 출제 의도 및 풀이의 흐름을 한눈에 파악할 수 있도록 했습니다.

■ 모든 문제에 정답률을 제공하여 문제의 체감 난이도를 파악하거나 자신의 학습 수준을 파악할 수 있도록 했습니다.

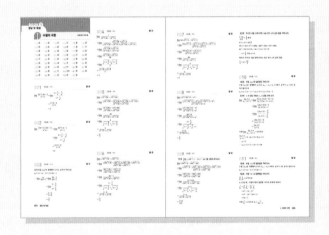

BOOK ②
우수 기출 PICK

■ BOOK ②에는 전국의 여러 학교, 학원 선생님들이 참여하여 **최근 3개년 이전의 모든 기출문제 중 수험생이 꼭 풀어야 하는 우수 기출문제**만을 엄선하여 담았습니다.

■ BOOK ②의 유형은 BOOK ①과 1 : 1 매칭을 기본으로 하되, BOOK ①의 유형 외 추가로 학습해야 할 중요 유형을 BOOK ②에 유형 α로 추가 수록했습니다.

최근 3개년 수능 분석

최근 3개년 수능 총평

2023학년도 수능

▼

2022학년도 수능과 비슷한 난이도로 출제되었다. 2022학년도와 비슷하게 고난도 문항이 많이 출제되어 최상위권 학생들의 체감 난도는 낮고, 중상위권 학생들의 체감 난도는 높았다.
선택 과목도 2022학년도와 비슷한 수준으로 출제되어 여전히 과목 간 난이도의 격차를 최소화하려는 의도가 엿보였다.

2024학년도 수능
킬러문항 배제 첫 수능

▼

킬러문항 배제 원칙을 적용한 첫 수능이었지만 변별력을 확보하기 위해 고난도 문항의 비중이 높아지고, 초고난도 문항도 출제되어 오히려 수험생들의 체감 난도는 2023학년도 수능보다 높았다.
선택 과목은 미적분 과목이 확률과 통계 과목에 비해 어렵게 출제되어 과목 간 난이도의 격차가 작년보다 벌어졌다.

2025학년도 수능

2024학년도 수능보다 전반적으로 쉽게 출제되었다. 공통 과목에서는 초고난도 문항이 출제되지 않아 최상위권 학생들의 체감 난도는 낮았다. 선택 과목에서는 확률과 통계 과목은 작년보다 쉽고, 미적분 과목은 다소 까다롭게 출제되어 미적분 과목 선택자들 사이에서 변별력을 확보하려는 의도가 엿보였다.

◉ 미적분 최근 3개년 수능 단원별 문항 수

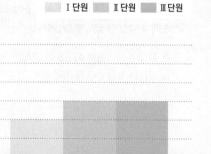

⋯⋯ 2022학년도부터 문·이과 통합 수능이 시행되면서 모든 단원이 골고루 출제되고 있다. Ⅰ단원의 개념이 Ⅱ, Ⅲ단원의 개념보다 문항 수가 적게 나오는 경향으로 2024학년도에는 Ⅰ단원 문항이 특히 적게 출제되었다.

◉ 미적분 최근 3개년 수능 배점별 문항 수

⋯⋯ 2022학년도부터 문·이과 통합 수능이 시행되면서 2점, 3점, 4점의 문항 수가 1, 4, 3으로 고정되었다. 이는 앞으로도 유지될 것으로 보인다.

📍 미적분 최근 3개년 수능 연도별 출제 문제 분석

	번호	유형	필수 개념	배점	정답률
2023 학년도	23	II-1 지수함수와 로그함수의 극한	$\lim\limits_{x\to 0}\dfrac{\ln(x+1)}{x}=1$	2점	89%
	24	III-6 정적분과 급수의 합 사이의 관계	$\lim\limits_{n\to\infty}\sum\limits_{k=1}^{n}f\left(a+\dfrac{b-a}{n}k\right)\dfrac{b-a}{n}=\int_a^b f(x)\,dx$	3점	78%
	25	I-4 등비수열의 극한	분모의 r^n 중 $|r|$가 가장 큰 r^n으로 분모, 분자를 각각 나눈다.	3점	88%
	26	III-8 입체도형의 부피	$V=\int_a^b S(x)\,dx$	3점	72%
	27	I-9 등비급수의 활용	$\lim\limits_{n\to\infty}S_n=\dfrac{S_1}{1-r}$	3점	67%
	28	II-5 삼각함수의 극한	$\lim\limits_{x\to 0}\dfrac{\sin x}{x}=1,\ \lim\limits_{x\to 0}\dfrac{\tan x}{x}=1$	4점	44%
	29	III-4 정적분의 부분적분법	$\int_a^b f(x)g'(x)\,dx=\Big[f(x)g(x)\Big]_a^b-\int_a^b f'(x)g(x)\,dx$	4점	28%
	30	II-15 도함수의 활용	방정식 $f(x)=k$의 서로 다른 실근의 개수 $\iff$ 함수 $y=f(x)$의 그래프와 직선 $y=k$의 서로 다른 교점의 개수	4점	10%
2024 학년도	23	II-1 지수함수와 로그함수의 극한	$\lim\limits_{x\to 0}\dfrac{\ln(x+1)}{x}=1$	2점	96%
	24	II-8 매개변수로 나타낸 함수의 미분법	$x=f(t),\ y=g(t)$가 각각 t에 대하여 미분가능하고 $f'(t)\neq 0$이면 $\dfrac{dy}{dx}=\dfrac{\frac{dy}{dt}}{\frac{dx}{dt}}=\dfrac{g'(t)}{f'(t)}$	3점	87%
	25	III-3 정적분의 치환적분법	$\int_a^\beta f(g(x))g'(x)\,dx=\int_a^b f(t)\,dt$	3점	78%
	26	III-8 입체도형의 부피	$V=\int_a^b S(x)\,dx$	3점	75%
	27	II-12 접선의 방정식	곡선 $y=f(x)$ 위의 점 $(a,f(a))$에서의 접선의 방정식은 $y=f'(a)(x-a)+f(a)$	3점	38%
	28	III-3 정적분의 치환적분법	$\int_a^\beta f(g(x))g'(x)\,dx=\int_a^b f(t)\,dt$	4점	14%
	29	I-8 등비급수의 합	$a_n=ar^{n-1}$일 때 $\sum\limits_{n=1}^{\infty}a_n=\dfrac{a}{1-r}$	4점	15%
	30	III-5 정적분으로 정의된 함수	$\dfrac{d}{dx}\int_a^x f(t)\,dt=f(x)$	4점	8%
2025 학년도	23	II-1 지수함수와 로그함수의 극한	$\lim\limits_{x\to 0}\dfrac{\ln(x+1)}{x}=1$	2점	96%
	24	III-2 여러 가지 함수의 정적분	$\int_a^b f(x)\,dx=\Big[F(x)\Big]_a^b=F(b)-F(a)$	3점	92%
	25	I-2 수열의 극한에 대한 기본 성질	$\lim\limits_{n\to\infty}a_n=\alpha,\ \lim\limits_{n\to\infty}b_n=\beta$일 때 $\lim\limits_{n\to\infty}a_n b_n=\lim\limits_{n\to\infty}a_n\times\lim\limits_{n\to\infty}b_n=\alpha\beta$	3점	90%
	26	III-8 입체도형의 부피	$V=\int_a^b S(x)\,dx$	3점	82%
	27	II-10 역함수의 미분법	$(f^{-1})'(x)=\dfrac{1}{f'(y)}$ (단, $f'(y)\neq 0$)	3점	48%
	28	III-4 정적분의 부분적분법	$\int_a^b f(x)g'(x)\,dx=\Big[f(x)g(x)\Big]_a^b-\int_a^b f'(x)g(x)\,dx$	4점	31%
	29	I-8 등비급수의 합	$a_n=ar^{n-1}$일 때 $\sum\limits_{n=1}^{\infty}a_n=\dfrac{a}{1-r}$	4점	20%
	30	II-4 곡선의 변곡점과 함수의 그래프	$f''(a)=0$이고 $x=a$의 좌우에서 $f''(x)$의 부호가 바뀐다. → 점 $(a,f(a))$는 곡선 $y=f(x)$의 변곡점	4점	18%

차례

I 수열의 극한

❶ 유형별 출제 분포

유형	월	2023학년도 3	4	6	7	9	10	수능	2024학년도 3	4	6	7	9	10	수능	2025학년도 3	5	6	7	9	10	수능	총합
유형 ❶ 수열의 극한값의 계산	2점			1	1		1		1	1	1	1		1									8
	3점	2							1							1							4
	4점																						0
유형 ❷ 수열의 극한에 대한 기본 성질	2점																						0
	3점	1				1			2							2			1			1	8
	4점								1														1
유형 ❸ 수열의 극한의 대소 관계	2점																						0
	3점	1														1							2
	4점																						0
유형 ❹ 등비수열의 극한	2점	1														1		1					3
	3점		1					1	1									1		1	1		6
	4점								1				1			1							3
유형 ❺ 수열의 극한의 활용	2점																						0
	3점																						0
	4점	3							1						2								6
유형 ❻ 부분분수를 이용한 급수	2점																						0
	3점		1															1					2
	4점																				1		1
유형 ❼ 급수와 수열의 극한값 사이의 관계	2점																						0
	3점			1						1								1					3
	4점																						0
유형 ❽ 등비급수의 합	2점																						0
	3점												1	1									2
	4점											1			1			1		1		1	5
유형 ❾ 등비급수의 활용	2점																						0
	3점			1	1	1	1	1															5
	4점		1										1										2
총합		8	3	3	2	2	2	2	8	3	2	1	2	2	1	8	3	2	2	2	1	2	61

⋯▸ 전 범위 시험 범위로 시행되는 9월 평가원 이후 1~2문항씩 출제되었다.

유형❷ 수열의 극한에 대한 기본성질과 **유형❹ 등비수열의 극한**에서 높은 출제율을 보였는데, 특히 3점짜리 계산 문제가 주로 출제되었다.

또한, 등비급수를 다루는 문제가 4점짜리로 주로 출제되었고, 올해 수능에는 **유형❽ 등비급수의 합**에서 출제되었다.

2 5지선다형 및 단답형별 최고 오답률

	번호	오답률	유형	필수 개념	본문 위치
2023 학년도	4월 28번	61%	유형 ❾ 등비급수의 활용	$\lim\limits_{n\to\infty} S_n = \dfrac{S_1}{1-r}$	031쪽 052번
	3월 30번	88%	유형 ❺ 수열의 극한의 활용	함수 $f(n)-g(n)$을 n에 대한 식으로 나타내어 수열의 극한값을 구한다.	035쪽 058번
2024 학년도	4월 28번	72%	유형 ❾ 등비급수의 활용	$\lim\limits_{n\to\infty} S_n = \dfrac{S_1}{1-r}$	031쪽 053번
	3월 30번	91%	유형 ❹ 등비수열의 극한	분모의 r^n 중 $|r|$가 가장 큰 r^n으로 분모, 분자를 각각 나눈다.	033쪽 056번
2025 학년도	3월 28번	55%	유형 ❺ 수열의 극한의 활용	조건에 맞게 구한 식의 분자, 분모를 간단히 하여 $\lim\limits_{n\to\infty} \dfrac{1}{n}=0$을 이용한다.	023쪽 035번
	5월 30번	95%	유형 ❹ 등비수열의 극한	주어진 급수가 수렴하도록 하는 수열 $\{a_n\}$의 첫째항과 공비를 구한다.	038쪽 061번

3 출제코드 ▶ 수열의 극한에 대한 기본 성질 문제는 꾸준히 출제된다.

수열의 극한에 대한 기본 성질을 이용하는 문제는 매년 출제되고 있다. 주어진 수열을 변형하여 문제에서 요구하는 식의 값을 구하는 문제가 주로 출제된다.

▶ 등비수열의 극한 문제는 반드시 알아야 한다.

등비수열의 극한 문제는 I단원에서 3점으로 출제율이 가장 높다. 등비수열의 극한값을 계산하는 문제, 등비수열의 수렴 조건 등을 이용하는 문제가 출제될 수 있다.

▶ 등비급수의 합을 이용하는 문제의 출제율은 매우 높다.

등비급수의 합 문제는 최근 2년 연속으로 수능에 출제되었다. 절댓값 등을 이용하여 난이도를 높이고 주어진 조건을 활용하는 문제가 주로 출제된다.

4 공략코드 ▶ 수열에 대한 기본 성질은 식을 적절하게 변형하는 것이 핵심이다.

주어진 식이 어떤 꼴인지 파악하는 것이 중요하다. 주어진 수열이 수렴함을 이용하기 위하여 분자, 분모를 각각 같은 항으로 나누거나 유리화 등을 이용하여 주어진 식을 알맞게 변형할 수 있어야 한다. 이때 계산 실수를 하지 않도록 꾸준한 연습이 필요하다.

▶ 등비수열의 극한 문제는 공비를 살펴야 한다.

주어진 수열의 일반항에 미지수가 없는 경우 분모의 항 중 공비의 절댓값이 가장 큰 항으로 분모와 분자를 나누고, 미지수가 있는 경우 미지수를 각각의 범위로 나누어 계산한다. 또한, 등비수열이 수렴하기 위한 조건을 정확하게 알고, 등비급수와 비교하면서 정리해 둔다.

▶ 등비급수의 합 문제는 주어진 조건에서 규칙을 파악하는 것이 핵심이다.

조건이 무엇을 의미하는지 파악하는 것이 중요하다. 급수가 수렴하기 위한 조건을 정확하게 알아야 한다. 복잡한 수열이 주어졌을 때 각각의 항을 간단히 하는 연습이 필요하다.

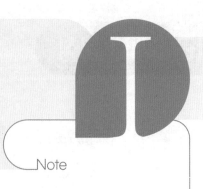

수열의 극한

1 수열의 극한 수능 2023 2025

1. 수열의 수렴과 발산

(1) 수열의 수렴

수열 $\{a_n\}$에서 n이 한없이 커질 때, a_n의 값이 일정한 값 α에 한없이 가까워지면 수열 $\{a_n\}$은 α에 수렴한다고 하며, α를 수열 $\{a_n\}$의 극한 또는 극한값이라 한다. 이것을 기호로 다음과 같이 나타낸다.

$$\lim_{n \to \infty} a_n = \alpha \text{ 또는 } n \to \infty \text{일 때 } a_n \to \alpha$$

(2) 수열의 발산

수열 $\{a_n\}$이 수렴하지 않을 때, 수열 $\{a_n\}$은 발산한다고 하며, 수열 $\{a_n\}$이 발산하는 경우는 다음 세 가지가 있다.

① 양의 무한대로 발산: $\lim_{n \to \infty} a_n = \infty$ 또는 $n \to \infty$일 때 $a_n \to \infty$

② 음의 무한대로 발산: $\lim_{n \to \infty} a_n = -\infty$ 또는 $n \to \infty$일 때 $a_n \to -\infty$

③ 진동: 수렴하지도 않고 양의 무한대나 음의 무한대로 발산하지도 않는 경우

2. 수열의 극한에 대한 기본 성질

▶ 수열의 극한에 대한 기본 성질은 두 수열이 모두 수렴하는 경우에만 성립한다.

두 수열 $\{a_n\}$, $\{b_n\}$이 각각 수렴하고 $\lim_{n \to \infty} a_n = \alpha$, $\lim_{n \to \infty} b_n = \beta$ (α, β는 실수)일 때

(1) $\lim_{n \to \infty} (a_n \pm b_n) = \lim_{n \to \infty} a_n \pm \lim_{n \to \infty} b_n = \alpha \pm \beta$ (복부호동순)

(2) $\lim_{n \to \infty} ca_n = c \lim_{n \to \infty} a_n = c\alpha$ (단, c는 상수)

(3) $\lim_{n \to \infty} a_n b_n = \lim_{n \to \infty} a_n \times \lim_{n \to \infty} b_n = \alpha\beta$

(4) $\lim_{n \to \infty} \dfrac{a_n}{b_n} = \dfrac{\lim_{n \to \infty} a_n}{\lim_{n \to \infty} b_n} = \dfrac{\alpha}{\beta}$ (단, $b_n \neq 0$, $\beta \neq 0$)

3. 수열의 극한값의 계산

▶ $\dfrac{\infty}{\infty} \neq 1$ 임에 주의한다.

(1) $\dfrac{\infty}{\infty}$ 꼴의 수열의 극한값

분모의 최고차항으로 분모, 분자를 각각 나눈 후 수열의 극한에 대한 기본 성질을 이용하여 구한다.

① (분자의 차수) < (분모의 차수): 극한값은 0이다.

② (분자의 차수) = (분모의 차수): 극한값은 최고차항의 계수의 비이다.

③ (분자의 차수) > (분모의 차수): 발산한다.

▶ $\infty - \infty \neq 0$ 임에 주의한다.

(2) $\infty - \infty$ 꼴의 수열의 극한값

① 무리식을 포함한 경우 근호를 포함한 쪽을 유리화하여 $\dfrac{\infty}{\infty}$ 꼴로 변형하여 구한다.

② 다항식은 최고차항으로 묶어서 구한다.

4. 수열의 극한의 대소 관계

▶ $a_n \leq b_n$일 때, $\lim_{n \to \infty} a_n = \infty$이면 $\lim_{n \to \infty} b_n = \infty$이다.

두 수열 $\{a_n\}$, $\{b_n\}$이 각각 수렴하고 $\lim_{n \to \infty} a_n = \alpha$, $\lim_{n \to \infty} b_n = \beta$ (α, β는 실수)일 때

(1) 모든 자연수 n에 대하여 $a_n \leq b_n$이면 $\alpha \leq \beta$이다.

(2) 수열 $\{c_n\}$이 모든 자연수 n에 대하여 $a_n \leq c_n \leq b_n$을 만족시키고 $\alpha = \beta$이면 $\lim_{n \to \infty} c_n = \alpha$이다.

5. 등비수열의 수렴과 발산

(1) 등비수열 $\{r^n\}$의 수렴과 발산

① $r>1$일 때, $\lim_{n \to \infty} r^n = \infty$ (발산)

② $r=1$일 때, $\lim_{n \to \infty} r^n = 1$ (수렴)

③ $-1<r<1$일 때, $\lim_{n \to \infty} r^n = 0$ (수렴)

④ $r \leq -1$일 때, 등비수열 $\{r^n\}$은 진동한다. (발산)

(2) 등비수열의 수렴 조건

① 등비수열 $\{r^n\}$의 수렴 조건: $-1<r \leq 1$

② 등비수열 $\{ar^{n-1}\}$의 수렴 조건: $a=0$ 또는 $-1<r \leq 1$

2 급수 수능 2023 2024 2025

1. 급수의 수렴과 발산

(1) 급수: 수열 $\{a_n\}$의 각 항을 차례로 덧셈 기호 +로 연결한 식을 급수라 한다.

➡ $a_1+a_2+a_3+\cdots+a_n+\cdots=\displaystyle\sum_{n=1}^{\infty} a_n$

(2) 부분합: 급수 $\displaystyle\sum_{n=1}^{\infty} a_n$에서 첫째항부터 제$n$항까지의 합 $S_n=a_1+a_2+a_3+\cdots+a_n=\displaystyle\sum_{k=1}^{n} a_k$를 이 급수의 제$n$항까지의 부분합이라 한다.

(3) 급수의 수렴과 발산

① 급수 $\displaystyle\sum_{n=1}^{\infty} a_n$의 부분합으로 이루어진 수열 $\{S_n\}$이 일정한 수 S에 수렴하면 급수 $\displaystyle\sum_{n=1}^{\infty} a_n$은 S에 수렴한다. 이때 S를 이 급수의 합이라 한다.

➡ $\displaystyle\sum_{n=1}^{\infty} a_n = \lim_{n \to \infty} \sum_{k=1}^{n} a_k = \lim_{n \to \infty} S_n = S$

② 급수 $\displaystyle\sum_{n=1}^{\infty} a_n$의 부분합으로 이루어진 수열 $\{S_n\}$이 발산하면 급수 $\displaystyle\sum_{n=1}^{\infty} a_n$은 발산한다.

2. 급수와 수열의 극한값 사이의 관계

(1) 급수 $\displaystyle\sum_{n=1}^{\infty} a_n$이 수렴하면 $\lim_{n \to \infty} a_n = 0$이다.

(2) $\lim_{n \to \infty} a_n \neq 0$이면 급수 $\displaystyle\sum_{n=1}^{\infty} a_n$은 발산한다.

▶ (1)의 역은 성립하지 않는다.

3. 급수의 성질

두 급수 $\displaystyle\sum_{n=1}^{\infty} a_n$, $\displaystyle\sum_{n=1}^{\infty} b_n$이 수렴하고, 그 합을 각각 S, T라 할 때

(1) $\displaystyle\sum_{n=1}^{\infty} ca_n = c\sum_{n=1}^{\infty} a_n = cS$ (단, c는 상수)

(2) $\displaystyle\sum_{n=1}^{\infty} (a_n \pm b_n) = \sum_{n=1}^{\infty} a_n \pm \sum_{n=1}^{\infty} b_n = S \pm T$ (복부호동순)

▶ $\displaystyle\sum_{n=1}^{\infty} a_n b_n \neq \left(\sum_{n=1}^{\infty} a_n\right)\left(\sum_{n=1}^{\infty} b_n\right)$,

$\displaystyle\sum_{n=1}^{\infty} \frac{a_n}{b_n} \neq \frac{\sum_{n=1}^{\infty} a_n}{\sum_{n=1}^{\infty} b_n}$임에 주의한다.

4. 등비급수

(1) 등비급수의 수렴과 발산

등비급수 $\displaystyle\sum_{n=1}^{\infty} ar^{n-1}$ $(a \neq 0)$은

① $|r|<1$일 때, 수렴하고 그 합은 $\dfrac{a}{1-r}$이다.

② $|r| \geq 1$일 때, 발산한다.

(2) 등비급수의 수렴 조건

① 등비급수 $\displaystyle\sum_{n=1}^{\infty} r^n$의 수렴 조건: $-1<r<1$

② 등비급수 $\displaystyle\sum_{n=1}^{\infty} ar^{n-1}$의 수렴 조건: $a=0$ 또는 $-1<r<1$

1

유형 ① 수열의 극한값의 계산

(1) $\dfrac{\infty}{\infty}$ 꼴의 수열의 극한

분모의 최고차항으로 분자, 분모를 각각 나눈다.

① (분자의 차수)＝(분모의 차수)

극한값은 $\dfrac{(\text{분자의 최고차항의 계수})}{(\text{분모의 최고차항의 계수})}$

② (분자의 차수)＜(분모의 차수)

극한값은 0

③ (분자의 차수)＞(분모의 차수)

극한값은 없다. (발산)

(2) $\infty-\infty$ 꼴의 수열의 극한

① 분자 또는 분모에 무리식이 있으면 근호를 포함한 쪽을 유리화한다.

② 다항식이면 최고차항으로 묶는다.

실전 Tip $\dfrac{\infty}{\infty}$ 꼴의 극한에서 $\sqrt{n^2+an+b}$ (a, b는 상수)는 $\sqrt{n^2}=n$, 즉 일차식으로 생각한다.

유형코드 대부분 풀이 방법만 알면 쉽게 답을 구할 수 있는 계산 문제가 출제되므로 $\dfrac{\infty}{\infty}$ 꼴과 $\infty-\infty$ 꼴의 차이점을 알고 계산 실수에 주의한다.

2점

001
2023년 시행 교육청 10월 23번

$\displaystyle\lim_{n\to\infty}\dfrac{2n^2+3n-5}{n^2+1}$의 값은? [2점]

① $\dfrac{1}{2}$ ② 1   ③ $\dfrac{3}{2}$

④ 2   ⑤ $\dfrac{5}{2}$

002
2023년 시행 교육청 3월 23번

$\displaystyle\lim_{n\to\infty}\dfrac{(2n+1)(3n-1)}{n^2+1}$의 값은? [2점]

① 3   ② 4   ③ 5

④ 6   ⑤ 7

003
2022년 시행 교육청 10월 23번

첫째항이 1이고 공차가 2인 등차수열 $\{a_n\}$에 대하여

$\displaystyle\lim_{n\to\infty}\dfrac{a_n}{3n+1}$의 값은? [2점]

① $\dfrac{2}{3}$ ② 1   ③ $\dfrac{4}{3}$

④ $\dfrac{5}{3}$ ⑤ 2

004
2023학년도 평가원 6월 23번

$\displaystyle\lim_{n\to\infty}\dfrac{1}{\sqrt{n^2+3n}-\sqrt{n^2+n}}$의 값은? [2점]

① 1   ② $\dfrac{3}{2}$ ③ 2

④ $\dfrac{5}{2}$ ⑤ 3

005

$\lim\limits_{n \to \infty} (\sqrt{n^2+9n} - \sqrt{n^2+4n})$의 값은? [2점]

① $\dfrac{1}{2}$ ② 1 ③ $\dfrac{3}{2}$

④ 2 ⑤ $\dfrac{5}{2}$

007

$\lim\limits_{n \to \infty} 2n(\sqrt{n^2+4} - \sqrt{n^2+1})$의 값은? [2점]

① 1 ② 2 ③ 3

④ 4 ⑤ 5

006

$\lim\limits_{n \to \infty} (\sqrt{4n^2+3n} - \sqrt{4n^2+1})$의 값은? [2점]

① $\dfrac{1}{2}$ ② $\dfrac{3}{4}$ ③ 1

④ $\dfrac{5}{4}$ ⑤ $\dfrac{3}{2}$

008

$\lim\limits_{n \to \infty} (\sqrt{n^4+5n^2+5} - n^2)$의 값은? [2점]

① $\dfrac{7}{4}$ ② 2 ③ $\dfrac{9}{4}$

④ $\dfrac{5}{2}$ ⑤ $\dfrac{11}{4}$

2022년 시행 교육청 3월 25번

3점

009

$\lim_{n \to \infty} (\sqrt{an^2 + n} - \sqrt{an^2 - an}) = \dfrac{5}{4}$를 만족시키는 모든 양수 a의 값의 합은? [3점]

① $\dfrac{7}{2}$ ② $\dfrac{15}{4}$ ③ 4

④ $\dfrac{17}{4}$ ⑤ $\dfrac{9}{2}$

010

2024년 시행 교육청 3월 26번

수열 $\{a_n\}$이 모든 자연수 n에 대하여

$$a_{n+1} - a_n = a_1 + 2$$

를 만족시킨다. $\lim_{n \to \infty} \dfrac{2a_n + n}{a_n - n + 1} = 3$일 때, a_{10}의 값은?

(단, $a_1 > 0$) [3점]

① 35   ② 36   ③ 37

④ 38   ⑤ 39

011

2022년 시행 교육청 3월 26번

첫째항이 1인 두 수열 $\{a_n\}$, $\{b_n\}$이 모든 자연수 n에 대하여

$$a_{n+1} - a_n = 3, \quad \sum_{k=1}^{n} \dfrac{1}{b_k} = n^2$$

을 만족시킬 때, $\lim_{n \to \infty} a_n b_n$의 값은? [3점]

① $\dfrac{7}{6}$ ② $\dfrac{4}{3}$ ③ $\dfrac{3}{2}$

④ $\dfrac{5}{3}$ ⑤ $\dfrac{11}{6}$

012

2023년 시행 교육청 3월 27번

$a_1 = 3$, $a_2 = -4$인 수열 $\{a_n\}$과 등차수열 $\{b_n\}$이 모든 자연수 n에 대하여

$$\sum_{k=1}^{n} \dfrac{a_k}{b_k} = \dfrac{6}{n+1}$$

을 만족시킬 때, $\lim_{n \to \infty} a_n b_n$의 값은? [3점]

① -54 ② $-\dfrac{75}{2}$ ③ -24

④ $-\dfrac{27}{2}$ ⑤ -6

유형 ② 수열의 극한에 대한 기본 성질 2025

두 수열 $\{a_n\}$, $\{b_n\}$이 각각 수렴하고, $\displaystyle\lim_{n\to\infty} a_n=\alpha$, $\displaystyle\lim_{n\to\infty} b_n=\beta$ (α, β는 실수)일 때

(1) $\displaystyle\lim_{n\to\infty} ca_n=c\lim_{n\to\infty} a_n=c\alpha$ (단, c는 상수)

(2) $\displaystyle\lim_{n\to\infty} (a_n\pm b_n)=\lim_{n\to\infty} a_n\pm\lim_{n\to\infty} b_n=\alpha\pm\beta$ (복부호동순)

(3) $\displaystyle\lim_{n\to\infty} a_n b_n=\lim_{n\to\infty} a_n\times\lim_{n\to\infty} b_n=\alpha\beta$

(4) $\displaystyle\lim_{n\to\infty} \frac{a_n}{b_n}=\frac{\displaystyle\lim_{n\to\infty} a_n}{\displaystyle\lim_{n\to\infty} b_n}=\frac{\alpha}{\beta}$ (단, $b_n\neq0$, $\beta\neq0$)

유형코드 3점짜리 문제로 종종 출제되는 유형으로 수열의 극한에 대한 기본 성질을 정확히 이해하고 활용하여 주어진 식을 정리한 후 극한값을 구하는 문제가 출제된다.

3점

013
2024년 시행 교육청 3월 24번

두 수열 $\{a_n\}$, $\{b_n\}$이

$$\lim_{n\to\infty} na_n=1, \ \lim_{n\to\infty} \frac{b_n}{n}=3$$

을 만족시킬 때, $\displaystyle\lim_{n\to\infty} \frac{n^2 a_n+b_n}{1+2b_n}$의 값은? [3점]

① $\dfrac{1}{3}$　　② $\dfrac{1}{2}$　　③ $\dfrac{2}{3}$

④ $\dfrac{5}{6}$　　⑤ 1

014
2022년 시행 교육청 3월 24번

수열 $\{a_n\}$이 $\displaystyle\lim_{n\to\infty} (3a_n-5n)=2$를 만족시킬 때, $\displaystyle\lim_{n\to\infty} \frac{(2n+1)a_n}{4n^2}$의 값은? [3점]

① $\dfrac{1}{6}$　　② $\dfrac{1}{3}$　　③ $\dfrac{1}{2}$

④ $\dfrac{2}{3}$　　⑤ $\dfrac{5}{6}$

015
2023년 시행 교육청 3월 25번

등차수열 $\{a_n\}$에 대하여

$$\lim_{n\to\infty} \frac{a_{2n}-6n}{a_n+5}=4$$

일 때, a_2-a_1의 값은? [3점]

① -1　　② -2　　③ -3

④ -4　　⑤ -5

016

수열 $\{a_n\}$에 대하여 $\lim\limits_{n\to\infty}\dfrac{a_n+2}{2}=6$일 때, $\lim\limits_{n\to\infty}\dfrac{na_n+1}{a_n+2n}$의 값은? [3점]

① 1   ② 2   ③ 3

④ 4   ⑤ 5

017

수열 $\{a_n\}$에 대하여 $\lim\limits_{n\to\infty}\dfrac{na_n}{n^2+3}=1$일 때, $\lim\limits_{n\to\infty}(\sqrt{a_n^{\,2}+n}-a_n)$의 값은? [3점]

① $\dfrac{1}{3}$ ② $\dfrac{1}{2}$ ③ 1

④ 2   ⑤ 3

018

모든 항이 양수인 수열 $\{a_n\}$에 대하여
$$\lim_{n\to\infty}\{a_n\times(\sqrt{n^2+4}-n)\}=6$$
일 때, $\lim\limits_{n\to\infty}\dfrac{2a_n+6n^2}{na_n+5}$의 값은? [3점]

① $\dfrac{3}{2}$ ② 2   ③ $\dfrac{5}{2}$

④ 3   ⑤ $\dfrac{7}{2}$

019

두 수열 $\{a_n\}$, $\{b_n\}$에 대하여

$$\lim_{n \to \infty} (n^2+1)a_n = 3, \quad \lim_{n \to \infty} (4n^2+1)(a_n+b_n) = 1$$

일 때, $\lim_{n \to \infty} (2n^2+1)(a_n+2b_n)$의 값은? [3점]

① -3 ② $-\dfrac{7}{2}$ ③ -4

④ $-\dfrac{9}{2}$ ⑤ -5

020

$a_1=3$, $a_2=6$인 등차수열 $\{a_n\}$과 모든 항이 양수인 수열 $\{b_n\}$이 모든 자연수 n에 대하여

$$\sum_{k=1}^{n} a_k(b_k)^2 = n^3 - n + 3$$

을 만족시킬 때, $\lim_{n \to \infty} \dfrac{a_n}{b_n b_{2n}}$의 값은? [3점]

① $\dfrac{3}{2}$ ② $\dfrac{3\sqrt{2}}{2}$ ③ 3

④ $3\sqrt{2}$ ⑤ 6

021

자연수 n에 대하여 x에 대한 부등식 $x^2-4nx-n<0$을 만족시키는 정수 x의 개수를 a_n이라 하자. 두 상수 p, q에 대하여

$$\lim_{n \to \infty} (\sqrt{na_n} - pn) = q$$

일 때, $100pq$의 값을 구하시오. [4점]

유형 ③ 수열의 극한의 대소 관계

두 수열 a_n, b_n이 각각 수렴하고, $\lim\limits_{n\to\infty} a_n = \alpha$,
$\lim\limits_{n\to\infty} b_n = \beta$ (α, β는 실수)일 때

(1) 모든 자연수 n에 대하여 $a_n \leq b_n$이면 $\alpha \leq \beta$이다.

(2) 수열 c_n이 모든 자연수 n에 대하여
$a_n \leq c_n \leq b_n$이고 $\alpha = \beta$이면 $\lim\limits_{n\to\infty} c_n = \alpha$이다.

실전Tip 수열의 극한의 대소 관계 문제는 다음과 같은 순서로 해결한다.

❶ 극한값을 구하고자 하는 수열이 가운데에 포함되도록 주어진 부등식을 변형한다.

❷ 변형한 부등식에서 양 끝 변의 극한값을 각각 구한다.

❸ 각각 구한 극한값이 같으면 가운데의 구하고자 하는 극한값도 같은 값을 가진다.

유형코드 주어진 부등식을 문제에서 요구하는 식으로 변형하여 극한값을 구하는 문제가 2점 또는 쉬운 3점으로 가끔 출제된다. 이 유형의 내용 자체는 어렵지 않으므로 식을 변형하는 것에 중점을 둔다.

3점

022

수열 $\{a_n\}$이 모든 자연수 n에 대하여

$$2n+3 < a_n < 2n+4$$

를 만족시킬 때, $\lim\limits_{n\to\infty} \dfrac{(a_n+1)^2+6n^2}{na_n}$의 값은? [3점]

① 1   ② 2   ③ 3

④ 4   ⑤ 5

023

수열 $\{a_n\}$이 모든 자연수 n에 대하여

$$a_n^2 < 4na_n + n - 4n^2$$

을 만족시킬 때, $\lim\limits_{n\to\infty} \dfrac{a_n+3n}{2n+4}$의 값은? [3점]

① $\dfrac{5}{2}$ ② 3   ③ $\dfrac{7}{2}$

④ 4   ⑤ $\dfrac{9}{2}$

유형 4 등비수열의 극한 [수능] 2023

r^n을 포함한 수열의 극한은 다음 4가지 경우로 나누어 생각한다.

(1) $|r| > 1$일 때, $\lim\limits_{n \to \infty} \dfrac{1}{r^n} = 0$

(2) $r = 1$일 때, 주어진 식에 $r = 1$을 대입

(3) $|r| < 1$일 때, $\lim\limits_{n \to \infty} r^n = 0$

(4) $r = -1$일 때, 주어진 식에 $r = -1$을 대입

실전Tip

함수 $f(x)$가

$$f(x) = \lim_{n \to \infty} \dfrac{ax^n + b}{cx^{n+1} + d} \quad (\text{단, } c \neq 0, \ |c| \neq |d|)$$

로 정의되면 함수 $f(x)$를 $|x| > 1$, $x = 1$, $|x| < 1$, $x = -1$로 구간을 나누어 x의 값의 범위에 따른 함수 $f(x)$를 다시 정의한다.

유형코드 등비수열의 극한값을 구하는 간단한 계산 문제와 등비수열이 수렴하기 위한 조건을 구하는 문제가 출제된다. 또한, 공비에 미지수를 포함한 등비수열의 극한 문제가 출제된다. 미지수의 범위에 따라 경우를 나누어 극한값을 구한다.

2점

024 2025학년도 [평가원] 6월 23번

$\lim\limits_{n \to \infty} \dfrac{\left(\dfrac{1}{2}\right)^n + \left(\dfrac{1}{3}\right)^{n+1}}{\left(\dfrac{1}{2}\right)^{n+1} + \left(\dfrac{1}{3}\right)^n}$의 값은? [2점]

① 1   ② 2   ③ 3

④ 4   ⑤ 5

025 2024년 시행 교육청 3월 23번

$\lim\limits_{n \to \infty} \dfrac{2^{n+1} + 3^{n-1}}{2^n - 3^n}$의 값은? [2점]

① $-\dfrac{1}{3}$ ② $-\dfrac{1}{6}$ ③ 0

④ $\dfrac{1}{6}$ ⑤ $\dfrac{1}{3}$

026 2022년 시행 교육청 3월 23번

$\lim\limits_{n \to \infty} \dfrac{2^{n+1} + 3^{n-1}}{(-2)^n + 3^n}$의 값은? [2점]

① $\dfrac{1}{9}$ ② $\dfrac{1}{3}$ ③ 1

④ 3   ⑤ 9

027

수열 $\{a_n\}$이 모든 자연수 n에 대하여

$$3^n - 2^n < a_n < 3^n + 2^n$$

을 만족시킬 때, $\displaystyle\lim_{n \to \infty} \frac{a_n}{3^{n+1} + 2^n}$의 값은? [3점]

① $\dfrac{1}{6}$　　　② $\dfrac{1}{3}$　　　③ $\dfrac{1}{2}$

④ $\dfrac{2}{3}$　　　⑤ $\dfrac{5}{6}$

028

등비수열 $\{a_n\}$에 대하여

$$\lim_{n \to \infty} \frac{4^n \times a_n - 1}{3 \times 2^{n+1}} = 1$$

일 때, $a_1 + a_2$의 값은? [3점]

① $\dfrac{3}{2}$　　　② $\dfrac{5}{2}$　　　③ $\dfrac{7}{2}$

④ $\dfrac{9}{2}$　　　⑤ $\dfrac{11}{2}$

029

등비수열 $\{a_n\}$에 대하여 $\displaystyle\lim_{n \to \infty} \frac{a_n + 1}{3^n + 2^{2n-1}} = 3$일 때, a_2의 값은?

[3점]

① 16　　　② 18　　　③ 20

④ 22　　　⑤ 24

수열 $a_n = \left(\dfrac{k}{2}\right)^n$이 수렴하도록 하는 모든 자연수 k에 대하여

$$\lim_{n \to \infty} \frac{a \times a_n + \left(\frac{1}{2}\right)^n}{a_n + b \times \left(\frac{1}{2}\right)^n} = \frac{k}{2}$$

일 때, $a+b$의 값은? (단, a와 b는 상수이다.) [3점]

① 1   ② 2   ③ 3

④ 4   ⑤ 5

함수

$$f(x) = \lim_{n \to \infty} \frac{3 \times \left(\frac{x}{2}\right)^{2n+1} - 1}{\left(\frac{x}{2}\right)^{2n} + 1}$$

에 대하여 $f(k) = k$를 만족시키는 모든 실수 k의 값의 합은? [3점]

① -6 ② -5 ③ -4

④ -3 ⑤ -2

열린구간 $(0, \infty)$에서 정의된 함수

$$f(x) = \lim_{n \to \infty} \frac{x^{n+1} + \left(\frac{4}{x}\right)^n}{x^n + \left(\frac{4}{x}\right)^{n+1}}$$

이 있다. $x > 0$일 때, 방정식 $f(x) = 2x - 3$의 모든 실근의 합은? [3점]

① $\dfrac{41}{7}$ ② $\dfrac{43}{7}$ ③ $\dfrac{45}{7}$

④ $\dfrac{47}{7}$ ⑤ 7

033

두 실수 a, b $(a>1, b>1)$이

$$\lim_{n\to\infty}\frac{3^n+a^{n+1}}{3^{n+1}+a^n}=a, \quad \lim_{n\to\infty}\frac{a^n+b^{n+1}}{a^{n+1}+b^n}=\frac{9}{a}$$

를 만족시킬 때, $a+b$의 값을 구하시오. [4점]

유형 5 수열의 극한의 활용

규칙성을 갖는 경우 또는 도형이 주어졌을 때의 극한값은
다음과 같은 순서로 구한다.
❶ 일반항 a_n을 구하거나 a_{n+1}과 a_n 사이의 관계식을 구한다.
❷ 수열의 극한에 대한 기본 성질을 이용하여 극한값을 구한다.

유형코드 좌표평면이나 선 위의 점들이 이루는 수열, 선분의 길이, 두 점 사
이의 거리, 도형의 넓이 등이 이루는 수열의 극한값을 구하는 문제가 보통 4점
문항으로 출제된다. 수열의 일반항을 구하는 것이 관건이므로 수학 I의 수열
단원의 내용과 여러 가지 도형의 성질을 알고 있어야 한다.

034

자연수 n에 대하여 좌표평면 위의 점 A_n을 다음 규칙에 따라
정한다.

> (가) A_1은 원점이다.
> (나) n이 홀수이면 A_{n+1}은 점 A_n을 x축의 방향으로 a만큼
> 평행이동한 점이다.
> (다) n이 짝수이면 A_{n+1}은 점 A_n을 y축의 방향으로 $a+1$
> 만큼 평행이동한 점이다.

$\lim\limits_{n\to\infty}\dfrac{\overline{A_1A_{2n}}}{n}=\dfrac{\sqrt{34}}{2}$일 때, 양수 a의 값은? [4점]

① $\dfrac{3}{2}$ ② $\dfrac{7}{4}$ ③ 2

④ $\dfrac{9}{4}$ ⑤ $\dfrac{5}{2}$

자연수 n에 대하여 직선 $y=2nx$가 곡선 $y=x^2+n^2-1$과 만나는 두 점을 각각 A_n, B_n이라 하자. 원 $(x-2)^2+y^2=1$ 위의 점 P에 대하여 삼각형 A_nB_nP의 넓이가 최대가 되도록 하는 점 P를 P_n이라 할 때, 삼각형 $A_nB_nP_n$의 넓이를 S_n이라 하자. $\lim\limits_{n\to\infty}\dfrac{S_n}{n}$의 값은? [4점]

① 2   ② 4   ③ 6

④ 8   ⑤ 10

$a>0$, $a\neq1$인 실수 a와 자연수 n에 대하여 직선 $y=n$이 y축과 만나는 점을 A_n, 직선 $y=n$이 곡선 $y=\log_a(x-1)$과 만나는 점을 B_n이라 하자. 사각형 $A_nB_nB_{n+1}A_{n+1}$의 넓이를 S_n이라 할 때,

$$\lim_{n\to\infty}\frac{\overline{B_nB_{n+1}}}{S_n}=\frac{3}{2a+2}$$

을 만족시키는 모든 a의 값의 합은? [4점]

① 2   ② $\dfrac{9}{4}$ ③ $\dfrac{5}{2}$

④ $\dfrac{11}{4}$ ⑤ 3

037

2022년 시행 교육청 3월 29번

실수 t에 대하여 직선 $y=tx-2$가 함수

$$f(x)=\lim_{n\to\infty}\frac{2x^{2n+1}-1}{x^{2n}+1}$$

의 그래프와 만나는 점의 개수를 $g(t)$라 하자. 함수 $g(t)$가 $t=a$에서 불연속인 모든 a의 값을 작은 수부터 크기순으로 나열한 것을 a_1, a_2, $\cdots$, a_m (m은 자연수)라 할 때, $m\times a_m$의 값을 구하시오. [4점]

2
급수

유형 ⑥ 부분분수를 이용한 급수

일반항이 분수꼴이고 분모가 곱으로 주어지는 급수는 다음과 같은 순서로 구한다.

❶ $\dfrac{1}{AB}=\dfrac{1}{B-A}\left(\dfrac{1}{A}-\dfrac{1}{B}\right)$임을 이용하여 부분합 S_n을 구한다.

❷ 부분합의 극한값 $\lim_{n\to\infty}S_n$을 구한다.

유형코드 주로 부분분수로의 변형을 이용하여 해결하는 문제들이 출제된다. 일반항을 두 분수의 차로 변형한 후 직접 수를 대입하여 어떤 부분이 소거되는지 확인한다.

3점

038

2024년 시행 교육청 5월 24번

첫째항이 1이고 공차가 d ($d>0$)인 등차수열 $\{a_n\}$에 대하여 $\displaystyle\sum_{n=1}^{\infty}\left(\dfrac{n}{a_n}-\dfrac{n+1}{a_{n+1}}\right)=\dfrac{2}{3}$일 때, d의 값은? [3점]

① 1   ② 2   ③ 3
④ 4   ⑤ 5

039

2022년 시행 교육청 4월 27번

자연수 n에 대하여 곡선 $y=x^2-2nx-2n$이 직선 $y=x+1$과 만나는 두 점을 각각 P_n, Q_n이라 하자. 선분 P_nQ_n을 대각선으로 하는 정사각형의 넓이를 a_n이라 할 때, $\sum\limits_{n=1}^{\infty} \dfrac{1}{a_n}$의 값은? [3점]

① $\dfrac{1}{10}$ ② $\dfrac{2}{15}$ ③ $\dfrac{1}{6}$

④ $\dfrac{1}{5}$ ⑤ $\dfrac{7}{30}$

4점

040

2025학년도 평가원 9월 29번

수열 $\{a_n\}$의 첫째항부터 제m항까지의 합을 S_m이라 하자. 모든 자연수 m에 대하여

$$S_m = \sum_{n=1}^{\infty} \frac{m+1}{n(n+m+1)}$$

일 때, $a_1+a_{10}=\dfrac{q}{p}$이다. $p+q$의 값을 구하시오.

(단, p와 q는 서로소인 자연수이다.) [4점]

유형 ⑦ 급수와 수열의 극한값 사이의 관계

(1) 급수 $\sum\limits_{n=1}^{\infty} a_n$이 수렴하면 $\lim\limits_{n\to\infty} a_n=0$이다.

(2) $\lim\limits_{n\to\infty} a_n \neq 0$이면 급수 $\sum\limits_{n=1}^{\infty} a_n$은 발산한다.

유형코드 수렴하는 급수의 성질 및 급수와 수열의 극한값 사이의 관계를 알고, 급수의 합이 주어졌을 때 수열의 극한값을 구하는 계산 문제가 출제된다. 극한값을 구하고자 하는 수열을 급수의 일반항을 변형하여 나타낼 수 있어야 한다.

3점

041

2025학년도 평가원 6월 25번

수열 $\{a_n\}$이

$$\sum_{n=1}^{\infty} \left(a_n - \frac{3n^2-n}{2n^2+1}\right) = 2$$

를 만족시킬 때, $\lim\limits_{n\to\infty} (a_n^2+2a_n)$의 값은? [3점]

① $\dfrac{17}{4}$ ② $\dfrac{19}{4}$ ③ $\dfrac{21}{4}$

④ $\dfrac{23}{4}$ ⑤ $\dfrac{25}{4}$

042

수열 $\{a_n\}$에 대하여 급수 $\sum_{n=1}^{\infty}\left(a_n-\dfrac{2^{n+1}}{2^n+1}\right)$이 수렴할 때,

$\lim_{n\to\infty}\dfrac{2^n\times a_n+5\times 2^{n+1}}{2^n+3}$의 값은? [3점]

① 6   ② 8   ③ 10

④ 12   ⑤ 14

043

첫째항이 4인 등차수열 $\{a_n\}$에 대하여 급수

$$\sum_{n=1}^{\infty}\left(\dfrac{a_n}{n}-\dfrac{3n+7}{n+2}\right)$$

이 실수 S에 수렴할 때, S의 값은? [3점]

① $\dfrac{1}{2}$ ② 1   ③ $\dfrac{3}{2}$

④ 2   ⑤ $\dfrac{5}{2}$

유형 ⑧ 등비급수의 합   수능 2024 2025

등비급수 $\sum_{n=1}^{\infty} ar^{n-1}$에 대하여

(1) $a=0$일 때

   r의 값에 관계없이 주어진 급수의 합은 0이다.

(2) $a\neq 0$일 때

   ① $|r|<1$이면 주어진 급수의 합은 $\dfrac{a}{1-r}$이다.

   ② $|r|\geq 1$이면 주어진 급수는 발산한다.

유형코드 등비급수의 합을 구하는 간단한 계산 문제, 주어진 조건으로부터 일반항을 구한 후 등비급수의 합을 구하는 문제 등이 출제된다. 등비수열의 극한이 선행되어야 하고, 등비급수의 합 공식을 정확히 알고 있어야 한다.

3점

044

공차가 양수인 등차수열 $\{a_n\}$과 등비수열 $\{b_n\}$에 대하여 $a_1=b_1=1$, $a_2b_2=1$이고

$$\sum_{n=1}^{\infty}\left(\dfrac{1}{a_na_{n+1}}+b_n\right)=2$$

일 때, $\sum_{n=1}^{\infty} b_n$의 값은? [3점]

① $\dfrac{7}{6}$ ② $\dfrac{6}{5}$ ③ $\dfrac{5}{4}$

④ $\dfrac{4}{3}$ ⑤ $\dfrac{3}{2}$

045

모든 항이 자연수인 등비수열 $\{a_n\}$에 대하여

$$\sum_{n=1}^{\infty} \frac{a_n}{3^n} = 4$$

이고 급수 $\sum_{n=1}^{\infty} \frac{1}{a_{2n}}$이 실수 S에 수렴할 때, S의 값은? [3점]

① $\dfrac{1}{6}$ ② $\dfrac{1}{5}$ ③ $\dfrac{1}{4}$

④ $\dfrac{1}{3}$ ⑤ $\dfrac{1}{2}$

4점

046

첫째항과 공비가 각각 0이 아닌 두 등비수열 $\{a_n\}$, $\{b_n\}$에 대하여 두 급수 $\sum\limits_{n=1}^{\infty} a_n$, $\sum\limits_{n=1}^{\infty} b_n$이 각각 수렴하고

$$\sum_{n=1}^{\infty} a_n b_n = \left(\sum_{n=1}^{\infty} a_n\right) \times \left(\sum_{n=1}^{\infty} b_n\right),$$

$$3 \times \sum_{n=1}^{\infty} |a_{2n}| = 7 \times \sum_{n=1}^{\infty} |a_{3n}|$$

이 성립한다. $\sum\limits_{n=1}^{\infty} \dfrac{b_{2n-1} + b_{3n+1}}{b_n} = S$일 때, $120S$의 값을 구하시오. [4점]

등비급수를 활용한 넓이의 극한값은 다음과 같은 순서로 구한다.

❶ 도형의 넓이가 줄어들거나 늘어나는 일정한 규칙을 찾는다.

❷ ❶에서 구한 규칙이 등비급수이면 첫째항 a와 공비 r를 각각 구한다.

❸ 등비급수의 합 $\dfrac{a}{1-r}$를 이용한다.

실전 Tip

· 첫째항: 그림 R_1의 넓이

· 공비: $\left(\dfrac{\overline{A_2B_2}}{\overline{A_1B_1}}\right)^2$ → 그림 R_2의 새로 생긴 도형에서 그림 R_1의 $\overline{A_1B_1}$에 대응되는 변
　　　　　　　　 → 그림 R_1의 한 변

유형코드 닮은 도형에서 계속하여 새로 만들어지는 도형들의 넓이의 합을 등비급수를 이용하여 구하는 문제가 출제된다. 이때 여러 가지 도형의 성질과 등비급수의 합 공식을 이용한다.

3점

047

그림과 같이 중심이 O, 반지름의 길이가 1이고 중심각의 크기가 $\dfrac{\pi}{2}$인 부채꼴 OA_1B_1이 있다. 호 A_1B_1 위에 점 P_1, 선분 OA_1 위에 점 C_1, 선분 OB_1 위에 점 D_1을 사각형 $OC_1P_1D_1$이 $\overline{OC_1} : \overline{OD_1} = 3 : 4$인 직사각형이 되도록 잡는다. 부채꼴 OA_1B_1의 내부에 점 Q_1을 $\overline{P_1Q_1} = \overline{A_1Q_1}$, $\angle P_1Q_1A_1 = \dfrac{\pi}{2}$가 되도록 잡고, 이등변삼각형 $P_1Q_1A_1$에 색칠하여 얻은 그림을 R_1이라 하자.

그림 R_1에서 선분 OA_1 위의 점 A_2와 선분 OB_1 위의 점 B_2를 $\overline{OQ_1} = \overline{OA_2} = \overline{OB_2}$가 되도록 잡고, 중심이 O, 반지름의 길이가 $\overline{OQ_1}$, 중심각의 크기가 $\dfrac{\pi}{2}$인 부채꼴 OA_2B_2를 그린다.

그림 R_1을 얻은 것과 같은 방법으로 네 점 P_2, C_2, D_2, Q_2를 잡고, 이등변삼각형 $P_2Q_2A_2$에 색칠하여 얻은 그림을 R_2라 하자.

이와 같은 과정을 계속하여 n번째 얻은 그림 R_n에 색칠되어 있는 부분의 넓이를 S_n이라 할 때, $\lim\limits_{n \to \infty} S_n$의 값은? [3점]

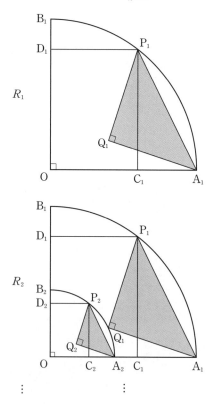

① $\dfrac{9}{40}$ 　　② $\dfrac{1}{4}$ 　　③ $\dfrac{11}{40}$

④ $\dfrac{3}{10}$ 　　⑤ $\dfrac{13}{40}$

그림과 같이 $\overline{A_1B_1}=1$, $\overline{B_1C_1}=2\sqrt{6}$인 직사각형 $A_1B_1C_1D_1$이 있다. 중심이 B_1이고 반지름의 길이가 1인 원이 선분 B_1C_1과 만나는 점을 E_1이라 하고, 중심이 D_1이고 반지름의 길이가 1인 원이 선분 A_1D_1과 만나는 점을 F_1이라 하자. 선분 B_1D_1이 호 A_1E_1, 호 C_1F_1과 만나는 점을 각각 B_2, D_2라 하고, 두 선분 B_1B_2, D_1D_2의 중점을 각각 G_1, H_1이라 하자.

두 선분 A_1G_1, G_1B_2와 호 B_2A_1로 둘러싸인 부분인 ⟍ 모양의 도형과 두 선분 D_2H_1, H_1F_1과 호 F_1D_2로 둘러싸인 부분인 ▷ 모양의 도형에 색칠하여 얻은 그림을 R_1이라 하자.

그림 R_1에서 선분 B_2D_2가 대각선이고 모든 변이 선분 A_1B_1 또는 선분 B_1C_1에 평행한 직사각형 $A_2B_2C_2D_2$를 그린다.

직사각형 $A_2B_2C_2D_2$에 그림 R_1을 얻은 것과 같은 방법으로 ⟍ 모양의 도형과 ▷ 모양의 도형을 그리고 색칠하여 얻은 그림을 R_2라 하자.

이와 같은 과정을 계속하여 n번째 얻은 그림 R_n에 색칠되어 있는 부분의 넓이를 S_n이라 할 때, $\lim\limits_{n\to\infty} S_n$의 값은? [3점]

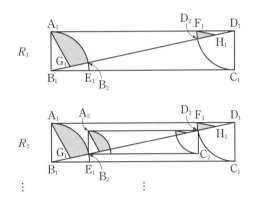

① $\dfrac{25\pi-12\sqrt{6}-5}{64}$ ② $\dfrac{25\pi-12\sqrt{6}-4}{64}$

③ $\dfrac{25\pi-12\sqrt{6}-6}{64}$ ④ $\dfrac{25\pi-10\sqrt{6}-5}{64}$

⑤ $\dfrac{25\pi-10\sqrt{6}-4}{64}$

그림과 같이 $\overline{A_1B_1}=2$, $\overline{B_1A_2}=3$이고 $\angle A_1B_1A_2=\dfrac{\pi}{3}$인 삼각형 $A_1A_2B_1$과 이 삼각형의 외접원 O_1이 있다.

점 A_2를 지나고 직선 A_1B_1에 평행한 직선이 원 O_1과 만나는 점 중 A_2가 아닌 점을 B_2라 하자. 두 선분 A_1B_2, B_1A_2가 만나는 점을 C_1이라 할 때, 두 삼각형 $A_1A_2C_1$, $B_1C_1B_2$로 만들어진 ⋛ 모양의 도형에 색칠하여 얻은 그림을 R_1이라 하자.

그림 R_1에서 점 B_2를 지나고 직선 B_1A_2에 평행한 직선이 직선 A_1A_2와 만나는 점을 A_3이라 할 때, 삼각형 $A_2A_3B_2$의 외접원을 O_2라 하자. 그림 R_1을 얻은 것과 같은 방법으로 두 점 B_3, C_2를 잡아 원 O_2에 ⋛ 모양의 도형을 그리고 색칠하여 얻은 그림을 R_2라 하자.

이와 같은 과정을 계속하여 n번째 얻은 그림 R_n에 색칠되어 있는 부분의 넓이를 S_n이라 할 때, $\lim\limits_{n\to\infty} S_n$의 값은? [3점]

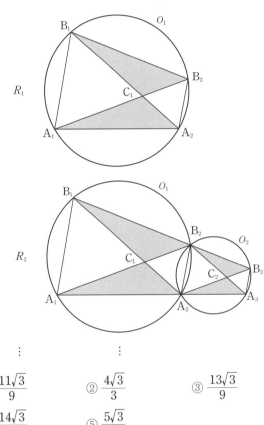

① $\dfrac{11\sqrt{3}}{9}$ ② $\dfrac{4\sqrt{3}}{3}$ ③ $\dfrac{13\sqrt{3}}{9}$

④ $\dfrac{14\sqrt{3}}{9}$ ⑤ $\dfrac{5\sqrt{3}}{3}$

그림과 같이 $\overline{A_1B_1}=4$, $\overline{A_1D_1}=1$인 직사각형 $A_1B_1C_1D_1$에서 두 대각선의 교점을 E_1이라 하자.

$\overline{A_2D_1}=\overline{D_1E_1}$, $\angle A_2D_1E_1=\dfrac{\pi}{2}$이고 선분 D_1C_1과 선분 A_2E_1이 만나도록 점 A_2를 잡고, $\overline{B_2C_1}=\overline{C_1E_1}$, $\angle B_2C_1E_1=\dfrac{\pi}{2}$이고 선분 D_1C_1과 선분 B_2E_1이 만나도록 점 B_2를 잡는다. 두 삼각형 $A_2D_1E_1$, $B_2C_1E_1$을 그린 후 △△ 모양의 도형에 색칠하여 얻은 그림을 R_1이라 하자.

그림 R_1에서 $\overline{A_2B_2}:\overline{A_2D_2}=4:1$이고 선분 D_2C_2가 두 선분 A_2E_1, B_2E_1과 만나지 않도록 직사각형 $A_2B_2C_2D_2$를 그린다. 그림 R_1을 얻은 것과 같은 방법으로 세 점 E_2, A_3, B_3을 잡고 두 삼각형 $A_3D_2E_2$, $B_3C_2E_2$를 그린 후 △△ 모양의 도형에 색칠하여 얻은 그림을 R_2라 하자.

이와 같은 과정을 계속하여 n번째 얻은 그림 R_n에 색칠되어 있는 부분의 넓이를 S_n이라 할 때, $\displaystyle\lim_{n\to\infty} S_n$의 값은? [3점]

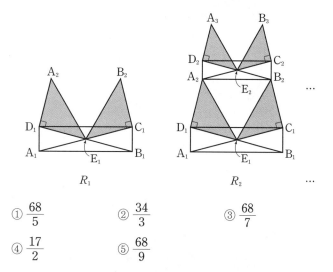

① $\dfrac{68}{5}$　　② $\dfrac{34}{3}$　　③ $\dfrac{68}{7}$

④ $\dfrac{17}{2}$　　⑤ $\dfrac{68}{9}$

그림과 같이 $\overline{A_1B_1}=1$, $\overline{B_1C_1}=2$인 직사각형 $A_1B_1C_1D_1$이 있다. 선분 A_1D_1의 중점 E_1에 대하여 두 선분 B_1D_1, C_1E_1이 만나는 점을 F_1이라 하자. $\overline{G_1E_1}=\overline{G_1F_1}$이 되도록 선분 B_1D_1 위에 점 G_1을 잡아 삼각형 $G_1F_1E_1$을 그린다. 두 삼각형 $C_1D_1F_1$, $G_1F_1E_1$로 만들어진 ▷◁ 모양의 도형에 색칠하여 얻은 그림을 R_1이라 하자.

그림 R_1에서 선분 B_1F_1 위의 점 A_2, 선분 B_1C_1 위의 두 점 B_2, C_2, 선분 C_1F_1 위의 점 D_2를 꼭짓점으로 하고 $\overline{A_2B_2}:\overline{B_2C_2}=1:2$인 직사각형 $A_2B_2C_2D_2$를 그린다. 직사각형 $A_2B_2C_2D_2$에 그림 R_1을 얻은 것과 같은 방법으로 ▷◁ 모양의 도형에 색칠하여 얻은 그림을 R_2라 하자.

이와 같은 과정을 계속하여 n번째 얻은 그림 R_n에 색칠되어 있는 부분의 넓이를 S_n이라 할 때, $\displaystyle\lim_{n\to\infty} S_n$의 값은? [3점]

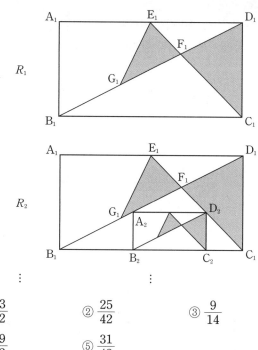

① $\dfrac{23}{42}$　　② $\dfrac{25}{42}$　　③ $\dfrac{9}{14}$

④ $\dfrac{29}{42}$　　⑤ $\dfrac{31}{42}$

052

그림과 같이 $\overline{A_1B_1}=2$, $\overline{B_1C_1}=2\sqrt{3}$인 직사각형 $A_1B_1C_1D_1$이 있다. 선분 A_1D_1을 $1:2$로 내분하는 점을 E_1이라 하고 선분 B_1C_1을 지름으로 하는 반원의 호 B_1C_1이 두 선분 B_1E_1, B_1D_1과 만나는 점 중 점 B_1이 아닌 점을 각각 F_1, G_1이라 하자.
세 선분 F_1E_1, E_1D_1, D_1G_1과 호 F_1G_1로 둘러싸인 ⌒ 모양의 도형에 색칠하여 얻은 그림을 R_1이라 하자.
그림 R_1에 선분 B_1G_1 위의 점 A_2, 호 G_1C_1 위의 점 D_2와 선분 B_1C_1 위의 두 점 B_2, C_2를 꼭짓점으로 하고
$\overline{A_2B_2}:\overline{B_2C_2}=1:\sqrt{3}$인 직사각형 $A_2B_2C_2D_2$를 그린다.
직사각형 $A_2B_2C_2D_2$에 그림 R_1을 얻은 것과 같은 방법으로
⌒ 모양의 도형을 그리고 색칠하여 얻은 그림을 R_2라 하자.
이와 같은 과정을 계속하여 n번째 얻은 그림 R_n에 색칠되어 있는 부분의 넓이를 S_n이라 할 때, $\lim_{n\to\infty} S_n$의 값은? [4점]

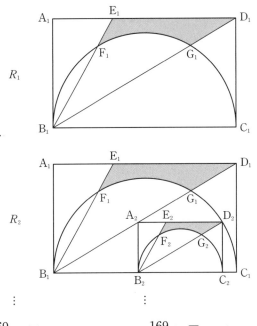

① $\dfrac{169}{864}(8\sqrt{3}-3\pi)$ ② $\dfrac{169}{798}(8\sqrt{3}-3\pi)$

③ $\dfrac{169}{720}(8\sqrt{3}-3\pi)$ ④ $\dfrac{169}{864}(16\sqrt{3}-3\pi)$

⑤ $\dfrac{169}{798}(16\sqrt{3}-3\pi)$

053

그림과 같이 $\overline{AB_1}=2$, $\overline{B_1C_1}=\sqrt{3}$, $\overline{C_1D_1}=1$이고,
$\angle C_1B_1A=\dfrac{\pi}{2}$인 사다리꼴 $AB_1C_1D_1$이 있다. 세 점 A, B_1, D_1을 지나는 원이 선분 B_1C_1과 만나는 점 중 B_1이 아닌 점을 E_1이라 할 때, 두 선분 C_1D_1, C_1E_1과 호 E_1D_1로 둘러싸인 부분과 선분 B_1E_1과 호 B_1E_1로 둘러싸인 부분인 ⌐ 모양의 도형에 색칠하여 얻은 그림을 R_1이라 하자.
그림 R_1에서 선분 AB_1 위의 점 B_2, 호 E_1D_1 위의 점 C_2, 선분 AD_1 위의 점 D_2와 점 A를 꼭짓점으로 하고
$\overline{B_2C_2}:\overline{C_2D_2}=\sqrt{3}:1$이고, $\angle C_2B_2A=\dfrac{\pi}{2}$인 사다리꼴 $AB_2C_2D_2$를 그린다. 그림 R_1을 얻은 것과 같은 방법으로 점 E_2를 잡고, 사다리꼴 $AB_2C_2D_2$에 ⌐ 모양의 도형을 그리고 색칠하여 얻은 그림을 R_2라 하자.
이와 같은 과정을 계속하여 n번째 얻은 그림 R_n에 색칠되어 있는 부분의 넓이를 S_n이라 할 때, $\lim_{n\to\infty} S_n$의 값은? [4점]

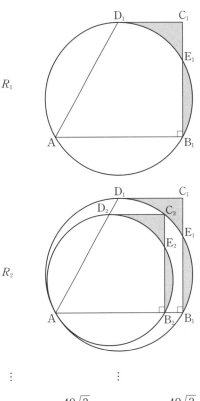

① $\dfrac{49\sqrt{3}}{144}$ ② $\dfrac{49\sqrt{3}}{122}$ ③ $\dfrac{49\sqrt{3}}{100}$

④ $\dfrac{49\sqrt{3}}{78}$ ⑤ $\dfrac{7\sqrt{3}}{8}$

054

2024년 시행 교육청 7월 29번

첫째항이 1이고 공비가 0이 아닌 등비수열 $\{a_n\}$에 대하여

급수 $\sum\limits_{n=1}^{\infty} a_n$이 수렴하고

$$\sum_{n=1}^{\infty} (20a_{2n} + 21|a_{3n-1}|) = 0$$

이다. 첫째항이 0이 아닌 등비수열 $\{b_n\}$에 대하여 급수

$\sum\limits_{n=1}^{\infty} \dfrac{3|a_n| + b_n}{a_n}$이 수렴할 때, $b_1 \times \sum\limits_{n=1}^{\infty} b_n$의 값을 구하시오. [4점]

055

2025학년도 수능 29번

등비수열 $\{a_n\}$이

$$\sum_{n=1}^{\infty}(|a_n|+a_n)=\frac{40}{3},\ \sum_{n=1}^{\infty}(|a_n|-a_n)=\frac{20}{3}$$

을 만족시킨다. 부등식

$$\lim_{n\to\infty}\sum_{k=1}^{2n}\left\{(-1)^{\frac{k(k+1)}{2}}\times a_{m+k}\right\}>\frac{1}{700}$$

을 만족시키는 모든 자연수 m의 값의 합을 구하시오. [4점]

056

2023년 시행 교육청 3월 30번

함수

$$f(x)=\lim_{n\to\infty}\frac{x^{2n+1}-x}{x^{2n}+1}$$

에 대하여 실수 전체의 집합에서 정의된 함수 $g(x)$가 다음 조건을 만족시킨다.

$2k-2\le|x|<2k$일 때,

$$g(x)=(2k-1)\times f\left(\frac{x}{2k-1}\right)$$

이다. (단, k는 자연수이다.)

$0<t<10$인 실수 t에 대하여 직선 $y=t$가 함수 $y=g(x)$의 그래프와 만나지 않도록 하는 모든 t의 값의 합을 구하시오. [4점]

057

2024년 시행 교육청 3월 29번

자연수 n에 대하여 함수 $f(x)$를

$$f(x) = \frac{4}{n^3}x^3 + 1$$

이라 하자. 원점에서 곡선 $y=f(x)$에 그은 접선을 l_n, 접선 l_n의 접점을 P_n이라 하자. x축과 직선 l_n에 동시에 접하고 점 P_n을 지나는 원 중 중심의 x좌표가 양수인 것을 C_n이라 하자. 원 C_n의 반지름의 길이를 r_n이라 할 때, $40 \times \lim\limits_{n \to \infty} n^2(4r_n - 3)$의 값을 구하시오. [4점]

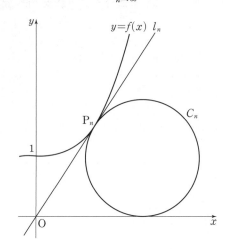

그림과 같이 자연수 n에 대하여 곡선

$$T_n : y = \frac{\sqrt{3}}{n+1}x^2 \ (x \geq 0)$$

위에 있고 원점 O와의 거리가 $2n+2$인 점을 P_n이라 하고, 점 P_n에서 x축에 내린 수선의 발을 H_n이라 하자.

중심이 P_n이고 점 H_n을 지나는 원을 C_n이라 할 때, 곡선 T_n과 원 C_n의 교점 중 원점에 가까운 점을 Q_n, 원점에서 원 C_n에 그은 두 접선의 접점 중 H_n이 아닌 점을 R_n이라 하자.

점 R_n을 포함하지 않는 호 Q_nH_n과 선분 P_nH_n, 곡선 T_n으로 둘러싸인 부분의 넓이를 $f(n)$, 점 H_n을 포함하지 않는 호 R_nQ_n과 선분 OR_n, 곡선 T_n으로 둘러싸인 부분의 넓이를 $g(n)$

이라 할 때, $\lim\limits_{n \to \infty} \dfrac{f(n)-g(n)}{n^2} = \dfrac{\pi}{2} + k$이다. $60k^2$의 값을 구하시오.

(단, k는 상수이다.) [4점]

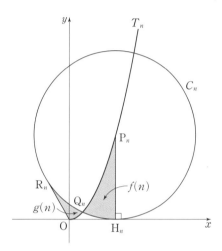

059

2024학년도 평가원 **6월 30번**

수열 $\{a_n\}$은 등비수열이고, 수열 $\{b_n\}$을 모든 자연수 n에 대하여

$$b_n = \begin{cases} -1 & (a_n \le -1) \\ a_n & (a_n > -1) \end{cases}$$

이라 할 때, 수열 $\{b_n\}$은 다음 조건을 만족시킨다.

(가) 급수 $\displaystyle\sum_{n=1}^{\infty} b_{2n-1}$은 수렴하고 그 합은 -3이다.

(나) 급수 $\displaystyle\sum_{n=1}^{\infty} b_{2n}$은 수렴하고 그 합은 8이다.

$b_3 = -1$일 때, $\displaystyle\sum_{n=1}^{\infty} |a_n|$의 값을 구하시오. [4점]

최고차항의 계수가 1인 삼차함수 $f(x)$와 자연수 m에 대하여 구간 $(0, \infty)$에서 정의된 함수 $g(x)$를

$$g(x) = \lim_{n \to \infty} \frac{f(x)\left(\dfrac{x}{m}\right)^n + x}{\left(\dfrac{x}{m}\right)^n + 1}$$

라 하자. 함수 $g(x)$는 다음 조건을 만족시킨다.

(가) 함수 $g(x)$는 구간 $(0, \infty)$에서 미분가능하고, $g'(m+1) \leq 0$이다.

(나) $g(k)g(k+1) = 0$을 만족시키는 자연수 k의 개수는 3이다.

(다) $g(l) \geq g(l+1)$을 만족시키는 자연수 l의 개수는 3이다.

$g(12)$의 값을 구하시오. [4점]

061

2024년 시행 교육청 5월 30번

수열 $\{a_n\}$은 공비가 0이 아닌 등비수열이고, 수열 $\{b_n\}$을 모든 자연수 n에 대하여

$$b_n = \begin{cases} a_n & (|a_n| < a) \\ -\dfrac{5}{a_n} & (|a_n| \geq a) \end{cases} \quad (a\text{는 양의 상수})$$

라 할 때, 두 수열 $\{a_n\}$, $\{b_n\}$과 자연수 p가 다음 조건을 만족시킨다.

(가) $\displaystyle\sum_{n=1}^{\infty} a_n = 4$

(나) $\displaystyle\sum_{n=1}^{m} \dfrac{a_n}{b_n}$의 값이 최소가 되도록 하는 자연수 m은 p이고, $\displaystyle\sum_{n=1}^{p} b_n = 51$, $\displaystyle\sum_{n=p+1}^{\infty} b_n = \dfrac{1}{64}$이다.

$32 \times (a_3 + p)$의 값을 구하시오. [4점]

▶ 정답 및 해설 028쪽

미분법

1 유형별 출제 분포

유형	월	2023학년도							2024학년도							2025학년도							총합
학년도	월	3	4	6	7	9	10	수능	3	4	6	7	9	10	수능	3	5	6	7	9	10	수능	총합
유형1 지수함수와 로그함수의 극한	2점					1		1					1		1				1	1	1	1	8
	3점		1				1				1						1	1					5
	4점																						0
유형2 지수함수와 로그함수의 미분	2점		1																				1
	3점									1											1		2
	4점																						0
유형3 삼각함수의 정의	2점																						0
	3점		1																				1
	4점																						0
유형4 삼각함수의 덧셈정리	2점																						0
	3점											1							1				2
	4점		1							2								1					4
유형5 삼각함수의 극한	2점																						0
	3점										1												1
	4점		1	1	1	1	1	1					1		1			1					9
유형6 삼각함수의 미분	2점																						0
	3점									1													1
	4점																						0
유형7 합성함수의 미분법	2점																						0
	3점										1									1			2
	4점											1									1		2
유형8 매개변수로 나타낸 함수의 미분법	2점																						0
	3점			1		1					1	1	1					1					6
	4점																						0
유형9 음함수의 미분법	2점																						0
	3점						1				1								1				3
	4점											1		1				1					3
유형10 역함수의 미분법	2점																						0
	3점			1	1									1			1					1	5
	4점				1														1				2
유형11 이계도함수	2점																1						1
	3점																						0
	4점																						0
유형12 접선의 방정식	2점																						0
	3점										1				1								2
	4점																						0
유형13 함수의 극대·극소	2점																						0
	3점																1						1
	4점											1											1
유형14 곡선의 변곡점과 함수의 그래프	2점																						0
	3점																						0
	4점			1										1				2			1	1	6
유형15 도함수의 활용	2점																						0
	3점									1													1
	4점			1	1			1															3
총합		0	5	5	4	3	3	3	0	5	6	5	3	3	3	0	5	6	4	2	4	3	72

⋯▶ **유형❶ 지수함수와 로그함수의 극한**은 II 단원에서 많이 출제되는 유형중 하나로 3년 연속으로 수능에 2점 문제로 출제되었다.

유형❼ 합성 함수의 미분법~유형❿ 역함수의 미분법은 단독으로 미분법을 이용하는 문제로 출제되거나 **유형⓮ 곡선의 변곡점과 함수의 그래프**의 풀이 과정으로 자주 출제된다.

❷ 5지선다형 및 단답형별 최고 오답률

	번호	오답률	유형	필수 개념	본문 위치
2023 학년도	9월 28번	39%	유형 ❺ 삼각함수의 극한	$\lim_{x \to 0} \frac{\sin x}{x} = 1$, $\lim_{x \to 0} \frac{\tan x}{x} = 1$	051쪽 022번
	7월 30번	95%	유형 ⓯ 도함수의 활용	방정식 $f(x) = k$의 서로 다른 실근의 개수 $\iff$ 함수 $y = f(x)$의 그래프와 직선 $y = k$의 서로 다른 교점의 개수	080쪽 070번
2024 학년도	6월 28번	74%	유형 ❶ 지수함수와 로그함수의 극한	$\lim_{x \to 0} \frac{e^x - 1}{x} = 1$, $\lim_{x \to 0} \frac{\ln(1+x)}{x} - 1$	066쪽 055번
	4월 30번	98%	유형 ❷ 지수함수와 로그함수의 미분	$y = e^x$이면 $y' = e^x$, $y = \ln x$이면 $y' = \frac{1}{x}$	081쪽 071번
2025 학년도	7월 28번	79%	유형 ❿ 역함수의 미분법	미분가능한 함수 $f(x)$의 역함수 $g(x)$가 존재하고 미분가능할 때 $g'(x) = \frac{1}{f'(g(x))}$	060쪽 045번
	6월 30번	94%	유형 ❿ 역함수의 미분법	미분가능한 함수 $f(x)$의 역함수 $g(x)$가 존재하고 미분가능할 때 $g'(x) = \frac{1}{f'(g(x))}$	078쪽 068번

❸ 출제코드 ▶ 지수함수와 로그함수를 다루는 문제의 출제율은 매우 높다.

최근 지수함수와 로그함수의 극한값을 구하는 문제부터 미분을 이용하는 문제, 지수함수와 로그함수를 다루는 응용문제까지 다양하게 출제된다.

▶ 함수의 미분법 문제는 반드시 출제된다.

함수의 미분법 문제는 종종 단독 문제로도 출제되지만 고난도 문제와 결합한 문제로도 출제되는 경향이 있다.

▶ 함수의 그래프를 이용하는 문제는 고난도로 출제되는 단골 문제이다.

Ⅱ 단원의 내용을 골고루 활용해야 해결할 수 있는 고난도 문제로 출제된다.
주어진 함수를 미분하여 그래프의 개형을 파악하고 문제에서 요구하는 값을 구하는 문제가 주로 출제된다.

❹ 공략코드 ▶ 지수함수와 로그함수를 다루는 문제는 계산 실수에 유의하자.

지수함수와 로그함수의 극한 문제는 최근 3년 연속 2점 짜리 계산 문제로 출제되었고, 함수의 그래프를 다루는 유형에서는 지수와 로그를 포함한 함수가 자주 주어지므로 지수함수와 로그함수의 극한과 미분을 정확하게 알고 계산할 수 있도록 연습해야 한다.

▶ 함수의 미분법 문제는 공식을 정확하게 숙지해야 한다.

함수의 미분법 문제는 단독 문제로 출제되기는 하지만 다른 유형의 문제에서의 풀이 과정에서 이용되므로 공식을 정확히 알고 빠르고 정확하게 미분할 수 있도록 연습해야 한다.

▶ 함수의 그래프를 이용하는 문제는 종합적인 이해를 필요로 한다.

Ⅱ 단원의 내용을 전반적으로 이해하고 활용할 수 있어야 한다. 주어진 함수의 극대·극소, 그래프의 개형, 변곡점, 이계도함수의 의미 등을 정리하고, 대칭함수, 주기함수, 합성함수 등의 특징도 함께 정리해 두도록 한다.

미분법

▶ 무리수 e의 정의를 이용한 지수함수와 로그함수의 극한
$a>0$, $a\neq1$일 때,
(1) $\lim\limits_{x\to0}\dfrac{e^x-1}{x}=1$,
$\lim\limits_{x\to0}\dfrac{a^x-1}{x}=\ln a$
(2) $\lim\limits_{x\to0}\dfrac{\ln(+x)}{x}=1$,
$\lim\limits_{x\to0}\dfrac{\log_a(1+x)}{x}=\dfrac{1}{\ln a}$

▶ 삼각함수 사이의 관계
(1) $1+\tan^2\theta=\sec^2\theta$
(2) $1+\cot^2\theta=\csc^2\theta$

▶ 주어진 각을 특수각 α, β의 합 또는 차로 변형하여 삼각함수의 덧셈정리를 이용한다.

▶ $\lim\limits_{x\to0}\dfrac{\cos x}{x}$는 발산한다.

▶ 함수 $y=x^n$ (n은 실수)의 도함수
n이 실수일 때, $y=x^n$ ($x>0$)이면 $y'=nx^{n-1}$

① 지수함수와 로그함수의 미분 [수능] 2023 2024 2025

(1) $y=e^x$이면 $y'=e^x$

(2) $y=a^x$이면 $y'=a^x\ln a$ (단, $a>0$, $a\neq1$)

(3) $y=\ln x$이면 $y'=\dfrac{1}{x}$

(4) $y=\log_a x$이면 $y'=\dfrac{1}{x\ln a}$ (단, $a>0$, $a\neq1$)

② 삼각함수의 미분 [수능] 2023

1. 삼각함수의 정의
$\overline{\text{OP}}=r$인 점 $\text{P}(x,y)$에 대하여 동경 OP가 x축의 양의 방향과 이루는 일반각의 크기를 θ라 하면

$$\csc\theta=\frac{r}{y}\ (y\neq0),\ \sec\theta=\frac{r}{x}\ (x\neq0),\ \cot\theta=\frac{x}{y}\ (y\neq0)$$

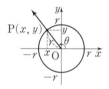

2. 삼각함수의 덧셈정리
(1) $\sin(\alpha+\beta)=\sin\alpha\cos\beta+\cos\alpha\sin\beta$, $\sin(\alpha-\beta)=\sin\alpha\cos\beta-\cos\alpha\sin\beta$
(2) $\cos(\alpha+\beta)=\cos\alpha\cos\beta-\sin\alpha\sin\beta$, $\cos(\alpha-\beta)=\cos\alpha\cos\beta+\sin\alpha\sin\beta$
(3) $\tan(\alpha+\beta)=\dfrac{\tan\alpha+\tan\beta}{1-\tan\alpha\tan\beta}$, $\tan(\alpha-\beta)=\dfrac{\tan\alpha-\tan\beta}{1+\tan\alpha\tan\beta}$

3. 삼각함수의 극한
(1) 임의의 실수 a에 대하여 다음이 성립한다.
　① $\lim\limits_{x\to a}\sin x=\sin a$　　　② $\lim\limits_{x\to a}\cos x=\cos a$
　③ $\lim\limits_{x\to a}\tan x=\tan a$ $\left(단,\ a\neq n\pi+\dfrac{\pi}{2},\ n은\ 정수\right)$
(2) x의 단위가 라디안일 때, 다음이 성립한다.
　① $\lim\limits_{x\to0}\dfrac{\sin x}{x}=1$　　　② $\lim\limits_{x\to0}\dfrac{\tan x}{x}=1$

4. 삼각함수의 도함수
(1) $y=\sin x$이면 $y'=\cos x$　　　(2) $y=\cos x$이면 $y'=-\sin x$

③ 여러 가지 미분법 [수능] 2024 2025

1. 함수의 몫의 미분법
두 함수 $f(x)$, $g(x)$ ($g(x)\neq0$)이 미분가능할 때
(1) $y=\dfrac{1}{g(x)}$이면 $y'=-\dfrac{g'(x)}{\{g(x)\}^2}$　　　(2) $y=\dfrac{f(x)}{g(x)}$이면 $y'=\dfrac{f'(x)g(x)-f(x)g'(x)}{\{g(x)\}^2}$

2. 합성함수의 미분법
두 함수 $y=f(u)$, $u=g(x)$가 각각 미분가능할 때, 합성함수 $y=f(g(x))$는 미분가능하며, 그 도함수는

$$\frac{dy}{dx}=\frac{dy}{du}\times\frac{du}{dx},\ 즉\ y'=f'(g(x))g'(x)$$

3. 매개변수로 나타낸 함수의 미분법

$x=f(t)$, $y=g(t)$가 각각 t에 대하여 미분가능하고 $f'(t) \neq 0$일 때

$$\frac{dy}{dx} = \frac{\dfrac{dy}{dt}}{\dfrac{dx}{dt}} = \frac{g'(t)}{f'(t)}$$

4. 음함수의 미분법

x의 함수 y가 음함수 $f(x, y)=0$의 꼴로 주어졌을 때, y를 x에 대한 함수로 보고 각 항을 x에 대하여 미분하여 $\dfrac{dy}{dx}$를 구한다.

5. 역함수의 미분법

미분가능한 함수 $y=f(x)$의 역함수 $y=f^{-1}(x)$가 존재하고 미분가능할 때

$$\frac{dy}{dx} = \frac{1}{\dfrac{dx}{dy}} \ \text{ 또는 } \ (f^{-1})'(x) = \frac{1}{f'(y)} \ \left(\text{단, } \frac{dx}{dy} \neq 0, \ f'(y) \neq 0 \right)$$

6. 이계도함수

함수 $f(x)$의 도함수 $f'(x)$가 미분가능할 때, 함수 $f'(x)$의 도함수

$$\lim_{\Delta x \to 0} \frac{f'(x+\Delta x) - f'(x)}{\Delta x}$$

를 함수 $y=f(x)$의 이계도함수라 하고, 기호로 $f''(x)$, y'', $\dfrac{d^2 y}{dx^2}$, $\dfrac{d^2}{dx^2} f(x)$와 같이 나타낸다.

Note

▶ 미분가능한 함수 $y=f(x)$의 역함수 $y=f^{-1}(x)$가 존재하고 미분가능할 때, $f^{-1}(x)=g(x)$라 하면
$f(g(x))=x$
양변을 x에 대하여 미분하면
$f'(g(x))g'(x)=1$
$\therefore g'(x) = \dfrac{1}{f'(g(x))}$
➡ $g'(a) = \dfrac{1}{f'(g(a))} = \dfrac{1}{f'(b)}$
(단, $f(b)=a$, $g(a)=b$)

---

4 도함수의 활용　수능 2023 2024 2025

1. 함수의 증가·감소와 극대·극소

이계도함수를 갖는 함수 $f(x)$에 대하여 $f'(a)=0$일 때

(1) $f''(a)<0$이면 함수 $f(x)$는 $x=a$에서 극대이다.

(2) $f''(a)>0$이면 함수 $f(x)$는 $x=a$에서 극소이다.

2. 곡선의 오목·볼록과 변곡점

(1) **곡선의 오목·볼록**: 이계도함수를 갖는 함수 $f(x)$가 어떤 구간에서

　① $f''(x)>0$이면 곡선 $y=f(x)$는 이 구간에서 아래로 볼록하다.

　② $f''(x)<0$이면 곡선 $y=f(x)$는 이 구간에서 위로 볼록하다.

(2) **변곡점**: 곡선 $y=f(x)$ 위의 한 점 $\mathrm{P}(a, f(a))$의 좌우에서 곡선의 모양이 위로 볼록에서 아래로 볼록으로 변하거나 아래로 볼록에서 위로 볼록으로 변할 때, 점 P를 곡선 $y=f(x)$의 변곡점이라 한다.

(3) **변곡점의 판정**: 이계도함수를 갖는 함수 $f(x)$에 대하여 $f''(a)=0$이고 $x=a$의 좌우에서 $f''(x)$의 부호가 바뀌면 점 $(a, f(a))$는 곡선 $y=f(x)$의 변곡점이다.

3. 속도와 가속도

(1) **직선 운동에서의 속도와 가속도**

수직선 위를 움직이는 점 P의 시각 t에서의 위치 x가 $x=f(t)$일 때, 시각 t에서의 점 P의 속도 v와 가속도 a는

　① $v = \dfrac{dx}{dt} = f'(t)$　　　　　② $a = \dfrac{dv}{dt} = f''(t)$

(2) **평면 운동에서의 속도와 가속도**

좌표평면 위를 움직이는 점 P의 시각 t에서의 위치 (x, y)가 $x=f(t)$, $y=g(t)$일 때, 시각 t에서의 점 P의 속도와 가속도는

　① 속도: $\left(\dfrac{dx}{dt}, \dfrac{dy}{dt} \right)$, 즉 $(f'(t), g'(t))$　② 가속도: $\left(\dfrac{d^2 x}{dt^2}, \dfrac{d^2 y}{dt^2} \right)$, 즉 $(f''(t), g''(t))$

1

지수함수와 로그함수의 미분

유형 ① 지수함수와 로그함수의 극한 [수능] 2023 2024 2025

$a>0$, $a\neq 1$일 때

(1) $\displaystyle\lim_{x\to 0}\frac{e^x-1}{x}=1$ 　　(2) $\displaystyle\lim_{x\to 0}\frac{a^x-1}{x}=\ln a$

(3) $\displaystyle\lim_{x\to 0}\frac{\ln(1+x)}{x}=1$ 　(4) $\displaystyle\lim_{x\to 0}\frac{\log_a(1+x)}{x}=\frac{1}{\ln a}$

실전 Tip

두 실수 m, n $(m\neq 0, n\neq 0)$에 대하여

(1) $\displaystyle\lim_{x\to 0}\frac{e^{nx}-1}{mx}=\frac{n}{m}$ 　(2) $\displaystyle\lim_{x\to 0}\frac{ae^{nx}-1}{mx}=\frac{n\ln a}{m}$

(3) $\displaystyle\lim_{x\to 0}\frac{\ln(1+nx)}{mx}=\frac{n}{m}$ (4) $\displaystyle\lim_{x\to 0}\frac{\log_a(1+nx)}{mx}=\frac{n}{m\ln a}$

유형코드 지수함수와 로그함수의 극한값을 구하는 간단한 계산 문제와 좌표평면에서 지수함수와 로그함수가 수렴할 조건을 이용하여 해결하는 문제가 출제된다. 지수함수와 로그함수의 극한의 기본형을 익히고 주어진 식을 기본형으로 바꾸는 연습이 필요하다.

2점

001

2025학년도 평가원 9월 23번

$\displaystyle\lim_{x\to 0}\frac{\sin 5x}{x}$의 값은? [2점]

① 1　　　　　② 2　　　　　③ 3

④ 4　　　　　⑤ 5

002

2024학년도 평가원 9월 23번

$\displaystyle\lim_{x\to 0}\frac{e^{7x}-1}{e^{2x}-1}$의 값은? [2점]

① $\dfrac{1}{2}$　　　　② $\dfrac{3}{2}$　　　　③ $\dfrac{5}{2}$

④ $\dfrac{7}{2}$　　　　⑤ $\dfrac{9}{2}$

003

2023학년도 평가원 9월 23번

$\displaystyle\lim_{x\to 0}\frac{4^x-2^x}{x}$의 값은? [2점]

① $\ln 2$　　　　② 1　　　　③ $2\ln 2$

④ 2　　　　　⑤ $3\ln 2$

004

2025학년도 수능 23번

$\displaystyle\lim_{x\to 0}\frac{3x^2}{\sin^2 x}$의 값은? [2점]

① 1　　　　　② 2　　　　　③ 3

④ 4　　　　　⑤ 5

005

$\lim\limits_{x \to 0} \dfrac{\ln(1+3x)}{\ln(1+5x)}$의 값은? [2점]

① $\dfrac{1}{5}$　　　② $\dfrac{2}{5}$　　　③ $\dfrac{3}{5}$

④ $\dfrac{4}{5}$　　　⑤ 1

007

$\lim\limits_{x \to 0} \dfrac{e^{3x}-1}{\ln(1+2x)}$의 값은? [2점]

① 1　　　② $\dfrac{3}{2}$　　　③ 2

④ $\dfrac{5}{2}$　　　⑤ 3

006

$\lim\limits_{x \to 0} \dfrac{5^{2x}-1}{e^{3x}-1}$의 값은? [2점]

① $\dfrac{\ln 5}{3}$　　　② $\dfrac{1}{\ln 5}$　　　③ $\dfrac{2}{3}\ln 5$

④ $\dfrac{2}{\ln 5}$　　　⑤ $\ln 5$

008

$\lim\limits_{x \to 0} \dfrac{\ln(x+1)}{\sqrt{x+4}-2}$의 값은? [2점]

① 1　　　② 2　　　③ 3

④ 4　　　⑤ 5

009
2022년 시행 교육청 4월 25번

$\lim\limits_{x \to 0+} \dfrac{\ln(2x^2+3x)-\ln 3x}{x}$의 값은? [3점]

① $\dfrac{1}{3}$ ② $\dfrac{1}{2}$ ③ $\dfrac{2}{3}$

④ $\dfrac{5}{6}$ ⑤ 1

010
2022년 시행 교육청 10월 24번

미분가능한 함수 $f(x)$에 대하여

$$\lim\limits_{x \to 0} \dfrac{f(x)-f(0)}{\ln(1+3x)}=2$$

일 때, $f'(0)$의 값은? [3점]

① 4 ② 5 ③ 6

④ 7 ⑤ 8

011
2024학년도 평가원 6월 25번

$\lim\limits_{x \to 0} \dfrac{2^{ax+b}-8}{2^{bx}-1}=16$일 때, $a+b$의 값은?

(단, a와 b는 0이 아닌 상수이다.) [3점]

① 9 ② 10 ③ 11

④ 12 ⑤ 13

012
2024년 시행 교육청 5월 25번

곡선 $y=e^{2x}-1$ 위의 점 $\mathrm{P}(t,\ e^{2t}-1)$ $(t>0)$에 대하여 $\overline{\mathrm{PQ}}=\overline{\mathrm{OQ}}$를 만족시키는 x축 위의 점 Q의 x좌표를 $f(t)$라 할 때, $\lim\limits_{t \to 0+} \dfrac{f(t)}{t}$의 값은? (단, O는 원점이다.) [3점]

① 1 ② $\dfrac{3}{2}$ ③ 2

④ $\dfrac{5}{2}$ ⑤ 3

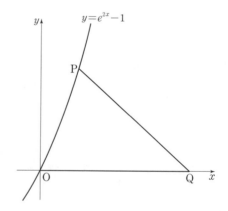

013

양수 t에 대하여 곡선 $y=e^{x^2}-1$ $(x\ge0)$이 두 직선 $y=t$, $y=5t$와 만나는 점을 각각 A, B라 하고, 점 B에서 x축에 내린 수선의 발을 C라 하자. 삼각형 ABC의 넓이를 $S(t)$라 할 때, $\displaystyle\lim_{t\to0+}\dfrac{S(t)}{t\sqrt{t}}$의 값은? [3점]

① $\dfrac{5}{4}(\sqrt{5}-1)$ ② $\dfrac{5}{2}(\sqrt{5}-1)$ ③ $5(\sqrt{5}-1)$

④ $\dfrac{5}{4}(\sqrt{5}+1)$ ⑤ $\dfrac{5}{2}(\sqrt{5}+1)$

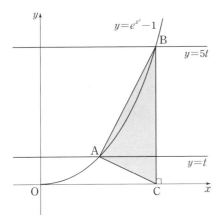

유형 ② 지수함수와 로그함수의 미분

(1) $y=e^x$이면 $y'=e^x$

(2) $y=a^x$이면 $y'=a^x \ln a$ (단, $a>0$, $a\ne1$)

(3) $y=\ln x$이면 $y'=\dfrac{1}{x}$

(4) $y=\log_a x$이면 $y'=\dfrac{1}{x\ln a}$ (단, $a>0$, $a\ne1$)

유형코드 지수함수와 로그함수의 도함수를 구하는 계산 문제가 출제된다. 미분법 단원에서 자주 사용하는 공식이므로 기본 공식과 계산법을 익혀 두어야 한다.

2점

014

함수 $f(x)=(x+a)e^x$에 대하여 $f'(2)=8e^2$일 때, 상수 a의 값은? [2점]

① 1 ② 2 ③ 3

④ 4 ⑤ 5

015

2023년 시행 교육청 4월 26번

두 함수 $f(x)=a^x$, $g(x)=2\log_b x$에 대하여

$$\lim_{x\to e}\frac{f(x)-g(x)}{x-e}=0$$

일 때, $a\times b$의 값은? (단, a와 b는 1보다 큰 상수이다.) [3점]

① $e^{\frac{1}{e}}$ ② $e^{\frac{2}{e}}$ ③ $e^{\frac{3}{e}}$

④ $e^{\frac{4}{e}}$ ⑤ $e^{\frac{5}{e}}$

016

2024년 시행 교육청 10월 27번

함수 $f(x)=e^{3x}-ax$ (a는 상수)와 상수 k에 대하여 함수

$$g(x)=\begin{cases} f(x) & (x\ge k) \\ -f(x) & (x<k) \end{cases}$$

가 실수 전체의 집합에서 연속이고 역함수를 가질 때, $a\times k$의 값은? [3점]

① e ② $e^{\frac{3}{2}}$ ③ e^2

④ $e^{\frac{5}{2}}$ ⑤ e^3

2
삼각함수의 미분

유형 ③ 삼각함수의 정의

(1) 삼각함수의 정의

$$\csc\theta=\frac{1}{\sin\theta},\ \sec\theta=\frac{1}{\cos\theta},\ \cot\theta=\frac{1}{\tan\theta}$$

(2) 삼각함수 사이의 관계

$$1+\tan^2\theta=\sec^2\theta,\ 1+\cot^2\theta=\csc^2\theta$$

참고 (1) $\tan\theta=\dfrac{\sin\theta}{\cos\theta}$

(2) $\sin^2\theta+\cos^2\theta=1$

유형코드 삼각함수의 정의와 삼각함수 사이의 관계를 이용하는 단순한 계산 문제가 출제된다. 삼각함수 사이의 관계식을 정확하게 숙지해야 한다.

017

2022년 시행 교육청 4월 24번

$\sec\theta=\dfrac{\sqrt{10}}{3}$일 때, $\sin^2\theta$의 값은? [3점]

① $\dfrac{1}{10}$ ② $\dfrac{3}{20}$ ③ $\dfrac{1}{5}$

④ $\dfrac{1}{4}$ ⑤ $\dfrac{3}{10}$

유형 ④ 삼각함수의 덧셈정리

(1) $\sin(\alpha+\beta)=\sin\alpha\cos\beta+\cos\alpha\sin\beta$

$\sin(\alpha-\beta)=\sin\alpha\cos\beta-\cos\alpha\sin\beta$

(2) $\cos(\alpha+\beta)=\cos\alpha\cos\beta-\sin\alpha\sin\beta$

$\cos(\alpha-\beta)=\cos\alpha\cos\beta+\sin\alpha\sin\beta$

(3) $\tan(\alpha+\beta)=\dfrac{\tan\alpha+\tan\beta}{1-\tan\alpha\tan\beta}$

$\tan(\alpha-\beta)=\dfrac{\tan\alpha-\tan\beta}{1+\tan\alpha\tan\beta}$

참고

(1) $\sin 2\alpha=\sin(\alpha+\alpha)=\sin\alpha\cos\alpha+\cos\alpha\sin\alpha$
$\qquad =2\sin\alpha\cos\alpha$

(2) $\cos 2\alpha=\cos(\alpha+\alpha)=\cos\alpha\cos\alpha-\sin\alpha\sin\alpha$
$\qquad =\cos^2\alpha-\sin^2\alpha$

(3) $\tan 2\alpha=\tan(\alpha+\alpha)=\dfrac{\tan\alpha+\tan\alpha}{1-\tan\alpha\tan\alpha}$
$\qquad =\dfrac{2\tan\alpha}{1-\tan^2\alpha}$

유형코드 단순한 계산 문제부터 삼각함수의 덧셈정리를 활용한 응용 문제까지 다양하게 출제된다. 삼각함수의 덧셈정리를 이용할 때 부호에 주의한다.

3점

018

2024년 시행 교육청 7월 26번

그림과 같이 $\overline{AB}=\overline{BC}=1$이고 $\angle ABC=\dfrac{\pi}{2}$인 삼각형 ABC가 있다. 선분 AB 위의 점 D와 선분 BC 위의 점 E가

$$\overline{AD}=2\overline{BE} \quad (0<\overline{AD}<1)$$

을 만족시킬 때, 두 선분 AE, CD가 만나는 점을 F라 하자. $\tan(\angle CFE)=\dfrac{16}{15}$일 때, $\tan(\angle CDB)$의 값은?

$$\left(\text{단, } \dfrac{\pi}{4}<\angle CDB<\dfrac{\pi}{2}\right) \text{[3점]}$$

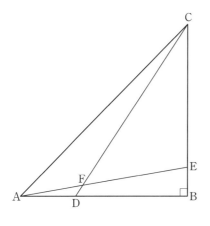

① $\dfrac{9}{7}$ ② $\dfrac{4}{3}$ ③ $\dfrac{7}{5}$

④ $\dfrac{3}{2}$ ⑤ $\dfrac{5}{3}$

019

2023년 시행 교육청 7월 27번

그림과 같이 $\overline{AB_1}=\overline{AC_1}=\sqrt{17}$, $\overline{B_1C_1}=2$인 삼각형 AB_1C_1이 있다. 선분 AB_1 위의 점 B_2, 선분 AC_1 위의 점 C_2, 삼각형 AB_1C_1의 내부의 점 D_1을 $\overline{B_1D_1}=\overline{B_2D_1}=\overline{C_1D_1}=\overline{C_2D_1}$,

$\angle B_1D_1B_2=\angle C_1D_1C_2=\dfrac{\pi}{2}$가 되도록 잡고, 두 삼각형 $B_1D_1B_2$, $C_1D_1C_2$에 색칠하여 얻은 그림을 R_1이라 하자.

그림 R_1에서 선분 AB_2 위의 점 B_3, 선분 AC_2 위의 점 C_3, 삼각형 AB_2C_2의 내부의 점 D_2를 $\overline{B_2D_2}=\overline{B_3D_2}=\overline{C_2D_2}=\overline{C_3D_2}$,

$\angle B_2D_2B_3=\angle C_2D_2C_3=\dfrac{\pi}{2}$가 되도록 잡고, 두 삼각형 $B_2D_2B_3$, $C_2D_2C_3$에 색칠하여 얻은 그림을 R_2라 하자.

이와 같은 과정을 계속하여 n번째 얻은 그림 R_n에 색칠되어 있는 부분의 넓이를 S_n이라 할 때, $\lim\limits_{n\to\infty}S_n$의 값은? [3점]

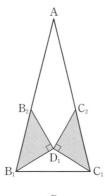 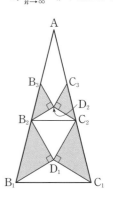

R_1 R_2 $\cdots$

① 2   ② $\dfrac{33}{16}$ ③ $\dfrac{17}{8}$

④ $\dfrac{35}{10}$ ⑤ $\dfrac{9}{4}$

020

2024년 시행 교육청 5월 28번

두 상수 a $(a>0)$, b에 대하여 두 함수 $f(x)$, $g(x)$를
$$f(x)=a\sin x-\cos x,\ g(x)=e^{2x-b}-1$$
이라 하자. 두 함수 $f(x)$, $g(x)$가 다음 조건을 만족시킬 때, $\tan b$의 값은? [4점]

(가) $f(k)=g(k)=0$을 만족시키는 실수 k가 열린구간 $\left(-\dfrac{\pi}{2},\ \dfrac{\pi}{2}\right)$에 존재한다.

(나) 열린구간 $\left(-\dfrac{\pi}{2},\ \dfrac{\pi}{2}\right)$에서 방정식 $\{f(x)g(x)\}'=2f(x)$의 모든 해의 합은 $\dfrac{\pi}{4}$이다.

---

① $\dfrac{5}{2}$ ② 3 ③ $\dfrac{7}{2}$

④ 4 ⑤ $\dfrac{9}{2}$

유형 ⑤ 삼각함수의 극한

수능 2023

x의 단위가 라디안일 때

(1) $\displaystyle\lim_{x\to 0}\frac{\sin x}{x}=1$ (2) $\displaystyle\lim_{x\to 0}\frac{\tan x}{x}=1$

실전 Tip

(1) 두 실수 a, b $(a\neq 0,\ b\neq 0)$에 대하여

① $\displaystyle\lim_{x\to 0}\frac{\sin bx}{ax}=\frac{b}{a}$, $\displaystyle\lim_{x\to 0}\frac{\sin bx}{\sin ax}=\frac{b}{a}$

② $\displaystyle\lim_{x\to 0}\frac{\tan bx}{ax}=\frac{b}{a}$, $\displaystyle\lim_{x\to 0}\frac{\tan bx}{\tan ax}=\frac{b}{a}$

(2) 분자 또는 분모에 $1-\cos\theta$가 있는 경우 분자, 분모에 $1+\cos\theta$를 곱하여 계산한다.

예
$$\begin{aligned}
\lim_{\theta\to 0}\frac{1-\cos\theta}{\theta^2}&=\lim_{\theta\to 0}\frac{(1-\cos\theta)(1+\cos\theta)}{\theta^2(1+\cos\theta)}\\
&=\lim_{\theta\to 0}\frac{1-\cos^2\theta}{\theta^2(1+\cos\theta)}\\
&=\lim_{\theta\to 0}\frac{\sin^2\theta}{\theta^2(1+\cos\theta)}\\
&=\lim_{\theta\to 0}\left\{\left(\frac{\sin\theta}{\theta}\right)^2\times\frac{1}{1+\cos\theta}\right\}\\
&=1^2\times\frac{1}{2}=\frac{1}{2}
\end{aligned}$$

유형코드 삼각함수의 극한을 이용한 도형의 길이, 넓이에 대한 문제가 주로 출제된다. 이때 도형의 길이 또는 넓이를 θ에 대하여 나타내어야 하므로 삼각형, 원에 대한 이해가 필요하다.

021

그림과 같이 좌표평면 위에 점 $A(0, 1)$을 중심으로 하고 반지름의 길이가 1인 원 C가 있다. 원점 O를 지나고 x축의 양의 방향과 이루는 각의 크기가 θ인 직선이 원 C와 만나는 점 중 O가 아닌 점을 P라 하고, 호 OP 위에 점 Q를 $\angle OPQ = \dfrac{\theta}{3}$가 되도록 잡는다. 삼각형 POQ의 넓이를 $f(\theta)$라 할 때,
$\displaystyle\lim_{\theta \to 0+} \dfrac{f(\theta)}{\theta^3}$의 값은?

(단, 점 Q는 제1사분면 위의 점이고, $0 < \theta < \pi$이다.) [3점]

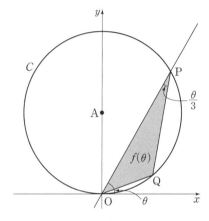

① $\dfrac{2}{9}$　　② $\dfrac{1}{3}$　　③ $\dfrac{4}{9}$

④ $\dfrac{5}{9}$　　⑤ $\dfrac{2}{3}$

022

그림과 같이 반지름의 길이가 1이고 중심각의 크기가 $\dfrac{\pi}{2}$인 부채꼴 OAB가 있다. 호 AB 위의 점 P에 대하여 $\overline{PA} = \overline{PC} = \overline{PD}$가 되도록 호 PB 위에 점 C와 선분 OA 위에 점 D를 잡는다. 점 D를 지나고 선분 OP와 평행한 직선이 선분 PA와 만나는 점을 E라 하자. $\angle POA = \theta$일 때, 삼각형 CDP의 넓이를 $f(\theta)$, 삼각형 EDA의 넓이를 $g(\theta)$라 하자.
$\displaystyle\lim_{\theta \to 0+} \dfrac{g(\theta)}{\theta^2 \times f(\theta)}$의 값은? $\left(\text{단, } 0 < \theta < \dfrac{\pi}{4}\right)$ [4점]

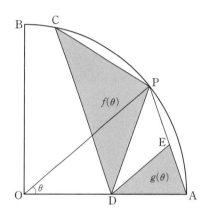

① $\dfrac{1}{8}$　　② $\dfrac{1}{4}$　　③ $\dfrac{3}{8}$

④ $\dfrac{1}{2}$　　⑤ $\dfrac{5}{8}$

그림과 같이 중심이 O이고 길이가 2인 선분 AB를 지름으로 하는 원이 있다. 원 위에 점 P를 ∠PAB=θ가 되도록 잡고, 점 P를 포함하지 않는 호 AB 위에 점 Q를 ∠QAB=2θ가 되도록 잡는다. 직선 OQ가 원과 만나는 점 중 Q가 아닌 점을 R, 두 선분 PA와 QR가 만나는 점을 S라 하자. 삼각형 BOQ 의 넓이를 $f(\theta)$, 삼각형 PRS의 넓이를 $g(\theta)$라 할 때, $\lim\limits_{\theta \to 0+} \dfrac{g(\theta)}{f(\theta)}$의 값은? $\left(\text{단, } 0<\theta<\dfrac{\pi}{6}\right)$ [4점]

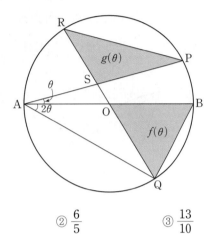

① $\dfrac{11}{10}$ ② $\dfrac{6}{5}$ ③ $\dfrac{13}{10}$

④ $\dfrac{7}{5}$ ⑤ $\dfrac{3}{2}$

그림과 같이 중심이 O이고 길이가 2인 선분 AB를 지름으로 하는 반원 위에 ∠AOC=$\dfrac{\pi}{2}$인 점 C가 있다.

호 BC 위에 점 P와 호 CA 위에 점 Q를 $\overline{\text{PB}}=\overline{\text{QC}}$가 되도록 잡고, 선분 AP 위에 점 R를 ∠CQR=$\dfrac{\pi}{2}$가 되도록 잡는다.

선분 AP와 선분 CO의 교점을 S라 하자. ∠PAB=θ일 때, 삼각형 POB의 넓이를 $f(\theta)$, 사각형 CQRS의 넓이를 $g(\theta)$라 하자. $\lim\limits_{\theta \to 0+} \dfrac{3f(\theta)-2g(\theta)}{\theta^2}$의 값은? $\left(\text{단, } 0<\theta<\dfrac{\pi}{4}\right)$ [4점]

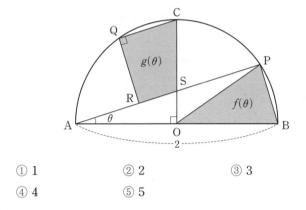

① 1   ② 2   ③ 3
④ 4   ⑤ 5

그림과 같이 $\overline{AB}=\overline{AC}$, $\overline{BC}=2$인 삼각형 ABC에 대하여 선분 AB를 지름으로 하는 원이 선분 AC와 만나는 점 중 A가 아닌 점을 D라 하고, 선분 AB의 중점을 E라 하자. $\angle BAC=\theta$일 때, 삼각형 CDE의 넓이를 $S(\theta)$라 하자. $60\times\lim\limits_{\theta\to 0+}\dfrac{S(\theta)}{\theta}$의 값을 구하시오. $\left(\text{단, } 0<\theta<\dfrac{\pi}{2}\right)$ [4점]

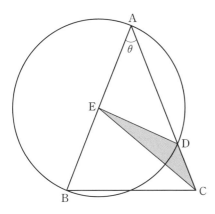

그림과 같이 길이가 2인 선분 AB를 지름으로 하는 반원이 있다. 선분 AB의 중점을 O라 하고 호 AB 위에 두 점 P, Q를
$$\angle BOP=\theta, \angle BOQ=2\theta$$
가 되도록 잡는다. 점 Q를 지나고 선분 AB에 평행한 직선이 호 AB와 만나는 점 중 Q가 아닌 점을 R라 하고, 선분 BR가 두 선분 OP, OQ와 만나는 점을 각각 S, T라 하자.
세 선분 AO, OT, TR와 호 RA로 둘러싸인 부분의 넓이를 $f(\theta)$라 하고, 세 선분 QT, TS, SP와 호 PQ로 둘러싸인 부분의 넓이를 $g(\theta)$라 하자. $\lim\limits_{\theta\to 0+}\dfrac{g(\theta)}{f(\theta)}=a$일 때, $80a$의 값을 구하시오. $\left(\text{단, } 0<\theta<\dfrac{\pi}{4}\right)$ [4점]

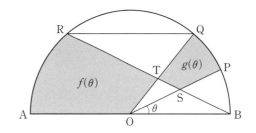

여러 가지 미분법

유형 ⑥ 삼각함수의 미분

---

(1) $y=\sin x$이면 $y'=\cos x$

(2) $y=\cos x$이면 $y'=-\sin x$

유형코드 삼각함수의 미분의 기본 공식을 이용하여 미분계수를 구하는 계산 문제가 출제된다. 삼각함수의 미분의 기본 공식과 계산법을 익혀둔다.

유형 ⑦ 합성함수의 미분법

두 함수 $y=f(u)$, $u=g(x)$가 각각 미분가능할 때, 합성 함수 $y=f(g(x))$는 미분가능하며, 그 도함수는

$$\frac{dy}{dx}=\frac{dy}{du}\times\frac{du}{dx},\ \text{즉}\ y'=f'(g(x))g'(x)$$

유형코드 합성함수의 미분법을 이용하여 미분계수를 구하는 문제가 출제된다. 삼각함수, 지수함수, 로그함수 등의 미분을 알고, 계산에 실수가 없도록 충분한 연습이 필요하다.

3점

027

2023년 시행 교육청 4월 24번

함수 $f(x)=e^x(2\sin x+\cos x)$에 대하여 $f'(0)$의 값은? [3점]

① 3   ② 4   ③ 5

④ 6   ⑤ 7

3점

028

2023년 시행 교육청 7월 24번

함수 $f(x)=\ln(x^2-x+2)$와 실수 전체의 집합에서 미분가 능한 함수 $g(x)$가 있다. 실수 전체의 집합에서 정의된 합성함 수 $h(x)$를 $h(x)=f(g(x))$라 하자.

$\displaystyle\lim_{x\to 2}\frac{g(x)-4}{x-2}=12$일 때, $h'(2)$의 값은? [3점]

① 4   ② 6   ③ 8

④ 10   ⑤ 12

029

실수 전체의 집합에서 미분가능한 함수 $f(x)$가 모든 실수 x에 대하여

$$f(x) + f\left(\frac{1}{2}\sin x\right) = \sin x$$

를 만족시킬 때, $f'(\pi)$의 값은? [3점]

① $-\frac{5}{6}$ ② $-\frac{2}{3}$ ③ $-\frac{1}{2}$

④ $-\frac{1}{3}$ ⑤ $-\frac{1}{6}$

4점

030

점 $(0, 1)$을 지나고 기울기가 양수인 직선 l과 곡선 $y = e^{\frac{x}{a}} - 1$ $(a > 0)$이 있다. 직선 l이 x축의 양의 방향과 이루는 각의 크기가 θ일 때, 직선 l이 곡선 $y = e^{\frac{x}{a}} - 1$ $(a > 0)$과 제1사분면에서 만나는 점의 x좌표를 $f(\theta)$라 하자. $f\left(\frac{\pi}{4}\right) = a$일 때, $\sqrt{f'\left(\frac{\pi}{4}\right)} = pe + q$이다. $p^2 + q^2$의 값을 구하시오. (단, a는 상수이고 p, q는 정수이다.) [4점]

유형 ⑧ 매개변수로 나타낸 함수의 미분법   수능 2024

$x = f(t)$, $y = g(t)$가 각각 t에 대하여 미분가능하고 $f'(t) \neq 0$이면

$$\frac{dy}{dx} = \frac{\dfrac{dy}{dt}}{\dfrac{dx}{dt}} = \frac{g'(t)}{f'(t)}$$

유형코드 매개변수로 나타낸 함수의 미분계수를 구하는 간단한 문제가 주로 출제된다. 매개변수의 의미를 정확히 알고 계산 실수에 유의하도록 하자.

3점

031

매개변수 t $(t > 0)$으로 나타내어진 함수

$$x = 3t - \frac{1}{t}, \quad y = te^{t-1}$$

에서 $t = 1$일 때, $\dfrac{dy}{dx}$의 값은? [3점]

① $\frac{1}{2}$ ② $\frac{2}{3}$ ③ $\frac{5}{6}$

④ 1 ⑤ $\frac{7}{6}$

매개변수 t ($t>0$)으로 나타내어진 곡선
$$x=t^2 \ln t+3t, \quad y=6te^{t-1}$$
에서 $t=1$일 때, $\dfrac{dy}{dx}$의 값은? [3점]

① 1   ② 2   ③ 3

④ 4   ⑤ 5

매개변수 t ($t>0$)으로 나타내어진 곡선
$$x=\ln(t^3+1), \quad y=\sin \pi t$$
에서 $t=1$일 때, $\dfrac{dy}{dx}$의 값은? [3점]

① $-\dfrac{1}{3}\pi$ ② $-\dfrac{2}{3}\pi$ ③ $-\pi$

④ $-\dfrac{4}{3}\pi$ ⑤ $-\dfrac{5}{3}\pi$

매개변수 t로 나타내어진 곡선
$$x=t+\cos 2t, \quad y=\sin^2 t$$
에서 $t=\dfrac{\pi}{4}$일 때, $\dfrac{dy}{dx}$의 값은? [3점]

① -2 ② -1 ③ 0

④ 1   ⑤ 2

035

2024학년도 평가원 6월 24번

매개변수 t로 나타내어진 곡선

$$x=\frac{5t}{t^2+1},\ y=3\ln(t^2+1)$$

에서 $t=2$일 때, $\dfrac{dy}{dx}$의 값은? [3점]

① -1 ② -2 ③ -3

④ -4 ⑤ -5

036

2022년 시행 교육청 10월 25번

매개변수 $t\ (0<t<\pi)$로 나타내어진 곡선

$$x=\sin t-\cos t,\ y=3\cos t+\sin t$$

위의 점 $(a,\ b)$에서의 접선의 기울기가 3일 때, $a+b$의 값은? [3점]

① 0 ② $-\dfrac{\sqrt{10}}{10}$ ③ $-\dfrac{\sqrt{10}}{5}$

④ $-\dfrac{3\sqrt{10}}{10}$ ⑤ $-\dfrac{2\sqrt{10}}{5}$

유형 ❾ 음함수의 미분법

x의 함수 y가 음함수 $f(x,\ y)=0$의 꼴로 주어졌을 때, y를 x에 대한 함수로 보고 각 항을 x에 대하여 미분하여 $\dfrac{dy}{dx}$를 구한다.

참고 각 항을 x에 대하여 미분할 때 (단, n은 실수)

$$\frac{d}{dx}x^n=nx^{n-1},\ \frac{d}{dx}y^n=ny^{n-1}\frac{dy}{dx}$$

유형코드 음함수로 표현된 함수의 미분계수를 구하는 계산 문제가 출제된다. y를 x에 대한 함수로 보는 것이 생소할 수 있으니 개념을 정확히 이해하고 미분할 수 있어야 한다.

3점

037

2023학년도 평가원 6월 24번

곡선 $x^2-y\ln x+x=e$ 위의 점 $(e,\ e^2)$에서의 접선의 기울기는? [3점]

① $e+1$ ② $e+2$ ③ $e+3$

④ $2e+1$ ⑤ $2e+2$

038

곡선 $x \sin 2y + 3x = 3$ 위의 점 $\left(1, \dfrac{\pi}{2}\right)$에서의 접선의 기울기는? [3점]

① $\dfrac{1}{2}$　　　　② 1　　　　③ $\dfrac{3}{2}$

④ 2　　　　⑤ $\dfrac{5}{2}$

039

곡선 $2e^{x+y-1} = 3e^x + x - y$ 위의 점 $(0, 1)$에서의 접선의 기울기는? [3점]

① $\dfrac{2}{3}$　　　　② 1　　　　③ $\dfrac{4}{3}$

④ $\dfrac{5}{3}$　　　　⑤ 2

유형 ⑩ 역함수의 미분법

미분가능한 함수 $y = f(x)$의 역함수 $y = f^{-1}(x)$가 존재하고 미분가능할 때

$$\frac{dy}{dx} = \frac{1}{\dfrac{dx}{dy}} \ \left(\text{단, } \frac{dx}{dy} \neq 0\right)$$

또는

$$(f^{-1})'(x) = \frac{1}{f'(y)} \ (\text{단, } f'(y) \neq 0)$$

유형코드 역함수의 미분법을 이용하여 함숫값 또는 미분계수를 구하는 단순한 문제도 출제되지만 고난도 문제의 풀이 과정에 자주 등장한다. 역함수의 미분법의 공식을 외우기보다는 유도 과정을 이해하고 있는 것이 문제 해결에 도움이 된다.

3점

040

함수 $f(x) = x^3 + 2x + 3$의 역함수를 $g(x)$라 할 때, $g'(3)$의 값은? [3점]

① 1　　　　② $\dfrac{1}{2}$　　　　③ $\dfrac{1}{3}$

④ $\dfrac{1}{4}$　　　　⑤ $\dfrac{1}{5}$

041

양의 실수 전체의 집합에서 정의된 미분가능한 두 함수 $f(x)$, $g(x)$에 대하여 $f(x)$가 함수 $g(x)$의 역함수이고, $\lim\limits_{x \to 2} \dfrac{f(x)-2}{x-2} = \dfrac{1}{3}$이다. 함수 $h(x) = \dfrac{g(x)}{f(x)}$라 할 때, $h'(2)$의 값은? [3점]

① $\dfrac{7}{6}$　　　② $\dfrac{4}{3}$　　　③ $\dfrac{3}{2}$

④ $\dfrac{5}{3}$　　　⑤ $\dfrac{11}{6}$

042

함수 $f(x) = x^3 + x + 1$의 역함수를 $g(x)$라 하자. 매개변수 t로 나타내어진 곡선

$$x = g(t) + t, \quad y = g(t) - t$$

에서 $t = 3$일 때, $\dfrac{dy}{dx}$의 값은? [3점]

① $-\dfrac{1}{5}$　　　② $-\dfrac{3}{10}$　　　③ $-\dfrac{2}{5}$

④ $-\dfrac{1}{2}$　　　⑤ $-\dfrac{3}{5}$

043

함수 $f(x) = e^{2x} + e^x - 1$의 역함수를 $g(x)$라 할 때, 함수 $g(5f(x))$의 $x=0$에서의 미분계수는? [3점]

① $\dfrac{1}{2}$　　　② $\dfrac{3}{4}$　　　③ 1

④ $\dfrac{5}{4}$　　　⑤ $\dfrac{3}{2}$

044

최고차항의 계수가 1인 삼차함수 $f(x)$에 대하여 함수 $g(x)$를
$$g(x)=f(e^x)+e^x$$
이라 하자. 곡선 $y=g(x)$ 위의 점 $(0, g(0))$에서의 접선이 x축이고 함수 $g(x)$가 역함수 $h(x)$를 가질 때, $h'(8)$의 값은? [3점]

① $\dfrac{1}{36}$ ② $\dfrac{1}{18}$ ③ $\dfrac{1}{12}$

④ $\dfrac{1}{9}$ ⑤ $\dfrac{5}{36}$

4점

045

최고차항의 계수가 1이고 역함수가 존재하는 삼차함수 $f(x)$에 대하여 함수 $f(x)$의 역함수를 $g(x)$라 하자. 실수 k $(k>0)$에 대하여 함수 $h(x)$는

$$h(x)=\begin{cases} \dfrac{g(x)-k}{x-k} & (x \neq k) \\ \dfrac{1}{3} & (x=k) \end{cases}$$

이다. 함수 $h(x)$가 다음 조건을 만족시키도록 하는 모든 함수 $f(x)$에 대하여 $f'(0)$의 값이 최대일 때, k의 값을 α라 하자.

(가) $h(0)=1$
(나) 함수 $h(x)$는 실수 전체의 집합에서 연속이다.

$k=\alpha$일 때, $\alpha \times h(9) \times g'(9)$의 값은? [4점]

① $\dfrac{1}{84}$ ② $\dfrac{1}{42}$ ③ $\dfrac{1}{28}$

④ $\dfrac{1}{21}$ ⑤ $\dfrac{5}{84}$

유형 ⑪ 이계도함수

함수 $y=f(x)$의 도함수 $f'(x)$가 미분가능할 때

함수 $f(x)$	미분 ⟹	도함수 $y'=f'(x)$	미분 ⟹	이계도함수 $y''=f''(x)$

유형코드 이계도함수를 이용하는 단순 계산 문제도 종종 출제되지만 그래프의 개형을 파악하는 고난도의 문제에서 주로 이용되므로 이계도함수의 의미를 정확히 파악하고 구할 수 있어야 한다.

2점

046

2024년 시행 교육청 5월 23번

함수 $f(x)=\sin 2x$에 대하여 $f''\left(\dfrac{\pi}{4}\right)$의 값은? [2점]

① -4　　② -2　　③ 0

④ 2　　⑤ 4

4
도함수의 활용

유형 ⑫ 접선의 방정식　　수능 2024

(1) 접점의 좌표가 주어진 경우

　곡선 $y=f(x)$ 위의 점 $(a, f(a))$에서의 접선의 방정식은 다음과 같은 순서로 구한다.

　❶ 접선의 기울기 $f'(a)$를 구한다.

　❷ $y-f(a)=f'(a)(x-a)$를 이용하여 접선의 방정식을 구한다.

(2) 접선의 기울기가 주어진 경우

　곡선 $y=f(x)$에 접하고 기울기가 m인 접선의 방정식은 다음과 같은 순서로 구한다.

　❶ 접점의 좌표를 $(t, f(t))$로 놓는다.

　❷ $f'(t)=m$임을 이용하여 t의 값을 구한 후 접점의 좌표를 구한다.

　❸ $y-f(t)=m(x-t)$를 이용하여 접선의 방정식을 구한다.

(3) 곡선 밖의 한 점에서 곡선에 접선을 그은 경우

　곡선 $y=f(x)$ 밖의 한 점 (x_1, y_1)에서 곡선에 그은 접선의 방정식은 다음과 같은 순서로 구한다.

　❶ 접점의 좌표를 $(t, f(t))$로 놓는다.

　❷ $y-f(t)=f'(t)(x-t)$에 점 (x_1, y_1)의 좌표를 대입하여 t의 값을 구한다.

　❸ t의 값을 $y-f(t)=f'(t)(x-t)$에 대입하여 접선의 방정식을 구한다.

유형코드 접선의 방정식을 구하는 문제, 구한 접선을 이용하여 기울기, y절편, 두 점 사이의 거리 등을 구하는 문제 등이 출제된다. 문제를 해결하는 과정에서 주어진 조건이 결국 곡선에 직선이 접할 때임을 추론하는 고난도의 문제 또한 자주 출제되므로 접선의 성질을 정확하게 이해해야 한다.

047

실수 t $(0<t<\pi)$에 대하여 곡선 $y=\sin x$ 위의 점 $P(t,\ \sin t)$에서의 접선과 점 P를 지나고 기울기가 -1인 직선이 이루는 예각의 크기를 θ라 할 때, $\displaystyle\lim_{t\to\pi-}\frac{\tan\theta}{(\pi-t)^2}$의 값은? [3점]

① $\dfrac{1}{16}$　　　② $\dfrac{1}{8}$　　　③ $\dfrac{1}{4}$

④ $\dfrac{1}{2}$　　　⑤ 1

048

실수 t에 대하여 원점을 지나고 곡선 $y=\dfrac{1}{e^x}+e^t$에 접하는 직선의 기울기를 $f(t)$라 하자. $f(a)=-e\sqrt{e}$를 만족시키는 상수 a에 대하여 $f'(a)$의 값은? [3점]

① $-\dfrac{1}{3}e\sqrt{e}$　　② $-\dfrac{1}{2}e\sqrt{e}$　　③ $-\dfrac{2}{3}e\sqrt{e}$

④ $-\dfrac{5}{6}e\sqrt{e}$　　⑤ $-e\sqrt{e}$

유형 ⑬ 함수의 극대·극소

(1) 함수 $f(x)$에서 $x=a$를 포함하는 어떤 열린구간에 속하는 모든 x에 대하여

① $f(x)\le f(a)$일 때, 함수 $f(x)$는 $x=a$에서 극대라 하고, $f(a)$를 극댓값이라 한다.

② $f(x)\ge f(a)$일 때, 함수 $f(x)$는 $x=a$에서 극소라 하고, $f(a)$를 극솟값이라 한다.

이때 극댓값과 극솟값을 통틀어 극값이라 한다.

(2) 함수 $f(x)$가 $x=a$에서 미분가능하고 $x=a$에서 극값을 가지면 $f'(a)=0$

(3) 함수 $f(x)$의 극대와 극소의 판정

미분가능한 함수 $f(x)$에 대하여 $f'(a)=0$이고, $x=a$의 좌우에서 $f'(x)$의 부호가

① 양$(+)$에서 음$(-)$으로 바뀌면

함수 $f(x)$는 $x=a$에서 극대이고, 극댓값은 $f(a)$

② 음$(-)$에서 양$(+)$으로 바뀌면

함수 $f(x)$는 $x=a$에서 극소이고, 극솟값은 $f(a)$

실전 Tip 미분가능한 함수 $f(x)$가 $x=a$에서 극값 b를 가지면 $f(a)=b,\ f'(a)=0$

유형코드 함수의 극값을 갖는 x를 구하는 문제, 극값 또는 극값을 갖는 x의 값이 주어지고 문제에서 요구하는 값을 구하는 문제로 출제된다. 이 유형은 응용문제가 적은 편이므로 미분 계산에 유의해야 한다. 또한, 고난도 문제의 풀이 과정에서 함수의 극값을 이용하는 문제가 많이 출제되기 때문에 함수의 극값에 대한 정확한 이해가 필요하다.

049

상수 a $(a>1)$과 실수 t $(t>0)$에 대하여 곡선 $y=a^x$ 위의 점 $A(t,\ a^t)$에서의 접선을 l이라 하자. 점 A를 지나고 직선 l에 수직인 직선이 x축과 만나는 점을 B, y축과 만나는 점을 C라 하자. $\dfrac{\overline{AC}}{\overline{AB}}$의 값이 $t=1$에서 최대일 때, a의 값은? [3점]

① $\sqrt{2}$　　　② $\sqrt{e}$　　　③ 2

④ $\sqrt{2e}$　　　⑤ e

유형 ⑭ 곡선의 변곡점과 함수의 그래프 〔수능〕 2025

이계도함수를 갖는 함수 $f(x)$에 대하여 $f''(a)=0$이고 $x=a$의 좌우에서 $f''(x)$의 부호가 바뀌면 점 $(a, f(a))$는 곡선 $y=f(x)$의 변곡점이다.

유형코드 이계도함수가 존재하는 함수 $f(x)$에 대하여 곡선 $y=f(x)$의 변곡점을 구하는 문제도 출제되지만 고난도 문제에서 변곡점을 이용하여 함수의 그래프를 그려 해결하는 문제로 출제된다. $f(x)$, $f'(x)$, $f''(x)$의 관계를 파악할 수 있어야 한다.

4점

050
2025학년도 〔평가원〕 6월 28번

함수 $f(x)$가
$$f(x)=\begin{cases} (x-a-2)^2 e^x & (x \geq a) \\ e^{2a}(x-a)+4e^a & (x < a) \end{cases}$$
일 때, 실수 t에 대하여 $f(x)=t$를 만족시키는 x의 최솟값을 $g(t)$라 하자. 함수 $g(t)$가 $t=12$에서만 불연속일 때, $\dfrac{g'(f(a+2))}{g'(f(a+6))}$의 값은? (단, a는 상수이다.) [4점]

① $6e^4$ ② $9e^4$ ③ $12e^4$

④ $8e^6$ ⑤ $10e^6$

051
2024년 시행 교육청 10월 30번

두 상수 a $(a>0)$, b에 대하여 함수 $f(x)=(ax^2+bx)e^{-x}$이 다음 조건을 만족시킬 때, $60 \times (a+b)$의 값을 구하시오. [4점]

(가) $\{x|f(x)=f'(t) \times x\}=\{0\}$을 만족시키는 실수 t의 개수가 1이다.

(나) $f(2)=2e^{-2}$

(1) 방정식에의 활용

① 방정식 $f(x)=0$의 서로 다른 실근의 개수
$\Longleftrightarrow$ 함수 $y=f(x)$의 그래프와 x축의 서로 다른 교점의 개수

② 방정식 $f(x)=k$의 서로 다른 실근의 개수
$\Longleftrightarrow$ 함수 $y=f(x)$의 그래프와 직선 $y=k$의 서로 다른 교점의 개수

③ 방정식 $f(x)=g(x)$의 서로 다른 실근의 개수
$\Longleftrightarrow$ 두 함수 $y=f(x)$, $y=g(x)$의 그래프의 서로 다른 교점의 개수
$\Longleftrightarrow$ 함수 $y=f(x)-g(x)$의 그래프와 x축의 서로 다른 교점의 개수

(2) 부등식에의 활용

① 어떤 구간에서
• 부등식 $f(x) \geq 0$이 항상 성립하려면
(이 구간에서 함수 $f(x)$의 최솟값)≥ 0
• 부등식 $f(x) \leq 0$이 항상 성립하려면
(이 구간에서 함수 $f(x)$의 최댓값)≤ 0

② 어떤 구간에서 부등식 $f(x) \geq g(x)$가 항성 성립하려면
$h(x)=f(x)-g(x)$라 하고,
(이 구간에서 함수 $h(x)$의 최솟값)≥ 0

유형코드 주어진 조건으로 함수의 그래프를 파악하여 문제에서 요구하는 값을 구하는 문제, 주어진 명제의 참, 거짓을 판별하는 문제 등이 출제된다. 미분법 단원에서 다루는 이론을 종합적으로 이용한 최고난도의 응용문제가 자주 출제되므로 모든 이론과 공식에 대한 정확한 이해가 필요하고, 기출 문제를 통해 이론이 어떻게 이용되는지 파악해야 한다.

3점

052

2024학년도 평가원 6월 26번

x에 대한 방정식 $x^2-5x+2\ln x=t$의 서로 다른 실근의 개수가 2가 되도록 하는 모든 실수 t의 값의 합은? [3점]

① $-\dfrac{17}{2}$ ② $-\dfrac{33}{4}$ ③ -8

④ $-\dfrac{31}{4}$ ⑤ $-\dfrac{15}{2}$

4점

053

2023학년도 평가원 6월 28번

최고차항의 계수가 $\dfrac{1}{2}$인 삼차함수 $f(x)$에 대하여 함수 $g(x)$가

$$g(x)=\begin{cases} \ln|f(x)| & (f(x)\neq 0) \\ 1 & (f(x)=0) \end{cases}$$

이고 다음 조건을 만족시킬 때, 함수 $g(x)$의 극솟값은? [4점]

(가) 함수 $g(x)$는 $x\neq 1$인 모든 실수 x에서 연속이다.

(나) 함수 $g(x)$는 $x=2$에서 극대이고,
함수 $|g(x)|$는 $x=2$에서 극소이다.

(다) 방정식 $g(x)=0$의 서로 다른 실근의 개수는 3이다.

① $\ln\dfrac{13}{27}$ ② $\ln\dfrac{16}{27}$ ③ $\ln\dfrac{19}{27}$

④ $\ln\dfrac{22}{27}$ ⑤ $\ln\dfrac{25}{27}$

▶ 정답 및 해설 045쪽

054

2023학년도 평가원 9월 29번

함수 $f(x)=e^x+x$가 있다. 양수 t에 대하여 점 $(t, 0)$과 점 $(x, f(x))$ 사이의 거리가 $x=s$ 에서 최소일 때, 실수 $f(s)$의 값을 $g(t)$라 하자. 함수 $g(t)$의 역함수를 $h(t)$라 할 때, $h'(1)$ 의 값을 구하시오. [4점]

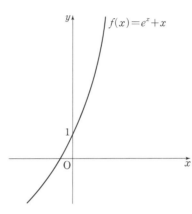

055

2024학년도 평가원 6월 28번

두 상수 $a\ (a>0)$, b에 대하여 실수 전체의 집합에서 연속인 함수 $f(x)$가 다음 조건을 만족시킬 때, $a \times b$의 값은? [4점]

(가) 모든 실수 x에 대하여

$$\{f(x)\}^2 + 2f(x) = a\cos^3 \pi x \times e^{\sin^2 \pi x} + b$$

이다.

(나) $f(0) = f(2) + 1$

---

① $-\dfrac{1}{16}$ ② $-\dfrac{7}{64}$ ③ $-\dfrac{5}{32}$

④ $-\dfrac{13}{64}$ ⑤ $-\dfrac{1}{4}$

056

2024학년도 평가원 6월 29번

세 실수 a, b, k에 대하여 두 점 $A(a,\ a+k)$, $B(b,\ b+k)$가 곡선 $C : x^2 - 2xy + 2y^2 = 15$ 위에 있다. 곡선 C 위의 점 A에서의 접선과 곡선 C 위의 점 B에서의 접선이 서로 수직일 때, k^2의 값을 구하시오. (단, $a+2k \neq 0$, $b+2k \neq 0$) [4점]

그림과 같이 좌표평면 위의 제2사분면에 있는 점 A를 지나고 기울기가 각각 m_1, m_2 $(0<m_1<m_2<1)$인 두 직선을 l_1, l_2라 하고, 직선 l_1을 y축에 대하여 대칭이동한 직선을 l_3이라 하자. 직선 l_3이 두 직선 l_1, l_2와 만나는 점을 각각 B, C라 하면 삼각형 ABC가 다음 조건을 만족시킨다.

(가) $\overline{\mathrm{AB}}=12$, $\overline{\mathrm{AC}}=9$

(나) 삼각형 ABC의 외접원의 반지름의 길이는 $\dfrac{15}{2}$이다.

$78 \times m_1 \times m_2$의 값을 구하시오. [4점]

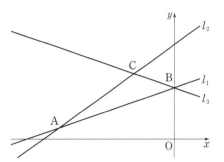

058
2022년 시행 교육청 7월 29번

그림과 같이 길이가 2인 선분 AB를 지름으로 하는 반원의 호 AB 위에 점 P가 있다. 호 AP 위에 점 Q를 호 PB와 호 PQ의 길이가 같도록 잡을 때, 두 선분 AP, BQ가 만나는 점을 R라 하고, 점 B를 지나고 선분 AB에 수직인 직선이 직선 AP와 만나는 점을 S라 하자. ∠BAP=θ라 할 때, 두 선분 PR, QR와 호 PQ로 둘러싸인 부분의 넓이를 $f(\theta)$, 두 선분 PS, BS와 호 BP로 둘러싸인 부분의 넓이를 $g(\theta)$라 하자. $\displaystyle\lim_{\theta \to 0+} \frac{f(\theta)+g(\theta)}{\theta^3}$의 값을 구하시오. $\left(\text{단}, 0<\theta<\dfrac{\pi}{4}\right)$ [4점]

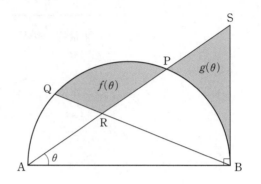

그림과 같이 반지름의 길이가 1이고 중심각의 크기가 $\frac{\pi}{2}$인 부채꼴 OAB가 있다. 호 AB 위의 점 P에서 선분 OA에 내린 수선의 발을 H라 하고, ∠OAP를 이등분하는 직선과 세 선분 HP, OP, OB의 교점을 각각 Q, R, S라 하자. ∠APH$=\theta$일 때, 삼각형 AQH의 넓이를 $f(\theta)$, 삼각형 PSR의 넓이를 $g(\theta)$라 하자. $\lim\limits_{\theta \to 0+} \dfrac{\theta^3 \times g(\theta)}{f(\theta)} = k$일 때, $100k$의 값을 구하시오. $\left(\text{단, } 0 < \theta < \dfrac{\pi}{4}\right)$ [4점]

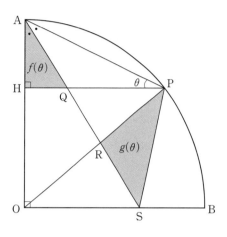

060
2023년 시행 교육청 10월 30번

두 정수 a, b에 대하여 함수
$$f(x)=(x^2+ax+b)e^{-x}$$
이 다음 조건을 만족시킨다.

(가) 함수 $f(x)$는 극값을 갖는다.

(나) 함수 $|f(x)|$가 $x=k$에서 극대 또는 극소인 모든 k의 값의 합은 3이다.

$f(10)=pe^{-10}$일 때, p의 값을 구하시오. [4점]

길이가 10인 선분 AB를 지름으로 하는 원과 선분 AB 위에 $\overline{\mathrm{AC}}=4$인 점 C가 있다. 이 원 위의 점 P를 ∠PCB$=\theta$가 되도록 잡고, 점 P를 지나고 선분 AB에 수직인 직선이 이 원과 만나는 점 중 P가 아닌 점을 Q라 하자. 삼각형 PCQ의 넓이를 $S(\theta)$라 할 때, $-7 \times S'\left(\dfrac{\pi}{4}\right)$의 값을 구하시오. $\left($단, $0<\theta<\dfrac{\pi}{2}\right)$ [4점]

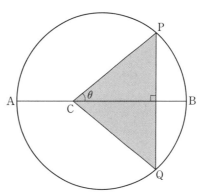

062
2025학년도 수능 30번

두 상수 $a\,(1 \le a \le 2)$, b에 대하여 함수
$f(x) = \sin(ax + b + \sin x)$가 다음 조건을 만족시킨다.

(가) $f(0) = 0$, $f(2\pi) = 2\pi a + b$

(나) $f'(0) = f'(t)$인 양수 t의 최솟값은 4π이다.

함수 $f(x)$가 $x = \alpha$에서 극대인 α의 값 중 열린구간 $(0,\ 4\pi)$에 속하는 모든 값의 집합을 A라 하자. 집합 A의 원소의 개수를 n, 집합 A의 원소 중 가장 작은 값을 α_1이라 하면,

$n\alpha_1 - ab = \dfrac{q}{p}\pi$이다. $p + q$의 값을 구하시오. (단, p와 q는 서로소인 자연수이다.) [4점]

함수 $f(x) = \dfrac{1}{3}x^3 - x^2 + \ln(1+x^2) + a$ (a는 상수)와 두 양수 b, c에 대하여 함수

$$g(x) = \begin{cases} f(x) & (x \geq b) \\ -f(x-c) & (x < b) \end{cases}$$

는 실수 전체의 집합에서 미분가능하다. $a+b+c = p+q\ln 2$일 때, $30(p+q)$의 값을 구하시오. (단, p, q는 유리수이고, $\ln 2$는 무리수이다.) [4점]

064

양수 a에 대하여 함수 $f(x)$는

$$f(x) = \frac{x^2 - ax}{e^x}$$

이다. 실수 t에 대하여 x에 대한 방정식

$$f(x) = f'(t)(x-t) + f(t)$$

의 서로 다른 실근의 개수를 $g(t)$라 하자.

$g(5) + \lim\limits_{t \to 5} g(t) = 5$일 때, $\lim\limits_{t \to k-} g(t) \neq \lim\limits_{t \to k+} g(t)$를 만족시키는 모든 실수 k의 값의 합은

$\dfrac{q}{p}$이다. $p+q$의 값을 구하시오. (단, p와 q는 서로소인 자연수이다.) [4점]

그림과 같이 중심이 O, 반지름의 길이가 8이고 중심각의 크기가 $\frac{\pi}{2}$인 부채꼴 OAB가 있다. 호 AB 위의 점 C에 대하여 점 B에서 선분 OC에 내린 수선의 발을 D라 하고, 두 선분 BD, CD와 호 BC에 동시에 접하는 원을 C라 하자. 점 O에서 원 C에 그은 접선 중 점 C를 지나지 않는 직선이 호 AB와 만나는 점을 E라 할 때, $\cos(\angle COE) = \frac{7}{25}$이다.

$\sin(\angle AOE) = p + q\sqrt{7}$일 때, $200 \times (p+q)$의 값을 구하시오.

(단, p와 q는 유리수이고, 점 C는 점 B가 아니다.) [4점]

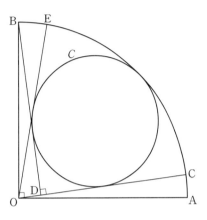

066

2024년 시행 교육청 5월 29번

그림과 같이 길이가 3인 선분 AB를 삼등분하는 점 중 A와 가까운 점을 C, B와 가까운 점을 D라 하고, 선분 BC를 지름으로 하는 원을 O라 하자. 원 O 위의 점 P를 $\angle BAP=\theta$ $\left(0<\theta<\dfrac{\pi}{6}\right)$가 되도록 잡고, 두 점 P, D를 지나는 직선이 원 O와 만나는 점 중 P가 아닌 점을 Q라 하자. 선분 AQ의 길이를 $f(\theta)$라 할 때, $\cos\theta_0=\dfrac{7}{8}$인 θ_0에 대하여 $f'(\theta_0)=k$이다. k^2의 값을 구하시오. $\left($단, $\angle APD<\dfrac{\pi}{2}$이고 $0<\theta_0<\dfrac{\pi}{6}$이다.$\right)$ [4점]

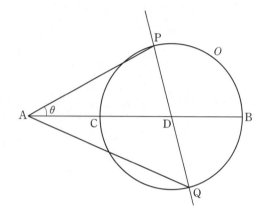

함수 $f(x)=a\cos x+x\sin x+b$와 $-\pi<\alpha<0<\beta<\pi$인 두 실수 α, β가 다음 조건을 만족시킨다.

(가) $f'(\alpha)=f'(\beta)=0$

(나) $\dfrac{\tan\beta-\tan\alpha}{\beta-\alpha}+\dfrac{1}{\beta}=0$

$\lim\limits_{x\to0}\dfrac{f(x)}{x^2}=c$일 때, $f\left(\dfrac{\beta-\alpha}{3}\right)+c=p+q\pi$이다. 두 유리수 p, q에 대하여 $120\times(p+q)$의 값을 구하시오. (단, a, b, c는 상수이고, $a<1$이다.) [4점]

068

2025학년도 평가원 6월 30번

함수 $y=\dfrac{\sqrt{x}}{10}$의 그래프와 함수 $y=\tan x$의 그래프가 만나는 모든 점의 x좌표를 작은 수부터 크기순으로 나열할 때, n번째 수를 a_n이라 하자.

$$\frac{1}{\pi^2}\times\lim_{n\to\infty} a_n{}^3\tan^2(a_{n+1}-a_n)$$

의 값을 구하시오. [4점]

최고차항의 계수가 양수인 삼차함수 $f(x)$와 함수 $g(x)=e^{\sin \pi x}-1$에 대하여 실수 전체의 집합에서 정의된 합성함수 $h(x)=g(f(x))$가 다음 조건을 만족시킨다.

(가) 함수 $h(x)$는 $x=0$에서 극댓값 0을 갖는다.

(나) 열린구간 $(0, 3)$에서 방정식 $h(x)=1$의 서로 다른 실근의 개수는 7이다.

$f(3)=\dfrac{1}{2}$, $f'(3)=0$일 때, $f(2)=\dfrac{q}{p}$이다. $p+q$의 값을 구하시오.

(단, p와 q는 서로소인 자연수이다.) [4점]

070

2022년 시행 교육청 7월 30번

최고차항의 계수가 3보다 크고 실수 전체의 집합에서 최솟값이 양수인 이차함수 $f(x)$에 대하여 함수 $g(x)$가

$$g(x)=e^x f(x)$$

이다. 양수 k에 대하여 집합 $\{x|g(x)=k,\ x\text{는 실수}\}$의 모든 원소의 합을 $h(k)$라 할 때, 양의 실수 전체의 집합에서 정의된 함수 $h(k)$는 다음 조건을 만족시킨다.

> (가) 함수 $h(k)$가 $k=t$에서 불연속인 t의 개수는 1이다.
> (나) $\displaystyle\lim_{k\to 3e+} h(k) - \lim_{k\to 3e-} h(k) = 2$

$g(-6)\times g(2)$의 값을 구하시오. (단, $\displaystyle\lim_{x\to -\infty} x^2 e^x = 0$) [4점]

071

2023년 시행 교육청 4월 30번

$x\geq 0$에서 정의된 함수 $f(x)$가 다음 조건을 만족시킨다.

> (가) $f(x)=\begin{cases} 2^x-1 & (0\leq x\leq 1) \\ 4\times\left(\frac{1}{2}\right)^x-1 & (1<x\leq 2) \end{cases}$
>
> (나) 모든 양의 실수 x에 대하여 $f(x+2)=-\frac{1}{2}f(x)$이다.

$x>0$에서 정의된 함수 $g(x)$를

$$g(x)=\lim_{h\to 0+}\frac{f(x+h)-f(x-h)}{h}$$

라 할 때,

$$\lim_{t\to 0+}\{g(n+t)-g(n-t)\}+2g(n)=\frac{\ln 2}{2^{24}}$$

를 만족시키는 모든 자연수 n의 값의 합을 구하시오. [4점]

▶ 정답 및 해설 059쪽

072

2023년 시행 교육청 7월 30번

최고차항의 계수가 1인 삼차함수 $f(x)$에 대하여 함수 $g(x)$를

$$g(x) = \sin |\pi f(x)|$$

라 하자. 함수 $y = g(x)$의 그래프와 x축이 만나는 점의 x좌표 중 양수인 것을 작은 수부터 크기순으로 모두 나열할 때, n번째 수를 a_n이라 하자. 함수 $g(x)$와 자연수 m이 다음 조건을 만족시킨다.

(가) 함수 $g(x)$는 $x = a_4$와 $x = a_8$에서 극대이다.

(나) $f(a_m) = f(0)$

$f(a_k) \le f(m)$을 만족시키는 자연수 k의 최댓값을 구하시오. [4점]

▶ 정답 및 해설 061쪽

적분법

❶ 유형별 출제 분포

학년도 / 유형	월	2023학년도							2024학년도							2025학년도							총합
		3	4	6	7	9	10	수능	3	4	6	7	9	10	수능	3	5	6	7	9	10	수능	
유형 ❶ 여러 가지 함수의 부정적분	2점																						0
	3점																			1			1
	4점																			1			1
유형 ❷ 여러 가지 함수의 정적분	2점																						0
	3점																					1	1
	4점																						0
유형 ❸ 정적분의 치환적분법	2점																						0
	3점				1								1		1						1		4
	4점					1									1						1		3
유형 ❹ 정적분의 부분적분법	2점																						0
	3점					1						1							1				3
	4점				1			1				1			1					1		1	6
유형 ❺ 정적분으로 정의된 함수	2점																						0
	3점																						0
	4점							1					1	1					1				4
유형 ❻ 정적분과 급수의 합 사이의 관계	2점																						0
	3점					1	1							1									3
	4점																						0
유형 ❼ 정적분과 넓이	2점																						0
	3점																						0
	4점						1																1
유형 ❽ 입체도형의 부피	2점																						0
	3점						1	1						1	1					1	1	1	7
	4점																						0
유형 ❾ 점이 움직인 거리와 곡선의 길이	2점																						0
	3점												1										1
	4점																						0
총합		0	0	0	2	3	3	3	0	0	0	2	3	3	4	0	0	0	2	4	3	3	35

⋯→ 시험 범위가 7월 교육청부터 포함되기 때문에 I, II단원에 비해 출제율이 낮아 보이지만 전 범위가 시험 범위로 시행되는 9월 평가원부터 3문항 이상씩 출제되었다.

전반적으로 **유형 ❸ 정적분의 치환적분법~유형 ❹ 정적분의 부분적분법**은 단독으로 자주 출제되었다.

또한, 최신 3개년 수능에서 **유형 ❽ 입체도형의 부피**가 매년 출제되었다.

2 5지선다형 및 단답형별 최고 오답률

	번호	오답률	유형	필수 개념	본문 위치
2023 학년도	10월 28번	61%	유형 ❼ 정적분과 넓이	$S=\int_a^b |f(x)|\,dx$	093쪽 014번
	9월 30번	93%	유형 ❸ 정적분의 치환적분법	$g(\alpha)=a,\ g(\beta)=b$이면 $\int_\alpha^\beta f(g(x))g'(x)\,dx=\int_a^b f(t)\,dt$	104쪽 035번
2024 학년도	9월 28번	79%	유형 ❺ 정적분으로 정의된 함수	상수 a에 대하여 $\dfrac{d}{dx}\int_a^x f(t)\,dt=f(x)$	100쪽 029번
	수능 30번	95%	유형 ❺ 정적분으로 정의된 함수	상수 a에 대하여 $\dfrac{d}{dx}\int_a^x f(t)\,dt=f(x)$	102쪽 033번
2025 학년도	수능 28번	69%	유형 ❹ 정적분의 부분적분법	$\int_a^b f(x)g'(x)\,dx=\Big[f(x)g(x)\Big]_a^b-\int_a^b f'(x)g(x)\,dx$	093쪽 015번
	7월 30번	97%	유형 ❺ 정적분으로 정의된 함수	상수 a에 대하여 $\dfrac{d}{dx}\int_a^x f(t)\,dt=f(x)$	103쪽 034번

3 출제코드 ▶ 치환적분법과 부분적분법을 이용하는 고난도 문제는 반드시 출제된다.

치환적분법과 부분적분법을 이용하는 문제는 단독 문제로도 출제되지만 치환적분법과 부분적분법을 같이 사용하는 문제 또는 다른 유형과 결합한 고난도 문제로도 자주 출제된다.

▶ 최근 입체도형의 부피 문제의 출제율이 높다.

2023학년도부터 2025학년도까지 3년 연속으로 수능에 입체도형의 부피 문제가 3점으로 출제되었다.
최근 3년간 Ⅲ단원에서 2회 이상 수능에 출제된 유형은 정적분의 부분적분법과 입체도형의 부피 유형뿐이다.

▶ 정적분을 이용하는 문제가 고난도로 출제된다.

유형❶ 여러 가지 함수의 부정적분, 유형❷ 여러 가지 함수의 정적분, 유형❺ 정적분으로 정의된 함수 문제가 Ⅱ단원의 유형❹ 곡선의 변곡점과 함수의 극래프와 결합하여 고난도로 출제된다.

4 공략코드 ▶ 치환적분법과 부분적분법은 연습만이 해결책이다.

치환적분법과 부분적분법은 많은 연습을 통해 각각의 방법이 익숙해져야 하고, 특히 정적분의 치환적분법의 경우 적분 구간도 같이 변한다는 것에 유의해야 한다.

▶ 입체도형의 부피 문제는 공식화되어 있다.

입체도형의 부피 문제는 조건을 이용하는 문제이 공식화 되어 있다. 또한, 최근 3개년 수능에 3점 짜리인 식의 값을 구하는 문제만 나왔으므로 이와 같은 계산 문제를 중심으로 연습하되 식을 세워서 식의 값을 구하는 활용 문제도 연습해 둔다.

▶ 정적분을 이용하는 고난도 문제에 대비해야 한다.

적분은 미분의 역연산이므로 우선 미분이 선행되어야 한다. 함수의 적분이 떠오르지 않는다면 다시 미분법을 공부해야 하고, 많은 연습을 통해 막힘없이 계산할 수 있어야 한다.

적분법

1 여러 가지 함수의 부정적분

1. 여러 가지 함수의 부정적분

$$\int f(x)\,dx = F(x) + C$$
부정적분
미분
(단, C는 적분상수)

(1) 함수 $y = x^n$ (n은 실수)의 부정적분 (단, C는 적분상수)

① $n \neq -1$일 때, $\displaystyle\int x^n\,dx = \frac{1}{n+1}x^{n+1} + C$

② $n = -1$일 때, $\displaystyle\int x^{-1}\,dx = \int \frac{1}{x}\,dx = \ln|x| + C$

(2) 지수함수의 부정적분 (단, C는 적분상수)

① $\displaystyle\int e^x\,dx = e^x + C$

② $\displaystyle\int a^x\,dx = \frac{a^x}{\ln a} + C$ (단, $a > 0$, $a \neq 1$)

(3) 삼각함수의 부정적분 (단, C는 적분상수)

① $\displaystyle\int \sin x\,dx = -\cos x + C$

② $\displaystyle\int \cos x\,dx = \sin x + C$

③ $\displaystyle\int \sec^2 x\,dx = \tan x + C$

④ $\displaystyle\int \csc^2 x\,dx = -\cot x + C$

⑤ $\displaystyle\int \sec x \tan x\,dx = \sec x + C$

⑥ $\displaystyle\int \csc x \cot x\,dx = -\csc x + C$

2. 치환적분법

▶ (1) $\displaystyle\int \frac{f'(x)}{f(x)}\,dx = \ln|f(x)| + C$
(단, C는 적분상수)

(2) $\displaystyle\int f(g(x))g'(x)\,dx$에서
$g(x) = t$라 하면
$g'(x) = \dfrac{dt}{dx}$이므로
$\displaystyle\int f(g(x))g'(x)\,dx$
$= \displaystyle\int f(t)\,dt$

미분가능한 함수 $g(x)$에 대하여 $g(x) = t$라 하면

$$\int f(g(x))g'(x)\,dx = \int f(t)\,dt$$

3. 부분적분법

두 함수 $f(x)$, $g(x)$가 미분가능할 때

$$\int f(x)g'(x)\,dx = f(x)g(x) - \int f'(x)g(x)\,dx$$

2 여러 가지 함수의 정적분 [수능 2023 2024 2025]

1. 치환적분법을 이용한 정적분

닫힌구간 $[a, b]$에서 연속인 함수 $f(x)$에 대하여 미분가능한 함수 $t = g(x)$의 도함수 $g'(x)$가 닫힌구간 $[\alpha, \beta]$에서 연속이고, $g(\alpha) = a$, $g(\beta) = b$이면

$$\int_\alpha^\beta f(g(x))g'(x)\,dx = \int_a^b f(t)\,dt$$

2. 부분적분법을 이용한 정적분

두 함수 $f(x)$, $g(x)$가 미분가능하고 $f'(x)$, $g'(x)$가 닫힌구간 $[a, b]$에서 연속일 때

$$\int_a^b f(x)g'(x)\,dx = \Big[f(x)g(x)\Big]_a^b - \int_a^b f'(x)g(x)\,dx$$

3. 정적분으로 정의된 함수

▶ 정적분의 위끝과 아래끝이 모두 상수이면 정적분의 결과도 상수이다. 그러나 정적분의 위끝 또는 아래끝에 변수가 있으면 정적분의 결과는 그 변수에 대한 함수이다.

(1) $\dfrac{d}{dx}\displaystyle\int_a^x f(t)\,dt = f(x)$ (단, a는 상수)

(2) $\dfrac{d}{dx}\displaystyle\int_x^{x+a} f(t)\,dt = f(x+a) - f(x)$ (단, a는 상수)

3 정적분의 활용 수능 2023 2024 2025

1. 정적분과 급수의 합 사이의 관계

함수 $f(x)$가 닫힌구간 $[a, b]$에서 연속일 때

$$\lim_{n \to \infty} \sum_{k=1}^{n} f\left(a + \frac{b-a}{n}k\right)\frac{b-a}{n} = \int_a^b f(x)\,dx$$

참고 a, p가 상수일 때

(1) $\displaystyle\lim_{n \to \infty} \sum_{k=1}^{n} f\left(\frac{p}{n}\right)\frac{1}{n} = \int_0^1 f(x)\,dx$

(2) $\displaystyle\lim_{n \to \infty} \sum_{k=1}^{n} f\left(\frac{p}{n}k\right)\frac{p}{n} = \int_0^p f(x)\,dx$

(3) $\displaystyle\lim_{n \to \infty} \sum_{k=1}^{n} f\left(a + \frac{p}{n}k\right)\frac{p}{n} = \int_a^{a+p} f(x)\,dx$

$$= \int_0^p f(a+x)\,dx$$

2. 곡선과 좌표축 사이의 넓이

함수 $f(x)$가 닫힌구간 $[a, b]$에서 연속일 때, 곡선 $y=f(x)$와 x축 및 두 직선 $x=a$, $x=b$로 둘러싸인 부분의 넓이 S는

$$S = \int_a^b |f(x)|\,dx$$

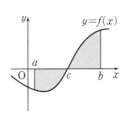

참고 함수 $g(y)$가 닫힌구간 $[\alpha, \beta]$에서 연속일 때, 곡선 $x=g(y)$와 y축 및 두 직선 $y=\alpha$, $y=\beta$로 둘러싸인 부분의 넓이 S는

$$S = \int_\alpha^\beta |g(y)|\,dy$$

3. 두 곡선 사이의 넓이

두 함수 $f(x)$, $g(x)$가 닫힌구간 $[a, b]$에서 연속일 때, 두 곡선 $y=f(x)$, $y=g(x)$ 및 두 직선 $x=a$, $x=b$로 둘러싸인 부분의 넓이 S는

$$S = \int_a^b |f(x) - g(x)|\,dx$$

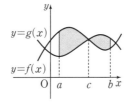

4. 입체도형의 부피

닫힌구간 $[a, b]$의 임의의 점 x에서 x축에 수직인 평면으로 자른 단면의 넓이가 $S(x)$이고, 함수 $S(x)$가 닫힌구간 $[a, b]$에서 연속일 때, 이 입체도형의 부피 V는

$$V = \int_a^b S(x)\,dx$$

5. 점이 움직인 거리와 곡선의 길이

(1) 좌표평면 위에서 점이 움직인 거리 : 좌표평면 위를 움직이는 점 P의 시각 t에서의 위치 (x, y)가 $x=f(t)$, $y=g(t)$일 때, 시각 $t=a$에서 $t=b$까지 점 P가 움직인 거리 s는

$$s = \int_a^b \sqrt{\left(\frac{dx}{dt}\right)^2 + \left(\frac{dy}{dt}\right)^2}\,dt$$

$$= \int_a^b \sqrt{\{f'(t)\}^2 + \{g'(t)\}^2}\,dt$$

(2) 곡선의 길이 : 곡선 $y=f(x)$ $(a \le x \le b)$의 길이 l은

$$l = \int_a^b \sqrt{1 + \left(\frac{dy}{dx}\right)^2}\,dx$$

$$= \int_a^b \sqrt{1 + \{f'(x)\}^2}\,dx$$

Note

▶ 닫힌구간 $[a, b]$에서 $f(x)$의 함숫값이 양수인 경우와 음수인 경우가 모두 있을 때에는 $f(x)$의 함숫값이 양수인 구간과 음수인 구간으로 나누어 넓이를 구한다. 왼쪽 그림에서

$$S = \int_a^b |f(x)|\,dx$$
$$= \int_a^c \{-f(x)\}\,dx$$
$$\quad + \int_c^b f(x)\,dx$$

▶ 닫힌구간 $[a, b]$에서 $f(x)$와 $g(x)$의 값의 대소가 바뀔 때에는 $f(x)-g(x)$의 함숫값이 양수인 구간과 음수인 구간으로 나누어 넓이를 구한다. 왼쪽 그림에서

$$S = \int_a^b |f(x) - g(x)|\,dx$$
$$= \int_a^c \{f(x) - g(x)\}\,dx$$
$$\quad + \int_c^b \{g(x) - f(x)\}\,dx$$

▶ 곡선 위의 점 (x, y)가 $x=f(t)$, $y=g(t)$일 때, $a \le t \le b$에서 이 곡선의 길이 l은

$$l = \int_a^b \sqrt{\left(\frac{dx}{dt}\right)^2 + \left(\frac{dy}{dt}\right)^2}\,dt$$
$$= \int_a^b \sqrt{\{f'(t)\}^2 + \{g'(t)\}^2}\,dt$$

1

여러 가지 함수의 부정적분

유형 1 여러 가지 함수의 부정적분

(1) 함수 $y=x^n$ (n은 실수)의 부정적분 (단, C는 적분상수)

① $n\neq-1$일 때, $\displaystyle\int x^n dx=\frac{1}{n+1}x^{n+1}+C$

② $n=-1$일 때, $\displaystyle\int x^{-1}dx=\int\frac{1}{x}\,dx=\ln|x|+C$

(2) 지수함수의 부정적분 (단, C는 적분상수)

① $\displaystyle\int e^x dx=e^x+C$

② $\displaystyle\int a^x dx=\frac{a^x}{\ln a}+C$ (단, $a>0$, $a\neq1$)

(3) 삼각함수의 부정적분 (단, C는 적분상수)

① $\displaystyle\int \sin x\,dx=-\cos x+C$

② $\displaystyle\int \cos x\,dx=\sin x+C$

③ $\displaystyle\int \sec^2 x\,dx=\tan x+C$

④ $\displaystyle\int \csc^2 x\,dx=-\cot x+C$

⑤ $\displaystyle\int \sec x\tan x\,dx=\sec x+C$

⑥ $\displaystyle\int \csc x\cot x\,dx=-\csc x+C$

유형코드 단순한 적분 계산 문제뿐만 아니라 부정적분을 이용하여 함수를 구하는 문제가 출제된다. 각 함수에 대하여 부정적분 공식을 정확히 알고 적분은 미분의 역연산임을 알고 있어야 한다.

3점

001

2025학년도 평가원 9월 24번

양의 실수 전체의 집합에서 정의된 미분가능한 함수 $f(x)$가 있다. 양수 t에 대하여 곡선 $y=f(x)$ 위의 점 $(t, f(t))$에서의 접선의 기울기는 $\dfrac{1}{t}+4e^{2t}$이다. $f(1)=2e^2+1$일 때, $f(e)$의 값은? [3점]

① $2e^{2e}-1$　　　② $2e^{2e}$　　　③ $2e^{2e}+1$

④ $2e^{2e}+2$　　　⑤ $2e^{2e}+3$

2

여러 가지 함수의 정적분

유형 2 여러 가지 함수의 정적분　　수능 2025

닫힌구간 $[a, b]$에서 연속인 함수 $f(x)$의 한 부정적분을 $F(x)$라 하면

$$\int_a^b f(x)dx=\Big[F(x)\Big]_a^b=F(b)-F(a)$$

유형코드 단순히 함수의 정적분을 계산하는 문제의 출제율은 낮지만 치환적분법, 부분적분법을 이용한 정적분 또는 도형의 넓이 등 정적분을 이용한 모든 유형에서 기초가 되는 개념이다. 주어진 식을 빠르게 정확하게 적분할 수 있도록 충분히 연습해야 한다.

3점

002

2025학년도 수능 24번

$\displaystyle\int_0^{10}\frac{x+2}{x+1}\,dx$의 값은? [3점]

① $10+\ln 5$　　　② $10+\ln 7$　　　③ $10+2\ln 3$

④ $10+\ln 11$　　　⑤ $10+\ln 13$

닫힌구간 $[a, b]$에서 연속인 함수 $f(x)$에 대하여 미분가능한 함수 $t=g(x)$의 도함수 $g'(x)$가 닫힌구간 $[\alpha, \beta]$에서 연속이고, $g(\alpha)=a$, $g(\beta)=b$이면

$$\int_\alpha^\beta f(g(x))g'(x)\,dx=\int_a^b f(t)\,dt$$

참고 치환적분법을 이용할 때는 적분 구간이 바뀜에 유의해야 한다.

유형코드 치환적분법을 이용하여 지수함수, 로그함수, 삼각함수가 포함된 함수의 정적분의 값을 구하는 계산 문제뿐만 아니라 치환적분법을 이용한 응용 문제가 주로 출제된다. 적분 공식 또는 성질을 이용하여 계산할 수 없는 경우에는 치환적분법을 시도해 보도록 하자.

3점

003
2024년 시행 교육청 10월 24번

$\displaystyle\int_0^{\frac{\pi}{3}} \cos\left(\frac{\pi}{3}-x\right)dx$의 값은? [3점]

① $\dfrac{1}{3}$　　② $\dfrac{1}{2}$　　③ $\dfrac{\sqrt{3}}{3}$

④ $\dfrac{\sqrt{2}}{2}$　　⑤ $\dfrac{\sqrt{3}}{2}$

004
2022년 시행 교육청 7월 24번

$\displaystyle\int_1^e \left(\frac{3}{x}+\frac{2}{x^2}\right)\ln x\,dx-\int_1^e \frac{2}{x^2}\ln x\,dx$의 값은? [3점]

① $\dfrac{1}{2}$　　② 1　　③ $\dfrac{3}{2}$

④ 2　　⑤ $\dfrac{5}{2}$

005
2024학년도 평가원 9월 25번

함수 $f(x)=x+\ln x$에 대하여 $\displaystyle\int_1^e \left(1+\frac{1}{x}\right)f(x)\,dx$의 값은? [3점]

① $\dfrac{e^2}{2}+\dfrac{e}{2}$　　② $\dfrac{e^2}{2}+e$　　③ $\dfrac{e^2}{2}+2e$

④ e^2+e　　⑤ e^2+2e

006
2024학년도 수능 25번

양의 실수 전체의 집합에서 정의되고 미분가능한 두 함수 $f(x)$, $g(x)$가 있다. $g(x)$는 $f(x)$의 역함수이고, $g'(x)$는 양의 실수 전체의 집합에서 연속이다.

모든 양수 a에 대하여

$$\int_1^a \frac{1}{g'(f(x))f(x)}\,dx=2\ln a+\ln(a+1)-\ln 2$$

이고 $f(1)=8$일 때, $f(2)$의 값은? [3점]

① 36　　② 40　　③ 44

④ 48　　⑤ 52

4점

007

함수 $y=\dfrac{2\pi}{x}$의 그래프와 함수 $y=\cos x$의 그래프가 만나는 점의 x좌표 중 양수인 것을 작은 수부터 크기순으로 모두 나열할 때, m번째 수를 a_m이라 하자. $\displaystyle\lim_{n\to\infty}\sum_{k=1}^{n}\{n\times\cos^2(a_{n+k})\}$의 값은? [4점]

① $\dfrac{3}{2}$ ② 2   ③ $\dfrac{5}{2}$

④ 3   ⑤ $\dfrac{7}{2}$

유형 ④ 정적분의 부분적분법

두 함수 $f(x)$, $g(x)$가 미분가능하고 $f'(x)$, $g'(x)$가 닫힌구간 $[a,\,b]$에서 연속일 때

$$\int_a^b f(x)g'(x)\,dx=\Big[f(x)g(x)\Big]_a^b-\int_a^b f'(x)g(x)\,dx$$

유형코드 부분적분법을 이용한 단순한 계산 문제부터 정적분의 값을 계산하는 과정에서 부분적분법을 이용하여 해결하는 응용문제까지 다양한 난이도로 꾸준히 출제된다. 많은 연습을 통해 $f(x)$, $g'(x)$를 선택하는 방법과 부분적분법을 익혀야 한다.

3점

008

$\displaystyle\int_0^\pi x\cos\left(\dfrac{\pi}{2}-x\right)dx$의 값은? [3점]

① $\dfrac{\pi}{2}$ ② π ③ $\dfrac{3}{2}\pi$

④ 2π ⑤ $\dfrac{5}{2}\pi$

009

양수 t에 대하여 곡선 $y=2\ln(x+1)$ 위의 점
$P(t, 2\ln(t+1))$에서 x축, y축에 내린 수선의 발을 각각 Q,
R이라 할 때, 직사각형 OQPR의 넓이를 $f(t)$라 하자.
$\int_1^3 f(t)\,dt$의 값은? (단, O는 원점이다.) [3점]

① $-2+12\ln 2$　　② $-1+12\ln 2$　　③ $-2+16\ln 2$

④ $-1+16\ln 2$　　⑤ $-2+20\ln 2$

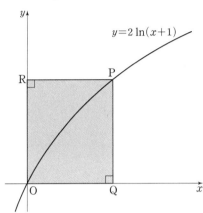

010

함수 $f(x)$는 실수 전체의 집합에서 도함수가 연속이고
$$\int_1^2 (x-1)f'\left(\frac{x}{2}\right)dx=2$$
를 만족시킨다. $f(1)=4$일 때, $\int_{\frac{1}{2}}^1 f(x)\,dx$의 값은? [3점]

① $\dfrac{3}{4}$　　　　② 1　　　　③ $\dfrac{5}{4}$

④ $\dfrac{3}{2}$　　　　⑤ $\dfrac{7}{4}$

4점

011

세 상수 a, b, c에 대하여 함수 $f(x)=ae^{2x}+be^x+c$가 다음
조건을 만족시킨다.

> (가) $\displaystyle\lim_{x\to-\infty}\dfrac{f(x)+6}{e^x}=1$
>
> (나) $f(\ln 2)=0$

함수 $f(x)$의 역함수를 $g(x)$라 할 때,
$\int_0^{14} g(x)\,dx=p+q\ln 2$이다. $p+q$의 값을 구하시오.

(단, p, q는 유리수이고, $\ln 2$는 무리수이다.) [4점]

Ⅲ
적분법

012

함수 $f(x)$는 실수 전체의 집합에서 연속인 이계도함수를 갖고, 실수 전체의 집합에서 정의된 함수 $g(x)$를

$$g(x) = f'(2x) \sin \pi x + x$$

라 하자. 함수 $g(x)$는 역함수 $g^{-1}(x)$를 갖고,

$$\int_0^1 g^{-1}(x) \, dx = 2\int_0^1 f'(2x) \sin \pi x \, dx + \frac{1}{4}$$

을 만족시킬 때, $\int_0^2 f(x) \cos \frac{\pi}{2} x \, dx$의 값은? [4점]

① $-\dfrac{1}{\pi}$ ② $-\dfrac{1}{2\pi}$ ③ $-\dfrac{1}{3\pi}$

④ $-\dfrac{1}{4\pi}$ ⑤ $-\dfrac{1}{5\pi}$

013

실수 전체의 집합에서 도함수가 연속인 함수 $f(x)$가 모든 실수 x에 대하여 다음 조건을 만족시킨다.

(가) $f(-x) = f(x)$
(나) $f(x+2) = f(x)$

$\displaystyle\int_{-1}^5 f(x)(x + \cos 2\pi x) \, dx = \frac{47}{2}$, $\displaystyle\int_0^1 f(x) \, dx = 2$일 때,

$\displaystyle\int_0^1 f'(x) \sin 2\pi x \, dx$의 값은? [4점]

① $\dfrac{\pi}{6}$ ② $\dfrac{\pi}{4}$ ③ $\dfrac{\pi}{3}$

④ $\dfrac{5}{12}\pi$ ⑤ $\dfrac{\pi}{2}$

014

함수

$$f(x) = \sin x \cos x \times e^{a \sin x + b \cos x}$$

이 다음 조건을 만족시키도록 하는 서로 다른 두 실수 a, b의 순서쌍 (a, b)에 대하여 $a - b$의 최솟값은? [4점]

> (가) $ab = 0$
> (나) $\displaystyle\int_0^{\frac{\pi}{2}} f(x)\,dx = \dfrac{1}{a^2 + b^2} - 2e^{a+b}$

① $-\dfrac{5}{2}$ ② -2 ③ $-\dfrac{3}{2}$

④ -1 ⑤ $-\dfrac{1}{2}$

015

실수 전체의 집합에서 미분가능한 함수 $f(x)$의 도함수 $f'(x)$가

$$f'(x) = -x + e^{1 - x^2}$$

이다. 양수 t에 대하여 곡선 $y = f(x)$ 위의 점 $(t, f(t))$에서의 접선과 곡선 $y = f(x)$ 및 y축으로 둘러싸인 부분의 넓이를 $g(t)$라 하자. $g(1) + g'(1)$의 값은? [4점]

① $\dfrac{1}{2}e + \dfrac{1}{2}$ ② $\dfrac{1}{2}e + \dfrac{2}{3}$ ③ $\dfrac{1}{2}e + \dfrac{5}{6}$

④ $\dfrac{2}{3}e + \dfrac{1}{2}$ ⑤ $\dfrac{2}{3}e + \dfrac{2}{3}$

상수 a에 대하여

(1) $\dfrac{d}{dx}\displaystyle\int_a^x f(t)\,dt = f(x)$

(2) $\dfrac{d}{dx}\displaystyle\int_x^{x+a} f(t)\,dt = f(x+a) - f(x)$

유형코드 주어진 식의 적분 구간에 변수가 포함되어 있는 문제의 유형으로 적분과 미분의 관계를 이용하여 양변을 미분한다. 또한, 변수에 적당한 수를 대입하여 $\displaystyle\int_a^a f(x)\,dx = 0$임을 이용한다.

4점

016   2022년 시행 교육청 10월 30번

최고차항의 계수가 1인 이차함수 $f(x)$에 대하여 실수 전체의 집합에서 정의된 함수

$$g(x) = \ln\{f(x) + f'(x) + 1\}$$

이 있다. 상수 a와 함수 $g(x)$가 다음 조건을 만족시킨다.

(가) 모든 실수 x에 대하여 $g(x) > 0$이고

$$\int_{2a}^{3a+x} g(t)\,dt = \int_{3a-x}^{2a+2} g(t)\,dt$$

이다.

(나) $g(4) = \ln 5$

$\displaystyle\int_3^5 \{f'(x) + 2a\}g(x)\,dx = m + n\ln 2$일 때, $m+n$의 값을 구하시오. (단, m, n은 정수이고, $\ln 2$는 무리수이다.) [4점]

3

정적분의 활용

함수 $f(x)$가 닫힌구간 $[a, b]$에서 연속일 때

$$\lim_{n \to \infty} \sum_{k=1}^{n} f\left(a + \frac{b-a}{n}k\right)\frac{b-a}{n} = \int_a^b f(x)\,dx$$

실전Tip

$$\lim_{n \to \infty}\sum_{k=1}^{n} \to \int_0^1,\ \frac{k}{n} \to x,\ \frac{1}{n} \to dx$$

로 바꾸어 변환하면 쉽게 계산할 수 있다.

유형코드 주어진 급수를 정적분으로 나타내어 값을 구하는 유형으로 주로 3점 문항으로 출제된다. 변환의 유도 과정보다는 변환하는 방법을 익히는 것에 초점을 두고 정확하게 변환해야 한다.

3점

017   2023년 시행 교육청 10월 24번

$\displaystyle\lim_{n \to \infty} \frac{2\pi}{n}\sum_{k=1}^{n} \sin\frac{\pi k}{3n}$의 값은? [3점]

① $\dfrac{5}{2}$ ② 3 ③ $\dfrac{7}{2}$

④ 4 ⑤ $\dfrac{9}{2}$

018

$\lim\limits_{n\to\infty} \dfrac{1}{n} \sum\limits_{k=1}^{n} \sqrt{1+\dfrac{3k}{n}}$ 의 값은? [3점]

① $\dfrac{4}{3}$ ② $\dfrac{13}{9}$ ③ $\dfrac{14}{9}$

④ $\dfrac{5}{3}$ ⑤ $\dfrac{16}{9}$

유형 ❼ 정적분과 넓이

(1) 곡선과 좌표축 사이의 넓이
함수 $f(x)$가 닫힌구간 $[a, b]$에서 연속일 때, 곡선 $y=f(x)$와 x축 및 두 직선 $x=a$, $x=b$로 둘러싸인 부분의 넓이 S는

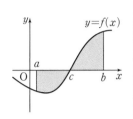

$$S=\int_a^b |f(x)|\, dx$$

(2) 두 곡선 사이의 넓이
두 함수 $f(x)$, $g(x)$가 닫힌 구간 $[a, b]$에서 연속일 때, 두 곡선 $y=f(x)$, $y=g(x)$ 및 두 직선 $x=a$, $x=b$로 둘러싸인 부분의 넓이 S는

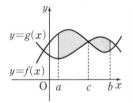

$$S=\int_a^b |f(x)-g(x)|\, dx$$

유형코드 함수의 그래프와 x축 사이의 넓이, 곡선과 직선 사이의 넓이, 두 곡선으로 둘러싸인 부분의 넓이가 같을 조건을 묻는 문제 등이 출제된다. 주어진 함수의 그래프의 개형을 그릴 수 있으면 어떤 부분의 넓이를 구하는지 쉽게 판단할 수 있기 때문에 여러 가지 함수의 그래프의 개형을 익혀 두도록 한다.

019

$\lim\limits_{n\to\infty} \sum\limits_{k=1}^{n} \dfrac{k}{(2n-k)^2}$ 의 값은? [3점]

① $\dfrac{3}{2}-2\ln 2$ ② $1-\ln 2$ ③ $\dfrac{3}{2}-\ln 3$

④ $\ln 2$ ⑤ $2-\ln 3$

4점

020

닫힌구간 $[0, 4\pi]$에서 연속이고 다음 조건을 만족시키는 모든 함수 $f(x)$에 대하여 $\displaystyle\int_0^{4\pi} |f(x)|\, dx$의 최솟값은? [4점]

> (가) $0 \le x \le \pi$일 때, $f(x)=1-\cos x$이다.
> (나) $1 \le n \le 3$인 각각의 자연수 n에 대하여
> $$f(n\pi+t)=f(n\pi)+f(t) \ (0<t\le\pi)$$
> 또는
> $$f(n\pi+t)=f(n\pi)-f(t) \ (0<t\le\pi)$$
> 이다.
> (다) $0<x<4\pi$에서 곡선 $y=f(x)$의 변곡점의 개수는 6이다.

① 4π ② 6π ③ 8π

④ 10π ⑤ 12π

유형 8 입체도형의 부피   수능 2023 2024 2025

닫힌구간 $[a, b]$의 임의의 점 x에서 x축에 수직인 평면으로 자른 단면의 넓이가 $S(x)$이고, 함수 $S(x)$가 닫힌구간 $[a, b]$에서 연속일 때, 이 입체도형의 부피 V는

$$V = \int_a^b S(x)\, dx$$

유형코드 단면의 넓이를 이용하여 부피를 구하는 문제가 출제된다. 단면은 대부분 정삼각형, 정사각형 등으로 주어지며 비교적 어렵지 않은 난도로 출제된다. 정적분의 계산 과정에 실수가 없도록 연습이 필요하다.

3점

021   2023년 시행 교육청 10월 25번

그림과 같이 곡선 $y = \dfrac{2}{\sqrt{x}}$와 x축 및 두 직선 $x=1$, $x=4$로 둘러싸인 부분을 밑면으로 하고 x축에 수직인 평면으로 자른 단면이 모두 정사각형인 입체도형의 부피는? [3점]

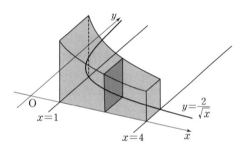

① $6\ln 2$ ② $7\ln 2$ ③ $8\ln 2$
④ $9\ln 2$ ⑤ $10\ln 2$

그림과 같이 곡선 $y = \sqrt{\dfrac{x+1}{x(x+\ln x)}}$과 x축 및 두 직선 $x=1$, $x=e$로 둘러싸인 부분을 밑면으로 하는 입체도형이 있다. 이 입체도형을 x축에 수직인 평면으로 자른 단면이 모두 정사각형일 때, 이 입체도형의 부피는? [3점]

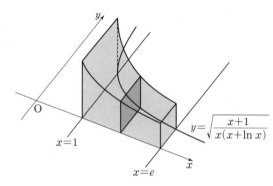

① $\ln(e+1)$ ② $\ln(e+2)$ ③ $\ln(e+3)$
④ $\ln(2e+1)$ ⑤ $\ln(2e+2)$

023

그림과 같이 곡선 $y=\sqrt{(5-x)\ln x}$ $(2\leq x\leq 4)$와 x축 및 두 직선 $x=2$, $x=4$로 둘러싸인 부분을 밑면으로 하는 입체도형이 있다. 이 입체도형을 x축에 수직인 평면으로 자른 단면이 모두 정사각형일 때, 이 입체도형의 부피는? [3점]

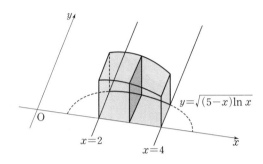

① $14\ln 2-7$ ② $14\ln 2-6$ ③ $16\ln 2-7$

④ $16\ln 2-6$ ⑤ $16\ln 2-5$

024

그림과 같이 곡선 $y=2x\sqrt{x\sin x^2}$ $(0\leq x\leq \sqrt{\pi})$와 x축 및 두 직선 $x=\sqrt{\dfrac{\pi}{6}}$, $x=\sqrt{\dfrac{\pi}{2}}$로 둘러싸인 부분을 밑면으로 하는 입체도형이 있다. 이 입체도형을 x축에 수직인 평면으로 자른 단면이 모두 반원일 때, 이 입체도형의 부피는? [3점]

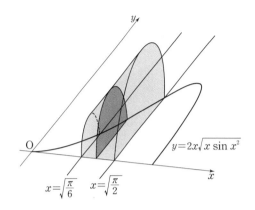

① $\dfrac{\pi^2+6\pi}{48}$ ② $\dfrac{\sqrt{2}\pi^2+6\pi}{48}$ ③ $\dfrac{\sqrt{3}\pi^2+6\pi}{48}$

④ $\dfrac{\sqrt{2}\pi^2+12\pi}{48}$ ⑤ $\dfrac{\sqrt{3}\pi^2+12\pi}{48}$

025

그림과 같이 양수 k에 대하여 곡선 $y=\sqrt{\dfrac{kx}{2x^2+1}}$와 x축 및 두 직선 $x=1$, $x=2$로 둘러싸인 부분을 밑면으로 하고 x축에 수직인 평면으로 자른 단면이 모두 정사각형인 입체도형의 부피가 $2\ln 3$일 때, k의 값은? [3점]

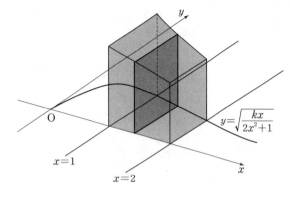

① 6   ② 7   ③ 8
④ 9   ⑤ 10

026

그림과 같이 곡선 $y=\sqrt{\sec^2 x+\tan x}\left(0\le x\le\dfrac{\pi}{3}\right)$와 x축, y축 및 직선 $x=\dfrac{\pi}{3}$로 둘러싸인 부분을 밑면으로 하는 입체도형이 있다. 이 입체도형을 x축에 수직인 평면으로 자른 단면이 모두 정사각형일 때, 이 입체도형의 부피는? [3점]

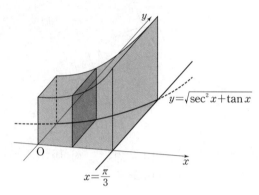

① $\dfrac{\sqrt{3}}{2}+\dfrac{\ln 2}{2}$ ② $\dfrac{\sqrt{3}}{2}+\ln 2$ ③ $\sqrt{3}+\dfrac{\ln 2}{2}$
④ $\sqrt{3}+\ln 2$ ⑤ $\sqrt{3}+2\ln 2$

027

그림과 같이 곡선 $y=\sqrt{(1-2x)\cos x}$ $\left(\frac{3}{4}\pi\leq x\leq\frac{5}{4}\pi\right)$와

x축 및 두 직선 $x=\frac{3}{4}\pi$, $x=\frac{5}{4}\pi$로 둘러싸인 부분을 밑면으로 하는 입체도형이 있다. 이 입체도형을 x축에 수직인 평면으로 자른 단면이 모두 정사각형일 때, 이 입체도형의 부피는?

[3점]

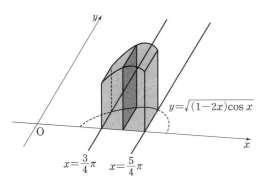

① $\sqrt{2}\pi-\sqrt{2}$ 　　② $\sqrt{2}\pi-1$ 　　③ $2\sqrt{2}\pi-\sqrt{2}$

④ $2\sqrt{2}\pi-1$ 　　⑤ $2\sqrt{2}\pi$

---

(1) **직선 위의 점의 위치와 움직인 거리**
　수직선 위를 움직이는 점 P의 시각 t에서의 속도가 $v(t)$, 시각 $t=a$에서의 위치가 x_0일 때
　① 시각 t에서의 점 P의 위치 x는
$$x=x_0+\int_a^t v(t)\,dt$$
　② 시각 $t=a$에서 $t=b$까지 점 P의 위치의 변화량은
$$\int_a^b v(t)\,dt$$
　③ 시각 $t=a$에서 $t=b$까지 점 P가 움직인 거리 s는
$$s=\int_a^b |v(t)|\,dt$$

(2) **좌표평면 위에서 점이 움직인 거리**
　좌표평면 위를 움직이는 점 P의 시각 t에서의 위치 (x, y)가 $x=f(t)$, $y=g(t)$일 때, 시각 $t=a$에서 $t=b$까지 점 P가 움직인 거리 s는
$$s=\int_a^b \sqrt{\left(\frac{dx}{dt}\right)^2+\left(\frac{dy}{dt}\right)^2}\,dt$$
$$=\int_a^b \sqrt{\{f'(t)\}^2+\{g'(t)\}^2}\,dt$$

(3) **곡선의 길이**
　곡선 $y=f(x)$ $(a\leq x\leq b)$의 길이 l은
$$l=\int_a^b \sqrt{1+\left(\frac{dy}{dx}\right)^2}\,dx$$
$$=\int_a^b \sqrt{1+\{f'(x)\}^2}\,dx$$

유형코드 좌표평면 위를 움직이는 점 P의 시각 t에서의 위치가 주어질 때, 점 P의 속도와 움직인 거리를 구하는 문제가 출제된다. 움직인 거리와 곡선의 길이의 공식을 이용하는 문제가 대부분이므로 공식을 정확하게 이해하고 알아야 한다.

3점

028

$x=-\ln 4$에서 $x=1$까지의 곡선 $y=\frac{1}{2}(|e^x-1|-e^{|x|}+1)$의 길이는? [3점]

① $\frac{23}{8}$ 　　② $\frac{13}{4}$ 　　③ $\frac{29}{8}$

④ 4 　　⑤ $\frac{35}{8}$

029

2024학년도 평가원 9월 28번

실수 a $(0<a<2)$에 대하여 함수 $f(x)$를

$$f(x)=\begin{cases} 2|\sin 4x| & (x<0) \\ -\sin ax & (x\geq 0) \end{cases}$$

이라 하자. 함수

$$g(x)=\left|\int_{-a\pi}^{x} f(t)\,dt\right|$$

가 실수 전체의 집합에서 미분가능할 때, a의 최솟값은? [4점]

① $\dfrac{1}{2}$ ② $\dfrac{3}{4}$ ③ 1

④ $\dfrac{5}{4}$ ⑤ $\dfrac{3}{2}$

실수 전체의 집합에서 연속인 함수 $f(x)$가 모든 실수 x에 대하여 $f(x) \geq 0$이고, $x < 0$일 때 $f(x) = -4xe^{4x^2}$이다. 모든 양수 t에 대하여 x에 대한 방정식 $f(x) = t$의 서로 다른 실근의 개수는 2이고, 이 방정식의 두 실근 중 작은 값을 $g(t)$, 큰 값을 $h(t)$라 하자.

두 함수 $g(t)$, $h(t)$는 모든 양수 t에 대하여

$$2g(t) + h(t) = k \ (k\text{는 상수})$$

를 만족시킨다. $\displaystyle\int_0^7 f(x)\,dx = e^4 - 1$일 때, $\dfrac{f(9)}{f(8)}$의 값은? [4점]

① $\dfrac{3}{2}e^5$ ② $\dfrac{4}{3}e^7$ ③ $\dfrac{5}{4}e^9$

④ $\dfrac{6}{5}e^{11}$ ⑤ $\dfrac{7}{6}e^{13}$

함수 $f(x)$는 실수 전체의 집합에서 도함수가 연속이고 다음 조건을 만족시킨다.

> (가) $x < 1$일 때, $f'(x) = -2x + 4$이다.
> (나) $x \geq 0$인 모든 실수 x에 대하여 $f(x^2 + 1) = ae^{2x} + bx$이다. (단, a, b는 상수이다.)

$\displaystyle\int_0^5 f(x)\,dx = pe^4 - q$일 때, $p + q$의 값을 구하시오. (단, p, q는 유리수이다.) [4점]

032

2025학년도 평가원 9월 30번

양수 k에 대하여 함수 $f(x)$를
$$f(x)=(k-|x|)e^{-x}$$
이라 하자. 실수 전체의 집합에서 미분가능하고 다음 조건을 만족시키는 모든 함수 $F(x)$에 대하여 $F(0)$의 최솟값을 $g(k)$라 하자.

모든 실수 x에 대하여 $F'(x)=f(x)$이고 $F(x) \geq f(x)$이다.

$g\left(\dfrac{1}{4}\right)+g\left(\dfrac{3}{2}\right)=pe+q$일 때, $100(p+q)$의 값을 구하시오.

$$\left(\text{단, } \lim_{x \to \infty} xe^{-x}=0\text{이고, } p\text{와 } q\text{는 유리수이다.}\right) \text{ [4점]}$$

033

2024학년도 수능 30번

실수 전체의 집합에서 미분가능한 함수 $f(x)$의 도함수 $f'(x)$가
$$f'(x)=|\sin x|\cos x$$
이다. 양수 a에 대하여 곡선 $y=f(x)$ 위의 점 $(a, f(a))$에서의 접선의 방정식을 $y=g(x)$라 하자. 함수
$$h(x)=\int_0^x \{f(t)-g(t)\}\,dt$$
가 $x=a$에서 극대 또는 극소가 되도록 하는 모든 양수 a를 작은 수부터 크기순으로 나열할 때, n번째 수를 a_n이라 하자. $\dfrac{100}{\pi} \times (a_6-a_2)$의 값을 구하시오. [4점]

상수 a $(0 < a < 1)$에 대하여 함수 $f(x)$를

$$f(x) = \int_0^x \ln(e^{|t|} - a)\,dt$$

라 하자. 함수 $f(x)$와 상수 k는 다음 조건을 만족시킨다.

(가) 함수 $f(x)$는 $x = \ln\dfrac{3}{2}$에서 극값을 갖는다.

(나) $f\left(-\ln\dfrac{3}{2}\right) = \dfrac{f(k)}{6}$

$\displaystyle\int_0^k \dfrac{|f'(x)|}{f(x) - f(-k)}\,dx = p$일 때, $100 \times a \times e^p$의 값을 구하시오. [4점]

035

최고차항의 계수가 1인 사차함수 $f(x)$와 구간 $(0, \infty)$에서 $g(x) \geq 0$인 함수 $g(x)$가 다음 조건을 만족시킨다.

(가) $x \leq -3$인 모든 실수 x에 대하여 $f(x) \geq f(-3)$이다.

(나) $x > -3$인 모든 실수 x에 대하여 $g(x+3)\{f(x)-f(0)\}^2 = f'(x)$이다.

$\displaystyle\int_4^5 g(x)\,dx = \dfrac{q}{p}$일 때, $p+q$의 값을 구하시오. (단, p와 q는 서로소인 자연수이다.) [4점]

▶ 정답 및 해설 079쪽

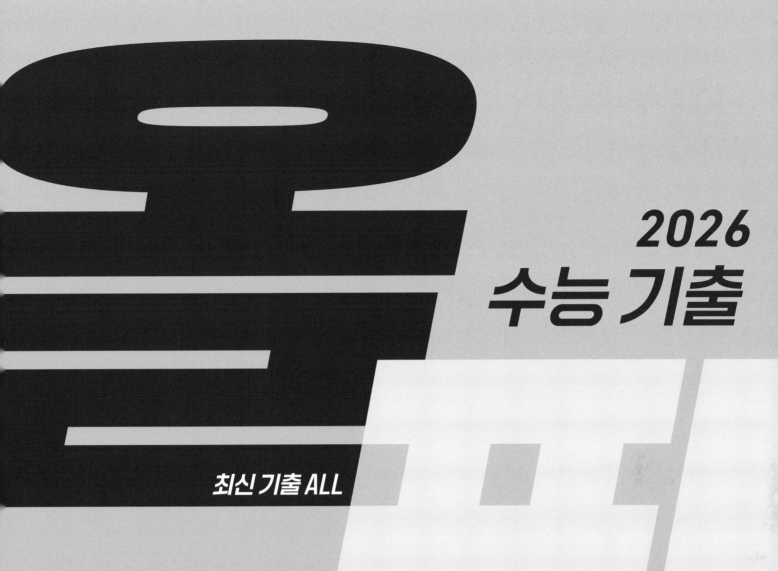

올픽

2026
수능 기출

최신 기출 ALL

우수 기출 PICK

메가스터디BOOKS

미적분

BOOK ❶ 최신 기출 ALL

정답 및 해설

수능 기출

올픽

미적분

BOOK **1**

정답 및 해설

I 수열의 극한

001 ④	002 ④	003 ①	004 ①	005 ⑤	006 ②	007 ③	008 ④	009 ④	010 ④	011 ③	012 ①
013 ③	014 ⑤	015 ③	016 ⑤	017 ②	018 ②	019 ⑤	020 ②	021 50	022 ⑤	023 ①	024 ②
025 ①	026 ②	027 ②	028 ④	029 ⑤	030 ④	031 ④	032 ④	033 18	034 ①	035 ③	036 ②
037 28	038 ③	039 ②	040 57	041 ③	042 ④	043 ③	044 ⑤	045 ①	046 162	047 ②	048 ④
049 ②	050 ③	051 ④	052 ②	053 ④	고난도 기출 ▶ 054 12	055 25	056 25	057 270	058 80	059 24
060 84	061 138										

II 미분법

001 ⑤	002 ④	003 ①	004 ③	005 ③	006 ③	007 ②	008 ④	009 ③	010 ③	011 ①	012 ④
013 ②	014 ⑤	015 ③	016 ①	017 ①	018 ④	019 ③	020 ②	021 ③	022 ④	023 ②	024 ②
025 30	026 20	027 ①	028 ②	029 ②	030 5	031 ①	032 ③	033 ②	034 ②	035 ④	036 ⑤
037 ①	038 ③	039 ①	040 ②	041 ②	042 ⑤	043 ⑤	044 ①	045 ②	046 ①	047 ③	048 ①
049 ②	050 ④	051 40	052 ②	053 ⑤	고난도 기출 ▶ 054 3	055 ②	056 5	057 18	058 4	059 50
060 91	061 32	062 17	063 55	064 16	065 79	066 40	067 135	068 25	069 31	070 129	071 107
072 208											

III 적분법

001 ④	002 ④	003 ⑤	004 ③	005 ②	006 ④	007 ②	008 ②	009 ③	010 ④	011 26	012 ③
013 ①	014 ④	015 ②	016 12	017 ②	018 ③	019 ②	020 ②	021 ③	022 ①	023 ③	024 ③
025 ③	026 ④	027 ③	028 ①	고난도 기출 ▶ 029 ②	030 ②	031 12	032 25	033 125	034 144	035 283

I 수열의 극한

▶ 본문 012~031쪽

001 ④	002 ④	003 ①	004 ①	005 ⑤	006 ②
007 ③	008 ④	009 ④	010 ④	011 ③	012 ①
013 ③	014 ⑤	015 ③	016 ⑤	017 ②	018 ②
019 ⑤	020 ②	021 50	022 ⑤	023 ①	024 ②
025 ①	026 ②	027 ②	028 ④	029 ⑤	030 ④
031 ④	032 ④	033 18	034 ①	035 ③	036 ②
037 28	038 ③	039 ②	040 57	041 ③	042 ④
043 ③	044 ⑤	045 ①	046 162	047 ②	048 ④
049 ②	050 ③	051 ②	052 ②	053 ④	

001 정답률 ▶ 97% 답 ④

$$\lim_{n \to \infty} \frac{2n^2+3n-5}{n^2+1} = \lim_{n \to \infty} \frac{2+\dfrac{3}{n}-\dfrac{5}{n^2}}{1+\dfrac{1}{n^2}}$$
$$= \frac{2+0-0}{1+0}$$
$$= 2$$

002 정답률 ▶ 95% 답 ④

$$\lim_{n \to \infty} \frac{(2n+1)(3n-1)}{n^2+1} = \lim_{n \to \infty} \frac{6n^2+n-1}{n^2+1}$$
$$= \lim_{n \to \infty} \frac{6+\dfrac{1}{n}-\dfrac{1}{n^2}}{1+\dfrac{1}{n^2}}$$
$$= \frac{6+0-0}{1+0}$$
$$= 6$$

003 정답률 ▶ 96% 답 ①

등차수열 $\{a_n\}$의 첫째항이 1이고 공차가 2이므로
$$a_n = 1+(n-1) \times 2 = 2n-1$$
$$\therefore \lim_{n \to \infty} \frac{a_n}{3n+1} = \lim_{n \to \infty} \frac{2n-1}{3n+1}$$
$$= \lim_{n \to \infty} \frac{2-\dfrac{1}{n}}{3+\dfrac{1}{n}}$$
$$= \frac{2-0}{3+0}$$
$$= \frac{2}{3}$$

004 정답률 ▶ 96% 답 ①

$$\lim_{n \to \infty} \frac{1}{\sqrt{n^2+3n}-\sqrt{n^2+n}}$$
$$= \lim_{n \to \infty} \frac{\sqrt{n^2+3n}+\sqrt{n^2+n}}{(\sqrt{n^2+3n}-\sqrt{n^2+n})(\sqrt{n^2+3n}+\sqrt{n^2+n})}$$
$$= \lim_{n \to \infty} \frac{\sqrt{n^2+3n}+\sqrt{n^2+n}}{(n^2+3n)-(n^2+n)}$$
$$= \lim_{n \to \infty} \frac{\sqrt{n^2+3n}+\sqrt{n^2+n}}{2n}$$
$$= \lim_{n \to \infty} \frac{\sqrt{1+\dfrac{3}{n}}+\sqrt{1+\dfrac{1}{n}}}{2}$$
$$= \frac{\sqrt{1+0}+\sqrt{1+0}}{2}$$
$$= 1$$

005 정답률 ▶ 92% 답 ⑤

$$\lim_{n \to \infty} (\sqrt{n^2+9n}-\sqrt{n^2+4n})$$
$$= \lim_{n \to \infty} \frac{(\sqrt{n^2+9n}-\sqrt{n^2+4n})(\sqrt{n^2+9n}+\sqrt{n^2+4n})}{\sqrt{n^2+9n}+\sqrt{n^2+4n}}$$
$$= \lim_{n \to \infty} \frac{(n^2+9n)-(n^2+4n)}{\sqrt{n^2+9n}+\sqrt{n^2+4n}}$$
$$= \lim_{n \to \infty} \frac{5n}{\sqrt{n^2+9n}+\sqrt{n^2+4n}}$$
$$= \lim_{n \to \infty} \frac{5}{\sqrt{1+\dfrac{9}{n}}+\sqrt{1+\dfrac{4}{n}}}$$
$$= \frac{5}{\sqrt{1+0}+\sqrt{1+0}}$$
$$= \frac{5}{2}$$

006 정답률 ▶ 94% 답 ②

$$\lim_{n \to \infty} (\sqrt{4n^2+3n}-\sqrt{4n^2+1})$$
$$= \lim_{n \to \infty} \frac{(\sqrt{4n^2+3n}-\sqrt{4n^2+1})(\sqrt{4n^2+3n}+\sqrt{4n^2+1})}{\sqrt{4n^2+3n}+\sqrt{4n^2+1}}$$
$$= \lim_{n \to \infty} \frac{(4n^2+3n)-(4n^2+1)}{\sqrt{4n^2+3n}+\sqrt{4n^2+1}}$$
$$= \lim_{n \to \infty} \frac{3n-1}{\sqrt{4n^2+3n}+\sqrt{4n^2+1}}$$
$$= \lim_{n \to \infty} \frac{3-\dfrac{1}{n}}{\sqrt{4+\dfrac{3}{n}}+\sqrt{4+\dfrac{1}{n^2}}}$$
$$= \frac{3-0}{\sqrt{4+0}+\sqrt{4+0}}$$
$$= \frac{3}{4}$$

007 정답률 ▶ 90%　　　　　　　　　　답 ③

$$\lim_{n \to \infty} 2n(\sqrt{n^2+4} - \sqrt{n^2+1})$$
$$= \lim_{n \to \infty} \frac{2n(\sqrt{n^2+4} - \sqrt{n^2+1})(\sqrt{n^2+4} + \sqrt{n^2+1})}{\sqrt{n^2+4} + \sqrt{n^2+1}}$$
$$= \lim_{n \to \infty} \frac{2n\{(n^2+4) - (n^2+1)\}}{\sqrt{n^2+4} + \sqrt{n^2+1}}$$
$$= \lim_{n \to \infty} \frac{6n}{\sqrt{n^2+4} + \sqrt{n^2+1}}$$
$$= \lim_{n \to \infty} \frac{6}{\sqrt{1 + \dfrac{4}{n^2}} + \sqrt{1 + \dfrac{1}{n^2}}}$$
$$= \frac{6}{\sqrt{1+0} + \sqrt{1+0}}$$
$$= 3$$

008 정답률 ▶ 96%　　　　　　　　　　답 ④

$$\lim_{n \to \infty} (\sqrt{n^4 + 5n^2 + 5} - n^2)$$
$$= \lim_{n \to \infty} \frac{(\sqrt{n^4 + 5n^2 + 5} - n^2)(\sqrt{n^4 + 5n^2 + 5} + n^2)}{\sqrt{n^4 + 5n^2 + 5} + n^2}$$
$$= \lim_{n \to \infty} \frac{(n^4 + 5n^2 + 5) - n^4}{\sqrt{n^4 + 5n^2 + 5} + n^2}$$
$$= \lim_{n \to \infty} \frac{5n^2 + 5}{\sqrt{n^4 + 5n^2 + 5} + n^2}$$
$$= \lim_{n \to \infty} \frac{5 + \dfrac{5}{n^2}}{\sqrt{1 + \dfrac{5}{n^2} + \dfrac{5}{n^4}} + 1}$$
$$= \frac{5+0}{\sqrt{1+0+0} + 1}$$
$$= \frac{5}{2}$$

009 정답률 ▶ 83%　　　　　　　　　　답 ④

1단계 $\lim_{n \to \infty}(\sqrt{an^2 + n} - \sqrt{an^2 - an})$을 간단히 해 보자.

$$\lim_{n \to \infty}(\sqrt{an^2 + n} - \sqrt{an^2 - an})$$
$$= \lim_{n \to \infty} \frac{(\sqrt{an^2 + n} - \sqrt{an^2 - an})(\sqrt{an^2 + n} + \sqrt{an^2 - an})}{\sqrt{an^2 + n} + \sqrt{an^2 - an}}$$
$$= \lim_{n \to \infty} \frac{(an^2 + n) - (an^2 - an)}{\sqrt{an^2 + n} + \sqrt{an^2 - an}}$$
$$= \lim_{n \to \infty} \frac{(1+a)n}{\sqrt{an^2 + n} + \sqrt{an^2 - an}}$$
$$= \lim_{n \to \infty} \frac{1 + a}{\sqrt{a + \dfrac{1}{n}} + \sqrt{a - \dfrac{a}{n}}}$$
$$= \frac{1+a}{\sqrt{a+0} + \sqrt{a-0}}$$
$$= \frac{1+a}{2\sqrt{a}}$$

2단계 주어진 식을 만족시키는 모든 양수 a의 값의 합을 구해 보자.

$\dfrac{1+a}{2\sqrt{a}} = \dfrac{5}{4}$에서

$4(1+a) = 10\sqrt{a}$

$16(1 + 2a + a^2) = 100a$, $16a^2 + 32a + 16 = 100a$

$4a^2 - 17a + 4 = 0$, $(4a-1)(a-4) = 0$

$\therefore a = \dfrac{1}{4}$ 또는 $a = 4$

따라서 주어진 식을 만족시키는 모든 양수 a의 값의 합은

$\dfrac{1}{4} + 4 = \dfrac{17}{4}$

010 정답률 ▶ 83%　　　　　　　　　　답 ④

1단계 수열 $\{a_n\}$의 일반항을 구해 보자.

수열 $\{a_n\}$은 첫째항이 a_1이고 $a_{n+1} - a_n = a_1 + 2$에서 공차가 $a_1 + 2$인 등차수열이므로

$a_n = a_1 + (n-1) \times (a_1 + 2) = (a_1 + 2)n - 2$

2단계 a_1의 값을 구하여 a_{10}의 값을 구해 보자.

$$\lim_{n \to \infty} \frac{2a_n + n}{a_n - n + 1} = \lim_{n \to \infty} \frac{2\{(a_1+2)n - 2\} + n}{(a_1+2)n - 2 - n + 1}$$
$$= \lim_{n \to \infty} \frac{(2a_1 + 5)n - 4}{(a_1 + 1)n - 1}$$
$$= \lim_{n \to \infty} \frac{(2a_1 + 5) - \dfrac{4}{n}}{(a_1 + 1) - \dfrac{1}{n}}$$
$$= \frac{(2a_1 + 5) - 0}{(a_1 + 1) - 0}$$
$$= \frac{2a_1 + 5}{a_1 + 1}$$

이때 $\lim_{n \to \infty} \dfrac{2a_n + n}{a_n - n + 1} = 3$이므로

$\dfrac{2a_1 + 5}{a_1 + 1} = 3$, $2a_1 + 5 = 3(a_1 + 1)$

$\therefore a_1 = 2$

$\therefore a_{10} = (2+2) \times 10 - 2 = 38$

011 정답률 ▶ 84%　　　　　　　　　　답 ③

1단계 수열 $\{a_n\}$의 일반항을 구해 보자.

수열 $\{a_n\}$은 첫째항이 1이고 $a_{n+1} - a_n = 3$에서 공차가 3인 등차수열이므로

$a_n = 1 + (n-1) \times 3 = 3n - 2$

2단계 수열 $\{b_n\}$의 일반항을 구해 보자.

$\sum\limits_{k=1}^{n} \dfrac{1}{b_k} = n^2$이므로

$n \geq 2$일 때, 수열의 합과 일반항 사이의 관계에 의하여

$$\frac{1}{b_n} = \sum_{k=1}^{n} \frac{1}{b_k} - \sum_{k=1}^{n-1} \frac{1}{b_k}$$
$$= n^2 - (n-1)^2$$
$$= n^2 - (n^2 - 2n + 1)$$
$$= 2n - 1$$

이때 $\dfrac{1}{b_1} = 1$이므로 $b_n = \dfrac{1}{2n-1}$

3단계 $\lim_{n \to \infty} a_n b_n$의 값을 구해 보자.

$$\lim_{n \to \infty} a_n b_n = \lim_{n \to \infty} \left\{ (3n-2) \times \frac{1}{2n-1} \right\}$$
$$= \lim_{n \to \infty} \frac{3n-2}{2n-1}$$
$$= \lim_{n \to \infty} \frac{3-\dfrac{2}{n}}{2-\dfrac{1}{n}}$$
$$= \frac{3-0}{2-0} = \frac{3}{2}$$

012 정답률 ▸ 54% 답 ①

1단계 등차수열 $\{b_n\}$의 일반항을 구해 보자.

등차수열 $\{b_n\}$의 공차를 d라 하면

$b_n = b_1 + (n-1)d$

이때 $\dfrac{a_1}{b_1} = 3$에서 $\dfrac{3}{b_1} = 3$ ∴ $b_1 = 1$

$\dfrac{a_1}{b_1} + \dfrac{a_2}{b_2} = 2$에서 $3 + \dfrac{-4}{b_2} = 2$ ∴ $b_2 = 4$

즉, $d = b_2 - b_1 = 4 - 1 = 3$

이므로

$b_n = 3n - 2$

2단계 $n \geq 2$일 때, 수열 $\{a_n b_n\}$의 일반항을 구해 보자.

$n \geq 2$일 때

$$\frac{a_n}{b_n} = \sum_{k=1}^{n} \frac{a_k}{b_k} - \sum_{k=1}^{n-1} \frac{a_k}{b_k} = \frac{6}{n+1} - \frac{6}{n} = -\frac{6}{n(n+1)}$$

이므로

$$a_n = -\frac{6}{n(n+1)} \times b_n = -\frac{6(3n-2)}{n(n+1)}$$

$$\therefore a_n b_n = -\frac{6(3n-2)}{n(n+1)} \times (3n-2)$$
$$= -\frac{6(3n-2)^2}{n(n+1)} \ (n \geq 2)$$

3단계 $\lim_{n \to \infty} a_n b_n$의 값을 구해 보자.

$$\lim_{n \to \infty} a_n b_n = \lim_{n \to \infty} \left\{ -\frac{6(3n-2)^2}{n(n+1)} \right\}$$
$$= -6 \lim_{n \to \infty} \frac{9n^2 - 12n + 4}{n^2 + n}$$
$$= -6 \lim_{n \to \infty} \frac{9 - \dfrac{12}{n} + \dfrac{4}{n^2}}{1 + \dfrac{1}{n}}$$
$$= -6 \times \frac{9 - 0 + 0}{1 + 0} = -54$$

013 정답률 ▸ 93% 답 ③

1단계 수열의 극한에 대한 기본 성질을 이용하여 $\lim_{n \to \infty} \dfrac{n^2 a_n + b_n}{1 + 2b_n}$의 값을 구해 보자.

$$\lim_{n \to \infty} \frac{n^2 a_n + b_n}{1 + 2b_n} = \lim_{n \to \infty} \frac{na_n + \dfrac{b_n}{n}}{\dfrac{1}{n} + 2 \times \dfrac{b_n}{n}} = \frac{1 + 3}{0 + 2 \times 3} = \frac{2}{3}$$

014 정답률 ▸ 87% 답 ⑤

1단계 수열의 극한에 대한 기본 성질을 이용하여 $\lim_{n \to \infty} \dfrac{(2n+1)a_n}{4n^2}$의 값을 구해 보자.

$\lim_{n \to \infty} (3a_n - 5n) = 2$에서 $b_n = 3a_n - 5n$이라 하면

$\lim_{n \to \infty} b_n = 2$이고, $a_n = \dfrac{b_n + 5n}{3}$이므로

$$\lim_{n \to \infty} \frac{(2n+1)a_n}{4n^2} = \lim_{n \to \infty} \left(\frac{2n+1}{4n^2} \times \frac{b_n + 5n}{3} \right)$$
$$= \lim_{n \to \infty} \left(\frac{2n+1}{4n} \times \frac{b_n + 5n}{3n} \right)$$
$$= \lim_{n \to \infty} \left(\frac{2 + \dfrac{1}{n}}{4} \times \frac{\dfrac{b_n}{n} + 5}{3} \right)$$
$$= \frac{2+0}{4} \times \frac{0+5}{3}$$
$$= \frac{5}{6}$$

015 정답률 ▸ 82% 답 ③

1단계 수열의 극한에 대한 기본 성질을 이용하여 $\lim_{n \to \infty} \dfrac{a_{2n} - 6n}{a_n + 5}$을 등차수열 $\{a_n\}$의 공차에 대한 식으로 나타내어 보자.

등차수열 $\{a_n\}$의 공차를 d라 하면

$a_n = a_1 + (n-1)d$이므로

$$\lim_{n \to \infty} \frac{a_{2n} - 6n}{a_n + 5} = \lim_{n \to \infty} \frac{a_1 + (2n-1)d - 6n}{a_1 + (n-1)d + 5}$$
$$= \lim_{n \to \infty} \frac{(2d-6)n + a_1 - d}{dn + a_1 - d + 5}$$
$$= \lim_{n \to \infty} \frac{2d - 6 + \dfrac{a_1 - d}{n}}{d + \dfrac{a_1 - d + 5}{n}}$$
$$= \frac{2d - 6 + 0}{d + 0}$$
$$= \frac{2d - 6}{d}$$

2단계 $a_2 - a_1$의 값을 구해 보자.

$\lim_{n \to \infty} \dfrac{a_{2n} - 6n}{a_n + 5} = 4$이므로

$\dfrac{2d-6}{d} = 4$, $2d - 6 = 4d$

∴ $d = -3$

∴ $a_2 - a_1 = d = -3$

016 정답률 ▸ 87% 답 ⑤

1단계 수열의 극한에 대한 기본 성질을 이용하여 $\lim_{n \to \infty} \dfrac{na_n + 1}{a_n + 2n}$의 값을 구해 보자.

$\lim_{n \to \infty} \dfrac{a_n + 2}{2} = 6$에서 $b_n = \dfrac{a_n + 2}{2}$라 하면

$\lim_{n \to \infty} b_n = 6$이고, $a_n = 2b_n - 2$이므로

$$\lim_{n\to\infty}\frac{na_n+1}{a_n+2n}=\lim_{n\to\infty}\frac{n(2b_n-2)+1}{2b_n-2+2n}$$

$$=\lim_{n\to\infty}\frac{2b_n-2+\dfrac{1}{n}}{\dfrac{2}{n}b_n-\dfrac{2}{n}+2}$$

$$=\frac{2\times6-2+0}{0-0+2}$$

$$=5$$

017   정답률 ▶ 90%   답 ②

1단계 수열의 극한에 대한 기본 성질을 이용하여 $\lim\limits_{n\to\infty}(\sqrt{a_n{}^2+n}-a_n)$의 값을 구해 보자.

$\lim\limits_{n\to\infty}\dfrac{na_n}{n^2+3}=1$에서 $b_n=\dfrac{na_n}{n^2+3}$이라 하면

$\lim\limits_{n\to\infty}b_n=1$이고, $a_n=\dfrac{b_n(n^2+3)}{n}$이므로

$$\lim_{n\to\infty}(\sqrt{a_n{}^2+n}-a_n)=\lim_{n\to\infty}\frac{a_n{}^2+n-a_n{}^2}{\sqrt{a_n{}^2+n}+a_n}=\lim_{n\to\infty}\frac{n}{\sqrt{a_n{}^2+n}+a_n}$$

$$=\lim_{n\to\infty}\frac{n}{\sqrt{\left\{\dfrac{b_n(n^2+3)}{n}\right\}^2+n}+\dfrac{b_n(n^2+3)}{n}}$$

$$=\lim_{n\to\infty}\frac{n}{\sqrt{b_n{}^2\left(n+\dfrac{3}{n}\right)^2+n}+b_n\left(n+\dfrac{3}{n}\right)}$$

$$=\lim_{n\to\infty}\frac{n}{\sqrt{b_n{}^2\left(n^2+6+\dfrac{9}{n^2}\right)+n}+b_n\left(n+\dfrac{3}{n}\right)}$$

$$=\lim_{n\to\infty}\frac{1}{\sqrt{b_n{}^2\left(1+\dfrac{6}{n^2}+\dfrac{9}{n^4}\right)+\dfrac{1}{n}}+b_n\left(1+\dfrac{3}{n^2}\right)}$$

$$=\frac{1}{\sqrt{1^2\times(1+0+0)+0}+1\times(1+0)}$$

$$=\frac{1}{2}$$

다른 풀이

$\lim\limits_{n\to\infty}\dfrac{na_n}{n^2+3}=1$에서 $b_n=\dfrac{na_n}{n^2+3}$이라 하면

$\lim\limits_{n\to\infty}b_n=1$이고, $a_n=\dfrac{b_n(n^2+3)}{n}$이므로

$$\lim_{n\to\infty}\frac{a_n}{n}=\lim_{n\to\infty}\frac{b_n(n^2+3)}{n^2}$$

$$=\lim_{n\to\infty}b_n\times\lim_{n\to\infty}\frac{n^2+3}{n^2}$$

$$=1\times1$$

$$=1$$

$$\therefore \lim_{n\to\infty}(\sqrt{a_n{}^2+n}-a_n)=\lim_{n\to\infty}\frac{a_n{}^2+n-a_n{}^2}{\sqrt{a_n{}^2+n}+a_n}$$

$$=\lim_{n\to\infty}\frac{n}{\sqrt{a_n{}^2+n}+a_n}$$

$$=\lim_{n\to\infty}\frac{1}{\sqrt{\left(\dfrac{a_n}{n}\right)^2+\dfrac{1}{n}}+\dfrac{a_n}{n}}$$

$$=\frac{1}{\sqrt{1^2+0}+1}$$

$$=\frac{1}{2}$$

018   정답률 ▶ 89%   답 ②

1단계 수열의 극한에 대한 기본 성질을 이용하여 $\lim\limits_{n\to\infty}\dfrac{2a_n+6n^2}{na_n+5}$의 값을 구해 보자.

$\lim\limits_{n\to\infty}\{a_n\times(\sqrt{n^2+4}-n)\}=6$에서

$b_n=a_n\times(\sqrt{n^2+4}-n)$이라 하면 $\lim\limits_{n\to\infty}b_n=6$이고,

$$a_n=\frac{b_n}{\sqrt{n^2+4}-n}$$

$$=\frac{b_n(\sqrt{n^2+4}+n)}{(\sqrt{n^2+4}-n)(\sqrt{n^2+4}+n)}$$

$$=\frac{b_n(\sqrt{n^2+4}+n)}{n^2+4-n^2}$$

$$=\frac{b_n}{4}(\sqrt{n^2+4}+n)$$

이므로

$$\lim_{n\to\infty}\frac{2a_n+6n^2}{na_n+5}=\lim_{n\to\infty}\frac{\dfrac{b_n}{2}(\sqrt{n+4}+n)+6n^2}{\dfrac{nb_n}{4}(\sqrt{n^2+4}+n)+5}$$

$$=\lim_{n\to\infty}\frac{\dfrac{b_n}{2}\times\dfrac{\sqrt{n^2+4}+n}{n^2}+6}{\dfrac{b_n}{4}\times\dfrac{\sqrt{n^2+4}+n}{n}+\dfrac{5}{n^2}}$$

$$=\lim_{n\to\infty}\frac{\dfrac{b_n}{2}\times\left(\sqrt{\dfrac{1}{n^2}+\dfrac{4}{n^4}}+\dfrac{1}{n}\right)+6}{\dfrac{b_n}{4}\times\left(\sqrt{1+\dfrac{4}{n^2}}+1\right)+\dfrac{5}{n^2}}$$

$$=\frac{3\times(\sqrt{0+0}+0)+6}{\dfrac{3}{2}\times(\sqrt{1+0}+1)+0}=2$$

019   정답률 ▶ 78%   답 ⑤

1단계 수열의 극한에 대한 기본 성질을 이용하여 $\lim\limits_{n\to\infty}(2n^2+1)(a_n+2b_n)$의 값을 구해 보자.

$\lim\limits_{n\to\infty}(n^2+1)a_n=3$에서 $c_n=(n^2+1)a_n$이라 하면

$\lim\limits_{n\to\infty}c_n=3$이고, $a_n=\dfrac{c_n}{n^2+1}$

또한, $\lim\limits_{n\to\infty}(4n^2+1)(a_n+b_n)=1$에서 $d_n=(4n^2+1)(a_n+b_n)$이라 하면

$\lim\limits_{n\to\infty}d_n=1$이고,

$$b_n=\frac{d_n}{4n^2+1}-a_n=\frac{d_n}{4n^2+1}-\frac{c_n}{n^2+1}$$

$$\therefore \lim_{n\to\infty}(2n^2+1)(a_n+2b_n)$$

$$=\lim_{n\to\infty}(2n^2+1)\left\{\frac{c_n}{n^2+1}+2\left(\frac{d_n}{4n^2+1}-\frac{c_n}{n^2+1}\right)\right\}$$

$$=\lim_{n\to\infty}(2n^2+1)\left(\frac{2d_n}{4n^2+1}-\frac{c_n}{n^2+1}\right)$$

$$=\lim_{n\to\infty}\left(\frac{4n^2+2}{4n^2+1}\times d_n-\frac{2n^2+1}{n^2+1}\times c_n\right)$$

$$=\lim_{n\to\infty}\left(\frac{4+\dfrac{2}{n^2}}{4+\dfrac{1}{n^2}}\times d_n-\frac{2+\dfrac{1}{n^2}}{1+\dfrac{1}{n^2}}\times c_n\right)$$

$$=\frac{4+0}{4+0}\times1-\frac{2+0}{1+0}\times3$$

$$=-5$$

020   답 ②

1단계 주어진 조건을 이용하여 수열 $\{b_n\}$을 구해 보자.

등차수열 $\{a_n\}$은 첫째항이 3이고 공차가 $6-3=3$이므로

$a_n=3+(n-1)\times3=3n$

$S_n=\sum\limits_{k=1}^{n}a_k(b_k)^2$이라 하면

(ⅰ) $n=1$일 때

$\quad S_1=a_1(b_1)^2=1-1+3=3$

$\quad\therefore (b_1)^2=1\ (\because a_1=3)$

$\quad\therefore b_1=1\ (\because b_n>0)$

(ⅱ) $n\geq2$일 때

$\quad a_n(b_n)^2=S_n-S_{n-1}$

$\qquad\qquad=(n^3-n+3)-\{(n-1)^3-(n-1)+3\}$

$\qquad\qquad=3n^2-3n$

$\qquad\qquad=3n(n-1)$

$\quad$ 이때 $a_n=3n$이므로

$\quad (b_n)^2=n-1\qquad\therefore b_n=\sqrt{n-1}\ (\because b_n>0)$

(ⅰ), (ⅱ)에서

$b_n=\begin{cases}1 & (n=1)\\ \sqrt{n-1} & (n\geq2)\end{cases}$

2단계 $\lim\limits_{n\to\infty}\dfrac{a_n}{b_nb_{2n}}$의 값을 구해 보자.

$\lim\limits_{n\to\infty}\dfrac{a_n}{b_nb_{2n}}=\lim\limits_{n\to\infty}\dfrac{3n}{\sqrt{n-1}\sqrt{2n-1}}$

$\qquad\qquad=\lim\limits_{n\to\infty}\dfrac{3}{\sqrt{1-\dfrac{1}{n}}\sqrt{2-\dfrac{1}{n}}}$

$\qquad\qquad=\dfrac{3}{\sqrt{1-0}\times\sqrt{2-0}}=\dfrac{3\sqrt{2}}{2}$

---

021   답 50

1단계 부등식 $x^2-4nx-n<0$을 만족시키는 정수 x의 개수 a_n을 구해 보자.

이차방정식 $x^2-4nx-n=0$의 실근은 근의 공식에 의하여

$x=2n-\sqrt{4n^2+n}$ 또는 $x=2n+\sqrt{4n^2+n}$

이므로 x에 대한 부등식 $x^2-4nx-n<0$의 해는

$2n-\sqrt{4n^2+n}<x<2n+\sqrt{4n^2+n}$

이때 $2n<\sqrt{4n^2+n}<2n+1$이므로

$-1<2n-\sqrt{4n^2+n}<0$,

$4n<2n+\sqrt{4n^2+n}<4n+1$

즉, 부등식 $x^2-4nx-n<0$을 만족시키는 정수 x의 개수는

$0,\ 1,\ 2,\ \cdots,\ 4n$의 $4n+1$

$\therefore a_n=4n+1$

2단계 수열의 극한에 대한 기본 성질을 이용하여 $\lim\limits_{n\to\infty}(\sqrt{na_n}-pn)=q$를 만족시키는 두 상수 p, q의 값을 각각 구한 후 $100pq$의 값을 구해 보자.

$\lim\limits_{n\to\infty}(\sqrt{na_n}-pn)$에서

$\lim\limits_{n\to\infty}\sqrt{na_n}=\lim\limits_{n\to\infty}\sqrt{n(4n+1)}=\infty$이고,

$p\leq0$이면 $\lim\limits_{n\to\infty}\{\sqrt{n(4n+1)}-pn\}=\infty$

이므로 $p>0$

$\therefore \lim\limits_{n\to\infty}(\sqrt{n(4n+1)}-pn)$

$=\lim\limits_{n\to\infty}\dfrac{\{\sqrt{n(4n+1)}-pn\}\{\sqrt{n(4n+1)}+pn\}}{\sqrt{n(4n+1)}+pn}$

$=\lim\limits_{n\to\infty}\dfrac{n(4n+1)-p^2n^2}{\sqrt{n(4n+1)}+pn}$

$=\lim\limits_{n\to\infty}\dfrac{(4-p^2)n^2+n}{\sqrt{n(4n+1)}+pn}=q$

이때 $4-p^2\neq0$이면

$\lim\limits_{n\to\infty}\dfrac{(4-p^2)n^2+n}{\sqrt{n(4n+1)}+pn}=\lim\limits_{n\to\infty}\dfrac{(4-p^2)n+1}{\sqrt{4+\dfrac{1}{n}}+p}=\infty\ (\text{또는}\ -\infty)$

이므로 $4-p^2=0\qquad\therefore p=2\ (\because p>0)$

$\therefore \lim\limits_{n\to\infty}\dfrac{n}{\sqrt{n(4n+1)}+2n}=\lim\limits_{n\to\infty}\dfrac{1}{\sqrt{4+\dfrac{1}{n}}+2}$

$\qquad\qquad\qquad=\dfrac{1}{\sqrt{4+0}+2}=\dfrac{1}{4}$

$\therefore q=\dfrac{1}{4}$

$\therefore 100pq=100\times2\times\dfrac{1}{4}=50$

---

022   답 ⑤

1단계 수열의 대소 관계를 이용하여 $\lim\limits_{n\to\infty}\dfrac{a_n}{n}$의 값을 구해 보자.

$2n+3<a_n<2n+4$에서

$\dfrac{2n+3}{n}<\dfrac{a_n}{n}<\dfrac{2n+4}{n}$

즉, $\lim\limits_{n\to\infty}\dfrac{2n+3}{n}=\lim\limits_{n\to\infty}\dfrac{2n+4}{n}=2$

이므로 수열의 극한의 대소 관계에 의하여

$\lim\limits_{n\to\infty}\dfrac{a_n}{n}=2$

2단계 수열의 극한에 대한 기본 성질을 이용하여 $\lim\limits_{n\to\infty}\dfrac{(a_n+1)^2+6n^2}{na_n}$의 값을 구해 보자.

$\lim\limits_{n\to\infty}\dfrac{(a_n+1)^2+6n^2}{na_n}=\lim\limits_{n\to\infty}\dfrac{\left(\dfrac{a_n}{n}+\dfrac{1}{n}\right)^2+6}{\dfrac{a_n}{n}}$

$\qquad\qquad\qquad=\dfrac{(2+0)^2+6}{2}=5$

다른 풀이

$\lim\limits_{n\to\infty}\dfrac{(a_n+1)^2+6n^2}{na_n}$의 값이 존재하므로 부등식의 성질에 의하여

$2n+3<a_n<2n+4$

$(2n+3+1)^2+6n^2<(a_n+1)^2+6n^2<(2n+4+1)^2+6n^2$

이때 $a_n>0$이므로 $\dfrac{1}{2n+4}<\dfrac{1}{a_n}<\dfrac{1}{2n+3}$

즉, $\dfrac{(2n+4)^2+6n^2}{n(2n+4)}<\dfrac{(a_n+1)^2+6n^2}{na_n}<\dfrac{(2n+5)^2+6n^2}{n(2n+3)}$

$\lim\limits_{n\to\infty}\dfrac{(2n+4)^2+6n^2}{n(2n+4)}=\lim\limits_{n\to\infty}\dfrac{(2n+5)^2+6n^2}{n(2n+3)}=5$

이므로 수열의 극한의 대소 관계에 의하여

$\lim\limits_{n\to\infty}\dfrac{(a_n+1)^2+6n^2}{na_n}=5$

023 정답률 ▸ 68% 답 ①

1단계 $\dfrac{a_n+3n}{2n+4}$의 범위를 구해 보자.

$a_n^2<4na_n+n-4n^2$에서

$a_n^2-4na_n+4n^2<n,\ (a_n-2n)^2<n$

$-\sqrt{n}<a_n-2n<\sqrt{n}$

$5n-\sqrt{n}<a_n+3n<5n+\sqrt{n}$

$\therefore\ \dfrac{5n-\sqrt{n}}{2n+4}<\dfrac{a_n+3n}{2n+4}<\dfrac{5n+\sqrt{n}}{2n+4}$

2단계 수열의 극한의 대소 관계를 이용하여 $\displaystyle\lim_{n\to\infty}\dfrac{a_n+3n}{2n+4}$의 값을 구해 보자.

$\displaystyle\lim_{n\to\infty}\dfrac{5n-\sqrt{n}}{2n+4}=\lim_{n\to\infty}\dfrac{5n+\sqrt{n}}{2n+4}=\dfrac{5}{2}$

이므로 수열의 극한의 대소 관계에 의하여

$\displaystyle\lim_{n\to\infty}\dfrac{a_n+3n}{2n+4}=\dfrac{5}{2}$

024 정답률 ▸ 94% 답 ②

$\displaystyle\lim_{n\to\infty}\dfrac{\left(\frac{1}{2}\right)^n+\left(\frac{1}{3}\right)^{n+1}}{\left(\frac{1}{2}\right)^{n+1}+\left(\frac{1}{3}\right)^n}=\lim_{n\to\infty}\dfrac{1+\frac{1}{3}\times\left(\frac{2}{3}\right)^n}{\frac{1}{2}+\left(\frac{2}{3}\right)^n}$

$\qquad\qquad=\dfrac{1+\frac{1}{3}\times0}{\frac{1}{2}+0}=2$

025 정답률 ▸ 93% 답 ①

$\displaystyle\lim_{n\to\infty}\dfrac{2^{n+1}+3^{n-1}}{2^n-3^n}=\lim_{n\to\infty}\dfrac{2\times\left(\frac{2}{3}\right)^n+\frac{1}{3}}{\left(\frac{2}{3}\right)^n-1}$

$\qquad\qquad=\dfrac{2\times0+\frac{1}{3}}{0-1}=-\dfrac{1}{3}$

026 정답률 ▸ 90% 답 ②

$\displaystyle\lim_{n\to\infty}\dfrac{2^{n+1}+3^{n-1}}{(-2)^n+3^n}=\lim_{n\to\infty}\dfrac{2\times\left(\frac{2}{3}\right)^n+\frac{1}{3}}{\left(-\frac{2}{3}\right)^n+1}$

$\qquad\qquad=\dfrac{2\times0+\frac{1}{3}}{0+1}$

$\qquad\qquad=\dfrac{1}{3}$

027 정답률 ▸ 94% 답 ②

1단계 $\dfrac{a_n}{3^{n+1}+2^n}$의 범위를 구해 보자.

$3^n-2^n<a_n<3^n+2^n$에서

$\dfrac{3^n-2^n}{3^{n+1}+2^n}<\dfrac{a_n}{3^{n+1}+2^n}<\dfrac{3^n+2^n}{3^{n+1}+2^n}\ (\because\ 3^{n+1}+2^n>0)$

2단계 수열의 극한의 대소 관계를 이용하여 $\displaystyle\lim_{n\to\infty}\dfrac{a_n}{3^{n+1}+2^n}$의 값을 구해 보자.

$\displaystyle\lim_{n\to\infty}\dfrac{3^n-2^n}{3^{n+1}+2^n}=\lim_{n\to\infty}\dfrac{1-\left(\frac{2}{3}\right)^n}{3+\left(\frac{2}{3}\right)^n}$

$\qquad\qquad=\dfrac{1-0}{3+0}=\dfrac{1}{3},$

$\displaystyle\lim_{n\to\infty}\dfrac{3^n+2^n}{3^{n+1}+2^n}=\lim_{n\to\infty}\dfrac{1+\left(\frac{2}{3}\right)^n}{3+\left(\frac{2}{3}\right)^n}$

$\qquad\qquad=\dfrac{1+0}{3+0}=\dfrac{1}{3}$

따라서 수열의 극한의 대소 관계에 의하여

$\displaystyle\lim_{n\to\infty}\dfrac{a_n}{3^{n+1}+2^n}=\dfrac{1}{3}$

028 정답률 ▸ 89% 답 ④

1단계 등비수열 $\{a_n\}$의 일반항을 구하여 주어진 식을 정리해 보자.

등비수열 $\{a_n\}$의 첫째항을 $a\ (a\neq0)$, 공비를 $r\ (r\neq0)$이라 하면

$a_n=ar^{n-1}$이므로

$\displaystyle\lim_{n\to\infty}\dfrac{4^n\times a_n-1}{3\times2^{n+1}}=\lim_{n\to\infty}\dfrac{4^n\times ar^{n-1}-1}{6\times2^n}$

$\qquad\qquad=\lim_{n\to\infty}\dfrac{\frac{a}{r}\times(2r)^n-\left(\frac{1}{2}\right)^n}{6}$

2단계 r의 값의 범위를 나누어 주어진 식을 만족시킬 때 a_1+a_2의 값을 구해 보자.

(ⅰ) $|r|>\dfrac{1}{2}$일 때

$\displaystyle\lim_{n\to\infty}\left(\dfrac{1}{2r}\right)^n=0$이므로 $\displaystyle\lim_{n\to\infty}\dfrac{\frac{a}{r}\times(2r)^n-\left(\frac{1}{2}\right)^n}{6}$에서 극한값이 존재하지 않는다.

(ⅱ) $r=\dfrac{1}{2}$일 때

$\displaystyle\lim_{n\to\infty}\dfrac{\frac{a}{r}\times(2r)^n-\left(\frac{1}{2}\right)^n}{6}=\lim_{n\to\infty}\dfrac{2a-\left(\frac{1}{2}\right)^n}{6}$

$\qquad\qquad=\dfrac{2a-0}{6}=\dfrac{a}{3}$

이므로 $\dfrac{a}{3}=1$ $\quad\therefore\ a=3$

(ⅲ) $|r|<\dfrac{1}{2}$일 때

$\displaystyle\lim_{n\to\infty}(2r)^n=0$이므로

$\displaystyle\lim_{n\to\infty}\dfrac{\frac{a}{r}\times(2r)^n-\left(\frac{1}{2}\right)^n}{6}=0\neq1$

(ⅳ) $r=-\dfrac{1}{2}$일 때

$\displaystyle\lim_{n\to\infty}\dfrac{\frac{a}{r}\times(2r)^n-\left(\frac{1}{2}\right)^n}{6}=\lim_{n\to\infty}\dfrac{-2a\times(-1)^n-\left(\frac{1}{2}\right)^n}{6}$

이므로 진동이다.

(i)~(iv)에서 $a=3$, $r=\dfrac{1}{2}$이므로 $a_n=3\times\left(\dfrac{1}{2}\right)^{n-1}$

$\therefore a_1+a_2=3+\dfrac{3}{2}=\dfrac{9}{2}$

029   답 ⑤

1단계 등비수열 $\{a_n\}$의 일반항을 구하여 주어진 식을 정리해 보자.

등비수열 $\{a_n\}$의 첫째항을 $a\,(a\neq0)$, 공비를 $r\,(r\neq0)$이라 하면
$a_n=ar^{n-1}$이므로

$$\lim_{n\to\infty}\frac{a_n+1}{3^n+2^{2n-1}}=\lim_{n\to\infty}\frac{ar^{n-1}+1}{3^n+\dfrac{1}{2}\times4^n}$$

2단계 r의 값의 범위를 나누어 주어진 식을 만족시킬 때 a_2의 값을 구해 보자.

(i) $|r|>4$일 때

$$\lim_{n\to\infty}\left(\frac{1}{r}\right)^n=0,\ \lim_{n\to\infty}\left(\frac{3}{r}\right)^n=0,\ \lim_{n\to\infty}\left(\frac{4}{r}\right)^n=0$$이므로

$$\lim_{n\to\infty}\frac{ar^{n-1}+1}{3^n+\dfrac{1}{2}\times4^n}=\lim_{n\to\infty}\frac{\dfrac{a}{r}+\left(\dfrac{1}{r}\right)^n}{\left(\dfrac{3}{r}\right)^n+\dfrac{1}{2}\times\left(\dfrac{4}{r}\right)^n}$$

에서 극한값이 존재하지 않는다.

(ii) $r=4$일 때

$$\lim_{n\to\infty}\frac{ar^{n-1}+1}{3^n+\dfrac{1}{2}\times4^n}=\lim_{n\to\infty}\frac{a\times4^{n-1}+1}{3^n+\dfrac{1}{2}\times4^n}=\lim_{n\to\infty}\frac{\dfrac{a}{4}+\left(\dfrac{1}{4}\right)^n}{\left(\dfrac{3}{4}\right)^n+\dfrac{1}{2}}$$

$$=\frac{\dfrac{a}{4}+0}{0+\dfrac{1}{2}}=3$$

이므로 $a=6$

$\therefore a_n=6\times4^{n-1}$

(iii) $0<|r|<4$일 때

$$\lim_{n\to\infty}\left(\frac{r}{4}\right)^n=0$$이므로

$$\lim_{n\to\infty}\frac{ar^{n-1}+1}{3^n+\dfrac{1}{2}\times4^n}=\lim_{n\to\infty}\frac{\dfrac{a}{r}\left(\dfrac{r}{4}\right)^n+\left(\dfrac{1}{4}\right)^n}{\left(\dfrac{3}{4}\right)^n+\dfrac{1}{2}}=\frac{0+0}{0+\dfrac{1}{2}}=0\neq3$$

(iv) $r=-4$일 때

$$\lim_{n\to\infty}\frac{ar^{n-1}+1}{3^n+\dfrac{1}{2}\times4^n}=\lim_{n\to\infty}\frac{a\times(-4)^{n-1}+1}{3^n+\dfrac{1}{2}\times4^n}$$

$$=\lim_{n\to\infty}\frac{-\dfrac{a}{4}\times(-1)^n+\left(\dfrac{1}{4}\right)^n}{\left(\dfrac{3}{4}\right)^n+\dfrac{1}{2}}$$

$$=\lim_{n\to\infty}\left\{-\dfrac{a}{2}\times(-1)^n\right\}$$

이므로 진동이다.

(i)~(iv)에서 $a_n=6\times4^{n-1}$이므로
$a_2=6\times4=24$

> **참고**
>
> $\lim\limits_{n\to\infty}\dfrac{ar^{n-1}+1}{3^n+\dfrac{1}{2}\times4^n}=3$으로 극한값이 존재하고 분모에서 각 항의 공비가 $4>3$
>
> 이므로 $r=4$이다.

030   답 ④

1단계 k의 값에 따라 경우를 나누어 주어진 식을 만족시키는 두 상수 a, b의 값을 각각 구하고 그 합을 구해 보자.

수열 a_n이 수렴하려면 $\left|\dfrac{k}{2}\right|\leq1$, 즉 $|k|\leq2$이어야 하므로 자연수 k의 값은 1 또는 2이다.

(i) $k=1$인 경우

$$a_n=\left(\frac{1}{2}\right)^n$$이므로

$$\lim_{n\to\infty}\frac{a\times\left(\dfrac{1}{2}\right)^n+\left(\dfrac{1}{2}\right)^n}{\left(\dfrac{1}{2}\right)^n+b\times\left(\dfrac{1}{2}\right)^n}=\lim_{n\to\infty}\frac{(a+1)\times\left(\dfrac{1}{2}\right)^n}{(1+b)\times\left(\dfrac{1}{2}\right)^n}$$

$$=\lim_{n\to\infty}\frac{a+1}{b+1}$$

$$=\frac{a+1}{b+1}$$

에서

$\dfrac{a+1}{b+1}=\dfrac{1}{2}$ ($\because k=1$)

$2(a+1)=b+1$

$\therefore b=2a+1$ ······ ㉠

(ii) $k=2$인 경우

$$a_n=\left(\frac{2}{2}\right)^n=1^n=1$$이므로

$$\lim_{n\to\infty}\frac{a\times1+\left(\dfrac{1}{2}\right)^n}{1+b\times\left(\dfrac{1}{2}\right)^n}=\lim_{n\to\infty}\frac{a+\left(\dfrac{1}{2}\right)^n}{1+b\times\left(\dfrac{1}{2}\right)^n}$$

$$=\frac{a+0}{1+b\times0}=a$$

에서 $a=1$ ($\because k=2$)

(i), (ii)에서 $a=1$, $b=3$ ($\because$ ㉠)이므로
$a+b=1+3=4$

031   답 ④

1단계 x의 값의 범위에 따른 함수 $f(x)$를 정의해 보자.

(i) $|x|>2$일 때

$$\lim_{n\to\infty}\left(\frac{2}{x}\right)^{2n}=0$$이므로

$$f(x)=\lim_{n\to\infty}\frac{3\times\left(\dfrac{x}{2}\right)^{2n+1}-1}{\left(\dfrac{x}{2}\right)^{2n}+1}=\lim_{n\to\infty}\frac{3\times\dfrac{x}{2}-\left(\dfrac{2}{x}\right)^{2n}}{1+\left(\dfrac{2}{x}\right)^{2n}}$$

$$=\frac{\dfrac{3}{2}x-0}{1+0}=\frac{3}{2}x$$

(ii) $x=2$일 때

$$f(2)=\lim_{n\to\infty}\frac{3\times1^{2n+1}-1}{1^{2n}+1}=\frac{3-1}{1+1}=1$$

(iii) $|x|<2$일 때

$$\lim_{n\to\infty}\left(\frac{x}{2}\right)^{2n}=0$$이므로

$$f(x)=\lim_{n\to\infty}\frac{3\times\left(\dfrac{x}{2}\right)^{2n+1}-1}{\left(\dfrac{x}{2}\right)^{2n}+1}=\frac{3\times0-1}{0+1}=-1$$

(iv) $x = -2$일 때

$$f(-2) = \lim_{n \to \infty} \frac{3 \times (-1)^{2n+1} - 1}{(-1)^{2n} + 1}$$

$$= \frac{-3-1}{1+1} = -2$$

(i)~(iv)에서

$$f(x) = \begin{cases} \dfrac{3}{2}x & (|x| > 2) \\ 1 & (x = 2) \\ -1 & (|x| < 2) \\ -2 & (x = -2) \end{cases}$$

2단계 $f(k) = k$를 만족시키는 모든 실수 k의 값의 합을 구해 보자.

$f(k) = k$를 만족시키는 실수 k가 존재할 수 있는 경우는 (i), (iii), (iv)이다.

(i) $|x| > 2$일 때

$\dfrac{3}{2}k = k$ $\therefore k = 0$

그런데 $|k| > 2$를 만족시키지 않는다.

(iii) $|x| < 2$일 때

$k = -1$

(iv) $x = -2$일 때

$k = -2$

(i), (iii), (iv)에서 모든 실수 k의 값은 -2, -1이므로 그 합은

$-2 + (-1) = -3$

032 정답률 ▶ 74%   답 ④

1단계 x의 값의 범위에 따른 함수 $f(x)$를 정하여 방정식 $f(x) = 2x - 3$의 모든 실근의 합을 구해 보자.

(i) $0 < x < \dfrac{4}{x}$일 때

$0 < x^2 < 4$, 즉 $0 < x < 2$이므로

$$\lim_{n \to \infty} \left(\frac{x^2}{4} \right)^n = 0$$

$$\therefore f(x) = \lim_{n \to \infty} \frac{x^{n+1} + \left(\dfrac{4}{x} \right)^n}{x^n + \left(\dfrac{4}{x} \right)^{n+1}}$$

$$= \lim_{n \to \infty} \frac{x \times \left(\dfrac{x^2}{4} \right)^n + 1}{\left(\dfrac{x^2}{4} \right)^n + \dfrac{4}{x}}$$

$$= \frac{x \times 0 + 1}{0 + \dfrac{4}{x}}$$

$$= \frac{x}{4}$$

이때 $f(x) = 2x - 3$에서 $\dfrac{x}{4} = 2x - 3$

$\dfrac{7}{4}x = 3$ $\therefore x = \dfrac{12}{7}$

즉, $0 < \dfrac{12}{7} < 2$이므로 $x = \dfrac{12}{7}$는 방정식 $f(x) = 2x - 3$의 실근이다.

(ii) $x = \dfrac{4}{x}$일 때

$x^2 = 4$, 즉 $x = 2$이므로

$$f(x) = \lim_{n \to \infty} \frac{2^{n+1} + 2^n}{2^n + 2^{n+1}} = 1$$

즉, $x = 2$는 방정식 $f(x) = 2x - 3$의 실근이다.

(iii) $0 < \dfrac{4}{x} < x$일 때

$x^2 > 4$, 즉 $x > 2$이므로

$$\lim_{n \to \infty} \left(\frac{4}{x^2} \right)^n = 0$$

$$f(x) = \lim_{n \to \infty} \frac{x^{n+1} + \left(\dfrac{4}{x} \right)^n}{x^n + \left(\dfrac{4}{x} \right)^{n+1}}$$

$$= \lim_{n \to \infty} \frac{x + \left(\dfrac{4}{x^2} \right)^n}{1 + \dfrac{4}{x} \times \left(\dfrac{4}{x^2} \right)^n}$$

$$= \frac{x + 0}{1 + \dfrac{4}{x} \times 0} = x$$

이때 $f(x) = 2x - 3$에서 $x = 2x - 3$ $\therefore x = 3$

즉, $3 > 2$이므로 $x = 3$은 방정식 $f(x) = 2x - 3$의 실근이다.

(i), (ii), (iii)에서 방정식 $f(x) = 2x - 3$의 모든 실근의 합은

$$\frac{12}{7} + 2 + 3 = \frac{47}{7}$$

033 정답률 ▶ 62%   답 18

1단계 식 $\lim\limits_{n \to \infty} \dfrac{3^n + a^{n+1}}{3^{n+1} + a^n} = a$를 만족시키는 실수 a의 값의 범위를 구해 보자.

$\lim\limits_{n \to \infty} \dfrac{3^n + a^{n+1}}{3^{n+1} + a^n} = a$에서

(i) $1 < a < 3$일 때

$\lim\limits_{n \to \infty} \left(\dfrac{a}{3} \right)^n = 0$이므로

$$\lim_{n \to \infty} \frac{3^n + a^{n+1}}{3^{n+1} + a^n} = \lim_{n \to \infty} \frac{1 + a \times \left(\dfrac{a}{3} \right)^n}{3 + \left(\dfrac{a}{3} \right)^n}$$

$$= \frac{1 + a \times 0}{3 + 0} = \frac{1}{3}$$

그런데 $a = \dfrac{1}{3}$이므로

$1 < a < 3$을 만족시키지 않는다.

(ii) $a = 3$일 때

$$\lim_{n \to \infty} \frac{3^n + a^{n+1}}{3^{n+1} + a^n} = \lim_{n \to \infty} \frac{3^n + 3^{n+1}}{3^{n+1} + 3^n} = 1$$

그런데 $a = 3$을 만족시키지 않는다.

(iii) $a > 3$일 때

$\lim\limits_{n \to \infty} \left(\dfrac{3}{a} \right)^n = 0$이므로

$$\lim_{n \to \infty} \frac{3^n + a^{n+1}}{3^{n+1} + a^n} = \lim_{n \to \infty} \frac{\left(\dfrac{3}{a} \right)^n + a}{3 \times \left(\dfrac{3}{a} \right)^n + 1}$$

$$= \frac{0 + a}{3 \times 0 + 1} = a$$

(i), (ii), (iii)에서 $a > 3$

2단계 식 $\lim\limits_{n \to \infty} \dfrac{a^n + b^{n+1}}{a^{n+1} + b^n} = \dfrac{9}{a}$를 만족시키는 두 실수 a, b의 값을 각각 구하여 $a + b$의 값을 구해 보자.

$\lim\limits_{n \to \infty} \dfrac{a^n + b^{n+1}}{a^{n+1} + b^n} = \dfrac{9}{a}$에서

(a) $3<a<b$일 때

$\lim\limits_{n\to\infty}\left(\dfrac{a}{b}\right)^n=0$이므로

$\lim\limits_{n\to\infty}\dfrac{a^n+b^{n+1}}{a^{n+1}+b^n}=\lim\limits_{n\to\infty}\dfrac{\left(\dfrac{a}{b}\right)^n+b}{a\times\left(\dfrac{a}{b}\right)^n+1}=\dfrac{0+b}{a\times0+1}=b$

그런데 $\dfrac{9}{a}=b>3$, 즉 $a<3$이므로

$3<a<b$를 만족시키지 않는다.

(b) $3<a=b$일 때

$\lim\limits_{n\to\infty}\dfrac{a^n+b^{n+1}}{a^{n+1}+b^n}=\lim\limits_{n\to\infty}\dfrac{a^n+a^{n+1}}{a^{n+1}+a^n}=1$

즉, $\dfrac{9}{a}=1$이므로

$a=9$, $b=9$

(c) $1<b<a$, $a>3$일 때

$\lim\limits_{n\to\infty}\left(\dfrac{b}{a}\right)^n=0$이므로

$\lim\limits_{n\to\infty}\dfrac{a^n+b^{n+1}}{a^{n+1}+b^n}=\lim\limits_{n\to\infty}\dfrac{1+b\times\left(\dfrac{b}{a}\right)^n}{a+\left(\dfrac{b}{a}\right)^n}=\dfrac{1+b\times0}{a+0}=\dfrac{1}{a}$

그런데 $\dfrac{9}{a}=\dfrac{1}{a}$을 만족시키는 실수 a는 존재하지 않는다.

(a), (b), (c)에서 $a=9$, $b=9$이므로

$a+b=9+9=18$

034 정답률 ▶ 58% 답 ①

1단계 주어진 규칙을 만족시키는 점 A_{2n}의 좌표를 n에 대한 식으로 나타내어 보자.

점 A_n의 좌표를 $(x_n,\ y_n)$이라 하자.

규칙 (가)에 의하여 $A_1(0,\ 0)$이므로

$A_2(a,\ 0)$ ⟶ 규칙 (나)

$A_3(a,\ a+1)$ ⟶ 규칙 (다)

$A_4(2a,\ a+1)$ ⟶ 규칙 (나)

$A_5(2a,\ 2a+2)$ ⟶ 규칙 (다)

$A_6(3a,\ 2a+2)$ ⟶ 규칙 (나)

$A_7(3a,\ 3a+3)$ ⟶ 규칙 (다)

$A_8(4a,\ 3a+3)$ ⟶ 규칙 (나)

⋮

즉, 수열 $\{x_{2n}\}$은 a, $2a$, $3a$, $\cdots$이므로

첫째항이 a, 공차가 a인 등차수열이다.

$\therefore x_{2n}=a+(n-1)a=an$

수열 $\{y_{2n}\}$은 0, $a+1$, $2a+2$, $\cdots$이므로

첫째항이 0, 공차가 $a+1$인 등차수열이다.

$\therefore y_{2n}=0+(n-1)(a+1)$

$=(n-1)(a+1)$

$\therefore A_{2n}=(an,\ (n-1)(a+1))$

2단계 $\overline{A_1A_{2n}}$을 n에 대한 식으로 나타내어 보자.

$A_1(0,\ 0)$이므로

$\overline{A_1A_{2n}}=\sqrt{(an)^2+\{(n-1)(a+1)\}^2}$

$=\sqrt{a^2n^2+(n^2-2n+1)(a+1)^2}$

3단계 주어진 식을 만족시키는 양수 a의 값을 구해 보자.

$\lim\limits_{n\to\infty}\dfrac{\overline{A_1A_{2n}}}{n}=\lim\limits_{n\to\infty}\dfrac{\sqrt{a^2n^2+(n^2-2n+1)(a+1)^2}}{n}$

$=\lim\limits_{n\to\infty}\sqrt{a^2+\left(1-\dfrac{2}{n}+\dfrac{1}{n^2}\right)(a+1)^2}$

$=\sqrt{a^2+(1-0+0)(a+1)^2}$

$=\sqrt{a^2+(a+1)^2}=\dfrac{\sqrt{34}}{2}$

에서

$2\sqrt{a^2+(a+1)^2}=\sqrt{34}$, $2(2a^2+2a+1)=17$

$4a^2+4a-15=0$, $(2a+5)(2a-3)=0$

$\therefore a=\dfrac{3}{2}$ $(\because a>0)$

035 정답률 ▶ 45% 답 ③

1단계 두 점 A_n, B_n의 좌표를 n에 대한 식으로 나타내어 두 점 사이의 거리를 구해 보자.

$x^2+n^2-1=2nx$에서 $x^2-2nx+n^2-1=0$

$(x-n+1)(x-n-1)=0$

$\therefore x=n-1$ 또는 $x=n+1$

$A_n(n-1,\ 2n^2-2n)$, $B_n(n+1,\ 2n^2+2n)$이라 하면

$\overline{A_nB_n}=\sqrt{\{(n+1)-(n-1)\}^2+\{(2n^2+2n)-(2n^2-2n)\}^2}$

$=\sqrt{4+16n^2}=2\sqrt{4n^2+1}$

2단계 S_n을 n에 대한 식으로 나타낸 후 $\lim\limits_{n\to\infty}\dfrac{S_n}{n}$의 값을 구해 보자.

삼각형 A_nB_nP의 넓이가 최대가 되도록 하려면 점 P_n의 좌표는 오른쪽 그림과 같아야 한다.

점 P_n과 직선 $2nx-y=0$ 사이의 거리는 원 $(x-2)^2+y^2=1$의 중심과 직선 $2nx-y=0$ 사이의 거리와 원의 반지름의 길이의 합과 같다.

원 $(x-2)^2+y^2=1$의 중심과 직선 $2nx-y=0$ 사이의 거리는

$\dfrac{|4n-0|}{\sqrt{(2n)^2+(-1)^2}}=\dfrac{4n}{\sqrt{4n^2+1}}$

이므로 점 P_n과 직선 $2nx-y=0$ 사이의 거리를 h라 하면

$h=\dfrac{4n}{\sqrt{4n^2+1}}+1$

즉, 삼각형 $A_nB_nP_n$의 넓이 S_n은

$S_n=\dfrac{1}{2}\times\overline{A_nB_n}\times h$

$=\dfrac{1}{2}\times2\sqrt{4n^2+1}\times\left(\dfrac{4n}{\sqrt{4n^2+1}}+1\right)$

$=4n+\sqrt{4n^2+1}$

$\therefore \lim\limits_{n\to\infty}\dfrac{S_n}{n}=\lim\limits_{n\to\infty}\dfrac{4n+\sqrt{4n^2+1}}{n}$

$=\lim\limits_{n\to\infty}\dfrac{4+\sqrt{4+\dfrac{1}{n^2}}}{1}$

$=\dfrac{4+\sqrt{4+0}}{1}=6$

036 정답률 ▶ 34%   답 ②

1단계 선분 $\mathrm{B}_n\mathrm{B}_{n+1}$의 길이를 n에 대한 식으로 나타내어 보자.

점 A_n의 좌표는 $(0,\ n)$

점 B_n의 y좌표가 n이므로 x좌표는

$n=\log_a(x-1)$에서 $x=a^n+1$ $\therefore \mathrm{B}_n(a^n+1,\ n)$

$\therefore \overline{\mathrm{B}_n\mathrm{B}_{n+1}}=\sqrt{\{(a^{n+1}+1)-(a^n+1)\}^2+\{(n+1)-n\}^2}$

$\phantom{\therefore \overline{\mathrm{B}_n\mathrm{B}_{n+1}}}=\sqrt{(a^{n+1}-a^n)^2+1}$

$\phantom{\therefore \overline{\mathrm{B}_n\mathrm{B}_{n+1}}}=\sqrt{a^{2n}(a-1)^2+1}$

2단계 S_n을 n에 대한 식으로 나타낸 후 $\dfrac{\overline{\mathrm{B}_n\mathrm{B}_{n+1}}}{S_n}$을 n에 대하여 나타내어 보자.

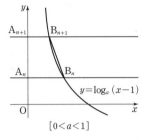 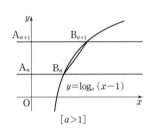

$[0<a<1]$ $[a>1]$

또한, 위의 그림과 같이 사각형 $\mathrm{A}_n\mathrm{B}_n\mathrm{B}_{n+1}\mathrm{A}_{n+1}$은 사다리꼴이므로

$S_n=\dfrac{1}{2}\times(\overline{\mathrm{A}_n\mathrm{B}_n}+\overline{\mathrm{A}_{n+1}\mathrm{B}_{n+1}})\times\overline{\mathrm{A}_n\mathrm{A}_{n+1}}$

$=\dfrac{1}{2}\times\{(a^n+1)+(a^{n+1}+1)\}\times\{(n+1)-n\}$

$=\dfrac{1}{2}\times(a^n+a^{n+1}+2)\times1$

$=\dfrac{a^n(a+1)+2}{2}$

$\therefore \dfrac{\overline{\mathrm{B}_n\mathrm{B}_{n+1}}}{S_n}=\dfrac{2\sqrt{a^{2n}(a-1)^2+1}}{a^n(a+1)+2}$

3단계 $\displaystyle\lim_{n\to\infty}\dfrac{\overline{\mathrm{B}_n\mathrm{B}_{n+1}}}{S_n}=\dfrac{3}{2a+2}$을 만족시키는 모든 a의 값의 합을 구해 보자.

(i) $0<a<1$일 때

$\displaystyle\lim_{n\to\infty}a^n=0$이므로

$\displaystyle\lim_{n\to\infty}\dfrac{\overline{\mathrm{B}_n\mathrm{B}_{n+1}}}{S_n}=\lim_{n\to\infty}\dfrac{2\sqrt{a^{2n}(a-1)^2+1}}{a^n(a+1)+2}$

$\phantom{\displaystyle\lim_{n\to\infty}\dfrac{\overline{\mathrm{B}_n\mathrm{B}_{n+1}}}{S_n}}=\dfrac{2\sqrt{0+1}}{0+2}=1$

즉, $\dfrac{3}{2a+2}=1$에서

$3=2a+2$ $\therefore a=\dfrac{1}{2}$

(ii) $a>1$일 때

$\displaystyle\lim_{n\to\infty}\left(\dfrac{1}{a}\right)^n=0$이므로

$\displaystyle\lim_{n\to\infty}\dfrac{\overline{\mathrm{B}_n\mathrm{B}_{n+1}}}{S_n}=\lim_{n\to\infty}\dfrac{2\sqrt{a^{2n}(a-1)^2+1}}{a^n(a+1)+2}$

$\phantom{\displaystyle\lim_{n\to\infty}\dfrac{\overline{\mathrm{B}_n\mathrm{B}_{n+1}}}{S_n}}=\lim_{n\to\infty}\dfrac{2\sqrt{(a-1)^2+\dfrac{1}{a^{2n}}}}{(a+1)+\dfrac{2}{a^n}}$

$\phantom{\displaystyle\lim_{n\to\infty}\dfrac{\overline{\mathrm{B}_n\mathrm{B}_{n+1}}}{S_n}}=\dfrac{2\sqrt{(a-1)^2+0}}{(a+1)+0}$

$\phantom{\displaystyle\lim_{n\to\infty}\dfrac{\overline{\mathrm{B}_n\mathrm{B}_{n+1}}}{S_n}}=\dfrac{2(a-1)}{a+1}\ (\because a>1)$

즉,

$\dfrac{3}{2a+2}=\dfrac{2(a-1)}{a+1}$에서

$3(a+1)=2(a-1)(2a+2)$

$3a+3=4a^2-4$

$4a^2-3a-7=0$

$(a+1)(4a-7)=0$

$\therefore a=\dfrac{7}{4}\ (\because a>1)$

(i), (ii)에서 모든 a의 값의 합은

$\dfrac{1}{2}+\dfrac{7}{4}=\dfrac{9}{4}$

037 정답률 ▶ 20%   답 28

1단계 x의 값의 범위에 따른 함수 $f(x)$를 정의해 보자.

(i) $|x|>1$일 때

$\displaystyle\lim_{n\to\infty}\left(\dfrac{1}{x}\right)^{2n}=0$이므로

$f(x)=\displaystyle\lim_{n\to\infty}\dfrac{2x^{2n+1}-1}{x^{2n}+1}$

$=\displaystyle\lim_{n\to\infty}\dfrac{2x-\left(\dfrac{1}{x}\right)^{2n}}{1+\left(\dfrac{1}{x}\right)^{2n}}$

$=\dfrac{2x-0}{1+0}$

$=2x$

(ii) $x=1$일 때

$f(1)=\displaystyle\lim_{n\to\infty}\dfrac{2\times1^{2n+1}-1}{1^{2n}+1}$

$=\dfrac{2-1}{1+1}$

$=\dfrac{1}{2}$

(iii) $|x|<1$일 때

$\displaystyle\lim_{n\to\infty}x^{2n}=0$이므로

$f(x)=\displaystyle\lim_{n\to\infty}\dfrac{2x^{2n+1}-1}{x^{2n}+1}$

$=\dfrac{0-1}{0+1}$

$=-1$

(iv) $x=-1$일 때

$f(-1)=\displaystyle\lim_{n\to\infty}\dfrac{2\times(-1)^{2n+1}-1}{(-1)^{2n}+1}$

$=\dfrac{-2-1}{1+1}$

$=-\dfrac{3}{2}$

(i)~(iv)에서

$f(x)=\begin{cases}2x & (|x|>1)\\[4pt]\dfrac{1}{2} & (x=1)\\[4pt]-1 & (|x|<1)\\[4pt]-\dfrac{3}{2} & (x=-1)\end{cases}$

2단계 t의 값의 범위에 따른 함수 $g(t)$를 정의해 보자.

직선 $y=tx-2$는 점 $(0, -2)$를
지나므로 t의 값에 따른 직선
$y=tx-2$와 함수 $y=f(x)$의
그래프의 교점의 개수 $g(t)$를
구하면

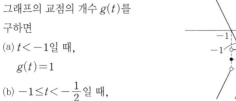

(a) $t<-1$일 때,

$g(t)=1$

(b) $-1\le t<-\dfrac{1}{2}$일 때,

$g(t)=0$

(c) $t=-\dfrac{1}{2}$일 때, $g(t)=1$

(d) $-\dfrac{1}{2}<t\le 0$일 때, $g(t)=0$

(e) $0<t\le 1$일 때, $g(t)=1$

(f) $1<t<2$일 때, $g(t)=2$

(g) $t=2$일 때, $g(t)=1$

(h) $2<t<\dfrac{5}{2}$일 때, $g(t)=2$

(i) $t=\dfrac{5}{2}$일 때, $g(t)=3$

(j) $\dfrac{5}{2}<t<4$일 때, $g(t)=2$

(k) $t\ge 4$일 때, $g(t)=1$

(a)~(k)에서 함수 $g(t)$와 그 그래프는 다음과 같다.

$$g(t)=\begin{cases} 1 & (t<-1) \\ 0 & \left(-1\le t<-\dfrac{1}{2}\right) \\ 1 & \left(t=-\dfrac{1}{2}\right) \\ 0 & \left(-\dfrac{1}{2}<t\le 0\right) \\ 1 & (0<t\le 1) \\ 2 & (1<t<2) \\ 1 & (t=2) \\ 2 & \left(2<t<\dfrac{5}{2}\right) \\ 3 & \left(t=\dfrac{5}{2}\right) \\ 2 & \left(\dfrac{5}{2}<t<4\right) \\ 1 & (t\ge 4) \end{cases}$$

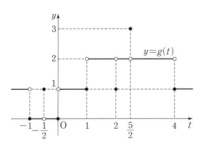

3단계 함수 $g(t)$가 $t=a$에서 불연속인 모든 a의 값을 구하여 $m\times a_m$의 값을 구해 보자.

함수 $g(t)$가 $t=a$에서 불연속인 모든 a의 값은

$-1, -\dfrac{1}{2}, 0, 1, 2, \dfrac{5}{2}, 4$

따라서 $m=7$, $a_m=4$이므로

$m\times a_m=7\times 4=28$

---

038 정답률 ▶ 82% **답 ③**

1단계 $\displaystyle\sum_{n=1}^{\infty}\left(\dfrac{n}{a_n}-\dfrac{n+1}{a_{n+1}}\right)$을 간단히 하여 d의 값을 구해 보자.

등차수열 $\{a_n\}$의 첫째항이 1이고 공차가 d $(d>0)$이므로

$a_n=1+(n-1)d$

$$\sum_{n=1}^{\infty}\left(\dfrac{n}{a_n}-\dfrac{n+1}{a_{n+1}}\right)=\lim_{n\to\infty}\sum_{k=1}^{n}\left(\dfrac{k}{a_k}-\dfrac{k+1}{a_{k+1}}\right)$$

$$=\lim_{n\to\infty}\left\{\left(\dfrac{1}{a_1}-\dfrac{2}{a_2}\right)+\left(\dfrac{2}{a_2}-\dfrac{3}{a_3}\right)+\cdots+\left(\dfrac{n}{a_n}-\dfrac{n+1}{a_{n+1}}\right)\right\}$$

$$=\lim_{n\to\infty}\left(1-\dfrac{n+1}{a_{n+1}}\right)=\lim_{n\to\infty}\left(1-\dfrac{n+1}{dn+1}\right)$$

$$=\lim_{n\to\infty}\left(1-\dfrac{1+\dfrac{1}{n}}{d+\dfrac{1}{n}}\right)=1-\dfrac{1}{d}=\dfrac{2}{3}$$

에서

$-\dfrac{1}{d}=-\dfrac{1}{3}$ $\therefore d=3$

---

039 정답률 ▶ 68% **답 ②**

1단계 두 점 P_n, Q_n의 x좌표를 각각 α_n, β_n이라 하고 a_n을 α_n, β_n에 대한 식으로 나타내어 보자.

$P_n(\alpha_n, \alpha_n+1)$, $Q_n(\beta_n, \beta_n+1)$이라 하면

$\overline{P_nQ_n}=\sqrt{(\alpha_n-\beta_n)^2+\{(\alpha_n+1)-(\beta_n+1)\}^2}$

$=\sqrt{2(\alpha_n-\beta_n)^2}=\sqrt{2}\,|\alpha_n-\beta_n|$

이때 선분 P_nQ_n을 대각선으로 하는 정사각형의 넓이는

$\dfrac{1}{2}\times\overline{P_nQ_n}\times\overline{P_nQ_n}=\dfrac{1}{2}\times\sqrt{2}\,|\alpha_n-\beta_n|\times\sqrt{2}\,|\alpha_n-\beta_n|=(\alpha_n-\beta_n)^2$
└─→ 정사각형의 두 대각선의 길이가 같으므로

$\therefore a_n=(\alpha_n-\beta_n)^2$

2단계 a_n을 n에 대한 식으로 나타내어 보자.

α_n, β_n은 이차방정식 $x^2-2nx-2n=x+1$, 즉

$x^2-(2n+1)x-(2n+1)=0$

의 서로 다른 두 실근이므로 이차방정식의 근과 계수의 관계에 의하여

$\alpha_n+\beta_n=2n+1$, $\alpha_n\beta_n=-2n-1$

$\therefore (\alpha_n-\beta_n)^2=(\alpha_n+\beta_n)^2-4\alpha_n\beta_n=(2n+1)^2-4(-2n-1)$

$=4n^2+12n+5=(2n+1)(2n+5)$

$\therefore a_n=(2n+1)(2n+5)$

3단계 $\displaystyle\sum_{n=1}^{\infty}\dfrac{1}{a_n}$의 값을 구해 보자.

$$\sum_{n=1}^{\infty}\dfrac{1}{a_n}=\sum_{n=1}^{\infty}\dfrac{1}{(2n+1)(2n+5)}=\lim_{n\to\infty}\sum_{k=1}^{n}\dfrac{1}{(2k+1)(2k+5)}$$

$$=\lim_{n\to\infty}\sum_{k=1}^{n}\dfrac{1}{4}\left(\dfrac{1}{2k+1}-\dfrac{1}{2k+5}\right)$$

$$=\lim_{n\to\infty}\dfrac{1}{4}\left\{\left(\dfrac{1}{3}-\dfrac{1}{7}\right)+\left(\dfrac{1}{5}-\dfrac{1}{9}\right)+\left(\dfrac{1}{7}-\dfrac{1}{11}\right)+\cdots\right.$$

$$\left.+\left(\dfrac{1}{2n-1}-\dfrac{1}{2n+3}\right)+\left(\dfrac{1}{2n+1}-\dfrac{1}{2n+5}\right)\right\}$$

$$=\lim_{n\to\infty}\dfrac{1}{4}\left(\dfrac{1}{3}+\dfrac{1}{5}-\dfrac{1}{2n+3}-\dfrac{1}{2n+5}\right)$$

$$=\dfrac{1}{4}\times\left(\dfrac{1}{3}+\dfrac{1}{5}-0-0\right)$$

$$=\dfrac{1}{4}\times\dfrac{8}{15}=\dfrac{2}{15}$$

040 답 57

1단계 주어진 식을 정리하여 a_1을 구해 보자.

$$S_m=\sum_{n=1}^{\infty}\frac{m+1}{n(n+m+1)}$$

$$=\sum_{n=1}^{\infty}\left(\frac{1}{n}-\frac{1}{n+m+1}\right)$$

$$=\lim_{n\to\infty}\sum_{k=1}^{n}\left(\frac{1}{k}-\frac{1}{k+m+1}\right)$$

$$=\lim_{n\to\infty}\left\{\left(1-\frac{1}{m+2}\right)+\left(\frac{1}{2}-\frac{1}{m+3}\right)+\left(\frac{1}{3}-\frac{1}{m+4}\right)+\cdots\right.$$
$$\left.+\left(\frac{1}{n-1}-\frac{1}{n+m}\right)+\left(\frac{1}{n}-\frac{1}{n+m+1}\right)\right\}$$

즉,

$$S_1=\lim_{n\to\infty}\left\{\left(1-\frac{1}{3}\right)+\left(\frac{1}{2}-\frac{1}{4}\right)+\left(\frac{1}{3}-\frac{1}{5}\right)+\cdots\right.$$
$$\left.+\left(\frac{1}{n-1}-\frac{1}{n+1}\right)+\left(\frac{1}{n}-\frac{1}{n+2}\right)\right\}$$

$$=\lim_{n\to\infty}\left(1+\frac{1}{2}-\frac{1}{n+1}-\frac{1}{n+2}\right)$$

$$=1+\frac{1}{2}-0-0$$

$$=\frac{3}{2}$$

이므로

$$a_1=S_1=\frac{3}{2}$$

2단계 a_{10}을 구해 보자.

$$S_9=\lim_{n\to\infty}\left\{\left(1-\frac{1}{11}\right)+\left(\frac{1}{2}-\frac{1}{12}\right)+\left(\frac{1}{3}-\frac{1}{13}\right)+\cdots\right.$$
$$\left.+\left(\frac{1}{n-1}-\frac{1}{n+9}\right)+\left(\frac{1}{n}-\frac{1}{n+10}\right)\right\}$$

$$=\lim_{n\to\infty}\left(1+\frac{1}{2}+\frac{1}{3}+\cdots+\frac{1}{10}+\cdots-\frac{1}{n+9}-\frac{1}{n+10}\right)$$

$$=1+\frac{1}{2}+\frac{1}{3}+\cdots+\frac{1}{10}$$

이므로

$$S_{10}=\lim_{n\to\infty}\left\{\left(1-\frac{1}{12}\right)+\left(\frac{1}{2}-\frac{1}{13}\right)+\left(\frac{1}{3}-\frac{1}{14}\right)+\cdots\right.$$
$$\left.+\left(\frac{1}{n+1}-\frac{1}{n+10}\right)+\left(\frac{1}{n}-\frac{1}{n+11}\right)\right\}$$

$$=\lim_{n\to\infty}\left(1+\frac{1}{2}+\frac{1}{3}+\cdots+\frac{1}{11}+\cdots-\frac{1}{n+10}-\frac{1}{n+11}\right)$$

$$=1+\frac{1}{2}+\frac{1}{3}+\cdots+\frac{1}{10}+\frac{1}{11}$$

$$=S_9+\frac{1}{11}$$

$$\therefore\ a_{10}=S_{10}-S_9$$

$$=\left(S_9+\frac{1}{11}\right)-S_9$$

$$=\frac{1}{11}$$

3단계 a_1+a_{10}의 값을 구하여 $p+q$의 값을 구해 보자.

$$a_1+a_{10}=\frac{3}{2}+\frac{1}{11}=\frac{35}{22}$$

이므로

$p=22,\ q=35$

$$\therefore\ p+q=22+35=57$$

참고

$$S_m=\sum_{n=1}^{\infty}\frac{m+1}{n(n+m+1)}=\sum_{n=1}^{\infty}\left(\frac{1}{n}-\frac{1}{n+m+1}\right)$$

$$=\lim_{n\to\infty}\sum_{k=1}^{n}\left(\frac{1}{k}-\frac{1}{k+m+1}\right)=\lim_{n\to\infty}\left(\sum_{k=1}^{n}\frac{1}{k}-\sum_{k=1}^{n}\frac{1}{k+m+1}\right)$$

$$=\lim_{n\to\infty}\left(\sum_{k=1}^{n}\frac{1}{k}-\sum_{k=m+2}^{n+m+1}\frac{1}{k}\right)=\lim_{n\to\infty}\left(\sum_{k=1}^{m+1}\frac{1}{k}-\sum_{k=n+1}^{n+m+1}\frac{1}{k}\right)$$

$$=\sum_{k=1}^{m+1}\frac{1}{k}$$

---

041 답 ③

1단계 $\lim\limits_{n\to\infty}a_n$의 값을 구해 보자.

$b_n=a_n-\frac{3n^2-n}{2n^2+1}$이라 하면 $a_n=b_n+\frac{3n^2-n}{2n^2+1}$이고 급수 $\sum\limits_{n=1}^{\infty}b_n$이 수렴하므로 $\lim\limits_{n\to\infty}b_n=0$

$$\therefore\ \lim_{n\to\infty}a_n=\lim_{n\to\infty}\left(b_n+\frac{3n^2-n}{2n^2+1}\right)$$

$$=\lim_{n\to\infty}\left(b_n+\frac{3-\frac{1}{n}}{2+\frac{1}{n^2}}\right)$$

$$=0+\frac{3-0}{2+0}=\frac{3}{2}$$

2단계 $\lim\limits_{n\to\infty}(a_n^2+2a_n)$의 값을 구해 보자.

$$\lim_{n\to\infty}(a_n^2+2a_n)=\lim_{n\to\infty}a_n\times\lim_{n\to\infty}a_n+2\lim_{n\to\infty}a_n$$

$$=\frac{3}{2}\times\frac{3}{2}+2\times\frac{3}{2}$$

$$=\frac{21}{4}$$

---

042 답 ④

1단계 $\lim\limits_{n\to\infty}a_n$의 값을 구해 보자.

$a_n-\frac{2^{n+1}}{2^n+1}=b_n$이라 하면 $a_n=b_n+\frac{2^{n+1}}{2^n+1}$이고 급수 $\sum\limits_{n=1}^{\infty}b_n$이 수렴하므로 $\lim\limits_{n\to\infty}b_n=0$

$$\therefore\ \lim_{n\to\infty}a_n=\lim_{n\to\infty}\left(b_n+\frac{2^{n+1}}{2^n+1}\right)$$

$$=\lim_{n\to\infty}\left(b_n+\frac{2}{1+\frac{1}{2^n}}\right)$$

$$=0+\frac{2}{1+0}$$

$$=2$$

2단계 $\lim\limits_{n\to\infty}\dfrac{2^n\times a_n+5\times 2^{n+1}}{2^n+3}$의 값을 구해 보자.

$$\lim_{n\to\infty}\frac{2^n\times a_n+5\times 2^{n+1}}{2^n+3}=\lim_{n\to\infty}\frac{a_n+10}{1+\frac{3}{2^n}}$$

$$=\frac{2+10}{1+0}$$

$$=12$$

043 정답률 ▸ 75%   답 ③

1단계 등차수열 $\{a_n\}$의 일반항을 구해 보자.

수열 $\{a_n\}$의 공차를 d라 하면 첫째항이 4이므로

$a_n = 4 + (n-1)d$

이때 급수 $\displaystyle\sum_{n=1}^{\infty}\left(\dfrac{a_n}{n} - \dfrac{3n+7}{n+2}\right)$이 수렴하므로

$\displaystyle\lim_{n\to\infty}\left(\dfrac{a_n}{n} - \dfrac{3n+7}{n+2}\right) = 0$

$\displaystyle\lim_{n\to\infty}\left\{\dfrac{4+(n-1)d}{n} - \dfrac{3n+7}{n+2}\right\} = 0$

$\displaystyle\lim_{n\to\infty}\left(\dfrac{\frac{4}{n}+d-\frac{d}{n}}{1} - \dfrac{3+\frac{7}{n}}{1+\frac{2}{n}}\right) = 0$

$\dfrac{0+d-0}{1} - \dfrac{3+0}{1+0} = 0$

$\therefore d = 3$

$\therefore a_n = 3n + 1$

2단계 실수 S의 값을 구해 보자.

$\displaystyle\sum_{n=1}^{\infty}\left(\dfrac{a_n}{n} - \dfrac{3n+7}{n+2}\right) = \sum_{n=1}^{\infty}\left(\dfrac{3n+1}{n} - \dfrac{3n+7}{n+2}\right)$

$\displaystyle\qquad = \sum_{n=1}^{\infty}\left\{\left(3+\dfrac{1}{n}\right) - \left(3+\dfrac{1}{n+2}\right)\right\}$

$\displaystyle\qquad = \sum_{n=1}^{\infty}\left(\dfrac{1}{n} - \dfrac{1}{n+2}\right)$

$\displaystyle\qquad = \lim_{n\to\infty}\sum_{k=1}^{n}\left(\dfrac{1}{k} - \dfrac{1}{k+2}\right)$

$\displaystyle\qquad = \lim_{n\to\infty}\left\{\left(\dfrac{1}{1}-\dfrac{1}{3}\right) + \left(\dfrac{1}{2}-\dfrac{1}{4}\right) + \left(\dfrac{1}{3}-\dfrac{1}{5}\right) + \cdots\right.$

$\displaystyle\qquad\qquad\left. + \left(\dfrac{1}{n-1}-\dfrac{1}{n+1}\right) + \left(\dfrac{1}{n}-\dfrac{1}{n+2}\right)\right\}$

$\displaystyle\qquad = \lim_{n\to\infty}\left(1 + \dfrac{1}{2} - \dfrac{1}{n+1} - \dfrac{1}{n+2}\right)$

$\displaystyle\qquad = 1 + \dfrac{1}{2} - 0 - 0 = \dfrac{3}{2}$

044 정답률 ▸ 92%   답 ⑤

1단계 주어진 조건을 이용하여 등차수열 $\{a_n\}$의 공차와 등비수열 $\{b_n\}$의 공비 사이의 관계식을 구해 보자.

등차수열 $\{a_n\}$의 공차를 d $(d>0)$이라 하고 등비수열 $\{b_n\}$의 공비를 r라 하면 $a_1 = b_1 = 1$이므로

$a_n = 1 + (n-1)d$, $b_n = r^{n-1}$

또한, $a_2 b_2 = 1$이므로

$(1+d)r = 1$, $\underrightarrow{r>0}$ $1+d = \dfrac{1}{r}$

$\therefore d = \dfrac{1-r}{r}$ $\cdots\cdots$ ㉠

2단계 부분분수로의 변형을 이용하여 $\displaystyle\sum_{n=1}^{\infty}\left(\dfrac{1}{a_n a_{n+1}} + b_n\right)$을 간단히 하고 등비수열 $\{b_n\}$의 공비를 구해 보자.

㉠에서 $d = \dfrac{1}{r} - 1$, 즉 $\dfrac{1}{r} = 1+d > 1$이므로

$0 < r < 1$

즉, 등비급수 $\displaystyle\sum_{n=1}^{\infty} b_n$은 수렴하므로

$\displaystyle\sum_{n=1}^{\infty}\left(\dfrac{1}{a_n a_{n+1}} + b_n\right)$

$\displaystyle = \sum_{n=1}^{\infty}\left\{\dfrac{1}{a_{n+1}-a_n}\left(\dfrac{1}{a_n} - \dfrac{1}{a_{n+1}}\right) + b_n\right\}$

$\displaystyle = \dfrac{1}{d}\sum_{n=1}^{\infty}\left(\dfrac{1}{a_n} - \dfrac{1}{a_{n+1}}\right) + \sum_{n=1}^{\infty} b_n$

$\displaystyle = \dfrac{1}{d}\lim_{n\to\infty}\sum_{k=1}^{n}\left(\dfrac{1}{a_k} - \dfrac{1}{a_{k+1}}\right) + \dfrac{1}{1-r}$

$\displaystyle = \dfrac{1}{d}\lim_{n\to\infty}\left\{\left(\dfrac{1}{a_1}-\dfrac{1}{a_2}\right) + \left(\dfrac{1}{a_2}-\dfrac{1}{a_3}\right) + \left(\dfrac{1}{a_3}-\dfrac{1}{a_4}\right) + \cdots + \left(\dfrac{1}{a_n}-\dfrac{1}{a_{n+1}}\right)\right\}$

$\displaystyle\qquad + \dfrac{1}{1-r}$

$\displaystyle = \dfrac{1}{d}\lim_{n\to\infty}\left(\dfrac{1}{a_1} - \dfrac{1}{a_{n+1}}\right) + \dfrac{1}{1-r}$

$\displaystyle = \dfrac{1}{d}\lim_{n\to\infty}\left(1 - \dfrac{1}{1+dn}\right) + \dfrac{1}{1-r}$

$\displaystyle = \dfrac{1}{d} + \dfrac{1}{1-r} = 2$

에서

$\dfrac{r}{1-r} + \dfrac{1}{1-r} = 2$ $(\because$ ㉠$)$

$\dfrac{r+1}{1-r} = 2$, $r+1 = 2(1-r)$

$\therefore r = \dfrac{1}{3}$

3단계 $\displaystyle\sum_{n=1}^{\infty} b_n$의 값을 구해 보자.

$b_n = \left(\dfrac{1}{3}\right)^{n-1}$이므로

$\displaystyle\sum_{n=1}^{\infty} b_n = \sum_{n=1}^{\infty}\left(\dfrac{1}{3}\right)^{n-1} = \dfrac{1}{1-\frac{1}{3}} = \dfrac{3}{2}$

045 정답률 ▸ 60%   답 ①

1단계 등비수열 $\{a_n\}$의 공비를 구해 보자.

등비수열 $\{a_n\}$의 첫째항을 a, 공비를 r라 하면

$a_n = ar^{n-1}$

$\dfrac{a_n}{3^n} = \dfrac{ar^{n-1}}{3^n} = \dfrac{a}{r}\left(\dfrac{r}{3}\right)^n$이고, 급수 $\displaystyle\sum_{n=1}^{\infty}\dfrac{a_n}{3^n}$이 수렴하므로

$-1 < \dfrac{r}{3} < 1$, $-3 < r < 3$ $\cdots\cdots$ ㉠

또한, $\dfrac{1}{a_{2n}} = \dfrac{1}{ar^{2n-1}} = \dfrac{r}{a}\left(\dfrac{1}{r^2}\right)^n$이고, 급수 $\displaystyle\sum_{n=1}^{\infty}\dfrac{1}{a_{2n}}$이 수렴하므로

$-1 < \dfrac{1}{r^2} < 1$, $r^2 > 1$ $\cdots\cdots$ ㉡

이때 등비수열 $\{a_n\}$의 모든 항이 자연수이므로 r도 자연수이어야 한다.

즉, ㉠, ㉡에서 $r = 2$

2단계 S의 값을 구해 보자.

급수 $\displaystyle\sum_{n=1}^{\infty}\dfrac{a_n}{3^n}$은 첫째항이 $\dfrac{a}{3}$이고 공비가 $\dfrac{2}{3}$이므로

$\displaystyle\sum_{n=1}^{\infty}\dfrac{a_n}{3^n} = \sum_{n=1}^{\infty}\dfrac{a}{2}\left(\dfrac{2}{3}\right)^n = \dfrac{\frac{a}{3}}{1-\frac{2}{3}} = a$

$\therefore a = 4$

$\displaystyle\therefore S = \sum_{n=1}^{\infty}\dfrac{1}{a_{2n}} = \sum_{n=1}^{\infty}\dfrac{1}{2}\left(\dfrac{1}{4}\right)^n = \dfrac{\frac{1}{8}}{1-\frac{1}{4}} = \dfrac{1}{6}$

046 정답률▶15%   답 162

1단계 두 등비수열 $\{a_n\}$, $\{b_n\}$의 공비 사이의 관계식을 구해 보자.

등비수열 $\{a_n\}$의 첫째항을 a $(a\neq0)$, 공비를 r $(r\neq0)$, 등비수열 $\{b_n\}$의 첫째항을 b $(b\neq0)$, 공비를 s $(s\neq0)$이라 하면

$$a_n=ar^{n-1},\ b_n=bs^{n-1}$$

두 급수 $\sum\limits_{n=1}^{\infty}a_n$, $\sum\limits_{n=1}^{\infty}b_n$이 각각 수렴하므로

$0<|r|<1$, $0<|s|<1$이고

$a_nb_n=ar^{n-1}\times bs^{n-1}=ab(rs)^{n-1}$, $\underline{0<|rs|<1}$
$\;{\scriptstyle \sum\limits_{n=1}^{\infty}a_nb_n \text{이 수렴한다.}}$

이때 $\sum\limits_{n=1}^{\infty}a_nb_n=\left(\sum\limits_{n=1}^{\infty}a_n\right)\times\left(\sum\limits_{n=1}^{\infty}b_n\right)$에서

$$\frac{ab}{1-rs}=\frac{a}{1-r}\times\frac{b}{1-s}$$

$1-rs=(1-r)(1-s)$ $(\because a\neq0,\ b\neq0)$,

$1-rs=1-r-s+rs$

$\therefore 2rs=r+s$ ...... ㉠

2단계 등비수열 $\{b_n\}$의 공비를 구해 보자.

$|a_{2n}|=|ar^{2n-1}|=|ar|\,|r^{2(n-1)}|$,

$|a_{3n}|=|ar^{3n-1}|=|ar^2|\,|r^{3(n-1)}|$

이므로

$3\times\sum\limits_{n=1}^{\infty}|a_{2n}|=7\times\sum\limits_{n=1}^{\infty}|a_{3n}|$에서

$3\times\dfrac{|ar|}{1-|r|^2}=7\times\dfrac{|ar^2|}{1-|r|^3}$

$3\times\dfrac{|ar|}{1-|r|^2}=7\times\dfrac{|ar|\,|r|}{1-|r|^3}$ $(\because a\neq0,\ r\neq0)$

$\dfrac{3}{1-|r|^2}=\dfrac{7|r|}{1-|r|^3}$

$3(1-|r|^3)=7|r|(1-|r|^2)$

이때 $|r|=x$ $(0<x<1)$이라 하면

$3(1-x^3)=7x(1-x^2)$

$3-3x^3=7x-7x^3$

$4x^3-7x+3=0$

$(2x+3)(2x-1)(x-1)=0$

$\therefore x=\dfrac{1}{2}$ $(\because 0<x<1)$

$\therefore |r|=\dfrac{1}{2}$

(ⅰ) $r=\dfrac{1}{2}$인 경우

$r=\dfrac{1}{2}$을 ㉠에 대입하면

$s=\dfrac{1}{2}+s$이므로 s의 값이 존재하지 않는다.

(ⅱ) $r=-\dfrac{1}{2}$인 경우

$r=-\dfrac{1}{2}$을 ㉠에 대입하면

$-s=-\dfrac{1}{2}+s$ $\therefore s=\dfrac{1}{4}$

(ⅰ), (ⅱ)에서 $s=\dfrac{1}{4}$

3단계 S의 값을 구하여 $120S$의 값을 구해 보자.

$b_n=b\times\left(\dfrac{1}{4}\right)^{n-1}$이므로

$b_{2n-1}=b\times\left(\dfrac{1}{4}\right)^{2n-2}$, $b_{3n+1}=b\times\left(\dfrac{1}{4}\right)^{3n}$

따라서

$$S=\sum\limits_{n=1}^{\infty}\frac{b_{2n-1}+b_{3n+1}}{b_n}=\sum\limits_{n=1}^{\infty}\frac{b\times\left(\frac{1}{4}\right)^{2n-2}+b\times\left(\frac{1}{4}\right)^{3n}}{b\times\left(\frac{1}{4}\right)^{n-1}}$$

$$=\sum\limits_{n=1}^{\infty}\left\{\left(\frac{1}{4}\right)^{n-1}+\underline{\left(\frac{1}{4}\right)^{2n+1}}\right\}\ (\because b\neq0)$$
$$\hspace{8cm}{\scriptstyle \frac{1}{64}\times\left(\frac{1}{16}\right)^{n-1}}$$

$$=\frac{1}{1-\frac{1}{4}}+\frac{\frac{1}{64}}{1-\frac{1}{16}}=\frac{4}{3}+\frac{1}{60}=\frac{27}{20}$$

이므로

$120S=162$

047 정답률▶68%   답 ②

1단계 그림 R_1에 색칠한 부분의 넓이 S_1을 구해 보자.

직각삼각형 OC_1P_1에서

$\overline{OC_1}=3k$, $\overline{C_1P_1}=4k$ $(k>0)$이라 하면

$\overline{OP_1}=\sqrt{\overline{OC_1}^2+\overline{C_1P_1}^2}=\sqrt{(3k)^2+(4k)^2}=5k$이고 $\overline{OP_1}=1$이므로

$\overline{OC_1}=\dfrac{3}{5}\overline{OP_1}=\dfrac{3}{5}$, $\overline{C_1P_1}=\dfrac{4}{5}\overline{OP_1}=\dfrac{4}{5}$

또한, 직각삼각형 $P_1C_1A_1$에서

$\overline{C_1A_1}=\overline{OA_1}-\overline{OC_1}=1-\dfrac{3}{5}=\dfrac{2}{5}$이므로

$\overline{P_1A_1}=\sqrt{\overline{C_1P_1}^2+\overline{C_1A_1}^2}$

$\phantom{\overline{P_1A_1}}=\sqrt{\left(\dfrac{4}{5}\right)^2+\left(\dfrac{2}{5}\right)^2}=\dfrac{2\sqrt{5}}{5}$

즉, 직각이등변삼각형 $P_1Q_1A_1$에서

$\overline{P_1Q_1}=\dfrac{\sqrt{2}}{2}\overline{P_1A_1}=\dfrac{\sqrt{10}}{5}$이므로

$S_1=\dfrac{1}{2}\overline{P_1Q_1}^2$

$=\dfrac{1}{2}\times\left(\dfrac{\sqrt{10}}{5}\right)^2=\dfrac{1}{5}$

2단계 그림 R_n과 그림 R_{n+1}에 새로 색칠한 부분의 넓이의 비를 구해 보자.

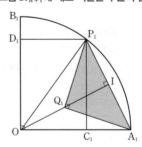

점 O에서 선분 P_1A_1에 내린 수선의 발을 I라 하면 두 삼각형 OA_1P_1, $P_1Q_1A_1$은 이등변삼각형이므로 점 Q_1은 선분 OI 위에 있다.

이등변삼각형 OA_1P_1에서

$\dfrac{1}{2}\times\overline{P_1A_1}\times\overline{OI}=\dfrac{1}{2}\times\overline{OA_1}\times\overline{P_1C_1}$

$\dfrac{1}{2}\times\dfrac{2\sqrt{5}}{5}\times\overline{OI}=\dfrac{1}{2}\times1\times\dfrac{4}{5}$

$\therefore \overline{OI}=\dfrac{2\sqrt{5}}{5}$

이때 $\overline{Q_1I}=\dfrac{1}{2}\overline{P_1A_1}=\dfrac{\sqrt{5}}{5}$이므로

$\overline{OQ_1}=\overline{OI}-\overline{Q_1I}$

$\qquad =\dfrac{2\sqrt{5}}{5}-\dfrac{\sqrt{5}}{5}=\dfrac{\sqrt{5}}{5}$

두 부채꼴 OA_1B_1, OA_2B_2의 반지름의 길이의 비가 $\overline{OP_1}:\overline{OQ_1}=1:\dfrac{\sqrt{5}}{5}$

이므로 그림 R_1에 색칠한 부분과 그림 R_2에 새로 색칠한 부분의 넓이의

비는 $1^2:\left(\dfrac{\sqrt{5}}{5}\right)^2=1:\dfrac{1}{5}$이다.

즉, 그림 R_n과 그림 R_{n+1}에 새로 색칠한 부분의 넓이의 비도 $1:\dfrac{1}{5}$이다.

3단계 $\displaystyle\lim_{n\to\infty}S_n$의 값을 구해 보자.

S_n은 첫째항이 $\dfrac{1}{5}$이고 공비가 $\dfrac{1}{5}$인 등비수열의 첫째항부터 제n항까지의

합이므로

$$\lim_{n\to\infty}S_n=\dfrac{\dfrac{1}{5}}{1-\dfrac{1}{5}}=\dfrac{\dfrac{1}{5}}{\dfrac{4}{5}}=\dfrac{1}{4}$$

048   정답률 ▸ 69%   답 ④

1단계 그림 R_1에 색칠한 부분의 넓이 S_1을 구해 보자.

그림 R_1의 ◗ 모양의 도형의 넓이는 부채꼴 $A_1B_1B_2$의 넓이에서 삼각형 $A_1B_1G_1$의 넓이를 뺀 것과 같다.

$\angle A_1B_1B_2=\theta$라 하면 부채꼴 $A_1B_1B_2$의 넓이는

$\dfrac{1}{2}\times\overline{A_1B_1}^2\times\theta=\dfrac{1}{2}\times1^2\times\theta=\dfrac{\theta}{2}$

또한, 직각삼각형 $A_1B_1D_1$에서

$\overline{B_1D_1}=\sqrt{\overline{A_1B_1}^2+\overline{A_1D_1}^2}=\sqrt{1^2+(2\sqrt{6})^2}=5$

$\therefore \sin\theta=\dfrac{\overline{A_1D_1}}{\overline{B_1D_1}}=\dfrac{2\sqrt{6}}{5}$

이때 $\overline{B_1G_1}=\dfrac{1}{2}\overline{B_1B_2}=\dfrac{1}{2}$이므로 삼각형 $A_1B_1G_1$의 넓이는

$\dfrac{1}{2}\times\overline{A_1B_1}\times\overline{B_1G_1}\times\sin\theta=\dfrac{1}{2}\times1\times\dfrac{1}{2}\times\dfrac{2\sqrt{6}}{5}$

$\qquad\qquad\qquad\qquad\qquad =\dfrac{\sqrt{6}}{10}$

$\therefore$ (◗ 모양의 도형의 넓이)

$\quad =$ (부채꼴 $A_1B_1B_2$의 넓이) $-$ (삼각형 $A_1B_1G_1$의 넓이)

$\quad =\dfrac{\theta}{2}-\dfrac{\sqrt{6}}{10}$

한편, 그림 R_1의 ▷ 모양의 도형의 넓이는 부채꼴 $F_1D_2D_1$의 넓이에서 삼각형 $F_1H_1D_1$의 넓이를 뺀 것과 같다.

$\angle F_1D_1D_2=\dfrac{\pi}{2}-\angle A_1B_1B_2$

$\qquad\qquad =\dfrac{\pi}{2}-\theta$

이므로 부채꼴 $F_1D_2D_1$의 넓이는

$\dfrac{1}{2}\times\overline{D_1F_1}^2\times\left(\dfrac{\pi}{2}-\theta\right)=\dfrac{1}{2}\times1^2\times\left(\dfrac{\pi}{2}-\theta\right)=\dfrac{\pi}{4}-\dfrac{\theta}{2}$

이때 $\overline{D_1H_1}=\dfrac{1}{2}\overline{D_1D_2}=\dfrac{1}{2}$이므로 삼각형 $F_1H_1D_1$의 넓이는

$\dfrac{1}{2}\times\overline{D_1F_1}\times\overline{D_1H_1}\times\sin\left(\dfrac{\pi}{2}-\theta\right)=\dfrac{1}{2}\times\overline{D_1F_1}\times\overline{D_1H_1}\times\cos\theta$

$\qquad\qquad\qquad\qquad\qquad\qquad =\dfrac{1}{2}\times1\times\dfrac{1}{2}\times\dfrac{1}{5}=\dfrac{1}{20}$

$\quad\quad\qquad \to\cos\theta=\sqrt{1-\sin^2\theta}=\sqrt{1-\dfrac{24}{25}}=\dfrac{1}{5}$

$\therefore$ (▷ 모양의 도형의 넓이)

$\quad =$ (부채꼴 $F_1D_2D_1$의 넓이) $-$ (삼각형 $F_1H_1D_1$의 넓이)

$\quad =\dfrac{\pi}{4}-\dfrac{\theta}{2}-\dfrac{1}{20}$

$\therefore S_1=$ (◗ 모양의 도형의 넓이) $+$ (▷ 모양의 도형의 넓이)

$\quad =\left(\dfrac{\theta}{2}-\dfrac{\sqrt{6}}{10}\right)+\left(\dfrac{\pi}{4}-\dfrac{\theta}{2}-\dfrac{1}{20}\right)$

$\quad =\dfrac{5\pi-2\sqrt{6}-1}{20}$

2단계 그림 R_n과 그림 R_{n+1}에 새로 색칠한 부분의 넓이의 비를 구해 보자.

$\overline{B_2D_2}=\overline{B_1D_1}-(\overline{B_1B_2}+\overline{D_1D_2})$

$\qquad =5-(1+1)=3$

두 직사각형 $A_1B_1C_1D_1$, $A_2B_2C_2D_2$의 닮음비가 $\overline{B_1D_1}:\overline{B_2D_2}=5:3$,

즉 $1:\dfrac{3}{5}$이므로 그림 R_1에 색칠한 부분과 그림 R_2

에 새로 색칠한 부분의 넓이의 비는 $1^2:\left(\dfrac{3}{5}\right)^2=1:\dfrac{9}{25}$이다.

즉, 그림 R_n과 그림 R_{n+1}에 새로 색칠한 부분의 넓이의 비도 $1:\dfrac{9}{25}$이다.

3단계 $\displaystyle\lim_{n\to\infty}S_n$의 값을 구해 보자.

S_n은 첫째항이 $\dfrac{5\pi-2\sqrt{6}-1}{20}$이고 공비가 $\dfrac{9}{25}$인 등비수열의 첫째항부

터 제n항까지의 합이므로

$$\lim_{n\to\infty}S_n=\dfrac{\dfrac{5\pi-2\sqrt{6}-1}{20}}{1-\dfrac{9}{25}}=\dfrac{\dfrac{5\pi-2\sqrt{6}-1}{20}}{\dfrac{16}{25}}=\dfrac{25\pi-10\sqrt{6}-5}{64}$$

049   정답률 ▸ 69%   답 ②

1단계 그림 R_1에 색칠한 부분의 넓이 S_1을 구해 보자.

그림 R_1에서 오른쪽 그림과 같이 원 O_1의 중심을 O라 하고 점 O에서 두 선분 A_1B_1, A_2B_2에 내린 수선의 발을 각각 H_1, H_2라 하자.

두 삼각형 A_1OB_1, B_2OA_2는 이등변삼각형이므로 두 점 H_1, H_2는 각각 두 선분 A_1B_1, A_2B_2의 중점이다.

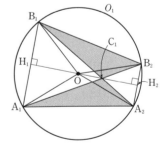

또한, $\overline{A_1B_1}\,/\!/\,\overline{A_2B_2}$이므로 세 점 H_1, O, H_2는 한 직선 위에 있고, 사각형 $B_1A_1A_2B_2$가 등변사다리꼴이므로 점 C_1도 직선 H_1H_2 위에 있다.

이때 $\angle A_1B_1A_2=\dfrac{\pi}{3}$, $\overline{A_1B_1}=2$이므로 삼각형 $A_1C_1B_1$은 한 변의 길이가

2인 정삼각형이고 $\llcorner$ 두 삼각형 $A_1C_1B_1$, $B_2C_1A_2$도 이등변삼각형이다.

$\angle A_1B_2A_2=\angle A_1B_1A_2=\dfrac{\pi}{3}$ ($\because$ 호 A_1A_2의 원주각),

$\overline{C_1A_2}=\overline{B_1A_2}-\overline{B_1C_1}=3-2=1$

이므로 삼각형 $B_2C_1A_2$는 한 변의 길이가 1인 정삼각형이다.

두 삼각형 $C_1B_2B_1$, $C_1A_2A_1$은 서로 합동 (SAS 합동)이고

$\angle B_1C_1B_2=\pi-\angle A_1C_1B_1$

$\qquad\qquad =\pi-\dfrac{\pi}{3}=\dfrac{2}{3}\pi,$

$\overline{B_1C_1}=2$, $\overline{C_1B_2}=1$

이므로

$$S_1 = 2 \times (\text{삼각형 } C_1B_2B_1 \text{의 넓이})$$
$$= 2 \times \left(\frac{1}{2} \times \overline{B_1C_1} \times \overline{C_1B_2} \times \sin\frac{2}{3}\pi \right)$$
$$= 2 \times \left(\frac{1}{2} \times 2 \times 1 \times \frac{\sqrt{3}}{2} \right) = \sqrt{3}$$

2단계 그림 R_n과 그림 R_{n+1}에 새로 색칠한 부분의 넓이의 비를 구해 보자.

두 삼각형 $A_1A_2B_1$, $A_2A_3B_2$는 서로 닮음 (AA 닮음)이고, 닮음비는

$\overline{A_1B_1} : \overline{A_2B_2} = 2 : 1$, 즉 $1 : \frac{1}{2}$이므로 그림 R_1에 색칠한 부분과 그림 R_2

에 새로 색칠한 부분의 넓이의 비는 $1^2 : \left(\frac{1}{2}\right)^2 = 1 : \frac{1}{4}$이다.

즉, 그림 R_n과 그림 R_{n+1}에 새로 색칠한 부분의 넓이의 비도 $1 : \frac{1}{4}$이다.

3단계 $\lim\limits_{n \to \infty} S_n$의 값을 구해 보자.

S_n은 첫째항이 $\sqrt{3}$이고 공비가 $\frac{1}{4}$인 등비수열의 첫째항부터 제n항까지의

합이므로

$$\lim_{n \to \infty} S_n = \frac{\sqrt{3}}{1 - \frac{1}{4}} = \frac{\sqrt{3}}{\frac{3}{4}} = \frac{4\sqrt{3}}{3}$$

다른 풀이

그림 R_1에서 오른쪽 그림과 같이 점 A_2에서 선분 A_1B_1에 내린 수선의 발을 H라 하자.

$\angle A_1B_1A_2 = \frac{\pi}{3}$, $\overline{A_1B_1} = 2$

이므로

삼각형 $A_1C_1B_1$은 한 변의 길이가 2인 정삼각형이고

$\angle A_1B_2A_2 = \angle A_1B_1A_2 = \frac{\pi}{3}$ ($\because$ 호 A_1A_2의 원주각),

$\overline{C_1A_2} = \overline{B_1A_2} - \overline{B_1C_1} = 3 - 2 = 1$

이므로 삼각형 $B_2C_1A_2$는 한 변의 길이가 1인 정삼각형이다.

한편, 사각형 $B_1A_1A_2B_2$가 등변사다리꼴이므로

$$\overline{A_1H} = \frac{1}{2}(\overline{A_1B_1} - \overline{A_2B_2}) = \frac{1}{2} \times (2-1) = \frac{1}{2}$$

$$\therefore \overline{B_1H} = \overline{A_1B_1} - \overline{A_1H} = 2 - \frac{1}{2} = \frac{3}{2}$$

직각삼각형 HA_2B_1에서

$$\overline{HA_2} = \sqrt{\overline{B_1A_2}^2 - \overline{B_1H}^2}$$
$$= \sqrt{3^2 - \left(\frac{3}{2}\right)^2} = \frac{3\sqrt{3}}{2}$$

즉, 등변사다리꼴 $B_1A_1A_2B_2$의 넓이는

$$\frac{1}{2} \times (\overline{A_1B_1} + \overline{A_2B_2}) \times \overline{HA_2} = \frac{1}{2} \times (2+1) \times \frac{3\sqrt{3}}{2} = \frac{9\sqrt{3}}{4}$$

정삼각형 $A_1C_1B_1$의 넓이는

$$\frac{\sqrt{3}}{4} \times 2^2 = \sqrt{3}$$

정삼각형 $B_2C_1A_2$의 넓이는

$$\frac{\sqrt{3}}{2} \times 1^2 = \frac{\sqrt{3}}{4}$$

$\therefore S_1 = (\text{등변사다리꼴 } B_1A_1A_2B_2 \text{의 넓이}) - (\text{정삼각형 } A_1C_1B_1 \text{의 넓이})$
$- (\text{정삼각형 } B_2C_1A_2 \text{의 넓이})$

$$= \frac{9\sqrt{3}}{4} - \sqrt{3} - \frac{\sqrt{3}}{4}$$
$$= \sqrt{3}$$

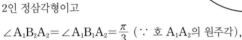

---

050 **답 ③**

1단계 그림 R_1에 색칠한 부분의 넓이 S_1을 구해 보자.

직각삼각형 $A_1B_1D_1$에서

$$\overline{D_1B_1} = \sqrt{\overline{A_1D_1}^2 + \overline{A_1B_1}^2}$$
$$= \sqrt{1^2 + 4^2} = \sqrt{17}$$

이므로

$$\overline{D_1E_1} = \frac{1}{2}\overline{D_1B_1} = \frac{\sqrt{17}}{2}$$

$\overline{A_2D_1} = \overline{D_1E_1} = \frac{\sqrt{17}}{2}$이므로 직각삼각형 $A_2D_1E_1$의 넓이는

$$\frac{1}{2} \times \frac{\sqrt{17}}{2} \times \frac{\sqrt{17}}{2} = \frac{17}{8}$$

이때 두 직각삼각형 $A_2D_1E_1$, $B_2C_1E_1$은 서로 합동 (SAS 합동)이므로

$$S_1 = 2 \times (\text{직각삼각형 } A_2D_1E_1 \text{의 넓이}) = \frac{17}{4}$$

2단계 그림 R_n과 그림 R_{n+1}에 새로 색칠한 부분의 넓이의 비를 구해 보자.

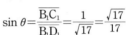
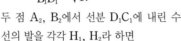
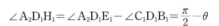

그림 R_1에서 오른쪽 그림과 같이
$\angle C_1D_1B_1 = \theta$라 하면 직각삼각형 $D_1B_1C_1$
에서

$$\sin\theta = \frac{\overline{B_1C_1}}{\overline{B_1D_1}} = \frac{1}{\sqrt{17}} = \frac{\sqrt{17}}{17}$$

두 점 A_2, B_2에서 선분 D_1C_1에 내린 수선의 발을 각각 H_1, H_2라 하면

$$\angle A_2D_1H_1 = \angle A_2D_1E_1 - \angle C_1D_1B_1 = \frac{\pi}{2} - \theta$$

이므로

$$\overline{D_1H_1} = \overline{A_2D_1}\cos\left(\frac{\pi}{2} - \theta\right)$$
$$= \overline{A_2D_1}\sin\theta$$
$$= \frac{\sqrt{17}}{2} \times \frac{\sqrt{17}}{17} = \frac{1}{2}$$

$\overline{D_1H_1} = \overline{C_1H_2}$이므로

$$\overline{A_2B_2} = \overline{H_1H_2} = \overline{D_1C_1} - 2\overline{D_1H_1}$$
$$= 4 - 2 \times \frac{1}{2} = 3$$

두 직사각형 $A_1B_1C_1D_1$, $A_2B_2C_2D_2$의 닮음비가 $\overline{A_1B_1} : \overline{A_2B_2} = 4 : 3$, 즉

$1 : \frac{3}{4}$이므로 그림 R_1에 색칠한 부분과 그림 R_2에 새로 색칠한 부분의 넓

이의 비는 $1^2 : \left(\frac{3}{4}\right)^2 = 1 : \frac{9}{16}$이다.

즉, 그림 R_n과 그림 R_{n+1}에 새로 색칠한 부분의 넓이의 비도 $1 : \frac{9}{16}$이다.

3단계 $\lim\limits_{n \to \infty} S_n$의 값을 구해 보자.

S_n은 첫째항이 $\frac{17}{4}$이고 공비가 $\frac{9}{16}$인 등비수열의 첫째항부터 제n항까지

의 합이므로

$$\lim_{n \to \infty} S_n = \frac{\frac{17}{4}}{1 - \frac{9}{16}} = \frac{\frac{17}{4}}{\frac{7}{16}} = \frac{68}{7}$$

---

051 **답 ②**

1단계 그림 R_1에 색칠한 부분의 넓이 S_1을 구해 보자.

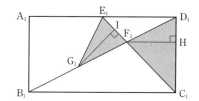

그림 R_1에서 위의 그림과 같이 점 F_1에서 선분 D_1C_1에 내린 수선의 발을 H라 하면 두 직각삼각형 $B_1C_1D_1$, F_1HD_1은 서로 닮음 (AA 닮음)이므로

$\overline{D_1H} : \overline{F_1H} = 1 : 2$　　$\therefore \overline{D_1H} = \dfrac{1}{2}\overline{F_1H}$

직각삼각형 $C_1D_1E_1$에서 $\angle E_1C_1D_1 = \dfrac{\pi}{4}$이므로 직각삼각형 F_1C_1H에서

$\overline{HC_1} = \overline{F_1H}$

즉, $\overline{D_1C_1} = \overline{D_1H} + \overline{HC_1} = \dfrac{1}{2}\overline{F_1H} + \overline{F_1H} = \dfrac{3}{2}\overline{F_1H} = 1$

이므로 $\overline{F_1H} = \dfrac{2}{3}$

$\therefore$ (삼각형 $C_1D_1F_1$의 넓이) $= \dfrac{1}{2} \times \overline{D_1C_1} \times \overline{F_1H}$

$= \dfrac{1}{2} \times 1 \times \dfrac{2}{3} = \dfrac{1}{3}$　　……㉠

한편, 직각삼각형 F_1HD_1에서

$\overline{D_1F_1} = \sqrt{\overline{F_1H}^2 + \overline{D_1H}^2} = \sqrt{\left(\dfrac{2}{3}\right)^2 + \left(\dfrac{1}{3}\right)^2} = \dfrac{\sqrt{5}}{3}$

직각이등변삼각형 F_1C_1H에서

$\overline{F_1C_1} = \sqrt{2}\,\overline{F_1H} = \dfrac{2\sqrt{2}}{3}$

이때 $\angle C_1F_1D_1 = \alpha \left(0 < \alpha < \dfrac{\pi}{2}\right)$라 하면

(삼각형 $C_1D_1F_1$의 넓이) $= \dfrac{1}{2} \times \overline{D_1F_1} \times \overline{F_1C_1} \times \sin\alpha$

$= \dfrac{1}{2} \times \dfrac{\sqrt{5}}{3} \times \dfrac{2\sqrt{2}}{3} \times \sin\alpha$

$= \dfrac{\sqrt{10}}{9}\sin\alpha = \dfrac{1}{3}$ ($\because$ ㉠)

$\therefore \sin\alpha = \dfrac{3\sqrt{10}}{10}$

$\therefore \cos\alpha = \sqrt{1 - \sin^2\alpha} = \sqrt{1 - \dfrac{9}{10}} = \dfrac{\sqrt{10}}{10}\left(\because 0 < \alpha < \dfrac{\pi}{2}\right)$,

$\tan\alpha = \dfrac{\sin\alpha}{\cos\alpha} = \dfrac{\dfrac{3\sqrt{10}}{10}}{\dfrac{\sqrt{10}}{10}} = 3$

또한, $\overline{E_1F_1} = \overline{E_1C_1} - \overline{F_1C_1} = \sqrt{2} - \dfrac{2\sqrt{2}}{3} = \dfrac{\sqrt{2}}{3}$

이고, 점 G_1에서 선분 E_1F_1에 내린 수선의 발을 I라 하면 직각삼각형 G_1F_1I에서

$\overline{G_1I} = \overline{F_1I} \times \tan\alpha$ ($\because \angle G_1F_1E_1 = \angle C_1F_1D_1 = \alpha$)

$= \dfrac{1}{2}\overline{E_1F_1} \times \tan\alpha$

└→ 삼각형 $G_1F_1E_1$은 이등변삼각형이므로
점 I는 선분 E_1F_1의 중점이다.

$= \dfrac{1}{2} \times \dfrac{\sqrt{2}}{3} \times 3 = \dfrac{\sqrt{2}}{2}$

$\therefore$ (삼각형 $G_1F_1E_1$의 넓이) $= \dfrac{1}{2} \times \overline{E_1F_1} \times \overline{G_1I}$

$= \dfrac{1}{2} \times \dfrac{\sqrt{2}}{3} \times \dfrac{\sqrt{2}}{2} = \dfrac{1}{6}$

$\therefore S_1 =$ (삼각형 $C_1D_1F_1$의 넓이) $+$ (삼각형 $G_1F_1E_1$의 넓이)

$= \dfrac{1}{3} + \dfrac{1}{6} = \dfrac{1}{2}$

2단계 그림 R_n과 그림 R_{n+1}에 새로 색칠한 부분의 넓이의 비를 구해 보자.

직사각형 $A_2B_2C_2D_2$에서 $\overline{A_2B_2} = x$라 하면 $\overline{B_2C_2} = 2x$이다.

두 직각삼각형 $A_2B_1B_2$, $D_1B_1C_1$은 서로 닮음 (AA 닮음)이므로

$\overline{B_1B_2} : \overline{A_2B_2} = \overline{B_1C_1} : \overline{D_1C_1} = 2 : 1$

$\therefore \overline{B_1B_2} = 2x$

직각이등변삼각형 $D_2C_2C_1$에서 $\overline{C_1C_2} = \overline{D_2C_2} = x$이고

$\overline{B_1C_1} = \overline{B_1B_2} + \overline{B_2C_2} + \overline{C_2C_1}$

$= 2x + 2x + x = 5x = 2$

이므로 $x = \dfrac{2}{5}$　　$\therefore \overline{A_2B_2} = \dfrac{2}{5}$

두 직사각형 $A_1B_1C_1D_1$, $A_2B_2C_2D_2$의 닮음비가 $\overline{A_1B_1} : \overline{A_2B_2} = 1 : \dfrac{2}{5}$이

므로 그림 R_1에 색칠한 부분과 그림 R_2에 새로 색칠한 부분의 넓이의 비는

$1^2 : \left(\dfrac{2}{5}\right)^2 = 1 : \dfrac{4}{25}$이다.

즉, 그림 R_n과 그림 R_{n+1}에 새로 색칠한 부분의 넓이의 비도 $1 : \dfrac{4}{25}$이다.

3단계 $\lim\limits_{n\to\infty} S_n$의 값을 구해 보자.

S_n은 첫째항이 $\dfrac{1}{2}$이고 공비가 $\dfrac{4}{25}$인 등비수열의 첫째항부터 제n항까지의 합이므로

$\lim\limits_{n\to\infty} S_n = \dfrac{\dfrac{1}{2}}{1 - \dfrac{4}{25}} = \dfrac{\dfrac{1}{2}}{\dfrac{21}{25}} = \dfrac{25}{42}$

다른 풀이

$\overline{G_1E_1} = \overline{G_1F_1}$이고, 삼각형 $B_1E_1F_1$에서 $\angle B_1E_1F_1 = \dfrac{\pi}{2}$이므로

$\overline{G_1B_1} = \overline{G_1E_1} = \overline{G_1F_1}$　└→ 삼각형 $B_1E_1F_1$의 외접원은 점 G_1을 중심으로 하고
지름이 $\overline{B_1F_1}$인 원이다.

즉, 점 G_1은 선분 B_1F_1의 중점이므로 삼각형 $G_1F_1E_1$의 넓이는 삼각형 $B_1F_1E_1$의 넓이의 $\dfrac{1}{2}$이다.

$\therefore$ (삼각형 $G_1F_1E_1$의 넓이) $= \dfrac{1}{2} \times \left(\dfrac{1}{2} \times \overline{B_1E_1} \times \overline{E_1F_1}\right)$

$= \dfrac{1}{4} \times \sqrt{2} \times \dfrac{\sqrt{2}}{3} = \dfrac{1}{6}$

052　　　　　　　　**답 ②**

1단계 그림 R_1에 색칠한 부분의 넓이 S_1을 구해 보자.

직각삼각형 $B_1C_1D_1$에서

$\overline{B_1C_1} = 2\sqrt{3}$, $\overline{C_1D_1} = 2$이므로

$\angle D_1B_1C_1 = \dfrac{\pi}{6}$ ──→ $\tan(\angle D_1B_1C_1) = \dfrac{\overline{C_1D_1}}{\overline{B_1C_1}} = \dfrac{2}{2\sqrt{3}} = \dfrac{\sqrt{3}}{3}$이므로 $\angle D_1B_1C_1 = \dfrac{\pi}{6}$

직각삼각형 $A_1B_1E_1$에서

$\overline{A_1B_1} = 2$, $\overline{A_1E_1} = \dfrac{1}{3}\overline{A_1D_1} = \dfrac{2\sqrt{3}}{3}$이므로

$\angle A_1B_1E_1 = \dfrac{\pi}{6}$

그림 R_1에서 오른쪽 그림과 같이 선분 B_1C_1의 중점을 O라 하자.

$\angle F_1B_1G_1$

$= \angle A_1B_1O - \angle A_1B_1E_1$

$\quad - \angle D_1B_1C_1$

$= \dfrac{\pi}{2} - \dfrac{\pi}{6} - \dfrac{\pi}{6} = \dfrac{\pi}{6}$

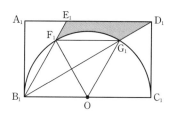

$$\therefore \angle F_1OG_1 = 2\angle F_1B_1G_1 = \frac{\pi}{3}$$

두 삼각형 B_1OF_1, F_1OG_1은 모두 정삼각형이므로

$$\angle F_1OB_1 = \angle OF_1G_1 = \frac{\pi}{3}$$

이고, 두 선분 F_1G_1, B_1C_1은 서로 평행하다.

즉, 두 삼각형 $B_1G_1F_1$, F_1OG_1의 넓이가 같으므로 호 F_1G_1과 두 선분 F_1B_1, G_1B_1로 둘러싸인 부분의 넓이는 부채꼴 F_1OG_1의 넓이와 같다.

$$\overline{E_1D_1} = \frac{2}{3}\overline{A_1D_1} = \frac{4\sqrt{3}}{3}$$

이므로

$$S_1 = (\diagdown \text{ 모양의 도형의 넓이})$$

$$= (\text{삼각형 } B_1D_1E_1\text{의 넓이}) - (\text{부채꼴 } F_1OG_1\text{의 넓이})$$

$$= \frac{1}{2} \times \overline{E_1D_1} \times \overline{A_1B_1} - \frac{1}{2} \times \overline{OF_1}^2 \times \frac{\pi}{3}$$

$$= \frac{1}{2} \times \frac{4\sqrt{3}}{3} \times 2 - \frac{1}{2} \times (\sqrt{3})^2 \times \frac{\pi}{3}$$

$$= \frac{4\sqrt{3}}{3} - \frac{\pi}{2}$$

2단계 그림 R_n과 그림 R_{n+1}에 새로 색칠한 부분의 넓이의 비를 구해 보자.

두 삼각형 $B_1B_2A_2$, $B_2C_2D_2$는 서로 합동 (ASA 합동)이므로

$$\overline{B_1B_2} = \overline{B_2C_2}, \ \overline{B_2C_2} = \sqrt{3}\,\overline{C_2D_2}$$

이고,

$$\overline{B_1C_2} = \overline{B_1B_2} + \overline{B_2C_2}$$

$$= 2\overline{B_2C_2}$$

$$= 2\sqrt{3}\,\overline{C_2D_2}$$

$$\therefore \overline{OC_2} = \overline{B_1C_2} - \overline{B_1O}$$

$$= 2\sqrt{3}\,\overline{C_2D_2} - \sqrt{3}$$

직각삼각형 OC_2D_2에서 $\overline{C_2D_2} = x \ (x > 0)$이라 하면

$$\overline{OD_2}^2 = \overline{OC_2}^2 + \overline{C_2D_2}^2$$

$$(\sqrt{3})^2 = (2\sqrt{3}x - \sqrt{3})^2 + x^2$$

$$3 = 12x^2 - 12x + 3 + x^2$$

$$13x^2 - 12x = 0$$

$$x(13x - 12) = 0$$

$$\therefore x = \frac{12}{13} \ (\because x > 0)$$

$$\therefore \overline{C_2D_2} = \frac{12}{13}$$

두 직사각형 $A_1B_1C_1D_1$, $A_2B_2C_2D_2$의 닮음비는 $\overline{C_1D_1} : \overline{C_2D_2} = 2 : \frac{12}{13}$, 즉

$1 : \frac{6}{13}$이므로 그림 R_1에 색칠한 부분과 그림 R_2에 새로 색칠한 부분의 넓이의 비는 $1^2 : \left(\frac{6}{13}\right)^2 = 1 : \frac{36}{169}$이다.

즉, 그림 R_n과 그림 R_{n+1}에 새로 색칠한 부분의 넓이의 비도 $1 : \frac{36}{169}$이다.

3단계 $\displaystyle\lim_{n\to\infty} S_n$의 값을 구해 보자.

S_n은 첫째항이 $\dfrac{4\sqrt{3}}{3} - \dfrac{\pi}{2}$이고 공비가 $\dfrac{36}{169}$인 등비수열의 첫째항부터 제 n항까지의 합이므로

$$\lim_{n\to\infty} S_n = \frac{\dfrac{4\sqrt{3}}{3} - \dfrac{\pi}{2}}{1 - \dfrac{36}{169}} = \frac{\dfrac{8\sqrt{3} - 3\pi}{6}}{\dfrac{133}{169}}$$

$$= \frac{169}{798}(8\sqrt{3} - 3\pi)$$

1단계 그림 R_1에 색칠한 부분의 넓이 S_1을 구해 보자.

$$\overline{B_1C_1} = \sqrt{3}, \ \overline{C_1D_1} = 1,$$

$$\angle C_1B_1A = \frac{\pi}{2}$$이므로

$$\overline{B_1D_1} = \sqrt{\overline{B_1C_1}^2 + \overline{C_1D_1}^2}$$

$$= \sqrt{(\sqrt{3})^2 + 1^2} = 2,$$

$$\angle D_1B_1A = \frac{\pi}{3}$$

즉, 삼각형 AB_1D_1은 한 변의 길이가 2 인 정삼각형이다.

삼각형 AB_1D_1의 외접원을 O_1이라 하면 $\angle E_1B_1A = \frac{\pi}{2}$이므로 선분 AE_1 은 원 O_1의 지름이다.

원 O_1의 반지름의 길이를 R라 하면 사인법칙에 의하여

$$2R = \frac{\overline{B_1D_1}}{\sin(\angle D_1AB_1)} = \frac{2}{\sin\dfrac{\pi}{3}} \qquad \therefore R = \frac{2\sqrt{3}}{3}$$

원 O_1의 중심을 O_1이라 하면 $\angle B_1AE_1 = \frac{\pi}{6}$이므로 중심각과 원주각 사이 의 관계에 의하여

$$\angle B_1O_1E_1 = 2\angle B_1AE_1 = \frac{\pi}{3}$$

이고, $\overline{O_1B_1} = \overline{O_1E_1}$이므로 삼각형 $O_1B_1E_1$은 정삼각형이다.

$$\therefore \overline{C_1E_1} = \overline{C_1B_1} - \overline{E_1B_1} = \sqrt{3} - \frac{2\sqrt{3}}{3} = \frac{\sqrt{3}}{3}$$

또한, 원주각과 중심각 사이의 관계에 의하여

$$\angle D_1O_1E_1 = 2\angle D_1AE_1 = \frac{\pi}{3}$$

이므로 두 부채꼴 $O_1B_1E_1$, $O_1E_1D_1$은 서로 합동이다.

즉, $\diagup$ 모양의 도형의 넓이는 직각삼각형 $C_1D_1E_1$의 넓이와 같으므로

$$S_1 = (\diagup \text{ 모양의 도형의 넓이})$$

$$= (\text{직각삼각형 } C_1D_1E_1\text{의 넓이})$$

$$= \frac{1}{2} \times \overline{C_1D_1} \times \overline{C_1E_1}$$

$$= \frac{1}{2} \times 1 \times \frac{\sqrt{3}}{3} = \frac{\sqrt{3}}{6}$$

2단계 그림 R_n과 그림 R_{n+1}에 새로 색칠한 부분의 넓이의 비를 구해 보자.

그림 R_2에서 두 삼각형 AB_1D_1, AB_2D_2가 서로 닮음 (SAS 닮음)이고, 두 직각삼각형 $B_1C_1D_1$, $B_2C_2D_2$가 서로 닮음 (SAS 닮음)이므로 두 사 다리꼴 $AB_1C_1D_1$, $AB_2C_2D_2$도 서로 닮음이다.

오른쪽 그림과 같이 $\overline{D_2C_2} = a$라 하면 $\overline{AB_2} = 2a$, $\overline{B_2C_2} = \sqrt{3}a$이므로 직각삼각 형 AB_2C_2에서

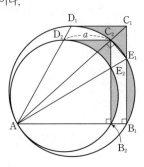

$$\overline{AC_2} = \sqrt{\overline{AB_2}^2 + \overline{B_2C_2}^2}$$

$$= \sqrt{(2a)^2 + (\sqrt{3}a)^2} = \sqrt{7}a$$

점 C_2는 직선 AC_1 위에 있고 직각삼각 형 AB_1C_1에서

$$\overline{AC_1} = \sqrt{\overline{AB_1}^2 + \overline{B_1C_1}^2}$$

$$= \sqrt{2^2 + (\sqrt{3})^2} = \sqrt{7}$$

이므로

$$\overline{C_1C_2} = \overline{AC_1} - \overline{AC_2} = \sqrt{7} - \sqrt{7}a = \sqrt{7}(1 - a)$$

또한, 반원에 대한 원주각의 성질에 의하여

$$\angle AC_2E_1 = \angle AB_1E_1 = \frac{\pi}{2}$$

이므로

$$\angle C_1C_2E_1 = \frac{\pi}{2}$$

두 직각삼각형 AB_1C_1, $E_1C_2C_1$이 서로 닮음 (AA 닮음)이므로

$$\overline{C_1A} : \overline{C_1B_1} = \overline{C_1E_1} : \overline{C_1C_2}$$

$$\sqrt{7} : \sqrt{3} = \frac{\sqrt{3}}{3} : \sqrt{7}(1-a)$$

$$\sqrt{3} \times \frac{\sqrt{3}}{3} = \sqrt{7} \times \sqrt{7}(1-a)$$

$$1 = 7(1-a), \quad a = \frac{6}{7}$$

$$\therefore \overline{D_2C_2} = \frac{6}{7}$$

두 사다리꼴 $AB_1C_1D_1$, $AB_2C_2D_2$의 닮음비가 $\overline{D_1C_1} : \overline{D_2C_2} = 1 : \frac{6}{7}$이므로 그림 R_1에 색칠한 부분과 그림 R_2에 새로 색칠한 부분의 넓이의 비는

$$1^2 : \left(\frac{6}{7}\right)^2 = 1 : \frac{36}{49}$$이다.

즉, 그림 R_n에 색칠한 부분과 그림 R_{n+1}에 새로 색칠한 부분의 넓이의 비도 $1 : \frac{36}{49}$이다.

3단계 $\lim\limits_{n\to\infty} S_n$의 값을 구해 보자.

S_n은 첫째항이 $\frac{\sqrt{3}}{6}$이고 공비가 $\frac{36}{49}$인 등비수열의 첫째항부터 제n항까지의 합이므로

$$\lim_{n\to\infty} S_n = \frac{\frac{\sqrt{3}}{6}}{1 - \frac{36}{49}} = \frac{49\sqrt{3}}{78}$$

다른 풀이

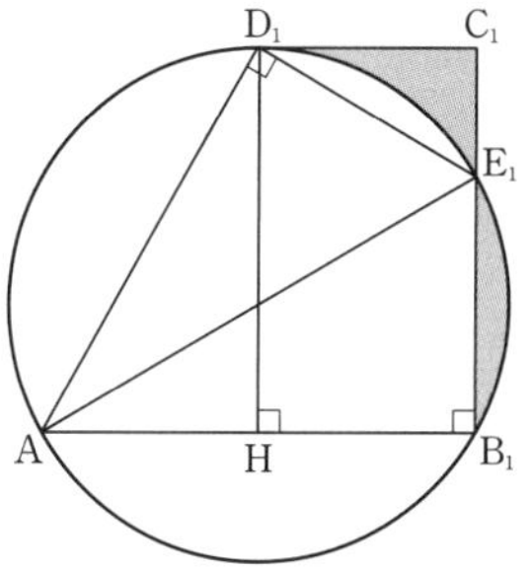

오른쪽 그림과 같이 점 D_1에서 변 AB_1에 내린 수선의 발을 H라 하면 삼각형 AHD_1에서

$$\begin{aligned}\overline{AH} &= \overline{AB_1} - \overline{HB_1} \\ &= \overline{AB_1} - \overline{D_1C_1} \\ &= 2 - 1 = 1,\end{aligned}$$

$$\overline{D_1H} = \overline{C_1B_1} = \sqrt{3}$$

이므로

$$\begin{aligned}\overline{AD_1} &= \sqrt{\overline{AH}^2 + \overline{D_1H}^2} \\ &= \sqrt{1^2 + (\sqrt{3})^2} = 2,\end{aligned}$$

$$\angle D_1AB_1 = \frac{\pi}{3}$$

두 직각삼각형 AB_1E_1, AD_1E_1은 서로 합동 (RHS 합동)이므로

$$\angle D_1AE_1 = \angle B_1AE_1 = \frac{1}{2}\angle D_1AB_1 = \frac{\pi}{6}$$

이고, 두 활꼴 B_1E_1, D_1E_1의 넓이가 같다.

즉, ⌐ 모양의 도형의 넓이는 직각삼각형 $C_1D_1E_1$의 넓이와 같다.

이때 $\overline{E_1B_1} = \overline{AB_1}\tan\frac{\pi}{6} = 2 \times \frac{\sqrt{3}}{3} = \frac{2\sqrt{3}}{3}$이므로

$$\overline{C_1E_1} = \overline{C_1B_1} - \overline{E_1B_1} = \sqrt{3} - \frac{2\sqrt{3}}{3} = \frac{\sqrt{3}}{3}$$

$$\therefore S_1 = \frac{\sqrt{3}}{6}$$

한편, 삼각형 C_1AE_1에서

$$\frac{1}{2} \times \overline{C_1E_1} \times \overline{AB_1} = \frac{1}{2} \times \overline{AC_1} \times \overline{C_2E_1}$$

$$\frac{1}{2} \times \frac{\sqrt{3}}{3} \times 2 = \frac{1}{2} \times \sqrt{7} \times \overline{C_2E_1}$$

$$\therefore \overline{C_2E_1} = \frac{2\sqrt{21}}{21}$$

$\overline{D_2C_2} = a$라 하면 $\overline{C_1C_2} = \sqrt{7}(1-a)$이므로 직각삼각형 $C_1C_2E_1$에서

$$\overline{C_1C_2} = \sqrt{\overline{C_1E_1}^2 - \overline{C_2E_1}^2}$$

$$\sqrt{7}(1-a) = \sqrt{\left(\frac{\sqrt{3}}{3}\right)^2 - \left(\frac{2\sqrt{21}}{21}\right)^2} = \frac{\sqrt{7}}{7}$$

$$1 - a = \frac{1}{7} \qquad \therefore a = \frac{6}{7}$$

$$\therefore \overline{D_2C_2} = \frac{6}{7}$$

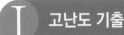

054 정답률 ▶ 21% 답 12

1단계 주어진 조건을 이용하여 등비수열 $\{a_n\}$을 구해 보자.

등비수열 $\{a_n\}$의 공비를 r $(r\neq0)$이라 하면 $a_1=1$이므로

$a_n=r^{n-1}$

또한, 급수 $\sum\limits_{n=1}^{\infty}a_n$이 수렴하므로

$0<r<1$ 또는 $-1<r<0$

(i) $0<r<1$인 경우

$a_{2n}=r^{2n-1}$, $|a_{3n-1}|=|r^{3n-2}|$에서 두 등비수열 $\{a_{2n}\}$, $\{|a_{3n-1}|\}$의 공비는 각각 r^2, r^3이므로

$0<r^2<1$, $0<r^3<1$

두 급수 $\sum\limits_{n=1}^{\infty}a_{2n}$, $\sum\limits_{n=1}^{\infty}|a_{3n-1}|$은 수렴하므로

$\sum\limits_{n=1}^{\infty}(20a_{2n}+21|a_{3n-1}|)=\sum\limits_{n=1}^{\infty}(20r^{2n-1}+21r^{3n-2})$

$=\sum\limits_{n=1}^{\infty}20r^{2n-1}+\sum\limits_{n=1}^{\infty}21r^{3n-2}$

>0

즉, $\sum\limits_{n=1}^{\infty}(20a_{2n}+21|a_{3n-1}|)\neq0$

(ii) $-1<r<0$인 경우

$a_{2n}=r^{2n-1}$, $|a_{3n-1}|=|r^{3n-2}|$에서 두 등비수열 $\{a_{2n}\}$, $\{|a_{3n-1}|\}$의 공비는 각각 r^2, $|r^3|=-r^3$이므로

$0<r^2<1$, $-1<-r^3<0$

즉, 두 급수 $\sum\limits_{n=1}^{\infty}a_{2n}$, $\sum\limits_{n=1}^{\infty}|a_{3n-1}|$은 수렴한다.

$\sum\limits_{n=1}^{\infty}(20a_{2n}+21|a_{3n-1}|)=\sum\limits_{n=1}^{\infty}(20r^{2n-1}+21|r^{3n-2}|)$

$=\sum\limits_{n=1}^{\infty}20r^{2n-1}+\sum\limits_{n=1}^{\infty}21|r^{3n-2}|$

$=\dfrac{20r}{1-r^2}+\dfrac{21\times(-r)}{1-(-r^3)}$

$=\dfrac{20r}{1-r^2}-\dfrac{21r}{1+r^3}$

에서 $\dfrac{20r}{1-r^2}-\dfrac{21r}{1+r^3}=0$

$20r(1+r^3)-21r(1-r^2)=0$

$20+20r^3-21+21r^2=0$ $(\because r\neq0)$

$20r^3+21r^2-1=0$, $(r+1)(4r+1)(5r-1)=0$

$\therefore r=-\dfrac{1}{4}$ $(\because -1<r<0)$

$\therefore a_n=\left(-\dfrac{1}{4}\right)^{n-1}$

(i), (ii)에서 $a_n=\left(-\dfrac{1}{4}\right)^{n-1}$

2단계 등비수열 $\{b_n\}$을 구해 보자.

등비수열 $\{b_n\}$의 공비를 s $(s\neq0)$이라 하면 $b_1\neq0$이므로

$b_n=b_1s^{n-1}$

한편, 급수 $\sum\limits_{n=1}^{\infty}\dfrac{3|a_n|+b_n}{a_n}$이 수렴하므로

$\lim\limits_{n\to\infty}\dfrac{3|a_n|+b_n}{a_n}=0$

이때

$\dfrac{3|a_n|}{a_n}=\dfrac{3\times\left|\left(-\dfrac{1}{4}\right)^{n-1}\right|}{\left(-\dfrac{1}{4}\right)^{n-1}}=\dfrac{3\times\left(\dfrac{1}{4}\right)^{n-1}}{(-1)^{n-1}\times\left(\dfrac{1}{4}\right)^{n-1}}$

$=3\times(-1)^{n-1}$,

$\dfrac{b_n}{a_n}=\dfrac{b_1s^{n-1}}{\left(-\dfrac{1}{4}\right)^{n-1}}=b_1\times(-4s)^{n-1}$

이므로

$\lim\limits_{n\to\infty}\dfrac{3|a_n|+b_n}{a_n}=\lim\limits_{n\to\infty}\left(\dfrac{3|a_n|}{a_n}+b_n\right)$

$=\lim\limits_{n\to\infty}\{3\times(-1)^{n-1}+b_1\times(-4s)^{n-1}\}$

$=\lim\limits_{n\to\infty}[(-1)^{n-1}\{3+b_1\times(4s)^{n-1}\}]$

ⓐ $|4s|>1$일 때

$\lim\limits_{n\to\infty}\{3+b_1\times(4s)^{n-1}\}$이 발산하므로

$\lim\limits_{n\to\infty}[(-1)^{n-1}\{3+b_1\times(4s)^{n-1}\}]$, 즉

$\lim\limits_{n\to\infty}\dfrac{3|a_n|+b_n}{a_n}$도 발산한다.

ⓑ $4s=1$일 때

$\lim\limits_{n\to\infty}[(-1)^{n-1}\{3+b_1\times(4s)^{n-1}\}]=\lim\limits_{n\to\infty}\{(-1)^{n-1}(3+b_1)\}$

이므로 $b_1=-3$일 때 $\lim\limits_{n\to\infty}\dfrac{3|a_n|+b_n}{a_n}=0$을 만족시킨다.

또한, $\dfrac{3|a_n|+b_n}{a_n}=0$이므로 $\sum\limits_{n=1}^{\infty}\dfrac{3|a_n|+b_n}{a_n}=0$

ⓒ $-1<4s<1$일 때

$\lim\limits_{n\to\infty}[(-1)^{n-1}\{3+b_1\times(4s)^{n-1}\}]$, 즉

$\lim\limits_{n\to\infty}\dfrac{3|a_n|+b_n}{a_n}$이 발산한다.

ⓓ $4s=-1$일 때

$\lim\limits_{n\to\infty}[(-1)^{n-1}\{3+b_1\times(4s)^{n-1}\}]$

$=\lim\limits_{n\to\infty}[(-1)^{n-1}\{3+b_1\times(-1)^{n-1}\}]$

$\lim\limits_{n\to\infty}\{3+b_1\times(-1)^{n-1}\}$이 발산하므로

$\lim\limits_{n\to\infty}[(-1)^{n-1}\{3+b_1\times(-1)^{n-1}\}]$, 즉

$\lim\limits_{n\to\infty}\dfrac{3|a_n|+b_n}{a_n}$도 발산한다.

ⓐ~ⓓ에서 $b_1=-3$, $4s=1$이므로

$b_n=-3\times\left(\dfrac{1}{4}\right)^{n-1}$

3단계 $b_1\times\sum\limits_{n=1}^{\infty}b_n$의 값을 구해 보자.

$b_1\times\sum\limits_{n=1}^{\infty}b_n=-3\times\sum\limits_{n=1}^{\infty}\left\{-3\times\left(\dfrac{1}{4}\right)^{n-1}\right\}$

$=-3\times\dfrac{-3}{1-\dfrac{1}{4}}=12$

055 정답률 ▶ 20% 답 25

1단계 등비수열 a_n의 첫째항과 공비 사이의 관계식을 구해 보자.

등비수열 $\{a_n\}$의 첫째항을 a $(a \neq 0)$, 공비를 r $(r \neq 0)$이라 하면

$a_n = ar^{n-1}$

$\displaystyle\sum_{n=1}^{\infty}(|a_n|+a_n)=\dfrac{40}{3}$에서

$\displaystyle\sum_{n=1}^{\infty}|a_n|+\sum_{n=1}^{\infty}a_n=\dfrac{40}{3}$　　　……㉠

$\displaystyle\sum_{n=1}^{\infty}(|a_n|-a_n)=\dfrac{20}{3}$에서

$\displaystyle\sum_{n=1}^{\infty}|a_n|-\sum_{n=1}^{\infty}a_n=\dfrac{20}{3}$　　　……㉡

이므로 ㉠, ㉡에서

$\displaystyle\sum_{n=1}^{\infty}|a_n|=10,\ \sum_{n=1}^{\infty}a_n=\dfrac{10}{3}$

등비급수 $\displaystyle\sum_{n=1}^{\infty}a_n$이 수렴하므로 $|r|<1$

$|a_n|=|ar^{n-1}|=|a||r|^{n-1}$이므로

$\displaystyle\sum_{n=1}^{\infty}|a_n|=10$에서 $\dfrac{|a|}{1-|r|}=10$　　　……㉢

$\displaystyle\sum_{n=1}^{\infty}a_n=\dfrac{10}{3}$에서 $\dfrac{a}{1-r}=\dfrac{10}{3}$　　　……㉣

2단계 등비수열 a_n의 일반항을 구해 보자.

(i) $0 \leq r < 1$일 때

㉢에서 $a=10-10r$ ($\because 0 \leq 10r < 10$),

㉣에서 $a=\dfrac{10}{3}-\dfrac{10}{3}r$

이므로

$10-10r=\dfrac{10}{3}-\dfrac{10}{3}r,\ \dfrac{20}{3}r=\dfrac{20}{3}$

$\therefore r=1$

그런데 $0 \leq r < 1$이므로 조건을 만족시키지 않는다.

(ii) $-1 < r < 0$일 때

㉢에서 $a=10+10r$ ($\because -10 < 10r < 0$),

㉣에서 $a=\dfrac{10}{3}-\dfrac{10}{3}r$이므로

$10+10r=\dfrac{10}{3}-\dfrac{10}{3}r,\ \dfrac{40}{3}r=-\dfrac{20}{3}$

$\therefore r=-\dfrac{1}{2}$ ($\because -1 < r < 0$)

(i), (ii)에서 $a=5$ ($\because$ ㉣), $r=-\dfrac{1}{2}$

$\therefore a_n=5\left(-\dfrac{1}{2}\right)^{n-1}$

3단계 부등식 $\displaystyle\lim_{n\to\infty}\sum_{k=1}^{2n}\left\{(-1)^{\frac{k(k+1)}{2}}\times a_{m+k}\right\}>\dfrac{1}{700}$을 m에 대한 부등식으로 간단히 해 보자.

$\displaystyle\lim_{n\to\infty}\sum_{k=1}^{2n}\left\{(-1)^{\frac{k(k+1)}{2}}\times a_{m+k}\right\}>\dfrac{1}{700}$에서

$\displaystyle\lim_{n\to\infty}\left[5\left(-\dfrac{1}{2}\right)^{m-1}\sum_{k=1}^{2n}\left\{(-1)^{\frac{k(k+1)}{2}}\times\left(-\dfrac{1}{2}\right)^{k}\right\}\right]>\dfrac{1}{700}$

이때

$\displaystyle\sum_{k=1}^{\infty}\left\{(-1)^{\frac{k(k+1)}{2}}\times\left(-\dfrac{1}{2}\right)^{k}\right\}$

$=-\left(-\dfrac{1}{2}\right)-\left(-\dfrac{1}{2}\right)^{2}+\left(-\dfrac{1}{2}\right)^{3}+\left(-\dfrac{1}{2}\right)^{4}-\left(-\dfrac{1}{2}\right)^{5}-\left(-\dfrac{1}{2}\right)^{6}+\cdots$

$=\dfrac{1}{4}+\dfrac{1}{4}\times\left(-\dfrac{1}{4}\right)+\dfrac{1}{4}\times\left(-\dfrac{1}{4}\right)^{2}+\cdots$

$=\dfrac{\dfrac{1}{4}}{1-\left(-\dfrac{1}{4}\right)}=\dfrac{1}{5}$

이므로

$\displaystyle\lim_{n\to\infty}\left[5\left(-\dfrac{1}{2}\right)^{m-1}\sum_{k=1}^{2n}\left\{(-1)^{\frac{k(k+1)}{2}}\times\left(-\dfrac{1}{2}\right)^{k}\right\}\right]$

$=5\left(-\dfrac{1}{2}\right)^{m-1}\times\dfrac{1}{5}=\left(-\dfrac{1}{2}\right)^{m-1}$

에서

$\left(-\dfrac{1}{2}\right)^{m-1}>\dfrac{1}{700}$　　　……㉤

4단계 모든 자연수 m의 값의 합을 구해 보자.

㉤을 만족시키는 자연수 m은 홀수이어야 하므로

$\left(-\dfrac{1}{2}\right)^{m-1}=\dfrac{1}{2^{m-1}}>\dfrac{1}{700}$

$\therefore 2^{m-1}<700$

따라서 위의 식을 만족시키는 홀수인 자연수 m은

1, 3, 5, 7, 9이므로 그 합은

$1+3+5+7+9=25$

056 정답률 ▶ 9%　　　　**답 25**

1단계 x의 값의 범위에 따라 함수 $f(x)$를 정의해 보자.

$f(x)=\displaystyle\lim_{n\to\infty}\dfrac{x^{2n+1}-x}{x^{2n}+1}$에서

(i) $|x|>1$일 때

$\displaystyle\lim_{n\to\infty}\left(\dfrac{1}{x}\right)^{2n}=0$이므로

$f(x)=\displaystyle\lim_{n\to\infty}\dfrac{x^{2n+1}-x}{x^{2n}+1}$

$=\displaystyle\lim_{n\to\infty}\dfrac{x-x\times\left(\dfrac{1}{x}\right)^{2n}}{1+\left(\dfrac{1}{x}\right)^{2n}}$

$=\dfrac{x-0}{1+0}=x$

(ii) $x=1$일 때

$f(1)=\displaystyle\lim_{n\to\infty}\dfrac{1^{2n+1}-1}{1^{2n}+1}=0$

(iii) $|x|<1$일 때

$\displaystyle\lim_{n\to\infty}x^{2n}=0$이므로

$f(x)=\displaystyle\lim_{n\to\infty}\dfrac{x^{2n+1}-x}{x^{2n}+1}$

$=\dfrac{0-x}{0+1}=-x$

(iv) $x=-1$일 때

$f(-1)=\displaystyle\lim_{n\to\infty}\dfrac{(-1)^{2n+1}+1}{(-1)^{2n}+1}=0$

(i)~(iv)에서

$f(x)=\begin{cases} x & (|x|>1) \\ 0 & (|x|=1) \\ -x & (|x|<1) \end{cases}$

2단계 x의 값의 범위에 따라 함수 $g(x)$를 정의해 보고 함수 $y=g(x)$의 그래프를 그려 보자.

자연수 k에 대하여

(a) $2k-2 \leq |x| < 2k-1$일 때

$0 \leq \dfrac{2k-2}{2k-1} \leq \left|\dfrac{x}{2k-1}\right| < 1$이므로

$g(x)=(2k-1)\times f\left(\dfrac{x}{2k-1}\right)=(2k-1)\times\left(-\dfrac{x}{2k-1}\right)=-x$

(b) $|x|=2k-1$일 때

$\left|\dfrac{x}{2k-1}\right|=1$이므로

$$g(x)=(2k-1)\times f\left(\dfrac{x}{2k-1}\right)$$
$$=(2k-1)\times 0=0$$

(c) $2k-1<|x|<2k$일 때

$1<\left|\dfrac{x}{2k-1}\right|<\dfrac{2k}{2k-1}$이므로

$$g(x)=(2k-1)\times f\left(\dfrac{x}{2k-1}\right)$$
$$=(2k-1)\times\dfrac{x}{2k-1}=x$$

(a), (b), (c)에서 함수 $g(x)$와 그 그래프는 다음과 같다.

$$g(x)=\begin{cases} -x & (2k-2\le|x|<2k-1) \\ 0 & (|x|=2k-1) \\ x & (2k-1<|x|<2k) \end{cases} \quad (k\text{는 자연수})$$

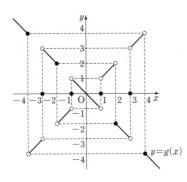

3단계 직선 $y=t\ (0<t<10)$이 함수 $y=g(x)$의 그래프와 만나지 않도록 하는 모든 t의 값의 합을 구해 보자.

$t=2m+1$ (m은 정수)일 때, 직선 $y=t$가 함수 $y=g(x)$의 그래프와 만나지 않는다.

따라서 $0<t<10$에서 직선 $y=t$가 함수 $y=g(x)$의 그래프와 만나지 않도록 하는 모든 실수 t의 값은 1, 3, 5, 7, 9이므로 그 합은

$1+3+5+7+9=25$

057 정답률 ▶ 14%　　답 270

1단계 점 P_n의 좌표를 n에 대한 식으로 나타내어 보자.

$P_n(t,f(t))\ (t>0)$이라 하면

$f(x)=\dfrac{4}{n^3}x^3+1$에서 $f'(x)=\dfrac{12}{n^3}x^2$

직선 l_n 위의 점 P_n에서의 기울기에서

$$f'(t)=\dfrac{f(t)}{t},\ \dfrac{12}{n^3}t^2=\dfrac{\dfrac{4}{n^3}t^3+1}{t}$$

$$\dfrac{12}{n^3}t^3=\dfrac{4}{n^3}t^3+1,\ \dfrac{8}{n^3}t^3=1$$

$$t^3=\dfrac{n^3}{8}\quad\therefore t=\dfrac{n}{2}$$

$$\therefore P_n\left(\dfrac{n}{2},f\left(\dfrac{n}{2}\right)\right),\ \text{즉 } P_n\left(\dfrac{n}{2},\dfrac{3}{2}\right)$$

2단계 r_n을 n에 대한 식으로 나타내어 보자.

$f'(t)=\dfrac{12}{n^3}t^2$이므로 직선 l_n의 방정식은

$$y=\dfrac{12}{n^3}t^2 x,\ \text{즉 } y=\dfrac{3}{n}x$$

오른쪽 그림과 같이 원 C_n의 중심을 C라 하고 두 점 P_n, C에서 x축에 내린 수선의 발을 각각 Q_n, R_n이라 하자.

점 C에서 선분 P_nQ_n에 내린 수선의 발을 H_n이라 하고 $\angle CP_nH_n=\theta$라 하면

$\angle P_nOQ_n=\theta$

$(\because \triangle CP_nH_n \backsim \triangle P_nOQ_n)$

이때

$$\overline{OP_n}=\sqrt{\left(\dfrac{n}{2}\right)^2+\left(\dfrac{3}{2}\right)^2}=\dfrac{\sqrt{n^2+9}}{2}$$

이므로

$$\cos\theta=\dfrac{\overline{P_nH_n}}{\overline{P_nC}}=\dfrac{\overline{OQ_n}}{\overline{OP_n}}$$
$$=\dfrac{\dfrac{n}{2}}{\dfrac{\sqrt{n^2+9}}{2}}=\dfrac{n}{\sqrt{n^2+9}}$$

또한,

$$\overline{P_nC}=\overline{CR_n}=\overline{H_nQ_n}=r_n,\ \overline{P_nQ_n}=\dfrac{3}{2}$$

이므로

$$\overline{P_nQ_n}=\overline{P_nH_n}+\overline{H_nQ_n},\ \dfrac{3}{2}=r_n\times\cos\theta+r_n$$

$$\therefore r_n=\dfrac{3}{2(1+\cos\theta)}=\dfrac{3\sqrt{n^2+9}}{2(\sqrt{n^2+9}+n)}$$

3단계 $40\times\displaystyle\lim_{n\to\infty}n^2(4r_n-3)$의 값을 구해 보자.

$$40\times\lim_{n\to\infty}n^2(4r_n-3)=40\times\lim_{n\to\infty}n^2\left(\dfrac{6\sqrt{n^2+9}}{\sqrt{n^2+9}+n}-3\right)$$
$$=40\times\lim_{n\to\infty}n^2\left(\dfrac{3\sqrt{n^2+9}-3n}{\sqrt{n^2+9}+n}\right)$$
$$=40\times\lim_{n\to\infty}\dfrac{3n^2(\sqrt{n^2+9}-n)(\sqrt{n^2+9}+n)}{(\sqrt{n^2+9}+n)^2}$$
$$=40\times\lim_{n\to\infty}\dfrac{27n^2}{(\sqrt{n^2+9}+n)^2}$$
$$=40\times\lim_{n\to\infty}\dfrac{27}{\left(\sqrt{1+\dfrac{9}{n^2}}+1\right)^2}$$
$$=40\times\dfrac{27}{(\sqrt{1+0}+1)^2}=270$$

다른 풀이

두 삼각형 CP_nH_n, P_nOQ_n은 서로 닮음 (AA 닮음)이므로

$\overline{CP_n}:\overline{P_nO}=\overline{P_nH_n}:\overline{OQ_n}$에서

$$r_n:\dfrac{\sqrt{n^2+9}}{2}=\left(\dfrac{3}{2}-r_n\right):\dfrac{n}{2}$$

$$\dfrac{n}{2}r_n=\dfrac{\sqrt{n^2+9}}{2}\left(\dfrac{3}{2}-r_n\right)$$

$$\left(\dfrac{\sqrt{n^2+9}+n}{2}\right)r_n=\dfrac{3\sqrt{n^2+9}}{4}$$

$$\therefore r_n=\dfrac{3\sqrt{n^2+9}}{2(\sqrt{n^2+9}+n)}$$

058 정답률 ▶ 12%　　답 80

1단계 점 P_n의 좌표를 n에 대한 식으로 나타내어 보자.

$\mathrm{P}_n\!\left(t, \dfrac{\sqrt{3}}{n+1}t^2\right)(t>0)$이라 하면

$\overline{\mathrm{OP}_n}=\sqrt{t^2+\left(\dfrac{\sqrt{3}}{n+1}t^2\right)^2}=\sqrt{t^2+\dfrac{3}{(n+1)^2}t^4}=2n+2$

에서

$t^2+\dfrac{3}{(n+1)^2}t^4=(2n+2)^2$

$3t^4+(n+1)^2t^2-4(n+1)^4=0$

$\{3t^2+4(n+1)^2\}\{t^2-(n+1)^2\}=0$

$t^2=(n+1)^2$ ($\because 3t^2+4(n+1)^2\neq 0$)

$\therefore t=n+1$ ($\because t>0$)

$\therefore \mathrm{P}_n(n+1, \sqrt{3}(n+1))$

2단계 함수 $f(n)-g(n)$을 n에 대한 식으로 나타내어 보자.

오른쪽 그림과 같이 곡선 T_n, 직선 OH_n, 호 $\mathrm{Q}_n\mathrm{H}_n$으로 둘러싸인 부분을 $h(n)$이라 하자.

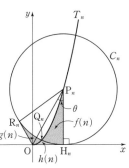

(i) $f(n)+h(n)$의 넓이

$\begin{aligned}f(n)+h(n)&=\int_0^{n+1}T_n(x)\,dx\\&=\int_0^{n+1}\dfrac{\sqrt{3}}{n+1}x^2\,dx\\&=\left[\dfrac{\sqrt{3}}{n+1}\times\dfrac{1}{3}x^3\right]_0^{n+1}\\&=\dfrac{\sqrt{3}}{n+1}\times\dfrac{1}{3}(n+1)^3\\&=\dfrac{\sqrt{3}}{3}(n+1)^2\end{aligned}$

(ii) $g(n)+h(n)$의 넓이

$\begin{aligned}\text{(삼각형 }\mathrm{P}_n\mathrm{OH}_n\text{의 넓이)}&=\dfrac{1}{2}\times\overline{\mathrm{OH}_n}\times\overline{\mathrm{P}_n\mathrm{H}_n}\\&=\dfrac{1}{2}\times(n+1)\times\sqrt{3}(n+1)\\&=\dfrac{\sqrt{3}}{2}(n+1)^2\end{aligned}$

두 삼각형 $\mathrm{P}_n\mathrm{OH}_n$, $\mathrm{P}_n\mathrm{OR}_n$은 서로 합동 (RHS 합동)이므로

$\begin{aligned}\text{(사각형 }\mathrm{P}_n\mathrm{R}_n\mathrm{OH}_n\text{의 넓이)}&=2\times\text{(삼각형 }\mathrm{P}_n\mathrm{OH}_n\text{의 넓이)}\\&=2\times\left\{\dfrac{\sqrt{3}}{2}(n+1)^2\right\}\\&=\sqrt{3}(n+1)^2\end{aligned}$

$\angle\mathrm{OP}_n\mathrm{H}_n=\theta$라 하면

삼각형 $\mathrm{P}_n\mathrm{OH}_n$에서

$\sin\theta=\dfrac{\overline{\mathrm{OH}_n}}{\overline{\mathrm{OP}_n}}=\dfrac{n+1}{2n+2}=\dfrac{1}{2}$

이므로 $\angle\mathrm{OP}_n\mathrm{H}_n=\dfrac{\pi}{6}$, 즉

$\angle\mathrm{R}_n\mathrm{P}_n\mathrm{H}_n=2\angle\mathrm{OP}_n\mathrm{H}_n=\dfrac{\pi}{3}$

$\begin{aligned}\therefore \text{(부채꼴 }\mathrm{P}_n\mathrm{R}_n\mathrm{H}_n\text{의 넓이)}&=\dfrac{1}{2}\times\overline{\mathrm{P}_n\mathrm{H}_n}^2\times\dfrac{\pi}{3}\\&=\dfrac{1}{2}\times\{\sqrt{3}(n+1)\}^2\times\dfrac{\pi}{3}\\&=\dfrac{\pi}{2}(n+1)^2\end{aligned}$

$\begin{aligned}\therefore g(n)+h(n)&=\text{(사각형 }\mathrm{P}_n\mathrm{R}_n\mathrm{OH}_n\text{의 넓이)}\\&\quad-\text{(부채꼴 }\mathrm{P}_n\mathrm{R}_n\mathrm{H}_n\text{의 넓이)}\\&=\sqrt{3}(n+1)^2-\dfrac{\pi}{2}(n+1)^2\end{aligned}$

(i), (ii)에서

$\begin{aligned}f(n)-g(n)&=\{f(n)+h(n)\}-\{g(n)+h(n)\}\\&=\dfrac{\sqrt{3}}{3}(n+1)^2-\left\{\sqrt{3}(n+1)^2-\dfrac{\pi}{2}(n+1)^2\right\}\\&=\left(\dfrac{\pi}{2}-\dfrac{2\sqrt{3}}{3}\right)(n+1)^2\end{aligned}$

3단계 $\displaystyle\lim_{n\to\infty}\dfrac{f(n)-g(n)}{n^2}$의 값을 구하여 $60k^2$의 값을 구해 보자.

$\begin{aligned}\lim_{n\to\infty}\dfrac{f(n)-g(n)}{n^2}&=\lim_{n\to\infty}\dfrac{\left(\dfrac{\pi}{2}-\dfrac{2\sqrt{3}}{3}\right)(n+1)^2}{n^2}\\&=\lim_{n\to\infty}\dfrac{\left(\dfrac{\pi}{2}-\dfrac{2\sqrt{3}}{3}\right)(n^2+2n+1)}{n^2}\\&=\lim_{n\to\infty}\left(\dfrac{\pi}{2}-\dfrac{2\sqrt{3}}{3}\right)\left(1+\dfrac{2}{n}+\dfrac{1}{n^2}\right)\\&=\left(\dfrac{\pi}{2}-\dfrac{2\sqrt{3}}{3}\right)\times(1+0+0)\\&=\dfrac{\pi}{2}-\dfrac{2\sqrt{3}}{3}\end{aligned}$

$\therefore k=-\dfrac{2\sqrt{3}}{3}$

$\therefore 60k^2=80$

059 정답률 ▸ 10%　　　　　　　**답 24**

1단계 $b_n=\begin{cases}-1 & (a_n\le -1)\\ a_n & (a_n>-1)\end{cases}$을 파악하여 수열 $\{a_n\}$의 공비의 값의 범위를 구해 보자.

등비수열 $\{a_n\}$의 첫째항을 a $(a\neq 0)$, 공비를 r라 하면

$a_n=ar^{n-1}$ → $a=0$이면 $b_n=0$이 되어 조건을 만족시키지 않는다.

(i) $|r|>1$인 경우

　a_n의 절댓값이 한없이 커지므로 두 조건 (가), (나)를 만족시키지 않는다.

(ii) $r=1$인 경우

　$b_n=\begin{cases}-1 & (a_n\le -1)\\ a & (a_n>-1)\end{cases}$

　로 b_n이 일정한 값을 가지므로 두 조건 (가), (나)를 만족시키지 않는다.

(iii) $0<|r|<1$인 경우

　$b_3=-1$이므로

　$a_3=ar^2\le -1$

　$0<r^2<1$이므로

　$a\le -1$

　이때 $0<r<1$이면 $a_n<0$이므로 조건 (나)를 만족시키지 않는다.

　$\therefore -1<r<0$

(iv) $r=0$인 경우

　$b_n=a_n=0$ $(n\ge 2)$이므로 두 조건 (가), (나)를 만족시키지 않는다.

(v) $r=-1$인 경우

　a_n의 값이

　$a, -a, a, -a, a, -a, \cdots$

　이므로 두 조건 (가), (나)를 만족시키지 않는다.

(i)~(v)에서 $-1<r<0$

I. 수열의 극한　**025**

2단계 수열 $\{b_n\}$의 규칙을 찾아 수열 $\{b_n\}$을 구해 보자.

(a) b_1의 값

$a_1 = a \leq -1$이므로

$b_1 = -1$

(b) b_2의 값

$a_2 = ar \leq -1$일 때

$r \geq -\dfrac{1}{a} > 0$ $(\because a \leq -1)$

그런데 $-1 < r < 0$을 만족시키지 않는다.

즉, $a_2 > -1$이므로

$b_2 = a_2 = ar$

(c) b_3의 값

$b_3 = -1$

(d) b_4의 값

$a_4 = a_2 r^2 > -r^2 > -1$이므로

$b_4 = a_4 = ar^3$

(e) b_5의 값

$a_5 = ar^4 \leq -1$일 때 $b_5 = -1$

그런데

$b_1 + b_3 + b_5 = (-1) + (-1) + (-1) = -3$

이므로 조건 (가)를 만족시키지 않는다.

즉, $a_5 > -1$이므로

$b_5 = a_5 = ar^4$

(f) b_6의 값

$a_6 = a_4 r^2 > -r^2 > -1$이므로

$b_6 = a_6 = ar^5$

(g) $b_n \ (n \geq 7)$의 값

(f)와 같은 방법으로

$b_n = a_n = ar^{n-1}$

(a)~(g)에서

$b_n = \begin{cases} -1 & (n=1,\ n=3) \\ ar^{n-1} & (n=2,\ n\geq 4) \end{cases}$

3단계 $\displaystyle\sum_{n=1}^{\infty} |a_n|$의 값을 구해 보자.

조건 (가)에서

$$\sum_{n=1}^{\infty} b_{2n-1} = b_1 + b_3 + b_5 + b_7 + b_9 + \cdots$$
$$= (-1) + (-1) + ar^4 + ar^6 + ar^8 + \cdots$$
$$= -2 + \frac{ar^4}{1-r^2} = -3$$

즉, $\dfrac{ar^4}{1-r^2} = -1$에서

$ar^4 = r^2 - 1 \qquad \cdots\cdots \ \ominus$

조건 (나)에서

$$\sum_{n=1}^{\infty} b_{2n} = b_2 + b_4 + b_6 + \cdots$$
$$= ar + ar^3 + ar^5 + \cdots$$
$$= \frac{ar}{1-r^2} = 8$$

$\therefore ar = -8(r^2-1) \qquad \cdots\cdots \ \bigcirc$

$\ominus$을 $\bigcirc$에 대입하면

$ar = -8ar^4$, $8r^3 + 1 = 0$ $(\because a \neq 0,\ r \neq 0)$

$(2r+1)(4r^2 - 2r + 1) = 0$

$\therefore r = -\dfrac{1}{2}$ $(\because 4r^2 - 2r + 1 \neq 0)$

$r = -\dfrac{1}{2}$을 $\ominus$에 대입하면

$\dfrac{a}{16} = \dfrac{1}{4} - 1$, $\dfrac{a}{16} = -\dfrac{3}{4}$

$\therefore a = -12$

따라서 $a_n = -12\left(-\dfrac{1}{2}\right)^{n-1}$이므로

$$\sum_{n=1}^{\infty} |a_n| = \sum_{n=1}^{\infty} \left| -12\left(-\frac{1}{2}\right)^{n-1} \right|$$
$$= \sum_{n=1}^{\infty} 12\left(\frac{1}{2}\right)^{n-1}$$
$$= \frac{12}{1-\dfrac{1}{2}}$$
$$= 24$$

다른 풀이

(a) b_1의 값

$a_1 = a \leq -1$이므로

$b_1 = -1$

(b) b_2의 값

$a_1 = a \leq -1$, $-1 < r < 0$이므로

$a_2 > 0 > -1$

$\therefore b_2 = a_2 = ar$

(c) b_3의 값

$b_3 = -1$

(d) b_4의 값

$a_4 = a_2 r^2 > 0 > -1$이므로

$b_4 = a_4 = ar^3$

(e) b_5의 값

$a_5 = ar^4 \leq -1$일 때

$b_5 = -1$

그런데

$b_1 + b_3 + b_5 = (-1) + (-1) + (-1) = -3$

이므로 조건 (가)를 만족시키지 않는다.

즉, $a_5 > -1$이므로

$b_5 = a_5 = ar^4$

(f) $b_{2n} \ (n \geq 3)$의 값

$a_{2n} = a_2 r^{2(n-1)} > 0 > -1$이므로

$b_{2n} = a_{2n} = ar^{2n-1}$

(g) $b_{2n+1} \ (n \geq 3)$의 값

$a_{2n+1} = a_{2n-1} r^2 > -1$이므로

$b_{2n+1} = a_{2n+1} = ar^{2n}$

(a)~(g)에서

$b_n = \begin{cases} -1 & (n=1,\ n=3) \\ ar^{n-1} & (n=2,\ n\geq 4) \end{cases}$

060 정답률 ▶ 9%   **답** 84

1단계 x의 값의 범위에 따라 경우를 나누어 함수 $g(x)$를 간단히 해 보자.

$x > 0$일 때, 함수 $g(x)$는

(i) $0 < x < m$인 경우

$\displaystyle\lim_{n\to\infty}\left(\frac{x}{m}\right)^n = 0$이므로

$$g(x) = \lim_{n \to \infty} \frac{f(x)\left(\dfrac{x}{m}\right)^n + x}{\left(\dfrac{x}{m}\right)^n + 1}$$

$$= \frac{0+x}{0+1}$$

$$= x$$

(ii) $x = m$인 경우

$$g(m) = \lim_{n \to \infty} \frac{f(m) \times 1^n + m}{1^n + 1}$$

$$= \frac{f(m) + m}{2}$$

(iii) $x > m$인 경우

$\lim_{n \to \infty} \left(\dfrac{m}{x}\right)^n = 0$이므로

$$g(x) = \lim_{n \to \infty} \frac{f(x)\left(\dfrac{x}{m}\right)^n + x}{\left(\dfrac{x}{m}\right)^n + 1}$$

$$= \lim_{n \to \infty} \frac{f(x) + x \times \left(\dfrac{m}{x}\right)^n}{1 + \left(\dfrac{m}{x}\right)^n}$$

$$= \frac{f(x) + 0}{1 + 0}$$

$$= f(x)$$

(ⅰ), (ⅱ), (ⅲ)에서

$$g(x) = \begin{cases} x & (0 < x < m) \\ \dfrac{f(m)+m}{2} & (x = m) \\ f(x) & (x > m) \end{cases}$$

2단계 두 조건 (가), (나)를 이용하여 함수 $y = g(x)$의 그래프의 개형을 파악해 보자.

조건 (가)에 의하여 함수 $g(x)$는 구간 $(0, \infty)$에서 미분가능하므로 함수 $g(x)$가 $x = m$에서 미분가능하고 연속이다.

$$g(x) = \begin{cases} x & (0 < x < m) \\ \dfrac{f(m)+m}{2} & (x = m) \\ f(x) & (x > m) \end{cases} \quad \text{에서}$$

$\lim_{x \to m+} g(x) = \lim_{x \to m-} g(x) = g(m)$이므로

$$f(m) = m$$

또한,

$$g'(x) = \begin{cases} 1 & (0 < x < m) \\ f'(x) & (x > m) \end{cases} \text{에서}$$

$\lim_{x \to m+} g'(x) = \lim_{x \to m-} g'(x)$이므로

$$f'(m) = 1$$

한편, $x \le m$일 때 $g(x) \ne 0$이므로 조건 (나)의 $g(k)g(k+1)=0$을 만족시키는 자연수 k는 $k > m$일 때 $f(k)f(k+1)=0$을 만족시킨다.

삼차함수 $f(x)$가 극값을 가지지 않으면 함수 $f(x)$의 최고차항의 계수가 1이고 함수 $g(x)$가 구간 $(0, \infty)$에서 연속이므로 $x > m$일 때 $f(x) > 0$이 되어 근을 가지지 않는다.

즉, 모든 실수 x에 대하여 $f(x)f(x+1) \ne 0$이므로 삼차함수 $f(x)$는 극댓값과 극솟값을 가지고 방정식 $g(x)=0$의 근의 개수는 최대 3이다.

ⓐ 방정식 $g(x)=0$의 근의 개수가 1일 때

방정식 $g(x)=0$의 근을 α라 하면 $g(\alpha)=0$이므로 방정식 $g(x)g(x+1)=0$의 근은 α, $\alpha-1$이다.

즉, 방정식 $g(x)g(x+1)=0$의 근의 개수는 2이므로 조건 (나)를 만족시키지 않는다.

ⓑ 방정식 $g(x)=0$의 근의 개수가 2일 때

방정식 $g(x)=0$의 근을 α, β $(\alpha < \beta)$라 하면 $g(\alpha)=0$, $g(\beta)=0$이므로 방정식 $g(x)g(x+1)=0$의 근은 α, β, $\alpha-1$, $\beta-1$이다.

이때 방정식 $g(x)g(x+1)=0$의 근의 개수가 3이려면 $\alpha=\beta-1$이어야 하고 이때의 근은 $\alpha-1$, α, $\alpha+1(=\beta)$이다.

또한, 조건 (나)에 의하여 $\alpha-1$, α, $\alpha+1$은 자연수이어야 한다.

ⓒ 방정식 $g(x)=0$의 근의 개수가 3일 때

방정식 $g(x)=0$의 근을 α, β, γ $(\alpha < \beta < \gamma)$라 하면 $g(\alpha)=0$, $g(\beta)=0$, $g(\gamma)=0$이므로 방정식 $g(x)g(x+1)=0$의 근은 α, β, γ, $\alpha-1$, $\beta-1$, $\gamma-1$이다.

즉, 방정식 $g(t)g(t+1)=0$의 근의 개수는 최대 6개이고, 최소 4개이므로 조건을 만족시키지 않는다. _{$\alpha-1, \alpha=\beta-1, \beta=\gamma-1, \gamma$}

ⓐ, ⓑ, ⓒ에서 조건 (나)를 만족시키는 방정식 $g(x)=0$의 근을 α, $\alpha+1$이라 하면 함수 $y=g(x)$의 그래프의 개형은 다음 그림과 같다.

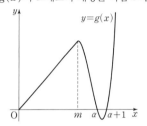

3단계 조건 (다)를 만족시키는 m의 값을 구하고 $g(12)$의 값을 구해 보자.

방정식 $f(x)=0$의 세 근을 α, $\alpha+1$, δ라 하면

⑴ $g(m) < g(m+1)$일 때

$g'(m+1) \le 0$이므로 조건 (다)의 $g(l) \ge g(l+1)$을 만족시키는 세 자연수 l은 $m+1$, $m+2$, $m+3$이 되어 $\alpha=m+3$이다.

$f(x)=(x-\alpha)(x-\alpha-1)(x-\delta)$, 즉

$$f(x)=(x-m-3)(x-m-4)(x-\delta)$$
$$=\{x^2-(2m+7)x+m^2+7m+12\}(x-\delta)$$

에서

$$f'(x)=(2x-2m-7)(x-\delta)+\{x^2-(2m+7)x+m^2+7m+12\}$$
$$f'(m)=-7(m-\delta)+12$$

이때 $f'(m)=1$이므로

$$1=-7(m-\delta)+12, \ 7(m-\delta)=11$$

$$\therefore m-\delta=\frac{11}{7}$$

즉, $m=f(m)=12(m-\delta)=\dfrac{132}{7}$이므로 모순이다.

⑵ $g(m) \ge g(m+1)$일 때

조건 (다)의 $g(l) \ge g(l+1)$을 만족시키는 세 자연수 l은 m, $m+1$, $m+2$가 되어 $\alpha=m+2$이다.

$f(x)=(x-\alpha)(x-\alpha-1)(x-\delta)$, 즉

$$f(x)=(x-m-2)(x-m-3)(x-\delta)$$
$$=\{x^2-(2m+5)x+m^2+5m+6\}(x-\delta)$$

에서

$$f'(x)=(2x-2m-5)(x-\delta)+\{x^2-(2m+5)x+m^2+5m+6\}$$
$$f'(m)=-5(m-\delta)+6$$

이때 $f'(m)=1$이므로

$$1=-5(m-\delta)+6 \qquad \therefore m-\delta=1$$

$$\therefore m=f(m)=6(m-\delta)=6$$

$m=6$일 때, $f(x)=(x-5)(x-8)(x-9)$에서

$g'(m+1)=f'(m+1)=-4<0$이므로 조건 (가)를 만족시키고

$$g(m)=f(m) \ge f(m+1)=g(m+1)$$

이다.

(1), (2)에서

$f(x)=(x-5)(x-8)(x-9)$이므로

$g(12)=f(12)=7 \times 4 \times 3 = 84$

061 정답률 ▶ 5% 　　　　　　　　　　　답 138

1단계 모든 자연수 n에 대하여 $|a_n|<\alpha$일 때, 조건 (가)를 만족시키는지 알아보자.

등비수열 $\{a_n\}$의 첫째항을 a, 공비를 r $(r \neq 0)$이라 하면 조건 (가)에 의하여

$\dfrac{a}{1-r}=4$ 　　…… ㉠

또한, 수열 $\left\{\dfrac{a_n}{b_n}\right\}$은 모든 자연수 n에 대하여

$$\dfrac{a_n}{b_n}=\begin{cases} 1 & (|a_n|<\alpha) \\ -\dfrac{a_n^2}{5} & (|a_n|\geq\alpha) \end{cases}$$

이때 모든 자연수 n에 대하여 $|a_n|<\alpha$라 하면 $\displaystyle\sum_{n=1}^{m}\dfrac{a_n}{b_n}=\sum_{n=1}^{m}1=m$의 값이 최소가 되도록 하는 자연수 m의 값은 1이므로 조건 (나)에 의하여

$\displaystyle\sum_{n=1}^{1}b_n=\sum_{n=1}^{1}a_n=a=51$

㉠에서

$\dfrac{51}{1-r}=4$, $51=4(1-r)$

$\therefore r=-\dfrac{47}{4}$

그런데 $r=-\dfrac{47}{4}<-1$이므로 $\displaystyle\sum_{n=1}^{\infty}a_n$이 수렴한다는 조건을 만족시키지 않는다.

2단계 조건 (나)를 만족시키는 자연수 p의 값을 구하여 $32 \times (a_3+p)$의 값을 구해 보자.

$|a_k|\geq\alpha$, $|a_{k+1}|<\alpha$인 자연수 k가 존재한다.

$1\leq n\leq k$일 때, $\dfrac{a_n}{b_n}=-\dfrac{a_n^2}{5}<0$

$n\geq k+1$일 때, $\dfrac{a_n}{b_n}=1>0$

이므로 $\displaystyle\sum_{n=1}^{m}\dfrac{a_n}{b_n}$의 값이 최소가 되도록 하는 자연수 m은 k이고

$\displaystyle\sum_{n=k+1}^{\infty}b_n=\sum_{n=k+1}^{\infty}a_n=\dfrac{ar^k}{1-r}=\dfrac{1}{64}$

$\dfrac{a}{1-r}\times r^k=\dfrac{1}{64}$

$\therefore r^k=\dfrac{1}{256}$ $(\because ㉠)$

또한,

$\displaystyle\sum_{n=1}^{k}b_n=\sum_{n=1}^{k}\left(-\dfrac{5}{a_n}\right)$

$\displaystyle\quad=\sum_{n=1}^{k}\left\{-\dfrac{5}{a}\left(\dfrac{1}{r}\right)^{n-1}\right\}$

$\quad=\dfrac{-\dfrac{5}{a}\left\{1-\left(\dfrac{1}{r}\right)^k\right\}}{1-\dfrac{1}{r}}$

$\quad=51$

이때 $r^k=\dfrac{1}{256}$이므로 $\dfrac{-\dfrac{5}{a}\times(-255)}{1-\dfrac{1}{r}}=51$

$\dfrac{25}{a}=1-\dfrac{1}{r}$

$a(r-1)=25r$

$4(1-r)(r-1)=25r$ $(\because ㉠)$

$4r^2+17r+4=0$

$(4r+1)(r+4)=0$

$\therefore r=-\dfrac{1}{4}$ $(\because -1<r<1)$,

$\quad a=5$ $(\because ㉠)$

즉, $\left(-\dfrac{1}{4}\right)^k=\dfrac{1}{256}$이므로

$p=k=4$

$\therefore 32 \times (a_3+p)=32 \times \left\{5 \times \left(-\dfrac{1}{4}\right)^2+4\right\}=138$

001 ⑤	002 ④	003 ①	004 ③	005 ③	006 ③
007 ②	008 ④	009 ③	010 ③	011 ①	012 ④
013 ②	014 ⑤	015 ③	016 ①	017 ①	018 ④
019 ③	020 ②	021 ③	022 ④	023 ②	024 ②
025 30	026 20	027 ①	028 ④	029 ②	030 5
031 ①	032 ③	033 ②	034 ②	035 ④	036 ⑤
037 ①	038 ③	039 ④	040 ②	041 ②	042 ⑤
043 ⑤	044 ①	045 ②	046 ①	047 ③	048 ①
049 ②	050 ④	051 40	052 ②	053 ⑤	

001 정답률 ▶ 97% 답 ⑤

$$\lim_{x \to 0} \frac{\sin 5x}{x} = \lim_{x \to 0} \left(5 \times \frac{\sin 5x}{5x} \right)$$
$$= 5$$

002 정답률 ▶ 96% 답 ④

$$\lim_{x \to 0} \frac{e^{7x}-1}{e^{2x}-1} = \lim_{x \to 0} \left(\frac{7}{2} \times \frac{e^{7x}-1}{7x} \times \frac{2x}{e^{2x}-1} \right)$$
$$= \frac{7}{2} \times \lim_{x \to 0} \frac{e^{7x}-1}{7x} \times \lim_{x \to 0} \frac{2x}{e^{2x}-1}$$
$$= \frac{7}{2} \times 1 \times 1$$
$$= \frac{7}{2}$$

003 정답률 ▶ 87% 답 ①

$$\lim_{x \to 0} \frac{4^x - 2^x}{x} = \lim_{x \to 0} \frac{(4^x - 1) - (2^x - 1)}{x}$$
$$= \lim_{x \to 0} \frac{4^x - 1}{x} - \lim_{x \to 0} \frac{2^x - 1}{x}$$
$$= \ln 4 - \ln 2$$
$$= \ln 2$$

004 정답률 ▶ 96% 답 ③

$$\lim_{x \to 0} \frac{3x^2}{\sin^2 x} = \lim_{x \to 0} \left\{ 3 \times \left(\frac{x}{\sin x} \right)^2 \right\}$$
$$= \lim_{x \to 0} \left\{ 3 \times \left(\frac{1}{\frac{\sin x}{x}} \right)^2 \right\}$$
$$= 3 \times \left(\frac{1}{1} \right)^2$$
$$= 3$$

005 정답률 ▶ 96% 답 ③

$$\lim_{x \to 0} \frac{\ln(1+3x)}{\ln(1+5x)} = \lim_{x \to 0} \left\{ \frac{3}{5} \times \frac{\ln(1+3x)}{3x} \times \frac{1}{\frac{\ln(1+5x)}{5x}} \right\}$$
$$= \frac{3}{5} \times 1 \times 1 = \frac{3}{5}$$

006 정답률 ▶ 94% 답 ③

$$\lim_{x \to 0} \frac{5^{2x}-1}{e^{3x}-1} = \lim_{x \to 0} \left(\frac{2}{3} \times \frac{5^{2x}-1}{2x} \times \frac{3x}{e^{3x}-1} \right)$$
$$= \frac{2}{3} \times \lim_{x \to 0} \frac{5^{2x}-1}{2x} \times \lim_{x \to 0} \frac{3x}{e^{3x}-1}$$
$$= \frac{2}{3} \times \ln 5 \times 1 = \frac{2}{3} \ln 5$$

007 정답률 ▶ 96% 답 ②

$$\lim_{x \to 0} \frac{e^{3x}-1}{\ln(1+2x)} = \lim_{x \to 0} \left\{ \frac{3}{2} \times \frac{e^{3x}-1}{3x} \times \frac{1}{\frac{\ln(1+2x)}{2x}} \right\}$$
$$= \frac{3}{2} \times \lim_{x \to 0} \frac{e^{3x}-1}{3x} \times \lim_{x \to 0} \frac{1}{\frac{\ln(1+2x)}{2x}}$$
$$= \frac{3}{2} \times 1 \times 1 = \frac{3}{2}$$

008 정답률 ▶ 89% 답 ④

$$\lim_{x \to 0} \frac{\ln(x+1)}{\sqrt{x+4}-2} = \lim_{x \to 0} \left\{ \frac{\ln(x+1)}{x} \times \frac{x}{\sqrt{x+4}-2} \right\}$$
$$= \lim_{x \to 0} \frac{\ln(x+1)}{x} \times \lim_{x \to 0} \frac{x(\sqrt{x+4}+2)}{(\sqrt{x+4}-2)(\sqrt{x+4}+2)}$$
$$= \lim_{x \to 0} \frac{\ln(x+1)}{x} \times \lim_{x \to 0} \frac{x(\sqrt{x+4}+2)}{x}$$
$$= \lim_{x \to 0} \frac{\ln(x+1)}{x} \times \lim_{x \to 0} (\sqrt{x+4}+2)$$
$$= 1 \times (\sqrt{0+4}+2) = 4$$

009 정답률 ▶ 85% 답 ③

$$\lim_{x \to 0+} \frac{\ln(2x^2+3x) - \ln 3x}{x} = \lim_{x \to 0+} \frac{\ln\left(\frac{2x^2+3x}{3x} \right)}{x}$$
$$= \lim_{x \to 0+} \frac{\ln\left(\frac{2}{3}x+1 \right)}{x}$$
$$= \frac{2}{3} \lim_{x \to 0+} \frac{\ln\left(1 + \frac{2}{3}x \right)}{\frac{2}{3}x}$$
$$= \frac{2}{3} \times 1 = \frac{2}{3}$$

010
정답률 ▸ 94%   답 ③

$$\lim_{x\to 0}\frac{f(x)-f(0)}{\ln(1+3x)}=\lim_{x\to 0}\frac{\dfrac{f(x)-f(0)}{x-0}}{\dfrac{\ln(1+3x)}{3x}\times 3}$$
$$=\frac{f'(0)}{3}$$
$$=2$$
$$\therefore f'(0)=6$$

011
정답률 ▸ 79%   답 ①

1단계 함수의 극한의 성질을 이용하여 상수 b의 값을 구해 보자.

$\lim\limits_{x\to 0}\dfrac{2^{ax+b}-8}{2^{bx}-1}=16$에서 $x\to 0$일 때 (분모) $\to 0$이고 극한값이 존재하

므로 (분자) $\to 0$이다.

즉, $\lim\limits_{x\to 0}(2^{ax+b}-8)=0$이므로

$2^b-8=0,\ 2^b=8$

$\therefore b=3$

2단계 $\lim\limits_{x\to 0}\dfrac{2^{ax+3}-8}{2^{3x}-1}=16$을 이용하여 상수 a의 값을 구한 후 $a+b$의 값

을 구해 보자.

$$\lim_{x\to 0}\frac{2^{ax+3}-8}{2^{3x}-1}=\lim_{x\to 0}\frac{8(2^{ax}-1)}{8^x-1}$$
$$=8a\lim_{x\to 0}\left(\frac{2^{ax}-1}{ax}\times\frac{x}{8^x-1}\right)$$
$$=8a\times \ln 2\times\frac{1}{\ln 8}$$
$$=8a\times \ln 2\times\frac{1}{3\ln 2}$$
$$=\frac{8}{3}a$$
$$=16$$

에서 $a=6$

$\therefore a+b=6+3=9$

012
정답률 ▸ 64%   답 ④

1단계 함수 $f(t)$를 구해 보자.

$\mathrm{P}(t,\ e^{2t}-1),\ \mathrm{Q}(f(t),\ 0)$이므로

$\overline{\mathrm{PQ}}^2=\overline{\mathrm{OQ}}^2$에서

$\{t-f(t)\}^2+(e^{2t}-1)^2=\{f(t)\}^2$

$t^2-2tf(t)+\{f(t)\}^2+(e^{2t}-1)^2=\{f(t)\}^2$

$\therefore f(t)=\dfrac{t}{2}+\dfrac{(e^{2t}-1)^2}{2t}$

2단계 $\lim\limits_{t\to 0+}\dfrac{f(t)}{t}$의 값을 구해 보자.

$$\lim_{t\to 0+}\frac{f(t)}{t}=\lim_{t\to 0+}\left\{\frac{1}{2}+\frac{(e^{2t}-1)^2}{2t^2}\right\}$$
$$=\lim_{t\to 0+}\left\{\frac{1}{2}+\left(\frac{e^{2t}-1}{2t}\right)^2\times 2\right\}$$
$$=\frac{1}{2}+1^2\times 2=\frac{5}{2}$$

013
정답률 ▸ 76%   답 ②

1단계 세 점 A, B, C의 좌표를 각각 구하여 삼각형 ABC의 넓이 $S(t)$을 구해 보자.

점 A의 x좌표를 $a\ (a\geq 0)$이라 하면

$t=e^{a^2}-1,\ e^{a^2}=t+1$

$a^2=\ln(t+1)$ $\therefore a=\sqrt{\ln(t+1)}\ (\because a\geq 0)$

$\therefore \mathrm{A}(\sqrt{\ln(t+1)},\ t)$

또한, 점 B의 x좌표를 $b\ (b\geq 0)$이라 하면

$5t=e^{b^2}-1,\ e^{b^2}=5t+1$

$b^2=\ln(5t+1)$ $\therefore b=\sqrt{\ln(5t+1)}\ (\because b\geq 0)$

$\therefore \mathrm{B}(\sqrt{\ln(5t+1)},\ 5t),\ \mathrm{C}(\sqrt{\ln(5t+1)},\ 0)$

즉, 삼각형 ABC의 넓이 $S(t)$는

$$S(t)=\frac{1}{2}\times\overline{\mathrm{BC}}\times\{\underbrace{\sqrt{\ln(5t+1)}-\sqrt{\ln(t+1)}}_{\text{(점 B의 }x\text{좌표)}-\text{(점 A의 }x\text{좌표)}}\}$$
$$=\frac{1}{2}\times 5t\times\{\sqrt{\ln(5t+1)}-\sqrt{\ln(t+1)}\}$$
$$=\frac{5}{2}t\{\sqrt{\ln(5t+1)}-\sqrt{\ln(t+1)}\}$$

2단계 $\lim\limits_{t\to 0+}\dfrac{S(t)}{t\sqrt{t}}$의 값을 구해 보자.

$$\lim_{t\to 0+}\frac{S(t)}{t\sqrt{t}}=\lim_{t\to 0+}\frac{5t\{\sqrt{\ln(5t+1)}-\sqrt{\ln(t+1)}\}}{2t\sqrt{t}}$$
$$=\lim_{t\to 0+}\frac{5}{2}\left\{\sqrt{\frac{\ln(5t+1)}{t}}-\sqrt{\frac{\ln(t+1)}{t}}\right\}$$
$$=\lim_{t\to 0+}\frac{5}{2}\left\{\sqrt{\frac{\ln(5t+1)}{5t}\times 5}-\sqrt{\frac{\ln(t+1)}{t}}\right\}$$
$$=\frac{5}{2}\times(\sqrt{1\times 5}-\sqrt{1})$$
$$=\frac{5}{2}(\sqrt{5}-1)$$

014
정답률 ▸ 89%   답 ⑤

$f(x)=(x+a)e^x$에서

$f'(x)=e^x+(x+a)e^x=(x+1+a)e^x$

$f'(2)=8e^2$에서 $(3+a)e^2=8e^2$

$3+a=8$ $\therefore a=5$

015
정답률 ▸ 67%   답 ③

1단계 함수의 극한의 성질을 이용하여 두 상수 a, b 사이의 관계식을 구해 보자.

$\lim\limits_{x\to e}\dfrac{f(x)-g(x)}{x-e}=0$에서 $x\to e$일 때 (분모) $\to 0$이고 극한값이 존재

하므로 (분자) $\to 0$이다.

즉, $\lim\limits_{x\to e}\{f(x)-g(x)\}=0$이므로 $f(e)-g(e)=0$

$f(e)=g(e)$에서

$a^e=2\log_b e$ $\therefore a^e=\dfrac{2}{\ln b}$ ······ ㉠

$\lim\limits_{x\to e}\dfrac{f(x)-g(x)}{x-e}=0$을 이용하여 두 상수 a, b의 값을 구하여

$a\times b$의 값을 구해 보자.

두 함수 $f(x)$, $g(x)$가 $x>0$에서 미분가능하므로

$f(x)=a^x$에서

$f'(x)=a^x\ln a$ $\quad\therefore f'(e)=a^e\ln a$

$g(x)=2\log_b x$에서

$g'(x)=\dfrac{2}{x\ln b}$ $\quad\therefore g'(e)=\dfrac{2}{e\ln b}$

이때

$$\lim_{x\to e}\frac{f(x)-g(x)}{x-e}=\lim_{x\to e}\frac{\{f(x)-f(e)\}-\{g(x)-g(e)\}}{x-e}$$

$$(\because f(e)=g(e))$$

$$=f'(e)-g'(e)$$

$$=a^e\ln a-\frac{2}{e\ln b}$$

$$=a^e\ln a-\frac{a^e}{e}\ (\because \text{㉠})$$

$$=\left(\ln a-\frac{1}{e}\right)a^e=0$$

에서 $a^e\neq0$이므로

$\ln a-\dfrac{1}{e}=0,\ \ln a=\dfrac{1}{e}$

$\therefore a=e^{\frac{1}{e}}$

$a=e^{\frac{1}{e}}$을 ㉠에 대입하면

$(e^{\frac{1}{e}})^e=\dfrac{2}{\ln b}$

$e=\dfrac{2}{\ln b},\ \ln b=\dfrac{2}{e}$

$\therefore b=e^{\frac{2}{e}}$

$\therefore a\times b=e^{\frac{1}{e}}\times e^{\frac{2}{e}}=e^{\frac{3}{e}}$

016 정답률 ▶ 73% 답 ①

1단계 주어진 조건을 이용하여 함수 $g(x)$에 대하여 알아보자.

함수 $g(x)$가 실수 전체의 집합에서 연속이므로 $x=k$에서도 연속이다.

$\lim\limits_{x\to k+}g(x)=\lim\limits_{x\to k-}g(x)=g(k)$에서

$f(k)=-f(k)$

$\therefore f(k)=0$

또한, 함수 $g(x)$가 역함수를 가지려면 함수 $g(x)$는 일대일대응이어야 한다.

$f(x)=e^{3x}-ax$에서

$f'(x)=3e^{3x}-a$이므로

$g'(x)=\begin{cases} f'(x) & (x>k) \\ -f'(x) & (x<k) \end{cases}$

(i) $a<0$인 경우

$a<0$이면 모든 실수 x에 대하여

$f'(x)=3e^{3x}-a>0$

$x>k$일 때 $g'(x)>0$이고, $x<k$일 때 $g'(x)<0$이므로 함수 $g(x)$는 $x>k$일 때 증가하고, $x<k$일 때 감소하는 함수이다.

즉, 함수 $g(x)$는 일대일대응이 아니므로 역함수를 갖지 않는다.

(ii) $a>0$인 경우

$f'(x)=3e^{3x}-a=0$에서 $x=\dfrac{1}{3}\ln\dfrac{a}{3}$이므로

$x<\dfrac{1}{3}\ln\dfrac{a}{3}$일 때, $f'(x)<0$

$x>\dfrac{1}{3}\ln\dfrac{a}{3}$일 때, $f'(x)>0$

이때 함수 $g(x)$가 일대일대응이어야 하므로 모든 실수 x에 대하여 $g'(x)>0$ 또는 $g'(x)<0$이어야 한다.

즉, $k=\dfrac{1}{3}\ln\dfrac{a}{3}$이면

$x<\dfrac{1}{3}\ln\dfrac{a}{3}$일 때, $g'(x)=-f'(x)>0$

$x>\dfrac{1}{3}\ln\dfrac{a}{3}$일 때, $g'(x)=f'(x)>0$

이므로 $g'(x)>0$

즉, 함수 $g(x)$가 증가하는 함수이면 일대일대응이 된다.

(i), (ii)에서 함수 $g(x)$가 역함수를 가지려면 $a>0$이어야 한다.

2단계 두 상수 a, k의 값을 각각 구하여 $a\times k$의 값을 구해 보자.

$f(k)=f\left(\dfrac{1}{3}\ln\dfrac{a}{3}\right)=\dfrac{a}{3}-\dfrac{a}{3}\ln\dfrac{a}{3}$이므로

$\dfrac{a}{3}-\dfrac{a}{3}\ln\dfrac{a}{3}=0\ (\because f(k)=0)$

$\ln\dfrac{a}{3}=1$ $\quad\therefore a=3e$

따라서 $k=\dfrac{1}{3}\ln e=\dfrac{1}{3}$이므로

$a\times k=3e\times\dfrac{1}{3}=e$

다른 풀이

함수 $g(x)$가 실수 전체의 집합에서 연속이므로 $x=k$에서도 연속이다.

$\lim\limits_{x\to k+}g(x)=\lim\limits_{x\to k-}g(x)=g(k)$에서

$f(k)=-f(k)$ $\quad\therefore f(k)=0$

$h(x)=e^{3x}$, $i(x)=ax$ (a는 상수)라 하면

$f(x)=h(x)-i(x)$

(i) $a<0$인 경우

두 함수 $y=h(x)$, $y=i(x)$의 그래프는 한 점에서 만난다.

이때 $f(k)=0$이므로 함수 $y=g(x)$의 그래프는 오른쪽 그림과 같다.

즉, 함수 $y=g(x)$는 일대일대응이 아니므로 역함수를 가진다는 조건을 만족시키지 않는다.

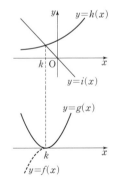

(ii) $a\geq0$인 경우

두 함수 $y=h(x)$, $y=i(x)$의 그래프가

ⓐ 두 점에서 만나는 경우

함수 $y=h(x)$의 그래프와 함수 $y=i(x)$의 그래프가 두 점에서 만나므로 함수 $y=f(x)$의 그래프는 x축과 두 점에서 만난다.

만나는 두 점을 각각 k_1, k_2라 하면 $k=k_1$ 또는 $k=k_2$이어야 한다.

즉, (i)과 마찬가지로 일대일대응이 아니므로 역함수를 가진다는 조건을 만족시키지 않는다.

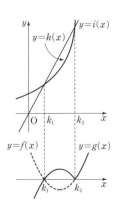

ⓑ 접하는 경우

함수 $y=h(x)$의 그래프가 함수 $y=i(x)$의 그래프보다 접하거나 위쪽에 있다.

이때 $f(k)=0$이므로 함수 $y=g(x)$의 그래프는 오른쪽 그림과 같다.

즉, 함수 $g(x)$는 실수 전체의 집합에서 연속이고 일대일대응이다.

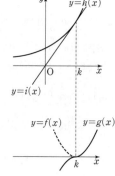

ⓒ 만나지 않는 경우

함수 $y=h(x)$의 그래프가 함수 $y=i(x)$의 그래프보다 위쪽에 있으므로

$f(x)=h(x)-i(x)>0$

이때 함수 $y=g(x)$의 그래프는 오른쪽 그림과 같으므로 함수 $g(x)$는 $x=k$에서 불연속이다.

즉, 함수 $g(x)$가 연속이라는 조건을 만족시키지 않는다.

ⓐ, ⓑ, ⓒ에서 두 함수 $y=h(x)$, $y=i(x)$의 그래프는 접해야 한다.

(i), (ii)에서 두 함수 $y=h(x)$, $y=i(x)$의 그래프가 접하는 경우에 함수 $g(x)$가 주어진 조건을 만족시킨다.

$h(k)=i(k)=ak$이고, 점 $(k, h(k))$에서의 함수 $y=h(x)$의 접선의 기울기는 $h'(k)=3e^{3k}$이므로

$\dfrac{ak-0}{k-0}=3e^{3k}$, $a=3e^{3k}$

$\therefore k=\dfrac{1}{3}\ln\dfrac{a}{3}$

또한, $f(k)=0$이므로

$f(k)=f\left(\dfrac{1}{3}\ln\dfrac{a}{3}\right)=\dfrac{a}{3}-\dfrac{a}{3}\ln\dfrac{a}{3}$

$\dfrac{a}{3}-\dfrac{a}{3}\ln\dfrac{a}{3}=0$ $(\because f(k)=0)$

$\ln\dfrac{a}{3}=1$

$\therefore a=3e$

$\therefore a\times k=3e\times\dfrac{1}{3}=e$

017 정답률 ▶ 92% 답 ①

1단계 $\cos\theta$의 값을 구해 보자.

$\sec\theta=\dfrac{\sqrt{10}}{3}$이므로

$\cos\theta=\dfrac{1}{\sec\theta}=\dfrac{3}{\sqrt{10}}$

2단계 $\sin^2\theta$의 값을 구해 보자.

$\sin^2\theta=1-\cos^2\theta$

$=1-\dfrac{9}{10}=\dfrac{1}{10}$

018 정답률 ▶ 65% 답 ④

1단계 $\angle CFE$를 $\angle EAB$, $\angle CDB$를 이용하여 나타내어 보자.

$\overline{BE}=x\left(0<x<\dfrac{1}{2}\right)$이라 하고 $\angle EAB=\alpha$, $\angle CDB=\beta$라 하면

$\overline{AD}=2x$이므로

$\overline{BD}=1-2x$, $\overline{CE}=1-x$

$\therefore \tan\alpha=\dfrac{\overline{BE}}{\overline{AB}}=\dfrac{x}{1}=x$, $\tan\beta=\dfrac{\overline{BC}}{\overline{BD}}=\dfrac{1}{1-2x}$

또한, $\angle CFE=\angle AFD$이므로

삼각형 ADF에서

$\angle CDB=\angle FAD+\angle AFD$

$\quad\quad\quad=\angle FAD+\angle CFE$

$\beta=\alpha+\angle CFE$

$\therefore \angle CFE=\beta-\alpha$

2단계 삼각함수의 덧셈정리를 이용하여 $\tan(\angle CDB)$의 값을 구해 보자.

$\tan(\angle CFE)=\tan(\beta-\alpha)$

$=\dfrac{\tan\beta-\tan\alpha}{1+\tan\beta\tan\alpha}$

$=\dfrac{\dfrac{1}{1-2x}-x}{1+\dfrac{1}{1-2x}\times x}$

$=\dfrac{1-x(1-2x)}{(1-2x)+x}$

$=\dfrac{2x^2-x+1}{1-x}=\dfrac{16}{15}$

에서

$15(2x^2-x+1)=16(1-x)$, $30x^2-15x+15=16-16x$

$30x^2+x-1=0$, $(5x+1)(6x-1)=0$

$\therefore x=\dfrac{1}{6}\left(\because 0<x<\dfrac{1}{2}\right)$

$\therefore \tan(\angle CDB)=\dfrac{1}{1-2x}=\dfrac{1}{1-\dfrac{1}{3}}=\dfrac{3}{2}$

019 정답률 ▶ 49% 답 ③

1단계 그림 R_1에 색칠한 부분의 넓이 S_1을 구해 보자.

오른쪽 그림과 같이 점 D_1에서 선분 B_1C_1에 내린 수선의 발을 H_1, $\angle AB_1H_1=\alpha$, $\angle D_1B_1H_1=\beta$라 하자.

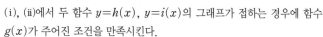

$\overline{AH_1}=\sqrt{\overline{AB_1}^2-\overline{B_1H_1}^2}=\sqrt{(\sqrt{17})^2-1^2}=4$

이므로

$\tan\alpha=\dfrac{\overline{AH_1}}{\overline{B_1H_1}}=\dfrac{4}{1}=4$

이때 $\beta=\alpha-\dfrac{\pi}{4}$이므로

$\tan\beta=\tan\left(\alpha-\dfrac{\pi}{4}\right)=\dfrac{\tan\alpha-\tan\dfrac{\pi}{4}}{1+\tan\alpha\tan\dfrac{\pi}{4}}$

$=\dfrac{4-1}{1+4\times1}=\dfrac{3}{5}$

또한, $\overline{B_1H_1}=1$, $\overline{D_1H_1}=\overline{B_1H_1}\tan\beta=1\times\dfrac{3}{5}=\dfrac{3}{5}$

이므로

$\overline{B_1D_1} = \sqrt{\overline{B_1H_1}^2 + \overline{D_1H_1}^2} = \sqrt{1^2 + \left(\frac{3}{5}\right)^2} = \frac{\sqrt{34}}{5}$

즉, 삼각형 $B_1D_1B_2$의 넓이는

$\frac{1}{2} \times \overline{B_1D_1} \times \overline{B_2D_1} = \frac{1}{2} \times \frac{\sqrt{34}}{5} \times \frac{\sqrt{34}}{5} = \frac{17}{25}$

$\therefore S_1 = 2 \times (삼각형\ B_1D_1B_2의\ 넓이)$
$ = 2 \times \frac{17}{25} = \frac{34}{25}$ ↳ 두 삼각형 $B_1D_1B_2$, $C_1D_1C_2$는 SAS 합동

2단계 그림 R_n과 그림 R_{n+1}에 새로 색칠한 부분의 넓이의 비를 구해 보자.
그림 R_2에서

$\overline{B_1B_2} = \sqrt{2}\ \overline{B_1D_1} = \sqrt{2} \times \frac{\sqrt{34}}{5} = \frac{2\sqrt{17}}{5}$

이므로

$\overline{AB_2} = \overline{AB_1} - \overline{B_1B_2} = \sqrt{17} - \frac{2\sqrt{17}}{5} = \frac{3\sqrt{17}}{5}$

두 삼각형 AB_1C_1, AB_2C_2의 닮음비가 $\overline{AB_1} : \overline{AB_2} = \sqrt{17} : \frac{3\sqrt{17}}{5}$,

즉 $1 : \frac{3}{5}$이므로 그림 R_1에 색칠한 부분과 그림 R_2에 새로 색칠한 부분의

넓이의 비는 $1^2 : \left(\frac{3}{5}\right)^2 = 1 : \frac{9}{25}$이다.

즉, 그림 R_n과 그림 R_{n+1}에 새로 색칠한 부분의 넓이의 비도 $1 : \frac{9}{25}$이다.

3단계 $\displaystyle\lim_{n \to \infty} S_n$의 값을 구해 보자.

S_n은 첫째항이 $\frac{34}{25}$이고 공비가 $\frac{9}{25}$인 등비수열의 첫째항부터 제n항까지
의 합이므로

$\displaystyle\lim_{n \to \infty} S_n = \frac{\frac{34}{25}}{1 - \frac{9}{25}} = \frac{17}{8}$

---

020 정답률 ▶ 47% 답 ②

1단계 조건 (가)를 이용하여 두 상수 a, b를 실수 k에 대한 식으로 나타내어 보자.

$f(x) = 0$에서 $a \sin x - \cos x = 0$

$\frac{\sin x}{\cos x} = \frac{1}{a}$ $\therefore \tan x = \frac{1}{a}$

조건 (가)에서 $f(k) = 0$을 만족시키는 실수 $k\left(-\frac{\pi}{2} < k < \frac{\pi}{2}\right)$가 유일하

게 존재하므로

$\tan k = \frac{1}{a}$ ...... ㉠

또한, 조건 (가)에서 $g(k) = 0$이므로

$e^{2k-b} - 1 = 0$, $2k - b = 0$

$\therefore b = 2k$ ...... ㉡

2단계 조건 (나)의 식을 만족시키는 해를 알아보고 그 관계식을 구해 보자.

조건 (나)에서

$\{f(x)g(x)\}' = 2f(x)$

$f'(x)g(x) + f(x)g'(x) - 2f(x) = 0$

$f'(x)g(x) + f(x)\{g'(x) - 2\} = 0$

이때 $f'(x) = a \cos x + \sin x$, $g'(x) = 2e^{2x-b}$이므로

$(a \cos x + \sin x)(e^{2x-b} - 1) + (a \sin x - \cos x)(2e^{2x-b} - 2) = 0$

$(e^{2x-b} - 1)(a \cos x + \sin x + 2a \sin x - 2 \cos x) = 0$

$e^{2x-b} - 1 = 0$ 또는 $(a-2)\cos x + (1+2a)\sin x = 0$

$2x - b = 0$ 또는 $(a-2)\cos x = -(1+2a)\sin x$

$\therefore x = \frac{b}{2}$ 또는 $\tan x = \frac{-a+2}{2a+1}$

한편, ㉠, ㉡에 의하여 $\tan \frac{b}{2} = \tan k = \frac{1}{a}$이고 $\tan x = \frac{-a+2}{2a+1}$인 실수

x를 $\alpha\left(-\frac{\pi}{2} < \alpha < \frac{\pi}{2}\right)$라 하자.

$\frac{1}{a} = \frac{-a+2}{2a+1}$이면 $a^2 + 1 = 0$이 되어 $a > 0$이라는 조건을 만족시키지 못한다.

$\therefore \frac{b}{2} \neq \alpha$

즉, 열린구간 $\left(-\frac{\pi}{2}, \frac{\pi}{2}\right)$에서 방정식 $\{f(x)g(x)\}' = 2f(x)$의 모든 해

는 $x = \frac{b}{2}$ 또는 $x = \alpha$

이때 모든 해의 합이 $\frac{\pi}{4}$이므로

$\frac{b}{2} + \alpha = \frac{\pi}{4}$ $\therefore \alpha = \frac{\pi}{4} - \frac{b}{2}$

3단계 삼각함수의 덧셈정리를 이용하여 $\tan b$의 값을 구해 보자.

$\tan b = \tan\left(\frac{b}{2} + \frac{b}{2}\right) = \frac{\tan \frac{b}{2} + \tan \frac{b}{2}}{1 - \tan^2 \frac{b}{2}}$

$ = \frac{\frac{1}{a} + \frac{1}{a}}{1 - \frac{1}{a^2}} = \frac{2a}{a^2 - 1}$

한편,

$\tan \alpha = \tan\left(\frac{\pi}{4} - \frac{b}{2}\right) = \frac{\tan \frac{\pi}{4} - \tan \frac{b}{2}}{1 + \tan \frac{\pi}{4} \tan \frac{b}{2}}$

$ = \frac{1 - \frac{1}{a}}{1 + \frac{1}{a}} = \frac{a-1}{a+1}$

이므로

$\frac{a-1}{a+1} = \frac{-a+2}{2a+1}$에서

$(a-1)(2a+1) = (a+1)(-a+2)$

$2a^2 - a - 1 = -a^2 + a + 2$

$3a^2 - 2a - 3 = 0$

$\therefore a^2 - 1 = \frac{2}{3}a$

$\therefore \tan b = \frac{2a}{a^2 - 1} = \frac{2a}{\frac{2}{3}a} = 3$

> **참고**
>
> 열린구간 $\left(-\frac{\pi}{2}, \frac{\pi}{2}\right)$에서 함수 $y = \tan x$는 일대일대응이므로
> $\tan x = \frac{1}{a}$
>
> 을 만족시키는 실수 k는 열린구간 $\left(-\frac{\pi}{2}, \frac{\pi}{2}\right)$에서 유일하게 존재한다.

---

021 정답률 ▶ 62% 답 ③

1단계 함수 $f(\theta)$를 구해 보자.

오른쪽 그림과 같이 원 C와 y축의 교점 중 O가 아닌 점을 R라 하면 원주각의 성질에 의하여

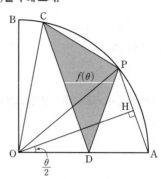

$$\angle ORQ = \angle OPQ = \frac{\theta}{3}$$

직각삼각형 ROQ에서 $\overline{RO}=2$이므로

$$\overline{OQ} = \overline{RO}\sin\frac{\theta}{3} = 2\sin\frac{\theta}{3}$$

또한, 직각삼각형 ROP에서

$$\angle ROP = \frac{\pi}{2} - \theta \text{이므로}$$

$$\overline{OP} = \overline{RO}\cos\left(\frac{\pi}{2}-\theta\right) = 2\sin\theta$$

한편, 원주각의 성질에 의하여

$$\angle RQP = \angle ROP = \frac{\pi}{2} - \theta \text{이므로}$$

$$\angle OQP = \angle OQR + \angle RQP$$
$$= \frac{\pi}{2} + \left(\frac{\pi}{2} - \theta\right) = \pi - \theta$$

즉, 삼각형 POQ에서

$$\angle POQ = \pi - (\angle OPQ + \angle OQP) = \pi - \left\{\frac{\theta}{3} + (\pi - \theta)\right\} = \frac{2}{3}\theta$$

$$\therefore f(\theta) = (\text{삼각형 POQ의 넓이}) = \frac{1}{2} \times \overline{OP} \times \overline{OQ} \times \sin(\angle POQ)$$

$$= \frac{1}{2} \times 2\sin\theta \times 2\sin\frac{\theta}{3} \times \sin\frac{2}{3}\theta$$

$$= 2\sin\theta \sin\frac{\theta}{3} \sin\frac{2}{3}\theta$$

2단계 $\lim\limits_{\theta \to 0+} \dfrac{f(\theta)}{\theta^3}$ 의 값을 구해 보자.

$$\lim_{\theta \to 0+} \frac{f(\theta)}{\theta^3} = \lim_{\theta \to 0+} \frac{2\sin\theta \sin\frac{\theta}{3} \sin\frac{2}{3}\theta}{\theta^3}$$

$$= \frac{4}{9}\lim_{\theta \to 0+}\left(\frac{\sin\theta}{\theta} \times \frac{\sin\frac{\theta}{3}}{\frac{\theta}{3}} \times \frac{\sin\frac{2}{3}\theta}{\frac{2}{3}\theta}\right)$$

$$= \frac{4}{9} \times 1 \times 1 \times 1$$

$$= \frac{4}{9}$$

다른 풀이

$$\angle ROP = \frac{\pi}{2} - \theta \text{이므로}$$

$$\overline{OP} = \overline{RO}\cos\left(\frac{\pi}{2}-\theta\right) = 2\sin\theta$$

또한, 삼각형 POQ에서

$$\angle POQ = \pi - (\angle OPQ + \angle OQP) = \pi - \left\{\frac{\theta}{3} + (\pi-\theta)\right\} = \frac{2}{3}\theta$$

즉, 삼각형 POQ에서 사인법칙에 의하여

$$\frac{\overline{OP}}{\sin(\angle OQP)} = \frac{\overline{PQ}}{\sin(\angle POQ)}$$

$$\frac{2\sin\theta}{\sin(\pi-\theta)} = \frac{\overline{PQ}}{\sin\frac{2}{3}\theta}$$

$$\therefore \overline{PQ} = 2\sin\frac{2}{3}\theta \ (\because \sin\theta = \sin(\pi-\theta))$$

$$\therefore f(\theta) = (\text{삼각형 POQ의 넓이}) = \frac{1}{2} \times \overline{OP} \times \overline{PQ} \times \sin(\angle OPQ)$$

$$= \frac{1}{2} \times 2\sin\theta \times 2\sin\frac{2}{3}\theta \times \sin\frac{\theta}{3}$$

$$= 2\sin\theta \sin\frac{\theta}{3} \sin\frac{2}{3}\theta$$

---

022   답 ④

1단계 함수 $f(\theta)$를 구해 보자.

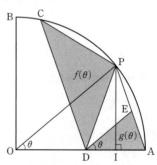

위의 그림과 같이 점 O에서 선분 PA에 내린 수선의 발을 H라 하자.

삼각형 OAH에서 $\overline{OA}=1$, $\angle HOA = \dfrac{\theta}{2}$이므로

$$\overline{HA} = \sin\frac{\theta}{2}, \ \overline{PA} = 2\overline{HA} = 2\sin\frac{\theta}{2}$$

이등변삼각형 PDA에서

$$\angle PDA = \angle PAD = \frac{\pi - \theta}{2}$$

이므로

$$\angle APD = \pi - 2\angle PDA$$

$$= \pi - 2\left(\frac{\pi-\theta}{2}\right) = \theta$$

또한, $\overline{PA} = \overline{PC}$이므로

$$\angle POA = \angle POC = \theta$$

$$\therefore \angle COA = \angle POA + \angle POC$$

$$= \theta + \theta = 2\theta$$

이때 두 삼각형 OAP, OCP가 서로 합동 (SSS 합동)이므로

$$\angle OCP = \angle OAP = \frac{\pi-\theta}{2}$$

사각형 OAPC에서

$$\angle CPD = 2\pi - (\angle PAO + \angle PCO + \angle COA + \angle APD)$$

$$= 2\pi - \left\{\left(\frac{\pi-\theta}{2}\right) + \left(\frac{\pi-\theta}{2}\right) + 2\theta + \theta\right\}$$

$$= \pi - 2\theta$$

$$\therefore f(\theta) = \frac{1}{2} \times \overline{PC} \times \overline{PD} \times \sin(\pi - 2\theta)$$

$$= \frac{1}{2} \times 2\sin\frac{\theta}{2} \times 2\sin\frac{\theta}{2} \times \sin 2\theta$$

$$= 2\sin^2\frac{\theta}{2} \sin 2\theta$$

2단계 함수 $g(\theta)$를 구해 보자.

위의 그림과 같이 점 P에서 선분 OA에 내린 수선의 발을 I라 하자.
직각삼각형 IAP에서

$$\angle IPA = \frac{1}{2}\angle APD = \frac{\theta}{2}$$

$$\therefore \overline{\text{IA}}=\overline{\text{PA}}\sin\frac{\theta}{2}=2\sin\frac{\theta}{2}\sin\frac{\theta}{2}=2\sin^2\frac{\theta}{2}$$

이때 삼각형 PDA는 이등변삼각형이므로

$$\overline{\text{DA}}=2\,\overline{\text{IA}}=4\sin^2\frac{\theta}{2}$$

두 삼각형 OAP, DAE는 서로 닮음 (AA 닮음)이고
$\overline{\text{OP}}=\overline{\text{OA}}$이므로

$$\overline{\text{DE}}=\overline{\text{DA}}=4\sin^2\frac{\theta}{2}$$

$$\therefore g(\theta)=\frac{1}{2}\times\overline{\text{DA}}\times\overline{\text{DE}}\times\sin(\angle\text{EDA})$$
$$=\frac{1}{2}\times4\sin^2\frac{\theta}{2}\times4\sin^2\frac{\theta}{2}\times\sin\theta$$
$$=8\sin^4\frac{\theta}{2}\sin\theta$$

3단계 $\displaystyle\lim_{\theta\to0+}\frac{g(\theta)}{\theta^2\times f(\theta)}$의 값을 구해 보자.

$$\lim_{\theta\to0+}\frac{g(\theta)}{\theta^2\times f(\theta)}=\lim_{\theta\to0+}\frac{8\sin^4\dfrac{\theta}{2}\sin\theta}{\theta^2\times2\sin^2\dfrac{\theta}{2}\sin2\theta}$$

$$=\lim_{\theta\to0+}\frac{4\sin^2\dfrac{\theta}{2}\sin\theta}{\theta^2\times\sin2\theta}$$

$$=\lim_{\theta\to0+}\left\{\frac{1}{2}\times\left(\frac{\sin\dfrac{\theta}{2}}{\dfrac{\theta}{2}}\right)^2\times\frac{\sin\theta}{\theta}\times\frac{2\theta}{\sin2\theta}\right\}$$

$$=\frac{1}{2}\times1^2\times1\times1=\frac{1}{2}$$

$$\frac{\overline{\text{RS}}}{\sin(\angle\text{RPS})}=\frac{\overline{\text{RP}}}{\sin(\angle\text{RSP})}$$

$$\frac{\overline{\text{RS}}}{\sin2\theta}=\frac{2\cos3\theta}{\sin(\pi-5\theta)}$$

$$\overline{\text{RS}}=\frac{2\sin2\theta\cos3\theta}{\sin5\theta}$$

$$\therefore g(\theta)=\frac{1}{2}\times\overline{\text{RP}}\times\overline{\text{RS}}\times\sin3\theta$$
$$=\frac{1}{2}\times2\cos3\theta\times\frac{2\sin2\theta\cos3\theta}{\sin5\theta}\times\sin3\theta$$
$$=\frac{2\sin2\theta\sin3\theta\cos^2 3\theta}{\sin5\theta}$$

3단계 $\displaystyle\lim_{\theta\to0+}\frac{g(\theta)}{f(\theta)}$의 값을 구해 보자.

$$\lim_{\theta\to0+}\frac{g(\theta)}{f(\theta)}$$
$$=\lim_{\theta\to0+}\left(\frac{1}{\dfrac{1}{2}\sin4\theta}\times\frac{2\sin2\theta\sin3\theta\cos^2 3\theta}{\sin5\theta}\right)$$
$$=\lim_{\theta\to0+}\frac{4\sin2\theta\sin3\theta\cos^2 3\theta}{\sin4\theta\sin5\theta}$$
$$=\lim_{\theta\to0+}\left(\frac{6}{5}\times\frac{\sin2\theta}{2\theta}\times\frac{\sin3\theta}{3\theta}\times\cos^2 3\theta\times\frac{4\theta}{\sin4\theta}\times\frac{5\theta}{\sin5\theta}\right)$$
$$=\frac{6}{5}\times1\times1\times1^2\times1\times1=\frac{6}{5}$$

1단계 함수 $f(\theta)$를 구해 보자.

$\angle\text{POB}=2\angle\text{PAB}=2\theta$이므로
삼각형 POB의 넓이는

$$f(\theta)=\frac{1}{2}\times\overline{\text{OP}}\times\overline{\text{OB}}\times\sin(\angle\text{POB})$$
$$=\frac{1}{2}\times1\times1\times\sin2\theta$$
$$=\frac{1}{2}\times2\sin\theta\cos\theta$$
$$=\sin\theta\cos\theta$$

2단계 함수 $g(\theta)$를 구해 보자.

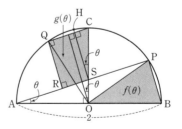

$\overline{\text{PB}}=\overline{\text{QC}}$이므로 $\angle\text{QOC}=\angle\text{POB}=2\theta$
즉, 두 이등변삼각형 POB, QOC는 서로 합동 (SAS 합동)이다.

$\angle\text{OBP}=\dfrac{1}{2}(\pi-2\theta)=\dfrac{\pi}{2}-\theta$이므로

$\angle\text{OCQ}=\angle\text{OBP}=\dfrac{\pi}{2}-\theta$이고,

직각삼각형 AOS에서 $\angle\text{OSA}=\dfrac{\pi}{2}-\theta$이므로

두 직선 QC, AP는 서로 평행하다. ⟶ $\angle\text{OCQ}=\angle\text{OSA}$로 동위각의 크기가 같으므로

이때 두 직선 QC, QR가 서로 수직이므로

1단계 함수 $f(\theta)$를 구해 보자.

$\angle\text{QAB}=2\theta$이므로 중심각과 원주각 사이의 관계에 의하여
$\angle\text{QOB}=2\angle\text{QAB}=4\theta$
삼각형 BOQ에서 $\overline{\text{OB}}=\overline{\text{OQ}}=1$이므로

$$f(\theta)=\frac{1}{2}\times\overline{\text{OB}}\times\overline{\text{OQ}}\times\sin4\theta$$
$$=\frac{1}{2}\times1\times1\times\sin4\theta=\frac{1}{2}\sin4\theta$$

2단계 함수 $g(\theta)$를 구해 보자.

원주각의 성질에 의하여
$\angle\text{PRQ}=\angle\text{PAQ}=3\theta$
삼각형 PRQ에서
$\angle\text{QPR}=\dfrac{\pi}{2}$이므로
$\overline{\text{RP}}=\overline{\text{RQ}}\cos3\theta=2\cos3\theta$

한편, 삼각형 OAQ는 이등변삼각형이
므로
$\angle\text{OQA}=\angle\text{OAQ}=2\theta$
원주각의 성질에 의하여
$\angle\text{RPA}=\angle\text{RQA}=2\theta$
삼각형 PRS에서
$\angle\text{RSP}=\pi-(\angle\text{PRS}+\angle\text{RPS})$
$=\pi-(3\theta+2\theta)=\pi-5\theta$
이므로 사인법칙에 의하여

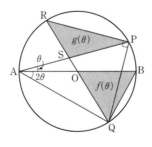

$$\angle \text{QRS}=\frac{\pi}{2}$$

한편,

$$\overline{\text{QC}}=\overline{\text{PB}}=\overline{\text{AB}}\sin\theta=2\sin\theta,$$

$$\overline{\text{CS}}=\overline{\text{CO}}-\overline{\text{SO}}$$

$$=\overline{\text{CO}}-\overline{\text{AO}}\tan\theta$$

$$=1-\tan\theta$$

이때 점 S에서 직선 QC에 내린 수선의 발을 H라 하면

$$\angle \text{HSC}=\frac{\pi}{2}-\angle\text{HCS}=\frac{\pi}{2}-\left(\frac{\pi}{2}-\theta\right)=\theta$$

이므로

$$\overline{\text{QR}}=\overline{\text{HS}}=\overline{\text{CS}}\cos\theta=(1-\tan\theta)\cos\theta$$

$$\overline{\text{HC}}=\overline{\text{CS}}\sin\theta$$

$$=(1-\tan\theta)\sin\theta$$

$$\therefore \overline{\text{RS}}=\overline{\text{QC}}-\overline{\text{HC}}=2\sin\theta-\sin\theta(1-\tan\theta)$$

$$=\sin\theta(1+\tan\theta)$$

$$\therefore g(\theta)=(\text{사다리꼴 CQRS의 넓이})$$

$$=\frac{1}{2}\times(\overline{\text{QC}}+\overline{\text{RS}})\times\overline{\text{QR}}$$

$$=\frac{1}{2}\times\{2\sin\theta+\sin\theta(1+\tan\theta)\}\times\cos\theta(1-\tan\theta)$$

$$=\frac{1}{2}\sin\theta\cos\theta(3-2\tan\theta-\tan^2\theta)$$

2단계 $\displaystyle\lim_{\theta\to 0+}\frac{3f(\theta)-2g(\theta)}{\theta^2}$ 의 값을 구해 보자.

$$\lim_{\theta\to 0+}\frac{3f(\theta)-2g(\theta)}{\theta^2}$$

$$=\lim_{\theta\to 0+}\frac{3\sin\theta\cos\theta-\sin\theta\cos\theta(3-2\tan\theta-\tan^2\theta)}{\theta^2}$$

$$=\lim_{\theta\to 0+}\frac{\sin\theta\cos\theta(\tan^2\theta+2\tan\theta)}{\theta^2}$$

$$=\lim_{\theta\to 0+}\left\{\frac{\sin\theta}{\theta}\times\frac{\tan\theta}{\theta}\times\cos\theta(\tan\theta+2)\right\}$$

$$=1\times1\times1\times(0+2)=2$$

다른 풀이

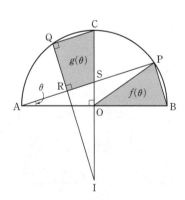

두 이등변삼각형 OBP, OCQ는 서로 합동 (SSS 합동)이므로

$$\angle \text{OBP}=\angle\text{OCQ}$$

위의 그림과 같이 두 직선 QR, CS의 교점을 I라 하면 두 직각삼각형 PAB, QIC는 서로 합동 (ASA 합동)이다.

또한,

$$\angle \text{QCI}=\angle\text{ASO}=\frac{\pi}{2}-\theta$$

이므로 두 직선 QC, AP는 서로 평행하다.

$$\therefore \angle \text{QRS}=\frac{\pi}{2}$$

한편,

$$\overline{\text{CI}}=2,\ \overline{\text{SI}}=\overline{\text{SO}}+\overline{\text{OI}}=\tan\theta+1$$

이고 두 직각삼각형 QIC, RIS는 서로 닮음 (AA 닮음)이다.

즉, 두 직각삼각형 QIC, RIS의 닮음비는

$$\overline{\text{CI}}:\overline{\text{SI}}=2:(\tan\theta+1)$$

이므로 두 직각삼각형의 넓이의 비는

$$2^2:(\tan\theta+1)^2=1:\frac{(\tan\theta+1)^2}{4}$$

이때 $\overline{\text{QI}}=\overline{\text{PA}}=\overline{\text{AB}}\cos\theta=2\cos\theta,$

$$\overline{\text{QC}}=\overline{\text{PB}}=\overline{\text{AB}}\sin\theta=2\sin\theta$$

이므로 삼각형 QIC의 넓이는

$$\frac{1}{2}\times\overline{\text{QI}}\times\overline{\text{QC}}=\frac{1}{2}\times2\cos\theta\times2\sin\theta=2\sin\theta\cos\theta$$

즉, 삼각형 RIS의 넓이는

$$(\text{삼각형 QIC의 넓이})\times\frac{(\tan\theta+1)^2}{4}=2\sin\theta\cos\theta\times\frac{(\tan\theta+1)^2}{4}$$

$$\therefore g(\theta)=(\text{삼각형 QIC의 넓이})-(\text{삼각형 RIS의 넓이})$$

$$=2\sin\theta\cos\theta-2\sin\theta\cos\theta\times\frac{(\tan\theta+1)^2}{4}$$

$$=2\sin\theta\cos\theta\left\{1-\frac{(\tan\theta+1)^2}{4}\right\}$$

025 정답률 ▶ 40%　　　　　　**답 30**

1단계 함수 $S(\theta)$를 구해 보자.

삼각형 ABC에서 $\overline{\text{AB}}=\overline{\text{AC}}$, $\angle\text{BAC}=\theta$이므로

$$\angle \text{BCA}=\frac{1}{2}(\pi-\theta)=\frac{\pi}{2}-\frac{\theta}{2}$$

점 D는 선분 AB를 지름으로 하는 원 위에 있

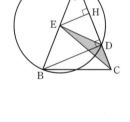

으므로

$$\angle \text{BDA}=\frac{\pi}{2}$$

이때 삼각형 BCD에서

$$\overline{\text{CD}}=\overline{\text{BC}}\times\cos(\angle\text{BCD})$$

$$=2\cos\left(\frac{\pi}{2}-\frac{\theta}{2}\right)$$

$$=2\sin\frac{\theta}{2}$$

한편, 점 E에서 선분 AC에 내린 수선의 발을 H라 하면 두 삼각형 AEH, ABD는 서로 닮음 (AA 닮음)이고 점 E가 선분 AB의 중점이므로 두 삼각형 AEH, ABD의 닮음비는 1 : 2이다.

$$\overline{\text{EH}}=\frac{1}{2}\overline{\text{BD}}$$

$$=\frac{1}{2}\times\overline{\text{BC}}\times\sin(\angle\text{BCD})$$

$$=\frac{1}{2}\times2\times\sin\left(\frac{\pi}{2}-\frac{\theta}{2}\right)$$

$$=\cos\frac{\theta}{2}$$

$$\therefore S(\theta)=\frac{1}{2}\times\overline{\text{CD}}\times\overline{\text{EH}}$$

$$=\frac{1}{2}\times2\sin\frac{\theta}{2}\times\cos\frac{\theta}{2}$$

$$=\sin\frac{\theta}{2}\cos\frac{\theta}{2}$$

2단계 $\lim\limits_{\theta \to 0+} \dfrac{S(\theta)}{\theta}$의 값을 구하여 $60 \times \lim\limits_{\theta \to 0+} \dfrac{S(\theta)}{\theta}$의 값을 구해 보자.

$$\lim_{\theta \to 0+} \frac{S(\theta)}{\theta} = \lim_{\theta \to 0+} \frac{\sin \dfrac{\theta}{2} \cos \dfrac{\theta}{2}}{\theta}$$

$$= \lim_{\theta \to 0+} \left(\frac{1}{2} \times \frac{\sin \dfrac{\theta}{2}}{\dfrac{\theta}{2}} \times \cos \frac{\theta}{2} \right)$$

$$= \frac{1}{2} \times 1 \times 1 = \frac{1}{2}$$

$$\therefore 60 \times \lim_{\theta \to 0+} \frac{S(\theta)}{\theta} = 30$$

026 정답률 ▸ 35%   답 20

1단계 함수 $f(\theta)$를 구해 보자.

$\angle \mathrm{OBR} = \angle \mathrm{BRQ} = \dfrac{1}{2} \angle \mathrm{BOQ} = \theta$

이고,

$\angle \mathrm{OTB} = \pi - (\angle \mathrm{OBT} + \angle \mathrm{BOQ})$

$\qquad = \pi - 3\theta$

이므로 사인법칙에 의하여

$$\frac{\overline{\mathrm{OB}}}{\sin(\angle \mathrm{OTB})} = \frac{\overline{\mathrm{OT}}}{\sin(\angle \mathrm{OBT})}$$

$$\frac{1}{\sin(\pi - 3\theta)} = \frac{\overline{\mathrm{OT}}}{\sin \theta}$$

$$\therefore \overline{\mathrm{OT}} = \frac{\sin \theta}{\sin(\pi - 3\theta)} = \frac{\sin \theta}{\sin 3\theta}$$

이등변삼각형 OBR에서

$\angle \mathrm{ROT} = \pi - (\angle \mathrm{ORB} + \angle \mathrm{OBR} + \angle \mathrm{TOB})$

$\qquad = \pi - (\theta + \theta + 2\theta) = \pi - 4\theta$

즉, 삼각형 OTR의 넓이는

$$\frac{1}{2} \times \overline{\mathrm{OR}} \times \overline{\mathrm{OT}} \times \sin(\angle \mathrm{ROT}) = \frac{1}{2} \times 1 \times \frac{\sin \theta}{\sin 3\theta} \times \sin(\pi - 4\theta)$$

$$= \frac{\sin \theta \sin 4\theta}{2 \sin 3\theta}$$

한편,

$\angle \mathrm{AOR} = \pi - (\angle \mathrm{ROT} + \angle \mathrm{BOQ})$

$\qquad = \pi - \{(\pi - 4\theta) + 2\theta\} = 2\theta$

이므로 부채꼴 AOR의 넓이는

$$\frac{1}{2} \times \overline{\mathrm{OA}}^2 \times 2\theta = \frac{1}{2} \times 1^2 \times 2\theta = \theta$$

$\therefore f(\theta) = (삼각형 \ \mathrm{OTR}의 \ 넓이) + (부채꼴 \ \mathrm{AOR}의 \ 넓이)$

$$= \frac{\sin \theta \sin 4\theta}{2 \sin 3\theta} + \theta$$

2단계 함수 $g(\theta)$를 구해 보자.

$\angle \mathrm{QOP} = \angle \mathrm{BOQ} - \angle \mathrm{BOP}$

$\qquad = 2\theta - \theta = \theta$

이므로 부채꼴 QOP의 넓이는

$$\frac{1}{2} \times \overline{\mathrm{OP}}^2 \times (\angle \mathrm{QOP}) = \frac{1}{2} \times 1^2 \times \theta = \frac{\theta}{2}$$

한편, 삼각형 OBS에서

$\angle \mathrm{OSB} = \pi - (\angle \mathrm{OBR} + \angle \mathrm{BOP}) = \pi - (\theta + \theta) = \pi - 2\theta$

사인법칙에 의하여

$$\frac{\overline{\mathrm{OB}}}{\sin(\angle \mathrm{OSB})} = \frac{\overline{\mathrm{OS}}}{\sin(\angle \mathrm{OBS})}, \ \frac{1}{\sin(\pi - 2\theta)} = \frac{\overline{\mathrm{OS}}}{\sin \theta}$$

$$\therefore \overline{\mathrm{OS}} = \frac{\sin \theta}{\sin(\pi - 2\theta)} = \frac{\sin \theta}{\sin 2\theta}$$

즉, 삼각형 OST의 넓이는

$$\frac{1}{2} \times \overline{\mathrm{OT}} \times \overline{\mathrm{OS}} \times \sin(\angle \mathrm{TOS}) = \frac{1}{2} \times \frac{\sin \theta}{\sin 3\theta} \times \frac{\sin \theta}{\sin 2\theta} \times \sin \theta$$

$$= \frac{\sin^3 \theta}{2 \sin 2\theta \sin 3\theta}$$

$\therefore g(\theta) = (부채꼴 \ \mathrm{QOP}의 \ 넓이) - (삼각형 \ \mathrm{OST}의 \ 넓이)$

$$= \frac{\theta}{2} - \frac{\sin^3 \theta}{2 \sin 2\theta \sin 3\theta}$$

3단계 $\lim\limits_{\theta \to 0+} \dfrac{g(\theta)}{f(\theta)}$의 값을 구하여 $80a$의 값을 구해 보자.

$$\lim_{\theta \to 0+} \frac{g(\theta)}{f(\theta)} = \lim_{\theta \to 0+} \frac{\dfrac{\theta}{2} - \dfrac{\sin^3 \theta}{2 \sin 2\theta \sin 3\theta}}{\theta + \dfrac{\sin \theta \sin 4\theta}{2 \sin 3\theta}}$$

$$= \lim_{\theta \to 0+} \frac{\dfrac{\theta}{2} \times \dfrac{1}{\theta} - \dfrac{\dfrac{\sin^3 \theta}{\theta^3}}{\dfrac{2 \sin 2\theta \sin 3\theta}{\theta^2}}}{\theta \times \dfrac{1}{\theta} + \dfrac{\dfrac{\sin \theta \sin 4\theta}{\theta^2}}{\dfrac{2 \sin 3\theta}{\theta}}}$$

$$= \lim_{\theta \to 0+} \frac{\dfrac{1}{2} - \dfrac{\left(\dfrac{\sin \theta}{\theta} \right)^3}{12 \times \dfrac{\sin 2\theta}{2\theta} \times \dfrac{\sin 3\theta}{3\theta}}}{1 + \dfrac{4 \times \dfrac{\sin \theta}{\theta} \times \dfrac{\sin 4\theta}{4\theta}}{6 \times \dfrac{\sin 3\theta}{3\theta}}}$$

$$= \frac{\dfrac{1}{2} - \dfrac{1^3}{12 \times 1 \times 1}}{1 + \dfrac{4 \times 1 \times 1}{6 \times 1}} = \frac{1}{4}$$

따라서 $a = \dfrac{1}{4}$이므로

$80a = 20$

027 정답률 ▸ 94%   답 ①

$f(x) = e^x (2 \sin x + \cos x)$에서

$f'(x) = e^x (2 \sin x + \cos x) + e^x (2 \cos x - \sin x)$

$\qquad = e^x (\sin x + 3 \cos x)$

$\therefore f'(0) = 1 \times (0 + 3) = 3$

028 정답률 ▸ 91%   답 ②

1단계 함수의 극한의 성질을 이용하여 $g(2)$, $g'(2)$의 값을 각각 구해 보자.

$\lim\limits_{x \to 2} \dfrac{g(x) - 4}{x - 2} = 12$에서 $x \to 2$일 때 (분모) $\to 0$이고 극한값이 존재하므로 (분자) $\to 0$이다.

즉, $\lim\limits_{x \to 2} \{g(x) - 4\} = 0$이므로 $g(2) = 4$

또한,

$\lim\limits_{x \to 2} \dfrac{g(x) - 4}{x - 2} = \lim\limits_{x \to 2} \dfrac{g(x) - g(2)}{x - 2} = g'(2) = 12$

$h(x)=f(g(x))$에서

$h'(x)=f'(g(x))g'(x)$

$h'(2)=f'(g(2))g'(2)=12f'(4)$

이때 $f(x)=\ln(x^2-x+2)$에서

$f'(x)=\dfrac{2x-1}{x^2-x+2}$이므로

$f'(4)=\dfrac{1}{2}$

$\therefore h'(2)=12f'(4)=12\times\dfrac{1}{2}=6$

---

029 정답률 ▸ 79% 답 ②

1단계 합성함수의 미분법을 이용하여 주어진 식의 양변을 미분해 보자.

$f(x)+f\left(\dfrac{1}{2}\sin x\right)=\sin x$에서

$f'(x)+\dfrac{1}{2}\cos x\times f'\left(\dfrac{1}{2}\sin x\right)=\cos x$ ……㉠

2단계 $f'(\pi)$의 값을 구해 보자.

$x=0$을 ㉠에 대입하면

$f'(0)+\dfrac{1}{2}\times f'(0)=1$ $\therefore f'(0)=\dfrac{2}{3}$

$x=\pi$를 ㉠에 대입하면

$f'(\pi)-\dfrac{1}{2}f'(0)=-1$

이때 $f'(0)=\dfrac{2}{3}$이므로

$f'(\pi)=-\dfrac{2}{3}$

---

030 정답률 ▸ 38% 답 5

1단계 직선 l을 구하여 상수 a의 값을 구해 보자.

직선 l의 기울기는 $\tan\theta\left(0<\theta<\dfrac{\pi}{2}\right)$이므로

직선 l의 방정식은

$y=(\tan\theta)x+1$

직선 $y=(\tan\theta)x+1$이 곡선 $y=e^{\frac{x}{a}}-1$과

제1사분면에서 만나는 점의 x좌표가 $f(\theta)$

이므로

$\tan\theta\times f(\theta)+1=e^{\frac{f(\theta)}{a}}-1$ ……㉠

$\theta=\dfrac{\pi}{4}$를 ㉠에 대입하면

$1\times a+1=e^1-1$

$\therefore a=e-2$

2단계 합성함수의 미분법을 이용하여 두 정수 p, q의 값을 구하여 p^2+q^2의 값을 구해 보자.

㉠의 양변을 θ에 대하여 미분하면

$\sec^2\theta\times f(\theta)+\tan\theta\times f'(\theta)=\dfrac{f'(\theta)}{a}\times e^{\frac{f(\theta)}{a}}$

$\theta=\dfrac{\pi}{4}$를 위의 식에 대입하면

$(\sqrt{2})^2\times a+1\times f'\left(\dfrac{\pi}{4}\right)=\dfrac{f'\left(\dfrac{\pi}{4}\right)}{a}\times e^1$

$2a+f'\left(\dfrac{\pi}{4}\right)=\dfrac{e}{a}f'\left(\dfrac{\pi}{4}\right)$

$\dfrac{e-a}{a}\times f'\left(\dfrac{\pi}{4}\right)=2a$

$f'\left(\dfrac{\pi}{4}\right)=\dfrac{2a^2}{e-a}=\dfrac{2(e-2)^2}{2}=(e-2)^2$ $(\because a=e-2)$

$\therefore \sqrt{f'\left(\dfrac{\pi}{4}\right)}=e-2$

따라서 $p=1$, $q=-2$이므로

$p^2+q^2=1^2+(-2)^2=5$

---

031 정답률 ▸ 88% 답 ①

1단계 x, y를 각각 매개변수 t에 대해 미분하여 $\dfrac{dy}{dx}$를 구해 보자.

$x=3t-\dfrac{1}{t}$에서

$\dfrac{dx}{dt}=3+\dfrac{1}{t^2}$

$y=te^{t-1}$에서

$\dfrac{dy}{dt}=e^{t-1}+te^{t-1}=(t+1)e^{t-1}$

$\therefore \dfrac{dy}{dx}=\dfrac{\dfrac{dy}{dt}}{\dfrac{dx}{dt}}=\dfrac{(t+1)e^{t-1}}{3+\dfrac{1}{t^2}}$

$=\dfrac{t^2(t+1)e^{t-1}}{3t^2+1}$ ……㉠

2단계 $t=1$일 때, $\dfrac{dy}{dx}$의 값을 구해 보자.

$t=1$을 ㉠에 대입하면

$\dfrac{1\times 2\times e^0}{3\times 1+1}=\dfrac{1}{2}$

---

032 정답률 ▸ 89% 답 ③

1단계 x, y를 각각 매개변수 t에 대해 미분하여 $\dfrac{dy}{dx}$를 구해 보자.

$x=t^2\ln t+3t$에서

$\dfrac{dx}{dt}=2t\ln t+t^2\times\dfrac{1}{t}+3=2t\ln t+t+3$

$y=6te^{t-1}$에서

$\dfrac{dy}{dt}=6(e^{t-1}+te^{t-1})=6e^{t-1}(1+t)$

$\therefore \dfrac{dy}{dx}=\dfrac{\dfrac{dy}{dt}}{\dfrac{dx}{dt}}=\dfrac{6e^{t-1}(1+t)}{2t\ln t+t+3}$ ……㉠

2단계 $t=1$일 때, $\dfrac{dy}{dx}$의 값을 구해 보자.

$t=1$을 ㉠에 대입하면

$\dfrac{6\times(1+1)}{0+1+3}=3$

033 정답률 ▶ 87%   답 ②

1단계 x, y를 각각 매개변수 t에 대해 미분하여 $\dfrac{dy}{dx}$ 를 구해 보자.

$x=\ln(t^3+1)$에서

$\dfrac{dx}{dt}=\dfrac{3t^2}{t^3+1}$

$y=\sin\pi t$에서

$\dfrac{dy}{dt}=\pi\cos\pi t$

$\therefore \dfrac{dy}{dx}=\dfrac{\dfrac{dy}{dt}}{\dfrac{dx}{dt}}=\dfrac{\pi\cos\pi t}{\dfrac{3t^2}{t^3+1}}=\dfrac{\pi(t^3+1)\cos\pi t}{3t^2}$ $\cdots\cdots$ ㉠

2단계 $t=1$일 때, $\dfrac{dy}{dx}$의 값을 구해 보자.

$t=1$을 ㉠에 대입하면

$\dfrac{\pi(1+1)\cos\pi}{3}=-\dfrac{2}{3}\pi$

034 정답률 ▶ 85%   답 ②

1단계 x, y를 각각 매개변수 t에 대해 미분하여 $\dfrac{dy}{dx}$ 를 구해 보자.

$x=t+\cos 2t$에서

$\dfrac{dx}{dt}=1-2\sin 2t$

$y=\sin^2 t$에서

$\dfrac{dy}{dt}=2\sin t\cos t$

$\therefore \dfrac{dy}{dx}=\dfrac{\dfrac{dy}{dt}}{\dfrac{dx}{dt}}=\dfrac{2\sin t\cos t}{1-2\sin 2t}$ $\cdots\cdots$ ㉠

2단계 $t=\dfrac{\pi}{4}$일 때, $\dfrac{dy}{dx}$의 값을 구해 보자.

$t=\dfrac{\pi}{4}$를 ㉠에 대입하면

$\dfrac{2\times\dfrac{\sqrt{2}}{2}\times\dfrac{\sqrt{2}}{2}}{1-2\times 1}=-1$

035 정답률 ▶ 84%   답 ④

1단계 x, y를 각각 매개변수 t에 대해 미분하여 $\dfrac{dy}{dx}$ 를 구해 보자.

$x=\dfrac{5t}{t^2+1}$에서

$\dfrac{dx}{dt}=\dfrac{5(t^2+1)-5t\times 2t}{(t^2+1)^2}=\dfrac{5(1-t^2)}{(t^2+1)^2}$

$y=3\ln(t^2+1)$에서

$\dfrac{dy}{dt}=3\times\dfrac{2t}{t^2+1}=\dfrac{6t}{t^2+1}$

$\therefore \dfrac{dy}{dx}=\dfrac{\dfrac{dy}{dt}}{\dfrac{dx}{dt}}=\dfrac{\dfrac{6t}{t^2+1}}{\dfrac{5(1-t^2)}{(t^2+1)^2}}=\dfrac{6t(t^2+1)}{5(1-t^2)}$ $\cdots\cdots$ ㉠

2단계 $t=2$일 때, $\dfrac{dy}{dx}$의 값을 구해 보자.

$t=2$를 ㉠에 대입하면

$\dfrac{12\times(4+1)}{5\times(1-4)}=-4$

036 정답률 ▶ 75%   답 ⑤

1단계 x, y를 각각 매개변수 t에 대해 미분하여 $\dfrac{dy}{dx}$ 를 구해 보자.

$x=\sin t-\cos t$에서

$\dfrac{dx}{dt}=\cos t+\sin t$

$y=3\cos t+\sin t$에서

$\dfrac{dy}{dt}=-3\sin t+\cos t$

$\therefore \dfrac{dy}{dx}=\dfrac{-3\sin t+\cos t}{\cos t+\sin t}$ (단, $\cos t+\sin t\neq 0$) $\cdots\cdots$ ㉠

2단계 접선의 기울기가 3인 곡선 위의 점 (a, b)를 구하여 $a+b$의 값을 구해 보자.

㉠에서 $\dfrac{dy}{dx}=3$인 t의 값을 α $(0<\alpha<\pi)$라 하면

$\dfrac{-3\sin\alpha+\cos\alpha}{\cos\alpha+\sin\alpha}=3$

$-3\sin\alpha+\cos\alpha=3(\cos\alpha+\sin\alpha)$

$\therefore \cos\alpha=-3\sin\alpha$ $\cdots\cdots$ ㉡

이때 $\sin^2\alpha+\cos^2\alpha=1$에서

$\sin^2\alpha+9\sin^2\alpha=1$ ($\because$ ㉡)

$\sin^2\alpha=\dfrac{1}{10}$

$\therefore \sin\alpha=\dfrac{\sqrt{10}}{10}$ ($\because 0<\alpha<\pi$), $\cos\alpha=-\dfrac{3\sqrt{10}}{10}$ ($\because$ ㉡)

따라서

$a=\sin\alpha-\cos\alpha$

$=\dfrac{\sqrt{10}}{10}-\left(-\dfrac{3\sqrt{10}}{10}\right)=\dfrac{2\sqrt{10}}{5}$,

$b=3\cos\alpha+\sin\alpha$

$=3\times\left(-\dfrac{3\sqrt{10}}{10}\right)+\dfrac{\sqrt{10}}{10}=-\dfrac{4\sqrt{10}}{5}$

이므로

$a+b=\dfrac{2\sqrt{10}}{5}+\left(-\dfrac{4\sqrt{10}}{5}\right)=-\dfrac{2\sqrt{10}}{5}$

다른 풀이

$\cos\alpha=-3\sin\alpha$에서

$\dfrac{\sin\alpha}{\cos\alpha}=-\dfrac{1}{3}$ $\therefore \tan\alpha=-\dfrac{1}{3}$

α를 예각 θ라 생각하면 $\tan\theta=\dfrac{1}{3}$을 만족 시키는 직각삼각형은 오른쪽 그림과 같다.

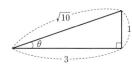

$\therefore \sin\theta=\dfrac{\sqrt{10}}{10}$, $\cos\theta=\dfrac{3\sqrt{10}}{10}$

이때 $\dfrac{\pi}{2}<\alpha<\pi$이므로   → $\tan\alpha<0$이므로

$\sin\alpha=\dfrac{\sqrt{10}}{10}$, $\cos\alpha=-\dfrac{3\sqrt{10}}{10}$

037 정답률 ▸ 87% 답 ①

1단계 음함수의 미분법을 이용하여 $\dfrac{dy}{dx}$ 를 구해 보자.

$x^2-y\ln x+x=e$의 양변을 x에 대하여 미분하면

$2x-\left(\dfrac{dy}{dx}\times\ln x+y\times\dfrac{1}{x}\right)+1=0$

$\dfrac{dy}{dx}\times\ln x=2x-\dfrac{y}{x}+1$

$\therefore \dfrac{dy}{dx}=\dfrac{2x-\dfrac{y}{x}+1}{\ln x}$ (단, $x\neq1$) ······ ㉠

2단계 점 (e, e^2)에서의 접선의 기울기를 구해 보자.

점 (e, e^2)에서의 접선의 기울기는 $x=e$, $y=e^2$을 ㉠에 대입하면 되므로

$\dfrac{2e-\dfrac{e^2}{e}+1}{\ln e}=e+1$

038 정답률 ▸ 87% 답 ③

1단계 음함수의 미분법을 이용하여 $\dfrac{dy}{dx}$ 를 구해 보자.

$x\sin 2y+3x=3$의 양변을 x에 대하여 미분하면

$\sin 2y+x\left(\dfrac{dy}{dx}\times2\cos 2y\right)+3=0$

$\dfrac{dy}{dx}\times2\cos 2y=-\dfrac{3+\sin 2y}{x}$

$\therefore \dfrac{dy}{dx}=-\dfrac{3+\sin 2y}{2x\cos 2y}$ (단, $x\cos 2y\neq0$) ······ ㉠

2단계 점 $\left(1, \dfrac{\pi}{2}\right)$에서의 접선의 기울기를 구해 보자.

점 $\left(1, \dfrac{\pi}{2}\right)$에서의 접선의 기울기는 $x=1$, $y=\dfrac{\pi}{2}$를 ㉠에 대입하면 되므로

$-\dfrac{3+\sin \pi}{2\cos \pi}=\dfrac{3}{2}$

039 정답률 ▸ 75% 답 ①

1단계 음함수의 미분법을 이용하여 $\dfrac{dy}{dx}$ 를 구해 보자.

$2e^{x+y-1}=3e^x+x-y$의 양변을 x에 대하여 미분하면

$2e^{x+y-1}\left(1+\dfrac{dy}{dx}\right)=3e^x+1-\dfrac{dy}{dx}$

$(2e^{x+y-1}+1)\times\dfrac{dy}{dx}=3e^x+1-2e^{x+y-1}$

$\dfrac{dy}{dx}=\dfrac{3e^x+1-2e^{x+y-1}}{2e^{x+y-1}+1}$ ······ ㉠

2단계 점 $(0, 1)$에서의 접선의 기울기를 구해 보자.

점 $(0, 1)$에서의 접선의 기울기는 $x=0$, $y=1$을 ㉠에 대입하면 되므로

$\dfrac{3e^0+1-2e^{0+1-1}}{2e^{0+1-1}+1}=\dfrac{2}{3}$

040 정답률 ▸ 84% 답 ②

1단계 역함수의 성질을 이용하여 $g(3)$의 값을 구해 보자.

$f(x)=x^3+2x+3$에서

$f'(x)=3x^2+2$

$g(3)=k$라 하면 $f(k)=3$이므로

$k^3+2k+3=3$

$k^3+2k=0$, $k(k^2+2)=0$

$\therefore k=0$ ($\because k^2+2>0$)

$\therefore g(3)=0$

2단계 역함수의 미분법을 이용하여 $g'(3)$의 값을 구해 보자.

$g'(3)=\dfrac{1}{f'(g(3))}=\dfrac{1}{f'(0)}=\dfrac{1}{2}$

041 정답률 ▸ 82% 답 ②

1단계 함수의 극한의 성질과 역함수의 미분법을 이용하여 $g(2)$, $g'(2)$의 값을 각각 구해 보자.

$\lim\limits_{x\to2}\dfrac{f(x)-2}{x-2}=\dfrac{1}{3}$에서 $x\to2$일 때 (분모) $\to 0$이고 극한값이 존재하므로 (분자) $\to 0$이다.

즉, $\lim\limits_{x\to2}\{f(x)-2\}=0$이므로 $f(2)=2$

$\therefore g(2)=2$

또한,

$\lim\limits_{x\to2}\dfrac{f(x)-2}{x-2}=\lim\limits_{x\to2}\dfrac{f(x)-f(2)}{x-2}=f'(2)=\dfrac{1}{3}$

$\therefore g'(2)=\dfrac{1}{f'(g(2))}=\dfrac{1}{f'(2)}=3$

2단계 함수의 몫의 미분법을 이용하여 $h'(2)$의 값을 구해 보자.

$h(x)=\dfrac{g(x)}{f(x)}$에서

$h'(x)=\dfrac{g'(x)f(x)-g(x)f'(x)}{\{f(x)\}^2}$

$\therefore h'(2)=\dfrac{g'(2)f(2)-g(2)f'(2)}{\{f(2)\}^2}$

$=\dfrac{3\times2-2\times\dfrac{1}{3}}{2^2}=\dfrac{4}{3}$

042 정답률 ▸ 80% 답 ⑤

1단계 역함수의 성질을 이용하여 $g'(3)$의 값을 구해 보자.

$f(x)=x^3+x+1$에서

$f'(x)=3x^2+1$

$g(3)=k$라 하면 $f(k)=3$이므로

$k^3+k+1=3$

$k^3+k-2=0$, $(k-1)(k^2+k+2)=0$

$\therefore k=1$ ($\because k^2+k+2>0$)

즉, $g(3)=1$이므로

$g'(3)=\dfrac{1}{f'(g(3))}=\dfrac{1}{f'(1)}=\dfrac{1}{3+1}=\dfrac{1}{4}$

2단계 x, y를 각각 매개변수 t에 대해 미분하여 $\dfrac{dy}{dx}$를 구해 보자.

$x=g(t)+t$에서

$$\frac{dx}{dt}=g'(t)+1$$

$y=g(t)-t$에서

$$\frac{dy}{dt}=g'(t)-1$$

$$\therefore \frac{dy}{dx}=\frac{\dfrac{dy}{dt}}{\dfrac{dx}{dt}}=\frac{g'(t)-1}{g'(t)+1} \text{ (단, } g'(t)+1\neq0) \quad \cdots\cdots \text{㉠}$$

3단계 $t=3$일 때, $\dfrac{dy}{dx}$의 값을 구해 보자.

$t=3$을 ㉠에 대입하면

$$\frac{\dfrac{1}{4}-1}{\dfrac{1}{4}+1}=-\frac{3}{5}$$

043 정답률 ▶ 78% 답 ⑤

1단계 역함수의 성질을 이용하여 $g(5f(0))$의 값을 구해 보자.

$f(x)=e^{2x}+e^x-1$에서

$f'(x)=2e^{2x}+e^x$

$f(0)=1+1-1=1$이므로

$g(5f(0))=g(5)=k$라 하면 $f(k)=5$에서

$e^{2k}+e^k-1=5,\ e^{2k}+e^k-6=0$

$(e^k+3)(e^k-2)=0$

$e^k=2\ (\because e^k>0)$

$\therefore k=\ln 2$

$\therefore g(5)=\ln 2$

2단계 역함수의 미분법을 이용하여 $g(5f(x))$의 $x=0$에서의 미분계수를 구해 보자.

$h(x)=g(5f(x))$라 하면

$f(0)=1,\ f'(0)=2+1=3$이므로

$h'(x)=g'(5f(x))\times 5f'(x)$에서

$$h'(0)=15g'(5)=\frac{15}{f'(g(5))}$$

$$=\frac{15}{f'(\ln 2)}$$

$$=\frac{15}{8+2}=\frac{3}{2}$$

044 정답률 ▶ 48% 답 ①

1단계 주어진 조건을 이용하여 함수 $f(x)$에 대하여 알아보자.

$g(x)=f(e^x)+e^x$에서

$g'(x)=f'(e^x)e^x+e^x$

이때 곡선 $y=g(x)$ 위의 점 $(0,\ g(0))$에서의 접선이 x축이므로

$g(0)=0,\ g'(0)=0$

즉, $g(0)=f(1)+1$에서 $0=f(1)+1$ $\therefore f(1)=-1$

$g'(0)=f'(1)+1$에서 $0=f'(1)+1$ $\therefore f'(1)=-1$

2단계 함수 $g(x)$가 역함수를 가짐을 이용하여 함수 $g(x)$를 구해 보자.

함수 $g(x)$가 실수 전체의 집합에서 미분가능하고 역함수를 가지므로 모든 실수 x에 대하여 $g'(x)\geq0$ 또는 $g'(x)\leq0$이다.

이때

$g'(x)=f'(e^x)e^x+e^x=\{f'(e^x)+1\}e^x$

에서 $e^x>0$이고, 이차함수 $f'(x)$의 최고차항의 계수가 양수이므로

$g'(x)\geq0\ (\because e^x>0)$

즉, 모든 실수 x에 대하여 $f'(e^x)+1\geq0$이므로 $e^x=t\ (t>0)$이라 하면

$f'(t)+1\geq0$, 즉 $f'(t)\geq-1$

이때 $f'(1)=-1$이므로

$f'(t)=3(t-1)^2-1=3t^2-6t+2$

$$\therefore f(x)=\int f'(x)\,dx$$

$$=\int (3x^2-6x+2)\,dx$$

$$=x^3-3x^2+2x+C \text{ (단, } C\text{는 적분상수)}$$

$f(1)=-1$이므로

$1-3+2+C=-1$ $\therefore C=-1$

즉, $f(x)=x^3-3x^2+2x-1$이므로

$g(x)=f(e^x)+e^x=(e^{3x}-3e^{2x}+2e^x-1)+e^x$

$\qquad=(e^x-1)^3$

3단계 역함수의 미분법을 이용하여 $h'(8)$의 값을 구해 보자.

$g(x)=(e^x-1)^3$에서

$g'(x)=3e^x(e^x-1)^2$

$h(8)=k$라 하면 $g(k)=8$이므로

$(e^k-1)^3=2^3,\ e^k-1=2$

$e^k=3$ $\therefore k=\ln 3$

따라서 $g'(\ln 3)=3\times3\times2^2=36$이므로

$$h'(8)=\frac{1}{g'(h(8))}=\frac{1}{g'(\ln 3)}=\frac{1}{36}$$

참고

$f(1)=-1$, $f'(1)=-1$이고 함수 $f(x)$는 최고차항의 계수가 1인 삼차함수이므로

$f(x)+x=(x-1)^2(x-a)\ (a$는 상수$)$

라 할 수 있다.

함수 $y=f(x)+x$의 그래프의 개형은 다음 그림과 같다.

(i) $a<1$ (ii) $a=1$ (iii) $a>1$

$a\neq1$이면 함수 $f(x)+x$가 일대일대응이 아니므로 함수 $f(x)+x$가 증가함수이려면 $a=1$이어야 한다.

$\therefore f(x)+x=(x-1)^3$

이때 모든 양수 t에 대하여 $e^x=t$라 하면 $f(t)+t=(t-1)^3$이므로

$g(x)=f(e^x)+e^x=(e^x-1)^3$

이고 함수 $g(x)$는 증가함수이다.

045 정답률 ▶ 21% 답 ②

1단계 두 조건 (가), (나)와 역함수의 미분법을 이용하여 $f'(k)$의 값을 구해 보자.

조건 (가)에서 $h(0)=1$이므로

$h(0)=\dfrac{g(0)-k}{-k}=1,\ g(0)-k=-k$

$\therefore g(0)=0,\ f(0)=0\ (\because f^{-1}(x)=g(x))$

조건 (나)에 의하여

$h(k)=\lim\limits_{x\to k}h(x)=\lim\limits_{x\to k}\dfrac{g(x)-k}{x-k}$이므로

$g(k)=k,\ f(k)=k\ (\because f^{-1}(x)=g(x))$

이때 $\lim\limits_{x\to k}\dfrac{g(x)-k}{x-k}=\lim\limits_{x\to k}\dfrac{g(x)-g(k)}{x-k}=\dfrac{1}{3}$이므로

$g'(k)=\dfrac{1}{3}$

역함수의 미분법에 의하여

$g'(k)=\dfrac{1}{f'(g(k))}=\dfrac{1}{f'(k)}$이므로

$\dfrac{1}{3}=\dfrac{1}{f'(k)}\qquad \therefore f'(k)=3$

2단계 함수 $f(x)$를 구하여 함수 $h(x)$를 구해 보자.

$f(0)=0,\ f(k)=k$이고 최고차항의 계수가 1인 삼차함수 $f(x)$는

$f(x)-x=x(x-k)(x-t)$ (t는 상수)

$\begin{aligned}f(x)&=x(x-k)(x-t)+x\\&=x^3-(k+t)x^2+(kt+1)x\end{aligned}$

$f'(x)=3x^2-2(k+t)x+kt+1$

이때 $f'(k)=3$이므로

$\begin{aligned}f'(k)&=3k^2-2(k+t)k+kt+1\\&=k^2-kt+1\end{aligned}$

에서 $k^2-kt+1=3,\ k^2-kt-2=0$

$\therefore t=k-\dfrac{2}{k}\ (\because k>0)$ $\qquad\cdots\cdots$ ㉠

한편, 삼차함수 $f(x)$의 역함수가 존재하므로 실수 전체의 집합에서

$f'(x)=3x^2-2(k+t)x+kt+1\geq 0$

이차방정식 $f'(x)=0$의 판별식을 D라 하면

$\dfrac{D}{4}=(k+t)^2-3(kt+1)\leq 0$

$k^2-kt+t^2-3\leq 0$

$k^2-k\left(k-\dfrac{2}{k}\right)+\left(k-\dfrac{2}{k}\right)^2-3\leq 0\ (\because ㉠)$

$k^4-5k^2+4\leq 0,\ (k^2-1)(k^2-4)\leq 0$

$(k-1)(k+1)(k-2)(k+2)\leq 0$

$(k-1)(k-2)\leq 0\ (\because k>0)$

$\therefore 1\leq k\leq 2$

$f'(0)=k\left(k-\dfrac{2}{k}\right)+1=k^2-1\ (\because ㉠)$이므로 $k=2$일 때

$f'(0)$의 값이 최대이다.

즉, $a=2$이고 이때 $t=2-1=1$이므로

$f(x)=x^3-3x^2+3x$

$f'(x)=3x^2-6x+3=3(x-1)^2$ $\qquad\cdots\cdots$ ㉡

$\therefore h(x)=\begin{cases}\dfrac{g(x)-2}{x-2} & (x\neq 2)\\[2mm] \dfrac{1}{3} & (x=2)\end{cases}$

3단계 역함수의 미분법을 이용하여 $a\times h(9)\times g'(9)$의 값을 구해 보자.

$h(9)=\dfrac{g(9)-2}{9-2}=\dfrac{g(9)-2}{7}$

$g(9)=p$라 하면 $f(p)=9$이므로

$p^3-3p^2+3p=9,\ p^3-3p^2+3p-9=0$

$(p^2+3)(p-3)=0\qquad \therefore p=3$

즉, $g(9)=3$이므로

$h(9)=\dfrac{1}{7}$

역함수의 미분법에 의하여

$g'(9)=\dfrac{1}{f'(g(9))}=\dfrac{1}{f'(3)}=\dfrac{1}{12}\ (\because ㉡)$

$\therefore a\times h(9)\times g'(9)=2\times\dfrac{1}{7}\times\dfrac{1}{12}=\dfrac{1}{42}$

---

046 정답률 ▸ 87% 답 ①

$f(x)=\sin 2x$에서

$f'(x)=2\cos 2x,\ f''(x)=-4\sin 2x$이므로

$f''\left(\dfrac{\pi}{4}\right)=-4\sin\dfrac{\pi}{2}=-4$

---

047 정답률 ▸ 67% 답 ③

1단계 $\tan\theta$를 실수 t에 대한 식으로 나타내어 보자.

$y=\sin x$에서

$y'=\cos x$

점 $\mathrm{P}(t,\ \sin t)$에서의 접선의 방정식은

$y-\sin t=\cos t(x-t)$

$\therefore y=(\cos t)x+\sin t-t\cos t$

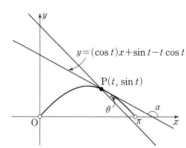

직선 $y=(\cos t)x+\sin t-t\cos t$가 x축의 양의 방향과 이루는 각의 크기를 a라 하면 기울기가 -1인 직선이 x축의 양의 방향과 이루는 각의 크기가 $\dfrac{3}{4}\pi$이므로 $\longrightarrow \tan\dfrac{3}{4}\pi=-1$

$\begin{aligned}\tan\theta&=\left|\tan\left(a-\dfrac{3}{4}\pi\right)\right|\\[2mm]&=\left|\dfrac{\tan a-\tan\dfrac{3}{4}\pi}{1+\tan a\tan\dfrac{3}{4}\pi}\right|\\[2mm]&=\left|\dfrac{1+\tan a}{1-\tan a}\right|\end{aligned}$

이때 $\tan a=\cos t$이므로

$\tan\theta=\left|\dfrac{1+\cos t}{1-\cos t}\right|$

2단계 $\lim\limits_{t\to\pi-}\dfrac{\tan\theta}{(\pi-t)^2}$의 값을 구해 보자.

$\begin{aligned}\lim_{t\to\pi-}\dfrac{\tan\theta}{(\pi-t)^2}&=\lim_{t\to\pi-}\dfrac{|1+\cos t|}{|1-\cos t|(\pi-t)^2}\\[2mm]&=\lim_{t\to\pi-}\dfrac{1+\cos t}{(1-\cos t)(\pi-t)^2}\ (\because -1<\cos t<1)\end{aligned}$

이때 $\pi - t = s$라 하면

$\cos t = \cos(\pi - s) = -\cos s$이고 $t \to \pi -$일 때 $s \to 0+$이므로

$$\lim_{t \to \pi -} \frac{1 + \cos t}{(1 - \cos t)(\pi - t)^2} = \lim_{s \to 0+} \frac{1 - \cos s}{s^2(1 + \cos s)}$$

$$= \lim_{s \to 0+} \frac{(1 - \cos s)(1 + \cos s)}{s^2(1 + \cos s)^2}$$

$$= \lim_{s \to 0+} \frac{1 - \cos^2 s}{s^2(1 + \cos s)^2}$$

$$= \lim_{s \to 0+} \frac{\sin^2 s}{s^2(1 + \cos s)^2}$$

$$= \lim_{s \to 0+} \left\{ \left(\frac{\sin s}{s} \right)^2 \times \frac{1}{(1 + \cos s)^2} \right\}$$

$$= 1^2 \times \frac{1}{2^2}$$

$$= \frac{1}{4}$$

048

답 ①

1단계 음함수의 미분법을 이용하여 $f'(t)$를 구해 보자.

$y = \dfrac{1}{e^x} + e^t = e^{-x} + e^t$에서

$y' = -e^{-x}$

접점의 좌표를 $(s, e^{-s} + e^t)$ (s는 실수)라 하면 접선의 방정식은

$y - (e^{-s} + e^t) = -e^{-s}(x - s)$ ······ (*)

위의 접선이 원점을 지나므로

$0 - (e^{-s} + e^t) = -e^{-s}(0 - s)$

$-e^{-s} - e^t = se^{-s}$

$\therefore e^t = -(s + 1)e^{-s}$ ······ ㉠

㉠의 양변을 s에 대하여 미분하면

$e^t \dfrac{dt}{ds} = -e^{-s} + (s + 1)e^{-s}$

$e^t \dfrac{dt}{ds} = se^{-s}$

$\therefore \dfrac{dt}{ds} = se^{-s} \times \dfrac{1}{e^t} = se^{-s} \times \left(-\dfrac{e^s}{s + 1} \right)$ ($\because$ ㉠)

$\qquad = -\dfrac{s}{s + 1}$ ······ ㉡

한편, 접선의 기울기가 $f(t)$이므로 접선의 방정식은

$y = f(t)x \rightarrow$ (*)과 일치한다. └ 기울기가 $f(t)$이고, 원점을 지나는 접선의 방정식

$\therefore f(t) = -e^{-s}$ ······ ㉢

㉢의 양변을 s에 대하여 미분하면

$f'(t) \dfrac{dt}{ds} = e^{-s}$, $f'(t) \times \left(-\dfrac{s}{s + 1} \right) = e^{-s}$ ($\because$ ㉡)

$\therefore f'(t) = -\dfrac{s + 1}{se^s}$

2단계 $f'(a)$의 값을 구해 보자.

㉢에 의하여

$f(a) = -e\sqrt{e} = -e^{-s}$에서

$-e^{\frac{3}{2}} = -e^{-s}$ $\therefore s = -\dfrac{3}{2}$

$\therefore f'(a) = -\dfrac{-\dfrac{1}{2}}{-\dfrac{3}{2}e^{-\frac{3}{2}}} = -\dfrac{1}{3}e^{\frac{3}{2}} = -\dfrac{1}{3}e\sqrt{e}$

049

답 ②

1단계 점 A를 지나고 직선 l에 수직인 직선의 방정식을 구해 보자.

$y = a^x$에서 $y' = a^x \ln a$

점 A(t, a^t)에서의 접선 l의 기울기는 $a^t \ln a$이므로

점 A를 지나고 직선 l에 수직인 직선의 기울기는

$-\dfrac{1}{a^t \ln a}$

즉, 점 A를 지나고 직선 l에 수직인 직선의 방정식은

$y - a^t = -\dfrac{1}{a^t \ln a}(x - t)$

$\therefore y = -\dfrac{1}{a^t \ln a}x + \dfrac{t}{a^t \ln a} + a^t$ ······ ㉠

2단계 $\dfrac{\overline{AC}}{\overline{AB}}$의 값을 실수 t에 대한 식으로 나타내어 보자.

㉠에 $y = 0$을 대입하면

$0 = -\dfrac{1}{a^t \ln a}x + \dfrac{t}{a^t \ln a} + a^t$, $\dfrac{1}{a^t \ln a}x = \dfrac{t}{a^t \ln a} + a^t$

$\therefore x = t + a^{2t} \ln a$

즉, 점 B의 좌표는

$(t + a^{2t} \ln a, 0)$

또한, ㉠에 $x = 0$을 대입하면

$y = \dfrac{t}{a^t \ln a} + a^t$

즉, 점 C의 좌표는

$\left(0, \dfrac{t}{a^t \ln a} + a^t \right)$

이때

$\overline{AB} = \sqrt{(t + a^{2t} \ln a - t)^2 + (0 - a^t)^2} = a^t \sqrt{a^{2t}(\ln a)^2 + 1}$,

$\overline{AC} = \sqrt{(0 - t)^2 + \left(\dfrac{t}{a^t \ln a} + a^t - a^t \right)^2}$

$\qquad = t\sqrt{1 + \dfrac{1}{a^{2t}(\ln a)^2}} = \dfrac{t\sqrt{a^{2t}(\ln a)^2 + 1}}{a^t \ln a}$

이므로

$\dfrac{\overline{AC}}{\overline{AB}} = \dfrac{\dfrac{t\sqrt{a^{2t}(\ln a)^2 + 1}}{a^t \ln a}}{a^t \sqrt{a^{2t}(\ln a)^2 + 1}} = \dfrac{t}{a^{2t} \ln a}$

3단계 $\dfrac{\overline{AC}}{\overline{AB}}$의 값이 $t = 1$에서 최대임을 이용하여 상수 a의 값을 구해 보자.

$f(t) = \dfrac{t}{a^{2t} \ln a}$라 하면

$f'(t) = \dfrac{a^{2t} \ln a - t \times 2a^{2t}(\ln a)^2}{(a^{2t} \ln a)^2} = \dfrac{1 - 2t \ln a}{a^{2t} \ln a}$

$f'(t) = 0$에서 $1 - 2t \ln a = 0$

$\therefore t = \dfrac{1}{2 \ln a}$

$t = \dfrac{1}{2 \ln a}$의 좌우에서 함수 $f'(t)$의 부호가 양($+$)에서 음($-$)으로

바뀌므로 함수 $f(t)$는 $t = \dfrac{1}{2 \ln a}$에서 극대이며 최대이다.

$\dfrac{\overline{AC}}{\overline{AB}}$의 값이 $t = 1$에서 최대이므로

$\dfrac{1}{2 \ln a} = 1$, $\ln a = \dfrac{1}{2}$

$\therefore a = \sqrt{e}$

다른 풀이

점 A에서 x축, y축에 내린 수선의 발을 각각 H, I, 원점을 O라 하면 두 직각삼각형 CIA, AHB는 서로 닮음 (AA 닮음)이므로

$\overline{CA} : \overline{AB} = \overline{IA} : \overline{HB}$

$\overline{CA} \times \overline{HB} = \overline{AB} \times \overline{IA}$

$\therefore \dfrac{\overline{AC}}{\overline{AB}} = \dfrac{\overline{IA}}{\overline{HB}} = \dfrac{\overline{OH}}{\overline{HB}} = \dfrac{t}{a^t \ln a}$

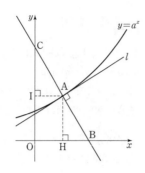

$\therefore g'(f(a+6)) = g'(16e^{a+6})$

$\qquad = \dfrac{1}{h_1'(l)} = \dfrac{1}{h_1'(a+6)}$

$\qquad = \dfrac{1}{24e^{a+6}} \qquad\qquad \cdots\cdots\ \text{ⓛ}$

ⓐ, ⓛ에서

$\dfrac{g'(f(a+2))}{g'(f(a+6))} = \dfrac{\dfrac{1}{e^{2a}}}{\dfrac{1}{24e^{a+6}}} = \dfrac{24e^{a+6}}{e^{2a}}$

$\qquad\qquad\qquad = \dfrac{24 \times 3e^6}{9} = 8e^6\ (\because e^a = 3)$

---

050 정답률 ▶ 56%　　　　　답 ④

1단계 함수 $y = f(x)$의 그래프의 개형을 파악해 보자.

$h_1(x) = (x-a-2)^2 e^x$, $h_2(x) = e^{2a}(x-a) + 4e^a$이라 하면

$f(x) = \begin{cases} h_1(x) & (x \geq a) \\ h_2(x) & (x < a) \end{cases}$ 이고

$h_1'(x) = (x-a)(x-a-2)e^x$, $h_2'(x) = e^{2a}$이므로

$f'(x) = \begin{cases} (x-a)(x-a-2)e^x & (x > a) \\ e^{2a} & (x < a) \end{cases}$

이때 $h_1'(x) = (x-a)(x-a-2)e^x = 0$에서 $x = a+2\ (\because x > a)$

$x \geq a$에서 함수 $y = h_1(x)$의 증가와 감소를 표로 나타내면 다음과 같다.

x	a	$\cdots$	$a+2$	$\cdots$
$h_1'(x)$		$-$	0	$+$
$h_1(x)$	$4e^a$	$\searrow$	0	$\nearrow$

즉, 함수 $y = f(x)$의 그래프의 개형은 다음 그림과 같다.

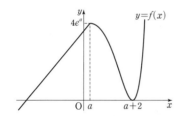

2단계 함수 $g(t)$의 조건을 이용하여 e^a의 값을 구해 보자.

실수 t에 대하여 $f(x) = t$를 만족시키는 x의 최솟값이 $g(t)$이므로

$t < 4e^a$일 때, $h_2(g(t)) = t$

$t \geq 4e^a$일 때, $h_1(g(t)) = t$

이때 함수 $g(t)$가 $t = 12$에서만 불연속이므로

$4e^a = 12 \quad \therefore e^a = 3$

3단계 역함수의 미분법을 이용하여 $\dfrac{g'(f(a+2))}{g'(f(a+6))}$의 값을 구해 보자.

$f(a+2) = 0 < 4e^a$이므로

$h_2(k) = 0$이라 하면

$h_2(g(t)) = t$에서

$h_2'(g(t))g'(t) = 1$, $g'(t) = \dfrac{1}{h_2'(g(t))}$

$\therefore g'(f(a+2)) = g'(0) = \dfrac{1}{h_2'(k)} = \dfrac{1}{e^{2a}} \quad \cdots\cdots\ \text{ⓐ}$

또한, $f(a+6) = 16e^{a+6} > 4e^a$이므로

$h_1(l) = 16e^{a+6}$이라 하면

$h_1(g(t)) = t$에서

$h_1'(g(t))g'(t) = 1$, $g'(t) = \dfrac{1}{h_1'(g(t))}$

---

051 정답률 ▶ 24%　　　　　답 40

1단계 함수 $f'(x)$가 최댓값을 갖는 x의 값을 알아보자.

$f(x) = (ax^2 + bx)e^{-x}$에서

$f'(x) = (2ax + b)e^{-x} - (ax^2 + bx)e^{-x}$

$\qquad = \{-ax^2 + (2a-b)x + b\}e^{-x}$

$f''(x) = (-2ax + 2a - b)e^{-x} - \{-ax^2 + (2a-b)x + b\}e^{-x}$

$\qquad = \{ax^2 - (4a-b)x + 2a - 2b\}e^{-x}$

$f'(x) = 0$에서

$ax^2 - (2a-b)x - b = 0\ (\because e^{-x} > 0) \qquad \cdots\cdots\ \text{ⓐ}$

$f''(x) = 0$에서

$ax^2 - (4a-b)x + 2a - 2b = 0\ (\because e^{-x} > 0) \quad \cdots\cdots\ \text{ⓛ}$ ⌐ (판별식) > 0

두 이차방정식 ⓐ, ⓛ은 각각 서로 다른 두 양의 실근을 갖고, 이차방정식 ⓐ의 두 실근을 α, $\beta\ (\alpha < \beta)$, 이차방정식 ⓛ의 두 실근을 γ, $\delta\ (\gamma < \delta)$라 하자.

두 이차방정식 ⓐ, ⓛ의 근은 각각

$x = \dfrac{2a - b \pm \sqrt{4a^2 + b^2}}{2a}$, $x = \dfrac{4a - b \pm \sqrt{8a^2 + b^2}}{2a}$

이므로 $\alpha < \gamma < \beta < \delta$이다.

함수 $f(x)$의 증가와 감소를 표로 나타내면 다음과 같다.

x	$\cdots$	α	$\cdots$	γ	$\cdots$	β	$\cdots$	δ	$\cdots$
$f''(x)$	$+$	$+$	$+$	0	$-$	$-$	$-$	0	$+$
$f'(x)$	$-$	0	$+$	$+$	$+$	0	$-$	$-$	$-$
$f(x)$	$\searrow$	극소	$\nearrow$		$\nearrow$	극대	$\searrow$		$\searrow$

또한, 함수 $f'(x)$의 증가와 감소를 표로 나타내면 다음과 같다.

x	$\cdots$	γ	$\cdots$	δ	$\cdots$
$f''(x)$	$+$	0	$-$	0	$+$
$f'(x)$	$\nearrow$	극대	$\searrow$	극소	$\nearrow$

$\lim\limits_{x \to \infty} f(x) = 0$이므로 함수 $y = f(x)$와 그 도함수 $y = f'(x)$의 그래프의 개형은 다음 그림과 같다.

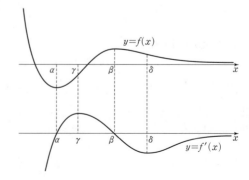

즉, 모든 실수 x에 대하여

$f'(\gamma) \geq f'(x)$

2단계 상수 b의 부호에 따라 경우를 나누어 함수 $y=f(x)$의 그래프의 개형을 그리고 조건 (가)를 만족시키는 경우를 알아보자.

함수 $y=f(x)$의 그래프는 상수 b의 부호에 따라 x축과 만나는 점이 달라진다.

또한, 조건 (가)의 $\{x|f(x)=f'(t)\times x\}=\{0\}$에서 함수 $y=f(x)$의 그래프와 직선 $y=f'(t)x$의 교점의 x좌표가 0, 즉 함수 $y=f(x)$의 그래프와 직선 $y=f'(t)x$의 교점의 좌표가 $(0, 0)$뿐인 실수 t의 개수가 1이다.

함수 $y=f(x)$의 그래프와 직선 $y=f'(t)x$이 접하는 점의 x좌표를 k라 하면

(i) $b<0$인 경우

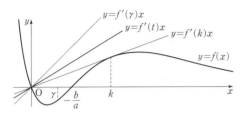

$-\dfrac{b}{a}>0$이므로 함수 $y=f(x)$의 그래프의 개형은 위의 그림과 같고,

$f'(k)<f'(t)\leq f'(\gamma)$일 때 함수 $y=f(x)$의 그래프와 직선 $y=f'(t)x$의 교점의 좌표가 $(0, 0)$뿐이다.

즉, $b<0$이면 실수 t의 개수가 무수히 많다.

(ii) $b=0$인 경우

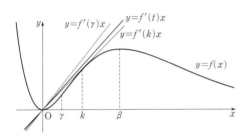

위의 그림과 같이 $f(x)=ax^2 e^{-x}$이므로 함수 $y=f(x)$의 그래프의 개형은 원점에서 x축과 접한다.

$f'(k)<f'(t)\leq f'(\gamma)$일 때 함수 $y=f(x)$의 그래프와 직선 $y=f'(t)x$의 교점의 좌표가 $(0, 0)$뿐이다.

즉, $b=0$이면 실수 t의 개수가 무수히 많다.

(iii) $b>0$인 경우

ⓐ $f(\gamma)<0$일 때

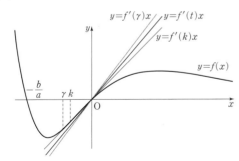

$-\dfrac{b}{a}<0$이고 $f(\gamma)<0$이므로 함수 $y=f(x)$의 그래프는 위의 그림과 같고, $f'(k)<f'(t)\leq f'(\gamma)$일 때 함수 $y=f(x)$의 그래프와 직선 $y=f'(t)x$의 교점의 좌표가 $(0, 0)$뿐이다.

즉, $f(\gamma)<0$일 때 실수 t의 개수가 무수히 많다.

ⓑ $f(\gamma)=0$일 때

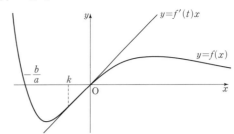

$-\dfrac{b}{a}<0$이고 $f(\gamma)=0$이므로 함수 $y=f(x)$의 그래프의 개형은 위의 그림과 같고, $f'(t)<f'(\gamma)$이면 함수 $y=f(x)$의 그래프와 직선 $y=f'(t)x$의 교점이 2개 이상이 되므로 $f'(t)=f'(\gamma)$이어야 한다.

ⓒ $f(\gamma)>0$일 때

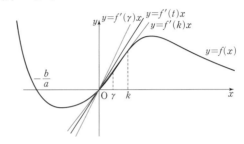

$-\dfrac{b}{a}<0$이고 $f(\gamma)>0$이므로 함수 $y=f(x)$의 그래프의 개형은 위의 그림과 같고, $f'(k)<f'(t)\leq f'(\gamma)$일 때 함수 $y=f(x)$의 그래프와 직선 $y=f'(t)x$의 교점의 좌표가 $(0, 0)$뿐이다.

즉, $f(\gamma)>0$일 때 실수 t의 개수가 무수히 많다.

ⓐ, ⓑ, ⓒ에서 $f(\gamma)=0$일 때 $f'(t)=f'(\gamma)$, 즉, $t=\gamma$일 때 조건(나)를 만족시킨다.

(i), (ii), (iii)에서 $\gamma=0$일 때, 함수 $f(x)$는 조건 (나)를 만족시킨다.

3단계 두 상수 a, b의 값을 구하여 $60\times(a+b)$의 값을 구해 보자.

$\gamma=0$, 즉 $x=0$을 ⓒ에 대입하면

$0-0+2a-2b=0$ $\quad \therefore a=b$

조건 (나)에서

$f(2)=(4a+2b)e^{-2}=2e^{-2}$

$4a+2b=2$ $\quad \therefore b=-2a+1$

$a=b$를 $b=-2a+1$에 대입하여 정리하면

$a=\dfrac{1}{3}$, $b=\dfrac{1}{3}$

$\therefore 60\times(a+b)=60\times\left(\dfrac{1}{3}+\dfrac{1}{3}\right)=40$

---

052 정답률 ▶ 75% **답 ②**

1단계 $f(x)=x^2-5x+2\ln x$라 하고 함수 $y=f(x)$의 그래프의 개형을 파악해 보자.

$f(x)=x^2-5x+2\ln x$라 하면

$f'(x)=2x-5+\dfrac{2}{x}$

$\qquad = \dfrac{2x^2-5x+2}{x}$

$\qquad = \dfrac{(2x-1)(x-2)}{x}$

$f'(x)=0$에서

$x=\dfrac{1}{2}$ 또는 $x=2$

$\longrightarrow$ 진수의 조건에 의하여

$x>0$에서 함수 $f(x)$의 증가와 감소를 표로 나타내면 다음과 같다.

x	(0)	$\cdots$	$\dfrac{1}{2}$	$\cdots$	2	$\cdots$
$f'(x)$		$+$	0	$-$	0	$+$
$f(x)$		$\nearrow$	$-\dfrac{9}{4}-2\ln 2$	$\searrow$	$-6+2\ln 2$	$\nearrow$

$\displaystyle\lim_{x\to 0+}f(x)=-\infty$, $\displaystyle\lim_{x\to\infty}f(x)=\infty$이므로 함수 $y=f(x)$의 그래프의 개형은 다음 그림과 같다.

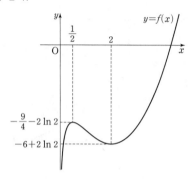

2단계 방정식 $f(x)=t$의 서로 다른 실근의 개수가 2가 되도록 하는 모든 실수 t의 값의 합을 구해 보자.

방정식 $x^2-5x+2\ln x=t$의 서로 다른 실근의 개수는 함수 $y=f(x)$의 그래프와 직선 $y=t$의 교점의 개수와 같다.

즉, 함수 $y=f(x)$의 그래프와 직선 $y=t$의 교점의 개수가 2가 되도록 하는 t의 값은 $-\dfrac{9}{4}-2\ln 2$, $-6+2\ln 2$이므로 그 합은

$$\left(-\dfrac{9}{4}-2\ln 2\right)+(-6+2\ln 2)=-\dfrac{33}{4}$$

053 정답률 ▶ 46% 답 ⑤

1단계 두 조건 (가), (나)를 이용하여 함수 $y=f(x)$의 그래프의 개형을 파악해 보자.

함수 $g(x)$는 $f(x)=0$에서 불연속이므로 조건 (가)에 의하여

$\begin{cases} x\neq 1일 \ 때, \ f(x)\neq 0 \\ x=1일 \ 때, \ f(1)=0 \end{cases}$ ...... ㉠

즉, $x\neq 1$일 때 $g(x)=\ln|f(x)|$이므로

$g'(x)=\dfrac{f'(x)}{f(x)}$ ($\because f(x)\neq 0$) ...... (*)

조건 (나)에서 함수 $g(x)$는 $x=2$에서 극대이므로

$g'(2)=0$에서 $\dfrac{f'(2)}{f(2)}=0$

$\therefore f'(2)=0$ ($\because f(2)\neq 0$) ...... ㉡

또한, $x=2$의 좌우에서 $g'(x)$의 부호가 양($+$)에서 음($-$)으로 바뀌므로 함수 $f(x)$는 $x=2$에서 극댓값을 갖고, 그 그래프의 개형은 다음 그림과 같다. $\longrightarrow$ 함수 $f(x)$는 $x=1$일 때만 $f(1)=0$이므로 $x>1$인 x에 대하여 $f(x)>0$이다.
즉, (*)에서 $x=2$의 좌우에서 $f'(x)$의 부호가 양($+$)에서 음($-$)으로 바뀐다.

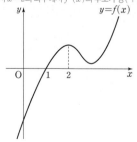

2단계 조건 (다)를 이용하여 함수 $f(x)$를 구해 보자.

$g(x)=0$에서 $\ln|f(x)|=0$

$\therefore |f(x)|=1$

$\therefore f(x)=-1$ 또는 $f(x)=1$

조건 (다)에서 방정식 $g(x)=0$의 서로 다른 실근의 개수가 3이므로 함수 $y=f(x)$의 그래프와 두 직선 $y=\pm 1$의 교점의 개수는 3이다.

함수 $f(x)$가 $x=\alpha$ $(\alpha>2)$에서 극솟값을 갖는다고 하면

(i) $f(\alpha)=1$일 때

함수 $y=f(x)$의 그래프의 개형은 다음 그림과 같다.

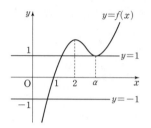

이때 $f(2)>1$에서 $g(2)=\ln|f(2)|>0$

이므로 함수 $y=g(x)$의 그래프의 개형은 다음 그림과 같다.

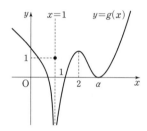

이때 함수 $g(x)$는 $x=2$에서 극대이고, 함수 $|g(x)|$도 $x=2$에서 극대이므로 조건 (나)를 만족시키지 않는다.

(ii) $f(2)=1$일 때

함수 $y=f(x)$의 그래프의 개형은 다음 그림과 같다.

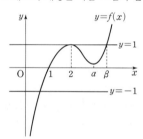

이때 $f(2)=1$에서 $g(2)=\ln|f(2)|=0$

이고, 조건 (나)를 만족시키려면 함수 $y=g(x)$의 그래프의 개형은 다음 그림과 같아야 한다.

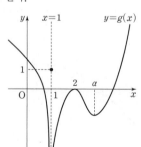

함수 $y=f(x)$의 그래프와 직선 $y=1$의 교점 중 x좌표가 2가 아닌 점의 x좌표를 β라 하면

$f(x)-1=\dfrac{1}{2}(x-2)^2(x-\beta)$

위의 식에 $x=1$을 대입하면

$$f(1)-1=\frac{1}{2}(1-2)^2(1-\beta)$$

$$-1=\frac{1}{2}(1-\beta)\ (\because f(1)=0)$$

$$1-\beta=-2$$

$$\therefore \beta=3$$

$$\therefore f(x)=\frac{1}{2}(x-2)^2(x-3)+1$$

(i), (ii)에서

$$f(x)=\frac{1}{2}(x-2)^2(x-3)+1$$

3단계 함수 $g(x)$의 극솟값을 구해 보자.

$$f'(x)=(x-2)(x-3)+\frac{1}{2}(x-2)^2$$

$$=\frac{1}{2}(x-2)\{(2x-6)+(x-2)\}$$

$$=\frac{1}{2}(x-2)(3x-8)$$

$f'(x)=0$에서

$$x=2 \text{ 또는 } x=\frac{8}{3}$$

$$\therefore \alpha=\frac{8}{3}\ (\because \alpha>2)$$

함수 $g(x)$는 $x=\frac{8}{3}$일 때 극소이므로 극솟값은

$$g\left(\frac{8}{3}\right)=\ln\left|f\left(\frac{8}{3}\right)\right|$$

$$=\ln\left|\frac{1}{2}\times\frac{4}{9}\times\left(-\frac{1}{3}\right)+1\right|$$

$$=\ln\left|-\frac{2}{27}+1\right|$$

$$=\ln\frac{25}{27}$$

II 고난도 기출

▸ 본문 065~082쪽

054

정답률 ▸ 21%   **답 3**

1단계 주어진 두 점 $(t, 0)$, $(x, f(x))$ 사이의 거리가 최소가 되는 경우를 알아보고 두 실수 t, s 사이의 관계식을 구해 보자.

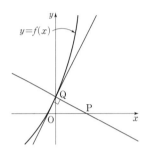

$P(t, 0)$, $Q(s, f(s))$라 하면 두 점 P, Q 사이의 거리가 최소이려면 점 Q에서의 접선과 직선 PQ는 서로 수직이어야 한다.

즉, 두 직선의 기울기의 곱이 -1이다.

이때 $f(x)=e^x+x$에서

$f'(x)=e^x+1$이므로

$$f'(s)=e^s+1 \quad\quad \cdots\cdots \ \text{㉠}$$

직선 PQ의 기울기는

$$\frac{f(s)-0}{s-t}=\frac{e^s+s}{s-t} \quad\quad \cdots\cdots \ \text{㉡}$$

㉠$\times$㉡$=-1$에서

$$(e^s+1)\times\frac{e^s+s}{s-t}=-1$$

$$\therefore (e^s+1)(e^s+s)=t-s \quad\quad \cdots\cdots \ \text{㉢}$$

2단계 음함수의 미분법을 이용하여 함수 $g'(t)$를 구해 보자.

함수 $h(t)$는 함수 $g(t)$의 역함수이므로 $h(1)=k$라 하면

$$g(k)=1$$

이고, 실수 $f(s)$의 값이 $g(t)$이므로

$f(s)=e^s+s$에서

$$g(t)=e^s+s \quad\quad \cdots\cdots \ \text{㉣}$$

$g(k)=e^s+s=1$에서

$$s=0$$

$s=0$을 ㉢에 대입하여 정리하면

$$k=t=2$$

$$\therefore h(1)=2$$

㉣의 양변을 t에 대하여 미분하면

$$g'(t)=(e^s+1)\frac{ds}{dt} \quad\quad \cdots\cdots \ \text{㉤}$$

이때 ㉢의 양변을 t에 대하여 미분하면

$$\{e^s(e^s+s)+(e^s+1)^2\}\frac{ds}{dt}=1-\frac{ds}{dt}$$

$$\{e^s(e^s+s)+(e^s+1)^2+1\}\frac{ds}{dt}=1$$

$$\frac{ds}{dt}=\frac{1}{e^s(e^s+s)+(e^s+1)^2+1}$$

이므로 ⑩에서

$$g'(t)=\frac{e^s+1}{e^s(e^s+s)+(e^s+1)^2+1}$$

3단계 역함수의 미분법을 이용하여 $h'(1)$의 값을 구해 보자.

$t=2$일 때 $s=0$이므로

$$g'(2)=\frac{1+1}{1+2^2+1}=\frac{1}{3}$$

$$\therefore h'(1)=\frac{1}{g'(h(1))}=\frac{1}{g'(2)}$$
$$=3$$

참고

실수 s의 값이 양수 t에 의하여 정해지므로
$$g(t)=f(s)=f(s(t))$$
$$g'(t)=f'(s(t))s'(t)$$
$$\therefore g'(2)=f'(s(2))s'(2)=f'(0)s'(2) \quad \cdots\cdots (\ast)$$
이때 $t=f(s)f'(s)+s$ $(\because$ ⓒ$)$에서
$$t=f(s(t))f'(s(t))+s(t)$$
위의 식을 t에 대하여 미분하면
$$1=s'(t)\{f'(s(t))\}^2+f(s(t))f''(s(t))s'(t)+s'(t)$$

$s(t)$는 양수 t의 값에 관계없이 항상 0이다.

위의 식에 $t=2$를 대입하면
$$1=s'(2)\{f'(0)\}^2+f(0)f''(0)s'(2)+s'(2)$$
$$=4s'(2)+s'(2)+s'(2)$$
$$=6s'(2)$$
$$\therefore s'(2)=\frac{1}{6} \quad \therefore g'(2)=\frac{1}{3} \ (\because (\ast))$$

055 정답률 ▶ 26%   답 ②

1단계 주어진 조건을 이용하여 두 상수 a, b 사이의 관계식을 구해 보자.

조건 (가)에서
$$\{f(x)\}^2+2f(x)=a\cos^3\pi x\times e^{\sin^2\pi x}+b \quad \cdots\cdots \text{⊙}$$
⊙의 양변에
$x=0$을 대입하면 $\{f(0)\}^2+2f(0)=a+b$,
$x=2$를 대입하면 $\{f(2)\}^2+2f(2)=a+b$
이므로
$$\{f(0)\}^2+2f(0)=\{f(2)\}^2+2f(2)$$
$$\{f(0)\}^2-\{f(2)\}^2=-2f(0)+2f(2)$$
$$\{f(0)-f(2)\}\{f(0)+f(2)\}=-2\{f(0)-f(2)\}$$
$$\therefore \{f(0)-f(2)\}\{f(0)+f(2)+2\}=0$$
이때 조건 (나)에 의하여 $f(0)\neq f(2)$이므로
$$f(0)+f(2)+2=0$$
$$\{f(2)+1\}+f(2)+2=0 \ (\because \text{조건 (나)})$$
$$\therefore f(2)=-\frac{3}{2}, f(0)=-\frac{1}{2}$$
또한, $\{f(0)\}^2+2f(0)=a+b$에서
$$\frac{1}{4}+(-1)=a+b \quad \therefore a+b=-\frac{3}{4} \quad \cdots\cdots \text{ⓒ}$$

048 정답 및 해설

2단계 두 조건 (가), (나)를 만족시키는 함수 $f(x)$에 대하여 알아보자.

⊙에서
$$\{f(x)\}^2+2f(x)+1=a\cos^3\pi x\times e^{\sin^2\pi x}-\left(a+\frac{3}{4}\right)+1$$
$$\{f(x)+1\}^2=a\cos^3\pi x\times e^{\sin^2\pi x}-a+\frac{1}{4}$$

이때 $g(x)=a\cos^3\pi x\times e^{\sin^2\pi x}-a+\frac{1}{4}$이라 하면

$$g(2-x)=a\cos^3\pi(2-x)\times e^{\sin^2\pi(2-x)}-a+\frac{1}{4}$$
$$=a\cos^3(-\pi x)\times e^{\sin^2(-\pi x)}-a+\frac{1}{4}$$
$$=a\cos^3\pi x\times e^{\sin^2\pi x}-a+\frac{1}{4}$$
$$=g(x)$$

이므로 모든 실수 x에 대하여
$$g(x)=g(2-x)$$
$$\{f(x)+1\}^2=\{f(2-x)+1\}^2$$
$$\{f(x)+1\}^2-\{f(2-x)+1\}^2=0$$
$$\{f(x)-f(2-x)\}\{f(x)+f(2-x)+2\}=0$$
이때 조건 (나)에 의하여 $f(0)\neq f(2)$이므로
$$f(x)\neq f(2-x)$$
$$\therefore f(x)=-f(2-x)-2 \quad \cdots\cdots \text{ⓒ}$$

3단계 두 실수 a, b의 값을 각각 구하여 $a\times b$의 값을 구해 보자.

ⓒ의 양변에 $x=1$을 대입하면
$$f(1)=-f(1)-2$$
$$\therefore f(1)=-1$$
조건 (가)의 식의 양변에 $x=1$을 대입하여 정리하면
$$1+(-2)=-a+b$$
$$\therefore -a+b=-1 \quad \cdots\cdots \text{ⓔ}$$
ⓒ, ⓔ을 연립하여 풀면
$$a=\frac{1}{8}, b=-\frac{7}{8}$$
$$\therefore a\times b=\frac{1}{8}\times\left(-\frac{7}{8}\right)=-\frac{7}{64}$$

다른 풀이 **2단계** 부터

조건 (가)의 식을 변형하면
$$\{f(x)\}^2+2f(x)+1=a\cos^3\pi x\times e^{\sin^2\pi x}+b+1$$
$$\therefore \{f(x)+1\}^2=a\cos^3\pi x\times e^{\sin^2\pi x}+b+1 \quad \cdots\cdots \text{ⓒ}$$
즉, 모든 실수에 대하여
$$\{f(x)+1\}^2=a\cos^3\pi x\times e^{\sin^2\pi x}+b+1\geq 0$$

이때 함수 $f(x)$는 연속함수이고 $f(0)=-\frac{1}{2}$, $f(2)=-\frac{3}{2}$이므로 사잇값 정리에 의하여 $f(c)=-1$를 만족시키는 c가 열린구간 $(0, 2)$에 적어도 하나 존재한다.

$\{f(c)+1\}^2=0$이므로 ⓒ에서
$$a\cos^3\pi x\times e^{\sin^2 c\pi}+b+1=0$$
즉, $g(x)=a\cos^3\pi x\times e^{\sin^2\pi x}+b+1$이라 하면 함수 $g(x)$는 $x=c$에서 최솟값 0을 가지므로 $x=c$에서 극소이다.

$g(x)=a\cos^3\pi x\times e^{\sin^2\pi x}+b+1$에서
$$g'(x)=3a\cos^2\pi x\times(-\pi\sin\pi x)\times e^{\sin^2\pi x}$$
$$+a\cos^3\pi x\times e^{\sin^2\pi x}\times 2\sin\pi x\times\pi\cos\pi x$$
$$=a\pi\times\cos^2\pi x\times(-\sin\pi x)\times(3-2\cos^2\pi x)\times e^{\sin^2\pi x}$$
이때 열린구간 $(0, 2)$에서 $\cos^2\pi x\geq 0$, $3-2\cos^2\pi x\geq 0$, $e^{\sin^2\pi x}>0$이므로 $g'(x)$의 부호는 $-\sin\pi x$의 부호에 따라 변하고, $-\sin\pi x=0$이므

로 $-\sin \pi x$의 부호는 $x=1$을 기준으로 음$(-)$에서 양$(+)$으로 변한다.
즉, $g'(1)=0$이므로 함수 $g(x)$는 $x=1$에서 극솟값 0을 가지므로
$g(1)=a\cos^3 \pi \times e^{\sin^2 \pi}+b+1=0$
$\therefore a-b=1$ …… ㉣

056 정답률 ▶ 22%   답 5

1단계 음함수의 미분법을 이용하여 $\dfrac{dy}{dx}$를 구해 보자.

$x^2-2xy+2y^2=15$의 양변을 x에 대하여 미분하면

$2x-\left(2y+2x\dfrac{dy}{dx}\right)+4y\dfrac{dy}{dx}=0$

$(-2x+4y)\dfrac{dy}{dx}=-2x+2y$

$\therefore \dfrac{dy}{dx}=\dfrac{x-y}{x-2y}$ (단, $x-2y\neq 0$)   …… ㉠

2단계 두 점 $A(a,\ a+k)$, $B(b,\ b+k)$에서의 접선의 기울기를 각각 구해 보자.

점 $A(a,\ a+k)$에서의 접선의 기울기는 $x=a$, $y=a+k$를 ㉠에 대입하면 되므로

$\dfrac{a-(a+k)}{a-2(a+k)}=\dfrac{k}{a+2k}$

점 $B(b,\ b+k)$에서의 접선의 기울기는 $x=b$, $y=b+k$를 ㉠에 대입하면 되므로

$\dfrac{b-(b+k)}{b-2(b+k)}=\dfrac{k}{b+2k}$

3단계 k^2의 값을 구해 보자.

곡선 C 위의 점 A에서의 접선과 곡선 C 위의 점 B에서의 접선이 서로 수직이므로

$\dfrac{k}{a+2k}\times \dfrac{k}{b+2k}=-1$

$k^2=-(a+2k)(b+2k)$

$k^2=-ab-2(a+b)k-4k^2$

$\therefore ab+2(a+b)k+5k^2=0$ …… ㉡

한편, 점 A가 곡선 C 위의 점이므로

$a^2-2a(a+k)+2(a+k)^2=15$

$\therefore a^2+2ak+2k^2=15$ …… ㉢

점 B가 곡선 C 위의 점이므로

$b^2-2b(b+k)+2(b+k)^2=15$

$\therefore b^2+2bk+2k^2=15$ …… ㉣

㉢$=$㉣에서

$a^2+2ak+2k^2=b^2+2bk+2k^2$

$a^2-b^2+2k(a-b)=0$

$(a-b)(a+b+2k)=0$

$\therefore a+b=-2k$ ($\because a\neq b$)   …… ㉤

㉤을 ㉡에 대입하면

$ab-4k^2+5k^2=0$

$\therefore k^2=-ab$ …… ㉥

㉢에서

$a^2-a(a+b)-2ab=15$ ($\because$ ㉤, ㉥)

$\therefore ab=-5$

$\therefore k^2=5$

057 정답률 ▶ 18%   답 18

1단계 사인법칙을 이용하여 직선 l_1의 기울기 m_1의 값을 구해 보자.

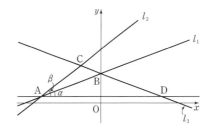

위의 그림과 같이 두 직선 l_1, l_2가 x축의 양의 방향과 이루는 각의 크기를 각각 α, β라 하고, 점 A를 지나고 x축과 평행한 직선과 직선 l_3이 만나는 점을 D라 하면

$m_1=\tan \alpha$,

$m_2=\tan \beta \left(0<\alpha<\beta<\dfrac{\pi}{4}\right)$ → $0<m_1<m_2<1$이므로

직선 l_3은 직선 l_1을 y축에 대하여 대칭이동한 직선이므로

$\angle BAD=\angle BDA=\alpha$

$\therefore \angle CBA=\angle BAD+\angle BDA$

$\qquad =\alpha+\alpha=2\alpha$

또한, 삼각형 ABC에서 $\angle CAB=\beta-\alpha$이므로

$\angle ACB=\pi-(\angle CAB+\angle CBA)$

$\qquad =\pi-\{(\beta-\alpha)+2\alpha\}$

$\qquad =\pi-(\alpha+\beta)$

삼각형 ABC에서 사인법칙에 의하여

$\dfrac{\overline{AC}}{\sin(\angle CBA)}=\dfrac{\overline{AB}}{\sin(\angle ACB)}=2\times \dfrac{15}{2}=15$ …… ㉠

㉠의 $\dfrac{\overline{AC}}{\sin(\angle CBA)}=15$에서

$\dfrac{9}{\sin 2\alpha}=15$

$\therefore \sin 2\alpha=\dfrac{9}{15}=\dfrac{3}{5}$

$\therefore \cos 2\alpha=\sqrt{1-\sin^2 2\alpha}=\sqrt{1-\dfrac{9}{25}}=\dfrac{4}{5}\left(\because 0<2\alpha<\dfrac{\pi}{2}\right)$,

$\qquad \tan 2\alpha=\dfrac{\sin 2\alpha}{\cos 2\alpha}=\dfrac{\dfrac{3}{5}}{\dfrac{4}{5}}=\dfrac{3}{4}$

이때 $\tan 2\alpha=\tan(\alpha+\alpha)=\dfrac{2\tan \alpha}{1-\tan^2 \alpha}$이므로

$\dfrac{2\tan \alpha}{1-\tan^2 \alpha}=\dfrac{3}{4}$

$8\tan \alpha=3(1-\tan^2 \alpha)$, $3\tan^2 \alpha+8\tan \alpha-3=0$

$(\tan \alpha+3)(3\tan \alpha-1)=0$

$\therefore \tan \alpha=\dfrac{1}{3}\left(\because 0<\alpha<\dfrac{\pi}{4}\right)$

$\therefore m_1=\dfrac{1}{3}$

2단계 사인법칙을 이용하여 직선 l_2의 기울기 m_2의 값을 구해 보자.

㉠의 $\dfrac{\overline{AB}}{\sin(\angle ACB)}=15$에서

$\dfrac{12}{\sin\{\pi-(\alpha+\beta)\}}=15$, $\dfrac{12}{\sin(\alpha+\beta)}=15$

$\therefore \sin(\alpha+\beta)=\dfrac{12}{15}=\dfrac{4}{5}$

$$\therefore \cos(\alpha+\beta)=\sqrt{1-\sin^2(\alpha+\beta)} \left(\because 0<\alpha+\beta<\frac{\pi}{2}\right)$$

$$=\sqrt{1-\frac{16}{25}}=\frac{3}{5},$$

$$\tan(\alpha+\beta)=\frac{\sin(\alpha+\beta)}{\cos(\alpha+\beta)}=\frac{\frac{4}{5}}{\frac{3}{5}}=\frac{4}{3}$$

이때 $\tan(\alpha+\beta)=\dfrac{\tan\alpha+\tan\beta}{1-\tan\alpha\tan\beta}$ 에서

$$\frac{\tan\alpha+\tan\beta}{1-\tan\alpha\tan\beta}=\frac{4}{3}$$

$$\frac{\frac{1}{3}+\tan\beta}{1-\frac{1}{3}\tan\beta}=\frac{4}{3}$$

$$3\left(\frac{1}{3}+\tan\beta\right)=4\left(1-\frac{1}{3}\tan\beta\right)$$

$$1+3\tan\beta=4-\frac{4}{3}\tan\beta$$

$$\frac{13}{3}\tan\beta=3$$

$$\therefore \tan\beta=\frac{9}{13}$$

$$\therefore m_2=\frac{9}{13}$$

3단계 $78\times m_1 \times m_2$의 값을 구해 보자.

$$78\times m_1 \times m_2=78\times\frac{1}{3}\times\frac{9}{13}=18$$

---

058 정답률 ▶ 18% 답 4

1단계 $f(\theta)+g(\theta)$의 넓이와 같은 삼각형을 찾아보자.

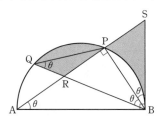

$\angle BQP=\angle BAP=\theta$이고, 두 호 QP, PB의 길이가 같으므로 두 현 QP, PB의 길이가 같다.

즉, 삼각형 PQB는 $\overline{QP}=\overline{PB}$인 이등변삼각형이므로

$$\angle PBQ=\angle BQP=\theta$$

한편, 두 직각삼각형 SAB, SBP는 서로 닮음 (AA 닮음)이므로

$$\angle SBP=\angle SAB=\theta$$

또한, 두 직각삼각형 RBP, SBP는 서로 합동 (ASA 합동)이고, 호 QP와 현 QP로 둘러싸인 부분과 호 PB와 현 PB로 둘러싸인 부분의 넓이가 같으므로 $f(\theta)+g(\theta)$는 삼각형 PQB의 넓이와 같다.

2단계 삼각형 PQB의 넓이를 θ에 대한 식으로 나타내어 보자.

직각삼각형 APB에서

$\overline{PB}=\overline{AB}\sin\theta=2\sin\theta$이고, $\overline{PQ}=\overline{PB}$이므로

$$(\text{삼각형 PQB의 넓이})=\frac{1}{2}\times\overline{PQ}\times\overline{PB}\times\sin(\pi-2\theta)$$

$$=\frac{1}{2}\times2\sin\theta\times2\sin\theta\times\sin2\theta$$

$$=2\sin^2\theta\sin2\theta$$

3단계 $\displaystyle\lim_{\theta\to0+}\frac{f(\theta)+g(\theta)}{\theta^3}$의 값을 구해 보자.

$$\lim_{\theta\to0+}\frac{f(\theta)+g(\theta)}{\theta^3}=\lim_{\theta\to0+}\frac{(\text{삼각형 PQB의 넓이})}{\theta^3}$$

$$=\lim_{\theta\to0+}\frac{2\sin^2\theta\sin2\theta}{\theta^3}$$

$$=\lim_{\theta\to0+}\left\{4\times\left(\frac{\sin\theta}{\theta}\right)^2\times\frac{\sin2\theta}{2\theta}\right\}$$

$$=4\times1^2\times1=4$$

---

059 정답률 ▶ 18% 답 50

1단계 함수 $f(\theta)$를 구해 보자.

직각삼각형 AHP에서

$$\angle HAP=\frac{\pi}{2}-\angle APH=\frac{\pi}{2}-\theta$$

삼각형 OPA는 $\overline{OP}=\overline{OA}=1$인 이등변삼각형이므로

$$\angle AOP=\pi-(\angle OAP+\angle OPA)$$

$$=\pi-\left\{\left(\frac{\pi}{2}-\theta\right)+\left(\frac{\pi}{2}-\theta\right)\right\}=2\theta$$

$$\therefore \overline{AH}=1-\overline{OH}$$

$$=1-\overline{OP}\cos2\theta$$

$$=1-\cos2\theta$$

또한,

$$\angle HAQ=\frac{1}{2}\angle HAP=\frac{1}{2}\left(\frac{\pi}{2}-\theta\right)=\frac{\pi}{4}-\frac{\theta}{2}$$

이므로

$$\overline{HQ}=\overline{AH}\tan\left(\frac{\pi}{4}-\frac{\theta}{2}\right)$$

$$=(1-\cos2\theta)\tan\left(\frac{\pi}{4}-\frac{\theta}{2}\right)$$

$$\therefore f(\theta)=\frac{1}{2}\times\overline{HQ}\times\overline{AH}$$

$$=\frac{1}{2}\times(1-\cos2\theta)\tan\left(\frac{\pi}{4}-\frac{\theta}{2}\right)\times(1-\cos2\theta)$$

$$=\frac{1}{2}\times(1-\cos2\theta)^2\times\tan\left(\frac{\pi}{4}-\frac{\theta}{2}\right)$$

$$=\frac{1}{2}\times\frac{\sin^4 2\theta}{(1+\cos2\theta)^2}\times\tan\left(\frac{\pi}{4}-\frac{\theta}{2}\right)$$

$$\frac{(1-\cos2\theta)^2}{1}$$
$$=\frac{(1-\cos2\theta)^2(1+\cos2\theta)^2}{(1+\cos2\theta)^2}$$
$$=\frac{(1-\cos^2 2\theta)^2}{(1+\cos2\theta)^2}=\frac{(\sin^2 2\theta)^2}{(1+\cos2\theta)^2}$$
$$=\frac{\sin^4 2\theta}{(1+\cos2\theta)^2}$$

2단계 함수 $g(\theta)$를 구해 보자.

위의 그림과 같이 이등변삼각형 OPA에서 점 O에서 선분 PA에 내린 수선의 발을 H′이라 하면

$$\angle H'OP=\frac{1}{2}\angle AOP=\theta$$

$$\therefore \overline{AP}=2\overline{PH'}=2\overline{OP}\sin\theta=2\sin\theta$$

삼각형 AOP에서 선분 AR가 $\angle$OAP의 이등분선이므로

$\overline{AO} : \overline{AP} = \overline{OR} : \overline{RP}$

$1 : 2\sin\theta = \overline{OR} : (1 - \overline{OR})$

$2\sin\theta \times \overline{OR} = 1 - \overline{OR}, \ (1 + 2\sin\theta)\overline{OR} = 1$

$\therefore \overline{OR} = \dfrac{1}{1 + 2\sin\theta}$

또한, 직각삼각형 AOS에서

$\overline{OS} = \overline{OA}\tan(\angle OAS) = 1 \times \tan\left(\dfrac{\pi}{4} - \dfrac{\theta}{2}\right) = \tan\left(\dfrac{\pi}{4} - \dfrac{\theta}{2}\right)$

이므로 삼각형 POS의 넓이는

$\dfrac{1}{2} \times \overline{OP} \times \overline{OS} \times \sin(\angle POS) = \dfrac{1}{2} \times 1 \times \tan\left(\dfrac{\pi}{4} - \dfrac{\theta}{2}\right) \times \sin\left(\dfrac{\pi}{2} - 2\theta\right)$

$\qquad\qquad\qquad = \dfrac{1}{2}\tan\left(\dfrac{\pi}{4} - \dfrac{\theta}{2}\right)\cos 2\theta$

이고, 삼각형 ROS의 넓이는

$\dfrac{1}{2} \times \overline{OR} \times \overline{OS} \times \sin(\angle ROS)$

$= \dfrac{1}{2} \times \dfrac{1}{1 + 2\sin\theta} \times \tan\left(\dfrac{\pi}{4} - \dfrac{\theta}{2}\right) \times \sin\left(\dfrac{\pi}{2} - 2\theta\right)$

$= \dfrac{1}{2} \times \dfrac{1}{1 + 2\sin\theta} \times \tan\left(\dfrac{\pi}{4} - \dfrac{\theta}{2}\right)\cos 2\theta$

$\therefore g(\theta) = (\text{삼각형 POS의 넓이}) - (\text{삼각형 ROS의 넓이})$

$= \dfrac{1}{2}\tan\left(\dfrac{\pi}{4} - \dfrac{\theta}{2}\right)\cos 2\theta$

$\quad - \dfrac{1}{2} \times \dfrac{1}{1 + 2\sin\theta} \times \tan\left(\dfrac{\pi}{4} - \dfrac{\theta}{2}\right)\cos 2\theta$

$= \dfrac{1}{2}\left(1 - \dfrac{1}{1 + 2\sin\theta}\right)\tan\left(\dfrac{\pi}{4} - \dfrac{\theta}{2}\right)\cos 2\theta$

$= \dfrac{1}{2} \times \dfrac{2\sin\theta}{1 + 2\sin\theta} \times \tan\left(\dfrac{\pi}{4} - \dfrac{\theta}{2}\right)\cos 2\theta$

3단계 $\displaystyle\lim_{\theta \to 0+} \dfrac{\theta^3 \times g(\theta)}{f(\theta)}$의 값을 구하여 $100k$의 값을 구해 보자.

$\displaystyle\lim_{\theta \to 0+} \dfrac{\theta^3 \times g(\theta)}{f(\theta)}$

$= \displaystyle\lim_{\theta \to 0+} \dfrac{\theta^3 \times \dfrac{1}{2} \times \dfrac{2\sin\theta}{1 + 2\sin\theta} \times \tan\left(\dfrac{\pi}{4} - \dfrac{\theta}{2}\right)\cos 2\theta}{\dfrac{1}{2} \times \dfrac{\sin^4 2\theta}{(1 + \cos 2\theta)^2} \times \tan\left(\dfrac{\pi}{4} - \dfrac{\theta}{2}\right)}$

$= \displaystyle\lim_{\theta \to 0+} \left\{\theta^3 \times \dfrac{2\sin\theta}{1 + 2\sin\theta} \times \cos 2\theta \times \dfrac{(1 + \cos 2\theta)^2}{\sin^4 2\theta}\right\}$

$= \displaystyle\lim_{\theta \to 0+} \left\{\dfrac{1}{8} \times \left(\dfrac{2\theta}{\sin 2\theta}\right)^4 \times \dfrac{\sin\theta}{\theta} \times \dfrac{\cos 2\theta(1 + \cos 2\theta)^2}{1 + 2\sin\theta}\right\}$

$= \dfrac{1}{8} \times 1^4 \times 1 \times \dfrac{1 \times (1 + 1)^2}{1 + 0}$

$= \dfrac{1}{2}$

따라서 $k = \dfrac{1}{2}$이므로

$100k = 50$

060 정답률 ▶ 19%   **답 91**

1단계 조건 (가)를 이용하여 두 정수 a, b에 대한 관계식을 구해 보자.

$f(x) = (x^2 + ax + b)e^{-x}$에서

$f'(x) = (2x + a)e^{-x} - (x^2 + ax + b)e^{-x}$

$\quad = \{-x^2 - (a - 2)x + a - b\}e^{-x}$

$f'(x) = 0$에서 모든 실수 x에 대하여 $e^{-x} > 0$이므로

$x^2 + (a - 2)x - a + b = 0$ ...... ㉠   ← ㉠이 중근을 가지면 극값을 가지지 않는다.

조건 (가)에서 이차방정식 ㉠은 서로 다른 두 실근을 가져야 한다.

이 두 실근을 α, β $(\alpha < \beta)$라 하고 이차방정식 ㉠의 판별식을 D_1이라 하면

$D_1 = (a - 2)^2 - 4(-a + b) = a^2 - 4b + 4 > 0$

또한, 함수 $f(x)$의 증가와 감소를 표로 나타내면 다음과 같다.

x	$\cdots$	α	$\cdots$	β	$\cdots$
$f'(x)$	$-$	0	$+$	0	$-$
$f(x)$	↘	극소	↗	극대	↘

한편, $f(x) = 0$에서 모든 실수 x에 대하여 $e^{-x} > 0$이므로

$x^2 + ax + b = 0$ ...... ㉡

의 근이 방정식 $f(x) = 0$의 근이다.

이차방정식 ㉡의 판별식을 D_2라 하면

$D_2 = a^2 - 4b$

2단계 조건 (나)를 이용하여 두 정수 a, b의 값을 구하고, $f(10) = pe^{-10}$을 만족시키는 실수 p의 값을 구해 보자.

(i) $D_2 > 0$인 경우

함수 $y = f(x)$의 그래프가 x축과 서로 다른 두 점에서 만나고, 이 두 점의 x좌표를 γ, δ $(\gamma < \delta)$라 하면 함수 $y = |f(x)|$의 그래프의 개형은 다음 그림과 같다.

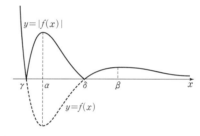

함수 $|f(x)|$는 $x = \alpha$, $x = \beta$에 극대이고 $x = \gamma$, $x = \delta$에서 극소이므로 조건 (나)에서 모든 k의 값의 합은 이차방정식 ㉠의 서로 다른 두 실근 α, β와 이차방정식 ㉡의 서로 다른 두 실근 γ, δ의 합과 같다.

이차방정식의 근과 계수의 관계에 의하여

$\alpha + \beta + \gamma + \delta = (-a + 2) + (-a)$

$\qquad\qquad\qquad = -2a + 2 = 3$

$\therefore a = -\dfrac{1}{2}$

이때 a는 정수가 아니므로 조건을 만족시키지 않는다.

(ii) $D_2 = 0$인 경우

함수 $y = f(x)$의 그래프가 x축에 접하고, 이 접하는 점의 x좌표는 α이므로 함수 $y = |f(x)|$의 그래프의 개형은 다음 그림과 같다.

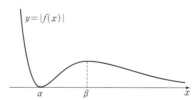

함수 $|f(x)|$는 $x = \beta$에 극대이고 $x = \alpha$에서 극소이므로 조건 (나)에서 모든 k의 값의 합은 이차방정식 ㉠의 서로 다른 두 실근 α, β의 합과 같다.

이차방정식의 근과 계수의 관계에 의하여

$\alpha + \beta = -a + 2 = 3$

$\therefore a = -1$

이때 $D_2 = 1 - 4b = 0$이므로

$b = \dfrac{1}{4}$

이때 b는 정수가 아니므로 조건을 만족시키지 않는다.

(iii) $D_2 < 0$인 경우

함수 $y = f(x)$의 그래프가 x축과 만나지 않으므로 함수 $y = |f(x)|$의 그래프의 개형은 다음 그림과 같다.

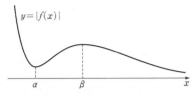

함수 $|f(x)|$는 $x = \beta$에 극대이고 $x = \alpha$에서 극소이므로 조건 (나)에서 모든 k의 값의 합은 이차방정식 ㉠의 서로 다른 두 실근 α, β의 합과 같다.

이차방정식의 근과 계수의 관계에 의하여

$\alpha + \beta = -a + 2 = 3$

$\therefore a = -1$

이때

$D_1 = 1 - 4b + 4 = -4b + 5 > 0 \qquad \therefore b < \dfrac{5}{4}$

$D_2 = 1 - 4b < 0 \qquad \therefore b > \dfrac{1}{4}$

즉, $\dfrac{1}{4} < b < \dfrac{5}{4}$이고 b는 정수이므로

$b = 1$

(i), (ii), (iii)에서 조건을 만족시키는 정수 a, b의 값은 $a = -1$, $b = 1$이므로

$f(x) = (x^2 - x + 1)e^{-x}$

따라서 $f(10) = (100 - 10 + 1)e^{-10} = 91e^{-10}$이므로

$pe^{-10} = 91e^{-10}$에서

$p = 91$

061 정답률 ▶ 15% 답 32

1단계 삼각형 PCQ의 넓이를 식으로 나타내어 보자.

오른쪽 그림과 같이 원의 중심을 O, 점 P에서 선분 AB에 내린 수선의 발을 H라 하자.

$\overline{CP} = x$ $(x > 0)$이라 하면 삼각형 PCH에서 $\overline{CH} = x\cos\theta$, $\overline{PH} = x\sin\theta$이므로

(삼각형 PCH의 넓이)

$= \dfrac{1}{2} \times \overline{CH} \times \overline{PH}$

$= \dfrac{1}{2} \times x\cos\theta \times x\sin\theta$

$= \dfrac{1}{2}x^2\sin\theta\cos\theta$

이때 두 삼각형 PCH, QCH는 서로 합동 (SAS 합동)이므로

$S(\theta) = 2 \times$ (삼각형 PCH의 넓이)

$= x^2\sin\theta\cos\theta$

$= \dfrac{x^2}{2}\sin 2\theta$

2단계 음함수의 미분법을 이용하여 $\dfrac{dx}{d\theta}$의 값을 구해 보자.

삼각형 PCO에서

$\overline{OP} = 5$, $\overline{CO} = \overline{AO} - \overline{AC} = 5 - 4 = 1$

이므로 코사인법칙에 의하여

$\overline{OP}^2 = \overline{CP}^2 + \overline{CO}^2 - 2 \times \overline{CP} \times \overline{CO} \times \cos(\angle PCO)$

$5^2 = x^2 + 1^2 - 2 \times x \times 1 \times \cos\theta$

$\cos\theta = \dfrac{x^2 - 24}{2x} = \dfrac{x}{2} - \dfrac{12}{x}$ ...... ㉠

㉠의 양변을 θ에 대하여 미분하면

$-\sin\theta = \left(\dfrac{1}{2} + \dfrac{12}{x^2}\right)\dfrac{dx}{d\theta}$

$\therefore \dfrac{dx}{d\theta} = \dfrac{-\sin\theta}{\dfrac{1}{2} + \dfrac{12}{x^2}}$ ...... ㉡

이때 $\theta = \dfrac{\pi}{4}$를 ㉠에 대입하면

$\dfrac{\sqrt{2}}{2} = \dfrac{x^2 - 24}{2x}$, $x^2 - \sqrt{2}x - 24 = 0$

$x = \dfrac{\sqrt{2} \pm 7\sqrt{2}}{2}$

$\therefore x = 4\sqrt{2}$ $(\because x > 0)$

$\theta = \dfrac{\pi}{4}$, $x = 4\sqrt{2}$를 ㉡에 대입하면

$\dfrac{-\sin\dfrac{\pi}{4}}{\dfrac{1}{2} + \dfrac{12}{(4\sqrt{2})^2}} = \dfrac{-\dfrac{\sqrt{2}}{2}}{\dfrac{1}{2} + \dfrac{3}{8}} = -\dfrac{4\sqrt{2}}{7}$

3단계 $-7 \times S'\left(\dfrac{\pi}{4}\right)$의 값을 구해 보자.

$S(\theta) = \dfrac{x^2}{2}\sin 2\theta$의 양변을 θ에 대하여 미분하면

$S'(\theta) = x\dfrac{dx}{d\theta}\sin 2\theta + x^2\cos 2\theta$

$S'\left(\dfrac{\pi}{4}\right) = 4\sqrt{2} \times \left(-\dfrac{4\sqrt{2}}{7}\right) \times 1 + (4\sqrt{2})^2 \times 0$

$= -\dfrac{32}{7}$

$\therefore -7 \times S'\left(\dfrac{\pi}{4}\right) = 32$

062 정답률 ▶ 18% 답 17

1단계 조건 (가)를 만족시키는 상수 a의 값을 구해 보자.

조건 (가)에서

$f(0) = 0$이므로 $\sin b = 0$

$\therefore b = k\pi$ (k는 정수) ...... ㉠

$f(2\pi) = 2\pi a + b$이므로

$\sin(2\pi a + b) = 2\pi a + b$ ...... ㉡

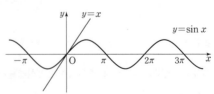

곡선 $y = \sin x$와 직선 $y = x$가 위의 그림과 같으므로 모든 실수 x에 대하여 $\sin x = x$를 만족시키는 x의 값은 $x = 0$이 유일하다.

즉, ㉡에서 $2\pi a+b=0$이므로 $2\pi a+k\pi=0$ ($\because$ ㉠)

$(2a+k)\pi=0$ $\qquad\therefore 2a=-k$

이때 k는 정수이므로 $2a$도 정수이고

$1\le a\le 2$에서 $2\le 2a\le 4$이므로

$2a=2$ 또는 $2a=3$ 또는 $2a=4$

$\therefore a=1$ 또는 $a=\dfrac{3}{2}$ 또는 $a=2$

2단계 상수 a의 값에 따라 경우를 나누어 조건 (나)를 만족시키는 두 상수 a, b의 값을 구해 보자.

(i) $a=1$일 때

$b=-2\pi$ ($\because 2\pi a+b=0$)이므로

$f(x)=\sin(x-2\pi+\sin x)=\sin(x+\sin x)$에서

$f'(x)=\cos(x+\sin x)\times(1+\cos x)$

이때 $f'(0)=\cos(0+0)\times(1+1)=2$이고

$f'(\pi)=\cos(\pi+0)\times(1-1)=0$,

$f'(2\pi)=\cos(2\pi+0)\times(1+1)=2$

이므로 $f'(0)=f'(t)$인 양수 t의 최솟값이 4π가 아니다.

즉, 조건 (나)를 만족시키지 않는다.

(ii) $a=\dfrac{3}{2}$일 때

$b=-3\pi$ ($\because 2\pi a+b=0$)이므로

$f(x)=\sin\left(\dfrac{3}{2}x-3\pi+\sin x\right)=-\sin\left(\dfrac{3}{2}x+\sin x\right)$에서

$f'(x)=-\cos\left(\dfrac{3}{2}x+\sin x\right)\times\left(\dfrac{3}{2}+\cos x\right)$

이때 $f'(0)=-\cos(0+0)\times\left(\dfrac{3}{2}+1\right)=-\dfrac{5}{2}$이고

$\left.\begin{array}{l}f'(\pi)=-\cos\left(\dfrac{3}{2}\pi+0\right)\times\left(\dfrac{3}{2}-1\right)=0, \\[2mm] f'(2\pi)=-\cos(3\pi+0)\times\left(\dfrac{3}{2}+1\right)=\dfrac{5}{2}, \\[2mm] f'(3\pi)=-\cos\left(\dfrac{9}{2}\pi+0\right)\times\left(\dfrac{3}{2}-1\right)=0, \\[2mm] f'(4\pi)=-\cos(6\pi+0)\times\left(\dfrac{3}{2}+1\right)=-\dfrac{5}{2}\end{array}\right\}-\dfrac{5}{2}\le f'(x)\le\dfrac{5}{2}$

이므로 $f'(0)=f'(t)$인 양수 t의 최솟값은 4π이다.

즉, 조건 (나)를 만족시킨다.

(iii) $a=2$일 때

$b=-4\pi$ ($\because 2\pi a+b=0$)이므로

$f(x)=\sin(2x-4\pi+\sin x)=\sin(2x+\sin x)$에서

$f'(x)=\cos(2x+\sin x)\times(2+\cos x)$

이때 $f'(0)=\cos(0+0)\times(2+1)=3$이고

$f'(\pi)=\cos(2\pi+0)\times(2-1)=1$,

$f'(2\pi)=\cos(4\pi+0)\times(2+1)=3$

이므로 $f'(0)=f'(t)$인 양수 t의 최솟값이 4π가 아니다.

즉, 조건 (나)를 만족시키지 않는다.

(i), (ii), (iii)에서 $a=\dfrac{3}{2}$, $b=-3\pi$

3단계 조건을 만족시키는 집합 A를 구하고 $p+q$의 값을 구해 보자.

$f(x)=-\sin\left(\dfrac{3}{2}x+\sin x\right)$에서

$f'(x)=-\cos\left(\dfrac{3}{2}x+\sin x\right)\times\left(\dfrac{3}{2}+\cos x\right)$

이때 $\dfrac{3}{2}+\cos x>0$이므로 $f'(x)=0$에서

$\cos\left(\dfrac{3}{2}x+\sin x\right)=0$ $\qquad\therefore\dfrac{3}{2}x+\sin x=m\pi+\dfrac{\pi}{2}$ (m은 정수)

즉, $\sin x=-\dfrac{3}{2}x+m\pi+\dfrac{\pi}{2}$이고, 이 방정식의 실근은 곡선 $y=\sin x$와

직선 $y=-\dfrac{3}{2}x+m\pi+\dfrac{\pi}{2}$의 교점의 x좌표와 같다.

열린구간 $(0, 4\pi)$에서 곡선 $y=\sin x$와 직선 $y=-\dfrac{3}{2}x+m\pi+\dfrac{\pi}{2}$

(m은 정수)의 개형은 다음 그림과 같다.

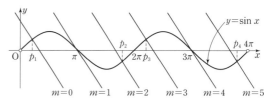

(a) $0<x<p_1$일 때

$-\dfrac{3}{2}x<\sin x<-\dfrac{3}{2}x+\dfrac{\pi}{2}$, 즉

$0<\dfrac{3}{2}x+\sin x<\dfrac{\pi}{2}$이므로

$f'(x)<0$

(b) $p_1<x<\pi$일 때

$-\dfrac{3}{2}x+\dfrac{\pi}{2}<\sin x<-\dfrac{3}{2}x+\dfrac{3}{2}\pi$, 즉

$\dfrac{\pi}{2}<\dfrac{3}{2}x+\sin x<\dfrac{3}{2}\pi$이므로

$f'(x)>0$

(c) $\pi<x<p_2$일 때

$-\dfrac{3}{2}x+\dfrac{3}{2}\pi<\sin x<-\dfrac{3}{2}x+\dfrac{5}{2}\pi$, 즉

$\dfrac{3}{2}\pi<\dfrac{3}{2}x+\sin x<\dfrac{5}{2}\pi$이므로

$f'(x)<0$

(d) $p_2<x<p_3$일 때

$-\dfrac{3}{2}x+\dfrac{5}{2}\pi<\sin x<-\dfrac{3}{2}x+\dfrac{7}{2}\pi$, 즉

$\dfrac{5}{2}\pi<\dfrac{3}{2}x+\sin x<\dfrac{7}{2}\pi$이므로

$f'(x)>0$

(e) $p_3<x<3\pi$일 때

$-\dfrac{3}{2}x+\dfrac{7}{2}\pi<\sin x<-\dfrac{3}{2}x+\dfrac{9}{2}\pi$, 즉

$\dfrac{7}{2}\pi<\dfrac{3}{2}x+\sin x<\dfrac{9}{2}\pi$이므로

$f'(x)<0$

(f) $3\pi<x<p_4$일 때

$-\dfrac{3}{2}x+\dfrac{9}{2}\pi<\sin x<-\dfrac{3}{2}x+\dfrac{11}{2}\pi$, 즉

$\dfrac{9}{2}\pi<\dfrac{3}{2}x+\sin x<\dfrac{11}{2}\pi$이므로

$f'(x)>0$

(g) $p_4<x<4\pi$일 때

$-\dfrac{3}{2}x+\dfrac{11}{2}\pi<\sin x<-\dfrac{3}{2}x+6\pi$, 즉

$\dfrac{11}{2}\pi<\dfrac{3}{2}x+\sin x<6\pi$이므로

$f'(x)<0$

(a)~(g)에서 함수 $f(x)$는 $x=\pi$, $x=p_3$, $x=p_4$에서 극대이므로

$A=\{\pi, p_3, p_4\}$

즉, $n=3$, $a_1=\pi$이므로

$na_1-ab=3\pi-\dfrac{3}{2}\times(-3\pi)=\dfrac{15}{2}\pi$

따라서 $p=2$, $q=15$이므로
$p+q=2+15=17$

다른 풀이

$f(x)=\sin(ax+b+\sin x)$에서

$f'(x)=\cos(ax+b+\sin x)\times(a+\cos x)$
$\qquad=\cos(ax-2\pi a+\sin x)\times(a+\cos x)\ (\because 2\pi a+b=0)$

$f'(0)=\cos(-2\pi a)\times(a+1)=(a+1)\cos 2\pi a$

$f'(4\pi)=\cos 2\pi a\times(a+1)$,

$f'(2\pi)=\cos 0\times(a+1)=a+1$

이때 $a=1$ 또는 $a=2$이면 $f'(0)=a+1$이므로

$f'(0)=f'(2\pi)$가 되어 조건 (나)를 만족시키지 않는다.

$a=\dfrac{3}{2}$이면 $f'(0)=-\dfrac{5}{2}$이므로 $f'(t)=f'(0)$인 양수 t에 대하여

$f'(t)=-\cos\left(\dfrac{3}{2}t+\sin t\right)\times\left(\dfrac{3}{2}+\cos t\right)$에서

$-\cos\left(\dfrac{3}{2}t+\sin t\right)=-1$, $\dfrac{3}{2}+\cos t=\dfrac{5}{2}$이어야 한다.

즉, $\cos t=1$이므로 자연수 n에 대하여 $t=2n\pi$이다.

이때 $t=2\pi$이면 $\cos\left(\dfrac{3}{2}t+\sin t\right)=-1\ne1$이고

$t=4\pi$이면 $\cos\left(\dfrac{3}{2}t+\sin t\right)=1$이므로 조건 (나)를 만족시킨다.

참고

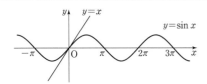

$f(x)=x$, $g(x)=\sin x$라 하면 $f'(x)=1$, $g'(x)=\cos x$

이때 $-1\le g'(x)\le1$이므로 곡선 $y=g(x)$에 접하는 직선의 기울기는 -1 이상 1 이하이다.

$f(0)=0$, $f'(0)=1$, $g(0)=0$, $g'(0)=1$이므로

직선 $y=x$는 곡선 $y=\sin x$와 원점에서 접하고 교점은 원점뿐이다.

따라서 방정식 $\sin x=x$를 만족시키는 x의 값은 0뿐이다.

또한, |(직선의 기울기)|>1인 직선과 곡선 $y=g(x)$의 교점의 개수는 1이다. ($\because -1\le g'(x)\le1$)

즉, 직선 $y=-\dfrac{3}{2}x+k$ (k는 실수)와 곡선 $y=g(x)$는 <u>오직 한 점에서 만난다.</u>
→ 접하지는 않는다.

063 정답률 ▶ 16%   답 55

1단계 함수 $y=f(x)$의 그래프의 개형을 파악해 보자.

$f(x)=\dfrac{1}{3}x^3-x^2+\ln(1+x^2)+a$에서

$f'(x)=x^2-2x+\dfrac{2x}{1+x^2}=\dfrac{x^2(x-1)^2}{x^2+1}$

$f''(x)=\dfrac{\{2x(x-1)^2+2x^2(x-1)\}(x^2+1)-x^2(x-1)^2\times 2x}{(x^2+1)^2}$
$\qquad=\dfrac{2x(x-1)(x^3+2x-1)}{(x^2+1)^2}$

$f'(x)=0$에서 $x=0$ 또는 $x=1$

이때 모든 실수 x에 대하여 $f'(x)\ge0$이므로 함수 $f(x)$는 실수 전체의 집합에서 증가한다.

한편, $h(x)=x^3+2x-1$이라 하면

$h'(x)=3x^2+2>0$이므로 함수 $h(x)$는 실수 전체의 집합에서 증가하고 함수 $y=h(x)$의 그래프의 개형은 x축과 한 점에서 만난다.

방정식 $h(x)=0$의 한 실근을 α라 하자.

$h(0)=-1<0$, $h(1)=1+2-1=2>0$이므로 $0<\alpha<1$이다.

$f''(x)=0$에서 $x=0$ 또는 $x=\alpha$ 또는 $x=1$

함수 $f(x)$의 증가와 감소를 표로 나타내면 다음과 같다.

x	$\cdots$	0	$\cdots$	α	$\cdots$	1	$\cdots$
$f''(x)$	$-$	0	$+$	0	$-$	0	$+$
$f'(x)$	$+$	0	$+$	$+$	$+$	0	$+$
$f(x)$	↗	$f(a)$	↘	$f(a)$	↗	$f(1)$	↘

함수 $y=f(x)$의 그래프의 개형은 다음 그림과 같다.

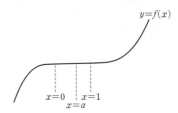

또한, 함수 $y=-f(x-c)$의 그래프는 함수 $y=f(x)$의 그래프를 x축의 방향으로 c만큼 평행이동한 후, x축에 대하여 대칭이동한 것이므로 함수 $y=-f(x-c)$의 그래프의 개형은 다음 그림과 같다.

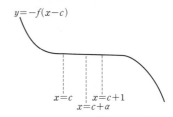

2단계 함수 $g(x)$가 실수 전체의 집합에서 미분가능함을 이용하여 두 양수 b, c의 값을 구해 보자.

(ⅰ) $a\ge0$인 경우

함수 $y=g(x)$의 그래프의 개형은 다음 그림과 같다.

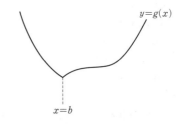

즉, $\displaystyle\lim_{x\to b+}g'(x)=\lim_{x\to b+}f'(x)\ge0$,

$\displaystyle\lim_{x\to b-}g'(x)=\lim_{x\to b-}\{-f'(x-c)\}<0$

이므로 함수 $g(x)$는 $x=b$에서 미분가능하지 않다.

(ⅱ) $a<0$인 경우

$f(0)=a$, $f'(0)=0$, $f(1)=-\dfrac{2}{3}+\ln 2+a$, $f'(1)=0$

이고

$\displaystyle\lim_{x\to b+}g'(x)\ge0$, $\displaystyle\lim_{x\to b-}g'(x)\le0$

이므로 $x=b$에서 미분가능하려면

$\displaystyle\lim_{x\to b+}g'(x)=\lim_{x\to b-}g'(x)=0$, 즉 $\displaystyle\lim_{x\to b}g'(x)=0$

이어야 한다.

즉, 오른쪽 그림과 같이
$|f(0)|=|f(1)|$, $b=1$, $c=1$
이면 함수 $g(x)$는 실수 전체의
집합에서 미분가능하다.

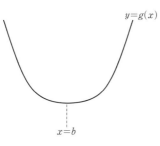

(i), (ii)에서
$b=1$, $c=1$

3단계 함수 $g(x)$가 실수 전체의 집합에서 연속임을 이용하여 상수 a의 값을 구하고 $30(p+q)$의 값을 구해 보자.

함수 $g(x)$가 실수 전체의 집합에서 미분가능하므로 함수 $g(x)$가 실수 전체의 집합에서 연속이다.

즉, 함수 $g(x)$가 $x=1$에서도 연속이어야 하므로
$$\lim_{x \to 1+} g(x) = \lim_{x \to 1+} f(x) = f(1)$$
$$= \frac{1}{3} - 1 + \ln(1+1) + a$$
$$= -\frac{2}{3} + \ln 2 + a,$$
$$\lim_{x \to 1-} g(x) = \lim_{x \to 1-} \{-f(x-1)\}$$
$$= -f(0) = -a,$$
$$g(1) = f(1) = -\frac{2}{3} + \ln 2 + a$$
에서 $-\frac{2}{3} + \ln 2 + a = -a$
$$2a = \frac{2}{3} - \ln 2$$
$$\therefore a = \frac{1}{3} - \frac{1}{2}\ln 2$$
$$\therefore a + b + c = \left(\frac{1}{3} - \frac{1}{2}\ln 2\right) + 1 + 1 = \frac{7}{3} - \frac{1}{2}\ln 2$$

따라서 $p = \frac{7}{3}$, $q = -\frac{1}{2}$이므로
$$30(p+q) = 30 \times \left\{\frac{7}{3} + \left(-\frac{1}{2}\right)\right\} = 55$$

다른 풀이

함수 $g(x) = \begin{cases} f(x) & (x \geq b) \\ -f(x-c) & (x < b) \end{cases}$가 실수 전체의 집합에서 미분가능하므로
$$g'(x) = \begin{cases} f'(x) & (x > b) \\ -f'(x-c) & (x < b) \end{cases}$$
이때
$$\lim_{x \to b+} g'(x) = \lim_{x \to b+} f'(x) = f'(b),$$
$$\lim_{x \to b-} g'(x) = \lim_{x \to b-} \{-f'(x-c)\} = -f'(b-c),$$
$$\lim_{x \to b+} g'(x) = \lim_{x \to b-} g'(x)$$
이므로
$$f'(b) = -f'(b-c)$$
모든 실수 x에 대하여 $f'(x) \geq 0$이므로
$$0 \leq f'(b) = -f'(b-c) \leq 0$$
$$\therefore f'(b) = -f'(b-c) = 0$$
이때 $f'(0) = 0$, $f'(1) = 0$이므로
$$b = 1, \ b - c = 0 \ (\because b > 0, \ c > 0)$$
$$\therefore b = 1, \ c = 1$$
$$\therefore g(x) = \begin{cases} f(x) & (x \geq 1) \\ -f(x-1) & (x < 1) \end{cases}$$

1단계 함수 $y = f(x)$의 그래프의 개형을 그려 보자.

$f(x) = \dfrac{x^2 - ax}{e^x} = (x^2 - ax)e^{-x}$에서
$$f'(x) = (2x - a)e^{-x} - (x^2 - ax)e^{-x}$$
$$= -e^{-x}\{x^2 - (a+2)x + a\}$$
$$f''(x) = e^{-x}\{x^2 - (a+2)x + a\} - e^{-x}\{2x - (a+2)\}$$
$$= e^{-x}\{x^2 - (a+4)x + 2a + 2\}$$
$f'(x) = 0$에서
$$x^2 - (a+2)x + a = 0 \ (\because e^{-x} > 0) \qquad \cdots\cdots \ \bigcirc$$
$f''(x) = 0$에서
$$x^2 - (a+4)x + 2a + 2 = 0 \ (\because e^{-x} > 0) \qquad \cdots\cdots \ \bigcirc\!\!\bigcirc \quad \text{┌ (판별식)} > 0$$

이때 $a > 0$이므로 두 이차방정식 ㉠, ㉡은 각각 서로 다른 두 양의 실근을 갖고, 이차방정식 ㉠의 두 실근을 α, β $(0 < \alpha < \beta)$, 이차방정식 ㉡의 두 실근을 γ, δ $(0 < \gamma < \delta)$라 하자.

두 이차방정식 ㉠, ㉡의 근은 각각
$$x = \frac{a + 2 \pm \sqrt{a^2 + 4}}{2}, \quad x = \frac{a + 4 \pm \sqrt{a^2 + 8}}{2}$$
이므로 $\alpha < \gamma < \beta < \delta \ (\because a > 0)$이다.

함수 $f(x)$의 증가와 감소를 표로 나타내면 다음과 같다.

x	$\cdots$	α	$\cdots$	γ	$\cdots$	β	$\cdots$	δ	$\cdots$
$f''(x)$	$+$	$+$	$+$	0	$-$	$-$	$-$	0	$+$
$f'(x)$	$-$	0	$+$	$+$	$+$	0	$-$	$-$	$-$
$f(x)$	↘	극소	↗		↗	극대	↘		↘

$\lim\limits_{x \to \infty} f(x) = 0$이므로 함수 $y = f(x)$의 그래프의 개형은 다음 그림과 같다.

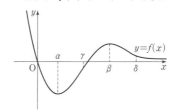

2단계 함수 $g(t)$와 그 그래프를 알아보자.

방정식 $f(x) = f'(t)(x - t) + f(t)$의 서로 다른 실근의 개수는 함수 $y = f(x)$의 그래프와 직선 $y = f'(t)(x - t) + f(t)$의 교점의 개수와 같고, 직선 $y = f'(t)(x - t) + f(t)$는 함수 $y = f(x)$의 그래프 위의 점 $(t, f(t))$에서의 접선이다.

즉, 함수 $g(t)$와 그 그래프는 다음과 같다.

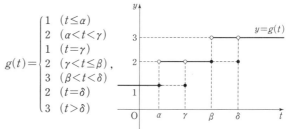

$$g(t) = \begin{cases} 1 & (t \leq \alpha) \\ 2 & (\alpha < t < \gamma) \\ 1 & (t = \gamma) \\ 2 & (\gamma < t \leq \beta) \\ 3 & (\beta < t < \delta) \\ 2 & (t = \delta) \\ 3 & (t > \delta) \end{cases}$$

3단계 양수 a의 값을 구하여 $p + q$의 값을 구해 보자.

$g(5) + \lim\limits_{t \to 5} g(t) = 5$를 만족시키려면 $g(5) = 2$, $\lim\limits_{t \to 5} g(t) = 3$이어야 하고, $\delta = 5$일 때, $g(5) + \lim\limits_{t \to 5} g(t) = 2 + 3 = 5$를 만족시킨다.

$x = \delta = 5$를 ㉡에 대입하면
$$25 - (a+4) \times 5 + 2a + 2 = 0$$
$$-3a + 7 = 0 \quad \therefore a = \frac{7}{3}$$

$\lim\limits_{t\to k-} g(t)\neq\lim\limits_{t\to k+} g(t)$인 경우는 $t=\alpha$ 또는 $t=\beta$일 때이고,

이차방정식 ㉠에서 근과 계수의 관계에 의하여

$$\alpha+\beta=a+2=\frac{7}{3}+2=\frac{13}{3}$$

$$\therefore k=\frac{13}{3}$$

따라서 $p=3$, $q=13$이므로

$$p+q=3+13=16$$

1단계 삼각함수의 덧셈정리를 이용하여 원 C의 반지름의 길이를 구해 보자.

원 C의 중심을 I라 하고, $\angle IOC=\alpha$라
하면 $\angle IOE=\angle IOC=\alpha$이므로
$\cos(\angle COE)$ → 두 직각삼각형 IOG, IOF는
$\angle IGO=\angle IFO=\dfrac{\pi}{2}$,

$\overline{IG}=\overline{IF}$, $\overline{OI}$가 공통이므로 RHS 합동

$=\cos(\alpha+\alpha)$
$=\cos\alpha\cos\alpha-\sin\alpha\sin\alpha$
$=\cos^2\alpha-\sin^2\alpha=2\cos^2\alpha-1$
$=\dfrac{7}{25}$

에서

$$\cos^2\alpha=\frac{16}{25}$$

이때 $0<\alpha<\dfrac{\pi}{4}$이므로

$$\cos\alpha=\frac{4}{5},\ \sin\alpha=\sqrt{1-\cos^2\alpha}=\sqrt{1-\frac{16}{25}}=\frac{3}{5}$$

원 C의 반지름의 길이를 r라 하고, 점 I에서 두 직선 OC, OE에 내린 수선의 발을 각각 F, G라 하면 직각삼각형 IOF에서 $\overline{OI}=8-r$, $\overline{IF}=r$이므로

$$\sin\alpha=\frac{r}{8-r}=\frac{3}{5}$$

$$5r=3\times(8-r)$$

$$\therefore r=3$$

2단계 삼각함수의 덧셈정리를 이용하여 $\sin(\angle AOE)$의 값을 구한 후 $200\times(p+q)$의 값을 구해 보자.

직각삼각형 IOF에서

$$\overline{OF}=\sqrt{\overline{OI}^2-\overline{IF}^2}$$
$$=\sqrt{5^2-3^2}=4$$

점 I에서 직선 BD에 내린 수선의 발을 H라 하면 사각형 HDFI는 한 변의 길이가 3인 정사각형이므로

$$\overline{OD}=\overline{OF}-\overline{DF}=4-3=1$$

한편, $\angle AOC=\beta$라 하면

$$\angle BOC=\frac{\pi}{2}-\angle AOC$$
$$=\frac{\pi}{2}-\beta$$

직각삼각형 BOD에서 $\overline{BO}=8$, $\overline{OD}=1$이므로

$$\cos\left(\frac{\pi}{2}-\beta\right)=\sin\beta=\frac{1}{8}\ (\because \angle BOD=\angle BOC)$$

$$\cos\beta=\sqrt{1-\sin^2\beta}=\sqrt{1-\frac{1}{64}}=\frac{3\sqrt{7}}{8}\left(\because 0<\beta<\frac{\pi}{2}\right)$$

또한, $\sin2\alpha=\sqrt{1-\cos^2 2\alpha}=\sqrt{1-\frac{49}{625}}=\frac{24}{25}\ (\because \angle COE=2\alpha)$

$\angle AOE=2\alpha+\beta$이므로

$\sin(\angle AOE)=\sin(2\alpha+\beta)$
$=\sin2\alpha\cos\beta+\cos2\alpha\sin\beta$
$=\dfrac{24}{25}\times\dfrac{3\sqrt{7}}{8}+\dfrac{7}{25}\times\dfrac{1}{8}$
$=\dfrac{7}{200}+\dfrac{9\sqrt{7}}{25}$

따라서 $p=\dfrac{7}{200}$, $q=\dfrac{9}{25}$이므로

$$200\times(p+q)=200\times\left(\frac{7}{200}+\frac{9}{25}\right)=79$$

1단계 $f(\theta)$에 대한 식을 구해 보자.

$\angle APD=\alpha\left(0<\alpha<\dfrac{\pi}{2}\right)$라 하면

$\angle ADQ=\theta+\alpha$

삼각형 AQD에서 코사인법칙에 의하여

$$\overline{AQ}^2=\overline{DQ}^2+\overline{AD}^2-2\times\overline{DQ}\times\overline{AD}\times\cos(\angle ADQ)$$

$$\{f(\theta)\}^2=1^2+2^2-2\times1\times2\times\cos(\theta+\alpha)$$

$$\{f(\theta)\}^2=5-4\cos(\theta+\alpha) \qquad\cdots\cdots ㉠$$

2단계 음함수의 미분법을 이용하여 $\dfrac{d\alpha}{d\theta}$의 값을 구해 보자.

삼각형 ADP에서 사인법칙에 의하여

$$\frac{\overline{PD}}{\sin(\angle PAD)}=\frac{\overline{AD}}{\sin(\angle APD)}$$

$$\frac{1}{\sin\theta}=\frac{2}{\sin\alpha}$$

$$\therefore \sin\alpha=2\sin\theta \qquad\cdots\cdots ㉡$$

㉡의 양변을 θ에 대하여 미분하면

$$\cos\alpha\frac{d\alpha}{d\theta}=2\cos\theta$$

$$\therefore \frac{d\alpha}{d\theta}=\frac{2\cos\theta}{\cos\alpha}$$

3단계 k^2의 값을 구해 보자.

㉠의 양변을 θ에 대하여 미분하면

$$2f(\theta)f'(\theta)=4\sin(\theta+\alpha)\left(1+\frac{d\alpha}{d\theta}\right)$$

$$f(\theta)f'(\theta)=2\sin(\theta+\alpha)\left(1+\frac{2\cos\theta}{\cos\alpha}\right) \qquad\cdots\cdots ㉢$$

$\theta=\theta_0$일 때, α의 값을 α_0이라 하면 $\cos\theta_0=\dfrac{7}{8}$이므로

$$\sin\theta_0=\sqrt{1-\left(\frac{7}{8}\right)^2}=\frac{\sqrt{15}}{8}$$

이고

$$\sin\alpha_0=2\sin\theta_0=\frac{\sqrt{15}}{4}\ (\because ㉡),$$

$$\cos\alpha_0=\sqrt{1-\left(\frac{\sqrt{15}}{4}\right)^2}=\frac{1}{4}$$

또한,

$\cos(\theta_0+\alpha_0)=\cos\theta_0\cos\alpha_0-\sin\theta_0\sin\alpha_0$

$$=\frac{7}{8}\times\frac{1}{4}-\frac{\sqrt{15}}{8}\times\frac{\sqrt{15}}{4}=-\frac{1}{4}$$

이므로

$$\sin(\theta_0+\alpha_0)=\sqrt{1-\left(-\frac{1}{4}\right)^2}=\frac{\sqrt{15}}{4}$$

ㄱ에서
$$\{f(\theta_0)\}^2 = 5 - 4\cos(\theta_0 + \alpha_0)$$
$$= 5 + 1 = 6$$
$$\therefore f(\theta_0) = \sqrt{6} \ (\because f(\theta_0) > 0)$$
ㄷ에서
$$f(\theta_0)f'(\theta_0) = 2\sin(\theta_0 + \alpha_0)\left(1 + \frac{2\cos\theta_0}{\cos\alpha_0}\right)$$

$$\sqrt{6}f'(\theta_0) = 2 \times \frac{\sqrt{15}}{4} \times \left(1 + \frac{2 \times \frac{7}{8}}{\frac{1}{4}}\right)$$

따라서 $k = f'(\theta_0) = \dfrac{4\sqrt{15}}{\sqrt{6}} = 2\sqrt{10}$이므로

$$k^2 = 40$$

067 정답률 ▸ 6% 답 135

1단계 함수 $f(x)$를 미분하여 $\tan x$의 값을 구해 보자.

$f(x) = a\cos x + x\sin x + b$에서
$$f'(x) = -a\sin x + \sin x + x\cos x$$
$$= (1-a)\sin x + x\cos x$$
$f'(x) = 0$에서
$$(1-a)\sin x + x\cos x = 0$$
$$\frac{\sin x}{\cos x} = \frac{x}{a-1} \ (\because \cos x \neq 0) \rightarrow \cos x = 0$이면 $\sin x = 1$이고 $a < 1$이므로$
$$f'(x) = 1 - a \neq 0$$
$$\therefore \tan x = \frac{1}{a-1}x \quad \cdots\cdots ㄱ$$

2단계 두 실수 α, β의 값을 각각 구해 보자.

방정식 ㄱ의 해는 두 함수 $y = \tan x$와 $y = \dfrac{1}{a-1}x$의 그래프의 교점의
x좌표이고 조건 (가)에 의하여 두 실수 α, β는 방정식 ㄱ의 해이므로
다음 그림과 같다.

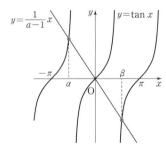

또한, 두 함수 $y = \tan x$의 그래프는 원점에 대하여 대칭이므로
$$\alpha = -\beta$$
조건 (나)에서
$$\frac{1}{\beta} = -\frac{\tan\beta - \tan\alpha}{\beta - \alpha}$$
$$= -\frac{\tan\beta - \tan(-\beta)}{\beta - (-\beta)}$$
$$= -\frac{\tan\beta}{\beta}$$
$$\therefore \tan\beta = -1$$
$$\therefore \beta = \frac{3}{4}\pi, \ \alpha = -\frac{3}{4}\pi \ (\because 0 < \beta < \pi)$$

3단계 함수 $f(x)$를 구해 보자.

$x = \dfrac{3}{4}\pi$를 ㄱ에 대입하면

$$\tan\frac{3}{4}\pi = \frac{1}{a-1} \times \frac{3}{4}\pi$$
$$-1 = \frac{1}{a-1} \times \frac{3}{4}\pi$$
$$-(a-1) = \frac{3}{4}\pi$$
$$\therefore a = 1 - \frac{3}{4}\pi$$

또한, $\displaystyle\lim_{x \to 0}\dfrac{f(x)}{x^2} = c$에서 $x \to 0$일 때 (분모) $\to 0$이고 극한값이 존재하
므로 (분자) $\to 0$이다. 즉,
$$\lim_{x \to 0} f(x) = 0$$
$$\therefore f(0) = 0$$
즉, $f(0) = a + b = 0$이므로
$$b = -a = -1 + \frac{3}{4}\pi$$
$$\therefore f(x) = \left(1 - \frac{3}{4}\pi\right)\cos x + x\sin x - 1 + \frac{3}{4}\pi$$

4단계 상수 c의 값을 구해 보자.

$$\lim_{x \to 0}\frac{f(x)}{x^2} = \lim_{x \to 0}\frac{a(\cos x - 1) + x\sin x}{x^2}$$
$$= \lim_{x \to 0}\left\{\frac{a(\cos x - 1)}{x^2} + \frac{\sin x}{x}\right\}$$
$$= \lim_{x \to 0}\left\{\frac{a(\cos x - 1)(\cos x + 1)}{x^2(\cos x + 1)} + \frac{\sin x}{x}\right\}$$
$$= \lim_{x \to 0}\left\{-\frac{a\sin^2 x}{x^2(\cos x + 1)} + \frac{\sin x}{x}\right\}$$
$$= \lim_{x \to 0}\left\{-\frac{a}{\cos x + 1} \times \left(\frac{\sin x}{x}\right)^2 + \frac{\sin x}{x}\right\}$$
$$= -\frac{a}{2} \times 1^2 + 1$$
$$= -\frac{1}{2} \times \left(1 - \frac{3}{4}\pi\right) + 1$$
$$= \frac{1}{2} + \frac{3}{8}\pi$$
$$\therefore c = \frac{1}{2} + \frac{3}{8}\pi$$

5단계 $f\left(\dfrac{\beta - \alpha}{3}\right) + c$의 값을 구하여 $120 \times (p+q)$의 값을 구해 보자.

$$\beta - \alpha = \frac{3}{4}\pi - \left(-\frac{3}{4}\pi\right)$$
$$= \frac{3}{2}\pi$$
이므로
$$f\left(\frac{\beta - \alpha}{3}\right) + c = f\left(\frac{\pi}{2}\right) + c$$
$$= \frac{\pi}{2} + \left(-1 + \frac{3}{4}\pi\right) + \left(\frac{1}{2} + \frac{3}{8}\pi\right)$$
$$= -\frac{1}{2} + \frac{13}{8}\pi$$

따라서 $p = -\dfrac{1}{2}$, $q = \dfrac{13}{8}$이므로

$$120 \times (p+q) = 120 \times \left(-\frac{1}{2} + \frac{13}{8}\right) = 135$$

068 정답률 ▸ 6% 답 25

1단계 삼각함수의 덧셈정리를 이용하여 $\tan(a_{n+1} - a_n)$을 간단히 하고
$\displaystyle\lim_{n \to \infty} a_n{}^3 \tan^2(a_{n+1} - a_n)$을 간단히 해 보자.

$\dfrac{\sqrt{a_n}}{10} = \tan a_n$이므로 삼각함수의 덧셈정리에 의하여

$$\tan(a_{n+1}-a_n)=\frac{\tan a_{n+1}-\tan a_n}{1+\tan a_{n+1}\tan a_n}$$

$$=\frac{\dfrac{\sqrt{a_{n+1}}}{10}-\dfrac{\sqrt{a_n}}{10}}{1+\dfrac{\sqrt{a_{n+1}}}{10}\times\dfrac{\sqrt{a_n}}{10}}$$

$$=\frac{10(\sqrt{a_{n+1}}-\sqrt{a_n})}{100+\sqrt{a_n a_{n+1}}}$$

$$=\frac{10(\sqrt{a_{n+1}}-\sqrt{a_n})(\sqrt{a_{n+1}}+\sqrt{a_n})}{(100+\sqrt{a_n a_{n+1}})(\sqrt{a_{n+1}}+\sqrt{a_n})}$$

$$=\frac{10(a_{n+1}-a_n)}{(100+\sqrt{a_n a_{n+1}})(\sqrt{a_{n+1}}+\sqrt{a_n})}$$

즉,
$$\tan^2(a_{n+1}-a_n)=\frac{100(a_{n+1}-a_n)^2}{(100+\sqrt{a_n a_{n+1}})^2(\sqrt{a_{n+1}}+\sqrt{a_n})^2}$$

이므로
$$\lim_{n\to\infty}a_n{}^3\tan^2(a_{n+1}-a_n)$$

$$=\lim_{n\to\infty}\frac{100a_n{}^3(a_{n+1}-a_n)^2}{(100+\sqrt{a_n a_{n+1}})^2(\sqrt{a_{n+1}}+\sqrt{a_n})^2}$$

$$=\lim_{n\to\infty}\frac{100(a_{n+1}-a_n)^2}{\dfrac{(100+\sqrt{a_n a_{n+1}})^2(\sqrt{a_{n+1}}+\sqrt{a_n})^2}{a_n{}^3}}$$

$$=\lim_{n\to\infty}\frac{100(a_{n+1}-a_n)^2}{\dfrac{(100+\sqrt{a_n a_{n+1}})^2}{a_n{}^2}\times\dfrac{(\sqrt{a_{n+1}}+\sqrt{a_n})^2}{a_n}}$$

$$=\lim_{n\to\infty}\frac{100(a_{n+1}-a_n)^2}{\left(\dfrac{100+\sqrt{a_n a_{n+1}}}{a_n}\right)^2\left(\dfrac{\sqrt{a_{n+1}}+\sqrt{a_n}}{\sqrt{a_n}}\right)^2}$$

$$=\lim_{n\to\infty}\frac{100(a_{n+1}-a_n)^2}{\left(\dfrac{100}{a_n}+\sqrt{\dfrac{a_{n+1}}{a_n}}\right)^2\left(\sqrt{\dfrac{a_{n+1}}{a_n}}+1\right)^2}$$

2단계 두 함수 $y=\dfrac{\sqrt{x}}{10}$, $y=\tan x$의 그래프의 개형을 이용하여 $\lim\limits_{n\to\infty}(a_{n+1}-a_n)$, $\lim\limits_{n\to\infty}\dfrac{a_{n+1}}{a_n}$의 값을 구해 보자.

두 함수 $y=\dfrac{\sqrt{x}}{10}$, $y=\tan x$의 그래프의 개형은 다음 그림과 같다.

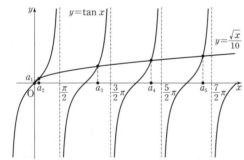

위의 그림에서 함수 $y=\tan x$의 그래프의 점근선의 방정식은 $x=\dfrac{2n-1}{2}\pi$ (n은 정수)이고, $n\geq2$일 때 점 $(a_n,\,0)$은 직선 $x=\dfrac{2n-3}{2}\pi$에 가까워지므로

$$\lim_{n\to\infty}\left(a_n-\frac{2n-3}{2}\pi\right)=0$$

$b_n=a_n-\dfrac{2n-3}{2}\pi$라 하면 $\lim\limits_{n\to\infty}b_n=0$이므로

$$\lim_{n\to\infty}(a_{n+1}-a_n)=\lim_{n\to\infty}\left\{\left(b_{n+1}+\frac{2n-1}{2}\pi\right)-\left(b_n+\frac{2n-3}{2}\pi\right)\right\}$$
$$=\lim_{n\to\infty}(b_{n+1}-b_n+\pi)$$
$$=0-0+\pi=\pi$$

또한,
$$\lim_{n\to\infty}\frac{a_{n+1}}{a_n}=\lim_{n\to\infty}\frac{b_{n+1}+\dfrac{2n-1}{2}\pi}{b_n+\dfrac{2n-3}{2}\pi}$$

$$=\lim_{n\to\infty}\frac{\dfrac{b_{n+1}}{n}+\dfrac{2n-1}{2n}\pi}{\dfrac{b_n}{n}+\dfrac{2n-3}{2n}\pi}$$

$$=\frac{0+\pi}{0+\pi}=1$$

3단계 $\dfrac{1}{\pi^2}\times\lim\limits_{n\to\infty}a_n{}^3\tan^2(a_{n+1}-a_n)$의 값을 구해 보자.

$$\frac{1}{\pi^2}\times\lim_{n\to\infty}a_n{}^3\tan^2(a_{n+1}-a_n)$$

$$=\frac{1}{\pi^2}\lim_{n\to\infty}\frac{100(a_{n+1}-a_n)^2}{\left(\dfrac{100}{a_n}+\sqrt{\dfrac{a_{n+1}}{a_n}}\right)^2\left(\sqrt{\dfrac{a_{n+1}}{a_n}}+1\right)^2}$$

$$=\frac{1}{\pi^2}\times\frac{100\pi^2}{(0+\sqrt{1})^2\times(\sqrt{1}+1)^2}$$

$$=25$$

---

069 정답률 ▶ 10%   답 31

1단계 조건 (가)를 이용하여 함수 $f(x)$를 알아보자.

$h(x)=g(f(x))=e^{\sin \pi f(x)}-1$에서
$h'(x)=e^{\sin \pi f(x)}\times\cos \pi f(x)\times\pi f'(x)$ ......㉠

조건 (가)에 의하여
$h(0)=0$, $h'(0)=0$이므로
$h(0)=0$에서
$e^{\sin \pi f(0)}-1=0$
$e^{\sin \pi f(0)}=1$
$\sin \pi f(0)=0$
$\therefore f(0)=n$ (n은 정수)

또한, $h'(0)=0$에서
$e^{\sin n\pi}\times\cos n\pi\times\pi f'(0)=0$
이때 $e^{\sin n\pi}>0$, $\cos n\pi\neq0$이므로
$\pi f'(0)=0$
$\therefore f'(0)=0$

$f(x)=ax^3+bx^2+cx+n$ ($a>0$, a, b, c는 상수)
라 하면
$f'(0)=0$, $f'(3)=0$이므로
$f'(x)=3ax^2+2bx+c=3ax(x-3)$
$3ax^2+2bx+c=3ax^2-9ax$
$\therefore 2b=-9a$, $c=0$
$\therefore f(x)=ax^3-\dfrac{9}{2}ax^2+n$

함수 $f(x)$의 증가와 감소를 표로 나타내면 다음과 같다.

x	$\cdots$	0	$\cdots$	3	$\cdots$
$f'(x)$	$+$	0	$-$	0	$+$
$f(x)$	$\nearrow$	n	$\searrow$	$\dfrac{1}{2}$	$\nearrow$

즉, 함수 $f(x)$는 $x=0$에서 극댓값, $x=3$에서 극솟값을 갖고, 그 그래프의 개형은 다음 그림과 같다.

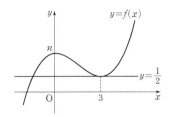

4단계 $f(2)$의 값을 구하여 $p+q$를 구해 보자.

$f(2)=\dfrac{40}{9}-10+8=\dfrac{22}{9}$이므로

$p+q=9+22=31$

070 정답률 ▶ 5%　　　　　　　　　**답 129**

1단계 함수 $y=g(x)$의 그래프의 개형을 그려 보자.

$f(x)=ax^2+bx+c$ $(a>3,\ a,\ b,\ c$는 상수$)$라 하면

$g(x)=e^x f(x)=e^x(ax^2+bx+c)$에서

$g'(x)=e^x(ax^2+bx+c)+e^x(2ax+b)$

$\qquad=e^x\{ax^2+(2a+b)x+b+c\}$　　　……㉠

㉠에서 이차방정식 $ax^2+(2a+b)x+b+c=0$의 서로 다른 실근의 개수가 0 또는 1이면 $g'(x)\ge0$이므로 함수 $g(x)$는 증가함수이다.

이때 방정식 $g(x)=k$ $(k>0)$의 근은 함수 $y=g(x)$의 그래프와 직선 $y=k$의 교점의 x좌표이고, 두 그래프의 교점의 개수는 1이므로 함수 $h(k)$가 모든 실수에서 연속이 되어 조건 (가)를 만족시키지 않는다.

즉, 이차방정식 $ax^2+(2a+b)x+b+c=0$은 서로 다른 두 실근을 갖는다.

이 두 실근을 $\alpha,\ \beta$ $(\alpha<\beta)$라 하면 함수 $g(x)$는 $x=\alpha$에서 극댓값, $x=\beta$에서 극솟값을 가지므로

$g'(x)=ae^x(x-\alpha)(x-\beta)$　　　……㉡

로 놓을 수 있고, 함수 $y=g(x)$의 그래프의 개형은 다음 그림과 같다.

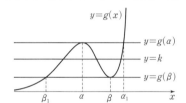

2단계 조건 (가)를 이용하여 함수 $h(k)$가 불연속이 되는 경우를 알아보자.

방정식 $g(x)=k$에서

$k>g(\alpha)$ 또는 $k<g(\beta)$일 때, $h(k)=g^{-1}(k)$이고,

$g(\beta)<k<g(\alpha)$일 때, $h(k)=$(방정식 $g(x)=k$의 세 실근의 합)이므로 $k\ne g(\alpha)$, $k\ne g(\beta)$일 때 함수 $h(k)$는 연속이다.

즉, 함수 $h(k)$는 $k=g(\alpha)$ 또는 $k=g(\beta)$에서 불연속이고 조건 (가)에 의하여

$k=g(\alpha)$에서 연속, $k=g(\beta)$에서 불연속 또는

$k=g(\alpha)$에서 불연속, $k=g(\beta)$에서 연속이다.

3단계 함수 $g(x)$를 구하여 $g(-6)\times g(2)$의 값을 구해 보자.

함수 $y=g(x)$의 그래프와 직선 $y=g(\alpha)$가 만나는 두 점의 x좌표 중 α가 아닌 점의 x좌표를 α_1, 직선 $y=g(\beta)$가 만나는 두 점의 x좌표 중 β가 아닌 점의 x좌표를 β_1이라 하자.

(i) $k=g(\alpha)$에서 연속, $k=g(\beta)$에서 불연속인 경우

$k=g(\alpha)$에서 연속이므로

$\displaystyle\lim_{k\to g(\alpha)+}h(k)=\lim_{k\to g(\alpha)-}h(k)=h(g(\alpha))$에서

$\alpha_1=2a+\alpha_1$　　$\therefore\ \alpha=0$

$k=g(\beta)$에서 불연속이므로 조건 (나)에서

$k=g(\beta)=3e$이고,

$\displaystyle\lim_{k\to 3e+}h(k)=\beta_1+2\beta,\ \lim_{k\to 3e-}h(k)=\beta_1$에서

$(\beta_1+2\beta)-\beta_1=2,\ 2\beta=2$

$\therefore\ \beta=1$

2단계 조건 (나)를 이용하여 함수 $f(0)$이 될 수 있는 값을 구해 보자.

$h(x)=g(f(x))$에서 $f(x)=t$라 하자. <small>함수 $y=f(x)$의 그래프와 직선 $y=t$의 교점이 1개</small>

이때 다음 그림과 같이 열린구간 $(0,\ 3)$에서 함수 $y=f(x)$의 그래프는 일대일대응이므로 방정식 $f(x)=t$를 만족시키는 x의 값에 t의 값은 오직 하나씩 존재한다.

즉, 일대일대응이므로 방정식 $h(x)=1$의 실근의 개수는 t의 개수와 같고 t의 값의 범위는

$\dfrac{1}{2}<t<f(0)=n$　　　……㉠

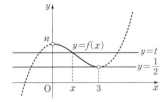

$h(x)=1$에서 $g(t)=1$이므로

$e^{\sin\pi t}-1=1,\ e^{\sin\pi t}=2$　　$\therefore\ \sin\pi t=\ln 2$

이때 함수 $y=\sin\pi t$는 주기가 $\dfrac{2\pi}{|\pi|}=2$이므로 그래프의 개형은 다음 그림과 같다.

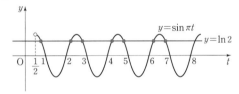

조건 (나)에서 방정식 $h(x)=1$의 실근의 개수가 7이므로 함수 $y=\sin\pi t$의 그래프와 직선 $y=\ln 2$의 교점의 개수도 7이어야 한다.

즉, ㉠에서

$f(0)=7$ 또는 $f(0)=8$ $(\because\ n$은 정수$)$

3단계 조건 (가)를 이용하여 함수 $f(x)$를 구해 보자.

㉠에서 $e^{\sin\pi f(x)}>0$이고,

$f'(x)=3ax(x-3)$이므로 함수 $\pi f'(x)$의 값은 $x=0$의 좌우에서 양 $(+)$에서 음 $(-)$으로 변한다. $(\because\ a>0)$

(i) $f(0)=7$일 때

$\underline{\cos\pi f(0)=-1}$이므로 함수 $h'(x)$의 값은 $x=0$의 좌우에서 음 $(-)$에서 양 $(+)$으로 변한다. <small>함수 $\displaystyle\lim_{x\to f(0)}\cos\pi x=-1$이므로</small>

(ii) $f(0)=8$일 때

$\underline{\cos\pi f(0)=1}$이므로 함수 $h'(x)$의 값은 $x=0$의 좌우에서 양 $(+)$에서 음 $(-)$으로 변한다. <small>함수 $\displaystyle\lim_{x\to f(0)}\cos\pi x=1$이므로</small>

조건 (가)에서 함수 $h(x)$는 $x=0$에서 극댓값을 가지므로 (i), (ii)에서

$f(0)=8$

이때 $f(3)=\dfrac{1}{2}$이므로

$27a-\dfrac{81}{2}a+8=\dfrac{1}{2}$

$\therefore\ a=\dfrac{5}{9}$

$\therefore\ f(x)=\dfrac{5}{9}x^3-\dfrac{5}{2}x^2+8$

$\alpha=0$, $\beta=1$을 ㉡에 대입하면

$g'(x)=ax(x-1)e^x=(ax^2-ax)e^x$ ...... ㉢

㉠=㉢에서

$2a+b=-a$, $b+c=0$

$\therefore b=-3a$, $c=3a$

$\therefore g(x)=e^x(ax^2+bx+c)=e^x(ax^2-3ax+3a)$

이때

$g(\beta)=3e$에서 $g(1)=3e$이므로

$e(a-3a+3a)=3e$, $ae=3e$

$\therefore a=3$

그런데 $a>3$을 만족시키지 않는다.

(ii) $k=g(\alpha)$에서 불연속, $k=g(\beta)$에서 연속인 경우

$k=g(\beta)$에서 연속이므로

$\displaystyle\lim_{k\to g(\beta)+}h(k)=\lim_{k\to g(\beta)-}h(k)=h(g(\beta))$에서

$\beta_1+2\beta=\beta_1$ $\therefore \beta=0$

$k=g(\alpha)$에서 불연속이므로 조건 (나)에서

$k=g(\alpha)=3e$이고,

$\displaystyle\lim_{k\to 3e+}h(k)=\alpha_1$, $\displaystyle\lim_{k\to 3e-}h(k)=2a+\alpha_1$에서

$\alpha_1-(2a+\alpha_1)=2$, $-2a=2$

$\therefore a=-1$

$\alpha=-1$, $\beta=0$을 ㉡에 대입하면

$g'(x)=ax(x+1)e^x=(ax^2+ax)e^x$ ...... ㉣

㉠=㉣에서

$2a+b=a$, $b+c=0$

$\therefore b=-a$, $c=a$

$\therefore g(x)=e^x(ax^2+bx+c)=e^x(ax^2-ax+a)$

이때

$g(\alpha)=3e$에서 $g(-1)=3e$이므로

$e^{-1}(a+a+a)=3e$, $e^{-1}\times 3a=3e$

$\therefore a=e^2$

$\therefore g(x)=e^{x+2}(x^2-x+1)$

(i), (ii)에서 $g(x)=e^{x+2}(x^2-x+1)$이므로

$g(-6)=e^{-4}\times 43=43e^{-4}$,

$g(2)=e^4\times 3=3e^4$

$\therefore g(-6)\times g(2)=43e^{-4}\times 3e^4=129$

071

정답률 ▶ 2% **답 107**

1단계 주어진 조건을 파악하여 함수 $y=f(x)$의 그래프를 그려 보자.

두 조건 (가), (나)에 의하여

$f(x)=\begin{cases} 2^x-1 & (0\le x\le 1) \\ 4\times\left(\dfrac{1}{2}\right)^x-1 & (1<x\le 2) \end{cases}$ 에서

$f(x+2)=-\dfrac{1}{2}f(x)$

$f(x+4)=-\dfrac{1}{2}f(x+2)=\left(-\dfrac{1}{2}\right)^2 f(x)$

$f(x+6)=-\dfrac{1}{2}f(x+4)=\left(-\dfrac{1}{2}\right)^3 f(x)$

$\vdots$

$f(x+2k)=\left(-\dfrac{1}{2}\right)^k f(x)$ $(0\le x<2$, k는 자연수)

이므로 함수 $y=f(x)$의 그래프는 다음 그림과 같다.

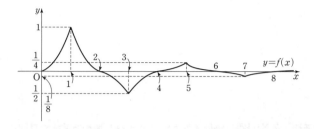

2단계 x의 값의 범위에 따라 경우를 나누어 함수 $g(x)$를 구해 보자.

$f(x)=\begin{cases} 2^x-1 & (0\le x\le 1) \\ 4\times\left(\dfrac{1}{2}\right)^x-1 & (1<x\le 2) \end{cases}$ 에서

$f'(x)=\begin{cases} 2^x\ln 2 & (0<x<1) \\ -4\times\left(\dfrac{1}{2}\right)^x\ln 2 & (1<x<2) \end{cases}$

이므로 음이 아닌 정수 m에 대하여

(i) $2m<x<2m+1$ 또는 $2m+1<x<2m+2$인 경우

$\begin{aligned} g(x)&=\lim_{h\to 0+}\frac{f(x+h)-f(x-h)}{h} \\ &=\lim_{h\to 0+}\left\{\frac{f(x+h)-f(x)}{h}+\frac{f(x-h)-f(x)}{-h}\right\} \\ &=2f'(x) \end{aligned}$

(ii) $x=2m+1$인 경우

$\begin{aligned} g(x)&=\lim_{h\to 0+}\frac{f(2m+1+h)-f(2m+1-h)}{h} \\ &=\lim_{h\to 0+}\frac{\left(-\dfrac{1}{2}\right)^m f(1+h)-\left(-\dfrac{1}{2}\right)^m f(1-h)}{h} \\ &=\left(-\dfrac{1}{2}\right)^m\lim_{h\to 0+}\frac{\left\{4\times\left(\dfrac{1}{2}\right)^{1+h}-1\right\}-(2^{1-h}-1)}{h} \\ &=\left(-\dfrac{1}{2}\right)^m\lim_{h\to 0+}\frac{2^{1-h}-2^{1-h}}{h} \\ &=0 \end{aligned}$

(iii) $x=2m+2$인 경우

$\begin{aligned} g(x)&=\lim_{h\to 0+}\frac{f(2m+2+h)-f(2m+2-h)}{h} \\ &=\lim_{h\to 0+}\frac{\left(-\dfrac{1}{2}\right)^m f(2+h)-\left(-\dfrac{1}{2}\right)^m f(2-h)}{h} \\ &=\left(-\dfrac{1}{2}\right)^m\lim_{h\to 0+}\frac{-\dfrac{1}{2}\times(2^h-1)-\left\{4\times\left(\dfrac{1}{2}\right)^{2-h}-1\right\}}{h} \\ &=\left(-\dfrac{1}{2}\right)^m\lim_{h\to 0+}\frac{-\dfrac{1}{2}\times(2^h-1)-(2^h-1)}{h} \\ &=-\frac{3}{2}\left(-\dfrac{1}{2}\right)^m\lim_{h\to 0+}\frac{2^h-1}{h} \\ &=3\times\left(-\dfrac{1}{2}\right)^{m+1}\ln 2 \end{aligned}$

(i), (ii), (iii)에서

$g(x)=\begin{cases} 2f'(x) & (2m<x<2m+1) \\ 0 & (x=2m+1) \\ 2f'(x) & (2m+1<x<2m+2) \\ 3\times\left(-\dfrac{1}{2}\right)^{m+1}\ln 2 & (x=2m+2) \end{cases}$

(단, m은 음이 아닌 정수)

060 정답 및 해설

3단계 $\lim\limits_{t \to 0+} \{g(n+t) - g(n-t)\} + 2g(n) = \dfrac{\ln 2}{2^{24}}$ 를 만족시키는 모든 자연수 n의 값의 합을 구해 보자.

$\lim\limits_{t \to 0+} \{g(n+t) - g(n-t)\} + 2g(n) = \dfrac{\ln 2}{2^{24}}$

에서 음이 아닌 정수 l에 대하여

(a) $n = 2l+1$인 경우

$\lim\limits_{t \to 0+} \{g(n+t) - g(n-t)\} + 2g(n)$

$= \lim\limits_{t \to 0+} \{2f'(n+t) + 2f'(n+t)\} + 2g(n)$

$= 4\lim\limits_{t \to 0+} f'(n+t) + 0$

$= 4\lim\limits_{t \to 0+} f'(2l+1+t)$

$= 4\lim\limits_{t \to 0+} \left(-\dfrac{1}{2}\right)^l \left\{-4 \times \left(\dfrac{1}{2}\right)^{1+t} \ln 2\right\}$

$= -8 \times \left(-\dfrac{1}{2}\right)^l \ln 2$

즉, $-8 \times \left(-\dfrac{1}{2}\right)^l \ln 2 = \dfrac{\ln 2}{2^{24}}$ 에서

$-\left(-\dfrac{1}{2}\right)^l = \dfrac{1}{2^{27}}$

$\left(-\dfrac{1}{2}\right)^l = -\dfrac{1}{2^{27}} = \left(-\dfrac{1}{2}\right)^{27}$ $\therefore l = 27$

$\therefore n = 54+1 = 55$

(b) $n = 2l+2$인 경우

$\lim\limits_{t \to 0+} \{g(n+t) - g(n-t)\} + 2g(n)$

$= \lim\limits_{t \to 0+} \{2f'(n+t) - 2f'(n-t)\} + 2g(n)$

$= \lim\limits_{t \to 0+} \{2f'(2l+2+t) - 2f'(2l+2-t)\} + 2g(2l+2)$

$= \lim\limits_{t \to 0+} \left[2 \times \left(-\dfrac{1}{2}\right)^{l+1} 2^t \ln 2 - 2 \times \left(-\dfrac{1}{2}\right)^l \left\{-4 \times \left(\dfrac{1}{2}\right)^{2-t} \ln 2\right\}\right]$
$\qquad + 6 \times \left(-\dfrac{1}{2}\right)^{l+1} \ln 2$

$= -\left(-\dfrac{1}{2}\right)^l \ln 2 + 2 \times \left(-\dfrac{1}{2}\right)^l \ln 2 + 6 \times \left(-\dfrac{1}{2}\right)^{l+1} \ln 2$

$= 4 \times \left(-\dfrac{1}{2}\right)^{l+1} \ln 2$

즉, $4 \times \left(-\dfrac{1}{2}\right)^{l+1} \ln 2 = \dfrac{\ln 2}{2^{24}}$ 에서

$\left(-\dfrac{1}{2}\right)^{l+1} = \dfrac{1}{2^{26}}$

$\therefore l = 25$

$\therefore n = 50+2 = 52$

(a), (b)에서 $\lim\limits_{t \to 0+} \{g(n+t) - g(n-t)\} + 2g(n) = \dfrac{\ln 2}{2^{24}}$ 를 만족시키는

모든 자연수 n의 값은 52, 55이므로 그 합은

$52 + 55 = 107$

참고

함수 $y = g(x)$의 그래프는 다음 그림과 같다.

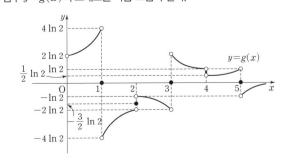

1단계 함수 $f(x)$를 알아보고, 조건 (가)를 만족시키는 x의 값에 대하여 알아보자.

$h(t) = \sin|\pi t|$ 라 하면 $t \geq 0$에서 $y = h(t)$는 주기가 $\dfrac{2\pi}{|\pi|} = 2$이고, y축에 대하여 대칭이므로 함수 $y = h(t)$의 그래프의 개형은 다음 그림과 같다.

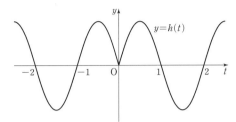

또한, $g(x) = h(f(x))$이고 모든 자연수 n에 대하여

$g(a_n) = h(f(a_n)) = \sin|\pi f(a_n)| = 0$

이므로 $f(a_n)$의 값은 정수이다.

(ⅰ) 삼차함수 $f(x)$가 극값을 가지지 않는 경우

최고차항의 계수가 1인 삼차함수 $t = f(x)$의 그래프의 개형은 오른쪽 그림과 같다.

$f(k_1) = 0$인 실수 k_1에 대하여 $x \to k_1$일 때 $f(x) \to 0$이고, 함수 $h(t)$는 $t = 0$에서 극솟값을 가지므로 함수 $g(x)$는 $x = k_1$에서 극솟값을 갖는다.

$f(k_2) = p$ (p는 0이 아닌 정수)인 실수 k_2에 대하여 $x \to k_2$이면 $f(x) \to p$이고, 함수 $h(t)$는 $t = p$ 근방에서 증가하거나 감소하므로 함수 $g(x)$는 $x = k_2$에서 극값을 가지지 않는다.

(ⅱ) 삼차함수 $f(x)$가 극값을 가지는 경우

최고차항의 계수가 1인 삼차함수 $t = f(x)$의 그래프의 개형은 오른쪽 그림과 같다.

함수 $f(x)$가 $x = \alpha_1$에서 극댓값을 가지고, $x = \alpha_2$에서 극솟값을 가진다고 하자.

ⓐ $f(\alpha_1)$의 값이 정수인 경우

- $x \to \alpha_1$일 때 $f(\alpha_1) \to (2r+1)$ (r는 정수)이면

$r < 0$이면 $x \to \alpha_1$일 때 $t \to f(\alpha_1)-$이므로 함수 $h(t)$는 $t = 2r+1$ 근방에서 증가하다 감소한다.

즉, 함수 $g(x)$는 극댓값을 갖는다.

$r \geq 0$이면 $x \to \alpha_1$일 때 $t \to f(\alpha_1)-$이므로 함수 $h(t)$는 $t = 2r+1$ 근방에서 감소하다 증가한다.

즉, 함수 $g(x)$는 극솟값을 갖는다.

- $x \to \alpha_1$일 때 $f(\alpha_1) \to 2r$ (r는 정수)이면

$r < 0$이면 $x \to \alpha_1$일 때 $t \to f(\alpha_1)-$이므로 함수 $h(t)$는 $t = 2r$ 근방에서 감소하다 증가한다.

즉, 함수 $g(x)$는 극솟값을 갖는다.

$r = 0$이면 $x \to \alpha_1$일 때 $t \to f(\alpha_1)-$이므로 함수 $h(t)$는 $t = 0$에서 극솟값을 갖는다.

즉, 함수 $g(x)$는 극솟값을 갖는다.

$r > 0$이면 $x \to \alpha_1$일 때 $t \to f(\alpha_1)-$이므로 함수 $h(t)$는 $t = 2r$ 근방에서 증가하다 감소한다.

즉, 함수 $g(x)$는 극댓값을 갖는다.

ⓑ $f(a_2)$의 값이 정수인 경우

　　ⓐ와 같은 방법으로

　　• $x \to a_2$일 때 $f(a_2) \to (2r+1)$이면

　　　$r<0$일 때, 함수 $g(x)$는 극솟값을 갖는다.

　　　$r\geq0$일 때, 함수 $g(x)$는 극댓값을 갖는다.

　　• $x \to a_2$일 때 $f(a_2) \to 2r$이면

　　　$r<0$일 때, 함수 $g(x)$는 극댓값을 갖는다.

　　　$r>0$일 때, 함수 $g(x)$는 극댓값을 갖는다.

ⓒ $f(\beta_1)=0$인 실수 β_1에 대하여 $x \to \beta_1$일 때, $x \to \beta_1$일 때

　$t=f(x) \to 0$이고, 함수 $h(t)$는 $t=0$에서 극솟값을 갖는다.

　즉, 함수 $g(x)$는 극솟값을 갖는다.

ⓓ $f(\beta_2)=q$ (q는 0이 아닌 정수)인 실수 β_2 ($\beta_2\neq a_1$, a_2)에 대하여

　$x \to \beta_2$일 때, $x \to \beta_2$이면 $t=f(x) \to q$이고, 함수 $h(t)$는 q근방

　에서 증가하거나 감소한다.

　즉, 함수 $g(x)$는 극값을 가지지 않는다.

ⓐ~ⓓ에서 함수 $g(x)$는 함수 $f(x)$가 극값을 가지는 $x=a_1$, $x=a_2$에

서 극댓값을 가질 수 있다.

(i), (ii)에서 함수 $f(x)$는 극값을 가지는 삼차함수이고, 조건 (가)에 의하

여 함수 $a_4=a_1$와 $a_8=a_2$이다.

2단계 두 조건 (가), (나)를 만족시키는 자연수 m을 구해 보자.

오른쪽 그림과 같이 $f(a_n)$은 정수이므로

$f(a_8)=f(a_4)-4$ …… ㉠

이때 조건 (나)에서 $f(a_m)=f(0)$이므로 $f(0)$

은 정수이고, $a_n>0$이므로 $f(a_8)=f(0)$이어

야 한다.

$\therefore m=8$

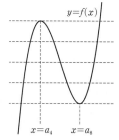

3단계 $f(a_k)\leq f(m)$을 만족시키는 자연수 k의 최댓값을 구해 보자.

㉠에서 $f(a_4)>f(a_8)$이고, $f(a_4)$, $f(a_8)$이 모두 홀수이거나 짝수이어야

한다.

ⓐ $f(a_4)<0$인 경우

　$f(a_4)$의 값이 홀수인 음의 정수이어야 함수 $g(x)$가 $x=a_4$에서 극댓값

　을 갖는다. (∵ ⓐ)

　그런데 $f(a_8)$의 값이 홀수인 음의 정수이면 함수 $g(x)$가 $x=a_8$에서

　극솟값을 가지므로 조건 (가)를 만족시키지 않는다. (∵ ㉠, ⓑ)

ⓑ $f(a_8)>0$인 경우

　ⓐ와 같은 방법으로 조건 (가)를 만족시키지 않는다.

ⓒ $f(a_8)<0<f(a_4)$

　$f(a_4)$, $f(a_8)$은 짝수이므로 (∵ ⓐ, ⓑ)

　$f(a_4)=-2$, $f(a_8)=2$ (∵ ㉠)

ⓐ, ⓑ, ⓒ에서

$f(a_4)=-2$, $f(a_8)=2$,

$f(0)=f(a_8)=2$

$f(x)+2=x(x-a_8)^2$, 즉

$f(x)=x(x-a_8)^2-2$에서

$f'(x)=(x-a_8)^2+2x(x-a_8)$

　　$=3(x-a_8)\left(x-\dfrac{a_8}{3}\right)$

이때 $f'(a_4)=0$이므로

$a_4=\dfrac{a_8}{3}$ (∵ $a_4\neq a_8$)

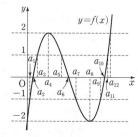

또한,

$f(a_4)=a_4(a_4-a_8)^2-2=2$

이므로

$\dfrac{a_8}{3}\times\left(-\dfrac{2a_8}{3}\right)^2-2=2$

$\therefore a_8=3$ (∵ a_8은 자연수)

$\therefore f(x)=x(x-3)^2-2$

따라서 $f(m)=f(8)=8\times5^2-2=198$이고 $k\geq8$일 때 $f(a_k)=k-10$이

므로 $f(a_k)\leq f(8)$인 k의 최댓값은 208이다.

다른 풀이

모든 자연수 n에 대하여 $g(a_n)=\sin|\pi f(a_n)|$이므로 $f(a_n)$의 값은 정수

이고

$\cos\{\pi f(a_n)\}=\begin{cases} 1 & (f(a_n)=2p) \\ -1 & (f(a_n)=2p-1) \end{cases}$ (단, p는 정수) …… ㉠

이때 $y=\sin|\pi x|$는 $x\geq0$에서 주기가 $\dfrac{2\pi}{|\pi|}=2$이고, y축에 대하여 대칭

이므로 함수 $y=\sin|\pi x|$의 그래프의 개형은 다음 그림과 같다.

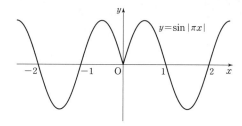

$-1<x<0$ 또는 $0<x<1$일 때

$\sin|\pi x|>0$

$f(a_4)=0$이면 $g(a_4)=\sin|\pi f(a_4)|=0$이고, $f(a_3)$과 $f(a_5)$의 값은 각

각 -1 또는 0 또는 1

$a_3<x<a_4$ 또는 $a_4<x<a_5$일 때

$0<|f(x)|<1$이므로 $g(x)=\sin|\pi f(x)|>0$

함수 $g(x)$는 $x=a_4$에서 극대가 아니므로 조건 (가)를 만족시키지 않는다.

즉, $f(a_4)\neq0$

함수 $g(x)$가 $x=a_4$에서 미분가능하고 조건 (가)에 의하여 $g'(a_4)=0$

$g(x)=\begin{cases} \sin\{\pi f(x)\} & (f(x)\geq0) \\ -\sin\{\pi f(x)\} & (f(x)<0) \end{cases}$에서

$g'(x)=\begin{cases} \pi f'(x)\cos\{\pi f(x)\} & (f(x)>0) \\ -\pi f'(x)\cos\{\pi f(x)\} & (f(x)<0) \end{cases}$

$g''(x)=\begin{cases} \pi f''(x)\cos\{\pi f(x)\} \\ \quad -\pi^2\{f'(x)\}^2\sin\{\pi f(x)\} & (f(x)>0) \\ -\pi f''(x)\cos\{\pi f(x)\} \\ \quad +\pi^2\{f'(x)\}^2\sin\{\pi f(x)\} & (f(x)<0) \end{cases}$

$\therefore f'(a_4)=0$

위와 같은 방법으로 $f(a_8)\neq0$이고 $f'(a_8)=0$

$\therefore f'(x)=3(x-a_4)(x-a_8)$

$f''(a_4)<0$, $f''(a_8)>0$

함수 $y=f(x)$의 그래프의 개형은 다음 그림과 같다.

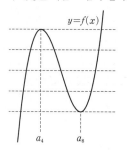

즉, $f(a_8)=f(a_4)-4$이다.

(i) $f(a_4)<0$인 경우

함수 $g(x)$가 $x=a_4$에서 극대이므로

$g''(a_4)=-\pi f''(a_4)\cos\{\pi f(a_4)\}$
<0

$f''(a_4)<0$이므로

$\cos\{\pi f(a_4)\}<0$

㉠에 의하여 $\cos\{\pi f(a_4)\}=-1$

$f(a_4)=2p+1$ (단, p는 음의 정수)

$f(a_8)=f(a_4)-4=2p-3$에서

$\cos\{\pi f(a_8)\}=-1$이고

$f''(a_8)>0$이므로

$g''(a_8)=-\pi f''(a_8)\cos\{\pi f(a_8)\}$
>0

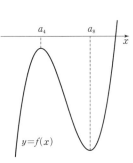

함수 $g(x)$가 $x=a_8$에서 극소이므로 조건 (가)를 만족시키지 않는다.

(ii) $f(a_8)>0$인 경우

함수 $g(x)$가 $x=a_8$에서 극대이므로

$g''(a_8)=\pi f''(a_8)\cos\{\pi f(a_8)\}$
<0

$f''(a_8)>0$이므로

$\cos\{\pi f(a_8)\}<0$

㉠에 의하여

$\cos\{\pi f(a_8)\}=-1$

$f(a_8)=2q+1$ (단, q는 자연수)

$f(a_4)=f(a_8)+4=2q+5$에서

$\cos\{\pi f(a_4)\}=-1$이고

$f''(a_4)<0$이므로

$g''(a_4)=\pi f''(a_4)\cos\{\pi f(a_4)\}$
>0

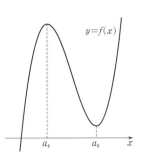

함수 $g(x)$가 $x=a_4$에서 극소이므로 조건 (가)를 만족시키지 않는다.

(iii) $f(a_8)<0<f(a_4)$인 경우

$f(a_4)-4=f(a_8)<0<f(a_4)$

이므로

$0<f(a_4)<4$

$f(a_4)=1$ 또는 $f(a_4)=2$ 또는 $f(a_4)=3$

함수 $g(x)$가 $x=a_4$에서 극대이므로

$g''(a_4)=\pi f''(a_4)\cos\{\pi f(a_4)\}$
<0

$f''(a_4)<0$이므로

$\cos\{\pi f(a_4)\}>0$

㉠에 의하여

$\cos\{\pi f(a_4)\}=1$

$f(a_4)=2s$ (단, s는 자연수)

즉, $f(a_4)=2$이고 $f(a_8)=-2$

(i), (ii), (iii)에서 조건 (나)에 의하여

$f(a_8)=f(0)=-2$

$\therefore m=8$

$f(x)=x(x-a_8)^2-2$에서

$f'(x)=(x-a_8)^2+2x(x-a_8)$

$=3(x-a_8)\left(x-\dfrac{a_8}{3}\right)$

이때 $f'(a_4)=0$이므로

$a_4=\dfrac{a_8}{3}$ ($\because a_4\neq a_8$)

또한, $f(a_4)=a_4(a_4-a_8)^2-2=2$이므로

$\dfrac{a_8}{3}\times\left(-\dfrac{2a_8}{3}\right)^2-2=2$

$\therefore a_8=3$ ($\because a_8$은 자연수)

$\therefore f(x)=x(x-3)^2-2$

따라서 $f(m)=f(8)=8\times5^2-2=198$이고 $k\geq8$일 때 $f(a_k)=k-10$이므로 $f(a_k)\leq f(8)$인 k의 최댓값은 208이다.

001 ④	002 ④	003 ⑤	004 ③	005 ②	006 ④
007 ②	008 ②	009 ③	010 ④	011 26	012 ③
013 ①	014 ④	015 ②	016 12	017 ②	018 ③
019 ②	020 ②	021 ③	022 ①	023 ③	024 ③
025 ③	026 ④	027 ③	028 ①		

001 정답률 ▶ 91% 답 ④

1단계 부정적분을 이용하여 함수 $f(x)$를 구해 보자.

곡선 $y=f(x)$ 위의 점 $(t, f(t))$에서의 접선의 기울기가 $\frac{1}{t}+4e^{2t}$이므로

$f'(t)=\frac{1}{t}+4e^{2t}$

$\therefore f(x)=\int f'(x)\,dx$

$\quad\quad =\int\left(\frac{1}{t}+4e^{2t}\right)dt$

$\quad\quad =\ln|t|+2e^{2t}+C$ (단, C는 적분상수)

2단계 $f(e)$의 값을 구해 보자.

$f(1)=2e^2+1$이므로

$\ln 1+2e^2+C=2e^2+1$

$\therefore C=1$

$\therefore f(e)=\ln|e|+2e^{2e}+1=2e^{2e}+2$

002 정답률 ▶ 92% 답 ④

1단계 $\frac{x+2}{x+1}$를 변형하여 $\int_0^{10}\frac{x+2}{x+1}\,dx$의 값을 구해 보자.

$\int_0^{10}\frac{x+2}{x+1}\,dx=\int_0^{10}\left(1+\frac{1}{x+1}\right)dx$

$\quad\quad =\int_0^{10}1\,dx+\int_0^{10}\frac{1}{x+1}\,dx$

$\quad\quad =\Big[x\Big]_0^{10}+\Big[\ln|x+1|\Big]_0^{10}$

$\quad\quad =(10-0)+(\ln 11-\ln 1)$

$\quad\quad =10+\ln 11$

다른 풀이

$\int_0^{10}\frac{1}{x+1}\,dx$에서

$x+1=t$라 하면 $1=\frac{dt}{dx}$이고

$x=0$일 때 $t=1$, $x=10$일 때 $t=11$이므로

$\int_0^{10}\frac{1}{x+1}\,dx=\int_1^{11}\frac{1}{t}\,dt$

$\quad\quad =\Big[\ln t\Big]_1^7$

$\quad\quad =\ln 11-\ln 1$

$\quad\quad =\ln 11$

003 정답률 ▶ 90% 답 ⑤

1단계 치환적분법을 이용하여 $\int_0^{\frac{\pi}{3}}\cos\left(\frac{\pi}{3}-x\right)dx$의 값을 구해 보자.

$\frac{\pi}{3}-x=t$라 하면 $-1=\frac{dt}{dx}$이고

$x=0$일 때 $t=\frac{\pi}{3}$, $x=\frac{\pi}{3}$일 때 $t=0$이므로

$\int_0^{\frac{\pi}{3}}\cos\left(\frac{\pi}{3}-x\right)dx=-\int_{\frac{\pi}{3}}^0\cos t\,dt=\int_0^{\frac{\pi}{3}}\cos t\,dt$

$\quad\quad =\Big[\sin t\Big]_0^{\frac{\pi}{3}}=\frac{\sqrt{3}}{2}$

004 정답률 ▶ 82% 답 ③

1단계 주어진 식을 간단히 해 보자.

$\int_1^e\left(\frac{3}{x}+\frac{2}{x^2}\right)\ln x\,dx-\int_1^e\frac{2}{x^2}\ln x\,dx=\int_1^e\frac{3}{x}\ln x\,dx$ ……㉠

2단계 치환적분법을 이용하여 ㉠의 값을 구해 보자.

㉠에서 $\ln x=t$라 하면 $\frac{1}{x}=\frac{dt}{dx}$이고

$x=1$일 때 $t=0$, $x=e$일 때 $t=1$이므로

$\int_1^e\frac{3}{x}\ln x\,dx=\int_0^1 3t\,dt$

$\quad\quad =\Big[\frac{3}{2}t^2\Big]_0^1=\frac{3}{2}$

005 정답률 ▶ 80% 답 ②

1단계 주어진 식을 간단히 해 보자.

$f(x)=x+\ln x$에서

$f'(x)=1+\frac{1}{x}$이므로

$\int_1^e\left(1+\frac{1}{x}\right)f(x)\,dx=\int_1^e f'(x)f(x)\,dx$ ……㉠

2단계 치환적분법을 이용하여 ㉠의 값을 구해 보자.

㉠에서 $f(x)=t$라 하면 $f'(x)=\frac{dt}{dx}$이고

$x=1$일 때 $t=1$, $x=e$일 때 $t=e+1$이므로

$\int_1^e f'(x)f(x)\,dx=\int_1^{e+1}t\,dt=\Big[\frac{1}{2}t^2\Big]_1^{e+1}$

$\quad\quad =\frac{1}{2}(e+1)^2-\frac{1}{2}=\frac{e^2}{2}+e$

006 정답률 ▶ 78% 답 ④

1단계 함수 $g(x)$의 정의역을 이용하여 그 역함수 $f(x)$의 치역을 알아보자.

함수 $g(x)$의 정의역이 양의 실수 전체의 집합이므로 그 역함수 $f(x)$의 치역은 양의 실수 전체의 집합이다.

즉, 모든 양수 x에 대하여

$f(x)>0$ ……㉠

2단계 역함수의 성질을 이용하여 $\int_1^a \dfrac{1}{g'(f(x))f(x)}\,dx$를 간단히 해 보자.

두 함수 $f(x)$, $g(x)$가 미분가능하고 함수 $g(x)$가 함수 $f(x)$의 역함수이므로

$g(f(x))=x$에서

$g'(f(x))f'(x)=1$

$\therefore f'(x)=\dfrac{1}{g'(f(x))}$

$\therefore \displaystyle\int_1^a \dfrac{1}{g'(f(x))f(x)}\,dx=\int_1^a \dfrac{f'(x)}{f(x)}\,dx$

$\qquad\qquad\qquad\qquad\qquad =\Big[\ln f(x)\Big]_1^a\ (\because \text{㉠})$

$\qquad\qquad\qquad\qquad\qquad =\ln f(a)-\ln f(1)$

$\qquad\qquad\qquad\qquad\qquad =\ln f(a)-\ln 8$

3단계 $f(a)$를 구해 보자.

$\displaystyle\int_1^a \dfrac{1}{g(f(x))f(x)}\,dx=2\ln a+\ln(a+1)-\ln 2$에서

$\ln f(a)-\ln 8=2\ln a+\ln(a+1)-\ln 2$

이므로

$\ln f(a)=\ln a^2+\ln(a+1)-\ln 2+\ln 8$

$\qquad\quad =\ln 4a^2(a+1)$

$\therefore f(a)=4a^2(a+1)$

4단계 $f(2)$의 값을 구해 보자.

$f(2)=4\times 4\times 3=48$

---

007 정답률 ▶ 29% 답 ②

1단계 두 함수 $y=\dfrac{2\pi}{x}$, $y=\cos x$의 그래프의 개형을 파악하여 a_m의 값의 범위를 구해 보자.

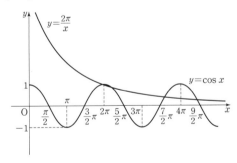

위의 그림에서 두 함수 $y=\dfrac{2\pi}{x}$, $y=\cos x$의 그래프의 교점은

$m=1$일 때, $a_1=2\pi$

$m>1$일 때, $2\pi<a_2<3\pi$, $3\pi<a_3<4\pi$, $\cdots$

이므로

$m\pi<a_m<(m+1)\pi$ $\qquad$ ...... ㉠

2단계 $n\times\cos^2(a_{n+k})$의 값의 범위를 구해 보자.

a_m은 두 함수 $y=\dfrac{2\pi}{x}$, $y=\cos x$의 그래프의 교점의 x좌표이므로

$\dfrac{2\pi}{a_m}=\cos(a_m)$에서

$n\times\cos^2(a_{n+k})=n\times\left(\dfrac{2\pi}{a_{n+k}}\right)^2$

한편, ㉠에서

$(n+k)\pi<a_{n+k}<(n+k+1)\pi$

$\dfrac{1}{(n+k+1)\pi}<\dfrac{1}{a_{n+k}}<\dfrac{1}{(n+k)\pi}$

$\dfrac{2}{n+k+1}<\dfrac{2\pi}{a_{n+k}}<\dfrac{2}{n+k}$

$n\times\left(\dfrac{2}{n+k+1}\right)^2<n\times\left(\dfrac{2\pi}{a_{n+k}}\right)^2<n\times\left(\dfrac{2}{n+k}\right)^2$

$\dfrac{4n}{(n+k+1)^2}<n\times\left(\dfrac{2\pi}{a_{n+k}}\right)^2<\dfrac{4n}{(n+k)^2}$

$\therefore \dfrac{4n}{(n+k+1)^2}<n\times\cos^2(a_{n+k})<\dfrac{4n}{(n+k)^2}$

3단계 치환적분법과 수열의 극한의 대소 관계를 이용하여 $\displaystyle\lim_{n\to\infty}\sum_{k=1}^n\{n\times\cos^2(a_{n+k})\}$의 값을 구해 보자.

$\displaystyle\lim_{n\to\infty}\sum_{k=1}^n\dfrac{4n}{(n+k)^2}=\lim_{n\to\infty}\sum_{k=1}^n\dfrac{4}{\left(1+\dfrac{k}{n}\right)^2}\times\dfrac{1}{n}$

$\qquad\qquad\qquad\qquad =\displaystyle\int_0^1\dfrac{4}{(1+x)^2}\,dx$

이때 $1+x=t$라 하면 $1=\dfrac{dt}{dx}$이고

$x=0$일 때 $t=1$, $x=1$일 때 $t=2$이므로

$\displaystyle\int_0^1\dfrac{4}{(1+x)^2}\,dx=\int_1^2\dfrac{4}{t^2}\,dt$

$\qquad\qquad\qquad\quad =\Big[-\dfrac{4}{t}\Big]_1^2$

$\qquad\qquad\qquad\quad =-2-(-4)=2$

또한,

$\displaystyle\lim_{n\to\infty}\sum_{k=1}^n\left\{\dfrac{4n}{(n+k+1)^2}-\dfrac{4n}{(n+k)^2}\right\}$

$=\displaystyle\lim_{n\to\infty}\left[\left\{\dfrac{4n}{(n+2)^2}-\dfrac{4n}{(n+1)^2}\right\}+\left\{\dfrac{4n}{(n+3)^2}-\dfrac{4n}{(n+2)^2}\right\}\right.$

$\qquad\quad +\cdots+\left\{\dfrac{4n}{(2n)^2}+\dfrac{4n}{(2n-1)^2}\right\}+\left.\left\{\dfrac{4n}{(2n+1)^2}-\dfrac{4n}{(2n)^2}\right\}\right]$

$=\displaystyle\lim_{n\to\infty}\left\{\dfrac{4n}{(2n+1)^2}-\dfrac{4n}{(n+1)^2}\right\}$

$=0$

이므로

$\displaystyle\lim_{n\to\infty}\sum_{k=1}^n\dfrac{4n}{(n+k+1)^2}=\lim_{n\to\infty}\sum_{k=1}^n\dfrac{4n}{(n+1)^2}=2$

따라서 수열의 극한의 대소 관계에 의하여

$\displaystyle\lim_{n\to\infty}\sum_{k=1}^n\{n\times\cos^2(a_{n+k})\}=2$

---

008 정답률 ▶ 86% 답 ②

1단계 주어진 식을 간단히 해 보자.

$\displaystyle\int_0^\pi x\cos\left(\dfrac{\pi}{2}-x\right)dx=\int_0^\pi x\sin x\,dx$ $\qquad$ ...... ㉠

2단계 부분적분법을 이용하여 ㉠의 값을 구해 보자.

㉠에서 $u(x)=x$, $v'(x)=\sin x$라 하면

$u'(x)=1$, $v(x)=-\cos x$이므로

$\displaystyle\int_0^\pi x\sin x\,dx=\Big[-x\cos x\Big]_0^\pi-\int_0^\pi(-\cos x)\,dx$

$\qquad\qquad\qquad =\pi+\displaystyle\int_0^\pi\cos x\,dx$

$\qquad\qquad\qquad =\pi+\Big[\sin x\Big]_0^\pi$

$\qquad\qquad\qquad =\pi+0-\pi$

009 정답률 ▸ 72% 답 ③

1단계 직사각형 OQPR의 넓이 $f(t)$를 구해 보자.

$P(t, 2\ln(t+1))$이므로

$\overline{OQ}=t$, $\overline{PQ}=2\ln(t+1)$

즉, 직사각형 OQPR의 넓이는

$f(t)=2t\ln(t+1)$

2단계 부분적분법을 이용하여 $\int_1^3 f(t)\,dt$의 값을 구해 보자.

$\int_1^3 f(t)\,dt=\int_1^3 2t\ln(t+1)\,dt$에서

$u(t)=\ln(t+1)$, $v'(t)=2t$라 하면

$u'(t)=\dfrac{1}{t+1}$, $v(t)=t^2$이므로

$\int_1^3 2t\ln(t+1)\,dt$

$=\left[t^2\ln(t+1)\right]_1^3-\int_1^3 \dfrac{t^2}{t+1}\,dt$

$=9\ln4-\ln2-\int_1^3\left(t-1+\dfrac{1}{t+1}\right)dt$

$=9\ln4-\ln2-\left[\dfrac{t^2}{2}-t+\ln(t+1)\right]_1^3$

$=9\ln4-\ln2-\left\{\dfrac{9}{2}-3+\ln4-\left(\dfrac{1}{2}-1+\ln2\right)\right\}$

$=8\ln4-2=-2+16\ln2$

010 정답률 ▸ 69% 답 ④

1단계 부분적분법을 이용하여 $\int_1^2 (x-1)f'\left(\dfrac{x}{2}\right)dx=2$를 정리해 보자.

$u(x)=x-1$, $v'(x)=f'\left(\dfrac{x}{2}\right)$라 하면

$u'(x)=1$, $v(x)=2f\left(\dfrac{x}{2}\right)$이므로

$\int_1^2 (x-1)f'\left(\dfrac{x}{2}\right)dx=\left[2(x-1)f\left(\dfrac{x}{2}\right)\right]_1^2-\int_1^2 2f\left(\dfrac{x}{2}\right)dx$

$\qquad\qquad\qquad\qquad=2f(1)-2\int_1^2 f\left(\dfrac{x}{2}\right)dx=2$

이때 $f(1)=4$이므로

$\int_1^2 f\left(\dfrac{x}{2}\right)dx=3$ ······ ㉠

2단계 치환적분법을 이용하여 $\int_{\frac{1}{2}}^1 f(x)\,dx$의 값을 구해 보자.

㉠에서 $\dfrac{x}{2}=t$라 하면 $\dfrac{dt}{dx}=\dfrac{1}{2}$이고,

$x=1$일 때 $t=\dfrac{1}{2}$, $x=2$일 때 $t=1$이므로

$\int_1^2 f\left(\dfrac{x}{2}\right)dx=2\int_{\frac{1}{2}}^1 f(t)\,dt$

$\therefore \int_{\frac{1}{2}}^1 f(x)\,dx=\dfrac{1}{2}\int_1^2 f\left(\dfrac{x}{2}\right)dx=\dfrac{3}{2}$

011 정답률 ▸ 28% 답 26

1단계 두 조건 (가), (나)를 이용하여 함수 $f(x)$를 구해 보자.

조건 (가)에서 $-x=s$라 하면 $s\to\infty$이므로

$\lim_{x\to-\infty}\dfrac{f(x)+6}{e^x}=\lim_{x\to-\infty}\dfrac{ae^{2x}+be^x+c+6}{e^x}$

$\qquad\qquad\qquad=\lim_{s\to\infty}\{ae^{-s}+b+(c+6)e^s\}$

이때 $\lim_{s\to\infty}\{ae^{-s}+b+(c+6)e^s\}=1$이므로

$b=1$, $c=-6$ → $c\neq-6$이면 극한값은 발산한다.

한편, 조건 (나)에서

$f(\ln2)=ae^{2\ln2}+e^{\ln2}-6=4a-4=0$

이므로 $a=1$

$\therefore f(x)=e^{2x}+e^x-6$

2단계 역함수의 성질을 이용하여 $p+q$의 값을 구해 보자.

$f(k)=14$를 만족시키는 실수 k의 값을 구하면

$e^{2k}+e^k-6=14$, $e^{2k}+e^k-20=0$

$(e^k+5)(e^k-4)=0$

$e^k=4$ ($\because e^k>0$) $\therefore k=\ln4$

즉, $f(\ln4)=14$

또한, 조건 (나)에서

$f(\ln2)=0$

$\int_0^{14} g(x)\,dx$에서

$g(x)=t$라 하면 $g'(x)=\dfrac{dt}{dx}$, 즉 $\dfrac{1}{f'(t)}=\dfrac{dt}{dx}$이고

$x=0$일 때 $t=\ln2$, $x=14$일 때 $t=\ln4$이므로

$\int_0^{14} g(x)\,dx=\int_{\ln2}^{\ln4} tf'(t)\,dt$

이때 $u(t)=t$, $v'(t)=f'(t)$라 하면

$u'(t)=1$, $v(t)=f(t)$이므로

$\int_{\ln2}^{\ln4} tf'(t)\,dt=\left[tf(t)\right]_{\ln2}^{\ln4}-\int_{\ln2}^{\ln4} f(t)\,dt$

$\qquad\qquad\qquad=14\ln4-\int_{\ln2}^{\ln4}(e^{2t}+e^t-6)\,dt$

$\qquad\qquad\qquad=14\ln4-\left[\dfrac{1}{2}e^{2t}+e^t-6t\right]_{\ln2}^{\ln4}$

$\qquad\qquad\qquad=28\ln2-\{12-6\ln4-(4-6\ln2)\}$

$\qquad\qquad\qquad=-8+34\ln2$

따라서 $p=-8$, $q=34$이므로

$p+q=-8+34=26$

다른 풀이

$f(x)=e^{2x}+e^x-6$에서

$f'(x)=2e^{2x}+e^x>0$이고

함수 $g(x)$가 함수 $f(x)$의 역함수이므로

$\int_0^{14} g(x)\,dx$가 나타내는 값은 오른쪽 그림의 색칠한 부분과 같다.

$\therefore \int_0^{14} g(x)\,dx$

$=(14\times\ln4)-\int_{\ln2}^{\ln4} f(x)\,dx$

$=28\ln2-\int_{\ln2}^{\ln4}(e^{2x}+e^x-6)\,dx$

$=28\ln2-\left[\dfrac{1}{2}e^{2x}+e^x-6x\right]_{\ln2}^{\ln4}$

$=28\ln2-\{12-6\ln4-(4-6\ln2)\}$

$=-8+34\ln2$

012

1단계 부분적분법을 이용하여 $\int_0^1 g^{-1}(x)\,dx$를 간단히 해 보자.

함수 $f(x)$는 실수 전체의 집합에서 연속인 이계도함수를 가지므로 함수 $f'(x)$는 미분가능하다.

또한, 함수 $g(x)$도 미분가능하고 함수 $g^{-1}(x)$가 함수 $g(x)$의 역함수이므로

$g(g^{-1}(x))=x$에서

$g'(g^{-1}(x))(g^{-1})'(x)=1$

$\therefore (g^{-1})'(x)=\dfrac{1}{g'(g^{-1}(x))}$

이때 $g(0)=0$, $g(1)=1$이므로

$g^{-1}(0)=0$, $g^{-1}(1)=1$

$\int_0^1 g^{-1}(x)\,dx$에서

$u_1(x)=g^{-1}(x)$, $v_1'(x)=1$이라 하면

$u_1'(x)=(g^{-1})'(x)$, $v_1(x)=x$이므로

$\int_0^1 g^{-1}(x)\,dx=\Big[x\times g^{-1}(x)\Big]_0^1-\int_0^1\{x\times(g^{-1})'(x)\}\,dx$

$\qquad\qquad\qquad =1-\int_0^1 \dfrac{x}{g'(g^{-1}(x))}\,dx$

2단계 치환적분법을 이용하여 $\int_0^1 g(x)\,dx$의 값을 구해 보자.

$x=g(t)$라 하면 $1=g'(t)\dfrac{dt}{dx}$이고

$x=0$일 때 $t=0$, $x=1$일 때 $t=1$

즉,

$\int_0^1 \dfrac{x}{g'(g^{-1}(x))}\,dx=\int_0^1\Big\{\dfrac{g(t)}{g'(t)}\times g'(t)\Big\}\,dt$

$\qquad\qquad\qquad\qquad =\int_0^1 g(t)\,dt$

이므로

$\int_0^1 g^{-1}(x)\,dx=1-\int_0^1 \dfrac{x}{g'(g^{-1}(x))}\,dx=1-\int_0^1 g(x)\,dx$

$\int_0^1 g^{-1}(x)\,dx=2\int_0^1 f'(2x)\sin\pi x\,dx+\dfrac{1}{4}$에서

$1-\int_0^1 g(x)\,dx=2\int_0^1\{g(x)-x\}\,dx+\dfrac{1}{4}$

$1-\int_0^1 g(x)\,dx=2\int_0^1 g(x)\,dx-2\int_0^1 x\,dx+\dfrac{1}{4}$

$3\int_0^1 g(x)\,dx=2\int_0^1 x\,dx+\dfrac{3}{4}$

$\therefore \int_0^1 g(x)\,dx=\dfrac{2}{3}\Big[\dfrac{1}{2}x^2\Big]_0^1+\dfrac{1}{4}$

$\qquad\qquad\qquad =\dfrac{2}{3}\times\Big(\dfrac{1}{2}-0\Big)+\dfrac{1}{4}=\dfrac{7}{12}$

$\therefore \int_0^1\{f'(2x)\sin\pi x+x\}\,dx=\dfrac{7}{12}$

3단계 치환적분법과 부분적분법을 이용하여 $\int_0^2 f(x)\cos\dfrac{\pi}{2}x\,dx$의 값을 구해 보자.

$\int_0^1 x\,dx=\dfrac{1}{2}$이므로

$\int_0^1\{f'(2x)\sin\pi x+x\}\,dx=\int_0^1 f'(2x)\sin\pi x\,dx+\int_0^1 x\,dx$

$\qquad\qquad\qquad\qquad\qquad =\int_0^1 f'(2x)\sin\pi x\,dx+\dfrac{1}{2}$

$\int_0^1 f'(2x)\sin\pi x\,dx+\dfrac{1}{2}=\dfrac{7}{12}$이므로

$\int_0^1 f'(2x)\sin\pi x\,dx=\dfrac{1}{12}$

한편, $\int_0^1 f'(2x)\sin\pi x\,dx$에서

$u_2(x)=\sin\pi x$, $v_2'(x)=f'(2x)$라 하면

$u_2'(x)=\pi\cos\pi x$, $v_2(x)=\dfrac{1}{2}f(2x)$이므로

$\int_0^1 f'(2x)\sin\pi x\,dx$

$=\Big[\dfrac{1}{2}f(2x)\sin\pi x\Big]_0^1-\int_0^1\Big\{\dfrac{1}{2}f(2x)\times\pi\cos\pi x\Big\}\,dx$

$=-\dfrac{\pi}{2}\int_0^1 f(2x)\cos\pi x\,dx$

$\therefore \int_0^1 f(2x)\cos\pi x\,dx=-\dfrac{2}{\pi}\times\dfrac{1}{12}=-\dfrac{1}{6\pi}$

이때 $2x=s$라 하면 $2=\dfrac{ds}{dx}$이고

$x=0$일 때 $s=0$, $x=1$일 때 $s=2$이므로

$\int_0^1 f(2x)\cos\pi x\,dx=\dfrac{1}{2}\int_0^2 f(s)\cos\dfrac{\pi}{2}s\,ds$

$\therefore \int_0^2 f(x)\cos\dfrac{\pi}{2}x\,dx=2\times\Big(-\dfrac{1}{6\pi}\Big)=-\dfrac{1}{3\pi}$

013

1단계 두 조건 (가), (나)를 이용하여 $\int_{-1}^5 f(x)\cos 2\pi x\,dx$의 값을 구해 보자.

$\int_{-1}^5 f(x)(x+\cos 2\pi x)\,dx=\dfrac{47}{2}$에서

$\int_{-1}^5 xf(x)\,dx+\int_{-1}^5 f(x)\cos 2\pi x\,dx=\dfrac{47}{2}$ ⋯⋯ ㉠

이때

$\int_{-1}^5 xf(x)\,dx=\int_{-1}^1 xf(x)\,dx+\int_1^3 xf(x)\,dx+\int_3^5 xf(x)\,dx$

$\qquad\qquad =\int_{-1}^1 xf(x)\,dx+\underline{\int_{-1}^1(x+2)f(x+2)\,dx}$

　　　　　　　 $+\underline{\int_{-1}^1(x+4)f(x+4)\,dx}$ ┐x 대신 $x+2$, $x+4$를 각각 대입

$\qquad\qquad =\int_{-1}^1 xf(x)\,dx+\int_{-1}^1(x+2)f(x)\,dx$

　　　　　　　 $+\int_{-1}^1(x+4)f(x)\,dx$ (∵ 조건 (나))

$\qquad\qquad =\int_{-1}^1(3x+6)f(x)\,dx$

$\qquad\qquad =3\int_{-1}^1 xf(x)\,dx+6\int_{-1}^1 f(x)\,dx$

$\qquad\qquad =0+12\int_0^1 f(x)\,dx$ (∵ 조건 (가))

└ 함수 $f(x)$는 우함수이므로 $xf(x)$는 기함수이다.

$\qquad\qquad =12\int_0^1 f(x)\,dx$　∴ $\int_{-1}^1 xf(x)\,dx=0$, $\int_{-1}^1 f(x)\,dx=2\int_0^1 f(x)\,dx$

$\qquad\qquad =12\times2=24$

이므로

$\int_{-1}^5 f(x)\cos 2\pi x\,dx=\dfrac{47}{2}-\int_{-1}^5 xf(x)\,dx$

$\qquad\qquad\qquad\qquad =\dfrac{47}{2}-24$

$\qquad\qquad\qquad\qquad =-\dfrac{1}{2}$ ⋯⋯ ㉡

2단계 두 조건 (가), (나)를 이용하여 $\int_0^1 f(x)\cos 2\pi x\,dx$의 값을 구해 보자.

$$\int_{-1}^{5} f(x)\cos 2\pi x\,dx$$

$$=\int_{-1}^{1} f(x)\cos 2\pi x\,dx+\int_{1}^{3} f(x)\cos 2\pi x\,dx+\int_{3}^{5} f(x)\cos 2\pi x\,dx$$

$$=\int_{-1}^{1} f(x)\cos 2\pi x\,dx+\int_{-1}^{1} f(x+2)\cos 2\pi(x+2)\,dx$$

↳ 주기가 2π이므로 $\cos 2\pi(x+2)=\cos 2\pi x$

$$+\int_{-1}^{1} f(x+4)\cos 2\pi(x+4)\,dx$$

$$=\int_{-1}^{1} f(x)\cos 2\pi x\,dx+\int_{-1}^{1} f(x)\cos 2\pi x\,dx+\int_{-1}^{1} f(x)\cos 2\pi x\,dx$$

$(\because$ 조건 (나)$)$

$$=3\int_{-1}^{1} f(x)\cos 2\pi x\,dx$$

$$=6\int_{0}^{1} f(x)\cos 2\pi x\,dx\ (\because$ 조건 (가)$)$

㉡에서

$$6\int_{0}^{1} f(x)\cos 2\pi x\,dx=-\frac{1}{2}$$

$$\therefore \int_{0}^{1} f(x)\cos 2\pi x\,dx=-\frac{1}{12}$$

3단계 부분적분법을 이용하여 $\int_0^1 f'(x)\sin 2\pi x\,dx$의 값을 구해 보자.

$\int_0^1 f'(x)\sin 2\pi x\,dx$에서

$u(x)=\sin 2\pi x$, $v'(x)=f'(x)$라 하면

$u'(x)=2\pi\cos 2\pi x$, $v(x)=f(x)$이므로

$$\int_0^1 f'(x)\sin 2\pi x\,dx=\Big[f(x)\sin 2\pi x\Big]_0^1-\int_0^1 2\pi f(x)\cos 2\pi x\,dx$$

$$=0-2\pi\times\left(-\frac{1}{12}\right)=\frac{\pi}{6}$$

014 정답률 ▸ 34%   답 ④

1단계 조건 (가)를 이용하여 두 상수 a, b의 경우를 구해 보자.

$a\neq b$이므로 조건 (가)에서

$a\neq 0$, $b=0$ 또는 $a=0$, $b\neq 0$

2단계 각각의 경우에 따라 조건 (나)를 만족시키는 두 상수 a, b의 값을 구하여 $a-b$의 최솟값을 구해 보자.

(i) $a\neq 0$, $b=0$일 때

$$f(x)=\sin x\cos x\times e^{a\sin x}$$

$$\int_0^{\frac{\pi}{2}} f(x)\,dx=\int_0^{\frac{\pi}{2}}(\sin x\cos x\times e^{a\sin x})\,dx$$에서

$\sin x=t$라 하면 $\dfrac{dt}{dx}=\cos x$이고

$x=0$일 때 $t=0$, $x=\dfrac{\pi}{2}$일 때 $t=1$이므로

$$\int_0^{\frac{\pi}{2}}(\sin x\cos x\times e^{a\sin x})\,dx=\int_0^1 te^{at}\,dt$$

이때 $u_1(t)=t$, $v_1'(t)=e^{at}$이라 하면

$u_1'(t)=1$, $v_1(t)=\dfrac{e^{at}}{a}$이므로

$$\int_0^1 te^{at}\,dt=\left[\frac{t}{a}e^{at}\right]_0^1-\int_0^1\frac{1}{a}e^{at}\,dt=\frac{e^a}{a}-\left[\frac{1}{a^2}e^{at}\right]_0^1$$

$$=\frac{e^a}{a}-\frac{1}{a^2}e^a+\frac{1}{a^2}=\frac{(a-1)e^a+1}{a^2}$$

조건 (나)에서

$$\frac{(a-1)e^a+1}{a^2}=\frac{1}{a^2}-2e^a$$

$$\frac{(a-1)e^a}{a^2}=-2e^a,\ a-1=-2a^2$$

$$2a^2+a-1=0,\ (a+1)(2a-1)=0$$

$$\therefore a=-1\ \text{또는}\ a=\frac{1}{2}$$

(ii) $a=0$, $b\neq 0$일 때

$$f(x)=\sin x\cos x\times e^{b\cos x}$$

$$\int_0^{\frac{\pi}{2}} f(x)\,dx=\int_0^{\frac{\pi}{2}}(\sin x\cos x\times e^{b\cos x})\,dx$$에서

$\cos x=s$라 하면 $\dfrac{ds}{dx}=-\sin x$이고

$x=0$일 때 $s=1$, $x=\dfrac{\pi}{2}$일 때 $s=0$이므로

$$\int_0^{\frac{\pi}{2}}(\sin x\cos x\times e^{b\cos x})\,dx=-\int_1^0 se^{bs}\,ds=\int_0^1 se^{bs}\,ds$$

이때 $u_2(s)=s$, $v_2'(s)=e^{bs}$이라 하면

$u_2'(s)=1$, $v_2(s)=\dfrac{e^{bs}}{b}$이므로

$$\int_0^1 se^{bs}\,ds=\left[\frac{s}{b}e^{bs}\right]_0^1-\int_0^1\frac{1}{b}e^{bs}\,ds$$

$$=\frac{e^b}{b}-\left[\frac{1}{b^2}e^{bs}\right]_0^1$$

$$=\frac{e^b}{b}-\frac{1}{b^2}e^b+\frac{1}{b^2}$$

$$=\frac{(b-1)e^b+1}{b^2}$$

조건 (나)에서

$$\frac{(b-1)e^b+1}{b^2}=\frac{1}{b^2}-2e^b$$

$$\frac{(b-1)e^b}{b^2}=-2e^b,\ b-1=-2b^2$$

$$2b^2+b-1=0$$

$$(b+1)(2b-1)=0$$

$$\therefore b=-1\ \text{또는}\ b=\frac{1}{2}$$

(i), (ii)에서 두 실수 a, b의 순서쌍 $(a,\ b)$는

$$(-1,\ 0),\ \left(\frac{1}{2},\ 0\right),\ (0,\ -1),\ \left(0,\ \frac{1}{2}\right)$$

따라서 $a-b$의 최솟값은

$$-1-0=-1$$

015 정답률 ▸ 31%   답 ②

1단계 곡선 $y=f(x)$ 위의 점 $(t,\ f(t))$에서의 접선과 곡선 $y=f(x)$의 위치 관계를 알아보자.

곡선 $y=f(x)$ 위의 점 $(t,\ f(t))$에서의 접선의 방정식은

$y=f'(t)(x-t)+f(t)$

$f'(x)=-x+e^{1-x^2}$에서

$f''(x)=-1-2xe^{1-x^2}$

양수 x에 대하여 $f''(x)<0$이므로 $x>0$에서 곡선 $y=f(x)$은 위로 볼록하다.

즉, 곡선 $y=f(x)$ 위의 점 $(t,\ f(t))$에서의 접선이 곡선 $y=f(x)$보다 위쪽에 있거나 만나므로 모든 양수 x에 대하여 부등식

$f'(t)(x-t)+f(t)\geq f(x)$이 양수 t의 값에 관계없이 항상 성립한다.

2단계 함수 $g(t)$와 그 도함수 $g'(t)$를 구해 보자.

$$g(t)=\int_0^t \left[\{f'(t)(x-t)+f(t)\}-f(x)\right]dx$$

$$=\int_0^t \{f'(t)x-tf'(t)+f(t)-f(x)\}\,dx$$

$$=\left[\frac{1}{2}f'(t)x^2-tf'(t)x+f(t)x\right]_0^t-\int_0^t f(x)\,dx$$

$$=\frac{1}{2}t^2f'(t)-t^2f'(t)+tf(t)-\int_0^t f(x)\,dx$$

$$=-\frac{1}{2}t^2f'(t)+tf(t)-\int_0^t f(x)\,dx$$

이때 $\int_0^t f(x)\,dx$에서

$u(x)=f(x)$, $v'(x)=1$이라 하면

$u'(x)=f'(x)$, $v(x)=x$이므로

$$\int_0^t f(x)\,dx=\left[xf(x)\right]_0^t-\int_0^t xf'(x)\,dx$$

$$=tf(t)-\int_0^t xf'(x)\,dx$$

즉,

$$-\frac{1}{2}t^2f'(t)+tf(t)-\int_0^t f(x)\,dx$$

$$=-\frac{1}{2}t^2f'(t)+tf(t)-tf(t)+\int_0^t xf'(x)\,dx$$

$$=-\frac{1}{2}t^2f'(t)+\int_0^t xf'(x)\,dx$$

$$\therefore\ g(t)=-\frac{1}{2}t^2f'(t)+\int_0^t xf'(x)\,dx,$$

$$g'(t)=-tf'(t)-\frac{1}{2}t^2f''(t)+tf'(t)$$

$$=-\frac{1}{2}t^2f''(t)$$

3단계 $g(1)+g'(1)$의 값을 구해 보자.

$$g(1)=-\frac{1}{2}f'(1)+\int_0^1 xf'(x)\,dx$$

$$=-\frac{1}{2}f'(1)+\int_0^1 x(-x+e^{1-x^2})\,dx$$

$$=-\frac{1}{2}f'(1)-\int_0^1 x^2\,dx+\int_0^1 xe^{1-x^2}\,dx$$

$\int_0^1 xe^{1-x^2}\,dx$에서 $1-x^2=s$라 하면 $-2x=\dfrac{ds}{dx}$이고

$x=0$일 때 $s=1$, $x=1$일 때 $s=0$이므로

$$-\frac{1}{2}f'(1)-\int_0^1 x^2\,dx+\int_0^1 xe^{1-x^2}\,dx$$

$$=-\frac{1}{2}f'(1)-\int_0^1 x^2\,dx-\int_1^0 \frac{1}{2}e^s\,ds$$

$$=-\frac{1}{2}(-1+e^0)-\left[\frac{1}{3}x^3\right]_0^1+\left[\frac{1}{2}e^s\right]_0^1$$

$$=0-\frac{1}{3}+\frac{1}{2}(e-1)$$

$$=\frac{1}{2}e-\frac{5}{6}$$

$g'(t)=-\dfrac{1}{2}t^2f''(t)$에서

$$g'(1)=-\frac{1}{2}f''(1)=-\frac{1}{2}(-1-2e^0)=\frac{3}{2}$$

$$\therefore\ g(1)+g'(1)=\left(\frac{1}{2}e-\frac{5}{6}\right)+\frac{3}{2}=\frac{1}{2}e+\frac{2}{3}$$

참고

두 함수 $y=e^{1-x^2}$, $y=x$의 그래프의 개형은 다음 그림과 같다.

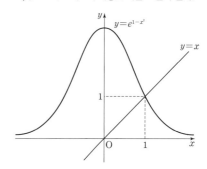

두 함수의 그래프 $y=e^{1-x^2}$, $y=x$가 한 점에서 만나고

$x<1$일 때, $e^{1-x^2}>x$, 즉 $f'(x)=-x+e^{1-x^2}>0$,

$x>1$일 때, $e^{1-x^2}<x$, 즉 $f'(x)=-x+e^{1-x^2}<0$

이므로 함수 $y=f(x)$의 그래프는 $x=1$에서 극대이고 위로 볼록하다.

따라서 양수 t에 대하여 곡선 $y=f(x)$ 위의 점 $(t, f(t))$에서의 접선 $l(x)$와 곡선 $y=f(x)$ 및 y축으로 둘러싸인 부분의 넓이 $g(t)$는 다음 그림과 같다.

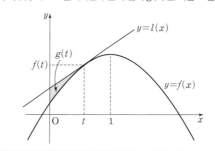

016 정답률 ▶ 11%   **답 12**

1단계 조건 (가)를 이용하여 상수 a의 값을 구해 보자.

$$\int_{2a}^{3a+x} g(t)\,dt=\int_{3a-x}^{2a+2} g(t)\,dt \quad\cdots\cdots\ \bigcirc$$

㉠의 양변을 x에 대하여 미분하면

$g(3a+x)=g(3a-x)$ → $g(3a-x)\times(-1)=g(3a-x)$

즉, 함수 $g(x)$는 직선 $x=3a$에 대하여 대칭이므로 ㉠에서

$$\int_{2a}^{3a+x} g(t)\,dt=\int_{3a-x}^{4a} g(t)\,dt+\int_{4a}^{2a+2} g(t)\,dt$$

$$\int_{2a}^{3a+x} g(t)\,dt=\int_{3a-x}^{4a} g(t)\,dt$$

$$\therefore \int_{4a}^{2a+2} g(t)\,dt=0 \left(\because \frac{2a+4a}{2}=3a\right)$$

조건 (가)에서 $g(x)>0$이므로   → $\dfrac{(3a+x)+(3a-x)}{2}=3a$

$2a+2=4a$ $\therefore\ a=1$

2단계 $g(x)=\ln h(x)$라 하고 함수 $h(x)$를 구해 보자.

$h(x)=f(x)+f'(x)+1$이라 하면 $g(x)=\ln h(x)$

이때 함수 $f(x)$는 최고차항의 계수가 1인 이차함수이므로

$f(x)=x^2+px+q$ (p, q는 상수), $f'(x)=2x+p$

$\therefore\ h(x)=x^2+(p+2)x+p+q+1$

또한, 조건 (나)에 의하여   → 함수 $g(x)$는 직선 $x=3$에 대하여 대칭

$g(2)=g(4)=\ln 5$이므로

$\ln h(2)=\ln h(4)=\ln 5$ $\therefore\ h(2)=h(4)=5$

$h(2)=h(4)$에서
$4+2(p+2)+p+q+1=16+4(p+2)+p+q+1$
$2(p+2)=-12$ $\quad \therefore p=-8$
$h(2)=5$에서 $4-12-7+q=5$ $\quad \therefore q=20$
$\therefore h(x)=x^2-6x+13$

3단계 부분적분법을 이용하여 $\int_3^5 \{f'(x)+2a\}g(x)\,dx$의 값을 구하여 $m+n$의 값을 구해 보자.

$h'(x)=2x-6$, $f'(x)=2x-8$이므로
$h'(x)=f'(x)+2$

$\int_3^5 \{f'(x)+2a\}g(x)\,dx=\int_3^5 \{f'(x)+2\}g(x)\,dx$

$$=\int_3^5 h'(x)\ln h(x)\,dx$$

이때 $u(x)=\ln h(x)$, $v'(x)=h'(x)$라 하면

$u'(x)=\dfrac{h'(x)}{h(x)}$, $v(x)=h(x)$이므로

$\int_3^5 h'(x)\ln h(x)\,dx$

$=\Big[h(x)\ln h(x)\Big]_3^5-\int_3^5 h'(x)\,dx$

$=\{h(5)\ln h(5)-h(3)\ln h(3)\}-\Big[h(x)\Big]_3^5$

$=\{h(5)\ln h(5)-h(3)\ln h(3)\}-\{h(5)-h(3)\}$

$=8\ln 8-4\ln 4-(8-4)$

$=-4+16\ln 2$ $\overset{\longrightarrow 24\ln 2-8\ln 2=16\ln 2}{}$

따라서 $m=-4$, $n=16$이므로
$m+n=-4+16=12$

---

017   정답률 ▸ 81%   답 ②

1단계 주어진 식을 정적분으로 나타내어 그 값을 구해 보자.

$\displaystyle\lim_{n\to\infty}\frac{2\pi}{n}\sum_{k=1}^n \sin\frac{\pi k}{3n}=\lim_{n\to\infty}\sum_{k=1}^n \left(6\times\frac{\pi}{3n}\sin\frac{\pi k}{3n}\right)$

$$=\int_0^{\frac{\pi}{3}} 6\sin x\,dx$$

$$=\Big[-6\cos x\Big]_0^{\frac{\pi}{3}}$$

$$=-3+6=3$$

다른 풀이 ❶

$\displaystyle\lim_{n\to\infty}\frac{2\pi}{n}\sum_{k=1}^n \sin\frac{\pi k}{3n}=\lim_{n\to\infty}\sum_{k=1}^n \left\{2\pi\times\frac{1}{n}\sin\left(\frac{\pi}{3}\times\frac{k}{n}\right)\right\}$

$$=\int_0^1 2\pi\sin\left(\frac{\pi}{3}x\right)dx$$

$$=\left[-6\cos\left(\frac{\pi}{3}x\right)\right]_0^1$$

$$=-3+6=3$$

다른 풀이 ❷

$\displaystyle\lim_{n\to\infty}\frac{2\pi}{n}\sum_{k=1}^n \sin\frac{\pi k}{3n}=\lim_{n\to\infty}\sum_{k=1}^n \left\{\frac{2\pi}{n}\sin\left(\frac{1}{6}\times\frac{2\pi k}{n}\right)\right\}$

$$=\int_0^{2\pi}\sin\frac{x}{6}\,dx=\Big[-6\cos\frac{x}{6}\Big]_0^{2\pi}$$

$$=-3+6=3$$

---

018   정답률 ▸ 78%   답 ③

1단계 주어진 식을 정적분으로 나타내어 그 값을 구해 보자.

$\displaystyle\lim_{n\to\infty}\frac{1}{n}\sum_{k=1}^n \sqrt{1+\frac{3k}{n}}=\frac{1}{3}\lim_{x\to 0}\frac{3}{n}\sum_{k=1}^n \sqrt{1+\frac{3k}{n}}$

$$=\frac{1}{3}\int_0^3 \sqrt{1+x}\,dx$$

$$=\frac{2}{9}\Big[(1+x)^{\frac{3}{2}}\Big]_0^3$$

$$=\frac{2}{9}\times(8-1)$$

$$=\frac{14}{9}$$

다른 풀이 ❶

$\displaystyle\lim_{n\to\infty}\frac{1}{n}\sum_{k=1}^n \sqrt{1+\frac{3k}{n}}=\int_0^1 \sqrt{1+3x}\,dx=\frac{2}{9}\Big[(1+3x)^{\frac{3}{2}}\Big]_0^1$

$$=\frac{2}{9}\times(8-1)=\frac{14}{9}$$

다른 풀이 ❷

$\displaystyle\lim_{n\to\infty}\frac{1}{n}\sum_{k=1}^n \sqrt{1+\frac{3k}{n}}=\frac{1}{3}\int_1^4 \sqrt{x}\,dx=\frac{2}{9}\Big[x^{\frac{3}{2}}\Big]_1^4$

$$=\frac{2}{9}\times(8-1)=\frac{14}{9}$$

---

019   정답률 ▸ 65%   답 ②

1단계 주어진 식을 정적분으로 나타내어 보자.

$\displaystyle\lim_{n\to\infty}\sum_{k=1}^n \frac{k}{(2n-k)^2}=\lim_{n\to\infty}\frac{\dfrac{k}{n}\times\dfrac{1}{n}}{\left(2-\dfrac{k}{n}\right)^2}$

$$=\int_0^1 \frac{x}{(2-x)^2}\,dx \quad\cdots\cdots\ \bigcirc$$

2단계 치환적분법을 이용하여 식의 값을 구해 보자.

$\bigcirc$에서 $2-x=t$라 하면 $-1=\dfrac{dt}{dx}$이고

$x=0$일 때 $t=2$, $x=1$일 때 $t=1$이므로

$\displaystyle\int_0^1 \frac{x}{(2-x)^2}\,dx=\int_2^1 \frac{2-t}{t^2}(-dt)$

$$=\int_1^2 \frac{2-t}{t^2}\,dt$$

$$=\int_1^2 \left(\frac{2}{t^2}-\frac{1}{t}\right)dt$$

$$=\left[-\frac{2}{t}-\ln|t|\right]_1^2$$

$$=(-1-\ln 2)-(-2)$$

$$=1-\ln 2$$

---

020   정답률 ▸ 39%   답 ②

1단계 두 조건 (가), (나)를 이용하여 $0<x<4\pi$에서 곡선 $y=f(x)$의 개형을 파악해 보자.

조건 (가)의 $f(x)=1-\cos x$에서
$f'(x)=\sin x$
$f''(x)=\cos x$

$0\leq x\leq\pi$일 때, $f'(x)\geq 0$

$f''(x)=0$에서 $x=\dfrac{\pi}{2}$

$0\leq x\leq\pi$에서 함수 $f(x)$의 증가와 감소를 표로 나타내면 다음과 같다.

x	0	$\cdots$	$\dfrac{\pi}{2}$	$\cdots$	π
$f''(x)$	$+$	$+$	0	$-$	$-$
$f'(x)$	0	$+$	$+$	$+$	0
$f(x)$	0	⤴	변곡점	⤴	2

$0\leq x\leq\pi$에서 곡선 $y=f(x)$의 개형은 다음 그림과 같다.

조건 (나)의 두 식 $f(n\pi+t)=f(n\pi)+f(t)$, $f(n\pi+t)=f(n\pi)-f(t)$
에 $n=1$을 각각 대입하면

$f(\pi+t)=f(\pi)+f(t)$ ······ ㉠

$f(\pi+t)=f(\pi)-f(t)$ ······ ㉡

이므로 $\pi\leq x\leq 2\pi$일 때, 곡선 $y=f(x)$의 개형은 다음 그림과 같이 ㉠ 또는 ㉡이다.

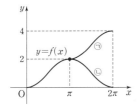

이때 $\pi\leq x\leq 2\pi$에서

• 곡선 $y=f(x)$가 ㉠의 모양인 경우

  곡선 $y=f(x)$는 $x=\dfrac{\pi}{2}$, $x=\pi$, $x=\dfrac{3}{2}\pi$에서 변곡점을 갖는다.

• 곡선 $y=f(x)$가 ㉡의 모양인 경우

  곡선 $y=f(x)$는 $x=\dfrac{\pi}{2}$, $x=\dfrac{3}{2}\pi$에서 변곡점을 갖고, $x=\pi$에서 극값을 갖는다.

같은 방법으로 조건 (나)에서 $n=2$, 3일 때 ㉠ 또는 ㉡의 모양이 된다.

즉, $0<x<4\pi$에서 곡선 $y=f(x)$는 $x=\dfrac{\pi}{2}$, $\dfrac{3}{2}\pi$, $\dfrac{5}{2}\pi$, $\dfrac{7}{2}\pi$에서 변곡점을 갖고, $x=\pi$, 2π, 3π에서 극값 또는 변곡점을 갖는다.

2단계 조건 (다)를 만족시키는 곡선 $y=f(x)$를 알아보고 각각의 경우에 따라 $\displaystyle\int_0^{4\pi}|f(x)|\,dx$의 값을 구해 보자.

조건 (다)에 의하여 곡선 $y=f(x)$는 $x=\pi$ 또는 $x=2\pi$ 또는 $x=3\pi$에서만 극값을 가져야 한다.

(i) 곡선 $y=f(x)$가 $x=\pi$에서만 극값을 가질 때

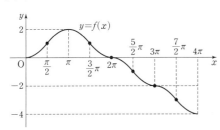

곡선 $y=f(x)$가 $x=\pi$에서만 극값을 가지려면 위의 그림과 같이

$x=\pi$에서 극대이고, $x=\dfrac{\pi}{2}$, $\dfrac{3}{2}\pi$, 2π, $\dfrac{5}{2}\pi$, 3π, $\dfrac{7}{2}\pi$에서 변곡점을 가져야 한다.

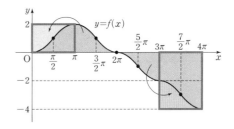

위의 그림과 같이 $\displaystyle\int_0^{4\pi}|f(x)|\,dx$의 값은 파란색 테두리로 둘러싸인 부분의 넓이와 같으므로

$$\int_0^{4\pi}|f(x)|\,dx=\pi\times 2+(4\pi-3\pi)\times 4$$
$$=6\pi$$

(ii) 곡선 $y=f(x)$가 $x=2\pi$에서만 극값을 가질 때

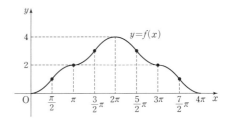

곡선 $y=f(x)$가 $x=2\pi$에서만 극값을 가지려면 위의 그림과 같이 $x=2\pi$에서 극대이고, $x=\dfrac{\pi}{2}$, π, $\dfrac{3}{2}\pi$, $\dfrac{5}{2}\pi$, 3π, $\dfrac{7}{2}\pi$에서 변곡점을 가져야 한다.

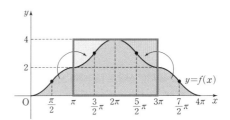

위의 그림과 같이 $\displaystyle\int_0^{4\pi}|f(x)|\,dx$의 값은 파란색 테두리로 둘러싸인 분의 넓이와 같으므로

$$\int_0^{4\pi}|f(x)|\,dx=(3\pi-\pi)\times 4$$
$$=8\pi$$

(iii) 곡선 $y=f(x)$가 $x=3\pi$에서만 극값을 가질 때

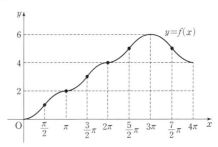

곡선 $y=f(x)$가 $x=3\pi$에서만 극값을 가지려면 위의 그림과 같이

$x=3\pi$에서 극대이고, $x=\dfrac{\pi}{2}$, π, $\dfrac{3}{2}\pi$, 2π, $\dfrac{5}{2}\pi$, $\dfrac{7}{2}\pi$에서 변곡점을 가져야 한다.

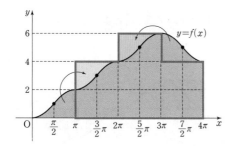

위의 그림과 같이 $\int_0^{4\pi} |f(x)|\,dx$의 값은 파란색 테두리로 둘러싸인

부분의 넓이와 같으므로

$$\int_0^{4\pi} |f(x)|\,dx = (4\pi - \pi) \times 4 + (3\pi - 2\pi) \times (6-4)$$
$$= 14\pi$$

3단계 $\int_0^{4\pi} |f(x)|\,dx$의 최솟값을 구해 보자.

(i), (ii), (iii)에서 $\int_0^{4\pi} |f(x)|\,dx$의 최솟값은 6π이다.

다른 풀이

(i) 곡선 $y=f(x)$가 $x=\pi$에서만 극값을 가질 때

$$\int_0^{4\pi} |f(x)|\,dx = 4\int_0^{\pi} f(x)\,dx + (4\pi - 3\pi) \times 2$$
$$= 4\int_0^{\pi} (1-\cos x)\,dx + 2\pi$$
$$= 4\Big[x - \sin x \Big]_0^{\pi} + 2\pi$$
$$= 4(\pi - 0) + 2\pi = 6\pi$$

021 정답률 ▸ 90%　　　　　　　　　　답 ③

1단계 단면의 넓이를 x에 대한 식으로 나타내어 보자.

입체도형을 x축에 수직인 평면으로 자른 단면은 한 변의 길이가 $\dfrac{2}{\sqrt{x}}$인

정사각형이다.
단면의 넓이를 $S(x)$라 하면

$$S(x) = \left(\frac{2}{\sqrt{x}} \right)^2 = \frac{4}{x}$$

2단계 입체도형의 부피를 구해 보자.
구하는 입체도형의 부피는

$$\int_1^4 S(x)\,dx = \int_1^4 \frac{4}{x}\,dx$$
$$= \Big[4\ln x \Big]_1^4$$
$$= 4\ln 4 = 8\ln 2$$

022 정답률 ▸ 82%　　　　　　　　　　답 ①

1단계 단면의 넓이를 x에 대한 식으로 나타내어 보자.
입체도형을 x축에 수직인 평면으로 자른 단면은 한 변의 길이가

$\sqrt{\dfrac{x+1}{x(x+\ln x)}}$인 정사각형이다.

단면의 넓이를 $S(x)$라 하면

$$S(x) = \left(\sqrt{\frac{x+1}{x(x+\ln x)}} \right)^2 = \frac{x+1}{x(x+\ln x)}$$

2단계 입체도형의 부피를 구해 보자.
구하는 입체도형의 부피는

$$\int_1^e S(x)\,dx = \int_1^e \frac{x+1}{x(x+\ln x)}\,dx$$
$$= \int_1^e \frac{1 + \dfrac{1}{x}}{x + \ln x}\,dx$$

이때 $x + \ln x = t$라 하면 $1 + \dfrac{1}{x} = \dfrac{dt}{dx}$이고

$x=1$일 때 $t=1$, $x=e$일 때 $t=e+1$이므로

$$\int_1^e \frac{1 + \dfrac{1}{x}}{x + \ln x}\,dx = \int_1^{e+1} \frac{1}{t}\,dt = \Big[\ln t \Big]_1^{e+1}$$
$$= \ln(e+1) - \ln 1 = \ln(e+1)$$

023 정답률 ▸ 86%　　　　　　　　　　답 ③

1단계 단면의 넓이를 x에 대한 식으로 나타내어 보자.
입체도형을 x축에 수직인 평면으로 자른 단면은 한 변의 길이가
$\sqrt{(5-x)\ln x}$인 정사각형이다.
단면의 넓이를 $S(x)$라 하면
$$S(x) = \{ \sqrt{(5-x)\ln x} \}^2 = (5-x)\ln x$$

2단계 입체도형의 부피를 구해 보자.
입체도형의 부피는

$$\int_2^4 S(x)\,dx = \int_2^4 (5-x)\ln x\,dx$$

이때 $u(x) = \ln x$, $v'(x) = 5-x$라 하면

$u'(x) = \dfrac{1}{x}$, $v(x) = 5x - \dfrac{1}{2}x^2$이므로

$$\int_2^4 (5-x)\ln x\,dx$$
$$= \left[\left(5x - \frac{1}{2}x^2 \right) \ln x \right]_2^4 - \int_2^4 \left(5 - \frac{1}{2}x \right) dx$$
$$= (20-8)\ln 4 - (10-2)\ln 2 - \left[5x - \frac{1}{4}x^2 \right]_2^4$$
$$= 12\ln 4 - 8\ln 2 - (20-4) + (10-1)$$
$$= 24\ln 2 - 8\ln 2 - 16 + 9 = 16\ln 2 - 7$$

024 정답률 ▸ 82%　　　　　　　　　　답 ③

1단계 단면의 넓이를 x에 대한 식으로 나타내어 보자.
입체도형을 x축에 수직인 평면으로 자른 단면은 지름의 길이가
$2x\sqrt{x\sin x^2}$인 반원이다.
단면의 넓이를 $S(x)$라 하면
$$S(x) = \frac{1}{2}\pi (x\sqrt{x\sin x^2})^2 = \frac{1}{2}\pi x^3 \sin x^2$$

2단계 입체도형의 부피를 구해 보자.
구하는 입체도형의 부피는

$$\int_{\sqrt{\frac{\pi}{6}}}^{\sqrt{\frac{\pi}{2}}} S(x)\,dx = \int_{\sqrt{\frac{\pi}{6}}}^{\sqrt{\frac{\pi}{2}}} \frac{1}{2}\pi x^3 \sin x^2\,dx$$

이때 $x^2=t$라 하면 $2x=\dfrac{dt}{dx}$이고

$x=\sqrt{\dfrac{\pi}{6}}$일 때 $t=\dfrac{\pi}{6}$, $x=\sqrt{\dfrac{\pi}{2}}$일 때 $t=\dfrac{\pi}{2}$이므로

$$\int_{\sqrt{\frac{\pi}{6}}}^{\sqrt{\frac{\pi}{2}}} \frac{1}{2}\pi x^3 \sin x^2\, dx=\int_{\frac{\pi}{6}}^{\frac{\pi}{2}}\left(\frac{\pi}{4}\times t \sin t\right)dt$$
$$=\frac{\pi}{4}\int_{\frac{\pi}{6}}^{\frac{\pi}{2}} t \sin t\, dt$$

이때 $u(t)=t$, $v'(t)=\sin t$라 하면
$u'(t)=1$, $v(t)=-\cos t$이므로

$$\frac{\pi}{4}\int_{\frac{\pi}{6}}^{\frac{\pi}{2}} t \sin t\, dt=\frac{\pi}{4}\Big[-t\cos t\Big]_{\frac{\pi}{6}}^{\frac{\pi}{2}}-\frac{\pi}{4}\int_{\frac{\pi}{6}}^{\frac{\pi}{2}}(-\cos t)\, dt$$
$$=\frac{\pi}{4}\times\left(0+\frac{\pi}{6}\times\frac{\sqrt{3}}{2}\right)+\frac{\pi}{4}\int_{\frac{\pi}{6}}^{\frac{\pi}{2}}\cos t\, dt$$
$$=\frac{\sqrt{3}\pi^2}{48}+\frac{\pi}{4}\Big[\sin t\Big]_{\frac{\pi}{6}}^{\frac{\pi}{2}}$$
$$=\frac{\sqrt{3}\pi^2}{48}+\frac{\pi}{4}\times\left(1-\frac{1}{2}\right)$$
$$=\frac{\sqrt{3}\pi^2}{48}+\frac{\pi}{8}$$
$$=\frac{\sqrt{3}\pi^2+6\pi}{48}$$

025 정답률▶83%　　　답 ③

1단계　단면의 넓이를 x에 대한 식으로 나타내어 보자.
입체도형을 x축에 수직인 평면으로 자른 단면은 한 변의 길이가
$\sqrt{\dfrac{kx}{2x^2+1}}$인 정사각형이다.
단면의 넓이를 $S(x)$라 하면

$$S(x)=\left(\sqrt{\frac{kx}{2x^2+1}}\right)^2=\frac{kx}{2x^2+1}$$

2단계　입체도형의 부피를 구하여 양수 k의 값을 구해 보자.
입체도형의 부피는

$$\int_1^2 S(x)\, dx=\int_1^2 \frac{kx}{2x^2+1}\, dx$$

이때 $2x^2+1=t$라 하면 $4x=\dfrac{dt}{dx}$이고
$x=1$일 때 $t=3$, $x=2$일 때 $t=9$이므로

$$\int_1^2 \frac{kx}{2x^2+1}\, dx=\int_3^9 \frac{k}{4t}\, dt$$
$$=\left[\frac{k}{4}\ln t\right]_3^9$$
$$=\frac{k}{4}(\ln 9-\ln 3)$$
$$=\frac{k}{4}\ln 3=2\ln 3$$

즉, $\dfrac{k}{4}=2$ ∴ $k=8$

026 정답률▶72%　　　답 ④

1단계　단면의 넓이를 x에 대한 식으로 나타내어 보자.
입체도형을 x축에 수직인 평면으로 자른 단면은 한 변의 길이가
$\sqrt{\sec^2 x+\tan x}$인 정사각형이다.

단면의 넓이를 $S(x)$라 하면
$$S(x)=(\sqrt{\sec^2 x+\tan x})^2$$
$$=\sec^2 x+\tan x$$

2단계　입체도형의 부피를 구해 보자.
구하는 입체도형의 부피는

$$\int_0^{\frac{\pi}{3}} S(x)\, dx=\int_0^{\frac{\pi}{3}}(\sec^2 x+\tan x)\, dx$$
$$=\int_0^{\frac{\pi}{3}}\left(\sec^2 x+\frac{\sin x}{\cos x}\right)dx$$
$$=\Big[\tan x-\ln \cos x\Big]_0^{\frac{\pi}{3}}$$
$$=\left(\sqrt{3}-\ln\frac{1}{2}\right)-(-\ln 1)$$
$$=\sqrt{3}+\ln 2$$

027 정답률▶75%　　　답 ③

1단계　단면의 넓이를 x에 대한 식으로 나타내어 보자.
입체도형을 x축에 수직인 평면으로 자른 단면은 한 변의 길이가
$\sqrt{(1-2x)\cos x}$인 정사각형이다.
단면의 넓이를 $S(x)$라 하면
$$S(x)=(\sqrt{(1-2x)\cos x})^2$$
$$=(1-2x)\cos x$$

2단계　입체도형의 부피를 구해 보자.
구하는 입체도형의 부피는

$$\int_{\frac{3}{4}\pi}^{\frac{5}{4}\pi} S(x)\, dx=\int_{\frac{3}{4}\pi}^{\frac{5}{4}\pi}(1-2x)\cos x\, dx$$

이때 $u(x)=1-2x$, $v'(x)=\cos x$라 하면
$u'(x)=-2$, $v(x)=\sin x$이므로

$$\int_{\frac{3}{4}\pi}^{\frac{5}{4}\pi}(1-2x)\cos x\, dx$$
$$=\Big[(1-2x)\sin x\Big]_{\frac{3}{4}\pi}^{\frac{5}{4}\pi}+\int_{\frac{3}{4}\pi}^{\frac{5}{4}\pi} 2\sin x\, dx$$
$$=-\left(1-\frac{5}{2}\pi\right)\frac{\sqrt{2}}{2}-\left(1-\frac{3}{2}\pi\right)\frac{\sqrt{2}}{2}-\Big[2\cos x\Big]_{\frac{3}{4}\pi}^{\frac{5}{4}\pi}$$
$$=-\sqrt{2}+2\sqrt{2}\pi+\sqrt{2}-\sqrt{2}$$
$$=2\sqrt{2}\pi-\sqrt{2}$$

028 정답률▶51%　　　답 ①

1단계　$x=-\ln 4$에서 $x=1$까지의 곡선 $y=\dfrac{1}{2}(|e^x-1|-e^{|x|}+1)$의 길이를 구해 보자.

$f(x)=\dfrac{1}{2}(|e^x-1|-e^{|x|}+1)$이라 하면

$$f(x)=\begin{cases}-\dfrac{e^x+e^{-x}}{2}+1 & (x<0)\\[2mm] 0 & (x\geq 0)\end{cases}$$에서

$$f'(x)=\begin{cases}-\dfrac{e^x-e^{-x}}{2} & (x<0)\\[2mm] 0 & (x\geq 0)\end{cases}$$이므로

$\lim\limits_{h\to 0+}\dfrac{f(0+h)-f(0)}{h}=0$

$x=-\ln 4$에서 $x=1$까지의 곡선 $y=f(x)$의 길이는

$$\int_{-\ln 4}^{1} \sqrt{1+\{f'(x)\}^2}\,dx$$

$$=\int_{-\ln 4}^{0} \sqrt{1+\{f'(x)\}^2}\,dx+\int_{0}^{1} \sqrt{1+\{f'(x)\}^2}\,dx$$

$$=\int_{-\ln 4}^{0} \sqrt{1+\left(-\frac{e^x-e^{-x}}{2}\right)^2}\,dx+\int_{0}^{1} 1\,dx$$

$$=\int_{-\ln 4}^{0} \sqrt{\left(\frac{e^x+e^{-x}}{2}\right)^2}\,dx+\Big[\,x\,\Big]_{0}^{1}$$

$$=\int_{-\ln 4}^{0} \frac{e^x+e^{-x}}{2}\,dx+1 \left(\because \frac{e^x+e^{-x}}{2}>0\right)$$

$$=\left[\frac{e^x-e^{-x}}{2}\right]_{-\ln 4}^{0}+1$$

$$=\frac{15}{8}+1=\frac{23}{8}$$

029 정답률 ▸ 21% 답 ②

1단계 함수 $y=f(x)$의 그래프의 개형을 파악하여 함수 $g(x)$가 실수 전체의 집합에서 미분가능할 조건을 알아보자.

$x<0$일 때 함수 $y=2\sin 4x$는 주기가 $\dfrac{2\pi}{|4|}=\dfrac{\pi}{2}$이고 최댓값이 2, 최솟값이 -2이므로 함수 $y=2|\sin 4x|$는 주기가 $\dfrac{\pi}{4}$이고 최댓값이 2, 최솟값이 0이다.

$x\geq 0$일 때 함수 $y=-\sin ax$는 주기가 $\dfrac{2\pi}{|a|}=\dfrac{2\pi}{a}$인 함수이다.

즉, 함수 $y=f(x)$의 그래프의 개형은 다음 그림과 같다.

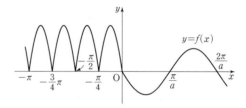

$h(x)=\displaystyle\int_{-a\pi}^{x} f(t)\,dt$라 하면 함수 $f(x)$는 실수 전체의 집합에서 연속이므로 함수 $h(x)$는 실수 전체의 집합에서 미분가능하다.

즉, $h'(x)=f(x)$이고

$$g(x)=\begin{cases} -h(x) & (h(x)<0) \\ h(x) & (h(x)\geq 0) \end{cases}$$

이므로

$$g'(x)=\begin{cases} -h'(x) & (h(x)<0) \\ h'(x) & (h(x)>0) \end{cases}$$

함수 $g(x)=|h(x)|$가 실수 전체의 집합에서 미분가능하려면 함수 $h(k)=0$인 실수 k가 존재하지 않거나 $h(k)=0$인 모든 실수 k에 대하여 $h'(k)=f(k)=0$이어야 한다.

2단계 함수 $g(x)$가 실수 전체의 집합에서 미분가능할 때, a의 최솟값을 구해 보자.

함수 $h(x)$가 실수 전체의 집합에서 미분가능하려면

(i) $x<0$일 때

$h(x)=\displaystyle\int_{-a\pi}^{x} f(t)\,dt=0$을 만족시키는 x의 값은

$-a\pi<0$이고 $f(x)\geq 0$이므로 $x=-a\pi$뿐이다.

이때

$h'(-a\pi)=f(-a\pi)=2|\sin(-4a\pi)|=0$

이어야 하므로

$-4a\pi=-n\pi$ (n은 자연수) $\therefore a=\dfrac{n}{4}$ (n은 자연수)   ……… ㉠

(ii) $x\geq 0$일 때

$h(x)=\displaystyle\int_{-a\pi}^{x} f(t)\,dt=\int_{-a\pi}^{0} f(t)\,dt+\int_{0}^{x} f(t)\,dt$

$=\displaystyle\int_{-\frac{n}{4}\pi}^{0} f(t)\,dt+\int_{0}^{x} f(t)\,dt$ ($\because$ (i))

한편, $a=\dfrac{1}{4}$일 때

$$\int_{-\frac{\pi}{4}}^{0}(-2\sin 4t)\,dt=\left[\dfrac{1}{2}\cos 4t\right]_{-\frac{\pi}{4}}^{0}=\dfrac{1}{2}-\left(-\dfrac{1}{2}\right)=1$$

이고, $x<0$인 실수 x에 대하여 $f\left(x-\dfrac{\pi}{4}\right)=f(x)$가 성립하므로

㉠에서

$$\int_{-a\pi}^{0}f(t)\,dt=\int_{-\frac{n}{4}\pi}^{0}f(t)\,dt=n\int_{-\frac{\pi}{4}}^{0}f(t)\,dt=n\times 1=n$$

$$\therefore \int_{-\frac{n}{4}\pi}^{0}f(t)\,dt+\int_{0}^{x}f(t)\,dt=n+\int_{0}^{x}(-\sin at)\,dt$$

$$=n+\left[\dfrac{1}{a}\cos at\right]_{0}^{x}$$

$$=n+\dfrac{1}{a}\cos ax-\dfrac{1}{a}$$

$$=n+\dfrac{4}{n}\cos\dfrac{n}{4}x-\dfrac{4}{n}\ (\because ㉠)$$

이때 $h(k)=0$인 양의 실수 k가 존재하면

$n+\dfrac{4}{n}\cos\dfrac{n}{4}k-\dfrac{4}{n}=0$에서

$n=\dfrac{4}{n}\left(1-\cos\dfrac{n}{4}k\right)$, $\dfrac{n^2}{4}=1-\cos\dfrac{n}{4}k$

$$\cos\dfrac{n}{4}k=1-\dfrac{n^2}{4} \qquad\qquad\cdots\cdots ㉡$$

이때 $h'(k)=f(k)=-\sin\dfrac{n}{4}k=0$

이어야 하므로

$\dfrac{n}{4}k=m\pi$ (m은 자연수)

㉡에서 $\cos m\pi=1-\dfrac{n^2}{4}$

이때 m, n은 자연수이므로

$\cos m\pi=1-\dfrac{n^2}{4}=-1$ → $\cos m\pi$가 될 수 있는 값은 -1, 1이고 $1-\dfrac{n^2}{4}\neq 1$이므로

$\therefore n^2=8$

그런데 위의 식을 만족시키는 자연수 n은 존재하지 않는다.

즉, 함수 $h(k)=0$인 양의 실수 k가 존재하지 않으므로

$h(x)=n+\dfrac{4}{n}\cos\dfrac{n}{4}x-\dfrac{4}{n}>0$

$\cos\dfrac{n}{4}x>1-\dfrac{n^2}{4}$

이어야 한다.

이때 $1-\dfrac{n^2}{4}<-1$이어야 하므로

$n^2>8$

즉, 자연수 n의 최솟값은 3이다.

(i), (ii)에서 a가 최솟값을 가지려면 n이 최소이어야 하므로 $n=3$을 ㉠에 대입하면 a의 최솟값은 $\dfrac{3}{4}$이다.

미분가능한 함수 $f(x)$에 대하여 함수 $|f(x)|$의 실수 전체의 집합에서의 미분가능성을 확인하려면 $f(x)=0$인 점에서만 미분가능성을 확인하면 된다.

$f(k)=0$인 실수 k에 대하여

① $f'(k)=0$이면 함수 $|f(x)|$는 $x=k$
에서 미분가능하다.

② $f'(k)\neq 0$이면 함수 $|f(x)|$는 $x=k$
에서 미분가능하지 않다.

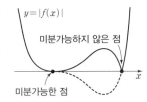

1단계 주어진 조건을 이용하여 함수 $y=f(x)$의 그래프의 개형을 그려보자.

$x<0$일 때 $f(x)=-4xe^{4x^2}$에서

$f'(x)=-4e^{4x^2}-32x^2e^{4x^2}=-4e^{4x^2}(1+8x^2)$

이므로

$f'(x)<0$

즉, $x<0$일 때 함수 $f(x)$는 감소한다.

또한, 함수 $f(x)$가 모든 실수 x에 대하여 $f(x)\geq 0$이고 모든 양수 t에 대하여 x에 대한 방정식 $f(x)=t$의 서로 다른 실근의 개수가 2이므로 $x>0$일 때 방정식 $f(x)=t$의 실근은 반드시 1개이다.

즉, 함수 $f(x)$는 증가한다.

한편, $f(0)=\lim\limits_{x\to 0-}f(x)=0$이고 모든 양수 t에 대하여 $2g(t)+h(t)=k$, 즉 $h(t)=k-2g(t)$이므로 함수 $y=f(x)$의 그래프의 개형은 다음 그림과 같다. → $g(t)<0$이므로 $|g(t)|=-g(t)$, 즉 $h(t)=k+|2g(t)|$

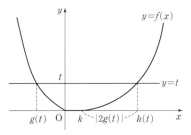

2단계 $x\geq k$일 때 함수 $f(x)$를 구하여 상수 k의 값을 구해 보자.

모든 양수 t에 대하여

$$f(h(t))=f(g(t))=f\left(\dfrac{k-h(t)}{2}\right)$$

$h(t)=s\ (s>k)$라 하면

$$f(s)=f\left(\dfrac{k-s}{2}\right)=-4\left(\dfrac{k-s}{2}\right)e^{4\left(\frac{k-s}{2}\right)^2}=2(s-k)e^{(k-s)^2}$$

즉, $x\geq k$일 때

$f(x)=2(x-k)e^{(k-x)^2}$

$$\therefore \int_{0}^{7}f(x)\,dx=\int_{0}^{7}2(x-k)e^{(k-x)^2}\,dx$$

$$=\int_{0}^{k}2(x-k)e^{(k-x)^2}\,dx+\int_{k}^{7}2(x-k)e^{(k-x)^2}\,dx$$

$$=\int_{k}^{7}2(x-k)e^{(k-x)^2}\,dx\ \left(\because \int_{0}^{k}f(x)\,dx=0\right)$$

→ $0\leq x\leq k$에서 $f(x)=0$

이때 $(k-x)^2=u$라 하면 $2(x-k)=\dfrac{du}{dx}$이고

$x=k$일 때 $u=0$, $x=7$일 때 $u=(k-7)^2$이므로

$$\int_{k}^{7}2(x-k)e^{(k-x)^2}\,dx=\int_{0}^{(k-7)^2}e^u\,du$$

$$=\left[e^u\right]_{0}^{(k-7)^2}$$

$$=e^{(k-7)^2}-1$$

$e^{(k-7)^2}-1=e^4-1$에서

$e^{(k-7)^2}=e^4$, $(k-7)^2=4$

$\therefore k=5\ (\because k<7)$

→ $\int_{0}^{7}2(x-k)e^{(k-x)^2}=0$이므로 $k<7$

3단계 $\dfrac{f(9)}{f(8)}$의 값을 구해 보자.

$x\geq 5$일 때 $f(x)=2(x-5)e^{(5-x)^2}$이므로 → $0\leq x<5$일 때 $f(x)=0$

$$\dfrac{f(9)}{f(8)}=\dfrac{2\times 4e^{(-4)^2}}{2\times 3e^{(-3)^2}}=\dfrac{4}{3}e^7$$

1단계 두 조건 (가), (나)를 이용하여 두 함수 $f(x)$, $f'(x)$에 대하여 알아보자.

조건 (가)에 의하여 $x<1$일 때

$$f(x)=\int f'(x)=\int (-2x+4)\,dx$$
$$=-x^2+4x+C \text{ (단, } C\text{는 적분상수)}$$

조건 (나)에 의하여 $x>0$일 때

$f(x^2+1)=ae^{2x}+bx$의 양변을 x에 대하여 미분하면

$$2xf'(x^2+1)=2ae^{2x}+b$$
$$f'(x^2+1)=\frac{2ae^{2x}+b}{2x}$$

이므로

$$f'(1)=\lim_{x\to 0+}f'(x^2+1)=\lim_{x\to 0+}\frac{2ae^{2x}+b}{2x}$$

이때 $x \to 0+$일 때 (분모) $\to 0$이고 $f'(1)$의 값이 존재하므로 (분자) $\to 0$이다.

즉, $\lim_{x\to 0+}(2ae^{2x}+b)=0$이므로

$$2a+b=0, \ b=-2a \quad\cdots\cdots \ \bigcirc$$
$$\therefore f'(x^2+1)=\frac{2ae^{2x}-2a}{2x}$$

2단계 두 함수 $f(x)$, $f'(x)$가 연속임을 이용하여 함수 $f(x)$를 구해 보자.

함수 $f'(x)$가 $x=1$에서 연속이므로

$$\lim_{x\to 1+}f'(x)=\lim_{x\to 1-}f'(x)=f'(1)$$

이때 $x=t^2+1$이라 하면 $x \to 1+$일 때 $t \to 0+$이므로

$$\lim_{x\to 1+}f'(x)=\lim_{t\to 0+}f'(t^2+1)=\lim_{t\to 0+}\frac{2a(e^{2t}-1)}{2t}=2a,$$
$$\lim_{x\to 1-}f'(x)=\lim_{x\to 1-}(-2x+4)=2,$$
$$f'(1)=2a$$

에서

$$2a=2$$
$$\therefore a=1, \ b=-2 \ (\because \ \bigcirc)$$

또한, 함수 $f(x)$가 $x=1$에서 연속이므로

$$\lim_{x\to 1+}f(x)=\lim_{x\to 1-}f(x)=f(1)$$이고

$$\lim_{x\to 1+}f(x)=\lim_{t\to 0+}f(t^2+1)=\lim_{t\to 0+}(e^{2t}-2t)=1,$$
$$\lim_{x\to 1-}f(x)=\lim_{x\to 1-}(-x^2+4x+C)=C+3,$$
$$f(1)=1$$

에서 $C+3=1$ $\quad \therefore C=-2$

즉, $x<1$일 때 $f(x)=-x^2+4x-2$

$x\geq 0$일 때 $f(x^2+1)=e^{2x}-2x$

3단계 치환적분법과 부분적분법을 이용하여 $\int_0^5 f(x)\,dx$의 값을 구한 후 $p+q$의 값을 구해 보자.

$$\int_0^5 f(x)\,dx=\int_0^1 f(x)\,dx+\int_1^5 f(x)\,dx$$

이때

$$\int_0^1 f(x)\,dx=\int_0^1 (-x^2+4x-2)\,dx$$
$$=\left[-\frac{1}{3}x^3+2x^2-2x\right]_0^1=-\frac{1}{3}$$

$\int_1^5 f(x)\,dx$에서

$x=s^2+1$이라 하면 $\frac{ds}{dx}=\frac{1}{2s}$이고

$x=1$일 때 $s=0$, $x=5$일 때 $s=2$ $(\because s\geq 0)$이므로

$$\int_1^5 f(x)\,dx=\int_0^2 2sf(s^2+1)\,ds$$
$$=\int_0^2 2s(e^{2s}-2s)\,ds$$
$$=\int_0^2 (2se^{2s}-4s^2)\,ds$$
$$=\int_0^2 2se^{2s}\,ds-\int_0^2 4s^2\,ds$$

이때 $\int_0^2 2se^{2s}\,ds$에서

$u(s)=s$, $v'(s)=2e^{2s}$이라 하면

$u'(s)=1$, $v(s)=e^{2s}$이므로

$$\int_0^2 2se^{2s}\,ds-\int_0^2 4s^2\,ds$$
$$=\left(\left[se^{2s}\right]_0^2-\int_0^2 e^{2s}\,ds\right)-\int_0^2 4s^2\,ds$$
$$=2e^4-\left[\frac{1}{2}e^{2s}\right]_0^2-\left[\frac{4}{3}s^3\right]_0^2$$
$$=2e^4-\left(\frac{1}{2}e^4-\frac{1}{2}\right)-\frac{32}{3}$$
$$=\frac{3}{2}e^4-\frac{61}{6}$$
$$\therefore \int_0^5 f(x)\,dx=-\frac{1}{3}+\left(\frac{3}{2}e^4-\frac{61}{6}\right)=\frac{3}{2}e^4-\frac{21}{2}$$

따라서 $p=\frac{3}{2}$, $q=\frac{21}{2}$이므로

$$p+q=\frac{3}{2}+\frac{21}{2}=12$$

032

1단계 부정적분을 이용하여 함수 $F(x)$를 구해 보자.

$$f(x)=\begin{cases}(k+x)e^{-x} & (x\leq 0) \\ (k-x)e^{-x} & (x>0)\end{cases}$$에서

(i) $x\leq 0$일 때

$$F(x)=\int f(x)\,dx=\int (k+x)e^{-x}\,dx$$

이때 $u_1(x)=k+x$, $v_1'(x)=e^{-x}$이라 하면

$u_1'(x)=1$, $v_1(x)=-e^{-x}$이므로

$$\int (k+x)e^{-x}\,dx=-(k+x)e^{-x}+\int e^{-x}\,dx$$
$$=-(k+x)e^{-x}-e^{-x}+C_1$$
$$=-(x+k+1)e^{-x}+C_1 \text{ (단, } C_1\text{은 적분상수)}$$

(ii) $x>0$일 때

$$F(x)=\int f(x)\,dx=\int (k-x)e^{-x}\,dx$$

이때 $u_2(x)=k-x$, $v_2'(x)=e^{-x}$이라 하면

$u_2'(x)=-1$, $v_2(x)=-e^{-x}$이므로

$$\int (k-x)e^{-x}\,dx=-(k-x)e^{-x}-\int e^{-x}\,dx$$
$$=-(k-x)e^{-x}+e^{-x}+C_2$$
$$=(x-k+1)e^{-x}+C_2 \text{ (단, } C_2\text{는 적분상수)}$$

(i), (ii)에서

$$F(x)=\begin{cases} -(x+k+1)e^{-x}+C_1 & (x\le 0) \\ (x-k+1)e^{-x}+C_2 & (x>0) \end{cases}$$

2단계 $g(k)$를 함수 $F(x)$의 적분상수를 이용하여 나타내어 보자.

함수 $F(x)$가 실수 전체의 집합에서 미분가능하므로 실수 전체의 집합에서 연속이다.

즉, $x=0$에서 연속이므로

$$\lim_{x\to 0+} F(x)=\lim_{x\to 0-} F(x)=F(0)$$ 이고

$$\lim_{x\to 0+} F(x)=\lim_{x\to 0+}\{(x-k+1)e^{-x}+C_2\}=-k+1+C_2,$$

$$\lim_{x\to 0-} F(x)=\lim_{x\to 0-}\{-(x+k+1)e^{-x}+C_1\}=-k-1+C_1,$$

$$F(0)=-k-1+C_1$$

에서 $-k+1+C_2=-k-1+C_1$ $\quad\therefore C_2=C_1-2$

즉, $g(k)$는 $F(0)=-k-1+C_1=-k+1+C_2$의 최솟값이다.

3단계 주어진 조건을 이용하여 함수 $g(k)$를 구해 보자.

$x\le 0$일 때, $F(x)\ge f(x)$에서

$$-(x+k+1)e^{-x}+C_1\ge(k+x)e^{-x}$$

$$\therefore C_1\ge(2x+2k+1)e^{-x}$$

$x>0$일 때, $F(x)\ge f(x)$에서

$$(x-k+1)e^{-x}+C_2\ge(k-x)e^{-x}$$

$$C_2\ge(2k-2x-1)e^{-x},\ C_1-2\ge(2k-2x-1)e^{-x}$$

$$\therefore C_1\ge(2k-2x-1)e^{-x}+2$$

$$h(x)=\begin{cases}(2x+2k+1)e^{-x} & (x\le 0) \\ (2k-2x-1)e^{-x}+2 & (x>0)\end{cases}$$ 이라 하면

C_1의 값은 함수 $h(x)$의 최댓값보다 커야 한다.

$$h'(x)=\begin{cases}-(2x+2k-1)e^{-x} & (x<0) \\ (2x-2k-1)e^{-x} & (x>0)\end{cases}$$

이므로 $h'(x)=0$에서

$$x=\frac{1-2k}{2}\ \text{또는}\ x=\frac{2k+1}{2}$$

이때 $\frac{2k+1}{2}>0$이지만 $\frac{1-2k}{2}$의 부호는 양수 k의 값의 범위에 따라 달라진다.

(a) $0<k\le\frac{1}{2}$, 즉 $\frac{1-2k}{2}\ge 0$인 경우

함수 $h(x)$의 증가와 감소를 표로 나타내면 다음과 같다.

x	$\cdots$	0	$\cdots$	$\frac{2k+1}{2}$	$\cdots$
$h'(x)$	$+$		$-$	0	$+$
$h(x)$	↗	$2k+1$	↘	극소	↗

$$\lim_{x\to\infty} h(x)=\lim_{x\to\infty}\{(2k-2x-1)e^{-x}+2\}=2,\ h(0)=2k+1,$$

$h\left(\frac{2k+1}{2}\right)=-2e^{-\frac{2k+1}{2}}+2$이므로 함수 $y=h(x)$의 그래프의 개형은 다음 그림과 같다.

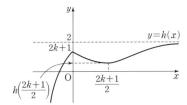

즉, $h(x)\le 2$이므로

$$F(0)=-k-1+C_1\ge-k-1+2$$

$$\therefore g(k)=-k+1$$

(b) $k>\frac{1}{2}$, 즉 $\frac{1-2k}{2}<0$인 경우

함수 $h(x)$의 증가와 감소를 표로 나타내면 다음과 같다.

x	$\cdots$	$\frac{1-2k}{2}$	$\cdots$	$\frac{2k+1}{2}$	$\cdots$
$h'(x)$	$+$	0	$-$	0	$+$
$h(x)$	↗	극대	↘	극소	↗

$$\lim_{x\to\infty} h(x)=2,\ h(0)=2k+1,\ h\left(\frac{1-2k}{2}\right)=2e^{\frac{2k-1}{2}},$$

$h\left(\frac{2k+1}{2}\right)=-2e^{-\frac{2k+1}{2}}+2$이므로 함수 $y=h(x)$의 그래프의 개형은 다음 그림과 같다.

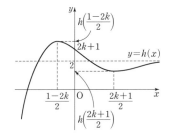

즉, $h(x)<2e^{\frac{2k-1}{2}}$이므로

$$F(0)=-k-1+C_1>-k-1+2e^{\frac{2k-1}{2}}$$

$$\therefore g(k)=-k-1+2e^{\frac{2k-1}{2}}$$

(a), (b)에서

$$g(k)=\begin{cases} -k+1 & \left(0<k\le\frac{1}{2}\right) \\ -k-1+2e^{\frac{2k-1}{2}} & \left(k>\frac{1}{2}\right)\end{cases} \quad\cdots\cdots\ \bigcirc$$

4단계 두 유리수 p, q의 값을 각각 구하여 $100(p+q)$의 값을 구해 보자.

$x=\frac{1}{4}$, $x=\frac{3}{2}$을 각각 ㉠에 대입하면

$$g\left(\frac{1}{4}\right)+g\left(\frac{3}{2}\right)=\frac{3}{4}+\left(2e-\frac{5}{2}\right)=2e-\frac{7}{4}$$

따라서 $p=2$, $q=-\frac{7}{4}$이므로

$$100(p+q)=100\times\left\{2+\left(-\frac{7}{4}\right)\right\}=25$$

033 정답률▸8% **답 125**

1단계 함수 $y=f(x)$의 그래프의 개형을 그려 보자.

$$f'(x)=|\sin x|\cos x$$

$$=\begin{cases} -\sin x\cos x & (\sin x<0) \\ \sin x\cos x & (\sin x\ge 0)\end{cases}$$

$$=\begin{cases} -\frac{1}{2}\sin 2x & (\sin x<0) \\ \frac{1}{2}\sin 2x & (\sin x\ge 0)\end{cases}$$

이므로

$$f(x)=\int f'(x)\,dx=\begin{cases} \frac{1}{4}\cos 2x+C_1 & (\sin x<0) \\ -\frac{1}{4}\cos 2x+C_2 & (\sin x\ge 0)\end{cases}$$

(단, C_1, C_2는 적분상수)

함수 $f(x)$는 실수 전체의 집합에서 미분가능하므로 실수 전체의 집합에서 연속이다.

즉, 함수 $f(x)$는 $x=n\pi$ (n은 정수)에서 연속이므로

$\lim\limits_{x \to n\pi+} f(x) = \lim\limits_{x \to n\pi-} f(x)$에서

$\dfrac{1}{4} + C_1 = -\dfrac{1}{4} + C_2$ $\qquad \therefore C_2 = C_1 + \dfrac{1}{2}$

$\therefore f(x) = \begin{cases} \dfrac{1}{4}\cos 2x + C_1 & (\sin x < 0) \\ -\dfrac{1}{4}\cos 2x + C_1 + \dfrac{1}{2} & (\sin x \geq 0) \end{cases}$

$x \geq 0$에서 함수 $y=f(x)$의 그래프의 개형은 다음 그림과 같다.

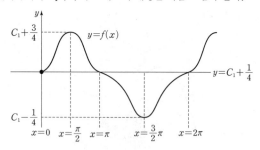

2단계 함수 $h(x)$가 극값을 가지는 경우를 알아보자.

$h(x) = \displaystyle\int_0^x \{f(t) - g(t)\}\,dt$에서 $h'(x) = f(x) - g(x)$

$h'(x) = 0$에서 $f(x) - g(x) = 0$ $\qquad \therefore f(x) = g(x)$

이때 함수 $h(x)$가 $x=a$에서 극값을 가지려면 $f(a)=g(a)$이고 $x=a$의 좌우에서 $h'(x)$의 부호가 바뀌어야 한다.

이를 만족시키려면 다음 그림과 같이 점 $(a, f(a))$는 함수 $f(x)$의 변곡점이어야 한다.

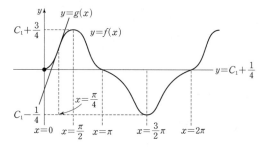

3단계 $\dfrac{100}{\pi} \times (a_6 - a_2)$의 값을 구해 보자.

양수 a를 작은 수부터 크기순으로 나열하면

$\dfrac{\pi}{4}, \dfrac{3}{4}\pi, \pi, \dfrac{5}{4}\pi, \dfrac{7}{4}\pi, 2\pi, \cdots$

따라서 $a_2 = \dfrac{3}{4}\pi$, $a_6 = 2\pi$이므로

$\dfrac{100}{\pi} \times (a_6 - a_2) = \dfrac{100}{\pi} \times \left(2\pi - \dfrac{3}{4}\pi\right) = 125$

참고

함수 $f(x) = \dfrac{1}{4}\cos 2x$ $(\sin x < 0)$에서

$f'(x) = -\dfrac{1}{2}\sin 2x$

$f''(x) = -\cos 2x$

$f''(x) = 0$에서

$-\cos 2x = 0$ $\qquad \therefore x = \dfrac{\pi}{4}, \dfrac{3}{4}\pi, \cdots$

$f''(k) = 0$인 모든 실수 k에 대하여 $x=k$의 좌우에서 $f''(k)$의 부호가 바뀌므로 점 $(k, f(k))$는 함수 $y=f(x)$의 변곡점이다.

다른 풀이

함수 $y = \sin 2x$의 주기는 $\dfrac{2\pi}{2} = \pi$이므로 $0 \leq x \leq 2\pi$에서 함수 $y = f'(x)$의 그래프의 개형은 다음 그림과 같다.

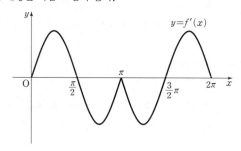

또한, $h(x) = \displaystyle\int_0^x \{f(t) - g(t)\}\,dt$에서

$h'(x) = f(x) - g(x)$

$h'(x) = 0$에서 $f(x) - g(x) = 0$

즉, $f(x) = g(x)$를 만족시키면서 그 값의 좌우에서 $h'(x)$의 부호가 바뀌는 경우에 함수 $h(x)$는 극대값 또는 극솟값을 갖는다.

이때 $y = \sin 2x$의 대칭성을 이용하여 양수 a의 값을 작은 수부터 차례대로 구하면 $\dfrac{\pi}{4}, \dfrac{3}{4}\pi, \pi, \dfrac{5}{4}\pi, \dfrac{7}{4}\pi, 2\pi$

따라서 $a_2 = \dfrac{3}{4}\pi$, $a_6 = 2\pi$이므로 $\dfrac{100}{\pi} \times (a_6 - a_2) = 125$

034 정답률 ▶ 3%   답 144

1단계 조건 (가)를 이용하여 상수 a의 값을 구하고 함수 $y=f'(x)$의 그래프의 개형을 그려 보자.

$f(x) = \displaystyle\int_0^x \ln(e^{|t|} - a)\,dt$ $\qquad \cdots\cdots$ ㉠

$f'(x) = \ln(e^{|x|} - a)$이므로 조건 (가)에 의하여

$f'\left(\ln \dfrac{3}{2}\right) = \ln\left(e^{\ln \frac{3}{2}} - a\right) = 0$

$e^{\ln \frac{3}{2}} - a = 1$ $\qquad \therefore a = \dfrac{1}{2}$

$\therefore f'(x) = \ln\left(e^{|x|} - \dfrac{1}{2}\right)$

모든 실수 x에 대하여 $f'(-x) = f'(x)$이므로 함수 $y=f'(x)$의 그래프는 y축에 대하여 대칭이다.

$x \geq 0$일 때, $f'(x) = \ln\left(e^x - \dfrac{1}{2}\right)$이므로

$f''(x) = \dfrac{e^x}{e^x - \dfrac{1}{2}} > 0$

즉, 함수 $f'(x)$는 증가함수이다.

이때 $f'\left(\ln \dfrac{3}{2}\right) = 0$, $f'(0) = \ln\left(e^0 - \dfrac{1}{2}\right) = \ln \dfrac{1}{2}$이므로

함수 $y=f'(x)$의 그래프의 개형은 다음 그림과 같다.

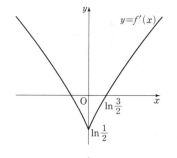

2단계 조건 (나)를 이용하여 함수 $y=f(x)$의 그래프의 개형을 그려 보자.

모든 실수 x에 대하여 $f'(-x)=f'(x)$이므로

$f(x)=-f(-x)+C$ (단, C는 적분상수)

이때 ㉠에 $x=0$을 대입하면 $f(0)=0$이므로 $C=0$

즉, 모든 실수 x에 대하여 $\underline{f(-x)=-f(x)}$이다. ┌→ 함수 $y=f(x)$의 그래프는 원점에 대하여 대칭이다.

$x\geq0$에서 함수 $f(x)$의 증가와 감소를 표로 나타내면 다음과 같다.

x	0	$\cdots$	$\ln\dfrac{3}{2}$	$\cdots$
$f'(x)$	$\ln\dfrac{1}{2}$	$-$	0	$+$
$f(x)$	0	$\searrow$	극소	$\nearrow$

함수 $f(x)$의 극솟값을 m $(m<0)$이라 하면

$$f\left(\ln\dfrac{3}{2}\right)=m$$

이때

$$f\left(-\ln\dfrac{3}{2}\right)=-f\left(\ln\dfrac{3}{2}\right)=-m$$

이므로 조건 (나)에 의하여

$$f(k)=-6m$$

함수 $y=f(x)$의 그래프의 개형은 다음 그림과 같다.

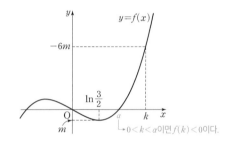

┌→ $0<k<\alpha$이면 $f(k)<0$이다.

3단계 치환적분법을 이용하여 $\displaystyle\int_0^k \dfrac{|f'(x)|}{f(x)-f(-k)}\,dx$의 값을 구하고 $100\times a\times e^p$의 값을 구해 보자.

$$\int_0^k \dfrac{|f'(x)|}{f(x)-f(-k)}\,dx$$

$$=\int_0^k \dfrac{|f'(x)|}{f(x)+f(k)}\,dx\ (\because f(-k)=-f(k))$$

$$=\int_0^{\ln\frac{3}{2}} \dfrac{-f'(x)}{f(x)+f(k)}\,dx+\int_{\ln\frac{3}{2}}^k \dfrac{f'(x)}{f(x)+f(k)}\,dx$$

이때 $f(x)+f(k)=t$라 하면 $f'(x)=\dfrac{dt}{dx}$이고

$x=0$일 때 $t=-6m$, $x=\ln\dfrac{3}{2}$일 때 $t=-5m$,

$x=k$일 때 $t=-12m$이므로

$$\int_0^{\ln\frac{3}{2}} \dfrac{-f'(x)}{f(x)+f(k)}\,dx+\int_{\ln\frac{3}{2}}^k \dfrac{f'(x)}{f(x)+f(k)}\,dx$$

$$=-\int_{-6m}^{-5m} \dfrac{1}{t}\,dt+\int_{-5m}^{-12m} \dfrac{1}{t}\,dt$$

$$=\Big[-\ln t\Big]_{-6m}^{-5m}+\Big[\ln t\Big]_{-5m}^{-12m}$$

$$=-\ln(-5m)+\ln(-6m)+\{\ln(-12m)-\ln(-5m)\}$$

$$=\ln\dfrac{-6m}{-5m}+\ln\dfrac{-12m}{-5m}$$

$$=\ln\dfrac{6}{5}+\ln\dfrac{12}{5}=\ln\dfrac{72}{25}$$

$$\therefore p=\ln\dfrac{72}{25}$$

$$\therefore 100\times a\times e^p=100\times\dfrac{1}{2}\times e^{\ln\frac{72}{25}}=144$$

1단계 두 조건 (가), (나)를 이용하여 함수 $f(x)$를 알아보자.

조건 (가)에 의하여 함수 $f(x)$는 구간 $(-\infty, -3]$에서 최솟값 $f(-3)$을 갖는다.

또한, 조건 (나)의

$$g(x+3)\{f(x)-f(0)\}^2=f'(x) \quad\quad \cdots\cdots ㉠$$

에 대하여 구간 $(-3, \infty)$에서

$g(x+3)\geq0$, $\{f(x)-f(0)\}^2\geq0$이므로

$f'(x)\geq0$ ┌→ 함수 $g(x)$가 구간 $(0, \infty)$에서 $g(x)\geq0$이므로 구간 $(-3, \infty)$에서 $g(x+3)\geq0$

즉, 함수 $f(x)$의 최솟값이 $f(-3)$이므로

$$f'(-3)=0$$

또한, ㉠의 양변에 $x=0$을 대입하면

$$f'(0)=0$$ ┌→ 함수 $f'(x)$는 최고차항의 계수가 4인 삼차함수이고, 조건 (나)에 의하여 $x=0$에서 중근을 갖는다.

즉, 함수 $y=f'(x)$의 그래프의 개형은 오른쪽 그림과 같으므로

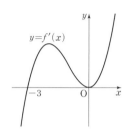

$$f'(x)=4x^2(x+3)=4x^3+12x^2$$

$$\therefore f(x)=\int f'(x)\,dx$$

$$=\int (4x^3+12x^2)\,dx$$

$$=x^4+4x^3+C \text{ (단, } C\text{는 적분상수)}$$

2단계 조건 (나)를 이용하여 함수 $g(x+3)$을 구해 보자.

㉠에서 $x>-3$인 모든 실수 x에 대하여

$$g(x+3)(x^4+4x^3+C-C)^2=4x^3+12x^2$$

$$g(x+3)(x^4+4x^3)^2=4x^3+12x^2$$

$$\therefore g(x+3)=\dfrac{4x^3+12x^2}{(x^4+4x^3)^2}$$

3단계 $\displaystyle\int_4^5 g(x)\,dx$의 값을 구하여 $p+q$의 값을 구해 보자.

$$\int_4^5 g(x)\,dx=\int_1^2 g(x+3)\,dx$$

$$=\int_1^2 \dfrac{4x^3+12x^2}{(x^4+4x^3)^2}\,dx$$

이때 $x^4+4x^3=t$라 하면 $4x^3+12x^2=\dfrac{dt}{dx}$이고

$x=1$일 때 $t=5$, $x=2$일 때 $t=48$이므로

$$\int_1^2 \dfrac{4x^3+12x^2}{(x^4+4x^3)^2}\,dx=\int_5^{48} \dfrac{1}{t^2}\,dt=\left[-\dfrac{1}{t}\right]_5^{48}$$

$$=-\dfrac{1}{48}-\left(-\dfrac{1}{5}\right)=\dfrac{43}{240}$$

따라서 $p=240$, $q=43$이므로

$$p+q=240+43=283$$

MEMO

메가스터디 고등학습 시리즈

수능 기출

올픽

미적분

BOOK 1 최신 기출 ALL

정답 및 해설

메가스터디BOOKS

내용 문의 02-6984-6901 | 구입 문의 02-6984-6868,9 | www.megastudybooks.com

수능 수학, 개념부터 달라야 한다!

메가스터디 수능 수학 KICK

별책 워크북
본책의 필수 예제와
1:1 매칭

★★★
메가스터디 수학
김기현 쌤
집필 & 강의

확률과 통계 미적분 수학 II 수학 I

수능 첫 수업에 최적화된 수능 개념서

STEP 1	STEP 2	STEP 3
수능 필수 개념을 체계적으로 정리 & 확인	**수능에 자주 출제되는 3점, 쉬운 4점 문제 중심**	**단원 마무리로 내신과 수능 실전 대비**
수능 2점 난이도 문제로 개념을 확실히 이해하고, 수능 IDEA에서 문제 풀이 팁과 추가 개념, 원리까지 학습	수능 빈출 유형을 분석한 필수 예제와 그에 따른 유제를 바로 제시하여 해당 유형을 완벽히 체화	STEP2보다 난도가 높은 문제, 두 가지 이상의 개념을 이용하는 어려운 3점 또는 쉬운 4점 수준 문제로 실전 대비

메가스터디북스 수능 시리즈

레전드 수능 문제집

메가스터디 N제

- [국어] EBS 빈출 및 교과서 수록 지문 집중 학습
- [영어] 핵심 기출 분석과 유사·변형 문제 집중 훈련
- [수학] 3점 공략, 4점 공략의 수준별 문제 집중 훈련

국어 문학 l 독서
영어 독해 l 고난도·3점 l 어법·어휘
수학 수학 I 3점 공략 l 4점 공략
　　　 수학 II 3점 공략 l 4점 공략
　　　 확률과 통계 3점·4점 공략 l 미적분 3점·4점 공략
과탐 지구과학 I

수능 만점 훈련 기출서 ALL × PICK

수능 기출 올픽

- 최근 3개년 기출 전체 수록 ALL
　최근 3개년 이전 우수 기출 선별 수록 PICK
- 북1 + 북2 구성으로 효율적인 기출 학습 가능
- 효과적인 수능 대비에 포커싱한
　엄격한 기출문제 분류 → 선별 → 재배치

국어 문학 l 독서
영어 독해
수학 수학 I I 수학 II I 확률과 통계 l 미적분

수능 수학 개념 기본서

메가스터디 수능 수학 KICK

- 수능 필수 개념을 체계적으로 정리·훈련
- 수능에 자주 출제되는 3점, 쉬운 4점 중심
　문항으로 수능 실전 대비
- 본책의 필수예제와 1:1 매칭된 워크북 수록

수학 I I 수학 II I 확률과 통계 l 미적분

수능 기초 중1~고1 수학 개념 5일 완성

수능 잡는 중학 수학

- 하루 1시간 5일 완성 커리큘럼
- 수능에 꼭 나오는 중1~고1 수학 필수 개념 50개
- 메가스터디 현우진, 김성은 쌤 강력 추천

수능 핵심 빈출 어휘 60일 완성

메가스터디 수능영단어 2580

- 수능 기출, 모의고사, 학평, 교과서 필수 어휘
- 2580개 표제어와 파생어, 유의어, 반의어 수록
- 숙어, 기출 어구, 어법 포인트까지 학습 가능

수능 영어 듣기 실전 대비

메가스터디 수능 영어 듣기 모의고사

- 주요 표현 받아쓰기로 듣기 실력 강화
- 최신 수능 영어 듣기 출제 경향 반영
- 실제 수능보다 어려운 난이도로 완벽한 실전 대비

20회 l 30회

메가스터디 고등학습 시리즈

수능 기출
올픽

미적분

BOOK 1 최신 기출 ALL

53410

ISBN 979-11-297-1322-3

값 23,000원 (전 2권)

9 791129 713223

메가스터디BOOKS

내용 문의 02-6984-6901 | 구입 문의 02-6984-6868,9 | www.megastudybooks.com

픽

2026
수능 기출

최신 기출 ALL

우수 기출 PICK

미적분

BOOK 2 우수 기출 PICK

최근 3개년 이전(2005~2022학년도)
수능·평가원·교육청 기출 중 선생님들이 엄선한 우수 기출 수록

메가스터디BOOKS

메가스터디 수능 기출 '올픽'에 도움을 주신 선생님들
수능 기출 '올픽' BOOK ❷ 우수 기출문제 엄선 과정에 참여하신 전국의 선생님들께 진심으로 감사드립니다.

PICK _____

강인우 진선여자고등학교	김종준 중산고등학교	백종훈 자성학원(인천)	이문형 대영학원(대전)	정재복 양정고등학교
강흥규 최강학원(대전)	김지윤 양정고등학교	변규미 언남고등학교	이미형 좋은습관 에토스학원	정재현 율사학원
고범석 노량진 메가스터디학원	김진혜 우성학원(부산)	서영란 한영외국어고등학교	이봉주 성지보습학원(분당)	정주식 양정고등학교
곽정오 유앤아이영어수학학원(광주)	김하현 로지플 수학학원(하남)	서지완 양정고등학교	이상현 엘리트 대종학원(아산)	정혜승 샤인학원(전주)
구정아 정현수학학원	김한결 상문고등학교	서희광 최강학원(인천)	이성준 공감수학(대구)	정혜인 뿌리와샘 입시학원
국선근 국선생 수학학원	김호원 원수학학원	설홍진 현수학 전문학원(청라)	이소라 경희고등학교	정효석 최상위하다 학원
권백일 양정고등학교	김홍식 레전드 수학학원	성영재 성영재 수학전문학원	이신영 캔수학 전문학원(전주)	조민건 브레인뱅크학원
권혁동 매쓰뷰학원	김홍우 송촌이룸학원	손영인 트루매쓰학원	이양근 양지 메가스터디 기숙학원	조은정 참영어수학 전문학원
기승현 잠실고등학교	김홍국 노량진 메가스터디학원	손은복 한뜻학원(안산)	이운학 1등급 만드는 강한수학 학원	조익제 MVP 수학학원
기진영 밀턴수학 학원	나경민 강남 메가스터디학원	손진우 조종고등학교	이원영 정화여자고등학교	조재영 대연 엘리트왕수학
김규보 백향목학원(송파)	남선주 서울국제고등학교	송용인 서초 메가스터디 기숙학원	이은영 탄탄학원(창녕)	조재ын 와튼학원
김대식 하남고등학교	남승혁 일산 메가스터디학원	신주영 이룸수학학원(광주)	이은재 대치 명인학원(은평)	조정묵 (前)여의도여자고등학교
김동수 낙생고등학교	노기태 대찬학원	심성훈 가우스 수학전문학원	이인수 R루트 수학학원	진유은 서울영상고등학교
김동희 김동희 수학학원	노용석 펀펀수학원	심수미 김경민 수학전문학원	이재명 청진학원	최규동 뉴토모수학전문학원
김미숙 하이로 수학전문학원	노현태 대구남산고등학교	안준호 정면돌파학원	이종현 송파 메가스터디학원	최기동 서초 메가스터디학원(의약학)
김미정 엠베스트 SE 최강학원	문병건 일산 메가스터디학원	양영진 이룸 영수 전문학원	이창원 더매쓰 수학전문학원	최미선 최선생 수학학원
김 민 교진학원	문용근 칼수학학원(노원)	양 훈 델타학원(대구)	이철호 파스칼 수학학원(군포)	최돈권 송원학원
김민지 강북 메가스터디학원	박대희 실전수학	여정훈 엠포엠 수학학원	이청원 이청원 수학학원	최상희 한제욱 수학학원
김선아 하나학원	박민규 서울고등학교	오경민 수학의힘 경인본원	이태형 필강학원	최승호 서울고등학교
김성은 블랙박스 수학과학 전문학원	박세호 이룸 에이더블플러스 수학전문학원	오정은 포항제철고등학교	이향수 명일여자고등학교	최원석 명사특강학원
김성태 일상과이상 수학학원	박신충 박신충수학	왕건일 토모수학학원(인천)	이현미 장대유레카학원	최정휴 엘리트 수학학원
김송미 전문가집단 육영재단과학원	박영예 용호교일학원	우정림 크누 KNU입시학원	이현식 마스터입시교육학원	추명수 라파수학학원
김연지 CL 학숙	박윤근 양정고등학교	유성규 현수학 전문학원(청라)	이호석 송파 메가스터디학원	추성규 이화 영수 학원
김영현 강남 메가스터디학원	박임수 고탑수학학원	유영석 수학서당 학원	이희주 장군수학학원	한상복 강북 메가스터디학원
김영환 종로학원하늘교육(구월지점)	박종화 한뜻학원(안산)	유정관 TIM수학학원	임나진 세화고등학교	한상원 위례수학전문 일비충천
김우신 김우신수학학원	박주현 장훈고등학교	유지민 백미르 수학학원	임태형 생각하는방법학원	한세훈 마스터플랜 수학학원
김우철 탑수학학원(제주)	박주환 MVP 수학학원	윤다감 트루탑 학원	장우진 3.14 수학학원(분당)	한제욱 한제욱 수학학원
김재영 SKY 수학전문학원	박지영 수도여자고등학교	윤문성 수학의봄날 입시학원(평촌)	장익수 코아수학 2관학원(일산)	허경식 양정고등학교
김정규 제이케이 수학학원(인천)	박 진 장군수학	윤여창 강북 메가스터디학원	장현욱 일산 메가스터디학원	홍은주 대치M수학학원(청주)
김정암 정암수학학원	박 찬 찬 수학학원	윤치훈 의치한약수 수학교습소	전지호 수풀림학원	황선진 서초 메가스터디 기숙학원
김정오 강남 메가스터디학원	박현수 현대고등학교	이 강 뉴파인 반포초중등관	정금남 동부SKY학원	황성대 알고리즘 김국희 수학학원
김정희 중동고등학교	배세혁 수클래스학원	이경진 중동고등학교	정다운 전주한일고등학교	황은지 멘토수학과학학원(안산)
김종관 진선여자고등학교	배태선 쎈텀수학학원(인천)	이대진 사직 더매쓰 수학전문학원	정유진 서초 메가스터디 기숙학원	
김종성 분당파인만학원	백경훈 우리 영수 전문학원	이동훈 이동훈 수학학원	정인용 리더스수학	

.

기출 학습을
효율적으로! 완벽하게!
수능 기출

수능 기출 '올픽'은 다음과 같이 BOOK❶×BOOK❷ 구성입니다.

BOOK ❶ 최신 기출 ALL 최근 3개년(2023~2025학년도) 수능·평가원·교육청 기출 전체 수록

BOOK ❷ 우수 기출 PICK 최근 3개년 이전(2005~2022학년도) 수능·평가원·교육청 기출 중 선생님들이 엄선한 우수 기출 수록

수능 기출

올픽

미적분

BOOK 2

역대 수능 기출문제를 무조건 다 풀어 보는 것은 비효율적입니다.
하지만 과거의 기출문제 중에는 반드시 짚고 넘어가야 할 문제가 있습니다.
이에 여러 선생님들이 참여, 최근 3개년 이전 기출문제 중 수험생이 꼭 풀어야 하는
우수 기출문제를 선별하여 **BOOK 2**에 담았습니다.

수능 기출 학습 시너지를 높이는 '올픽'의 BOOK 1 × BOOK 2 활용 Tip!
BOOK 1의 최신 기출문제를 먼저 푼 후, 본인의 학습 상태에 따라 **BOOK 2**의
우수 기출문제까지 풀면 효율적이고 완벽한 기출 학습이 가능합니다!

BOOK ② 구성과 특징

▶ 전국의 여러 선생님들이 참여, 최근 3개년 이전 기출문제 중 수험생이 꼭 풀어야 하는 우수 기출문제만을 선별하여 담았습니다.

1 우수 기출 분석

■ 최근 3개년 이전(2005~2022학년도) 기출문제 중 엄선하여 수록한 우수 기출문제의 연도별, 유형별 분포를 분석하여 유형의 중요성과 출제 흐름을 한눈에 파악할 수 있도록 했습니다.

2 유형별 기출

■ 최근 3개년 이전의 모든 기출문제 중 수능을 대비하는 수험생이 꼭 풀어 보면 좋을 문제만을 뽑아 유형별로 제시했습니다.
(우수 기출문제를 엄선하는 과정에 전국의 학교, 학원 선생님 참여)

■ 많은 선생님들이 중복하여 중요하다고 선택한 문제에는 **Best Pick** 으로 표시하여 그 중요성을 다시 한번 강조했습니다.

■ 유형 α 는 **BOOK ①** 의 유형 외 추가로 학습해야 할 중요 유형입니다.

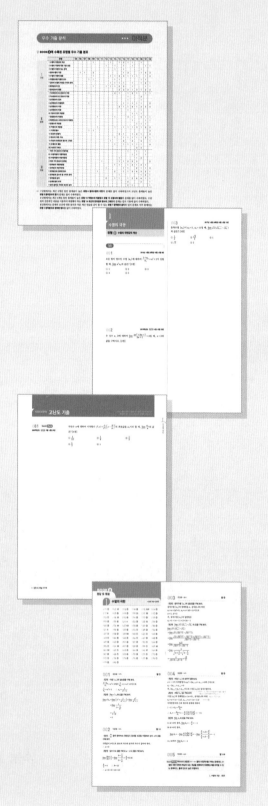

3 고난도 기출

■ 최근 3개년 이전의 모든 기출문제 중 꼭 풀어 보면 좋을 고난도, 초고난도 수준의 문제를 대단원별로 엄선하여 효율적인 학습이 가능하도록 했습니다.

4 정답 및 해설

■ 모든 문제 풀이를 단계로 제시하여 출제 의도 및 풀이의 흐름을 한눈에 파악할 수 있도록 했습니다.

■ 모든 문제에 정답률을 제공하여 문제의 체감 난이도를 파악하거나 자신의 학습 수준을 파악할 수 있도록 했습니다.

■ **Best Pick** 으로 표시한 문제에 대하여 그 문제를 뽑은 선생님들이 직접 전하는 문제의 중요성 및 해결 전략을 제시하여 중요한 기출문제를 다시 한번 확인할 수 있도록 했습니다.

◉ BOOK ❷에 수록된 유형별 우수 기출 분포

	유형	'05	'06	'07	'08	'09	'10	'11	'12	'13	'14	'15	'16	'17	'18	'19	'20	'21	'22
Ⅰ단원	1 수열의 극한값의 계산					1				1		1	2	1	1		1		
	2 수열의 극한에 대한 기본 성질								1		1		1		1			1	1
	3 수열의 극한의 대소 관계										1		1			1			
	4 등비수열의 극한		1	1		2							1	2			1	3	2
	5 수열의 극한의 활용					1					1	2	3	1	1	1		1	2
	6 부분분수를 이용한 급수				1	1					1	1						1	
	7 급수와 수열의 극한값 사이의 관계										1	1	1		1			1	2
	8 등비급수의 합	1				1			1	1	1	2	2		1			1	1
	9 등비급수의 활용											2	2	1	3	1		2	2
Ⅱ단원	1 지수함수와 로그함수의 극한				1						2	1		1	2	1		1	1
	2 지수함수와 로그함수의 미분													1			2		
	3 삼각함수의 정의													1					
	4 삼각함수의 덧셈정리				1								1	1	1	1			2
	5 삼각함수의 극한										2	1	1	4	1		2	3	4
	6 삼각함수의 미분													1					
	α1 함수의 몫의 미분법													1	1	1			
	7 합성함수의 미분법							1			1			3	1		5	1	1
	8 매개변수로 나타낸 함수의 미분법													1				1	1
	9 음함수의 미분법														1	1	1		
	10 역함수의 미분법							1			1		1	1	1	3	1	2	2
	11 이계도함수				1	1													
	12 접선의 방정식										2	1		1	2	1			2
	13 함수의 극대·극소										1		1	1	1	1	1	2	1
	14 곡선의 변곡점과 함수의 그래프									1			2		2		4		1
	15 도함수의 활용										1		1	1	1	1	1		4
	α2 속도와 가속도																2	2	
Ⅲ단원	1 여러 가지 함수의 부정적분													1		1		1	
	α1 부정적분의 치환적분법														1	1		1	
	α2 부정적분의 부분적분법											1			1	2			
	2 여러 가지 함수의 정적분							1				1	1	2	3				2
	3 정적분의 치환적분법											1	1	1	2	1	2	1	
	4 정적분의 부분적분법								1				1	1	2	1	1		3
	5 정적분으로 정의된 함수						1				2		1	1	3	4	3	2	1
	6 정적분과 급수의 합 사이의 관계												1				1	2	1
	7 정적분과 넓이	1							2		1	1		2	4	4	1		1
	8 입체도형의 부피													2			2		1
	9 점이 움직인 거리와 곡선의 길이						1							2	1				1

⋯▸ Ⅰ단원에서는 최근 3개년 동안 출제율이 높은 **유형 4 등비수열의 극한**의 문제를 많이 수록하였으며 고난도 문항의 출제율이 높은 **유형 8 등비급수의 합**의 문제도 많이 수록하였다.

　Ⅱ단원에서는 최근 5개년 동안 출제율이 높은 **유형 10 역함수의 미분법**과 **유형 15 도함수의 활용**의 문제를 많이 수록하였다. Ⅱ단원의 전반적인 내용을 이용하여 해결해야 하는 **유형 14 곡선의 변곡점과 함수의 그래프**의 문제는 고난도 기출에 많이 수록하였다.

　Ⅲ단원에서는 문제의 조건에 대한 분석과 적분 계산 연습을 같이 할 수 있는 **유형 7 정적분과 넓이**와 고난도 문제로 자주 출제되는 **유형 5 정적분으로 정의된 함수**를 많이 수록하였다.

차례

I 수열의 극한

1 수열의 극한

유형 ① 수열의 극한값의 계산

3점

001

모든 항이 양수인 수열 $\{a_n\}$에 대하여 $\dfrac{1+a_n}{a_n}=n^2+2$가 성립할 때, $\displaystyle\lim_{n\to\infty} n^2 a_n$의 값은? [3점]

① 1   ② 2   ③ 3
④ 4   ⑤ 5

002

두 상수 a, b에 대하여 $\displaystyle\lim_{n\to\infty} \dfrac{an^2+bn+7}{3n+1}=4$일 때, $a+b$의 값을 구하시오. [3점]

003

등차수열 $\{a_n\}$이 $a_3=5$, $a_6=11$일 때, $\displaystyle\lim_{n\to\infty} \sqrt{n}\,(\sqrt{a_{n+1}}-\sqrt{a_n})$의 값은? [3점]

① $\dfrac{1}{2}$ ② $\dfrac{\sqrt{2}}{2}$ ③ 1
④ $\sqrt{2}$ ⑤ 2

두 수열 $\{a_n\}$, $\{b_n\}$에 대하여 이차방정식
$a_n x^2 + 2a_{n+1} x + a_{n+2} = 0$의 두 근이 -1, b_n일 때, $\lim\limits_{n \to \infty} b_n$의
값은? [3점]

① -2　　　　　② $-\sqrt{3}$　　　　　③ -1

④ $\sqrt{3}$　　　　　⑤ 2

4점

양수 a와 실수 b에 대하여

$$\lim_{n \to \infty} (\sqrt{an^2 + 4n} - bn) = \frac{1}{5}$$

일 때, $a + b$의 값을 구하시오. [4점]

함수 $f(x)$가 $f(x) = (x-3)^2$이다.

자연수 n에 대하여 방정식 $f(x) = n$의 두 근이 α, β일 때,
$h(n) = |\alpha - \beta|$라 하자. $\lim\limits_{n \to \infty} \sqrt{n} \{h(n+1) - h(n)\}$의 값은?

[4점]

① $\dfrac{1}{2}$　　　　　② 1　　　　　③ $\dfrac{3}{2}$

④ 2　　　　　⑤ $\dfrac{5}{2}$

007

첫째항이 1이고 공차가 6인 등차수열 $\{a_n\}$에 대하여

$$S_n=a_1+a_2+a_3+\cdots+a_n$$
$$T_n=-a_1+a_2-a_3+\cdots+(-1)^n a_n$$

이라 할 때, $\lim\limits_{n\to\infty}\dfrac{a_{2n}T_{2n}}{S_{2n}}$의 값을 구하시오. [4점]

유형 ② 수열의 극한에 대한 기본 성질

3점

008

두 수열 $\{a_n\}$, $\{b_n\}$이

$$\lim_{n\to\infty}\frac{a_n}{3n}=2,\ \lim_{n\to\infty}\frac{2n+3}{b_n}=6$$

을 만족시킬 때, $\lim\limits_{n\to\infty}\dfrac{a_n}{b_n}$의 값은? (단, $b_n\neq0$) [3점]

① 10   ② 12   ③ 14

④ 16   ⑤ 18

009

수열 $\{a_n\}$에 대하여 $\lim\limits_{n\to\infty}\dfrac{a_n}{n+1}=3$일 때, $\lim\limits_{n\to\infty}\dfrac{(2n+1)a_n}{3n^2}$의 값은? [3점]

① 1   ② 2   ③ 3

④ 4   ⑤ 5

010

두 수열 $\{a_n\}$, $\{b_n\}$이

$$\lim_{n\to\infty} n^2 a_n = 3, \quad \lim_{n\to\infty} \frac{b_n}{n} = 5$$

를 만족시킬 때, $\lim_{n\to\infty} na_n(b_n+2n)$의 값을 구하시오. [3점]

011

수열 $\{a_n\}$과 $\{b_n\}$이

$$\lim_{n\to\infty} (n+1)a_n = 2, \quad \lim_{n\to\infty} (n^2+1)b_n = 7$$

을 만족시킬 때, $\lim_{n\to\infty} \dfrac{(10n+1)b_n}{a_n}$의 값을 구하시오.

(단, $a_n \neq 0$) [3점]

012

수열 $\{a_n\}$이 모든 자연수 n에 대하여

$$\sum_{k=1}^{n} \frac{a_k}{(k-1)!} = \frac{3}{(n+2)!}$$

을 만족시킨다. $\lim_{n\to\infty}(a_1+n^2 a_n)$의 값은? [3점]

① $-\dfrac{7}{2}$ ② -3 ③ $-\dfrac{5}{2}$

④ -2 ⑤ $-\dfrac{3}{2}$

013 Best Pick   2015년 시행 교육청 3월 B형 15번

두 수열 $\{a_n\}$, $\{b_n\}$이 다음 조건을 만족시킨다.

> (가) $\sum_{k=1}^{n} (a_k + b_k) = \dfrac{1}{n+1}$ $(n \geq 1)$
>
> (나) $\lim_{n \to \infty} n^2 b_n = 2$

$\lim_{n \to \infty} n^2 a_n$의 값은? [4점]

① -3 ② -2 ③ -1

④ 0 ⑤ 1

014   2014학년도 평가원 6월 A형 24번

수열 $\{a_n\}$이 모든 자연수 n에 대하여 부등식
$$3n^2 + 2n < a_n < 3n^2 + 3n$$
을 만족시킬 때, $\lim_{n \to \infty} \dfrac{5a_n}{n^2 + 2n}$의 값을 구하시오. [3점]

015   2020학년도 평가원 9월 나형 10번

모든 항이 양수인 수열 $\{a_n\}$이 모든 자연수 n에 대하여 부등식
$$\sqrt{9n^2 + 4} < \sqrt{na_n} < 3n + 2$$
를 만족시킬 때, $\lim_{n \to \infty} \dfrac{a_n}{n}$의 값은? [3점]

① 6 ② 7 ③ 8

④ 9 ⑤ 10

016 Best Pick

2016학년도 수능 A형 10번

수열 $\{a_n\}$에 대하여 곡선 $y=x^2-(n+1)x+a_n$은 x축과 만나고, 곡선 $y=x^2-nx+a_n$은 x축과 만나지 않는다. $\lim\limits_{n\to\infty}\dfrac{a_n}{n^2}$의 값은? [3점]

① $\dfrac{1}{20}$ ② $\dfrac{1}{10}$ ③ $\dfrac{3}{20}$

④ $\dfrac{1}{5}$ ⑤ $\dfrac{1}{4}$

유형 4 등비수열의 극한

3점

017

2022학년도 수능 예시문항 24번

정수 k에 대하여 수열 $\{a_n\}$의 일반항을

$$a_n=\left(\dfrac{|k|}{3}-2\right)^n$$

이라 하자. 수열 $\{a_n\}$이 수렴하도록 하는 모든 정수 k의 개수는? [3점]

① 4 ② 8 ③ 12

④ 16 ⑤ 20

018

2020년 시행 교육청 4월 가형 8번

수열 $\left\{\dfrac{(4x-1)^n}{2^{3n}+3^{2n}}\right\}$이 수렴하도록 하는 모든 정수 x의 개수는? [3점]

① 2 ② 4 ③ 6

④ 8 ⑤ 10

019

2021학년도 평가원 6월 가형 7번

함수

$$f(x)=\lim_{n\to\infty}\frac{2\times\left(\frac{x}{4}\right)^{2n+1}-1}{\left(\frac{x}{4}\right)^{2n}+3}$$

에 대하여 $f(k)=-\frac{1}{3}$을 만족시키는 정수 k의 개수는? [3점]

① 5 ② 7 ③ 9 ④ 11 ⑤ 13

020

2006학년도 평가원 6월 나형 26번

자연수 n에 대하여 다항식 $f(x)=2^nx^2+3^nx+1$을 $x-1$, $x-2$로 나눈 나머지를 각각 a_n, b_n이라 할 때, $\lim_{n\to\infty}\frac{a_n}{b_n}$의 값은? [3점]

① 0 ② $\frac{1}{4}$ ③ $\frac{1}{3}$ ④ $\frac{1}{2}$ ⑤ 1

021

2016학년도 수능 B형 25번

첫째항이 1이고 공비가 r $(r>1)$인 등비수열 $\{a_n\}$에 대하여 $S_n=\sum_{k=1}^{n}a_k$일 때, $\lim_{n\to\infty}\frac{a_n}{S_n}=\frac{3}{4}$이다. r의 값을 구하시오. [3점]

022 Best Pick

그림과 같이 곡선 $y=f(x)$와 직선 $y=g(x)$가 원점과 점 $(3, 3)$에서 만난다.

$$h(x)=\lim_{n \to \infty} \frac{\{f(x)\}^{n+1}+5\{g(x)\}^n}{\{f(x)\}^n+\{g(x)\}^n}$$

일 때, $h(2)+h(3)$의 값은? [3점]

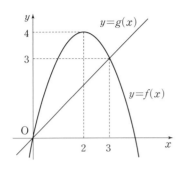

① 6
② 7
③ 8
④ 9
⑤ 10

023

자연수 a, b에 대하여 함수

$$f(x)=\lim_{n \to \infty} \frac{ax^{n+b}+2x-1}{x^n+1} \ (x>0)$$

이 $x=1$에서 미분가능할 때, $a+10b$의 값을 구하시오. [3점]

024 Best Pick

함수 $f(x)=x^2-4x+a$와 함수 $g(x)=\lim\limits_{n \to \infty} \dfrac{2|x-b|^n+1}{|x-b|^n+1}$에 대하여 $h(x)=f(x)g(x)$라 하자. 함수 $h(x)$가 모든 실수 x에서 연속이 되도록 하는 두 상수 a, b의 합 $a+b$의 값은? [3점]

① 3
② 4
③ 5
④ 6
⑤ 7

025

2021학년도 수능 가형 18번

실수 a에 대하여 함수 $f(x)$를

$$f(x)=\lim_{n\to\infty}\frac{(a-2)x^{2n+1}+2x}{3x^{2n}+1}$$

라 하자. $(f\circ f)(1)=\dfrac{5}{4}$가 되도록 하는 모든 a의 값의 합은? [4점]

① $\dfrac{11}{2}$　　　② $\dfrac{13}{2}$　　　③ $\dfrac{15}{2}$

④ $\dfrac{17}{2}$　　　⑤ $\dfrac{19}{2}$

026

2007학년도 평가원 6월 가형 21번

두 함수 $f(x)=\lim\limits_{n\to\infty}\dfrac{2x^{2n+2}+1}{x^{2n}+2}$, $g(x)=\sin(k\pi x)$에 대하여 방정식 $f(x)=g(x)$가 실근을 갖지 않을 때, $60k$의 최댓값을 구하시오. [4점]

027

2016년 시행 교육청 7월 나형 27번

함수 $f(x)=\lim\limits_{n\to\infty}\dfrac{x^{2n}}{1+x^{2n}}$과 최고차항의 계수가 1인 이차함수 $g(x)$에 대하여 함수 $f(x)g(x)$가 실수 전체의 집합에서 연속일 때, $g(8)$의 값을 구하시오. [4점]

유형 ⑤ 수열의 극한의 활용

3점

028

2016학년도 평가원 6월 B형 10번

자연수 n에 대하여 직선 $y=2nx$ 위의 점 $\mathrm{P}(n,\ 2n^2)$을 지나고 이 직선과 수직인 직선이 x축과 만나는 점을 Q라 할 때, 선분 OQ의 길이를 l_n이라 하자. $\displaystyle\lim_{n\to\infty}\frac{l_n}{n^3}$의 값은? [3점]

① 1   ② 2   ③ 3
④ 4   ⑤ 5

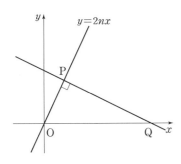

029

2015학년도 수능 B형 13번

$a>3$인 상수 a에 대하여 두 곡선 $y=a^{x-1}$과 $y=3^x$이 점 P에서 만난다. 점 P의 x좌표를 k라 할 때, $\displaystyle\lim_{n\to\infty}\frac{\left(\dfrac{a}{3}\right)^{n+k}}{\left(\dfrac{a}{3}\right)^{n+1}+1}$의 값은?

[3점]

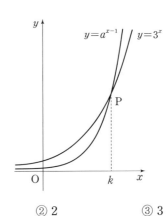

① 1   ② 2   ③ 3
④ 4   ⑤ 5

030

자연수 n에 대하여 두 점 P_{n-1}, P_n이 함수 $y=x^2$의 그래프 위의 점일 때, 점 P_{n+1}을 다음 규칙에 따라 정한다.

> (가) 두 점 P_0, P_1의 좌표는 각각 $(0, 0)$, $(1, 1)$이다.
> (나) 점 P_{n+1}은 점 P_n을 지나고 직선 $P_{n-1}P_n$에 수직인 직선과 함수 $y=x^2$의 그래프의 교점이다.
> (단, P_n과 P_{n+1}은 서로 다른 점이다.)

$l_n=\overline{P_{n-1}P_n}$이라 할 때, $\displaystyle\lim_{n\to\infty}\frac{l_n}{n}$의 값은? [3점]

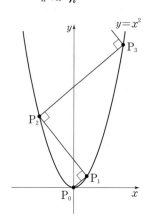

① $2\sqrt{3}$ ② $2\sqrt{2}$ ③ 2
④ $\sqrt{3}$ ⑤ $\sqrt{2}$

4점

031

자연수 n에 대하여 좌표평면 위에 두 점 $A_n(n, 0)$, $B_n(n, 3)$이 있다. 점 $P(1, 0)$을 지나고 x축에 수직인 직선이 직선 OB_n과 만나는 점을 C_n이라 할 때, $\displaystyle\lim_{n\to\infty}\frac{\overline{PC_n}}{\overline{OB_n}-\overline{OA_n}}=\frac{q}{p}$이다. $p+q$의 값을 구하시오.

(단, O는 원점이고, p와 q는 서로소인 자연수이다.) [4점]

032

자연수 n에 대하여 원 $x^2+y^2=4n^2$과 직선 $y=\sqrt{n}$이 제1사분면에서 만나는 점의 x좌표를 a_n이라 할 때, $\displaystyle\lim_{n\to\infty}(2n-a_n)$의 값은? [4점]

① $\dfrac{1}{16}$ ② $\dfrac{1}{8}$ ③ $\dfrac{3}{16}$
④ $\dfrac{1}{4}$ ⑤ $\dfrac{5}{16}$

자연수 n에 대하여 좌표가 $(0, 2n+1)$인 점을 P라 하고, 함수 $f(x)=nx^2$의 그래프 위의 점 중 y좌표가 1이고 제1사분면에 있는 점을 Q라 하자.

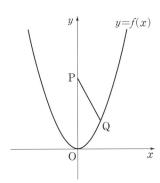

점 $R(0, 1)$에 대하여 삼각형 PRQ의 넓이를 S_n, 선분 PQ의 길이를 l_n이라 할 때, $\displaystyle\lim_{n\to\infty}\frac{S_n{}^2}{l_n}$의 값은? [4점]

① $\dfrac{3}{2}$ ② $\dfrac{5}{4}$ ③ 1

④ $\dfrac{3}{4}$ ⑤ $\dfrac{1}{2}$

2 이상의 자연수 n에 대하여 함수 $y=\log_3 x$의 그래프 위의 x좌표가 $\dfrac{1}{n}$인 점을 A_n이라 하자. 그래프 위의 점 B_n과 x축 위의 점 C_n이 다음 조건을 만족시킨다.

> (가) 점 C_n은 선분 A_nB_n과 x축의 교점이다.
> (나) $\overline{A_nC_n} : \overline{C_nB_n}=1 : 2$

점 C_n의 x좌표를 x_n이라 할 때, $\displaystyle\lim_{n\to\infty}\frac{x_n}{n^2}$의 값은? [4점]

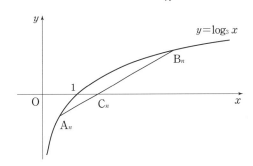

① $\dfrac{1}{3}$ ② $\dfrac{1}{2}$ ③ $\dfrac{2}{3}$

④ $\dfrac{5}{6}$ ⑤ 1

자연수 n에 대하여 $\angle A = 90°$, $\overline{AB} = 2$, $\overline{CA} = n$인 삼각형 ABC에서 $\angle A$의 이등분선이 선분 BC와 만나는 점을 D라 하자. 선분 CD의 길이를 a_n이라 할 때, $\lim_{n \to \infty} (n - a_n)$의 값은?

[4점]

① 1　　　　② $\sqrt{2}$　　　　③ 2

④ $2\sqrt{2}$　　　⑤ 4

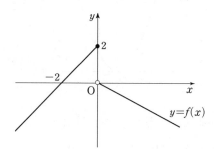

함수

$$f(x) = \begin{cases} x+2 & (x \le 0) \\ -\dfrac{1}{2}x & (x > 0) \end{cases}$$

의 그래프가 그림과 같다. 수열 $\{a_n\}$은 $a_1 = 1$이고 $a_{n+1} = f(f(a_n))$ $(n \ge 1)$을 만족시킬 때, $\lim_{n \to \infty} a_n$의 값은?

[4점]

① $\dfrac{1}{3}$　　　　② $\dfrac{2}{3}$　　　　③ 1

④ $\dfrac{4}{3}$　　　　⑤ $\dfrac{5}{3}$

자연수 n에 대하여 좌표가 $(0, 3n+1)$인 점을 P_n, 함수 $f(x)=x^2$ $(x \geq 0)$이라 할 때, 점 P_n을 지나고 x축과 평행한 직선이 곡선 $y=f(x)$와 만나는 점을 Q_n이라 하자. 곡선 $y=f(x)$ 위의 점 R_n은 직선 P_nR_n의 기울기가 음수이고 y좌표가 자연수인 점이다. 삼각형 P_nOQ_n의 넓이를 S_n, 삼각형 P_nOR_n의 넓이가 최대일 때 삼각형 P_nOR_n의 넓이를 T_n이라 하자. $\displaystyle\lim_{n\to\infty} \frac{S_n-T_n}{\sqrt{n}}$의 값은? (단, O는 원점이다.) [4점]

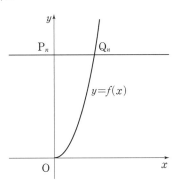

① $\dfrac{\sqrt{3}}{4}$

② $\dfrac{1}{2}$

③ $\dfrac{\sqrt{5}}{4}$

④ $\dfrac{\sqrt{6}}{4}$

⑤ $\dfrac{\sqrt{7}}{4}$

자연수 n에 대하여 그림과 같이 두 점 $A_n(n, 0)$, $B_n(0, n+1)$이 있다. 삼각형 OA_nB_n에 내접하는 원의 중심을 C_n이라 하고, 두 점 B_n과 C_n을 지나는 직선이 x축과 만나는 점을 P_n이라 하자. $\displaystyle\lim_{n\to\infty} \frac{\overline{OP_n}}{n}$의 값은?

(단, O는 원점이다.) [4점]

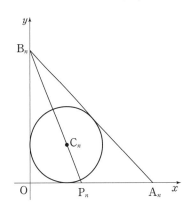

① $\dfrac{\sqrt{2}-1}{2}$

② $\sqrt{2}-1$

③ $2-\sqrt{2}$

④ $\dfrac{\sqrt{2}}{2}$

⑤ $2\sqrt{2}-2$

039

2017년 시행 교육청 7월 나형 29번

그림과 같이 자연수 n에 대하여 곡선 $y=x^2$ 위의 점 $P_n(n,\ n^2)$에서의 접선을 l_n이라 하고, 직선 l_n이 y축과 만나는 점을 Y_n이라 하자. x축에 접하고 점 P_n에서 직선 l_n에 접하는 원을 C_n, y축에 접하고 점 P_n에서 직선 l_n에 접하는 원을 $C_n{}'$이라 할 때, 원 C_n과 x축과의 교점을 Q_n, 원 $C_n{}'$과 y축과의 교점을 R_n이라 하자. $\lim\limits_{n\to\infty}\dfrac{\overline{OQ_n}}{\overline{Y_nR_n}}=a$라 할 때, $100a$의 값을 구하시오. (단, O는 원점이고, 점 Q_n의 x좌표와 점 R_n의 y좌표는 양수이다.) [4점]

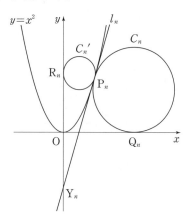

---

2 급수

유형 6 부분분수를 이용한 급수

3점

040

2020학년도 평가원 6월 나형 1번

등차수열 $\{a_n\}$에 대하여 $a_1=4$, $a_4-a_2=4$일 때, $\sum\limits_{n=1}^{\infty}\dfrac{2}{na_n}$의 값은? [3점]

① 1
② $\dfrac{3}{2}$
③ 2

④ $\dfrac{5}{2}$
⑤ 3

041

2015학년도 평가원 9월 A형 12번

자연수 n에 대하여 $3^n\times5^{n+1}$의 모든 양의 약수의 개수를 a_n이라 할 때, $\sum\limits_{n=1}^{\infty}\dfrac{1}{a_n}$의 값은? [3점]

① $\dfrac{1}{2}$
② $\dfrac{7}{12}$
③ $\dfrac{2}{3}$

④ $\dfrac{3}{4}$
⑤ $\dfrac{5}{6}$

042

모든 자연수 n에 대하여 수열 $\{a_n\}$은 다음 두 조건을 만족시킨다. 이때 $\displaystyle\sum_{n=1}^{\infty} a_n$의 값은? [3점]

> (가) $a_n \neq 0$
> (나) x에 대한 다항식 $a_n x^2 + a_n x + 2$를 $x - n$으로 나눈 나머지가 20이다.

① 10   ② 12   ③ 14
④ 16   ⑤ 18

043 Best Pick

자연수 n에 대하여 x에 대한 이차방정식
$$(4n^2 - 1)x^2 - 4nx + 1 = 0$$
의 두 근이 α_n, β_n $(\alpha_n > \beta_n)$일 때, $\displaystyle\sum_{n=1}^{\infty}(\alpha_n - \beta_n)$의 값은? [3점]

① 1   ② 2   ③ 3
④ 4   ⑤ 5

4점

044

첫째항이 양수이고 공차가 3인 등차수열 $\{a_n\}$과 모든 항이 양수인 수열 $\{b_n\}$이 다음 조건을 만족시킬 때, a_1의 값은? [4점]

> (가) 모든 자연수 n에 대하여
> $$\log a_n + \log a_{n+1} + \log b_n = 0$$
> (나) $\displaystyle\sum_{n=1}^{\infty} b_n = \dfrac{1}{12}$

① 2   ② $\dfrac{5}{2}$ ③ 3
④ $\dfrac{7}{2}$ ⑤ 4

유형 7 급수와 수열의 극한값 사이의 관계

3점

045

2020년 시행 교육청 4월 가형 6번

두 수열 $\{a_n\}$, $\{b_n\}$에 대하여 $\lim_{n\to\infty} a_n=3$이고 급수 $\sum_{n=1}^{\infty}(a_n+2b_n-7)$이 수렴할 때, $\lim_{n\to\infty} b_n$의 값은? [3점]

① 1 ② 2 ③ 3
④ 4 ⑤ 5

046

2021학년도 평가원 6월 가형 5번

수열 $\{a_n\}$에 대하여 $\sum_{n=1}^{\infty}\frac{a_n}{n}=10$일 때, $\lim_{n\to\infty}\frac{a_n+2a_n^{\ 2}+3n^2}{a_n^{\ 2}+n^2}$의 값은? [3점]

① 3 ② $\frac{7}{2}$ ③ 4
④ $\frac{9}{2}$ ⑤ 5

047 Best Pick

2021년 시행 교육청 10월 24번

수열 $\{a_n\}$에 대하여 $\sum_{n=1}^{\infty}\frac{a_n-4n}{n}=1$일 때, $\lim_{n\to\infty}\frac{5n+a_n}{3n-1}$의 값은? [3점]

① 1 ② 2 ③ 3
④ 4 ⑤ 5

수열 $\{a_n\}$에 대하여 $\displaystyle\sum_{n=1}^{\infty}\left(a_n-\dfrac{5n^2+1}{2n+3}\right)=4$일 때,

$\displaystyle\lim_{n\to\infty}\dfrac{2a_n}{n+1}$의 값은? [3점]

① 3   ② $\dfrac{7}{2}$ ③ 4

④ $\dfrac{9}{2}$ ⑤ 5

049

수열 $\{a_n\}$이 $\displaystyle\sum_{n=1}^{\infty}(2a_n-3)=2$를 만족시킨다.

$\displaystyle\lim_{n\to\infty}a_n=r$일 때, $\displaystyle\lim_{n\to\infty}\dfrac{r^{n+2}-1}{r^n+1}$의 값은? [3점]

① $\dfrac{7}{4}$ ② 2   ③ $\dfrac{9}{4}$

④ $\dfrac{5}{2}$ ⑤ $\dfrac{11}{4}$

두 수열 $\{a_n\}$, $\{b_n\}$에 대하여 $\displaystyle\lim_{n\to\infty}\dfrac{a_n}{n}=1$, $\displaystyle\sum_{k=1}^{\infty}\dfrac{b_n}{n}=2$일 때,

$\displaystyle\lim_{n\to\infty}\dfrac{a_n+4n}{b_n+3n-2}$의 값은? [3점]

① 1   ② $\dfrac{4}{3}$ ③ $\dfrac{5}{3}$

④ 2   ⑤ $\dfrac{7}{3}$

051

2014년 시행 교육청 3월 B형 12번

두 수열 $\{a_n\}$, $\{b_n\}$이 모든 자연수 n에 대하여

$$1 + 2 + 2^2 + \cdots + 2^{n-1} < a_n < 2^n$$

$$\frac{3n-1}{n+1} < \sum_{k=1}^{n} b_k < \frac{3n+1}{n}$$

을 만족시킬 때, $\displaystyle\lim_{n \to \infty} \frac{8^n - 1}{4^{n-1}a_n + 8^{n+1}b_n}$의 값은? [3점]

① 1   ② 2   ③ 4

④ 8   ⑤ 16

4점

052

2017년 시행 교육청 4월 나형 16번

수열 $\{a_n\}$에 대하여 $\displaystyle\sum_{n=1}^{\infty} \frac{2^n a_n - 2^{n+1}}{2^n + 1} = 1$일 때, $\displaystyle\lim_{n \to \infty} a_n$의 값은?

[4점]

① 1   ② 2   ③ 3

④ 4   ⑤ 5

053 Best Pick

2013학년도 수능 나형 19번

수열 $\{a_n\}$에 대하여 $\displaystyle\sum_{n=1}^{\infty} \left(na_n - \frac{n^2 + 1}{2n + 1} \right) = 3$일 때,

$\displaystyle\lim_{n \to \infty} (a_n^2 + 2a_n + 2)$의 값은? [4점]

① $\dfrac{13}{4}$ ② 3   ③ $\dfrac{11}{4}$

④ $\dfrac{5}{2}$ ⑤ $\dfrac{9}{4}$

유형 8 등비급수의 합

3점

054

2013년 시행 교육청 3월 A형 6번

급수 $\sum\limits_{n=1}^{\infty} \dfrac{1+(-1)^n}{3^n}$의 합은? [3점]

① $\dfrac{1}{8}$ ② $\dfrac{1}{4}$ ③ $\dfrac{3}{8}$

④ $\dfrac{1}{2}$ ⑤ $\dfrac{5}{8}$

055

2015학년도 수능 A형 11번

등비수열 $\{a_n\}$에 대하여 $a_1=3$, $a_2=1$일 때, $\sum\limits_{n=1}^{\infty}(a_n)^2$의 값은? [3점]

① $\dfrac{81}{8}$ ② $\dfrac{83}{8}$ ③ $\dfrac{85}{8}$

④ $\dfrac{87}{8}$ ⑤ $\dfrac{89}{8}$

056

2015학년도 평가원 6월 B형 25번

공비가 양수인 등비수열 $\{a_n\}$이 $a_1+a_2=20$, $\sum\limits_{n=3}^{\infty} a_n = \dfrac{4}{3}$를 만족시킬 때, a_1의 값을 구하시오. [3점]

057

2021학년도 평가원 9월 가형 8번

등비수열 $\{a_n\}$에 대하여 $\lim_{n\to\infty} \frac{3^n}{a_n+2^n}=6$일 때, $\sum_{n=1}^{\infty} \frac{1}{a_n}$의 값은? [3점]

① 1 ② 2 ③ 3
④ 4 ⑤ 5

058

2022학년도 수능 25번

등비수열 $\{a_n\}$에 대하여

$$\sum_{n=1}^{\infty}(a_{2n-1}-a_{2n})=3,\ \sum_{n=1}^{\infty}a_n^{\ 2}=6$$

일 때, $\sum_{n=1}^{\infty}a_n$의 값은? [3점]

① 1 ② 2 ③ 3
④ 4 ⑤ 5

059

2015년 시행 교육청 3월 A형 12번

모든 항이 양의 실수인 수열 $\{a_n\}$이

$$a_1=k,\ a_na_{n+1}+a_{n+1}=ka_n^{\ 2}+ka_n\ (n\geq 1)$$

을 만족시키고 $\sum_{n=1}^{\infty}a_n=5$일 때, 실수 k의 값은? (단, $0<k<1$) [3점]

① $\frac{5}{6}$ ② $\frac{4}{5}$ ③ $\frac{3}{4}$
④ $\frac{2}{3}$ ⑤ $\frac{1}{2}$

060

2009학년도 수능 나형 20번

공비가 같은 두 등비수열 $\{a_n\}$, $\{b_n\}$에 대하여 $a_1-b_1=1$이고 $\sum\limits_{n=1}^{\infty} a_n=8$, $\sum\limits_{n=1}^{\infty} b_n=6$일 때, $\sum\limits_{n=1}^{\infty} a_nb_n$의 값을 구하시오. [3점]

4점

061

2017년 시행 교육청 3월 나형 26번

수열 $\{a_n\}$이 모든 자연수 n에 대하여

$$a_1=3, \quad a_{n+1}=\frac{2}{3}a_n$$

을 만족시킬 때, $\sum\limits_{n=1}^{\infty} a_{2n-1}=\dfrac{q}{p}$이다. $p+q$의 값을 구하시오.

(단, p와 q는 서로소인 자연수이다.) [4점]

062

2013학년도 평가원 6월 나형 18번

2보다 큰 자연수 n에 대하여 $(-3)^{n-1}$의 n제곱근 중 실수인 것의 개수를 a_n이라 할 때, $\sum\limits_{n=3}^{\infty} \dfrac{a_n}{2^n}$의 값은? [4점]

① $\dfrac{1}{6}$ ② $\dfrac{1}{4}$ ③ $\dfrac{1}{3}$

④ $\dfrac{5}{12}$ ⑤ $\dfrac{1}{2}$

자연수 n에 대하여 직선 $y=\left(\dfrac{1}{2}\right)^{n-1}(x-1)$과 이차함수

$y=3x(x-1)$의 그래프가 만나는 두 점을 A(1, 0)과 P_n이라

하자. 점 P_n에서 x축에 내린 수선의 발을 H_n이라 할 때,

$\displaystyle\sum_{n=1}^{\infty}\overline{P_nH_n}$의 값은? [4점]

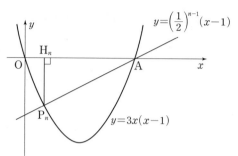

① $\dfrac{3}{2}$ ② $\dfrac{14}{9}$ ③ $\dfrac{29}{18}$

④ $\dfrac{5}{3}$ ⑤ $\dfrac{31}{18}$

그림과 같이 x축 위에

$\overline{OA_1}=1$, $\overline{A_1A_2}=\dfrac{1}{2}$, $\overline{A_2A_3}=\left(\dfrac{1}{2}\right)^2$, $\cdots$, $\overline{A_nA_{n+1}}=\left(\dfrac{1}{2}\right)^n$, $\cdots$

을 만족하는 점 A_1, A_2, A_3, $\cdots$에 대하여, 제1사분면에 선분

OA_1, A_1A_2, A_2A_3, $\cdots$을 한 변으로 하는 정사각형 $OA_1B_1C_1$,

$A_1A_2B_2C_2$, $A_2A_3B_3C_3$, $\cdots$을 계속하여 만든다. 원점과 점 B_n

을 지나는 직선의 방정식을 $y=a_nx$라 할 때, $\displaystyle\lim_{n\to\infty}2^na_n$의 값

은? [4점]

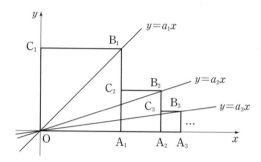

① $\dfrac{1}{4}$ ② $\dfrac{1}{2}$ ③ 1

④ 2   ⑤ 4

065

좌표평면에서 자연수 n에 대하여 점 P_n의 좌표를 $(n, 3^n)$, 점 Q_n의 좌표를 $(n, 0)$이라 하자.

사각형 $P_n Q_{n+1} Q_{n+2} P_{n+1}$의 넓이를 a_n이라 할 때, $\displaystyle\sum_{n=1}^{\infty} \frac{1}{a_n} = \frac{q}{p}$ 이다. $p^2 + q^2$의 값을 구하시오.

(단, p와 q는 서로소인 자연수이다.) [4점]

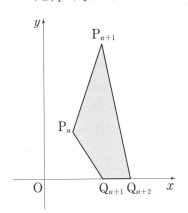

유형 9 등비급수의 활용

3점

066

그림과 같이 한 변의 길이가 3인 정사각형 $A_1 B_1 C_1 D_1$에서 선분 $A_1 B_1$을 $1:2$로 내분하는 점을 P_1, 선분 $B_1 C_1$을 $2:1$로 내분하는 점을 Q_1이라 하자. 선분 $A_1 D_1$ 위의 점 A_2, 선분 $P_1 Q_1$ 위의 두 점 B_2, C_2, 선분 $C_1 D_1$ 위의 점 D_2를 네 꼭짓점으로 하는 정사각형 $A_2 B_2 C_2 D_2$를 그리고 정사각형 $A_2 B_2 C_2 D_2$의 내부와 삼각형 $P_1 B_1 Q_1$의 내부를 색칠하여 얻은 그림을 R_1이라 하자. 정사각형 $A_2 B_2 C_2 D_2$에서 선분 $A_2 B_2$를 $1:2$로 내분하는 점을 P_2, 선분 $B_2 C_2$를 $2:1$로 내분하는 점을 Q_2라 하자. 선분 $A_2 D_2$ 위의 점 A_3, 선분 $P_2 Q_2$ 위의 두 점 B_3, C_3, 선분 $C_2 D_2$ 위의 점 D_3을 네 꼭짓점으로 하는 정사각형 $A_3 B_3 C_3 D_3$을 그리고 정사각형 $A_3 B_3 C_3 D_3$의 내부와 삼각형 $P_2 B_2 Q_2$의 내부를 색칠하여 얻은 그림을 R_2라 하자.

이와 같은 과정을 계속하여 n번째 얻은 그림 R_n에 색칠되어 있는 부분의 넓이를 S_n이라 할 때, $\displaystyle\sum_{n=1}^{\infty} S_n$의 값은? [3점]

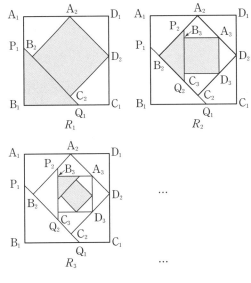

① $\dfrac{375}{49}$ ② $\dfrac{400}{49}$ ③ $\dfrac{425}{49}$

④ $\dfrac{450}{49}$ ⑤ $\dfrac{475}{49}$

067

그림과 같이 $\overline{OA_1}=\sqrt{3}$, $\overline{OC_1}=1$인 직사각형 $OA_1B_1C_1$이 있다. 선분 B_1C_1 위의 $\overline{B_1D_1}=2\overline{C_1D_1}$인 점 D_1에 대하여 중심이 B_1이고 반지름의 길이가 $\overline{B_1D_1}$인 원과 선분 OA_1의 교점을 E_1, 중심이 C_1이고 반지름의 길이가 $\overline{C_1D_1}$인 원과 선분 OC_1의 교점을 C_2라 하자. 부채꼴 $B_1D_1E_1$의 내부와 부채꼴 $C_1C_2D_1$의 내부로 이루어진 δ 모양의 도형에 색칠하여 얻은 그림을 R_1이라 하자.

그림 R_1에서 선분 OA_1 위의 점 A_2, 호 D_1E_1 위의 점 B_2와 점 C_2, 점 O를 꼭짓점으로 하는 직사각형 $OA_2B_2C_2$를 그리고, 그림 R_1을 얻은 것과 같은 방법으로 직사각형 $OA_2B_2C_2$에 δ 모양의 도형을 그리고 색칠하여 얻은 그림을 R_2라 하자.

이와 같은 과정을 계속하여 n번째 얻은 그림 R_n에 색칠되어 있는 부분의 넓이를 S_n이라 할 때, $\lim\limits_{n\to\infty} S_n$의 값은? [3점]

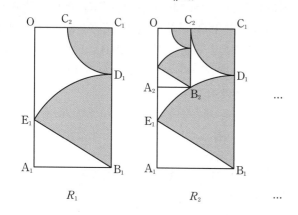

R_1 R_2 ...

① $\dfrac{5+2\sqrt{3}}{12}\pi$ ② $\dfrac{2+\sqrt{3}}{6}\pi$ ③ $\dfrac{3+2\sqrt{3}}{12}\pi$

④ $\dfrac{1+\sqrt{3}}{6}\pi$ ⑤ $\dfrac{1+2\sqrt{3}}{12}\pi$

4점

068

그림과 같이 $\overline{A_1D_1}=2$, $\overline{A_1B_1}=1$인 직사각형 $A_1B_1C_1D_1$에서 선분 A_1D_1의 중점을 M_1이라 하자. 중심이 A_1, 반지름의 길이가 $\overline{A_1B_1}$이고 중심각의 크기가 $90°$인 부채꼴 $A_1B_1M_1$을 그리고, 부채꼴 $A_1B_1M_1$에 색칠하여 얻은 그림을 R_1이라 하자.

그림 R_1에서 부채꼴 $A_1B_1M_1$의 호 B_1M_1이 선분 A_1C_1과 만나는 점을 A_2라 하고, 중심이 A_1, 반지름의 길이가 $\overline{A_1D_1}$인 원이 선분 A_1C_1과 만나는 점을 C_2라 하자. 가로와 세로의 길이의 비가 $2:1$이고 가로가 선분 A_1D_1과 평행한 직사각형 $A_2B_2C_2D_2$를 그리고, 직사각형 $A_2B_2C_2D_2$에서 그림 R_1을 얻는 것과 같은 방법으로 만들어지는 부채꼴에 색칠하여 얻은 그림을 R_2라 하자.

이와 같은 과정을 계속하여 n번째 얻은 그림 R_n에 색칠되어 있는 부분의 넓이를 S_n이라 할 때, $\lim\limits_{n\to\infty} S_n$의 값은? [4점]

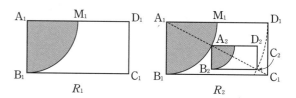

R_1 R_2

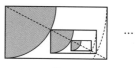

R_3 ...

① $\dfrac{5}{16}\pi$ ② $\dfrac{11}{32}\pi$ ③ $\dfrac{3}{8}\pi$

④ $\dfrac{13}{32}\pi$ ⑤ $\dfrac{7}{16}\pi$

그림과 같이 $\overline{OA_1}=4$, $\overline{OB_1}=4\sqrt{3}$인 직각삼각형 OA_1B_1이 있다. 중심이 O이고 반지름의 길이가 $\overline{OA_1}$인 원이 선분 OB_1과 만나는 점을 B_2라 하자. 삼각형 OA_1B_1의 내부와 부채꼴 OA_1B_2의 내부에서 공통된 부분을 제외한 ⟍ 모양의 도형에 색칠하여 얻은 그림을 R_1이라 하자.

그림 R_1에서 점 B_2를 지나고 선분 A_1B_1에 평행한 직선이 선분 OA_1과 만나는 점을 A_2, 중심이 O이고 반지름의 길이가 $\overline{OA_2}$인 원이 선분 OB_2와 만나는 점을 B_3이라 하자. 삼각형 OA_2B_2의 내부와 부채꼴 OA_2B_3의 내부에서 공통된 부분을 제외한 ⟍ 모양의 도형에 색칠하여 얻은 그림을 R_2라 하자.

이와 같은 과정을 계속하여 n번째 얻은 그림 R_n에 색칠되어 있는 부분의 넓이를 S_n이라 할 때, $\lim\limits_{n\to\infty} S_n$의 값은? [4점]

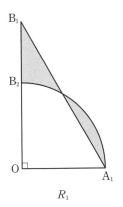
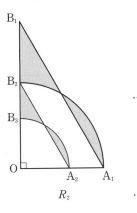

$$R_1 \qquad\qquad R_2 \qquad \cdots$$

① $\dfrac{3}{2}\pi$ ② $\dfrac{5}{3}\pi$ ③ $\dfrac{11}{6}\pi$

④ 2π ⑤ $\dfrac{13}{6}\pi$

그림과 같이 한 변의 길이가 1인 정사각형 $A_1B_1C_1D_1$ 안에 꼭짓점 A_1, C_1을 중심으로 하고 선분 A_1B_1, C_1D_1을 반지름으로 하는 사분원을 각각 그린다. 선분 A_1C_1이 두 사분원과 만나는 점 중 점 A_1과 가까운 점을 A_2, 점 C_1과 가까운 점을 C_2라 하자. 선분 A_1D_1에 평행하고 점 A_2를 지나는 직선이 선분 A_1B_1과 만나는 점을 E_1, 선분 B_1C_1에 평행하고 점 C_2를 지나는 직선이 선분 C_1D_1과 만나는 점을 F_1이라 하자. 삼각형 $A_1E_1A_2$와 삼각형 $C_1F_1C_2$를 그린 후 두 삼각형의 내부에 속하는 영역을 색칠하여 얻은 그림을 R_1이라 하자.

그림 R_1에 선분 A_2C_2를 대각선으로 하는 정사각형을 그리고, 새로 그려진 정사각형 안에 그림 R_1을 얻는 것과 같은 방법으로 두 개의 사분원과 두 개의 삼각형을 그리고 두 삼각형의 내부에 속하는 영역을 색칠하여 얻은 그림을 R_2라 하자.

이와 같은 과정을 계속하여 n번째 얻은 그림 R_n에 색칠되어 있는 부분의 넓이를 S_n이라 할 때, $\lim\limits_{n\to\infty} S_n$의 값은? [4점]

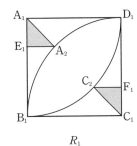
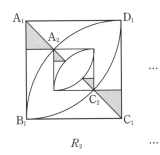

$$R_1 \qquad\qquad R_2 \qquad \cdots$$

① $\dfrac{1}{12}(\sqrt{2}-1)$ ② $\dfrac{1}{6}(\sqrt{2}-1)$ ③ $\dfrac{1}{4}(\sqrt{2}-1)$

④ $\dfrac{1}{3}(\sqrt{2}-1)$ ⑤ $\dfrac{5}{12}(\sqrt{2}-1)$

반지름의 길이가 2인 원 O_1에 내접하는 정삼각형 $A_1B_1C_1$이 있다. 그림과 같이 직선 A_1C_1과 평행하고 점 B_1을 지나지 않는 원 O_1의 접선 위에 두 점 D_1, E_1을 사각형 $A_1C_1D_1E_1$이 직사각형이 되도록 잡고, 직사각형 $A_1C_1D_1E_1$의 내부와 원 O_1의 외부의 공통부분에 색칠하여 얻은 그림을 R_1이라 하자.

그림 R_1에 정삼각형 $A_1B_1C_1$에 내접하는 원 O_2와 원 O_2에 내접하는 정삼각형 $A_2B_2C_2$를 그리고, 그림 R_1을 얻는 것과 같은 방법으로 직사각형 $A_2C_2D_2E_2$를 그리고 직사각형 $A_2C_2D_2E_2$의 내부와 원 O_2의 외부의 공통부분에 색칠하여 얻은 그림을 R_2라 하자.

이와 같은 과정을 계속하여 n번째 얻은 그림 R_n에 색칠되어 있는 부분의 넓이를 S_n이라 할 때, $\lim\limits_{n \to \infty} S_n$의 값은? [4점]

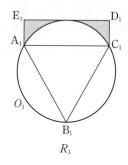
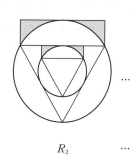

① $4\sqrt{3} - \dfrac{16}{9}\pi$ ② $4\sqrt{3} - \dfrac{5}{3}\pi$ ③ $4\sqrt{3} - \dfrac{4}{3}\pi$

④ $5\sqrt{3} - \dfrac{16}{9}\pi$ ⑤ $5\sqrt{3} - \dfrac{5}{3}\pi$

그림과 같이 $\overline{A_1B_1}=1$, $\overline{A_1D_1}=2$인 직사각형 $A_1B_1C_1D_1$이 있다. 선분 A_1D_1 위의 $\overline{B_1C_1}=\overline{B_1E_1}$, $\overline{C_1B_1}=\overline{C_1F_1}$인 두 점 E_1, F_1에 대하여 중심이 B_1인 부채꼴 $B_1E_1C_1$과 중심이 C_1인 부채꼴 $C_1F_1B_1$을 각각 직사각형 $A_1B_1C_1D_1$ 내부에 그리고, 선분 B_1E_1과 선분 C_1F_1의 교점을 G_1이라 하자. 두 선분 G_1F_1, G_1B_1과 호 F_1B_1로 둘러싸인 부분과 두 선분 G_1E_1, G_1C_1과 호 E_1C_1로 둘러싸인 부분인 ⋈ 모양의 도형에 색칠하여 얻은 그림을 R_1이라 하자.

그림 R_1에서 선분 B_1G_1 위의 점 A_2, 선분 C_1G_1 위의 점 D_2와 선분 B_1C_1 위의 두 점 B_2, C_2를 꼭짓점으로 하고 $\overline{A_2B_2} : \overline{A_2D_2}=1 : 2$인 직사각형 $A_2B_2C_2D_2$를 그리고, 그림 R_1을 얻는 것과 같은 방법으로 직사각형 $A_2B_2C_2D_2$ 내부에 ⋈ 모양의 도형을 그리고 색칠하여 얻은 그림을 R_2라 하자.

이와 같은 과정을 계속하여 n번째 얻은 그림 R_n에 색칠되어 있는 부분의 넓이를 S_n이라 할 때, $\lim\limits_{n \to \infty} S_n$의 값은? [4점]

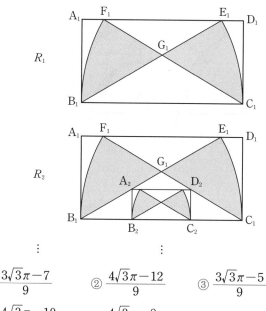

① $\dfrac{3\sqrt{3}\pi - 7}{9}$ ② $\dfrac{4\sqrt{3}\pi - 12}{9}$ ③ $\dfrac{3\sqrt{3}\pi - 5}{9}$

④ $\dfrac{4\sqrt{3}\pi - 10}{9}$ ⑤ $\dfrac{4\sqrt{3}\pi - 8}{9}$

한 변의 길이가 $2\sqrt{3}$인 정삼각형 $A_1B_1C_1$이 있다. 그림과 같이 $\angle A_1B_1C_1$의 이등분선과 $\angle A_1C_1B_1$의 이등분선이 만나는 점을 A_2라 하자. 두 선분 B_1A_2, C_1A_2를 각각 지름으로 하는 반원의 내부와 정삼각형 $A_1B_1C_1$의 내부의 공통부분인 ⌒⌒ 모양의 도형에 색칠하여 얻은 그림을 R_1이라 하자.

그림 R_1에서 점 A_2를 지나고 선분 A_1B_1에 평행한 직선이 선분 B_1C_1과 만나는 점을 B_2, 점 A_2를 지나고 선분 A_1C_1에 평행한 직선이 선분 B_1C_1과 만나는 점을 C_2라 하자. 그림 R_1에 정삼각형 $A_2B_2C_2$를 그리고, 그림 R_1을 얻는 것과 같은 방법으로 정삼각형 $A_2B_2C_2$의 내부에 ⌒⌒ 모양의 도형을 그리고 색칠하여 얻은 그림을 R_2라 하자.

이와 같은 과정을 계속하여 n번째 얻은 그림 R_n에 색칠되어 있는 부분의 넓이를 S_n이라 할 때, $\lim\limits_{n\to\infty} S_n$의 값은? [4점]

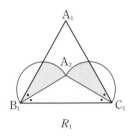

R_1

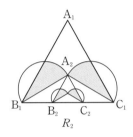

R_2

R_3

...

...

① $\dfrac{9\sqrt{3}+6\pi}{16}$ ② $\dfrac{3\sqrt{3}+4\pi}{8}$ ③ $\dfrac{9\sqrt{3}+8\pi}{16}$

④ $\dfrac{3\sqrt{3}+2\pi}{4}$ ⑤ $\dfrac{3\sqrt{3}+6\pi}{8}$

그림과 같이 $\overline{A_1B_1}=3$, $\overline{B_1C_1}=1$인 직사각형 $OA_1B_1C_1$이 있다. 중심이 C_1이고 반지름의 길이가 $\overline{B_1C_1}$인 원과 선분 OC_1의 교점을 D_1, 중심이 O이고 반지름의 길이가 $\overline{OD_1}$인 원과 선분 A_1B_1의 교점을 E_1이라 하자. 직사각형 $OA_1B_1C_1$에 호 B_1D_1, 호 D_1E_1, 선분 B_1E_1로 둘러싸인 ⌄ 모양의 도형을 그리고 색칠하여 얻은 그림을 R_1이라 하자.

그림 R_1에 선분 OA_1 위의 점 A_2와 호 D_1E_1 위의 점 B_2, 선분 OD_1 위의 점 C_2와 점 O를 꼭짓점으로 하고 $\overline{A_2B_2} : \overline{B_2C_2}=3 : 1$인 직사각형 $OA_2B_2C_2$를 그리고, 그림 R_1을 얻은 것과 같은 방법으로 직사각형 $OA_2B_2C_2$에 ⌄ 모양의 도형을 그리고 색칠하여 얻은 그림을 R_2라 하자.

이와 같은 과정을 계속하여 n번째 얻은 그림 R_n에 색칠되어 있는 부분의 넓이를 S_n이라 할 때, $\lim\limits_{n\to\infty} S_n$의 값은? [4점]

R_1

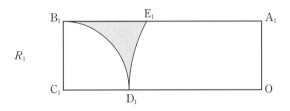

R_2

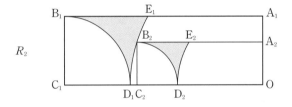

⋮ ⋮

① $4-\dfrac{2\sqrt{3}}{3}-\dfrac{7}{9}\pi$ ② $5-\dfrac{5\sqrt{3}}{6}-\dfrac{35}{36}\pi$

③ $6-\sqrt{3}-\dfrac{7}{6}\pi$ ④ $7-\dfrac{7\sqrt{3}}{6}-\dfrac{49}{36}\pi$

⑤ $8-\dfrac{4\sqrt{3}}{3}-\dfrac{14}{9}\pi$

그림과 같이 길이가 4인 선분 A_1B_1을 지름으로 하는 원 O_1이 있다. 원 O_1의 외부에 $\angle B_1A_1C_1=\dfrac{\pi}{2}$, $\overline{A_1B_1} : \overline{A_1C_1}=4 : 3$이 되도록 점 C_1을 잡고 두 선분 A_1C_1, B_1C_1을 그린다. 원 O_1과 선분 B_1C_1의 교점 중 B_1이 아닌 점을 D_1이라 하고, 점 D_1을 포함하지 않는 호 A_1B_1과 두 선분 A_1D_1, B_1D_1로 둘러싸인 부분에 색칠하여 얻은 그림을 R_1이라 하자.

그림 R_1에서 호 A_1D_1과 두 선분 A_1C_1, C_1D_1에 동시에 접하는 원 O_2를 그리고 선분 A_1C_1과 원 O_2의 교점을 A_2, 점 A_2를 지나고 직선 A_1B_1과 평행한 직선이 원 O_2와 만나는 점 중 A_2가 아닌 점을 B_2라 하자. 그림 R_1에서 얻은 것과 같은 방법으로 두 점 C_2, D_2를 잡고, 점 D_2를 포함하지 않는 호 A_2B_2와 두 선분 A_2D_2, B_2D_2로 둘러싸인 부분에 색칠하여 얻은 그림을 R_2라 하자.

이와 같은 과정을 계속하여 n번째 얻은 그림 R_n에 색칠되어 있는 부분의 넓이를 S_n이라 할 때, $\lim\limits_{n \to \infty} S_n$의 값은? [4점]

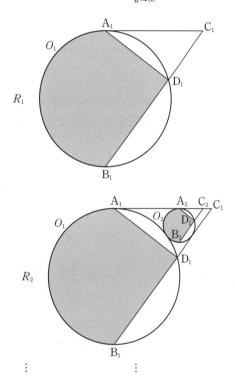

① $\dfrac{32}{15}\pi+\dfrac{256}{125}$　　② $\dfrac{9}{4}\pi+\dfrac{54}{25}$　　③ $\dfrac{32}{15}\pi+\dfrac{512}{125}$

④ $\dfrac{9}{4}\pi+\dfrac{108}{25}$　　⑤ $\dfrac{8}{3}\pi+\dfrac{128}{25}$

그림과 같이 한 변의 길이가 4인 정사각형 $A_1B_1C_1D_1$이 있다. 선분 C_1D_1의 중점을 E_1이라 하고, 직선 A_1B_1 위에 두 점 F_1, G_1을 $\overline{E_1F_1}=\overline{E_1G_1}$, $\overline{E_1F_1} : \overline{F_1G_1}=5 : 6$이 되도록 잡고 이등변 삼각형 $E_1F_1G_1$을 그린다. 선분 D_1A_1과 선분 E_1F_1의 교점을 P_1, 선분 B_1C_1과 선분 G_1E_1의 교점을 Q_1이라 할 때, 네 삼각형 $E_1D_1P_1$, $P_1F_1A_1$, $Q_1B_1G_1$, $E_1Q_1C_1$로 만들어진 $\bigwedge$ 모양의 도형에 색칠하여 얻은 그림을 R_1이라 하자.

그림 R_1에 선분 F_1G_1 위의 두 점 A_2, B_2와 선분 G_1E_1 위의 점 C_2, 선분 E_1F_1 위의 점 D_2를 꼭짓점으로 하는 정사각형 $A_2B_2C_2D_2$를 그리고, 그림 R_1을 얻는 것과 같은 방법으로 정사각형 $A_2B_2C_2D_2$에 $\bigwedge$ 모양의 도형을 그리고 색칠하여 얻은 그림을 R_2라 하자.

이와 같은 과정을 계속하여 n번째 얻은 그림 R_n에 색칠되어 있는 부분의 넓이를 S_n이라 할 때, $\lim\limits_{n \to \infty} S_n$의 값은? [4점]

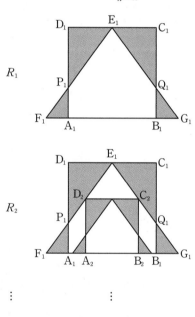

① $\dfrac{61}{6}$　　② $\dfrac{125}{12}$　　③ $\dfrac{32}{3}$

④ $\dfrac{131}{12}$　　⑤ $\dfrac{67}{6}$

그림과 같이 한 변의 길이가 2인 정사각형 $A_1B_1C_1D_1$에서 선분 A_1B_1과 선분 B_1C_1의 중점을 각각 E_1, F_1이라 하자. 정사각형 $A_1B_1C_1D_1$의 내부와 삼각형 $E_1F_1D_1$의 외부의 공통부분에 색칠하여 얻은 그림을 R_1이라 하자.

그림 R_1에 선분 D_1E_1 위의 점 A_2, 선분 D_1F_1 위의 점 D_2와 선분 E_1F_1 위의 두 점 B_2, C_2를 꼭짓점으로 하는 정사각형 $A_2B_2C_2D_2$를 그리고, 정사각형 $A_2B_2C_2D_2$에 그림 R_1을 얻은 것과 같은 방법으로 삼각형 $E_2F_2D_2$를 그리고 정사각형 $A_2B_2C_2D_2$의 내부와 삼각형 $E_2F_2D_2$의 외부의 공통부분에 색칠하여 얻은 그림을 R_2라 하자.

이와 같은 과정을 계속하여 n번째 얻은 그림 R_n에 색칠되어 있는 부분의 넓이를 S_n이라 할 때, $\lim\limits_{n \to \infty} S_n$의 값은? [4점]

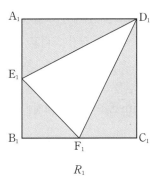

R_1

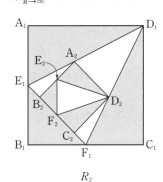

R_2

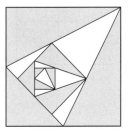

R_3

...

① $\dfrac{125}{37}$ ② $\dfrac{125}{38}$ ③ $\dfrac{125}{39}$

④ $\dfrac{25}{8}$ ⑤ $\dfrac{125}{41}$

그림과 같이 $\overline{AB_1}=3$, $\overline{AC_1}=2$이고 $\angle B_1AC_1=\dfrac{\pi}{3}$인 삼각형 AB_1C_1이 있다. $\angle B_1AC_1$의 이등분선이 선분 B_1C_1과 만나는 점을 D_1, 세 점 A, D_1, C_1을 지나는 원이 선분 AB_1과 만나는 점 중 A가 아닌 점을 B_2라 할 때, 두 선분 B_1B_2, B_1D_1과 호 B_2D_1로 둘러싸인 부분과 선분 C_1D_1과 호 C_1D_1로 둘러싸인 부분인 ⌒ 모양의 도형에 색칠하여 얻은 그림을 R_1이라 하자.

그림 R_1에서 점 B_2를 지나고 직선 B_1C_1에 평행한 직선이 두 선분 AD_1, AC_1과 만나는 점을 각각 D_2, C_2라 하자.

세 점 A, D_2, C_2를 지나는 원이 선분 AB_2와 만나는 점 중 A가 아닌 점을 B_3이라 할 때, 두 선분 B_2B_3, B_2D_2와 호 B_3D_2로 둘러싸인 부분과 선분 C_2D_2와 호 C_2D_2로 둘러싸인 부분인 ⌒ 모양의 도형에 색칠하여 얻은 그림을 R_2라 하자.

이와 같은 과정을 계속하여 n번째 얻은 그림 R_n에 색칠되어 있는 부분의 넓이를 S_n이라 할 때, $\lim\limits_{n \to \infty} S_n$의 값은? [4점]

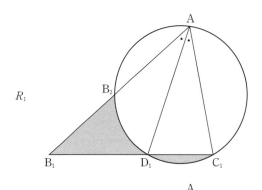

R_1

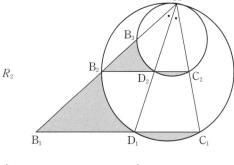

R_2

① $\dfrac{27\sqrt{3}}{46}$ ② $\dfrac{5\sqrt{3}}{23}$ ③ $\dfrac{33\sqrt{3}}{46}$

④ $\dfrac{18\sqrt{3}}{23}$ ⑤ $\dfrac{39\sqrt{3}}{46}$

그림과 같이 두 선분 A_1B_1, C_1D_1이 서로 평행하고 $\overline{A_1B_1}=10$, $\overline{B_1C_1}=\overline{C_1D_1}=\overline{D_1A_1}=6$인 사다리꼴 $A_1B_1C_1D_1$이 있다. 세 선분 B_1C_1, C_1D_1, D_1A_1의 중점을 각각 E_1, F_1, G_1이라 하고 두 개의 삼각형 $C_1F_1E_1$, $D_1G_1F_1$을 색칠하여 얻은 그림을 R_1이라 하자.

그림 R_1에 선분 A_1B_1 위의 두 점 A_2, B_2와 선분 E_1F_1 위의 점 C_2, 선분 F_1G_1 위의 점 D_2를 꼭짓점으로 하고 두 선분 A_2B_2, C_2D_2가 서로 평행하며 $\overline{B_2C_2}=\overline{C_2D_2}=\overline{D_2A_2}$, $\overline{A_2B_2} : \overline{B_2C_2}=5 : 3$인 사다리꼴 $A_2B_2C_2D_2$를 그린다.

그림 R_1을 얻은 것과 같은 방법으로 사다리꼴 $A_2B_2C_2D_2$에 두 개의 삼각형을 그리고 색칠하여 얻은 그림을 R_2라 하자.

이와 같은 과정을 계속하여 n번째 얻은 그림 R_n에 색칠되어 있는 부분의 넓이를 S_n이라 할 때, $\lim\limits_{n \to \infty} S_n$의 값은? [4점]

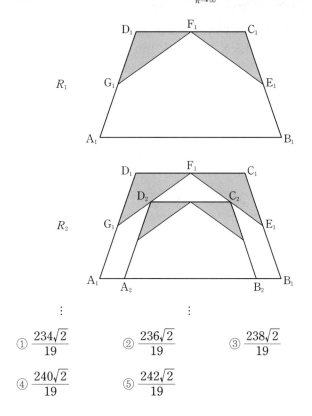

① $\dfrac{234\sqrt{2}}{19}$

② $\dfrac{236\sqrt{2}}{19}$

③ $\dfrac{238\sqrt{2}}{19}$

④ $\dfrac{240\sqrt{2}}{19}$

⑤ $\dfrac{242\sqrt{2}}{19}$

그림과 같이 한 변의 길이가 5인 정사각형 ABCD의 대각선 BD의 5등분점을 점 B에서 가까운 순서대로 각각 P_1, P_2, P_3, P_4라 하고, 선분 BP_1, P_2P_3, P_4D를 각각 대각선으로 하는 정사각형과 선분 P_1P_2, P_3P_4를 각각 지름으로 하는 원을 그린 후, ✍ 모양의 도형에 색칠하여 얻은 그림을 R_1이라 하자.

그림 R_1에서 선분 P_2P_3을 대각선으로 하는 정사각형의 꼭짓점 중 점 A와 가장 가까운 점을 Q_1, 점 C와 가장 가까운 점을 Q_2라 하자. 선분 AQ_1을 대각선으로 하는 정사각형과 선분 CQ_2를 대각선으로 하는 정사각형을 그리고, 새로 그려진 2개의 정사각형 안에 그림 R_1을 얻는 것과 같은 방법으로 ✍ 모양의 도형을 각각 그리고 색칠하여 얻은 그림을 R_2라 하자.

그림 R_2에서 선분 AQ_1을 대각선으로 하는 정사각형과 선분 CQ_2를 대각선으로 하는 정사각형에 그림 R_1에서 그림 R_2를 얻는 것과 같은 방법으로 ✍ 모양의 도형을 각각 그리고 색칠하여 얻은 그림을 R_3이라 하자.

이와 같은 과정을 계속하여 n번째 얻은 그림 R_n에 색칠되어 있는 부분의 넓이를 S_n이라 할 때, $\lim\limits_{n \to \infty} S_n$의 값은? [4점]

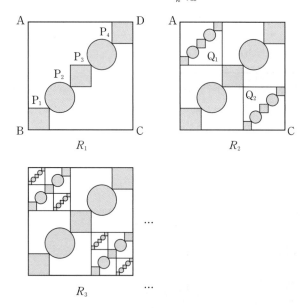

① $\dfrac{24}{17}(\pi+3)$

② $\dfrac{25}{17}(\pi+3)$

③ $\dfrac{26}{17}(\pi+3)$

④ $\dfrac{24}{17}(2\pi+1)$

⑤ $\dfrac{25}{17}(2\pi+1)$

1등급 달성하는 고난도 기출

최근 3개년 이전의 기출문제 중 다양한 수능적 발상으로
해결해야 하는 고난도, 초고난도 문제를 모았습니다.

081 Best Pick

2009학년도 평가원 9월 나형 29번

자연수 n에 대하여 이차함수 $f(x) = \sum\limits_{k=1}^{n} \left(x - \dfrac{k}{n} \right)^2$의 최솟값을 a_n이라 할 때, $\lim\limits_{n\to\infty} \dfrac{a_n}{n}$의 값은? [4점]

① $\dfrac{1}{12}$ ② $\dfrac{1}{6}$ ③ $\dfrac{1}{3}$

④ $\dfrac{1}{2}$ ⑤ 1

▶ 정답 및 해설 027쪽

082 Best Pick

2019년 시행 교육청 4월 나형 21번

미적분

함수

$$f(x) = \lim_{n \to \infty} \frac{\left(\dfrac{x-1}{k}\right)^{2n} - 1}{\left(\dfrac{x-1}{k}\right)^{2n} + 1} \quad (k > 0)$$

에 대하여 함수

$$g(x) = \begin{cases} (f \circ f)(x) & (x = k) \\ (x-k)^2 & (x \neq k) \end{cases}$$

가 실수 전체의 집합에서 연속이다. 상수 k에 대하여 $(g \circ f)(k)$의 값은? [4점]

① 1   ② 3   ③ 5

④ 7   ⑤ 9

자연수 n에 대하여 곡선 $y=x^2$ 위의 점 $P_n(2n, 4n^2)$에서의 접선과 수직이고 점 $Q_n(0, 2n^2)$을 지나는 직선을 l_n이라 하자. 점 P_n을 지나고 점 Q_n에서 직선 l_n과 접하는 원을 C_n이라 할 때, 원점을 지나고 원 C_n의 넓이를 이등분하는 직선의 기울기를 a_n이라 하자.

$\lim\limits_{n\to\infty} \dfrac{a_n}{n}$의 값을 구하시오. [4점]

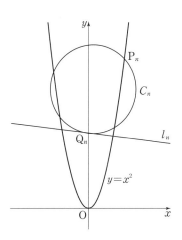

084 Best Pick

2008학년도 수능 나형 24번

$n \geq 2$인 자연수 n에 대하여 중심이 원점이고 반지름의 길이가 1인 원 C를 x축 방향으로 $\dfrac{2}{n}$ 만큼 평행이동시킨 원을 C_n이라 하자. 원 C와 원 C_n의 공통현의 길이를 l_n이라 할 때, $\displaystyle\sum_{n=2}^{\infty} \dfrac{1}{(nl_n)^2} = \dfrac{q}{p}$이다. $p+q$의 값을 구하시오. (단, p, q는 서로소인 자연수이다.) [4점]

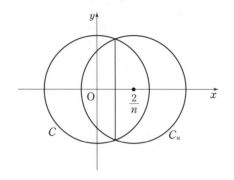

함수 $f(x)$를

$$f(x) = \lim_{n \to \infty} \frac{ax^{2n} + bx^{2n-1} + x}{x^{2n} + 2} \quad (a, b \text{는 양의 상수})$$

라 하자. 자연수 m에 대하여 방정식 $f(x) = 2(x-1) + m$의 실근의 개수를 c_m이라 할 때, $c_k = 5$인 자연수 k가 존재한다. $k + \sum\limits_{m=1}^{\infty} (c_m - 1)$의 값을 구하시오. [4점]

086

2014년 시행 교육청 3월 A형 30번

좌표평면 위에 직선 $y=\sqrt{3}x$가 있다. 자연수 n에 대하여 x축 위의 점 중에서 x좌표가 n인 점을 P_n, 직선 $y=\sqrt{3}x$ 위의 점 중에서 x좌표가 $\dfrac{1}{n}$인 점을 Q_n이라 하자. 삼각형 OP_nQ_n의 내접원의 중심에서 x축까지의 거리를 a_n, 삼각형 OP_nQ_n의 외접원의 중심에서 x축까지의 거리를 b_n이라 할 때 $\lim\limits_{n\to\infty} a_n b_n = L$이다. $100L$의 값을 구하시오. (단, O는 원점이다.) [4점]

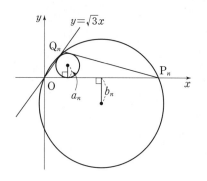

▶ 정답 및 해설 030쪽

II 미분법

※ 위 **유형 α1** , **유형 α2** 는 최근 3개년 이전의 기출 유형 중 중요한 유형이거나 다른
유형과 결합되어 출제될 수 있는 유형을 별도 표시한 것입니다.

1

지수함수와 로그함수의 미분

유형 ① 지수함수와 로그함수의 극한

3점

001
2008학년도 평가원 6월 가형 26번

양수 a가 $\lim\limits_{x \to 0} \dfrac{(a+12)^x - a^x}{x} = \ln 3$을 만족시킬 때, a의 값은? [3점]

① 2   ② 3   ③ 4

④ 5   ⑤ 6

002
2013년 시행 교육청 10월 B형 9번

연속함수 $f(x)$에 대하여

$$\lim_{x \to 0} \frac{\ln\{1+f(2x)\}}{x} = 10$$

일 때, $\lim\limits_{x \to 0} \dfrac{f(x)}{x}$의 값은? [3점]

① 1   ② 2   ③ 3

④ 4   ⑤ 5

003
2017년 시행 교육청 10월 가형 25번

함수

$$f(x) = \begin{cases} x+1 & (x<0) \\ e^{ax+b} & (x \geq 0) \end{cases}$$

은 $x=0$에서 미분가능하다. $f(10) = e^k$일 때, 상수 k의 값을 구하시오. (단, a와 b는 상수이다.) [3점]

004 Best Pick
2014학년도 수능 B형 12번

이차항의 계수가 1인 이차함수 $f(x)$와 함수

$$g(x) = \begin{cases} \dfrac{1}{\ln(x+1)} & (x \neq 0) \\ 8 & (x=0) \end{cases}$$

에 대하여 함수 $f(x)g(x)$가 구간 $(-1, \infty)$에서 연속일 때, $f(3)$의 값은? [3점]

① 6   ② 9   ③ 12

④ 15   ⑤ 18

005

좌표평면에서 양의 실수 t에 대하여 직선 $x=t$가 두 곡선 $y=e^{2x+k}$, $y=e^{-3x+k}$과 만나는 점을 각각 P, Q라 할 때, $\overline{\mathrm{PQ}}=t$ 를 만족시키는 실수 k의 값을 $f(t)$라 하자. 함수 $f(t)$에 대하여 $\lim\limits_{t \to 0+} e^{f(t)}$의 값은? [3점]

① $\dfrac{1}{6}$ ② $\dfrac{1}{5}$ ③ $\dfrac{1}{4}$

④ $\dfrac{1}{3}$ ⑤ $\dfrac{1}{2}$

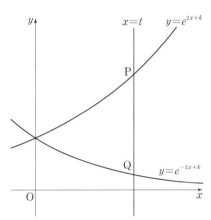

4점

006

$a>e$인 실수 a에 대하여 두 곡선 $y=e^{x-1}$과 $y=a^x$이 만나는 점의 x좌표를 $f(a)$라 할 때, $\lim\limits_{a \to e+} \dfrac{1}{(e-a)f(a)}$의 값은? [4점]

① $\dfrac{1}{e^2}$ ② $\dfrac{1}{e}$ ③ 1

④ e ⑤ e^2

좌표평면에 두 함수 $f(x)=2^x$의 그래프와 $g(x)=\left(\dfrac{1}{2}\right)^x$의 그래프가 있다. 두 곡선 $y=f(x)$, $y=g(x)$가 직선 $x=t \; (t>0)$과 만나는 점을 각각 A, B라 하자.

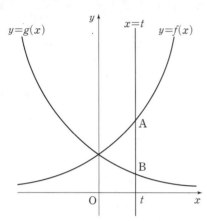

점 A에서 y축에 내린 수선의 발을 H라 할 때, $\displaystyle\lim_{t\to 0+}\dfrac{\overline{\mathrm{AB}}}{\overline{\mathrm{AH}}}$의 값은? [4점]

① $2\ln 2$
② $\dfrac{7}{4}\ln 2$
③ $\dfrac{3}{2}\ln 2$

④ $\dfrac{5}{4}\ln 2$
⑤ $\ln 2$

$t<1$인 실수 t에 대하여 곡선 $y=\ln x$와 직선 $x+y=t$가 만나는 점을 P라 하자. 점 P에서 x축에 내린 수선의 발을 H, 직선 PH와 곡선 $y=e^x$이 만나는 점을 Q라 할 때, 삼각형 OHQ의 넓이를 $S(t)$라 하자. $\displaystyle\lim_{t\to 0+}\dfrac{2S(t)-1}{t}$의 값은? [4점]

① 1
② $e-1$
③ 2
④ e
⑤ 3

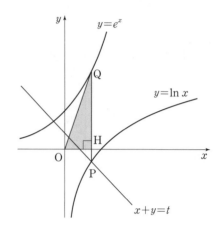

009

양수 t에 대하여 다음 조건을 만족시키는 실수 k의 값을 $f(t)$라 하자.

> 직선 $x=k$와 두 곡선 $y=e^{\frac{x}{2}}$, $y=e^{\frac{x}{2}+3t}$이 만나는 점을 각각 P, Q라 하고, 점 Q를 지나고 y축에 수직인 직선이 곡선 $y=e^{\frac{x}{2}}$과 만나는 점을 R라 할 때, $\overline{PQ}=\overline{QR}$이다.

함수 $f(t)$에 대하여 $\lim\limits_{t \to 0+} f(t)$의 값은? [4점]

① $\ln 2$ ② $\ln 3$ ③ $\ln 4$
④ $\ln 5$ ⑤ $\ln 6$

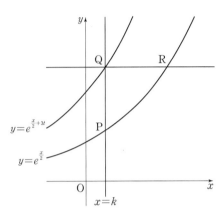

010

2보다 큰 실수 a에 대하여 두 곡선 $y=2^x$, $y=-2^x+a$가 y축과 만나는 점을 각각 A, B라 하고, 두 곡선의 교점을 C라 하자.

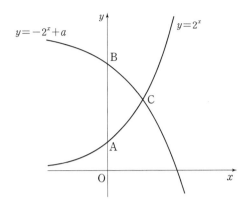

직선 AC의 기울기를 $f(a)$, 직선 BC의 기울기를 $g(a)$라 할 때, $\lim\limits_{a \to 2+} \{f(a)-g(a)\}$의 값은? [4점]

① $\dfrac{1}{\ln 2}$ ② $\dfrac{2}{\ln 2}$ ③ $\ln 2$
④ $2\ln 2$ ⑤ 2

011

2017학년도 평가원 9월 가형 11번

함수 $f(x)=\log_3 x$에 대하여 $\displaystyle\lim_{h\to 0}\frac{f(3+h)-f(3-h)}{h}$의 값은? [3점]

① $\dfrac{1}{2\ln 3}$ ② $\dfrac{2}{3\ln 3}$ ③ $\dfrac{5}{6\ln 3}$

④ $\dfrac{1}{\ln 3}$ ⑤ $\dfrac{7}{6\ln 3}$

012 Best Pick

2020학년도 평가원 9월 가형 13번

양수 k에 대하여 두 곡선 $y=ke^x+1,\ y=x^2-3x+4$가 점 P에서 만나고, 점 P에서 두 곡선에 접하는 두 직선이 서로 수직일 때, k의 값은? [3점]

① $\dfrac{1}{e}$ ② $\dfrac{1}{e^2}$ ③ $\dfrac{2}{e^2}$

④ $\dfrac{2}{e^3}$ ⑤ $\dfrac{3}{e^3}$

013 Best Pick

2019년 10월 시행 교육청 가형 17번

실수 전체의 집합에서 미분가능한 함수 $f(x)$가 다음 조건을 만족시킨다.

(가) $x>0$일 때, $f(x)=axe^{2x}+bx^2$
(나) $x_1<x_2<0$인 임의의 두 실수 x_1, x_2에 대하여
    $f(x_2)-f(x_1)=3x_2-3x_1$

$f\left(\dfrac{1}{2}\right)=2e$일 때, $f'\left(\dfrac{1}{2}\right)$의 값은? (단, a,b는 상수이다.) [4점]

① $2e$ ② $4e$ ③ $6e$

④ $8e$ ⑤ $10e$

2

삼각함수의 미분

유형 ③ 삼각함수의 정의

3점

014
2020학년도 평가원 9월 가형 9번

$\dfrac{\pi}{2}<\theta<\pi$인 θ에 대하여 $\cos\theta=-\dfrac{3}{5}$일 때, $\csc(\pi+\theta)$의 값은? [3점]

① $-\dfrac{5}{2}$ ② $-\dfrac{5}{3}$ ③ $-\dfrac{5}{4}$

④ $\dfrac{5}{4}$ ⑤ $\dfrac{5}{3}$

015
2016년 시행 교육청 7월 가형 6번

$\sin\theta-\cos\theta=\dfrac{\sqrt{3}}{2}$일 때, $\tan\theta+\cot\theta$의 값은? [3점]

① 6   ② 7   ③ 8
④ 9   ⑤ 10

유형 ④ 삼각함수의 덧셈정리

3점

016
2022학년도 평가원 9월 24번

$2\cos\alpha=3\sin\alpha$이고 $\tan(\alpha+\beta)=1$일 때, $\tan\beta$의 값은? [3점]

① $\dfrac{1}{6}$ ② $\dfrac{1}{5}$ ③ $\dfrac{1}{4}$

④ $\dfrac{1}{3}$ ⑤ $\dfrac{1}{2}$

017
2019년 시행 교육청 10월 가형 8번

$0<\alpha<\beta<2\pi$이고 $\cos\alpha=\cos\beta=\dfrac{1}{3}$일 때, $\sin(\beta-\alpha)$의 값은? [3점]

① $-\dfrac{4\sqrt{2}}{9}$ ② $-\dfrac{4}{9}$ ③ 0

④ $\dfrac{4}{9}$ ⑤ $\dfrac{4\sqrt{2}}{9}$

018

두 실수 x, y에 대하여

$$\sin x + \sin y = 1, \; \cos x + \cos y = \frac{1}{2}$$

일 때, $\cos(x-y)$의 값은? [3점]

① $\dfrac{5}{8}$
② $\dfrac{3}{8}$
③ $\dfrac{1}{8}$

④ $-\dfrac{3}{8}$
⑤ $-\dfrac{5}{8}$

019 Best Pick

좌표평면에서 두 직선 $x-y-1=0$, $ax-y+1=0$이 이루는 예각의 크기를 θ라 하자. $\tan\theta = \dfrac{1}{6}$일 때, 상수 a의 값은?

(단, $a>1$) [3점]

① $\dfrac{11}{10}$
② $\dfrac{6}{5}$
③ $\dfrac{13}{10}$

④ $\dfrac{7}{5}$
⑤ $\dfrac{3}{2}$

020

그림과 같이 평면에 정삼각형 ABC와 $\overline{\text{CD}}=1$이고 $\angle \text{ACD} = \dfrac{\pi}{4}$인 점 D가 있다. 점 D와 직선 BC 사이의 거리는? (단, 선분 CD는 삼각형 ABC의 내부를 지나지 않는다.)

[3점]

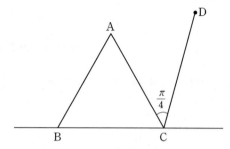

① $\dfrac{\sqrt{6}-\sqrt{2}}{6}$
② $\dfrac{\sqrt{6}-\sqrt{2}}{4}$
③ $\dfrac{\sqrt{6}-\sqrt{2}}{3}$

④ $\dfrac{\sqrt{6}+\sqrt{2}}{6}$
⑤ $\dfrac{\sqrt{6}+\sqrt{2}}{4}$

021

그림과 같이 $\overline{AB}=5$, $\overline{AC}=2\sqrt{5}$인 삼각형 ABC의 꼭짓점 A에서 선분 BC에 내린 수선의 발을 D라 하자. 선분 AD를 $3:1$로 내분하는 점 E에 대하여 $\overline{EC}=\sqrt{5}$이다. $\angle ABD=\alpha$, $\angle DCE=\beta$라 할 때, $\cos(\alpha-\beta)$의 값은? [4점]

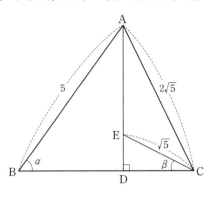

① $\dfrac{\sqrt{5}}{5}$　　② $\dfrac{\sqrt{5}}{4}$　　③ $\dfrac{3\sqrt{5}}{10}$

④ $\dfrac{7\sqrt{5}}{20}$　　⑤ $\dfrac{2\sqrt{5}}{5}$

022

그림과 같이 곡선 $y=e^x$ 위의 두 점 $A(t, e^t)$, $B(-t, e^{-t})$에서의 접선을 각각 l, m이라 하자. 두 직선 l과 m이 이루는 예각의 크기가 $\dfrac{\pi}{4}$일 때, 두 점 A, B를 지나는 직선의 기울기는?

(단, $t>0$) [4점]

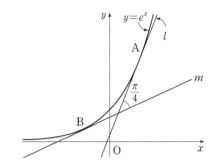

① $\dfrac{1}{\ln(1+\sqrt{2})}$　　② $\dfrac{1}{\ln 2}$　　③ $\dfrac{4}{3\ln(1+\sqrt{2})}$

④ $\dfrac{7}{6\ln 2}$　　⑤ $\dfrac{3}{2\ln(1+\sqrt{2})}$

023

그림과 같이 $\angle \mathrm{BAC}=\dfrac{2}{3}\pi$이고 $\overline{\mathrm{AB}}>\overline{\mathrm{AC}}$인 삼각형 ABC가 있다. $\overline{\mathrm{BD}}=\overline{\mathrm{CD}}$인 선분 AB 위의 점 D에 대하여 $\angle \mathrm{CBD}=\alpha$, $\angle \mathrm{ACD}=\beta$라 하자. $\cos^2 \alpha=\dfrac{7+\sqrt{21}}{14}$일 때, $54\sqrt{3}\times \tan \beta$의 값을 구하시오. [4점]

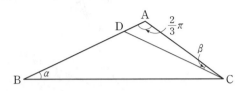

유형 ⑤ 삼각함수의 극한

3점

024

함수 $f(\theta)=1-\dfrac{1}{1+2\sin \theta}$일 때, $\displaystyle\lim_{\theta \to 0}\dfrac{10f(\theta)}{\theta}$의 값을 구하시오. [3점]

025

함수 $f(x)$에 대하여 $\displaystyle\lim_{x \to 0}f(x)\left(1-\cos \dfrac{x}{2}\right)=1$일 때, $\displaystyle\lim_{x \to 0}x^2 f(x)$의 값을 구하시오. [3점]

026

실수 전체의 집합에서 연속인 함수 $f(x)$가 모든 실수 x에 대하여

$$(e^{2x}-1)^2 f(x) = a - 4\cos\frac{\pi}{2}x$$

를 만족시킬 때, $a \times f(0)$의 값은? (단, a는 상수이다.) [3점]

① $\dfrac{\pi^2}{6}$ ② $\dfrac{\pi^2}{5}$ ③ $\dfrac{\pi^2}{4}$

④ $\dfrac{\pi^2}{3}$ ⑤ $\dfrac{\pi^2}{2}$

027

좌표평면에서 곡선 $y = \sin x$ 위의 점 $P(t, \sin t)$ $(0 < t < \pi)$를 중심으로 하고 x축에 접하는 원을 C라 하자. 원 C가 x축에 접하는 점을 Q, 선분 OP와 만나는 점을 R라 하자.
$\displaystyle\lim_{t \to 0+} \dfrac{\overline{\text{OQ}}}{\overline{\text{OR}}} = a + b\sqrt{2}$일 때, $a+b$의 값을 구하시오.

(단, O는 원점이고, a, b는 정수이다.) [3점]

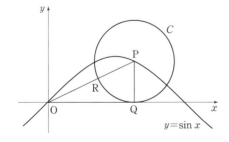

028

그림과 같이 곡선 $y = x\sin x$ 위의 점 $P(t, t\sin t)$ $(0 < t < \pi)$를 중심으로 하고 y축에 접하는 원이 선분 OP와 만나는 점을 Q라 하자. 점 Q의 x좌표를 $f(t)$라 할 때, $\displaystyle\lim_{t \to 0+} \dfrac{f(t)}{t^3}$의 값은? (단, O는 원점이다.) [3점]

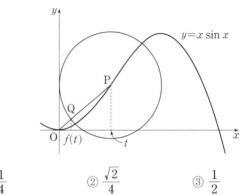

① $\dfrac{1}{4}$ ② $\dfrac{\sqrt{2}}{4}$ ③ $\dfrac{1}{2}$

④ $\dfrac{\sqrt{2}}{2}$ ⑤ 1

그림과 같이 $\overline{AB}=2$, $\angle B=\dfrac{\pi}{2}$인 직각삼각형 ABC에서 중심이 A, 반지름의 길이가 1인 원이 두 선분 AB, AC와 만나는 점을 각각 D, E라 하자.

호 DE의 삼등분점 중 점 D에 가까운 점을 F라 하고, 직선 AF가 선분 BC와 만나는 점을 G라 하자.

$\angle BAG=\theta$라 할 때, 삼각형 ABG의 내부와 부채꼴 ADF의 외부의 공통부분의 넓이를 $f(\theta)$, 부채꼴 AFE의 넓이를 $g(\theta)$라 하자. $40\times\displaystyle\lim_{\theta\to0+}\dfrac{f(\theta)}{g(\theta)}$의 값을 구하시오.

$\left(\text{단, } 0<\theta<\dfrac{\pi}{6}\right)$ [3점]

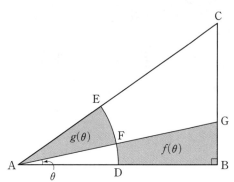

그림과 같이 반지름의 길이가 1이고 중심각의 크기가 $\dfrac{\pi}{2}$인 부채꼴 OAB가 있다. 호 AB 위의 점 P에 대하여 점 B에서 선분 OP에 내린 수선의 발을 Q, 점 Q에서 선분 OB에 내린 수선의 발을 R라 하자. $\angle BOP=\theta$일 때, 삼각형 RQB에 내접하는 원의 반지름의 길이를 $r(\theta)$라 하자. $\displaystyle\lim_{\theta\to0+}\dfrac{r(\theta)}{\theta^2}$의 값은?

$\left(\text{단, } 0<\theta<\dfrac{\pi}{2}\right)$ [4점]

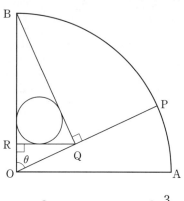

① $\dfrac{1}{2}$ ② 1 ③ $\dfrac{3}{2}$

④ 2 ⑤ $\dfrac{5}{2}$

그림과 같이 한 변의 길이가 1인 마름모 ABCD가 있다. 점 C에서 선분 AB의 연장선에 내린 수선의 발을 E, 점 E에서 선분 AC에 내린 수선의 발을 F, 선분 EF와 선분 BC의 교점을 G라 하자. ∠DAB=θ일 때, 삼각형 CFG의 넓이를 $S(\theta)$라 하자. $\lim\limits_{\theta \to 0+} \dfrac{S(\theta)}{\theta^5}$의 값은? (단, $0<\theta<\dfrac{\pi}{2}$) [4점]

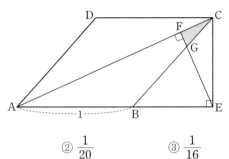

① $\dfrac{1}{24}$　　② $\dfrac{1}{20}$　　③ $\dfrac{1}{16}$

④ $\dfrac{1}{12}$　　⑤ $\dfrac{1}{8}$

그림과 같이 반지름의 길이가 1인 원에 외접하고 ∠CAB=∠BCA=θ인 이등변삼각형 ABC가 있다. 선분 AB의 연장선 위에 점 A가 아닌 점 D를 ∠DCB=θ가 되도록 잡는다. 삼각형 BDC의 넓이를 $S(\theta)$라 할 때, $\lim\limits_{\theta \to 0+} \{\theta \times S(\theta)\}$의 값은? (단, $0<\theta<\dfrac{\pi}{4}$) [4점]

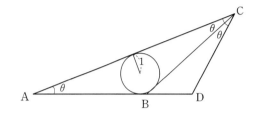

① $\dfrac{2}{3}$　　② $\dfrac{8}{9}$　　③ $\dfrac{10}{9}$

④ $\dfrac{4}{3}$　　⑤ $\dfrac{14}{9}$

그림과 같이 반지름의 길이가 1이고 중심각의 크기가 $\dfrac{\pi}{2}$인 부채꼴 OAB와 선분 OA를 지름으로 하는 반원이 있다. 호 AB 위의 점 P에 대하여 점 P에서 선분 OA에 내린 수선의 발을 Q, 선분 OP와 반원의 교점 중 O가 아닌 점을 R라 하고, $\angle POA = \theta$라 하자. 삼각형 PRQ의 넓이를 $S(\theta)$라 할 때, $\displaystyle\lim_{\theta \to 0+} \dfrac{S(\theta)}{\theta^3}$의 값은? [4점]

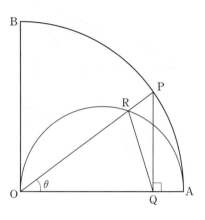

① $\dfrac{1}{8}$ ② $\dfrac{1}{4}$ ③ $\dfrac{3}{8}$

④ $\dfrac{1}{2}$ ⑤ $\dfrac{5}{8}$

그림과 같이 길이가 2인 선분 AB를 지름으로 하는 반원의 호 위에 점 P가 있고, 선분 AB 위에 점 Q가 있다. $\angle PAB = \theta$이고 $\angle APQ = \dfrac{\theta}{3}$일 때, 삼각형 PAQ의 넓이를 $S(\theta)$, 선분 PB의 길이를 $l(\theta)$라 하자.

$\displaystyle\lim_{\theta \to 0+} \dfrac{S(\theta)}{l(\theta)}$의 값은? $\left($단, $0 < \theta < \dfrac{\pi}{4}\right)$ [4점]

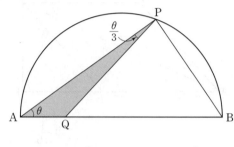

① $\dfrac{1}{12}$ ② $\dfrac{1}{6}$ ③ $\dfrac{1}{4}$

④ $\dfrac{1}{3}$ ⑤ $\dfrac{5}{12}$

그림과 같이 반지름의 길이가 1이고 중심각의 크기가 $\frac{\pi}{2}$인 부채꼴 OAB가 있다. 호 AB 위의 점 P에서 선분 OA에 내린 수선의 발을 H, 점 P에서 호 AB에 접하는 직선과 직선 OA의 교점을 Q라 하자. 점 Q를 중심으로 하고 반지름의 길이가 $\overline{QA}$인 원과 선분 PQ의 교점을 R라 하자. $\angle POA=\theta$일 때, 삼각형 OHP의 넓이를 $f(\theta)$, 부채꼴 QRA의 넓이를 $g(\theta)$라 하자. $\lim\limits_{\theta \to 0+} \dfrac{\sqrt{g(\theta)}}{\theta \times f(\theta)}$의 값은? $\left(\text{단, } 0<\theta<\dfrac{\pi}{2}\right)$ [4점]

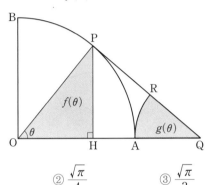

① $\dfrac{\sqrt{\pi}}{5}$ ② $\dfrac{\sqrt{\pi}}{4}$ ③ $\dfrac{\sqrt{\pi}}{3}$

④ $\dfrac{\sqrt{\pi}}{2}$ ⑤ $\sqrt{\pi}$

그림과 같이 $\overline{AB}=1$, $\angle B=\dfrac{\pi}{2}$인 직각삼각형 ABC에서 $\angle C$를 이등분하는 직선과 선분 AB의 교점을 D, 중심이 A이고 반지름의 길이가 $\overline{AD}$인 원과 선분 AC의 교점을 E라 하자. $\angle A=\theta$일 때, 부채꼴 ADE의 넓이를 $S(\theta)$, 삼각형 BCE의 넓이를 $T(\theta)$라 하자. $\lim\limits_{\theta \to 0+} \dfrac{\{S(\theta)\}^2}{T(\theta)}$의 값은? [4점]

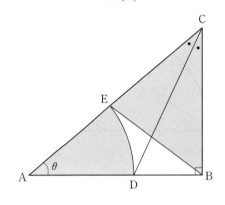

① $\dfrac{1}{4}$ ② $\dfrac{1}{2}$ ③ $\dfrac{3}{4}$

④ 1 ⑤ $\dfrac{5}{4}$

그림과 같이 길이가 2인 선분 AB를 지름으로 하는 반원이 있다. 호 AB 위의 한 점 P에 대하여 ∠PAB=θ라 하자. 선분 PB의 중점 M에서 선분 PB에 접하고 호 PB에 접하는 원의 넓이를 $S(\theta)$, 선분 AP 위에 $\overline{AQ}=\overline{BQ}$가 되도록 점 Q를 잡고 삼각형 ABQ에 내접하는 원의 넓이를 $T(\theta)$라 하자. $\displaystyle\lim_{\theta\to 0+}\frac{\theta^2\times T(\theta)}{S(\theta)}$의 값을 구하시오. $\left(\text{단, }0<\theta<\dfrac{\pi}{4}\right)$ [4점]

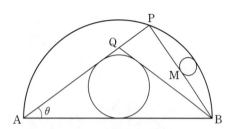

그림과 같이 길이가 2인 선분 AB를 지름으로 하는 반원의 호 AB 위에 점 P가 있다. 선분 AB의 중점을 O라 할 때, 점 B를 지나고 선분 AB에 수직인 직선이 직선 OP와 만나는 점을 Q라 하고, ∠OQB의 이등분선이 직선 AP와 만나는 점을 R라 하자. ∠OAP=θ일 때, 삼각형 OAP의 넓이를 $f(\theta)$, 삼각형 PQR의 넓이를 $g(\theta)$라 하자. $\displaystyle\lim_{\theta\to 0+}\frac{g(\theta)}{\theta^4\times f(\theta)}$의 값은? $\left(\text{단, }0<\theta<\dfrac{\pi}{2}\right)$ [4점]

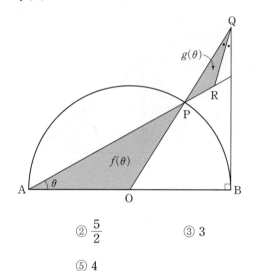

① 2　　　　　② $\dfrac{5}{2}$　　　　　③ 3

④ $\dfrac{7}{2}$　　　　　⑤ 4

그림과 같이 반지름의 길이가 1이고 중심각의 크기가 θ인 부채꼴 OAB에서 호 AB의 삼등분점 중 점 A에 가까운 점을 C라 하자. 변 DE가 선분 OA 위에 있고, 꼭짓점 G, F가 각각 선분 OC, 호 AC 위에 있는 정사각형 DEFG의 넓이를 $f(\theta)$라 하자. 점 D에서 선분 OB에 내린 수선의 발을 P, 선분 DP와 선분 OC가 만나는 점을 Q라 할 때, 삼각형 OQP의 넓이를 $g(\theta)$라 하자. $\lim\limits_{\theta \to 0+} \dfrac{f(\theta)}{\theta \times g(\theta)} = k$일 때, $60k$의 값을 구하시오.

$\left(\text{단}, 0 < \theta < \dfrac{\pi}{2}\text{이고}, \overline{OD} < \overline{OE}\text{이다.}\right)$ [4점]

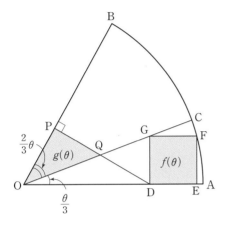

그림과 같이 $\overline{AB}=1$, $\overline{BC}=2$인 두 선분 AB, BC에 대하여 선분 BC의 중점을 M, 점 M에서 선분 AB에 내린 수선의 발을 H라 하자. 중심이 M이고 반지름의 길이가 $\overline{MH}$인 원이 선분 AM과 만나는 점을 D, 선분 HC가 선분 DM과 만나는 점을 E라 하자. $\angle ABC = \theta$라 할 때, 삼각형 CDE의 넓이를 $f(\theta)$, 삼각형 MEH의 넓이를 $g(\theta)$라 하자. $\lim\limits_{\theta \to 0+} \dfrac{f(\theta) - g(\theta)}{\theta^3} = a$일 때, $80a$의 값을 구하시오.

$\left(\text{단}, 0 < \theta < \dfrac{\pi}{2}\right)$ [4점]

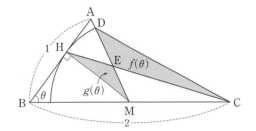

041

그림과 같이 길이가 2인 선분 AB를 지름으로 하는 반원이 있다. 호 AB 위에 두 점 P, Q를 ∠PAB=θ, ∠QBA=2θ가 되도록 잡고, 두 선분 AP, BQ의 교점을 R라 하자.

선분 AB 위의 점 S, 선분 BR 위의 점 T, 선분 AR 위의 점 U를 선분 UT가 선분 AB에 평행하고 삼각형 STU가 정삼각형이 되도록 잡는다. 두 선분 AR, QR와 호 AQ로 둘러싸인 부분의 넓이를 $f(\theta)$, 삼각형 STU의 넓이를 $g(\theta)$라 할 때, $\displaystyle\lim_{\theta\to0+}\frac{g(\theta)}{\theta\times f(\theta)}=\frac{q}{p}\sqrt3$이다. $p+q$의 값을 구하시오.

$\left(\text{단, } 0<\theta<\dfrac{\pi}{6}\text{이고, } p\text{와 } q\text{는 서로소인 자연수이다.}\right)$ [4점]

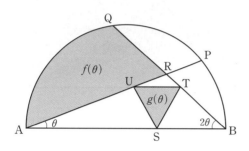

유형 6 삼각함수의 미분

3점

042

함수 $f(x)=\sin x-\sqrt3\cos x$에 대하여 $f'\left(\dfrac{\pi}{3}\right)$의 값을 구하시오. [3점]

043

함수 $f(x)=\sin x+a\cos x$에 대하여 $\displaystyle\lim_{x\to\frac{\pi}{2}}\frac{f(x)-1}{x-\dfrac{\pi}{2}}=3$일 때, $f\left(\dfrac{\pi}{4}\right)$의 값은? (단, a는 상수이다.) [3점]

① $-2\sqrt2$ ② $-\sqrt2$ ③ 0
④ $\sqrt2$ ⑤ $2\sqrt2$

3

여러 가지 미분법

유형 α1 **함수의 몫의 미분법**

> (1) 두 함수 $f(x)$, $g(x)$ $(g(x) \neq 0)$이 미분가능할 때
>   ① $y = \dfrac{1}{g(x)}$이면 $y' = -\dfrac{g'(x)}{\{g(x)\}^2}$
>   ② $y = \dfrac{f(x)}{g(x)}$이면 $y' = \dfrac{f'(x)g(x) - f(x)g'(x)}{\{g(x)\}^2}$
> (2) 함수 $y = x^n$ (n은 실수)의 도함수
> n이 실수일 때, $y = x^n$ $(x > 0)$이면
> $$y' = nx^{n-1}$$

유형코드 함수의 몫의 미분법을 이용하여 미분계수를 구하는 계산 문제가 출제된다. 함수의 몫의 미분법의 기본 공식과 계산법을 익혀두어야 한다.

3점

044
2020학년도 평가원 9월 가형 8번

함수 $f(x) = \dfrac{\ln x}{x^2}$에 대하여 $\displaystyle\lim_{h \to 0} \dfrac{f(e+h) - f(e-2h)}{h}$의 값은? [3점]

① $-\dfrac{2}{e}$　　　　② $-\dfrac{3}{e^2}$　　　　③ $-\dfrac{1}{e}$

④ $-\dfrac{2}{e^2}$　　　　⑤ $-\dfrac{3}{e^3}$

045　Best Pick
2018학년도 수능 가형 9번

실수 전체의 집합에서 미분가능한 함수 $f(x)$에 대하여 함수 $g(x)$를
$$g(x) = \dfrac{f(x)}{e^{x-2}}$$
라 하자. $\displaystyle\lim_{x \to 2} \dfrac{f(x) - 3}{x - 2} = 5$일 때, $g'(2)$의 값은? [3점]

① 1　　　　② 2　　　　③ 3

④ 4　　　　⑤ 5

046
2018년 시행 교육청 4월 가형 25번

함수 $f(x) = \dfrac{x}{x^2 + x + 8}$에 대하여 부등식 $f'(x) > 0$의 해가 $\alpha < x < \beta$일 때, $\alpha^2 + \beta^2$의 값을 구하시오. [3점]

유형 7 합성함수의 미분법

3점

047

2017학년도 평가원 9월 가형 9번

실수 전체의 집합에서 미분가능한 함수 $f(x)$가 모든 실수 x에 대하여

$$f(2x+1)=(x^2+1)^2$$

을 만족시킬 때, $f'(3)$의 값은? [3점]

① 1   ② 2   ③ 3

④ 4   ⑤ 5

048

2021학년도 평가원 6월 가형 11번

실수 전체의 집합에서 미분가능한 함수 $f(x)$에 대하여 함수 $g(x)$를

$$g(x)=\frac{f(x)}{(e^x+1)^2}$$

라 하자. $f'(0)-f(0)=2$일 때, $g'(0)$의 값은? [3점]

① $\frac{1}{4}$ ② $\frac{3}{8}$ ③ $\frac{1}{2}$

④ $\frac{5}{8}$ ⑤ $\frac{3}{4}$

049 Best Pick

2019년 시행 교육청 10월 가형 12번

실수 전체의 집합에서 미분가능한 두 함수 $f(x)$, $g(x)$에 대하여 함수 $h(x)$를 $h(x)=(f \circ g)(x)$라 하자.

$$\lim_{x \to 1}\frac{g(x)+1}{x-1}=2 , \lim_{x \to 1}\frac{h(x)-2}{x-1}=12$$

일 때, $f(-1)+f'(-1)$의 값은? [3점]

① 4   ② 5   ③ 6

④ 7   ⑤ 8

050

함수 $f(x)=\dfrac{2^x}{\ln 2}$ 과 실수 전체의 집합에서 미분가능한 함수 $g(x)$가 다음 조건을 만족시킬 때, $g(2)$의 값은? [3점]

(가) $\displaystyle\lim_{h\to 0}\dfrac{g(2+4h)-g(2)}{h}=8$

(나) 함수 $(f\circ g)(x)$의 $x=2$에서의 미분계수는 10이다.

① 1   ② $\log_2 3$ ③ 2

④ $\log_2 5$ ⑤ $\log_2 6$

051

실수 전체의 집합에서 미분가능한 두 함수 $f(x)$, $g(x)$에 대하여 함수 $h(x)$를

$$h(x)=(g\circ f)(x)$$

라 할 때, 두 함수 $f(x)$, $g(x)$가 다음 조건을 만족시킨다.

(가) $f(1)=2$, $f'(1)=3$

(나) $\displaystyle\lim_{x\to 1}\dfrac{h(x)-5}{x-1}=12$

$g(2)+g'(2)$의 값은? [3점]

① 5   ② 7   ③ 9

④ 11   ⑤ 13

052

함수 $y=f(x)$의 그래프는 y축에 대하여 대칭이고, $f'(2)=-3$, $f'(4)=6$일 때, $\displaystyle\lim_{x\to -2}\dfrac{f(x^2)-f(4)}{f(x)-f(-2)}$의 값은?

[3점]

① -8 ② -4 ③ 4

④ 8   ⑤ 12

053

2013년 시행 교육청 7월 B형 12번

함수 $f(x)$가

$$f(\cos x) = \sin 2x + \tan x \left(0 < x < \frac{\pi}{2}\right)$$

를 만족시킬 때, $f'\left(\frac{1}{2}\right)$의 값은? [4점]

① $-2\sqrt{3}$　　② $-\sqrt{3}$　　③ 0
④ $\sqrt{3}$　　⑤ $2\sqrt{3}$

054

2016년 시행 교육청 4월 가형 16번

함수 $f(x) = xe^{-2x+1}$에 대하여 함수

$$g(x) = \begin{cases} f(x) - a & (x > b) \\ 0 & (x \le b) \end{cases}$$

가 실수 전체에서 미분가능할 때, 두 상수 a, b의 곱 ab의 값은? [4점]

① $\dfrac{1}{10}$　　② $\dfrac{1}{8}$　　③ $\dfrac{1}{6}$
④ $\dfrac{1}{4}$　　⑤ $\dfrac{1}{2}$

055　Best Pick

2020학년도 평가원 6월 가형 16번

실수 전체의 집합에서 미분가능한 함수 $f(x)$에 대하여 함수 $g(x)$를

$$g(x) = \frac{f(x)\cos x}{e^x}$$

라 하자. $g'(\pi) = e^\pi g(\pi)$일 때, $\dfrac{f'(\pi)}{f(\pi)}$의 값은?

(단, $f(\pi) \neq 0$) [4점]

① $e^{-2\pi}$　　② 1　　③ $e^{-\pi}+1$
④ $e^\pi + 1$　　⑤ $e^{2\pi}$

056

2017학년도 평가원 6월 가형 15번

두 함수 $f(x) = \sin^2 x$, $g(x) = e^x$에 대하여

$\displaystyle\lim_{x \to \frac{\pi}{4}} \frac{g(f(x)) - \sqrt{e}}{x - \dfrac{\pi}{4}}$의 값은? [4점]

① $\dfrac{1}{e}$　　② $\dfrac{1}{\sqrt{e}}$　　③ 1
④ $\sqrt{e}$　　⑤ e

057 Best Pick

함수 $f(x)=(x^2+2)e^{-x}$에 대하여 함수 $g(x)$가 미분가능하고

$$g\left(\frac{x+8}{10}\right)=f^{-1}(x),\ g(1)=0$$

을 만족시킬 때, $|g'(1)|$의 값을 구하시오. [4점]

유형 8 매개변수로 나타낸 함수의 미분법

3점

058

매개변수 t로 나타내어진 곡선

$$x=e^t+\cos t,\ y=\sin t$$

에서 $t=0$일 때, $\dfrac{dy}{dx}$의 값은? [3점]

① $\dfrac{1}{2}$ ② 1 ③ $\dfrac{3}{2}$

④ 2 ⑤ $\dfrac{5}{2}$

059

매개변수 $t\ (t>0)$으로 나타내어진 함수

$$x=t+\sqrt{t},\ y=t^3+\frac{1}{t}$$

에서 $t=1$일 때, $\dfrac{dy}{dx}$의 값은? [3점]

① $\dfrac{2}{3}$ ② 1 ③ $\dfrac{4}{3}$

④ $\dfrac{5}{3}$ ⑤ 2

미분법

060 Best Pick

2021학년도 평가원 9월 가형 7번

매개변수 t $(t>0)$으로 나타내어진 함수

$$x=\ln t+t, \quad y=-t^3+3t$$

에 대하여 $\dfrac{dy}{dx}$가 $t=a$에서 최댓값을 가질 때, a의 값은? [3점]

① $\dfrac{1}{6}$ ② $\dfrac{1}{5}$ ③ $\dfrac{1}{4}$

④ $\dfrac{1}{3}$ ⑤ $\dfrac{1}{2}$

유형 ⑨ 음함수의 미분법

3점

061

2020학년도 평가원 9월 가형 6번

곡선 $\pi x=\cos y+x\sin y$ 위의 점 $\left(0,\ \dfrac{\pi}{2}\right)$에서의 접선의 기울기는? [3점]

① $1-\dfrac{5}{2}\pi$ ② $1-2\pi$ ③ $1-\dfrac{3}{2}\pi$

④ $1-\pi$ ⑤ $1-\dfrac{\pi}{2}$

062

2021학년도 평가원 6월 가형 25번

곡선 $x^3-y^3=e^{xy}$ 위의 점 $(a,\ 0)$에서의 접선의 기울기가 b일 때, $a+b$의 값을 구하시오. [3점]

063

곡선 $e^x - e^y = y$ 위의 점 (a, b)에서의 접선의 기울기가 1일 때, $a+b$의 값은? [3점]

① $1 + \ln(e+1)$ ② $2 + \ln(e^2+2)$ ③ $3 + \ln(e^3+3)$

④ $4 + \ln(e^4+4)$ ⑤ $5 + \ln(e^5+5)$

유형 ⑩ 역함수의 미분법

3점

064

정의역이 $\left\{ x \mid -\dfrac{\pi}{4} < x < \dfrac{\pi}{4} \right\}$인 함수 $f(x) = \tan 2x$의 역함수를 $g(x)$라 할 때, $100 \times g'(1)$의 값을 구하시오. [3점]

065

실수 전체의 집합에서 미분가능한 두 함수 $f(x)$, $g(x)$가 있다. $f(x)$가 $g(x)$의 역함수이고 $f(1)=2$, $f'(1)=3$이다. 함수 $h(x) = xg(x)$라 할 때, $h'(2)$의 값은? [3점]

① 1 ② $\dfrac{4}{3}$ ③ $\dfrac{5}{3}$

④ 2 ⑤ $\dfrac{7}{3}$

066 Best Pick

함수 $f(x)=\dfrac{1}{1+e^{-x}}$의 역함수를 $g(x)$라 할 때, $g'(f(-1))$의 값은? [3점]

① $\dfrac{1}{(1+e)^2}$　　② $\dfrac{e}{1+e}$　　③ $\left(\dfrac{1+e}{e}\right)^2$

④ $\dfrac{e^2}{1+e}$　　⑤ $\dfrac{(1+e)^2}{e}$

067

$x\geq\dfrac{1}{e}$에서 정의된 함수 $f(x)=3x\ln x$의 그래프가 점 $(e, 3e)$를 지난다. 함수 $f(x)$의 역함수를 $g(x)$라고 할 때, $\displaystyle\lim_{h\to0}\dfrac{g(3e+h)-g(3e-h)}{h}$의 값은? [3점]

① $\dfrac{1}{3}$　　② $\dfrac{1}{2}$　　③ $\dfrac{2}{3}$

④ $\dfrac{5}{6}$　　⑤ 1

068

실수 전체의 집합에서 증가하고 미분가능한 함수 $f(x)$가 $\displaystyle\lim_{x\to1}\dfrac{f(x)-2}{x-1}=\dfrac{1}{3}$을 만족시킨다. $f(x)$의 역함수를 $g(x)$라 할 때, $g(2)+g'(2)$의 값은? [3점]

① $\dfrac{4}{3}$　　② 2　　③ $\dfrac{8}{3}$

④ $\dfrac{10}{3}$　　⑤ 4

069

함수 $f(x)=\ln(e^x-1)$의 역함수를 $g(x)$라 할 때, 양수 a에 대하여 $\dfrac{1}{f'(a)}+\dfrac{1}{g'(a)}$의 값은? [3점]

① 2　　② 4　　③ 6

④ 8　　⑤ 10

070

열린구간 $\left(-\dfrac{\pi}{2},\ \dfrac{\pi}{2}\right)$에서 정의된 함수

$$f(x)=\ln\left(\frac{\sec x+\tan x}{a}\right)$$

의 역함수를 $g(x)$라 하자. $\displaystyle\lim_{x\to-2}\frac{g(x)}{x+2}=b$일 때, 두 상수 $a,\ b$의 곱 ab의 값은? (단, $a>0$) [4점]

① $\dfrac{e^2}{4}$ ② $\dfrac{e^2}{2}$ ③ e^2

④ $2e^2$ ⑤ $4e^2$

071   Best Pick

함수 $f(x)=\ln(\tan x)\left(0<x<\dfrac{\pi}{2}\right)$의 역함수 $g(x)$에 대하여 $\displaystyle\lim_{h\to0}\frac{4g(8h)-\pi}{h}$의 값을 구하시오. [4점]

072

함수 $f(x)=(x^2+ax+b)e^x$과 함수 $g(x)$가 다음 조건을 만족시킨다.

> (가) $f(1)=e,\ f'(1)=e$
> (나) 모든 실수 x에 대하여 $g(f(x))=f'(x)$이다.

함수 $h(x)=f^{-1}(x)g(x)$에 대하여 $h'(e)$의 값은?

(단, $a,\ b$는 상수이다.) [4점]

① 1   ② 2   ③ 3

④ 4   ⑤ 5

073 Best Pick

$0 < t < 41$인 실수 t에 대하여 곡선 $y = x^3 + 2x^2 - 15x + 5$와 직선 $y = t$가 만나는 세 점 중에서 x좌표가 가장 큰 점의 좌표를 $(f(t), t)$, x좌표가 가장 작은 점의 좌표를 $(g(t), t)$라 하자. $h(t) = t \times \{f(t) - g(t)\}$라 할 때, $h'(5)$의 값은? [4점]

① $\dfrac{79}{12}$　　② $\dfrac{85}{12}$　　③ $\dfrac{91}{12}$

④ $\dfrac{97}{12}$　　⑤ $\dfrac{103}{12}$

074

두 상수 a, b ($a < b$)에 대하여 함수 $f(x)$를
$$f(x) = (x - a)(x - b)^2$$
이라 하자. 함수 $g(x) = x^3 + x + 1$의 역함수 $g^{-1}(x)$에 대하여 합성함수 $h(x) = (f \circ g^{-1})(x)$가 다음 조건을 만족시킬 때, $f(8)$의 값을 구하시오. [4점]

(가) 함수 $(x - 1)|h(x)|$가 실수 전체의 집합에서 미분가능하다.

(나) $h'(3) = 2$

---

075 Best Pick

2021년 시행 교육청 7월 29번

함수 $f(x)=x^3-x$와 실수 전체의 집합에서 미분가능한 역함수가 존재하는 삼차함수 $g(x)=ax^3+x^2+bx+1$이 있다. 함수 $g(x)$의 역함수 $g^{-1}(x)$에 대하여 함수 $h(x)$를

$$h(x)=\begin{cases} (f\circ g^{-1})(x) & (x<0 \text{ 또는 } x>1) \\ \dfrac{1}{\pi}\sin\pi x & (0\le x\le1) \end{cases}$$

이라 하자. 함수 $h(x)$가 실수 전체의 집합에서 미분가능할 때, $g(a+b)$의 값을 구하시오. (단, a, b는 상수이다.) [4점]

유형 ⑪ 이계도함수

3점

076

2008학년도 평가원 6월 가형 9번

함수 $f(x)=\dfrac{1}{x+3}$에 대하여 $\lim\limits_{h\to0}\dfrac{f'(a+h)-f'(a)}{h}=2$를 만족시키는 실수 a의 값은? [3점]

① -2 ② -1 ③ 0
④ 1 ⑤ 2

077

2008년 시행 교육청 10월 가형 27번

실수 전체의 집합에서 이계도함수를 갖는 함수 $f(x)$가 다음 조건을 만족시킨다.

> (가) $f(1)=2$, $f'(1)=3$
>
> (나) $\lim\limits_{x\to1}\dfrac{f'(f(x))-1}{x-1}=3$

$f''(2)$의 값은? [3점]

① 1 ② 2 ③ 3
④ 4 ⑤ 5

4
도함수의 활용

유형 ⑫ 접선의 방정식

3점

078

2019학년도 평가원 9월 가형 11번

곡선 $e^y \ln x = 2y + 1$ 위의 점 $(e, 0)$에서의 접선의 방정식을 $y = ax + b$라 할 때, ab의 값은? (단, a, b는 상수이다.) [3점]

① $-2e$ ② $-e$ ③ -1

④ $-\dfrac{2}{e}$ ⑤ $-\dfrac{1}{e}$

079

2018년 시행 교육청 3월 가형 13번

$0 < x < \dfrac{\pi}{2}$에서 정의된 함수 $f(x) = \ln(\tan x)$의 그래프와 x축이 만나는 점을 P라 하자. 곡선 $y = f(x)$ 위의 점 P에서의 접선의 y절편은? [3점]

① $-\pi$ ② $-\dfrac{5}{6}\pi$ ③ $-\dfrac{2}{3}\pi$

④ $-\dfrac{\pi}{2}$ ⑤ $-\dfrac{\pi}{3}$

080

2022학년도 수능 예시문항 25번

매개변수 t로 나타낸 곡선
$$x = e^t + 2t, \quad y = e^{-t} + 3t$$
에 대하여 $t = 0$에 대응하는 점에서의 접선이 점 $(10, a)$를 지날 때, a의 값은? [3점]

① 6   ② 7   ③ 8

④ 9   ⑤ 10

081

2022학년도 평가원 6월 25번

원점에서 곡선 $y = e^{|x|}$에 그은 두 접선이 이루는 예각의 크기를 θ라 할 때, $\tan \theta$의 값은? [3점]

① $\dfrac{e}{e^2 + 1}$ ② $\dfrac{e}{e^2 - 1}$ ③ $\dfrac{2e}{e^2 + 1}$

④ $\dfrac{2e}{e^2 - 1}$ ⑤ 1

4점

082

2015학년도 수능 B형 14번

$a>3$인 상수 a에 대하여 두 곡선 $y=a^{x-1}$과 $y=3^x$이 점 P에서 만난다. 점 P의 x좌표를 k라 할 때, 점 P에서 곡선 $y=3^x$에 접하는 직선이 x축과 만나는 점을 A, 점 P에서 곡선 $y=a^{x-1}$에 접하는 직선이 x축과 만나는 점을 B라 하자. 점 H$(k, 0)$에 대하여 $\overline{\mathrm{AH}}=2\overline{\mathrm{BH}}$일 때, a의 값은? [4점]

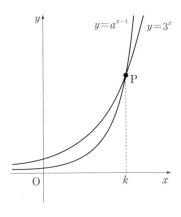

① 6   ② 7   ③ 8

④ 9   ⑤ 10

083

2015학년도 평가원 6월 B형 26번

양의 실수 전체의 집합에서 미분가능한 함수 $f(x)$에 대하여 함수 $g(x)$를 $g(x)=f(x)\ln x^4$이라 하자. 곡선 $y=f(x)$ 위의 점 $(e, -e)$에서의 접선과 곡선 $y=g(x)$ 위의 점 $(e, -4e)$에서의 접선이 서로 수직일 때, $100f'(e)$의 값을 구하시오. [4점]

084

2018학년도 평가원 6월 가형 16번

실수 k에 대하여 함수 $f(x)$는

$$f(x)=\begin{cases} x^2+k & (x\le 2) \\ \ln(x-2) & (x>2) \end{cases}$$

이다. 실수 t에 대하여 직선 $y=x+t$와 함수 $y=f(x)$의 그래프가 만나는 점의 개수를 $g(t)$라 하자. 함수 $g(t)$가 $t=a$에서 불연속인 a의 값이 한 개일 때, k의 값은? [4점]

① -2 ② $-\dfrac{9}{4}$ ③ $-\dfrac{5}{2}$

④ $-\dfrac{11}{4}$ ⑤ -3

그림과 같이 함수 $f(x)=\log_2\left(x+\dfrac{1}{2}\right)$의 그래프와 함수

$g(x)=a^x\ (a>1)$의 그래프가 있다. 곡선 $y=g(x)$가 y축과

만나는 점을 A, 점 A를 지나고 x축에 평행한 직선이 곡선

$y=f(x)$와 만나는 점 중 점 A가 아닌 점을 B, 점 B를 지나고

y축에 평행한 직선이 곡선 $y=g(x)$와 만나는 점을 C라 하자.

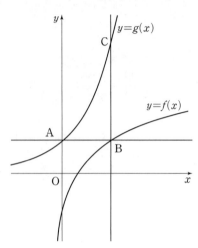

곡선 $y=g(x)$ 위의 점 C에서의 접선이 x축과 만나는 점을 D

라 하자. $\overline{AD}=\overline{BD}$일 때, $g(2)$의 값은? [4점]

① $e^{\frac{2}{3}}$ ② $e^{\frac{5}{3}}$ ③ $e^{\frac{8}{3}}$

④ $e^{\frac{11}{3}}$ ⑤ $e^{\frac{14}{3}}$

함수 $f(x)=\dfrac{\ln x}{x}$와 양의 실수 t에 대하여 기울기가 t인 직선

이 곡선 $y=f(x)$에 접할 때 접점의 x좌표를 $g(t)$라 하자. 원

점에서 곡선 $y=f(x)$에 그은 접선의 기울기가 a일 때, 미분

가능한 함수 $g(t)$에 대하여 $a \times g'(a)$의 값은? [4점]

① $-\dfrac{\sqrt{e}}{3}$ ② $-\dfrac{\sqrt{e}}{4}$ ③ $-\dfrac{\sqrt{e}}{5}$

④ $-\dfrac{\sqrt{e}}{6}$ ⑤ $-\dfrac{\sqrt{e}}{7}$

3점

087
2021학년도 수능 가형 7번

함수 $f(x)=(x^2-2x-7)e^x$의 극댓값과 극솟값을 각각 a, b라 할 때, $a \times b$의 값은? [3점]

① -32 ② -30 ③ -28

④ -26 ⑤ -24

088
2019년 시행 교육청 3월 가형 11번

함수 $f(x)=\tan(\pi x^2+ax)$가 $x=\dfrac{1}{2}$에서 극솟값 k를 가질 때, k의 값은? (단, a는 상수이다.) [3점]

① $-\sqrt{3}$ ② -1 ③ $-\dfrac{\sqrt{3}}{3}$

④ 0 ⑤ $\dfrac{\sqrt{3}}{3}$

089
2013년 시행 교육청 4월 B형 5번

열린구간 $(0, 2\pi)$에서 정의된 함수 $f(x)=e^x(\sin x+\cos x)$의 극댓값을 M, 극솟값을 m이라 할 때, Mm의 값은? [3점]

① $-e^{2\pi}$ ② $-e^{\pi}$ ③ $\dfrac{1}{e^{3\pi}}$

④ $\dfrac{1}{e^{2\pi}}$ ⑤ $\dfrac{1}{e^{\pi}}$

090

2 이상의 자연수 n에 대하여 실수 전체의 집합에서 정의된 함수
$$f(x)=e^{x+1}\{x^2+(n-2)x-n+3\}+ax$$
가 역함수를 갖도록 하는 실수 a의 최솟값을 $g(n)$이라 하자. $1\leq g(n)\leq 8$을 만족시키는 모든 n의 값의 합은? [4점]

① 43   ② 46   ③ 49

④ 52   ⑤ 55

091

모든 실수 x에 대하여 $f(x+2)=f(x)$이고, $0\leq x<2$일 때 $f(x)=\dfrac{(x-a)^2}{x+1}$인 함수 $f(x)$가 $x=0$에서 극댓값을 갖는다. 구간 $[0,\ 2)$에서 극솟값을 갖도록 하는 모든 정수 a의 값의 곱은? [4점]

① -3 ② -2 ③ -1

④ 1   ⑤ 2

092

$t>2e$인 실수 t에 대하여 함수 $f(x)=t(\ln x)^2-x^2$이 $x=k$에서 극대일 때, 실수 k의 값을 $g(t)$라 하면 $g(t)$는 미분가능한 함수이다. $g(\alpha)=e^2$인 실수 α에 대하여 $\alpha\times\{g'(\alpha)\}^2=\dfrac{q}{p}$일 때, $p+q$의 값을 구하시오.

(단, p와 q는 서로소인 자연수이다.) [4점]

유형 ⑭ 곡선의 변곡점과 함수의 그래프

3점

093

2021년 시행 교육청 7월 27번

곡선 $y = xe^{-2x}$의 변곡점을 A라 하자. 곡선 $y = xe^{-2x}$ 위의 점 A에서의 접선이 x축과 만나는 점을 B라 할 때, 삼각형 OAB의 넓이는? (단, O는 원점이다.) [3점]

① e^{-2} ② $3e^{-2}$ ③ 1

④ e^2 ⑤ $3e^2$

094

2019년 시행 교육청 4월 가형 25번

곡선 $y = \dfrac{1}{3}x^3 + 2\ln x$의 변곡점에서의 접선의 기울기를 구하시오. [3점]

095

2020학년도 수능 가형 11번

곡선 $y = ax^2 - 2\sin 2x$가 변곡점을 갖도록 하는 정수 a의 개수는? [3점]

① 4   ② 5   ③ 6

④ 7   ⑤ 8

096

2020학년도 평가원 9월 가형 26번

함수 $f(x)=3\sin kx+4x^3$의 그래프가 오직 하나의 변곡점을 가지도록 하는 실수 k의 최댓값을 구하시오. [4점]

097

2019년 시행 교육청 3월 가형 20번

함수 $f(x)=x^2+ax+b\left(0<b<\dfrac{\pi}{2}\right)$에 대하여

함수 $g(x)=\sin(f(x))$가 다음 조건을 만족시킨다.

(가) 모든 실수 x에 대하여 $g'(-x)=-g'(x)$이다.
(나) 점 $(k, g(k))$는 곡선 $y=g(x)$의 변곡점이고,
    $2kg(k)=\sqrt{3}g'(k)$이다.

두 상수 a, b에 대하여 $a+b$의 값은? [4점]

① $\dfrac{\pi}{3}-\dfrac{\sqrt{3}}{2}$ ② $\dfrac{\pi}{3}-\dfrac{\sqrt{3}}{3}$ ③ $\dfrac{\pi}{3}-\dfrac{\sqrt{3}}{6}$

④ $\dfrac{\pi}{2}-\dfrac{\sqrt{3}}{3}$ ⑤ $\dfrac{\pi}{2}-\dfrac{\sqrt{3}}{6}$

098　Best Pick

2018학년도 평가원 6월 가형 20번

양수 a와 실수 b에 대하여 함수 $f(x)=ae^{3x}+be^x$이 다음 조건을 만족시킬 때, $f(0)$의 값은? [4점]

(가) $x_1<\ln\dfrac{2}{3}<x_2$를 만족시키는 모든 실수 x_1, x_2에 대하여
    $f''(x_1)f''(x_2)<0$이다.
(나) 구간 $[k, \infty)$에서 함수 $f(x)$의 역함수가 존재하도록
    하는 실수 k의 최솟값을 m이라 할 때,
    $f(2m)=-\dfrac{80}{9}$이다.

① -15 ② -12 ③ -9
④ -6 ⑤ -3

099 Best Pick

양수 a와 두 실수 b, c에 대하여 함수

$$f(x)=(ax^2+bx+c)e^x$$

은 다음 조건을 만족시킨다.

> (가) $f(x)$는 $x=-\sqrt{3}$과 $x=\sqrt{3}$에서 극값을 갖는다.
> (나) $0\leq x_1<x_2$인 임의의 두 실수 x_1, x_2에 대하여
> $f(x_2)-f(x_1)+x_2-x_1\geq0$이다.

세 수 a, b, c의 곱 abc의 최댓값을 $\dfrac{k}{e^3}$라 할 때, $60k$의 값을 구하시오. [4점]

100

최고차항의 계수가 1인 삼차함수 $f(x)$의 역함수를 $g(x)$라 할 때, $g(x)$가 다음 조건을 만족시킨다.

> (가) $g(x)$는 실수 전체의 집합에서 미분가능하고
> $g'(x)\leq\dfrac{1}{3}$이다.
> (나) $\displaystyle\lim_{x\to3}\dfrac{f(x)-g(x)}{(x-3)g(x)}=\dfrac{8}{9}$

$f(1)$의 값은? [4점]

① -11 ② -9 ③ -7

④ -5 ⑤ -3

유형 ⑮ 도함수의 활용

3점

101

두 함수

$$f(x)=e^x,\ g(x)=k\sin x$$

에 대하여 방정식 $f(x)=g(x)$의 서로 다른 양의 실근의 개수가 3일 때, 양수 k의 값은? [3점]

① $\sqrt{2}e^{\frac{3}{2}\pi}$ ② $\sqrt{2}e^{\frac{7}{4}\pi}$ ③ $\sqrt{2}e^{2\pi}$

④ $\sqrt{2}e^{\frac{9}{4}\pi}$ ⑤ $\sqrt{2}e^{\frac{5}{2}\pi}$

102

닫힌구간 $[0, 4]$에서 정의된 함수

$$f(x)=2\sqrt{2}\sin\frac{\pi}{4}x$$

의 그래프가 그림과 같고, 직선 $y=g(x)$가 $y=f(x)$의 그래프 위의 점 $A(1, 2)$를 지난다.

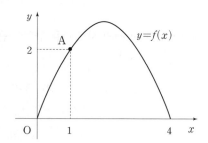

일차함수 $g(x)$가 닫힌구간 $[0, 4]$에서 $f(x)\leq g(x)$를 만족시킬 때, $g(3)$의 값은? [4점]

① π ② $\pi+1$ ③ $\pi+2$

④ $\pi+3$ ⑤ $\pi+4$

103

닫힌구간 $[0, 2\pi]$에서 x에 대한 방정식
$\sin x-x\cos x-k=0$의 서로 다른 실근의 개수가 2가 되도록 하는 모든 정수 k의 값의 합은? [4점]

① -6 ② -3 ③ 0

④ 3 ⑤ 6

104 Best Pick

이차함수 $f(x)$에 대하여 함수 $g(x)=\{f(x)+2\}e^{f(x)}$이 다음 조건을 만족시킨다.

(가) $f(a)=6$인 a에 대하여 $g(x)$는 $x=a$에서 최댓값을 갖는다.

(나) $g(x)$는 $x=b$, $x=b+6$에서 최솟값을 갖는다.

방정식 $f(x)=0$의 서로 다른 두 실근을 α, β라 할 때, $(\alpha-\beta)^2$의 값을 구하시오. (단, a, b는 실수이다.) [4점]

105

그림은 함수 $f(x)=x^2e^{-x+2}$의 그래프이다.

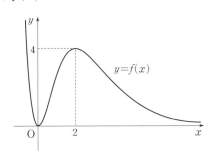

함수 $y=(f\circ f)(x)$의 그래프와 직선 $y=\dfrac{15}{e^2}$의 교점의 개수는?

(단, $\lim\limits_{x\to\infty} f(x)=0$) [4점]

① 2　　　　　② 3　　　　　③ 4

④ 5　　　　　⑤ 6

106 Best Pick

함수 $f(x)=6\pi(x-1)^2$에 대하여 함수 $g(x)$를

$g(x)=3f(x)+4\cos f(x)$

라 하자. $0<x<2$에서 함수 $g(x)$가 극소가 되는 x의 개수는?
[4점]

① 6　　　　　② 7　　　　　③ 8

④ 9　　　　　⑤ 10

유형 α2　속도와 가속도

(1) 직선 운동에서의 속도와 가속도

　수직선 위를 움직이는 점 P의 시각 t에서의 위치 x가
　$x=f(t)$일 때, 시각 t에서의 점 P의 속도 v와 가속도 a는

　① $v=\dfrac{dx}{dt}=f'(t)$

　② $a=\dfrac{dv}{dt}=f''(t)$

(2) 평면 운동에서의 속도와 가속도

　좌표평면 위를 움직이는 점 P의 시각 t에서의 위치
　(x, y)가 $x=f(t)$, $y=g(t)$일 때, 시각 t에서의 점 P
　의 속도와 가속도는

　① 속도 : $\left(\dfrac{dx}{dt}, \dfrac{dy}{dt}\right)$, 즉 $(f'(t), g'(t))$

　② 가속도 : $\left(\dfrac{d^2x}{dt^2}, \dfrac{d^2y}{dt^2}\right)$, 즉 $(f''(t), g''(t))$

유형코드 수직선 또는 좌표평면 위를 움직이는 점 P의 시각 t에 대한 위치가
주어졌을 때, 속도와 가속도를 구하는 문제가 출제된다. 위치, 속도, 가속도에
대한 기본 개념과 각각의 관계를 이해해야 한다.

3점

107 Best Pick

좌표평면 위를 움직이는 점 P의 시각 t ($t\geq0$)에서의 위치
(x, y)가

$x=3t-\sin t,\ y=4-\cos t$

이다. 점 P의 속력의 최댓값을 M, 최솟값을 m이라 할 때,
$M+m$의 값은? [3점]

① 3　　　　　② 4　　　　　③ 5

④ 6　　　　　⑤ 7

108

좌표평면 위를 움직이는 점 P의 시각 t $(t>0)$에서의 위치 (x, y)가

$$x=\frac{1}{2}e^{2(t-1)}-at, \; y=be^{t-1}$$

이다. 시각 $t=1$에서의 점 P의 속도가 $(-1, 2)$일 때, $a+b$의 값을 구하시오. (단, a와 b는 상수이다.) [3점]

109

좌표평면 위를 움직이는 점 P의 시각 t $\left(0<t<\dfrac{\pi}{2}\right)$에서의 위치 (x, y)가

$$x=t+\sin t \cos t, \; y=\tan t$$

이다. $0<t<\dfrac{\pi}{2}$에서 점 P의 속력의 최솟값은? [3점]

① 1   ② $\sqrt{3}$ ③ 2

④ $2\sqrt{2}$ ⑤ $2\sqrt{3}$

110

좌표평면 위를 움직이는 점 P의 시각 t $(t\geq0)$에서의 위치 (x, y)가

$$x=1-\cos 4t, \; y=\frac{1}{4}\sin 4t$$

이다. 점 P의 속력이 최대일 때, 점 P의 가속도의 크기를 구하시오. [3점]

▶ 정답 및 해설 064쪽

111

2015년 시행 교육청 4월 B형 21번

함수 $f(x)=\begin{cases} (x-2)^2 e^x+k & (x\geq 0) \\ -x^2 & (x<0) \end{cases}$ 에 대하여 함수 $g(x)=|f(x)|-f(x)$가 다음 조건을 만족하도록 하는 정수 k의 개수는? [4점]

> (가) 함수 $g(x)$는 모든 실수에서 연속이다.
> (나) 함수 $g(x)$는 미분가능하지 않은 점이 2개이다.

① 3   ② 4   ③ 5

④ 6   ⑤ 7

112

2022학년도 평가원 6월 30번

$t>\dfrac{1}{2}\ln 2$인 실수 t에 대하여 곡선 $y=\ln(1+e^{2x}-e^{-2t})$과 직선 $y=x+t$가 만나는 서로 다른 두 점 사이의 거리를 $f(t)$라 할 때, $f'(\ln 2)=\dfrac{q}{p}\sqrt{2}$이다. $p+q$의 값을 구하시오.

(단, p와 q는 서로소인 자연수이다.) [4점]

113

2018학년도 평가원 6월 가형 21번

최고차항의 계수가 1인 사차함수 $f(x)$에 대하여

$$F(x) = \ln|f(x)|$$

라 하고, 최고차항의 계수가 1인 삼차함수 $g(x)$에 대하여

$$G(x) = \ln|g(x)\sin x|$$

라 하자.

$$\lim_{x \to 1}(x-1)F'(x) = 3, \ \lim_{x \to 0}\frac{F'(x)}{G'(x)} = \frac{1}{4}$$

일 때, $f(3) + g(3)$의 값은? [4점]

① 57   ② 55   ③ 53

④ 51   ⑤ 49

114 Best Pick

▶ 정답 및 해설 067쪽

이차함수 $f(x)$에 대하여 함수 $g(x)=f(x)e^{-x}$이 다음 조건을 만족시킨다.

(가) 점 $(1, g(1))$과 점 $(4, g(4))$는 곡선 $y=g(x)$의 변곡점이다.

(나) 점 $(0, k)$에서 곡선 $y=g(x)$에 그은 접선의 개수가 3인 k의 값의 범위는 $-1<k<0$ 이다.

$g(-2)\times g(4)$의 값을 구하시오. [4점]

115

양의 실수 t에 대하여 곡선 $y=t^3 \ln (x-t)$가 곡선 $y=2e^{x-a}$과 오직 한 점에서 만나도록 하는 실수 a의 값을 $f(t)$라 하자. $\left\{ f'\left(\dfrac{1}{3}\right)\right\}^2$의 값을 구하시오. [4점]

116

최고차항의 계수가 1인 삼차함수 $f(x)$에 대하여 실수 전체의 집합에서 정의된 함수 $g(x)=f(\sin^2 \pi x)$가 다음 조건을 만족시킨다.

(가) $0<x<1$에서 함수 $g(x)$가 극대가 되는 x의 개수가 3이고, 이때 극댓값이 모두 동일하다.

(나) 함수 $g(x)$의 최댓값은 $\dfrac{1}{2}$이고 최솟값은 0이다.

$f(2)=a+b\sqrt{2}$일 때, a^2+b^2의 값을 구하시오. (단, a와 b는 유리수이다.) [4점]

두 양수 a, $b(b<1)$에 대하여 함수 $f(x)$를

$$f(x) = \begin{cases} -x^2 + ax & (x \leq 0) \\ \dfrac{\ln(x+b)}{x} & (x > 0) \end{cases}$$

이라 하자. 양수 m에 대하여 직선 $y=mx$와 함수 $y=f(x)$의 그래프가 만나는 서로 다른 점의 개수를 $g(m)$이라 할 때, 함수 $g(m)$은 다음 조건을 만족시킨다.

$\displaystyle\lim_{m \to a-} g(m) - \lim_{m \to a+} g(m) = 1$을 만족시키는 양수 a가 오직 하나 존재하고, 이 a에 대하여 점 $(b, f(b))$는 직선 $y=ax$와 곡선 $y=f(x)$의 교점이다.

$ab^2 = \dfrac{q}{p}$일 때, $p+q$의 값을 구하시오.

(단, p와 q는 서로소인 자연수이고, $\displaystyle\lim_{x \to \infty} f(x) = 0$이다.) [4점]

118 Best Pick

최고차항의 계수가 $\dfrac{1}{2}$이고 최솟값이 0인 사차함수 $f(x)$와 함수 $g(x)=2x^4e^{-x}$에 대하여 합성함수 $h(x)=(f\circ g)(x)$가 다음 조건을 만족시킨다.

(가) 방정식 $h(x)=0$의 서로 다른 실근의 개수는 4이다.

(나) 함수 $h(x)$는 $x=0$에서 극소이다.

(다) 방정식 $h(x)=8$의 서로 다른 실근의 개수는 6이다.

$f'(5)$의 값을 구하시오. (단, $\lim\limits_{x\to\infty} g(x)=0$) [4점]

서로 다른 두 양수 a, b에 대하여 함수 $f(x)$를

$$f(x) = -\frac{ax^3 + bx}{x^2 + 1}$$

라 하자. 모든 실수 x에 대하여 $f'(x) \neq 0$이고, 두 함수
$g(x) = f(x) - f^{-1}(x)$, $h(x) = (g \circ f)(x)$가 다음 조건을 만족시킨다.

(가) $g(2) = h(0)$

(나) $g'(2) = -5h'(2)$

$4(b-a)$의 값을 구하시오. [4점]

120

2018학년도 평가원 9월 가형 30번

함수 $f(x)=\ln(e^x+1)+2e^x$에 대하여 이차함수 $g(x)$와 실수 k는 다음 조건을 만족시킨다.

함수 $h(x)=|g(x)-f(x-k)|$는 $x=k$에서 최솟값 $g(k)$를 갖고,

닫힌구간 $[k-1,\,k+1]$에서 최댓값 $2e+\ln\left(\dfrac{1+e}{\sqrt{2}}\right)$를 갖는다.

$g'\left(k-\dfrac{1}{2}\right)$의 값을 구하시오. $\left($ 단, $\dfrac{5}{2}<e<3$이다. $\right)$ [4점]

최고차항의 계수가 6π인 삼차함수 $f(x)$에 대하여 함수

$g(x)=\dfrac{1}{2+\sin(f(x))}$이 $x=\alpha$에서 극대 또는 극소이고, $\alpha\geq0$인 모든 α를 작은 수부터 크기순으로 나열한 것을 $\alpha_1,\ \alpha_2,\ \alpha_3,\ \alpha_4,\ \alpha_5,\ \cdots$라 할 때, $g(x)$는 다음 조건을 만족시킨다.

(가) $\alpha_1=0$이고 $g(\alpha_1)=\dfrac{2}{5}$이다.

(나) $\dfrac{1}{g(\alpha_5)}=\dfrac{1}{g(\alpha_2)}+\dfrac{1}{2}$

$g'\left(-\dfrac{1}{2}\right)=a\pi$라 할 때, a^2의 값을 구하시오. $\left(\text{단, } 0<f(0)<\dfrac{\pi}{2}\right)$ [4점]

122

2017학년도 [수능] 가형 30번

$x>a$에서 정의된 함수 $f(x)$와 최고차항의 계수가 -1인 사차함수 $g(x)$가 다음 조건을 만족시킨다. (단, a는 상수이다.)

(가) $x>a$인 모든 실수 x에 대하여 $(x-a)f(x)=g(x)$이다.
(나) 서로 다른 두 실수 α, β에 대하여 함수 $f(x)$는 $x=\alpha$와 $x=\beta$에서 동일한 극댓값 M을 갖는다. (단, $M>0$)
(다) 함수 $f(x)$가 극대 또는 극소가 되는 x의 개수는 함수 $g(x)$가 극대 또는 극소가 되는 x의 개수보다 많다.

$\beta-\alpha=6\sqrt{3}$일 때, M의 최솟값을 구하시오. [4점]

▶ 정답 및 해설 075쪽

적분법

※ 위 **유형 α1** , **유형 α2** 는 최근 3개년 이전의 기출 유형 중 중요한 유형이거나 다른 유형과 결합되어 출제될 수 있는 유형을 별도 표시한 것입니다.

1

여러 가지 함수의 부정적분

유형 ① 여러 가지 함수의 부정적분

001

2016년 시행 교육청 3월 가형 7번

함수 $f(x)$가 모든 실수에서 연속일 때, 도함수 $f'(x)$가

$$f'(x) = \begin{cases} e^{x-1} & (x \leq 1) \\ \dfrac{1}{x} & (x > 1) \end{cases}$$

이다. $f(-1) = e + \dfrac{1}{e^2}$일 때, $f(e)$의 값은? [3점]

① $e-2$ ② $e-1$ ③ e

④ $e+1$ ⑤ $e+2$

002

2021학년도 수능 가형 15번

$x > 0$에서 미분가능한 함수 $f(x)$에 대하여

$$f'(x) = 2 - \frac{3}{x^2}, \ f(1) = 5$$

이다. $x < 0$에서 미분가능한 함수 $g(x)$가 다음 조건을 만족시킬 때, $g(-3)$의 값은? [4점]

(가) $x < 0$인 모든 실수 x에 대하여 $g'(x) = f'(-x)$이다.
(나) $f(2) + g(-2) = 9$

① 1   ② 2   ③ 3

④ 4   ⑤ 5

003

2018년 시행 교육청 3월 가형 17번

실수 전체의 집합에서 미분가능한 함수 $f(x)$의 역함수를 $g(x)$라 하자. 두 함수 $f(x)$, $g(x)$가 다음 조건을 만족시킨다.

(가) $f(0) = 1$

(나) 모든 실수 x에 대하여 $f(x)g'(f(x)) = \dfrac{1}{x^2+1}$이다.

$f(3)$의 값은? [4점]

① e^3 ② e^6 ③ e^9

④ e^{12} ⑤ e^{15}

유형 α1 부정적분의 치환적분법

미분가능한 함수 $g(x)$에 대하여 $g(x)=t$라 하면

$$\int f(g(x))g'(x)\,dx = \int f(t)\,dt$$

유형코드 치환적분법과 일반적인 계산력을 묻는 문제뿐만 아니라 적분법을 이용한 응용문제가 출제되므로 공식의 정확한 이해가 중요하다.

3점

004

2020년 시행 교육청 7월 가형 12번

$x>1$인 모든 실수 x의 집합에서 정의되고 미분가능한 함수 $f(x)$가

$$\sqrt{x-1}\,f'(x)=3x-4$$

를 만족시킬 때, $f(5)-f(2)$의 값은? [3점]

① 4   ② 6   ③ 8

④ 10   ⑤ 12

4점

005

2017년 시행 교육청 10월 가형 16번

연속함수 $f(x)$가 다음 조건을 만족시킨다.

(가) $x \neq 0$인 실수 x에 대하여 $\{f(x)\}^2 f'(x) = \dfrac{2x}{x^2+1}$

(나) $f(0)=0$

$\{f(1)\}^3$의 값은? [4점]

① $2\ln 2$ ② $3\ln 2$ ③ $1+2\ln 2$

④ $4\ln 2$ ⑤ $1+3\ln 2$

006 Best Pick

2019학년도 수능 가형 21번

실수 전체의 집합에서 미분가능한 함수 $f(x)$가 다음 조건을 만족시킬 때, $f(-1)$의 값은? [4점]

> (가) 모든 실수 x에 대하여
> $2\{f(x)\}^2 f'(x)=\{f(2x+1)\}^2 f'(2x+1)$이다.
>
> (나) $f\left(-\frac{1}{8}\right)=1$, $f(6)=2$

① $\frac{\sqrt[3]{3}}{6}$ ② $\frac{\sqrt[3]{3}}{3}$ ③ $\frac{\sqrt[3]{3}}{2}$

④ $\frac{2\sqrt[3]{3}}{3}$ ⑤ $\frac{5\sqrt[3]{3}}{6}$

유형 α2 부정적분의 부분적분법

두 함수 $f(x)$, $g(x)$가 미분가능할 때

$$\int f(x)g'(x)\,dx=f(x)g(x)-\int f'(x)g(x)\,dx$$

참고 두 함수 $f(x)$, $g'(x)$를 각각 다음과 같이 놓으면 쉽게 계산할 수 있다.

로그함수	다항함수	삼각함수	지수함수
$\ln x$	x^2	$\sin x$	e^x

$f(x) \longleftrightarrow g'(x)$

실전 Tip $\int \ln x\,dx$는 자주 이용되므로 계산된 식을 익혀두도록 하자.

$f(x)=\ln x$, $g'(x)=1$이라 하면

$\int \ln x\,dx=x\ln x-x+C$ (단, C는 적분상수)

유형코드 부분적분법의 일반적인 계산력을 묻는 문제와 부분적분법을 이용한 계산 과정이 포함된 고난도 문제가 자주 출제되므로 공식을 정확히 알아두어야 한다.

3점

007

2018년 시행 교육청 4월 가형 13번

실수 전체의 집합에서 연속인 함수 $f(x)$의 도함수 $f'(x)$가

$$f'(x)=\begin{cases} 2x+3 & (x<1) \\ \ln x & (x>1) \end{cases}$$

이다. $f(e)=2$일 때, $f(-6)$의 값은? [3점]

① 9 ② 11 ③ 13

④ 15 ⑤ 17

008

2014년 시행 교육청 7월 B형 9번

$x>0$에서 미분가능한 함수 $f(x)$가 다음 조건을 만족시킨다.

> (가) $f\left(\frac{\pi}{2}\right)=1$
>
> (나) $f(x)+xf'(x)=x\cos x$

$f(\pi)$의 값은? [3점]

① $-\frac{2}{\pi}$　② $-\frac{1}{\pi}$　③ 0　④ $\frac{1}{\pi}$　⑤ $\frac{2}{\pi}$

4점

009

2019년 시행 교육청 7월 가형 26번

실수 전체의 집합에서 미분가능한 함수 $f(x)$가 다음 조건을 만족시킨다.

> (가) $f(1)=0$
>
> (나) 0이 아닌 모든 실수 x에 대하여
> $\frac{xf'(x)-f(x)}{x^2}=xe^x$이다.

$f(3)\times f(-3)$의 값을 구하시오. [4점]

2 여러 가지 함수의 정적분

유형 2 여러 가지 함수의 정적분

3점

010

2016년 시행 교육청 7월 가형 4번

$\int_0^{\frac{\pi}{3}}\cos\left(\theta+\frac{\pi}{6}\right)d\theta$의 값은? [3점]

① $-\frac{\sqrt{3}}{2}$　② $-\frac{1}{2}$　③ 0　④ $\frac{1}{2}$　⑤ $\frac{\sqrt{3}}{2}$

011

2018년 시행 교육청 7월 가형 9번

$\int_3^6 \frac{2}{x^2-2x}dx$의 값은? [3점]

① ln 2　② ln 3　③ ln 4　④ ln 5　⑤ ln 6

▸ 정답 및 해설 077쪽

012 Best Pick

2019학년도 수능 가형 16번

$x > 0$에서 정의된 연속함수 $f(x)$가 모든 양수 x에 대하여
$2f(x) + \dfrac{1}{x^2} f\left(\dfrac{1}{x}\right) = \dfrac{1}{x} + \dfrac{1}{x^2}$ 을 만족시킬 때, $\displaystyle\int_{\frac{1}{2}}^{2} f(x)\,dx$의
의 값은? [4점]

① $\dfrac{\ln 2}{3} + \dfrac{1}{2}$ ② $\dfrac{2\ln 2}{3} + \dfrac{1}{2}$ ③ $\dfrac{\ln 2}{3} + 1$

④ $\dfrac{2\ln 2}{3} + 1$ ⑤ $\dfrac{2\ln 2}{3} + \dfrac{3}{2}$

013

2017년 시행 교육청 10월 가형 14번

미분가능한 두 함수 $f(x)$, $g(x)$에 대하여 $g(x)$는 $f(x)$의 역함수이다. $f(1) = 3$, $g(1) = 3$일 때,
$$\int_{1}^{3} \left\{ \frac{f(x)}{f'(g(x))} + \frac{g(x)}{g'(f(x))} \right\} dx$$
의 값은? [4점]

① -8 ② -4 ③ 0

④ 4 ⑤ 8

014

2016년 시행 교육청 4월 가형 27번

모든 실수 x에 대하여 연속인 함수 $f(x)$가 다음 조건을 만족시킨다.

> (가) 모든 실수 x에 대하여 $f(x+2) = f(x)$이다.
> (나) $0 \leq x \leq 1$일 때, $f(x) = \sin \pi x + 1$이다.
> (다) $1 < x < 2$일 때, $f'(x) \geq 0$이다.

$\displaystyle\int_{0}^{6} f(x)\,dx = p + \dfrac{q}{\pi}$일 때, $p + q$의 값을 구하시오.

(단, p, q는 정수이다.) [4점]

실수 전체의 집합에서 미분가능하고, 다음 조건을 만족시키는 모든 함수 $f(x)$에 대하여 $\int_0^2 f(x)\,dx$의 최솟값은? [4점]

(가) $f(0)=1$, $f'(0)=1$
(나) $0<a<b<2$이면 $f'(a)\le f'(b)$이다.
(다) 구간 $(0, 1)$에서 $f''(x)=e^x$이다.

---

① $\dfrac{1}{2}e-1$ ② $\dfrac{3}{2}e-1$ ③ $\dfrac{5}{2}e-1$

④ $\dfrac{7}{2}e-2$ ⑤ $\dfrac{9}{2}e-2$

수열 $\{a_n\}$이

$$a_1=-1,\quad a_n=2-\frac{1}{2^{n-2}}\ (n\ge 2)$$

이다. 구간 $[-1, 2)$에서 정의된 함수 $f(x)$가 모든 자연수 n에 대하여

$$f(x)=\sin(2^n\pi x)\ (a_n\le x\le a_{n+1})$$

이다. $-1<\alpha<0$인 실수 α에 대하여 $\int_\alpha^t f(x)\,dx=0$을 만족시키는 $t\ (0<t<2)$의 값의 개수가 103일 때, $\log_2(1-\cos(2\pi\alpha))$의 값은? [4점]

① -48 ② -50 ③ -52

④ -54 ⑤ -56

017

2018학년도 평가원 9월 가형 8번

$\displaystyle\int_1^e \frac{3(\ln x)^2}{x}\,dx$의 값은? [3점]

① 1   ② $\dfrac{1}{2}$ ③ $\dfrac{1}{3}$

④ $\dfrac{1}{4}$ ⑤ $\dfrac{1}{5}$

018

2019학년도 평가원 9월 가형 25번

$\displaystyle\int_0^{\frac{\pi}{2}} (\cos x + 3\cos^3 x)\,dx$의 값을 구하시오. [3점]

019

2014년 시행 교육청 4월 B형 15번

$\displaystyle\int_{e^2}^{e^3} \frac{a+\ln x}{x}\,dx = \int_0^{\frac{\pi}{2}} (1+\sin x)\cos x\,dx$가 성립할 때, 상수 a의 값은? [4점]

① -2 ② -1 ③ 0

④ 1   ⑤ 2

020

2018학년도 수능 가형 15번

함수 $f(x)$가

$$f(x)=\int_{0}^{x}\frac{1}{1+e^{-t}}\,dt$$

일 때, $(f\circ f)(a)=\ln 5$를 만족시키는 실수 a의 값은? [4점]

① $\ln 11$ ② $\ln 13$ ③ $\ln 15$
④ $\ln 17$ ⑤ $\ln 19$

021

2019년 시행 교육청 4월 가형 27번

실수 전체의 집합에서 미분가능한 두 함수 $f(x)$, $g(x)$가 있다. $g(x)$가 $f(x)$의 역함수이고 $g(2)=1$, $g(5)=5$일 때,

$\int_{1}^{5}\frac{40}{g'(f(x))\{f(x)\}^2}\,dx$의 값을 구하시오. [4점]

022

2016년 시행 교육청 10월 가형 19번

연속함수 $f(x)$가 다음 조건을 만족시킬 때,

$\int_{0}^{a}\{f(2x)+f(2a-x)\}\,dx$의 값은? (단, a는 상수이다.)

[4점]

(가) 모든 실수 x에 대하여 $f(a-x)=f(a+x)$이다.

(나) $\int_{0}^{a}f(x)\,dx=8$

① 12 ② 16 ③ 20
④ 24 ⑤ 28

▶ 정답 및 해설 080쪽

023 Best Pick　　2019년 시행 교육청 7월 가형 20번

실수 전체의 집합에서 미분가능한 함수 $f(x)$가 모든 실수 x에 대하여

$$f(1+x)=f(1-x),\ f(2+x)=f(2-x)$$

를 만족시킨다. 실수 전체의 집합에서 $f'(x)$가 연속이고, $\int_{2}^{5} f'(x)\,dx=4$일 때, 〈보기〉에서 옳은 것만을 있는 대로 고른 것은? [4점]

〈보기〉

ㄱ. 모든 실수 x에 대하여 $f(x+2)=f(x)$이다.

ㄴ. $f(1)-f(0)=4$

ㄷ. $\int_{0}^{1} f(f(x))f'(x)\,dx=6$일 때, $\int_{1}^{10} f(x)\,dx=\frac{27}{2}$이다.

① ㄱ　② ㄷ　③ ㄱ, ㄴ
④ ㄴ, ㄷ　⑤ ㄱ, ㄴ, ㄷ

024 Best Pick　　2014학년도 평가원 9월 B형 30번

두 연속함수 $f(x)$, $g(x)$가

$$g(e^x)=\begin{cases} f(x) & (0\le x<1) \\ g(e^{x-1})+5 & (1\le x\le 2) \end{cases}$$

를 만족시키고, $\int_{1}^{e^2} g(x)\,dx=6e^2+4$이다.

$\int_{1}^{e} f(\ln x)\,dx=ae+b$일 때, a^2+b^2의 값을 구하시오.

(단, a, b는 정수이다.) [4점]

3점

025

$\displaystyle\int_0^\pi x\cos(\pi-x)\,dx$의 값을 구하시오. [3점]

026 Best Pick

$\displaystyle\int_1^2 (x-1)e^{-x}\,dx$의 값은? [3점]

① $\dfrac{1}{e}-\dfrac{2}{e^2}$ ② $\dfrac{1}{e}-\dfrac{1}{e^2}$ ③ $\dfrac{1}{e}$

④ $\dfrac{2}{e}-\dfrac{2}{e^2}$ ⑤ $\dfrac{2}{e}-\dfrac{1}{e^2}$

027

미분가능한 함수 $f(x)$가 다음 조건을 만족시킨다.

(가) $x_1<x_2$인 임의의 두 실수 x_1, x_2에 대하여
  $f(x_1)>f(x_2)$이다.
(나) 닫힌구간 $[-1,\ 3]$에서 함수 $f(x)$의 최댓값은 1이고
  최솟값은 -2이다.

$\displaystyle\int_{-1}^3 f(x)\,dx=3$일 때, $\displaystyle\int_{-2}^1 f^{-1}(x)\,dx$의 값은? [3점]

① 4   ② 5   ③ 6
④ 7   ⑤ 8

028

두 함수 $f(x)$, $g(x)$는 실수 전체의 집합에서 도함수가 연속이고 다음 조건을 만족시킨다.

(가) 모든 실수 x에 대하여 $f(x)g(x)=x^4-1$이다.

(나) $\displaystyle\int_{-1}^{1}\{f(x)\}^2 g'(x)\,dx=120$

$\displaystyle\int_{-1}^{1} x^3 f(x)\,dx$의 값은? [4점]

① 12　　　　② 15　　　　③ 18

④ 21　　　　⑤ 24

029

실수 전체의 집합에서 미분가능한 함수 $f(x)$가 다음 조건을 만족시킨다.

(가) $f(1)=2$

(나) $\displaystyle\int_{0}^{1}(x-1)f'(x+1)\,dx=-4$

$\displaystyle\int_{1}^{2} f(x)\,dx$의 값을 구하시오. (단, $f'(x)$는 연속함수이다.)

[4점]

030

정의역이 $\{x\,|\,x>-1\}$인 함수 $f(x)$에 대하여

$f'(x)=\dfrac{1}{(1+x^3)^2}$이고, 함수 $g(x)=x^2$일 때,

$\displaystyle\int_{0}^{1} f(x)g'(x)\,dx=\dfrac{1}{6}$이다. $f(1)$의 값은? [4점]

① $\dfrac{1}{6}$　　　　② $\dfrac{2}{9}$　　　　③ $\dfrac{5}{18}$

④ $\dfrac{1}{3}$　　　　⑤ $\dfrac{7}{18}$

031

양의 실수 전체의 집합에서 미분가능한 두 함수 $f(x)$와 $g(x)$
가 모든 양의 실수 x에 대하여 다음 조건을 만족시킨다.

(가) $\left(\dfrac{f(x)}{x} \right)' = x^2 e^{-x^2}$

(나) $g(x) = \dfrac{4}{e^4} \displaystyle\int_1^x e^{t^2} f(t)\, dt$

$f(1) = \dfrac{1}{e}$ 일 때, $f(2) - g(2)$의 값은? [4점]

① $\dfrac{16}{3e^4}$ ② $\dfrac{6}{e^4}$ ③ $\dfrac{20}{3e^4}$

④ $\dfrac{22}{3e^4}$ ⑤ $\dfrac{8}{e^4}$

유형 ⑤ 정적분으로 정의된 함수

3점

032

양의 실수 전체의 집합에서 연속인 함수 $f(x)$가

$$\int_1^x f(t)\, dt = x^2 - a\sqrt{x}\ (x > 0)$$

을 만족시킬 때, $f(1)$의 값은? (단, a는 상수이다.) [3점]

① 1   ② $\dfrac{3}{2}$ ③ 2

④ $\dfrac{5}{2}$ ⑤ 3

033 Best Pick

실수 전체의 집합에서 미분가능한 함수 $f(x)$가

$$xf(x) = 3^x + a + \int_0^x t f'(t)\, dt$$

를 만족시킬 때, $f(a)$의 값은? (단, a는 상수이다.) [3점]

① $\dfrac{\ln 2}{6}$ ② $\dfrac{\ln 2}{3}$ ③ $\dfrac{\ln 2}{2}$

④ $\dfrac{\ln 3}{3}$ ⑤ $\dfrac{\ln 3}{2}$

034

2010학년도 평가원 9월 가형 28번

함수 $f(x)=\displaystyle\int_0^x \dfrac{1}{1+t^6}\,dt$에 대하여 상수 a가 $f(a)=\dfrac{1}{2}$을 만

족시킬 때, $\displaystyle\int_0^a \dfrac{e^{f(x)}}{1+x^6}\,dx$의 값은? [3점]

① $\dfrac{\sqrt{e}-1}{2}$ ② $\sqrt{e}-1$ ③ 1

④ $\dfrac{\sqrt{e}+1}{2}$ ⑤ $\sqrt{e}+1$

4점

2017년 시행 교육청 3월 가형 16번

연속함수 $f(x)$가

$$\int_{-1}^1 f(x)\,dx=12,\quad \int_0^1 xf(x)\,dx=\int_0^{-1} xf(x)\,dx$$

를 만족시킨다. $\displaystyle\int_{-1}^x f(t)\,dt=F(x)$라 할 때,

$\displaystyle\int_{-1}^1 F(x)\,dx$의 값은? [4점]

① 6 ② 8 ③ 10

④ 12 ⑤ 14

2019년 시행 교육청 10월 가형 20번

함수 $f(x)=\displaystyle\int_x^{x+2} |2^t-5|\,dt$의 최솟값을 m이라 할 때, 2^m의

값은? [4점]

① $\left(\dfrac{5}{4}\right)^8$ ② $\left(\dfrac{5}{4}\right)^9$ ③ $\left(\dfrac{5}{4}\right)^{10}$

④ $\left(\dfrac{5}{4}\right)^{11}$ ⑤ $\left(\dfrac{5}{4}\right)^{12}$

실수 전체의 집합에서 연속인 함수 $f(x)$가 모든 실수 x에 대하여

$$x\int_0^x f(t)\,dt - \int_0^x tf(t)\,dt = ae^{2x} - 4x + b$$

를 만족시킬 때, $f(a)f(b)$의 값을 구하시오.

(단, a, b는 상수이다.) [4점]

함수 $f(x) = e^x + x - 1$과 양수 t에 대하여 함수

$$F(x) = \int_0^x \{t - f(s)\}\,ds$$

가 $x = \alpha$에서 최댓값을 가질 때, 실수 α의 값을 $g(t)$라 하자. 미분가능한 함수 $g(t)$에 대하여

$\displaystyle\int_{f(1)}^{f(5)} \frac{g(t)}{1 + e^{g(t)}}\,dt$의 값을 구하시오. [4점]

함수 $f(x) = \dfrac{1}{1+x}$에 대하여

$F(x) = \displaystyle\int_0^x tf(x-t)\,dt \ (x \geq 0)$일 때, $F'(a) = \ln 10$을 만족시키는 상수 a의 값을 구하시오. [4점]

040

2018년 시행 교육청 7월 가형 20번

양의 실수 전체의 집합에서 미분가능한 두 함수 $f(x)$와 $g(x)$가 다음 조건을 만족시킨다.

> (가) 모든 양의 실수 x에 대하여 $g(x)=\int_1^x \frac{f(t^2+1)}{t}\,dt$
> (나) $\int_2^5 f(x)\,dx=16$

$g(2)=3$일 때, $\int_1^2 xg(x)\,dx$의 값은? [4점]

① 2　② 4　③ 6　④ 8　⑤ 10

041

2020년 시행 교육청 7월 가형 19번

실수 전체의 집합에서 $f(x)>0$이고 도함수가 연속인 함수 $f(x)$가 있다. 실수 전체의 집합에서 함수 $g(x)$가

$$g(x)=\int_0^x \ln f(t)\,dt$$

일 때, 함수 $g(x)$와 $g(x)$의 도함수 $g'(x)$는 다음 조건을 만족시킨다.

> (가) 함수 $g(x)$는 $x=1$에서 극값 2를 갖는다.
> (나) 모든 실수 x에 대하여 $g'(-x)=g'(x)$이다.

$\int_{-1}^1 \frac{xf'(x)}{f(x)}\,dx$의 값은? [4점]

① -4　② -2　③ 0　④ 2　⑤ 4

연속함수 $y=f(x)$의 그래프가 원점에 대하여 대칭이고, 모든 실수 x에 대하여 $f(x)=\dfrac{\pi}{2}\displaystyle\int_1^{x+1} f(t)\,dt$이다. $f(1)=1$일 때, $\pi^2\displaystyle\int_0^1 xf(x+1)\,dx$의 값은? [4점]

① $2(\pi-2)$ ② $2\pi-3$ ③ $2(\pi-1)$

④ $2\pi-1$ ⑤ 2π

닫힌구간 $[0,\,1]$에서 증가하는 연속함수 $f(x)$가

$$\int_0^1 f(x)\,dx=2,\quad \int_0^1 |f(x)|\,dx=2\sqrt{2}$$

를 만족시킨다. 함수 $F(x)$가

$$F(x)=\int_0^x |f(t)|\,dt \ (0\le x\le 1)$$

일 때, $\displaystyle\int_0^1 f(x)F(x)\,dx$의 값은? [4점]

① $4-\sqrt{2}$ ② $2+\sqrt{2}$ ③ $5-\sqrt{2}$

④ $1+2\sqrt{2}$ ⑤ $2+2\sqrt{2}$

함수 $f(x)=\sin(\pi\sqrt{x})$에 대하여 함수

$$g(x)=\int_0^x tf(x-t)\,dt \ (x\ge 0)$$

이 $x=a$에서 극대인 모든 a를 작은 수부터 크기순으로 나열할 때, n번째 수를 a_n이라 하자.

$k^2<a_6<(k+1)^2$인 자연수 k의 값은? [4점]

① 11   ② 14   ③ 17

④ 20   ⑤ 23

3

정적분 활용

유형 ⑥ 정적분과 급수의 합 사이의 관계

3점

045
2022학년도 수능 26번

$\lim\limits_{n\to\infty} \sum\limits_{k=1}^{n} \dfrac{k^2+2kn}{k^3+3k^2n+n^3}$ 의 값은? [3점]

① $\ln 5$

② $\dfrac{\ln 5}{2}$

③ $\dfrac{\ln 5}{3}$

④ $\dfrac{\ln 5}{4}$

⑤ $\dfrac{\ln 5}{5}$

046
2019년 시행 교육청 3월 가형 12번

함수 $f(x)=\sin(3x)$ 에 대하여 $\lim\limits_{n\to\infty} \sum\limits_{k=1}^{n} \dfrac{\pi}{n} f\left(\dfrac{k\pi}{n}\right)$ 의 값은?

[3점]

① $\dfrac{2}{3}$

② 1

③ $\dfrac{4}{3}$

④ $\dfrac{5}{3}$

⑤ 2

047
2021학년도 수능 가형 11번

$\lim\limits_{n\to\infty} \dfrac{1}{n} \sum\limits_{k=1}^{n} \sqrt{\dfrac{3n}{3n+k}}$ 의 값은? [3점]

① $4\sqrt{3}-6$

② $\sqrt{3}-1$

③ $5\sqrt{3}-8$

④ $2\sqrt{3}-3$

⑤ $3\sqrt{3}-5$

048

함수 $f(x)=\cos x$에 대하여 $\lim\limits_{n\to\infty}\sum\limits_{k=1}^{n}\dfrac{k\pi}{n^2}f\left(\dfrac{\pi}{2}+\dfrac{k\pi}{n}\right)$의 값은? [4점]

① $-\dfrac{5}{2}$ ② -2 ③ $-\dfrac{3}{2}$

④ -1 ⑤ $-\dfrac{1}{2}$

049

이차함수 $y=f(x)$의 그래프는 그림과 같고, $f(0)=f(3)=0$ 이다.

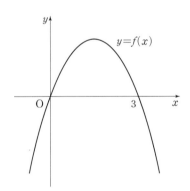

$\lim\limits_{n\to\infty}\dfrac{1}{n}\sum\limits_{k=1}^{n}f\left(\dfrac{k}{n}\right)=\dfrac{7}{6}$일 때, $f'(0)$의 값은? [4점]

① $\dfrac{5}{2}$ ② 3 ③ $\dfrac{7}{2}$

④ 4 ⑤ $\dfrac{9}{2}$

유형 ⑦ 정적분과 넓이

050

좌표평면에 두 함수 $f(x)=2^x$의 그래프와 $g(x)=\left(\dfrac{1}{2}\right)^x$의 그래프가 있다. 두 곡선 $y=f(x)$, $y=g(x)$가 직선 $x=t\ (t>0)$과 만나는 점을 각각 A, B라 하자.

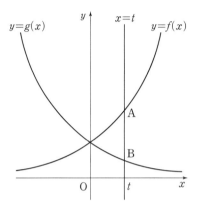

$t=1$일 때, 두 곡선 $y=f(x)$, $y=g(x)$와 직선 AB로 둘러싸인 부분의 넓이는? [3점]

① $\dfrac{5}{4\ln 2}$ ② $\dfrac{1}{\ln 2}$ ③ $\dfrac{3}{4\ln 2}$

④ $\dfrac{1}{2\ln 2}$ ⑤ $\dfrac{1}{4\ln 2}$

051 2019학년도 평가원 9월 가형 9번

그림과 같이 두 곡선 $y=2^x-1$, $y=\left|\sin\dfrac{\pi}{2}x\right|$ 가 원점 O와

점 $(1,\ 1)$에서 만난다. 두 곡선 $y=2^x-1$, $y=\left|\sin\dfrac{\pi}{2}x\right|$ 로

둘러싸인 부분의 넓이는? [3점]

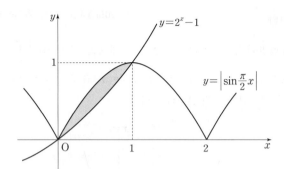

① $-\dfrac{1}{\pi}+\dfrac{1}{\ln 2}-1$ ② $\dfrac{2}{\pi}-\dfrac{1}{\ln 2}+1$

③ $\dfrac{2}{\pi}+\dfrac{1}{2\ln 2}-1$ ④ $\dfrac{1}{\pi}-\dfrac{1}{2\ln 2}+1$

⑤ $\dfrac{1}{\pi}+\dfrac{1}{\ln 2}-1$

052 Best Pick 2019학년도 평가원 6월 가형 8번

곡선 $y=|\sin 2x|+1$과 x축 및 두 직선 $x=\dfrac{\pi}{4}$, $x=\dfrac{5}{4}\pi$로 둘
러싸인 부분의 넓이는? [3점]

① $\pi+1$ ② $\pi+\dfrac{3}{2}$ ③ $\pi+2$

④ $\pi+\dfrac{5}{2}$ ⑤ $\pi+3$

053 2022학년도 수능 예시문항 27번

곡선 $y=x\ln(x^2+1)$과 x축 및 직선 $x=1$로 둘러싸인 부분
의 넓이는? [3점]

① $\ln 2-\dfrac{1}{2}$ ② $\ln 2-\dfrac{1}{4}$ ③ $\ln 2-\dfrac{1}{6}$

④ $\ln 2-\dfrac{1}{8}$ ⑤ $\ln 2-\dfrac{1}{10}$

054

2018년 시행 교육청 7월 가형 13번

점 $(1, 0)$에서 곡선 $y=e^x$에 그은 접선을 l이라 하자. 곡선 $y=e^x$과 y축 및 직선 l로 둘러싸인 부분의 넓이는? [3점]

① $\dfrac{1}{2}e^2-2$ ② $\dfrac{1}{2}e^2-1$ ③ e^2-3

④ e^2-2 ⑤ e^2-1

055

2018학년도 수능 가형 12번

곡선 $y=e^{2x}$과 y축 및 직선 $y=-2x+a$로 둘러싸인 영역을 A, 곡선 $y=e^{2x}$과 두 직선 $y=-2x+a$, $x=1$로 둘러싸인 영역을 B라 하자. A의 넓이와 B의 넓이가 같을 때, 상수 a의 값은? (단, $1<a<e^2$) [3점]

① $\dfrac{e^2+1}{2}$ ② $\dfrac{2e^2+1}{4}$ ③ $\dfrac{e^2}{2}$

④ $\dfrac{2e^2-1}{4}$ ⑤ $\dfrac{e^2-1}{2}$

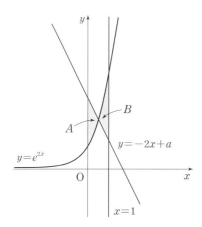

4점

056

2018년 시행 교육청 4월 가형 15번

곡선 $y=\dfrac{1}{x}$과 두 직선 $x=1$, $x=2$ 및 x축으로 둘러싸인 부분의 넓이를 S라 하자. 곡선 $y=\dfrac{1}{x}$과 두 직선 $x=1$, $x=a$ 및 x축으로 둘러싸인 부분의 넓이가 $2S$가 되도록 하는 모든 양수 a의 값의 합은? [4점]

① $\dfrac{15}{4}$ ② $\dfrac{17}{4}$ ③ $\dfrac{19}{4}$

④ $\dfrac{21}{4}$ ⑤ $\dfrac{23}{4}$

함수 $f(x)=\dfrac{2x-2}{x^2-2x+2}$에 대하여 곡선 $y=f(x)$와 x축 및 y축으로 둘러싸인 영역을 A, 곡선 $y=f(x)$와 x축 및 직선 $x=3$으로 둘러싸인 영역을 B라 하자. 영역 A의 넓이와 영역 B의 넓이의 합은? [4점]

① $2\ln 2$ ② $\ln 6$ ③ $3\ln 2$

④ $\ln 10$ ⑤ $\ln 12$

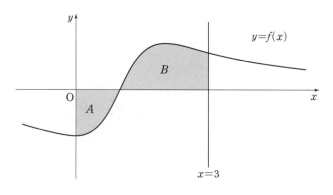

실수 전체의 집합에서 도함수가 연속인 함수 $f(x)$에 대하여 $f(0)=0$, $f(2)=1$이다. 그림과 같이 $0\le x\le 2$에서 곡선 $y=f(x)$와 x축 및 직선 $x=2$로 둘러싸인 두 부분의 넓이를 각각 A, B라 하자. $A=B$일 때, $\displaystyle\int_0^2 (2x+3)f'(x)\,dx$의 값을 구하시오. [4점]

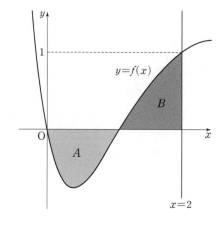

연속함수 $f(x)$의 그래프는 그림과 같다. 이 곡선과 x축으로 둘러싸인 두 부분 A, B의 넓이가 각각 α, β일 때, 정적분 $\displaystyle\int_0^p xf(2x^2)\,dx$의 값은? $\left(\text{단, } p > \dfrac{1}{2}\right)$ [4점]

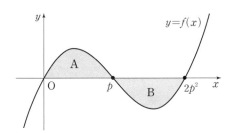

① $\dfrac{1}{2}(\alpha+\beta)$ ② $\dfrac{1}{2}(\alpha-\beta)$ ③ $\alpha+\beta$

④ $\dfrac{1}{4}(\alpha+\beta)$ ⑤ $\dfrac{1}{4}(\alpha-\beta)$

두 곡선 $y=(\sin x)\ln x$, $y=\dfrac{\cos x}{x}$와 두 직선 $x=\dfrac{\pi}{2}$, $x=\pi$로 둘러싸인 부분의 넓이는? [4점]

① $\dfrac{1}{4}\ln\pi$ ② $\dfrac{1}{2}\ln\pi$ ③ $\dfrac{3}{4}\ln\pi$

④ $\ln\pi$ ⑤ $\dfrac{5}{4}\ln\pi$

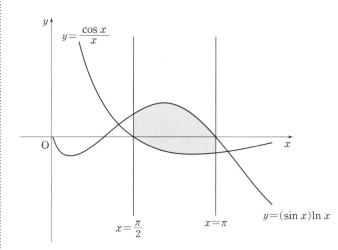

061

그림에서 두 곡선 $y=e^x$, $y=xe^x$과 y축으로 둘러싸인 부분 A의 넓이를 a, 두 곡선 $y=e^x$, $y=xe^x$과 직선 $x=2$로 둘러싸인 부분 B의 넓이를 b라 할 때, $b-a$의 값은? [4점]

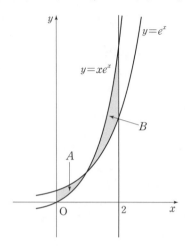

① $\dfrac{3}{2}$　　　② $e-1$　　　③ 2

④ $\dfrac{5}{2}$　　　⑤ e

062 Best Pick

양수 a에 대하여 함수 $f(x)=\displaystyle\int_0^x (a-t)e^t dt$의 최댓값이 32이다. 곡선 $y=3e^x$과 두 직선 $x=a$, $y=3$으로 둘러싸인 부분의 넓이를 구하시오. [4점]

063

두 함수 $f(x)=ax^2$ $(a>0)$, $g(x)=\ln x$의 그래프가 한 점 P에서 만나고, 곡선 $y=f(x)$ 위의 점 P에서의 접선의 기울기와 곡선 $y=g(x)$ 위의 점 P에서의 접선의 기울기가 서로 같다. 두 곡선 $y=f(x)$, $y=g(x)$와 x축으로 둘러싸인 부분의 넓이는? (단, a는 상수이다.) [4점]

① $\dfrac{2\sqrt{e}-3}{6}$　　　② $\dfrac{2\sqrt{e}-3}{3}$　　　③ $\dfrac{\sqrt{e}-1}{2}$

④ $\dfrac{4\sqrt{e}-3}{6}$　　　⑤ $\sqrt{e}-1$

064

그림과 같이 곡선 $y=x\sin x$ $\left(0\le x\le\dfrac{\pi}{2}\right)$에 대하여 이 곡선과 x축, 직선 $x=k$로 둘러싸인 영역을 A, 이 곡선과 직선 $x=k$, 직선 $y=\dfrac{\pi}{2}$로 둘러싸인 영역을 B라 하자. A의 넓이와 B의 넓이가 같을 때, 상수 k의 값은? $\left($단, $0\le k\le\dfrac{\pi}{2}\right)$ [4점]

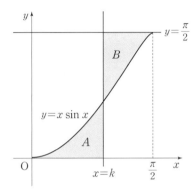

① $\dfrac{\pi}{4}-\dfrac{1}{\pi}$ 　② $\dfrac{\pi}{4}$ 　③ $\dfrac{\pi}{2}-\dfrac{2}{\pi}$

④ $\dfrac{\pi}{4}+\dfrac{1}{\pi}$ 　⑤ $\dfrac{\pi}{2}-\dfrac{1}{\pi}$

065

닫힌구간 $\left[0,\dfrac{\pi}{2}\right]$에서 정의된 함수 $f(x)=\sin x$의 그래프 위의 한 점 $\mathrm{P}(a,\sin a)\left(0<a<\dfrac{\pi}{2}\right)$에서의 접선을 l이라 하자. 곡선 $y=f(x)$와 x축 및 직선 l로 둘러싸인 부분의 넓이와 곡선 $y=f(x)$와 x축 및 직선 $x=a$로 둘러싸인 부분의 넓이가 같을 때, $\cos a$의 값은? [4점]

① $\dfrac{1}{6}$ 　② $\dfrac{1}{3}$ 　③ $\dfrac{1}{2}$

④ $\dfrac{2}{3}$ 　⑤ $\dfrac{5}{6}$

적분법

좌표평면에서 꼭짓점의 좌표가 $O(0, 0)$, $A(2^n, 0)$, $B(2^n, 2^n)$, $C(0, 2^n)$인 정사각형 $OABC$와 그 내부는 두 곡선 $y=2^x$, $y=\log_2 x$에 의하여 세 부분으로 나뉜다. $n=3$일 때 이 세 부분 중 색칠된 부분의 넓이는? (단, n은 자연수이다.) [4점]

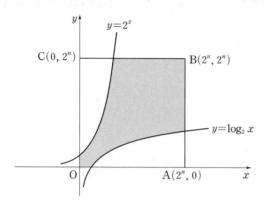

① $14+\dfrac{12}{\ln 2}$ ② $16+\dfrac{14}{\ln 2}$ ③ $18+\dfrac{16}{\ln 2}$

④ $20+\dfrac{18}{\ln 2}$ ⑤ $22+\dfrac{20}{\ln 2}$

연속함수 $f(x)$와 그 역함수 $g(x)$가 다음 조건을 만족시킨다.

(가) $f(1)=1$, $f(3)=3$, $f(7)=7$

(나) $x\neq 3$인 모든 실수 x에 대하여 $f''(x)<0$이다.

(다) $\displaystyle\int_1^7 f(x)\,dx=27$, $\displaystyle\int_1^3 g(x)\,dx=3$

$12\displaystyle\int_3^7 |f(x)-x|\,dx$의 값을 구하시오. [4점]

3점

068 Best Pick

그림과 같이 양수 k에 대하여 곡선 $y=\sqrt{\dfrac{e^x}{e^x+1}}$과 x축, y축 및 직선 $x=k$로 둘러싸인 부분을 밑면으로 하고 x축에 수직인 평면으로 자른 단면이 모두 정사각형인 입체도형의 부피가 $\ln 7$일 때, k의 값은? [3점]

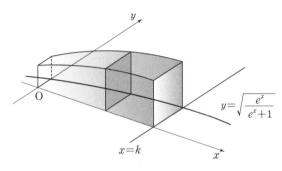

① $\ln 11$ ② $\ln 13$ ③ $\ln 15$
④ $\ln 17$ ⑤ $\ln 19$

069

그림과 같이 곡선 $y=\sqrt{\dfrac{3x+1}{x^2}}\ (x>0)$과 x축 및 두 직선 $x=1$, $x=2$로 둘러싸인 부분을 밑면으로 하고 x축에 수직인 평면으로 자른 단면이 모두 정사각형인 입체도형의 부피는? [3점]

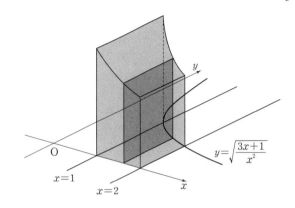

① $3\ln 2$ ② $\dfrac{1}{2}+3\ln 2$ ③ $1+3\ln 2$
④ $\dfrac{1}{2}+4\ln 2$ ⑤ $1+4\ln 2$

070

2020학년도 평가원 9월 가형 14번

그림과 같이 양수 k에 대하여 함수 $f(x)=2\sqrt{x}\,e^{kx^2}$의 그래프와 x축 및 두 직선 $x=\dfrac{1}{\sqrt{2k}}$, $x=\dfrac{1}{\sqrt{k}}$로 둘러싸인 부분을 밑면으로 하고 x축에 수직인 평면으로 자른 단면이 모두 정삼각형인 입체도형의 부피가 $\sqrt{3}(e^2-e)$일 때, k의 값은? [4점]

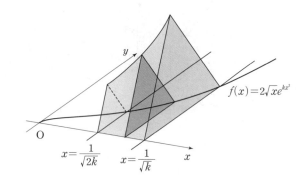

① $\dfrac{1}{12}$ ② $\dfrac{1}{6}$ ③ $\dfrac{1}{4}$

④ $\dfrac{1}{3}$ ⑤ $\dfrac{1}{2}$

071

2016년 시행 교육청 7월 가형 27번

그림과 같이 함수 $f(x)=\sqrt{x}\,e^{\frac{x}{2}}$에 대하여 좌표평면 위의 두 점 $A(x,\,0)$, $B(x,\,f(x))$를 이은 선분을 한 변으로 하는 정사각형을 x축에 수직인 평면 위에 그린다. 점 A의 x좌표가 $x=1$에서 $x=\ln 6$까지 변할 때, 이 정사각형이 만드는 입체도형의 부피는 $-a+b\ln 6$이다. $a+b$의 값을 구하시오.

(단, a와 b는 자연수이다.) [4점]

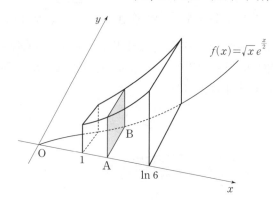

072

그림과 같이 함수

$$f(x) = \begin{cases} e^{-x} & (x<0) \\ \sqrt{\ln(x+1)+1} & (x \geq 0) \end{cases}$$

의 그래프 위의 점 $P(x, f(x))$에서 x축에 내린 수선의 발을 H라 하고, 선분 PH를 한 변으로 하는 정사각형을 x축에 수직인 평면 위에 그린다. 점 P의 x좌표가 $x=-\ln 2$에서 $x=e-1$까지 변할 때, 이 정사각형이 만드는 입체도형의 부피는? [4점]

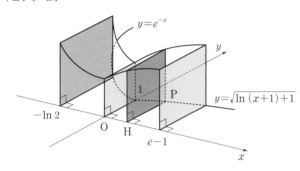

① $e - \dfrac{3}{2}$ ② $e + \dfrac{2}{3}$ ③ $2e - \dfrac{3}{2}$

④ $e + \dfrac{3}{2}$ ⑤ $2e - \dfrac{2}{3}$

유형 ⑨ 점이 움직인 거리와 곡선의 길이

3점

073

좌표평면 위의 곡선 $y = \dfrac{1}{3}x\sqrt{x}$ $(0 \leq x \leq 12)$에 대하여 $x=0$에서 $x=12$까지의 곡선의 길이를 l이라 할 때, $3l$의 값을 구하시오. [3점]

074

좌표평면 위를 움직이는 점 P의 시각 t $(t>0)$에서의 위치가 곡선 $y=x^2$과 직선 $y=t^2x-\dfrac{\ln t}{8}$가 만나는 서로 다른 두 점의 중점일 때, 시각 $t=1$에서 $t=e$까지 점 P가 움직인 거리는? [3점]

① $\dfrac{e^4}{2} - \dfrac{3}{8}$ ② $\dfrac{e^4}{2} - \dfrac{5}{16}$ ③ $\dfrac{e^4}{2} - \dfrac{1}{4}$

④ $\dfrac{e^4}{2} - \dfrac{3}{16}$ ⑤ $\dfrac{e^4}{2} - \dfrac{1}{8}$

075

좌표평면 위를 움직이는 점 P의 시각 t $(0 \leq t \leq 2\pi)$에서의 위치 (x, y)가

$$x = t + 2\cos t, \quad y = \sqrt{3}\sin t$$

일 때, 〈보기〉에서 옳은 것만을 있는 대로 고른 것은? [4점]

〈보기〉

ㄱ. $t = \dfrac{\pi}{2}$일 때, 점 P의 속도는 $(-1, 0)$이다.

ㄴ. 점 P의 속도의 크기의 최솟값은 1이다.

ㄷ. 점 P가 $t = \pi$에서 $t = 2\pi$까지 움직인 거리는 $2\pi + 2$이다.

① ㄱ   ② ㄷ   ③ ㄱ, ㄴ

④ ㄴ, ㄷ   ⑤ ㄱ, ㄴ, ㄷ

076

좌표평면 위를 움직이는 점 P의 시각 t에서의 위치 (x, y)가

$$\begin{cases} x = 4(\cos t + \sin t) \\ y = \cos 2t \end{cases} \quad (0 \leq t \leq 2\pi)$$

이다. 점 P가 $t = 0$에서 $t = 2\pi$까지 움직인 거리(경과 거리)를 $a\pi$라 할 때, a^2의 값을 구하시오. [4점]

077

양의 실수 전체의 집합에서 이계도함수를 갖는 함수 $f(t)$에 대하여 좌표평면 위를 움직이는 점 P의 시각 t $(t \geq 1)$에서의 위치 (x, y)가

$$\begin{cases} x = 2\ln t \\ y = f(t) \end{cases}$$

이다. 점 P가 점 $(0, f(1))$로부터 움직인 거리가 s가 될 때 시각 t는 $t = \dfrac{s + \sqrt{s^2 + 4}}{2}$이고, $t = 2$일 때 점 P의 속도는 $\left(1, \dfrac{3}{4}\right)$이다. 시각 $t = 2$일 때 점 P의 가속도를 $\left(-\dfrac{1}{2}, a\right)$라 할 때, $60a$의 값을 구하시오. [4점]

▶ 정답 및 해설 096쪽

078 Best **Pick**

2020학년도 평가원 9월 가형 30번

실수 전체의 집합에서 미분가능한 함수 $f(x)$가 모든 실수 x에 대하여

$$f'(x^2+x+1)=\pi f(1)\sin \pi x+f(3)x+5x^2$$

을 만족시킬 때, $f(7)$의 값을 구하시오. [4점]

079 Best **Pick**

2018년 시행 교육청 3월 가형 30번

함수

$$f(x)=\begin{cases} e^x & (0\leq x<1) \\ e^{2-x} & (1\leq x\leq 2) \end{cases}$$

에 대하여 열린구간 $(0, 2)$에서 정의된 함수

$$g(x)=\int_0^x |f(x)-f(t)|\, dt$$

의 극댓값과 극솟값의 차는 $ae+b\sqrt[3]{e^2}$이다. $(ab)^2$의 값을 구하시오.

(단, a, b는 유리수이다.) [4점]

080

2021년 시행 교육청 7월 30번

두 자연수 a, b에 대하여 이차함수 $f(x) = ax^2 + b$가 있다. 함수 $g(x)$를

$$g(x) = \ln f(x) - \frac{1}{10}\{f(x) - 1\}$$

이라 하자. 실수 t에 대하여 직선 $y = |g(t)|$와 함수 $y = |g(x)|$의 그래프가 만나는 점의 개수를 $h(t)$라 하자. 두 함수 $g(x)$, $h(t)$가 다음 조건을 만족시킨다.

(가) 함수 $g(x)$는 $x = 0$에서 극솟값을 갖는다.

(나) 함수 $h(t)$가 $t = k$에서 불연속인 k의 값의 개수는 7이다.

$\int_0^a e^x f(x)\,dx = me^a - 19$일 때, 자연수 m의 값을 구하시오. [4점]

함수 $f(x)=\sin(ax)$ $(a\neq 0)$에 대하여 다음 조건을 만족시키는 모든 실수 a의 값의 합을 구하시오. [4점]

(가) $\displaystyle\int_0^{\frac{\pi}{a}} f(x)\,dx \geq \dfrac{1}{2}$

(나) $0<t<1$인 모든 실수 t에 대하여

$$\int_0^{3\pi} |f(x)+t|\,dx = \int_0^{3\pi} |f(x)-t|\,dx$$

이다.

▶ 정답 및 해설 098쪽

082

2022학년도 수능 30번

실수 전체의 집합에서 증가하고 미분가능한 함수 $f(x)$가 다음 조건을 만족시킨다.

(가) $f(1)=1$, $\displaystyle\int_{1}^{2} f(x)\,dx=\dfrac{5}{4}$

(나) 함수 $f(x)$의 역함수를 $g(x)$라 할 때, $x \geq 1$인 모든 실수 x에 대하여 $g(2x)=2f(x)$
이다.

$\displaystyle\int_{1}^{8} xf'(x)\,dx=\dfrac{q}{p}$일 때, $p+q$의 값을 구하시오. (단, p와 q는 서로소인 자연수이다.) [4점]

실수 전체의 집합에서 연속인 함수 $f(x)$가 다음 조건을 만족시킨다.

(가) $x \leq b$일 때, $f(x) = a(x-b)^2 + c$이다. (단, a, b, c는 상수이다.)

(나) 모든 실수 x에 대하여 $f(x) = \displaystyle\int_0^x \sqrt{4-2f(t)}\,dt$이다.

$\displaystyle\int_0^6 f(x)\,dx = \dfrac{q}{p}$일 때, $p+q$의 값을 구하시오. (단, p와 q는 서로소인 자연수이다.) [4점]

084

2015학년도 평가원 9월 B형 30번

양의 실수 전체의 집합에서 감소하고 연속인 함수 $f(x)$가 다음 조건을 만족시킨다.

(가) 모든 양의 실수 x에 대하여 $f(x) > 0$이다.

(나) 임의의 양의 실수 t에 대하여 세 점 $(0, 0)$, $(t, f(t))$, $(t+1, f(t+1))$을 꼭짓점으로 하는 삼각형의 넓이가 $\dfrac{t+1}{t}$이다.

(다) $\displaystyle\int_1^2 \dfrac{f(x)}{x} dx = 2$

$\displaystyle\int_{\frac{7}{2}}^{\frac{11}{2}} \dfrac{f(x)}{x} dx = \dfrac{q}{p}$ 라 할 때, $p+q$의 값을 구하시오. (단, p와 q는 서로소인 자연수이다.)

[4점]

0이 아닌 세 정수 l, m, n이

$$|l|+|m|+|n| \leq 10$$

을 만족시킨다. $0 \leq x \leq \dfrac{3}{2}\pi$에서 정의된 연속함수 $f(x)$가 $f(0)=0$, $f\left(\dfrac{3}{2}\pi\right)=1$이고

$$f'(x)=\begin{cases} l\cos x & \left(0<x<\dfrac{\pi}{2}\right) \\ m\cos x & \left(\dfrac{\pi}{2}<x<\pi\right) \\ n\cos x & \left(\pi<x<\dfrac{3}{2}\pi\right) \end{cases}$$

를 만족시킬 때, $\displaystyle\int_0^{\frac{3}{2}\pi} f(x)\,dx$의 값이 최대가 되도록 하는 l, m, n에 대하여 $l+2m+3n$의 값은? [4점]

① 12   ② 13   ③ 14

④ 15   ⑤ 16

086

2020년 시행 교육청 10월 가형 30번

최고차항의 계수가 k $(k>0)$인 이차함수 $f(x)$에 대하여 $f(0)=f(-2)$, $f(0)\neq 0$이다. 함수 $g(x)=(ax+b)e^{f(x)}$ $(a<0)$이 다음 조건을 만족시킨다.

(가) 모든 실수 x에 대하여 $(x+1)\{g(x)-mx-m\}\leq 0$을 만족시키는 실수 m의 최솟값은 -2이다.

(나) $\displaystyle\int_0^1 g(x)\,dx=\int_{-2f(0)}^1 g(x)\,dx=\dfrac{e-e^4}{k}$

$f(ab)$의 값을 구하시오. (단, a, b는 상수이다.) [4점]

정의역이 $\{x \mid 0 \leq x \leq 8\}$이고 다음 조건을 만족시키는 모든 연속함수 $f(x)$에 대하여 $\int_0^8 f(x)\,dx$의 최댓값은 $p + \dfrac{q}{\ln 2}$이다. $p+q$의 값을 구하시오.

(단, p, q는 자연수이고, $\ln 2$는 무리수이다.) [4점]

(가) $f(0)=1$이고 $f(8)\leq 100$이다.

(나) $0 \leq k \leq 7$인 각각의 정수 k에 대하여

$$f(k+t)=f(k)\ (0<t\leq 1)$$

또는

$$f(k+t)=2^t \times f(k)\ (0<t\leq 1)$$

이다.

(다) 열린구간 $(0, 8)$에서 함수 $f(x)$가 미분가능하지 않은 점의 개수는 2이다.

088

2022학년도 평가원 9월 30번

최고차항의 계수가 9인 삼차함수 $f(x)$가 다음 조건을 만족시킨다.

(가) $\lim\limits_{x \to 0} \dfrac{\sin(\pi \times f(x))}{x} = 0$

(나) $f(x)$의 극댓값과 극솟값의 곱은 5이다.

함수 $g(x)$는 $0 \leq x < 1$일 때 $g(x) = f(x)$이고 모든 실수 x에 대하여 $g(x+1) = g(x)$이다.

$g(x)$가 실수 전체의 집합에서 연속일 때, $\displaystyle\int_0^5 x g(x)\,dx = \dfrac{q}{p}$이다. $p + q$의 값을 구하시오.

(단, p와 q는 서로소인 자연수이다.) [4점]

실수 전체의 집합에서 미분가능한 함수 $f(x)$에 대하여 곡선 $y=f(x)$ 위의 점 $(t, f(t))$에서의 접선의 y절편을 $g(t)$라 하자. 모든 실수 t에 대하여

$$(1+t^2)\{g(t+1)-g(t)\}=2t$$

이고, $\displaystyle\int_0^1 f(x)\,dx=-\frac{\ln 10}{4}$, $f(1)=4+\dfrac{\ln 17}{8}$일 때,

$2\{f(4)+f(-4)\}-\displaystyle\int_{-4}^4 f(x)\,dx$의 값을 구하시오. [4점]

090

$ab<0$인 상수 a, b에 대하여 함수 $f(x)$는 $f(x)=(ax+b)e^{-\frac{x}{2}}$이고 함수 $g(x)$는 $g(x)=\displaystyle\int_0^x f(t)\,dt$이다.

실수 k $(k>0)$에 대하여 부등식

$$g(x)-k\geq xf(x)$$

를 만족시키는 양의 실수 x가 존재할 때, 이 x의 값 중 최솟값을 $h(k)$라 하자. 함수 $g(x)$와 $h(k)$는 다음 조건을 만족시킨다.

(가) 함수 $g(x)$는 극댓값 α를 갖고 $h(\alpha)=2$이다.

(나) $h(k)$의 값이 존재하는 k의 최댓값은 $8e^{-2}$이다.

$100(a^2+b^2)$의 값을 구하시오. (단, $\displaystyle\lim_{x\to\infty} f(x)=0$) [4점]

실수 전체의 집합에서 미분가능한 두 함수 $f(x)$, $g(x)$가 모든 실수 x에 대하여 다음 조건을 만족시킨다.

(가) $g(x+1)-g(x)=-\pi(e+1)e^x\sin(\pi x)$

(나) $g(x+1)=\displaystyle\int_0^x \{f(t+1)e^t - f(t)e^t + g(t)\}\,dt$

$\displaystyle\int_0^1 f(x)\,dx = \dfrac{10}{9}e + 4$일 때, $\displaystyle\int_1^{10} f(x)\,dx$의 값을 구하시오. [4점]

092 Best Pick
2018학년도 평가원 **6월 가형 30번**

실수 a와 함수 $f(x) = \ln(x^4 + 1) - c$ ($c > 0$인 상수)에 대하여 함수 $g(x)$를

$$g(x) = \int_a^x f(t)\,dt$$

라 하자. 함수 $y = g(x)$의 그래프가 x축과 만나는 서로 다른 점의 개수가 2가 되도록 하는 모든 a의 값을 작은 수부터 크기순으로 나열하면 a_1, a_2, $\cdots$, a_m (m은 자연수)이다. $a = a_1$일 때, 함수 $g(x)$와 상수 k는 다음 조건을 만족시킨다.

(가) 함수 $g(x)$는 $x = 1$에서 극솟값을 갖는다.

(나) $\displaystyle \int_{a_1}^{a_m} g(x)\,dx = k a_m \int_0^1 |f(x)|\,dx$

$mk \times e^c$의 값을 구하시오. [4점]

▶ 정답 및 해설 107쪽

우픽

2026
수능 기출

최신 기출 ALL

우수 기출 PICK

미적분

BOOK ❷ 우수 기출 PICK

정답 및 해설

메가스터디BOOKS

올 수능 기출
픽

미적분

BOOK 2

정답 및 해설

I 수열의 극한

001 ①	002 12	003 ②	004 ③	005 110	006 ②	007 6	008 ⑤	009 ②	010 21	011 35	012 ③

001 ① 002 12 003 ② 004 ③ 005 110 006 ② 007 6 008 ⑤ 009 ② 010 21 011 35 012 ③

013 ① 014 15 015 ④ 016 ⑤ 017 ③ 018 ② 019 ② 020 ④ 021 4 022 ③ 023 21 024 ③

025 ③ 026 10 027 63 028 ④ 029 ③ 030 ② 031 5 032 ④ 033 ⑤ 034 ① 035 ③ 036 ④

037 ① 038 ② 039 50 040 ① 041 ① 042 ⑤ 043 ① 044 ⑤ 045 ② 046 ① 047 ① 048 ⑤

049 ③ 050 ③ 051 ③ 052 ② 053 ① 054 ② 055 ① 056 16 057 ③ 058 ② 059 ① 060 16

061 32 062 ① 063 ② 064 ③ 065 37 066 ④ 067 ⑤ 068 ① 069 ④ 070 ③ 071 ① 072 ②

073 ① 074 ② 075 ③ 076 ② 077 ⑤ 078 ① 079 ⑤ 080 ② 고난도 기출 ▶ 081 ① 082 ⑤ 083 12

084 19 085 13 086 25

II 미분법

001 ⑤ 002 ⑤ 003 10 004 ② 005 ② 006 ② 007 ① 008 ① 009 ③ 010 ④ 011 ② 012 ①

013 ④ 014 ③ 015 ③ 016 ② 017 ① 018 ④ 019 ④ 020 ⑤ 021 ⑤ 022 ① 023 18 024 20

025 8 026 ⑤ 027 2 028 ③ 029 60 030 ① 031 ③ 032 ④ 033 ② 034 ③ 035 ④ 036 ②

037 4 038 ① 039 20 040 15 041 11 042 2 043 ② 044 ⑤ 045 ② 046 16 047 ④ 048 ③

049 ⑤ 050 ④ 051 ③ 052 ① 053 ① 054 ④ 055 ④ 056 ④ 057 5 058 ② 059 ③ 060 ⑤

061 ④ 062 4 063 ① 064 25 065 ③ 066 ⑤ 067 ① 068 ⑤ 069 ① 070 ③ 071 16 072 ④

073 ④ 074 72 075 15 076 ① 077 ① 078 ⑤ 079 ④ 080 ② 081 ④ 082 ④ 083 50 084 ④

085 ③ 086 ② 087 ① 088 ② 089 ① 090 ④ 091 ① 092 17 093 ① 094 3 095 ④ 096 2

097 ③ 098 ③ 099 15 100 ① 101 ④ 102 ③ 103 ⑤ 104 24 105 ③ 106 ② 107 ④ 108 4

109 ③ 110 4 고난도 기출 ▶ 111 ① 112 11 113 ④ 114 72 115 64 116 29 117 5 118 30 119 10

120 6 121 27 122 216

III 적분법

001 ⑤ 002 ② 003 ④ 004 ⑤ 005 ② 006 ④ 007 ④ 008 ② 009 72 010 ④ 011 ① 012 ②

013 ① 014 12 015 ③ 016 ② 017 ① 018 3 019 ② 020 ④ 021 12 022 ② 023 ⑤ 024 17

025 2 026 ① 027 ⑤ 028 ② 029 6 030 ④ 031 ③ 032 ② 033 ④ 034 ② 035 ④ 036 ③

037 64 038 9 039 12 040 ① 041 ① 042 ① 043 ④ 044 ① 045 ③ 046 ① 047 ① 048 ④

049 ② 050 ④ 051 ② 052 ③ 053 ① 054 ⑤ 055 ① 056 ② 057 ④ 058 7 059 ⑤ 060 ④

061 ③ 062 96 063 ② 064 ③ 065 ② 066 ② 067 24 068 ② 069 ② 070 ③ 071 12 072 ④

073 56 074 ① 075 ⑤ 076 64 077 15 고난도 기출 ▶ 078 93 079 36 080 586 081 14 082 143 083 35

084 127 085 ⑤ 086 25 087 128 088 115 089 16 090 125 091 26 092 16

I 수열의 극한

▶ 본문 006~036쪽

001 ①	002 12	003 ②	004 ③	005 110	006 ②
007 6	008 ⑤	009 ②	010 21	011 35	012 ③
013 ①	014 15	015 ④	016 ⑤	017 ③	018 ②
019 ②	020 ④	021 4	022 ③	023 21	024 ③
025 ③	026 10	027 63	028 ④	029 ③	030 ②
031 5	032 ④	033 ⑤	034 ①	035 ④	036 ④
037 ①	038 ②	039 50	040 ①	041 ①	042 ⑤
043 ①	044 ⑤	045 ②	046 ①	047 ③	048 ⑤
049 ③	050 ③	051 ③	052 ②	053 ①	054 ②
055 ①	056 16	057 ④	058 ④	059 ①	060 16
061 32	062 ①	063 ②	064 ③	065 37	066 ④
067 ⑤	068 ①	069 ④	070 ③	071 ①	072 ②
073 ①	074 ②	075 ③	076 ②	077 ⑤	078 ①
079 ⑤	080 ②				

001 정답률 ▶ 90%   답 ①

1단계 수열 $\{a_n\}$의 일반항을 구해 보자.

$\dfrac{1+a_n}{a_n}=n^2+2$에서 $\dfrac{1}{a_n}+1=n^2+2$이므로

$\dfrac{1}{a_n}=n^2+1$ ∴ $a_n=\dfrac{1}{n^2+1}$

2단계 $\lim\limits_{n\to\infty} n^2 a_n$의 값을 구해 보자.

$\lim\limits_{n\to\infty} n^2 a_n=\lim\limits_{n\to\infty}\left(n^2\times\dfrac{1}{n^2+1}\right)=\lim\limits_{n\to\infty}\dfrac{n^2}{n^2+1}$

$\qquad\qquad=\lim\limits_{n\to\infty}\dfrac{1}{1+\dfrac{1}{n^2}}$

$\qquad\qquad=\dfrac{1}{1+0}$

$\qquad\qquad=1$

002 정답률 ▶ 84%   답 12

1단계 $\dfrac{\infty}{\infty}$ 꼴의 유리식의 극한값이 존재할 조건을 이용하여 상수 a의 값을 구해 보자.

극한값이 4이므로 분모의 차수와 분자의 차수가 같아야 한다.

∴ $a=0$

2단계 상수 b의 값을 구하고 $a+b$의 값을 구해 보자.

$\lim\limits_{n\to\infty}\dfrac{bn+7}{3n+1}=\lim\limits_{n\to\infty}\dfrac{b+\dfrac{7}{n}}{3+\dfrac{1}{n}}=\dfrac{b}{3}$이므로

$\dfrac{b}{3}=4$ ∴ $b=12$

∴ $a+b=0+12=12$

003 정답률 ▶ 80%   답 ②

1단계 등차수열 $\{a_n\}$의 일반항을 구해 보자.

등차수열 $\{a_n\}$의 첫째항을 a, 공차를 d라 하면

$a_3=a+2d=5$, $a_6=a+5d=11$이므로

$a=1$, $d=2$

즉, 등차수열 $\{a_n\}$의 일반항은

$a_n=1+(n-1)\times2=2n-1$

2단계 $\lim\limits_{n\to\infty}\sqrt{n}\,(\sqrt{a_{n+1}}-\sqrt{a_n})$의 값을 구해 보자.

$\lim\limits_{n\to\infty}\sqrt{n}\,(\sqrt{a_{n+1}}-\sqrt{a_n})$

$=\lim\limits_{n\to\infty}\sqrt{n}\,(\sqrt{2n+1}-\sqrt{2n-1})$

$=\lim\limits_{n\to\infty}\dfrac{\sqrt{n}\,(\sqrt{2n+1}-\sqrt{2n-1})(\sqrt{2n+1}+\sqrt{2n-1})}{\sqrt{2n+1}+\sqrt{2n-1}}$

$=\lim\limits_{n\to\infty}\dfrac{2\sqrt{n}}{\sqrt{2n+1}+\sqrt{2n-1}}$

$=\lim\limits_{n\to\infty}\dfrac{2}{\sqrt{2+\dfrac{1}{n}}+\sqrt{2-\dfrac{1}{n}}}$

$=\dfrac{2}{\sqrt{2+0}+\sqrt{2-0}}=\dfrac{\sqrt{2}}{2}$

004 정답률 ▶ 64%   답 ③

1단계 수열 $\{a_n\}$에 대하여 알아보자.

$x=-1$이 이차방정식 $a_n x^2+2a_{n+1}x+a_{n+2}=0$의 근이므로

$a_n-2a_{n+1}+a_{n+2}=0$

즉, $2a_{n+1}=a_n+a_{n+2}$이므로 수열 $\{a_n\}$은 등차수열이다.

2단계 수열 $\{b_n\}$을 구해 보자.

세 수 a, b, c가 이 순서대로 등차수열을 이룰 때, b를 a와 c의 등차중항이라 하고, $b-a=c-b$ 또는 $b=\dfrac{a+c}{2}$이다.

수열 $\{a_n\}$의 첫째항을 $a\,(a\neq0)$, 공차를 d라 하면

$a_n=a+(n-1)d$, $a_{n+2}=a+(n+1)d$ …… ㉠

이차방정식의 근과 계수의 관계에 의하여

$(-1)\times b_n=\dfrac{a_{n+2}}{a_n}$

∴ $b_n=-\dfrac{a_{n+2}}{a_n}=-\dfrac{a+(n+1)d}{a+(n-1)d}$ (∵ ㉠)

3단계 $\lim\limits_{n\to\infty} b_n$의 값을 구해 보자.

(i) $d=0$인 경우, $\lim\limits_{n\to\infty} b_n=-\dfrac{a}{a}=-1$

(ii) $d\neq0$인 경우,

$\lim\limits_{n\to\infty} b_n=-\lim\limits_{n\to\infty}\dfrac{a+dn+d}{a+dn-d}=-\lim\limits_{n\to\infty}\dfrac{\dfrac{a}{n}+d+\dfrac{d}{n}}{\dfrac{a}{n}+d-\dfrac{d}{n}}=-1$

(i), (ii)에서 $\lim\limits_{n\to\infty} b_n=-1$

005 정답률 ▶ 66%   답 110

Best Pick 무리식이 포함된 $\infty-\infty$ 꼴의 미정계수를 구하는 문제이다. 수열의 극한 단원의 핵심이 되는 개념을 정확하게 이해했는지를 파악할 수 있는 문제이고, 출제 빈도도 높은 유형이다.

1단계 $\lim\limits_{n\to\infty}(\sqrt{an^2+4n}-bn)$을 간단히 해 보자.

$$\lim_{n\to\infty}(\sqrt{an^2+4n}-bn)=\lim_{n\to\infty}\frac{(\sqrt{an^2+4n}-bn)(\sqrt{an^2+4n}+bn)}{\sqrt{an^2+4n}+bn}$$
$$=\lim_{n\to\infty}\frac{(an^2+4n)-b^2n^2}{\sqrt{an^2+4n}+bn}$$
$$=\lim_{n\to\infty}\frac{(a-b^2)n^2+4n}{\sqrt{an^2+4n}+bn}$$
$$=\lim_{n\to\infty}\frac{(a-b^2)n+4}{\sqrt{a+\frac{4}{n}}+b} \quad\cdots\cdots\ \text{㉠}$$

2단계 양수 a와 실수 b의 값을 각각 구하고 $a+b$의 값을 구해 보자.

㉠에서

$$\lim_{n\to\infty}\frac{(a-b^2)n+4}{\sqrt{a+\frac{4}{n}}+b}=\frac{1}{5}$$

$\rightarrow a-b^2\neq0$이면 $\lim\limits_{n\to\infty}\dfrac{(a-b^2)n+4}{\sqrt{a+\frac{4}{n}}+b}$ 는 ∞ 또는 $-\infty$로 발산하게 된다.

$a-b^2=0$

$\therefore a=b^2 \quad\cdots\cdots\ \text{㉡}$

㉡을 ㉠에 대입하면

$$\lim_{n\to\infty}\frac{(a-b^2)n+4}{\sqrt{a+\frac{4}{n}}+b}=\lim_{n\to\infty}\frac{4}{\sqrt{b^2+\frac{4}{n}}+b}$$
$$=\frac{4}{\sqrt{b^2}+b}$$
$$=\frac{4}{|b|+b} \quad\cdots\cdots\ \text{㉢}$$

이때 $|b|+b\neq0$이어야 하므로
$b>0$

㉢에서 $\dfrac{4}{2b}=\dfrac{1}{5}$, $2b=20$

$\therefore b=10$, $a=b^2=100$

$\therefore a+b=100+10=110$

---

006 정답률 ▶ 60%　　　답 ②

1단계 함수 $f(x)$를 이용하여 $h(n)$을 구해 보자.
방정식 $f(x)=n$의 두 근이 α, β이므로
$(x-3)^2=n$에서
$x-3=\sqrt{n}$ 또는 $x-3=-\sqrt{n}$
$\therefore x=3+\sqrt{n}$ 또는 $x=3-\sqrt{n}$
$\therefore h(n)=|\alpha-\beta|$
$\qquad =|(3+\sqrt{n})-(3-\sqrt{n})|$
$\qquad =2\sqrt{n}$

2단계 $\lim\limits_{n\to\infty}\sqrt{n}\{h(n+1)-h(n)\}$의 값을 구해 보자.

$\lim\limits_{n\to\infty}\sqrt{n}\{h(n+1)-h(n)\}$
$=\lim\limits_{n\to\infty}\sqrt{n}(2\sqrt{n+1}-2\sqrt{n})$
$=\lim\limits_{n\to\infty}\dfrac{2\sqrt{n}(\sqrt{n+1}-\sqrt{n})(\sqrt{n+1}+\sqrt{n})}{\sqrt{n+1}+\sqrt{n}}$
$=\lim\limits_{n\to\infty}\dfrac{2\sqrt{n}}{\sqrt{n+1}+\sqrt{n}}$
$=\lim\limits_{n\to\infty}\dfrac{2}{\sqrt{1+\frac{1}{n}}+1}$
$=\dfrac{2}{\sqrt{1+0}+1}=1$

004 정답 및 해설

---

007 정답률 ▶ 33%　　　답 6

1단계 a_{2n}, T_{2n}, S_{2n}을 각각 n에 대한 식으로 나타내어 보자.
첫째항이 1이고 공차가 6인 등차수열 $\{a_n\}$의 일반항은
$a_n=1+(n-1)\times6=6n-5$이므로
$a_{2n}=12n-5$

$S_n=\sum\limits_{k=1}^{n}a_k$
$\quad=\sum\limits_{k=1}^{n}(6k-5)$
$\quad=\sum\limits_{k=1}^{n}6k-\sum\limits_{k=1}^{n}5$
$\quad=6\times\dfrac{n(n+1)}{2}-5n$
$\quad=3n^2-2n$

이므로 $S_{2n}=3\times(2n)^2-2\times2n=12n^2-4n$

$a_{n+1}-a_n=6\ (n\geq1)$이므로 $\rightarrow$ 등차수열 $\{a_n\}$에서 $a_{n+1}-a_n=(\text{공차})$

$T_{2n}=-a_1+a_2-a_3+\cdots-a_{2n-1}+a_{2n}$
$\quad=(-a_1+a_2)+(-a_3+a_4)+\cdots+(-a_{2n-1}+a_{2n})$
$\quad=\underbrace{6+6+\cdots+6}_{n\text{개}}=6n$

2단계 $\lim\limits_{n\to\infty}\dfrac{a_{2n}T_{2n}}{S_{2n}}$의 값을 구해 보자.

$\lim\limits_{n\to\infty}\dfrac{a_{2n}T_{2n}}{S_{2n}}=\lim\limits_{n\to\infty}\dfrac{(12n-5)\times6n}{12n^2-4n}$
$=\lim\limits_{n\to\infty}\dfrac{36n^2-15n}{6n^2-2n}$
$=\lim\limits_{n\to\infty}\dfrac{36-\frac{15}{n}}{6-\frac{2}{n}}$
$=\dfrac{36-0}{6-0}=6$

---

008 정답률 ▶ 88%　　　답 ⑤

1단계 수열의 극한에 대한 기본 성질을 이용하여 $\lim\limits_{n\to\infty}\dfrac{a_n}{b_n}$의 값을 구해 보자.

$\lim\limits_{n\to\infty}\dfrac{a_n}{b_n}=\lim\limits_{n\to\infty}\left(\dfrac{a_n}{3n}\times\dfrac{2n+3}{b_n}\times\dfrac{3n}{2n+3}\right)$
$=\lim\limits_{n\to\infty}\dfrac{a_n}{3n}\times\lim\limits_{n\to\infty}\dfrac{2n+3}{b_n}\times\lim\limits_{n\to\infty}\dfrac{3n}{2n+3}$
$=\lim\limits_{n\to\infty}\dfrac{a_n}{3n}\times\lim\limits_{n\to\infty}\dfrac{2n+3}{b_n}\times\lim\limits_{n\to\infty}\dfrac{3}{2+\frac{3}{n}}$
$=2\times6\times\dfrac{3}{2}=18$

---

009 정답률 ▶ 87%　　　답 ②

1단계 수열의 극한에 대한 기본 성질을 이용하여 $\lim\limits_{n\to\infty}\dfrac{(2n+1)a_n}{3n^2}$의 값을 구해 보자.

$\lim\limits_{n\to\infty}\dfrac{a_n}{n+1}=3$에서 $b_n=\dfrac{a_n}{n+1}$이라 하면
$\lim\limits_{n\to\infty}b_n=3$이고, $a_n=(n+1)b_n$이므로

$$\lim_{n\to\infty}\frac{(2n+1)a_n}{3n^2}=\lim_{n\to\infty}\frac{(2n+1)(n+1)b_n}{3n^2}$$
$$=\lim_{n\to\infty}\frac{(2n^2+3n+1)b_n}{3n^2}$$
$$=\lim_{n\to\infty}\frac{\left(2+\dfrac{3}{n}+\dfrac{1}{n^2}\right)b_n}{3}$$
$$=\frac{(2+0+0)\times 3}{3}=2$$

010 정답률 ▸ 83%   답 21

1단계 수열의 극한에 대한 기본 성질을 이용하여 $\lim_{n\to\infty}na_n(b_n+2n)$의 값을 구해 보자.

$$\lim_{n\to\infty}na_n(b_n+2n)=\lim_{n\to\infty}(na_nb_n+2n^2a_n)$$
$$=\lim_{n\to\infty}na_nb_n+\lim_{n\to\infty}2n^2a_n$$
$$=\lim_{n\to\infty}\left(n^2a_n\times\frac{b_n}{n}\right)+\lim_{n\to\infty}2n^2a_n$$
$$=\lim_{n\to\infty}n^2a_n\times\lim_{n\to\infty}\frac{b_n}{n}+2\lim_{n\to\infty}n^2a_n$$
$$=3\times 5+2\times 3=21$$

011 정답률 ▸ 79%   답 35

1단계 수열의 극한에 대한 기본 성질을 이용하여 $\lim_{n\to\infty}\dfrac{(10n+1)b_n}{a_n}$의 값을 구해 보자.

$$\lim_{n\to\infty}\frac{(10n+1)b_n}{a_n}=\lim_{n\to\infty}\left\{\frac{(n^2+1)b_n}{(n+1)a_n}\times\frac{(10n+1)(n+1)}{n^2+1}\right\}$$
$$=\frac{\lim_{n\to\infty}(n^2+1)b_n}{\lim_{n\to\infty}(n+1)a_n}\times\lim_{n\to\infty}\frac{10n^2+11n+1}{n^2+1}$$
$$=\frac{\lim_{n\to\infty}(n^2+1)b_n}{\lim_{n\to\infty}(n+1)a_n}\times\lim_{n\to\infty}\frac{10+\dfrac{11}{n}+\dfrac{1}{n^2}}{1+\dfrac{1}{n^2}}$$
$$=\frac{7}{2}\times\frac{10+0+0}{1+0}=35$$

012 정답률 ▸ 61%   답 ③

1단계 a_1의 값을 구해 보자.

$\sum_{k=1}^{n}\dfrac{a_k}{(k-1)!}=\dfrac{3}{(n+2)!}$ 에서

(ⅰ) $n=1$일 때

$$\frac{a_1}{(1-1)!}=\frac{3}{(1+2)!},\ \frac{a_1}{0!}=\frac{3}{3!}$$
$$\therefore a_1=\frac{3}{6}=\frac{1}{2}$$

2단계 수열 $\{a_n\}$의 일반항을 구해 보자.

(ⅱ) $n\geq 2$일 때

$$\frac{a_n}{(n-1)!}=\sum_{k=1}^{n}\frac{a_k}{(k-1)!}-\sum_{k=1}^{n-1}\frac{a_k}{(k-1)!}$$
$$=\frac{3}{(n+2)!}-\frac{3}{(n+1)!}$$

$$\therefore a_n=\frac{3(n-1)!}{(n+2)!}-\frac{3(n-1)!}{(n+1)!}$$
$$=\frac{3}{n(n+1)(n+2)}-\frac{3}{n(n+1)}$$
$$=\frac{-3(n+1)}{n(n+1)(n+2)}$$
$$=-\frac{3}{n(n+2)}\quad\cdots\cdots\ \bigcirc$$

이때 $a_1=\dfrac{1}{2}$은 $\bigcirc$에 $n=1$을 대입한 값과 같지 않으므로

$$a_1=\frac{1}{2},\ a_n=-\frac{3}{n(n+2)}\ (n\geq 2)$$

3단계 $\lim_{n\to\infty}(a_1+n^2a_n)$의 값을 구해 보자.

$$\lim_{n\to\infty}(a_1+n^2a_n)=\lim_{n\to\infty}\left(\frac{1}{2}-\frac{3n}{n+2}\right)$$
$$=\frac{1}{2}-\lim_{n\to\infty}\frac{3n}{n+2}$$
$$=\frac{1}{2}-\lim_{n\to\infty}\frac{3}{1+\dfrac{2}{n}}$$
$$=\frac{1}{2}-\frac{3}{1+0}$$
$$=-\frac{5}{2}$$

013 정답률 ▸ 39%   답 ①

Best Pick 수열의 극한 단원은 수학 Ⅰ의 수열 단원이 선행되어야 한다. 이 문제의 조건 (가)에서 수열 $\{a_n+b_n\}$의 일반항을 구할 수 없다면 수학 Ⅰ의 수열 단원을 다시 점검해야 한다.

1단계 a_n+b_n을 구해 보자.

조건 (가)에서 $\sum_{k=1}^{n}(a_k+b_k)=S_n$이라 하면

$$a_n+b_n=S_n-S_{n-1}$$
$$=\frac{1}{n+1}-\frac{1}{n}$$
$$=-\frac{1}{n(n+1)}\ (n\geq 2)$$ → 구하고자 하는 값이 $n\to\infty$일 때의 극한값이므로 $n=1$일 때는 구하지 않아도 된다.

2단계 $\lim_{n\to\infty}n^2(a_n+b_n)$의 값을 구해 보자.

$n\geq 2$일 때, $a_n+b_n=-\dfrac{1}{n(n+1)}$이므로

$$\lim_{n\to\infty}n^2(a_n+b_n)=\lim_{n\to\infty}\frac{-n^2}{n(n+1)}$$
$$=\lim_{n\to\infty}\frac{-n^2}{n^2+n}$$
$$=\lim_{n\to\infty}\frac{-1}{1+\dfrac{1}{n}}$$
$$=\frac{-1}{1+0}$$
$$=-1$$

3단계 $\lim_{n\to\infty}n^2a_n$의 값을 구해 보자.

조건 (나)에서 $\lim_{n\to\infty}n^2b_n=2$이므로

$$\lim_{n\to\infty}n^2a_n=\lim_{n\to\infty}\{n^2(a_n+b_n)-n^2b_n\}$$
$$=\lim_{n\to\infty}n^2(a_n+b_n)-\lim_{n\to\infty}n^2b_n$$
$$=-1-2=-3$$

014 정답률 ▸ 85% 답 15

1단계 $\dfrac{a_n}{n^2+2n}$의 값의 범위를 구해 보자.

$3n^2+2n < a_n < 3n^2+3n$의 각 변을 n^2+2n으로 나누면

$$\dfrac{3n^2+2n}{n^2+2n} < \dfrac{a_n}{n^2+2n} < \dfrac{3n^2+3n}{n^2+2n}$$

2단계 수열의 극한의 대소 관계를 이용하여 $\displaystyle\lim_{n\to\infty}\dfrac{5a_n}{n^2+2n}$의 값을 구해 보자.

$$\lim_{n\to\infty}\dfrac{3n^2+2n}{n^2+2n}=\lim_{n\to\infty}\dfrac{3n^2+3n}{n^2+2n}=3$$

이므로 수열의 극한의 대소 관계에 의하여

$$\lim_{n\to\infty}\dfrac{a_n}{n^2+2n}=3$$

$$\therefore \lim_{n\to\infty}\dfrac{5a_n}{n^2+2n}=5\times\lim_{n\to\infty}\dfrac{a_n}{n^2+2n}=5\times3=15$$

015 정답률 ▸ 92% 답 ④

1단계 $\dfrac{a_n}{n}$의 값의 범위를 구해 보자.

$\sqrt{9n^2+4} < \sqrt{na_n} < 3n+2$의 각 변을 제곱하면

$$9n^2+4 < na_n < 9n^2+12n+4$$

$$9n+\dfrac{4}{n} < a_n < 9n+12+\dfrac{4}{n}$$

위의 부등식의 각 변을 n으로 나누면

$$9+\dfrac{4}{n^2} < \dfrac{a_n}{n} < 9+\dfrac{12}{n}+\dfrac{4}{n^2}$$

2단계 수열의 극한의 대소 관계를 이용하여 $\displaystyle\lim_{n\to\infty}\dfrac{a_n}{n}$의 값을 구해 보자.

$$\lim_{n\to\infty}\left(9+\dfrac{4}{n^2}\right)=\lim_{n\to\infty}\left(9+\dfrac{12}{n}+\dfrac{4}{n^2}\right)=9$$

이므로 수열의 극한의 대소 관계에 의하여

$$\lim_{n\to\infty}\dfrac{a_n}{n}=9$$

016 정답률 ▸ 78% 답 ⑤

Best Pick 수열의 극한의 대소 관계를 이용하여 수열의 극한값을 구하는 문제는 수능에 종종 출제되는 유형이다. 이 문제와 같이 응용된 문제가 출제될 수 있으므로 연습해 보자.

1단계 $\dfrac{a_n}{n^2}$의 값의 범위를 구해 보자.

(i) 곡선 $y=x^2-(n+1)x+a_n$은 x축과 만나므로 이차방정식
$x^2-(n+1)x+a_n=0$의 판별식을 D_1이라 하면 $D_1\geq0$이어야 한다. 즉,
$$D_1=(n+1)^2-4a_n\geq0$$
$$\therefore a_n\leq\dfrac{(n+1)^2}{4}$$

(ii) 곡선 $y=x^2-nx+a_n$은 x축과 만나지 않으므로 이차방정식
$x^2-nx+a_n=0$의 판별식을 D_2라 하면 $D_2<0$이어야 한다. 즉,
$$D_2=n^2-4a_n<0 \quad \therefore a_n>\dfrac{n^2}{4}$$

(i), (ii)에서

$\dfrac{n^2}{4} < a_n \leq \dfrac{(n+1)^2}{4}$이므로 각 변을 n^2으로 나누면

$$\dfrac{n^2}{4n^2} < \dfrac{a_n}{n^2} \leq \dfrac{(n+1)^2}{4n^2}$$

2단계 수열의 극한의 대소 관계를 이용하여 $\displaystyle\lim_{n\to\infty}\dfrac{a_n}{n^2}$의 값을 구해 보자.

$$\lim_{n\to\infty}\dfrac{n^2}{4n^2}=\lim_{n\to\infty}\dfrac{(n+1)^2}{4n^2}=\dfrac{1}{4}$$

이므로 수열의 극한의 대소 관계에 의하여

$$\lim_{n\to\infty}\dfrac{a_n}{n^2}=\dfrac{1}{4}$$

017 답 ③

1단계 수열 $\{a_n\}$이 수렴하도록 하는 $|k|$의 값의 범위를 구해 보자.

수열 $\{a_n\}$이 수렴하려면 $-1 < \dfrac{|k|}{3}-2 \leq 1$이어야 하므로

$$1 < \dfrac{|k|}{3} \leq 3$$

$$\therefore 3 < |k| \leq 9 \quad \cdots\cdots \ \bigcirc$$

2단계 수열 $\{a_n\}$이 수렴하도록 하는 정수 k의 개수를 구해 보자.

$\bigcirc$을 만족시키는 정수 k의 개수는

$\pm4, \pm5, \pm6, \cdots, \pm9$의 12

018 정답률 ▸ 68% 답 ②

1단계 등비수열의 수렴 조건을 이용하여 x의 값의 범위를 구해 보자.

$$\dfrac{(4x-1)^n}{2^{3n}+3^{2n}}=\dfrac{(4x-1)^n}{8^n+9^n}=\dfrac{\left(\dfrac{4x-1}{9}\right)^n}{\left(\dfrac{8}{9}\right)^n+1}$$이고

$$\lim_{n\to\infty}\left\{\left(\dfrac{8}{9}\right)^n+1\right\}=0+1=1$$이므로

수열 $\left\{\dfrac{(4x-1)^n}{2^{3n}+3^{2n}}\right\}$이 수렴하려면 수열 $\left\{\left(\dfrac{4x-1}{9}\right)^n\right\}$이 수렴해야 한다.

즉, $-1 < \dfrac{4x-1}{9} \leq 1$에서 $-9 < 4x-1 \leq 9$

$$\therefore -2 < x \leq \dfrac{5}{2} \quad \cdots\cdots \ \bigcirc$$

2단계 정수 x의 개수를 구해 보자.

$\bigcirc$을 만족시키는 모든 정수 x의 개수는

$-1, 0, 1, 2$의 4

019 정답률 ▸ 90% 답 ②

1단계 x의 값의 범위에 따른 함수 $f(x)$를 정의해 보자.

(i) $|x|>4$일 때

$$\lim_{n\to\infty}\left(\dfrac{4}{x}\right)^{2n}=0$$이므로

$$f(x)=\lim_{n\to\infty}\frac{2\times\left(\frac{x}{4}\right)^{2n+1}-1}{\left(\frac{x}{4}\right)^{2n}+3}=\lim_{n\to\infty}\frac{2\times\frac{x}{4}-\left(\frac{4}{x}\right)^{2n}}{1+3\times\left(\frac{4}{x}\right)^{2n}}$$

$$=\frac{\frac{x}{2}-0}{1+3\times0}=\frac{x}{2}$$

(ii) $x=4$일 때

$$f(4)=\lim_{n\to\infty}\frac{2\times1^{2n+1}-1}{1^{2n}+3}=\frac{2-1}{1+3}=\frac{1}{4}$$

(iii) $|x|<4$일 때

$\lim_{n\to\infty}\left(\frac{x}{4}\right)^{2n}=0$이므로

$$f(x)=\lim_{n\to\infty}\frac{2\times\left(\frac{x}{4}\right)^{2n+1}-1}{\left(\frac{x}{4}\right)^{2n}+3}=\frac{2\times0-1}{0+3}=-\frac{1}{3}$$

(iv) $x=-4$일 때

$$f(-4)=\lim_{n\to\infty}\frac{2\times(-1)^{2n+1}-1}{(-1)^{2n}+3}=\frac{-2-1}{1+3}=-\frac{3}{4}$$

(i)~(iv)에서

$$f(x)=\begin{cases}\dfrac{x}{2} & (|x|>4)\\[2mm]\dfrac{1}{4} & (x=4)\\[2mm]-\dfrac{1}{3} & (|x|<4)\\[2mm]-\dfrac{3}{4} & (x=-4)\end{cases}$$

2단계 $f(k)=-\dfrac{1}{3}$을 만족시키는 정수 k의 개수를 구해 보자.

$f(k)=-\dfrac{1}{3}$을 만족시키는 정수 k가 존재할 수 있는 경우는 (i) 또는 (iii) 이다.

(i) $|x|>4$일 때

$$\frac{k}{2}=-\frac{1}{3}\qquad\therefore k=-\frac{2}{3}$$

즉, 정수 k는 존재하지 않는다.

(iii) $|x|<4$일 때

$f(k)=-\dfrac{1}{3}$을 만족시키는 정수 k의 개수는

$-3,\ -2,\ -1,\ 0,\ 1,\ 2,\ 3$의 7

(i), (iii)에서 정수 k의 개수는 7이다.

---

020 정답률 ▸ 67%   답 ④

1단계 $a_n,\ b_n$을 각각 구해 보자.

$f(x)=2^nx^2+3^nx+1$을 $x-\alpha$로 나눈 나머지는 $f(\alpha)$이므로

$a_n=f(1)=2^n+3^n+1$

$b_n=f(2)=4\times2^n+2\times3^n+1$

2단계 $\lim\limits_{n\to\infty}\dfrac{a_n}{b_n}$의 값을 구해 보자.

$$\lim_{n\to\infty}\frac{a_n}{b_n}=\lim_{n\to\infty}\frac{2^n+3^n+1}{4\times2^n+2\times3^n+1}$$

$$=\lim_{n\to\infty}\frac{\left(\frac{2}{3}\right)^n+1+\left(\frac{1}{3}\right)^n}{4\times\left(\frac{2}{3}\right)^n+2+\left(\frac{1}{3}\right)^n}$$

$$=\frac{0+1+0}{4\times0+2+0}=\frac{1}{2}$$

---

021 정답률 ▸ 89%   답 4

1단계 등비수열 $\{a_n\}$의 일반항과 첫째항부터 제 n 항까지의 합 S_n을 각각 구해 보자.

첫째항이 1, 공비가 r인 등비수열 $\{a_n\}$의 일반항은 $a_n=r^{n-1}$

등비수열 $\{a_n\}$의 첫째항부터 제 n항까지의 합 S_n은

$$S_n=\frac{r^n-1}{r-1}\ (\because r>1)$$

2단계 $\lim\limits_{n\to\infty}\dfrac{a_n}{S_n}=\dfrac{3}{4}$임을 이용하여 r의 값을 구해 보자.

$$\lim_{n\to\infty}\frac{a_n}{S_n}=\lim_{n\to\infty}\frac{r^{n-1}}{\frac{r^n-1}{r-1}}=\lim_{n\to\infty}\frac{r^n-r^{n-1}}{r^n-1}$$

$$=\lim_{n\to\infty}\frac{1-\frac{1}{r}}{1-\left(\frac{1}{r}\right)^n}\ (\because r>1)$$

$$=\frac{1-\frac{1}{r}}{1-0}\left(\because 0<\frac{1}{r}<1\right)$$

$$=1-\frac{1}{r}=\frac{3}{4}$$

이므로

$$\frac{1}{r}=\frac{1}{4}\qquad\therefore r=4$$

---

022 정답률 ▸ 58%   답 ③

Best Pick 주어진 그래프를 해석하여 함수식, 함숫값을 찾아 등비수열의 극한값을 계산하는 문제이다. 그래프나 식을 살펴보고 특징을 찾아내는 관찰력이 필요한 문제로 수능에 출제될 가능성이 높다.

1단계 함수 $g(x)$를 구해 보자.

직선 $y=g(x)$는 원점과 점 $(3, 3)$을 지나므로

$g(x)=x$ …… ㉠

2단계 $h(2)$의 값을 구해 보자.

주어진 그래프에서 $f(2)=4$이고, ㉠에서 $g(2)=2$이므로

$$h(2)=\lim_{n\to\infty}\frac{\{f(2)\}^{n+1}+5\{g(2)\}^n}{\{f(2)\}^n+\{g(2)\}^n}$$

$$=\lim_{n\to\infty}\frac{4^{n+1}+5\times2^n}{4^n+2^n}$$

$$=\lim_{n\to\infty}\frac{4+5\times\left(\frac{1}{2}\right)^n}{1+\left(\frac{1}{2}\right)^n}$$

$$=\frac{4+5\times0}{1+0}=4$$

3단계 $h(3)$의 값을 구해 보자.

주어진 그래프에서 $f(3)=3,\ g(3)=3$이므로

$$h(3)=\lim_{n\to\infty}\frac{\{f(3)\}^{n+1}+5\{g(3)\}^n}{\{f(3)\}^n+\{g(3)\}^n}$$

$$=\lim_{n\to\infty}\frac{3^{n+1}+5\times3^n}{3^n+3^n}$$

$$=\lim_{n\to\infty}\frac{3+5}{1+1}=4$$

4단계 $h(2)+h(3)$의 값을 구해 보자.

$h(2)+h(3)=4+4=8$

023

1단계 x의 값의 범위에 따른 함수 $f(x)$를 정의해 보자.

(i) $x>1$일 때

$\displaystyle\lim_{n\to\infty}\left(\frac{1}{x}\right)^n=0$이므로

$$f(x)=\lim_{n\to\infty}\frac{ax^{n+b}+2x-1}{x^n+1}$$
$$=\lim_{n\to\infty}\frac{ax^b+\dfrac{2}{x^{n-1}}-\dfrac{1}{x^n}}{1+\dfrac{1}{x^n}}$$
$$=\frac{ax^b+0-0}{1+0}$$
$$=ax^b$$

(ii) $x=1$일 때

$$f(1)=\lim_{n\to\infty}\frac{a\times1^{n+b}+2\times1-1}{1^n+1}$$
$$=\frac{a+2-1}{1+1}$$
$$=\frac{a+1}{2}$$

(iii) $0<x<1$일 때

$\displaystyle\lim_{n\to\infty}x^n=0$이므로

$$f(x)=\lim_{n\to\infty}\frac{ax^{n+b}+2x-1}{x^n+1}$$
$$=\frac{a\times0+2x-1}{0+1}$$
$$=2x-1$$

(i), (ii), (iii)에서

$$f(x)=\begin{cases}ax^b & (x>1)\\[4pt]\dfrac{a+1}{2} & (x=1)\\[4pt]2x-1 & (0<x<1)\end{cases}\quad\cdots\cdots\ \text{㉠}$$

2단계 함수 $f(x)$가 $x=1$에서 미분가능함을 이용하여 두 자연수 a, b의 값을 각각 구하여 $a+10b$의 값을 구해 보자.

함수 $f(x)$는 $x=1$에서 미분가능하므로 연속이다.

즉, $\displaystyle\lim_{x\to1+}f(x)=\lim_{x\to1-}f(x)=f(1)$에서

$$\lim_{x\to1+}ax^b=\lim_{x\to1-}(2x-1)$$
$$=\frac{a+1}{2}$$

이므로

$$a=1=\frac{a+1}{2}$$
$$\therefore\ a=1$$

$a=1$을 ㉠에 대입하면

$$f(x)=\begin{cases}x^b & (x>1)\\1 & (x=1)\\2x-1 & (0<x<1)\end{cases}$$

이므로

$$f'(x)=\begin{cases}bx^{b-1} & (x>1)\\2 & (0<x<1)\end{cases}$$

이때 $x=1$에서 (우미분계수)$=$(좌미분계수)이어야 하므로

$\displaystyle\lim_{x\to1+}f'(x)=\lim_{x\to1-}f'(x)$에서

$$\lim_{x\to1+}bx^{b-1}=\lim_{x\to1-}2$$
$$\therefore\ b=2$$
$$\therefore\ a+10b=1+10\times2=21$$

024

Best Pick 함수 $g(x)$를 구하고 불연속인 점을 파악하여 주어진 조건을 만족시키는 미지수의 값을 구하는 문제이다. 이와 같이 함수의 연속 또는 미분가능성 개념과 결합된 문제가 출제될 수 있다.

1단계 $|x-b|$의 값의 범위에 따른 함수 $g(x)$를 정의하고 불연속인 점을 파악해 보자.

$\displaystyle g(x)=\lim_{n\to\infty}\frac{2|x-b|^n+1}{|x-b|^n+1}$에서

(i) $|x-b|>1$일 때

$\displaystyle\lim_{n\to\infty}\frac{1}{|x-b|^n}=0$이므로

$$g(x)=\lim_{n\to\infty}\frac{2+\dfrac{1}{|x-b|^n}}{1+\dfrac{1}{|x-b|^n}}=\frac{2+0}{1+0}=2$$

(ii) $|x-b|=1$일 때

$$g(x)=\frac{2\times1+1}{1+1}=\frac{3}{2}$$

(iii) $|x-b|<1$일 때

$\displaystyle\lim_{n\to\infty}|x-b|^n=0$이므로

$$g(x)=\lim_{n\to\infty}\frac{2|x-b|^n+1}{|x-b|^n+1}=\frac{2\times0+1}{0+1}=1$$

(i), (ii), (iii)에서 함수 $y=g(x)$의 그래프는 오른쪽 그림과 같으므로 함수 $g(x)$는 $x=b-1$, $x=b+1$에서만 불연속이다.

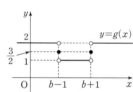

2단계 함수 $h(x)$가 모든 실수 x에서 연속이 되도록 하는 조건을 구해 보자.

함수 $g(x)$가 $x=b-1$, $x=b+1$에서만 불연속이고 이차함수 $f(x)$는 모든 실수 x에서 연속이므로 함수 $h(x)=f(x)g(x)$가 모든 실수 x에서 연속이 되려면

$$f(b-1)=0,\ f(b+1)=0$$

이어야 한다.

즉, 이차함수 $y=f(x)$의 그래프는 두 점 $(b-1,\ 0)$, $(b+1,\ 0)$을 지난다.

3단계 두 상수 a, b의 값을 각각 구하고 $a+b$의 값을 구해 보자.

이차함수 $y=f(x)$의 그래프는

$\dfrac{(b-1)+(b+1)}{2}=b$이므로 오른쪽 그림과 같이 직선 $x=b$에 대하여 대칭이다.

이때

$$f(x)=x^2-4x+a=(x-2)^2+a-4$$

이므로 함수 $y=f(x)$의 그래프는 직선 $x=2$에 대하여 대칭이다.

$$\therefore\ b=2$$

따라서 $f(b+1)=0$에서

$$f(3)=(3-2)^2+a-4=0$$
$$\therefore\ a=3$$
$$\therefore\ a+b=3+2=5$$

 참고

함수 $g(x)$가 $x=k$를 포함한 범위에서 정의되고 $x=k$에서만 불연속일 때, 다항함수 $f(x)$가 $f(k)=0$을 만족시키면 함수 $f(x)g(x)$는 $x=k$에서 연속이다.

025 정답률▸79% 답 ③

1단계 x의 값의 범위에 따른 함수 $f(x)$를 정의해 보자.

(i) $|x|>1$일 때

$\lim\limits_{n\to\infty}\left(\dfrac{1}{x}\right)^{2n}=0$이므로

$$f(x)=\lim_{n\to\infty}\frac{(a-2)x^{2n+1}+2x}{3x^{2n}+1}$$

$$=\lim_{n\to\infty}\frac{(a-2)x+2\left(\dfrac{1}{x}\right)^{2n-1}}{3+\left(\dfrac{1}{x}\right)^{2n}}$$

$$=\frac{(a-2)x+2\times0}{3+0}$$

$$=\frac{a-2}{3}x$$

(ii) $x=1$일 때

$$f(1)=\lim_{n\to\infty}\frac{(a-2)\times1^{2n+1}+2}{3\times1^{2n}+1}$$

$$=\frac{(a-2)+2}{3+1}=\frac{a}{4}$$

(iii) $|x|<1$일 때

$\lim\limits_{n\to\infty}x^{2n}=0$이므로

$$f(x)=\lim_{n\to\infty}\frac{(a-2)x^{2n+1}+2x}{3x^{2n}+1}$$

$$=\frac{(a-2)\times0+2x}{3\times0+1}=2x$$

(iv) $x=-1$일 때

$$f(-1)=\lim_{n\to\infty}\frac{(a-2)\times(-1)^{2n+1}-2}{3\times(-1)^{2n}+1}$$

$$=\frac{-a+2-2}{3+1}=-\frac{a}{4}$$

(i)～(iv)에서

$$f(x)=\begin{cases}\dfrac{a-2}{3}x & (|x|>1)\\[2mm]\dfrac{a}{4} & (x=1)\\[2mm]2x & (|x|<1)\\[2mm]-\dfrac{a}{4} & (x=-1)\end{cases}$$

2단계 $(f\circ f)(1)=\dfrac{5}{4}$가 되도록 하는 모든 실수 a의 값의 합을 구해 보자.

$(f\circ f)(1)=\dfrac{5}{4}$에서 $f(f(1))=f\left(\dfrac{a}{4}\right)=\dfrac{5}{4}$

(a) $\left|\dfrac{a}{4}\right|>1$일 때

$$f\left(\frac{a}{4}\right)=\frac{a-2}{3}\times\frac{a}{4}=\frac{a^2-2a}{12}=\frac{5}{4}$$

이므로

$a^2-2a-15=0$, $(a+3)(a-5)=0$

$\therefore a=5$ ($\because |a|>4$)

(b) $\dfrac{a}{4}=1$, 즉 $a=4$일 때

$$f\left(\frac{a}{4}\right)=f(1)=\frac{a}{4}=1\neq\frac{5}{4}$$

(c) $\left|\dfrac{a}{4}\right|<1$일 때

$$f\left(\frac{a}{4}\right)=\frac{a}{2}=\frac{5}{4}\qquad\therefore a=\frac{5}{2}$$

(d) $\dfrac{a}{4}=-1$, 즉 $a=-4$일 때

$$f\left(\frac{a}{4}\right)=f(-1)$$

$$=-\frac{a}{4}=1$$

$$\neq\frac{5}{4}$$

(a)～(d)에서 모든 실수 a의 값은 $\dfrac{5}{2}$, 5이므로 그 합은

$$\frac{5}{2}+5=\frac{15}{2}$$

---

026 정답률▸52% 답 10

1단계 x의 값의 범위에 따른 함수 $f(x)$를 정의하고 $y=f(x)$의 그래프를 그려 보자.

함수 $f(x)=\lim\limits_{n\to\infty}\dfrac{2x^{2n+2}+1}{x^{2n}+2}$에서

(i) $|x|>1$일 때, $\lim\limits_{n\to\infty}\left(\dfrac{1}{x}\right)^{2n}=0$이므로

$$f(x)=\lim_{n\to\infty}\frac{2x^2+\dfrac{1}{x^{2n}}}{1+\dfrac{2}{x^{2n}}}$$

$$=\frac{2x^2+0}{1+0}=2x^2$$

(ii) $|x|=1$일 때, $\lim\limits_{n\to\infty}x^{2n}=1$이므로

$$f(x)=\frac{2\times1+1}{1+2}=1$$

(iii) $|x|<1$일 때, $\lim\limits_{n\to\infty}x^{2n}=0$이므로

$$f(x)=\lim_{n\to\infty}\frac{2x^{2n+2}+1}{x^{2n}+2}$$

$$=\frac{2\times0+1}{0+2}=\frac{1}{2}$$

(i), (ii), (iii)에서

$$f(x)=\begin{cases}2x^2 & (|x|>1)\\[1mm]1 & (|x|=1)\\[1mm]\dfrac{1}{2} & (|x|<1)\end{cases}$$

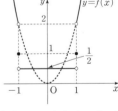

이고, 함수 $y=f(x)$의 그래프는 오른쪽 그림과 같다.

2단계 조건을 만족시키기 위한 두 함수 $y=f(x)$, $y=g(x)$의 그래프의 위치 관계를 알아 보고 $60k$의 최댓값을 구해 보자.

방정식 $f(x)=g(x)$가 실근을 갖지 않기 위해서는 두 함수 $y=f(x)$와 $y=g(x)$의 그래프가 서로 만나지 않아야 하므로 오른쪽 그림과 같아야 한다.

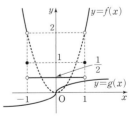

즉, $|x|<1$에서 $g(x)<\dfrac{1}{2}$을 만족시켜야

하므로 함수 $y=g(x)$의 그래프가

$|x|<1$에서 증가하고, $g(1)=\dfrac{1}{2}$일 때 k의 값이 최대가 된다.

$k\pi\times1=\dfrac{\pi}{6}$ $\therefore k=\dfrac{1}{6}$ $\quad\llcorner g(1)=\sin k\pi=\dfrac{1}{2}$

따라서 k의 최댓값은 $\dfrac{1}{6}$이고 $60k$의 최댓값은 10이다.

027
정답률 ▶ 50%
답 63

1단계 x의 값의 범위에 따른 함수 $f(x)$를 정의하고 불연속인 점을 파악해 보자.

(ⅰ) $|x|>1$일 때, $\lim\limits_{n\to\infty}\left(\dfrac{1}{x}\right)^{2n}=0$이므로

$$f(x)=\lim_{n\to\infty}\frac{x^{2n}}{1+x^{2n}}=\lim_{n\to\infty}\frac{1}{\frac{1}{x^{2n}}+1}=1$$

(ⅱ) $|x|=1$일 때, $\lim\limits_{n\to\infty}x^{2n}=1$이므로

$$f(x)=\lim_{n\to\infty}\frac{x^{2n}}{1+x^{2n}}=\frac{1}{2}$$

(ⅲ) $|x|<1$일 때, $\lim\limits_{n\to\infty}x^{2n}=0$이므로

$$f(x)=\lim_{n\to\infty}\frac{x^{2n}}{1+x^{2n}}=0$$

(ⅰ), (ⅱ), (ⅲ)에서

$$f(x)=\begin{cases} 1 & (|x|>1) \\ \dfrac{1}{2} & (|x|=1) \\ 0 & (|x|<1) \end{cases}$$

이고, 함수 $y=f(x)$의 그래프는 다음 그림과 같다.

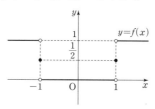

즉, 함수 $f(x)$는 $x=-1$, $x=1$에서 불연속이다.

2단계 함수 $g(x)$를 구해 보자.

$g(x)$가 최고차항의 계수가 1인 이차함수이므로
$g(x)=x^2+ax+b$ (a, b는 상수)라 하자.
함수 $f(x)g(x)$가 실수 전체의 집합에서 연속이므로
$x=-1$, $x=1$에서도 연속이다.
$x=-1$에서 연속이므로

$$\lim_{x\to-1+}f(x)g(x)=\lim_{x\to-1-}f(x)g(x)=f(-1)g(-1)$$

즉, $0=1\times(1-a+b)=\dfrac{1}{2}(1-a+b)$ $\therefore a-b=1$ …… ㉠

$x=1$에서 연속이므로

$$\lim_{x\to1+}f(x)g(x)=\lim_{x\to1-}f(x)g(x)=f(1)g(1)$$

즉, $1\times(1+a+b)=0=\dfrac{1}{2}(1+a+b)$ $\therefore a+b=-1$ …… ㉡

㉠, ㉡을 연립하여 풀면
$a=0$, $b=-1$
$\therefore g(x)=x^2-1$

3단계 $g(8)$의 값을 구해 보자.

$g(8)=64-1=63$

028
정답률 ▶ 90%
답 ④

1단계 점 P를 지나고 직선 $y=2nx$와 수직인 직선의 방정식을 구해 보자.

직선 $y=2nx$와 수직인 직선의 기울기는 $-\dfrac{1}{2n}$이므로 점 $P(n,2n^2)$을

지나고 기울기가 $-\dfrac{1}{2n}$인 직선의 방정식은

$$y-2n^2=-\frac{1}{2n}(x-n) \quad \therefore y=-\frac{1}{2n}x+2n^2+\frac{1}{2}$$

2단계 l_n을 n에 대한 식으로 나타내어 보자.

직선 $y=-\dfrac{1}{2n}x+2n^2+\dfrac{1}{2}$이 x축과 만나는 점 Q의 x좌표는

$0=-\dfrac{1}{2n}x+2n^2+\dfrac{1}{2}$에서

$x=4n^3+n$이므로 → $Q(4n^3+n, 0)$
$l_n=\overline{OQ}=4n^3+n$

3단계 $\lim\limits_{n\to\infty}\dfrac{l_n}{n^3}$의 값을 구해 보자.

$$\lim_{n\to\infty}\frac{l_n}{n^3}=\lim_{n\to\infty}\frac{4n^3+n}{n^3}$$
$$=\lim_{n\to\infty}\left(4+\frac{1}{n^2}\right)$$
$$=4+0=4$$

029
정답률 ▶ 88%
답 ③

1단계 점 P의 x좌표가 k임을 이용하여 상수 a와 k 사이의 관계식을 구해 보자.

두 곡선 $y=a^{x-1}$, $y=3^x$이 만나는 점 P의 x좌표가 k이므로
$a^{k-1}=3^k$에서

$$\frac{a^k}{3^k}=a \quad \therefore \left(\frac{a}{3}\right)^k=a \quad \cdots\cdots ㉠$$

2단계 $\lim\limits_{n\to\infty}\dfrac{\left(\dfrac{a}{3}\right)^{n+k}}{\left(\dfrac{a}{3}\right)^{n+1}+1}$ 의 값을 구해 보자.

$a>3$이므로 $\lim\limits_{n\to\infty}\left(\dfrac{3}{a}\right)^n=0$

$$\therefore \lim_{n\to\infty}\frac{\left(\dfrac{a}{3}\right)^{n+k}}{\left(\dfrac{a}{3}\right)^{n+1}+1}=\lim_{n\to\infty}\frac{\left(\dfrac{a}{3}\right)^k}{\dfrac{a}{3}+\left(\dfrac{3}{a}\right)^n}$$
$$=\frac{\left(\dfrac{a}{3}\right)^k}{\dfrac{a}{3}+0}=\frac{a}{\dfrac{a}{3}}\,(\because ㉠)$$
$$=3$$

030
정답률 ▶ 51%
답 ②

1단계 두 점 P_2, P_3의 좌표를 각각 구해 보자.

직선 P_0P_1의 기울기가 1이고, 직선 P_0P_1과 직선 P_1P_2가 서로 수직이므로
직선 P_1P_2의 기울기는 -1이다.
점 $P_1(1, 1)$을 지나고 기울기가 -1인 직선 P_1P_2의 방정식은
$y-1=-(x-1)$ $\therefore y=-x+2$ …… ㉠
이때 규칙 (나)에 의하여 점 P_2는 직선 ㉠과 함수 $y=x^2$의 그래프의 교점이므로
$x^2=-x+2$에서 $x^2+x-2=0$
$(x+2)(x-1)=0$ $\therefore x=-2$ ($\because x<0$)
$\therefore P_2(-2, 4)$ → 점 P_2는 제2사분면 위의 점이므로
또한, 직선 P_1P_2와 직선 P_2P_3이 서로 수직이므로 직선 P_2P_3의 기울기는 1이다.

점 $P_2(-2, 4)$를 지나고 기울기가 1인 직선 P_2P_3의 방정식은

$y-4=x-(-2)$ $\therefore y=x+6$ ...... ㉡

이때 규칙 (나)에 의하여 점 P_3은 직선 ㉡과 함수 $y=x^2$의 그래프의 교점

이므로

$x^2=x+6$에서 $x^2-x-6=0$

$(x+2)(x-3)=0$

$\therefore x=3 \ (\because x>0)$

$\therefore P_3(3, 9)$ └─→ 점 P_3은 제1사분면 위의 점이므로

2단계 $l_1, l_2, l_3, \cdots$을 이용하여 l_n을 n에 대한 식으로 나타내어 보자.

$l_1=\overline{P_0P_1}=\sqrt{1^2+1^2}=\sqrt{2}$

$l_2=\overline{P_1P_2}=\sqrt{(-2-1)^2+(4-1)^2}=\sqrt{3^2+3^2}=3\sqrt{2}$

$l_3=\overline{P_2P_3}=\sqrt{(3+2)^2+(9-4)^2}=\sqrt{5^2+5^2}=5\sqrt{2}$

$\vdots$

$l_n=\overline{P_{n-1}P_n}=(2n-1)\sqrt{2}$

3단계 $\lim\limits_{n\to\infty}\dfrac{l_n}{n}$의 값을 구해 보자.

$\lim\limits_{n\to\infty}\dfrac{l_n}{n}=\lim\limits_{n\to\infty}\dfrac{(2n-1)\sqrt{2}}{n}$

$=\lim\limits_{n\to\infty}\left(2-\dfrac{1}{n}\right)\sqrt{2}$

$=2\sqrt{2}$

다른 풀이

두 점 $P_0(0, 0)$, $P_1(1, 1)$이므로 직선 P_0P_1의 기울기는 1이다.

이때 직선 P_0P_1에 수직인 직선 P_1P_2를 그리고, 직선 P_1P_2에 수직인 직선 P_2P_3을 그리고, 직선 P_2P_3에 수직인 직선 P_3P_4를 그리면 두 직선 P_0P_1, P_2P_3은 서로 평행하고 기울기는 1, 두 직선 P_1P_2, P_3P_4는 서로 평행하고 기울기는 -1이다.

(i) 함수 $y=x^2$의 그래프와 기울기가 1인 직선 $y=x+p$ (p는 상수)에서

$x^2=x+p$

$\therefore x^2-x-p=0$

즉, 위의 이차방정식에서 이차방정식의 근과 계수의 관계에 의하여 두 근의 합은 1이므로 함수 $y=x^2$의 그래프와 기울기가 1인 직선의 두 교점의 x좌표의 합은 1이다.

따라서 두 점 P_0, P_1의 x좌표의 합은 1이다.

(ii) 함수 $y=x^2$의 그래프와 기울기가 -1인 직선 $y=-x+q$ (q는 상수)에서

$x^2=-x+q$

$\therefore x^2+x-q=0$

즉, 위의 이차방정식에서 이차방정식의 근과 계수의 관계에 의하여 두 근의 합은 -1이므로 함수 $y=x^2$의 그래프와 기울기가 -1인 직선의 두 교점의 x좌표의 합은 -1이다.

따라서 두 점 P_1, P_2의 x좌표의 합은 -1이고, $P_1(1, 1)$이므로 점 P_2의 x좌표는 -2이다.

$\therefore P_2(-2, 4)$

(iii) (i)에서 두 점 P_2, P_3의 x좌표의 합은 1이므로 점 P_3의 x좌표는 3이다.

$\therefore P_3(3, 9)$

(iv) (ii)에서 두 점 P_3, P_4의 x좌표의 합은 -1이므로 점 P_4의 x좌표는 -4이다.

$\therefore P_4(-4, 16)$

이때 $l_1=\overline{P_0P_1}=\sqrt{2}$이고, 직선 P_0P_1, P_1P_2, P_2P_3, $\cdots$은 기울기가 각각 1, -1, 1, $\cdots$로 x축의 양의 방향과 이루는 각의 크기가 45° 또는 135°이므로 $\overline{P_1P_2}$, $\overline{P_2P_3}$, $\cdots$은 각 점의 x좌표의 차의 절댓값의 $\sqrt{2}$배이다.

따라서

$l_2=\overline{P_1P_2}=3\sqrt{2}$, $l_3=\overline{P_2P_3}=5\sqrt{2}$, $\cdots$

이므로

$l_n=(2n-1)\sqrt{2}$

$\therefore \lim\limits_{n\to\infty}\dfrac{l_n}{n}=\lim\limits_{n\to\infty}\dfrac{(2n-1)\sqrt{2}}{n}$

$=\lim\limits_{n\to\infty}\left(2-\dfrac{1}{n}\right)\sqrt{2}$

$=2\sqrt{2}$

031 정답률 ▶ 83%　　　　　　　　답 5

1단계 세 선분 OA_n, OB_n, PC_n의 길이를 각각 n에 대한 식으로 나타내어 보자.

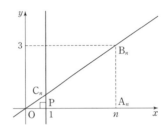

$A_n(n, 0)$, $B_n(n, 3)$에서

$\overline{OA_n}=n$, $\overline{OB_n}=\sqrt{n^2+9}$

직선 OB_n의 방정식은 $y=\dfrac{3}{n}x$이고, 점 C_n의 x좌표가 1이므로

$C_n\left(1, \dfrac{3}{n}\right)$ $\therefore \overline{PC_n}=\dfrac{3}{n}$

2단계 $\lim\limits_{n\to\infty}\dfrac{\overline{PC_n}}{\overline{OB_n}-\overline{OA_n}}$의 값을 구하여 $p+q$의 값을 구해 보자.

$\lim\limits_{n\to\infty}\dfrac{\overline{PC_n}}{\overline{OB_n}-\overline{OA_n}}=\lim\limits_{n\to\infty}\dfrac{\dfrac{3}{n}}{\sqrt{n^2+9}-n}$

$=\lim\limits_{n\to\infty}\dfrac{\dfrac{3}{n}(\sqrt{n^2+9}+n)}{(\sqrt{n^2+9}-n)(\sqrt{n^2+9}+n)}$

$=\lim\limits_{n\to\infty}\dfrac{\dfrac{3}{n}(\sqrt{n^2+9}+n)}{(n^2+9)-n^2}$

$=\lim\limits_{n\to\infty}\dfrac{\sqrt{n^2+9}+n}{3n}$

$=\lim\limits_{n\to\infty}\dfrac{\sqrt{1+\dfrac{9}{n^2}}+1}{3}$

$=\dfrac{\sqrt{1+0}+1}{3}=\dfrac{2}{3}$

따라서 $p=3$, $q=2$이므로

$p+q=3+2=5$

032 정답률 ▶ 72%　　　　　　　　답 ④

1단계 a_n을 n에 대한 식으로 나타내어 보자.

원 $x^2+y^2=4n^2$과 직선 $y=\sqrt{n}$이 제1사분면에서 만나는 점의 x좌표가 a_n이므로

$(a_n)^2+(\sqrt{n})^2=4n^2$, $(a_n)^2=4n^2-n$

$\therefore a_n=\sqrt{4n^2-n}$ $(\because a_n>0)$

2단계 $\lim\limits_{n\to\infty}(2n-a_n)$의 값을 구해 보자.

$$\lim_{n\to\infty}(2n-a_n)=\lim_{n\to\infty}(2n-\sqrt{4n^2-n})$$
$$=\lim_{n\to\infty}\frac{(2n-\sqrt{4n^2-n})(2n+\sqrt{4n^2-n})}{2n+\sqrt{4n^2-n}}$$
$$=\lim_{n\to\infty}\frac{4n^2-(4n^2-n)}{2n+\sqrt{4n^2-n}}$$
$$=\lim_{n\to\infty}\frac{n}{2n+\sqrt{4n^2-n}}$$
$$=\lim_{n\to\infty}\frac{1}{2+\sqrt{4-\dfrac{1}{n}}}$$
$$=\frac{1}{2+\sqrt{4-0}}=\frac{1}{4}$$

033 정답률 ▸ 78%   답 ⑤

1단계 두 선분 PR, QR의 길이를 각각 n에 대한 식으로 나타내어 보자.

함수 $y=nx^2$의 그래프 위의 점 중 y좌표가 1이고 제1사분면에 있는 점이 Q이므로

$Q\left(\dfrac{1}{\sqrt{n}},\ 1\right)$

$\therefore \overline{PR}=2n,\ \overline{QR}=\dfrac{1}{\sqrt{n}}$

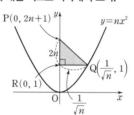

2단계 S_n, l_n을 각각 n에 대한 식으로 나타내고, $\lim\limits_{n\to\infty}\dfrac{S_n{}^2}{l_n}$의 값을 구해 보자.

$$S_n=\frac{1}{2}\times\overline{RQ}\times\overline{PR}$$
$$=\frac{1}{2}\times\frac{1}{\sqrt{n}}\times2n$$
$$=\sqrt{n}$$

$$l_n=\overline{PQ}=\sqrt{\left(\frac{1}{\sqrt{n}}-0\right)^2+\{1-(2n+1)\}^2}$$
$$=\sqrt{\frac{1}{n}+4n^2}$$

이므로

$$\lim_{n\to\infty}\frac{S_n{}^2}{l_n}=\lim_{n\to\infty}\frac{n}{\sqrt{\dfrac{1}{n}+4n^2}}$$
$$=\lim_{n\to\infty}\frac{1}{\sqrt{\dfrac{1}{n^3}+4}}$$
$$=\frac{1}{\sqrt{0+4}}=\frac{1}{2}$$

034 정답률 ▸ 76%   답 ①

1단계 조건 (나)에 의하여 정해지는 점 C_n의 좌표를 알아보자.

점 A_n의 x좌표가 $\dfrac{1}{n}$이고, 함수 $y=\log_3 x$의 그래프 위의 점이므로

$A_n\left(\dfrac{1}{n},\ \log_3\dfrac{1}{n}\right)$

한편, 점 B_n의 좌표를 $(b_n,\ \log_3 b_n)$이라 하면 점 C_n은 조건 (나)에 의하여 선분 A_nB_n을 $1:2$로 내분하는 점이므로 점 C_n의 좌표는

$$\left(\frac{b_n+2\times\dfrac{1}{n}}{1+2},\ \frac{\log_3 b_n+2\times\log_3\dfrac{1}{n}}{1+2}\right)$$

즉, $\left(\dfrac{b_n+\dfrac{2}{n}}{3},\ \dfrac{\log_3 b_n+2\log_3\dfrac{1}{n}}{3}\right)$

2단계 조건 (가)에 의하여 정해지는 점 C_n의 x좌표를 n에 대한 식으로 나타내어 보자.

점 C_n의 y좌표가 0이므로

$\log_3 b_n+2\log_3\dfrac{1}{n}=0$

$\log_3 b_n-2\log_3 n=0$, $\log_3 b_n=\log_3 n^2$

$\therefore b_n=n^2$

이때 점 C_n의 x좌표가 x_n이므로

$$x_n=\frac{b_n+\dfrac{2}{n}}{3}=\frac{n^2+\dfrac{2}{n}}{3}=\frac{n^3+2}{3n}$$

3단계 $\lim\limits_{n\to\infty}\dfrac{x_n}{n^2}$의 값을 구해 보자.

$$\lim_{n\to\infty}\frac{x_n}{n^2}=\lim_{n\to\infty}\frac{n^3+2}{3n^3}=\lim_{n\to\infty}\frac{1+\dfrac{2}{n^3}}{3}$$
$$=\frac{1+0}{3}=\frac{1}{3}$$

035 정답률 ▸ 68%   답 ③

1단계 a_n을 n에 대한 식으로 나타내어 보자.

직각삼각형 ABC에서

$\overline{BC}=\sqrt{\overline{AB}^2+\overline{AC}^2}=\sqrt{2^2+n^2}=\sqrt{4+n^2}$

$\overline{BD}=\overline{BC}-\overline{CD}=\sqrt{4+n^2}-a_n$

선분 AD는 $\angle$A의 이등분선이므로

$\overline{AB}:\overline{AC}=\overline{BD}:\overline{CD}$에서

$2:n=(\sqrt{n^2+4}-a_n):a_n$

$n(\sqrt{n^2+4}-a_n)=2a_n$, $n\sqrt{n^2+4}-na_n=2a_n$

$(n+2)a_n=n\sqrt{n^2+4}$ $\therefore a_n=\dfrac{n\sqrt{n^2+4}}{n+2}$

2단계 $\lim\limits_{n\to\infty}(n-a_n)$의 값을 구해 보자.

$$\lim_{n\to\infty}(n-a_n)=\lim_{n\to\infty}\left(n-\frac{n\sqrt{n^2+4}}{n+2}\right)=\lim_{n\to\infty}\left\{\frac{n(n+2)-n\sqrt{n^2+4}}{n+2}\right\}$$
$$=\lim_{n\to\infty}\left\{\frac{n}{n+2}(n+2-\sqrt{n^2+4})\right\}$$
$$=\lim_{n\to\infty}\left\{\frac{n}{n+2}\times\frac{(n+2-\sqrt{n^2+4})(n+2+\sqrt{n^2+4})}{n+2+\sqrt{n^2+4}}\right\}$$
$$=\lim_{n\to\infty}\left\{\frac{n}{n+2}\times\frac{(n+2)^2-(n^2+4)}{n+2+\sqrt{n^2+4}}\right\}$$
$$=\lim_{n\to\infty}\left(\frac{n}{n+2}\times\frac{4n}{n+2+\sqrt{n^2+4}}\right)$$
$$=\lim_{n\to\infty}\left(\frac{1}{1+\dfrac{2}{n}}\times\frac{4}{1+\dfrac{2}{n}+\sqrt{1+\dfrac{4}{n^2}}}\right)$$
$$=\frac{1}{1+0}\times\frac{4}{1+0+\sqrt{1+0}}=2$$

참고 삼각형의 내각의 이등분선의 성질

삼각형 ABC에서 ∠A의 이등분선과 선분 BC의
교점을 D라 할 때,
$$\overline{AB}:\overline{AC}=\overline{BD}:\overline{CD}$$

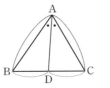

036 정답률 ▸ 60% 답 ④

Best Pick 수열의 형태가 합성함수로 제시되어 있는 문제이다. 한 번도 접해보지 않으면 시도조차 하지 않고 포기해버릴 수 있기 때문에 이 문제를 통해 연습해 두도록 하자.

1단계 $a_{n+1}=f(f(a_n))\ (n\geq1)$에 $n=1, 2, 3, \cdots$을 차례로 대입하여 수열 $\{a_n\}$을 수열의 귀납적 정의로 나타내어 보자.

$a_1=1$이고 $a_{n+1}=f(f(a_n))$이므로

$$a_2=f(f(a_1))=f\left(-\frac{1}{2}a_1\right)=-\frac{1}{2}a_1+2=\frac{3}{2}$$
$$\underset{a_1=1>0}{}\quad\underset{-\frac{1}{2}a_1<0}{}$$

$$a_3=f(f(a_2))=f\left(-\frac{1}{2}a_2\right)=-\frac{1}{2}a_2+2=\frac{5}{4}$$
$$\underset{a_2>0}{}\quad\underset{-\frac{1}{2}a_2<0}{}$$

$$a_4=f(f(a_3))=f\left(-\frac{1}{2}a_3\right)=-\frac{1}{2}a_3+2=\frac{11}{8}$$
$$\underset{a_3>0}{}\quad\underset{-\frac{1}{2}a_3<0}{}$$
$$\vdots$$

$$a_{n+1}=f(f(a_n))=f\left(-\frac{1}{2}a_n\right)=-\frac{1}{2}a_n+2$$
$$\underset{a_n>0}{}\quad\underset{-\frac{1}{2}a_n<0}{}$$

$$\therefore a_{n+1}=-\frac{1}{2}a_n+2\ (n\geq1)$$

2단계 $\lim_{n\to\infty}a_n=\lim_{n\to\infty}a_{n+1}$임을 이용하여 $\lim_{n\to\infty}a_n$의 값을 구해 보자.

$\lim_{n\to\infty}a_n=\alpha(\alpha$는 실수$)$라 하면 $\lim_{n\to\infty}a_{n+1}=\alpha$이므로

$$\lim_{n\to\infty}a_{n+1}=\lim_{n\to\infty}\left(-\frac{1}{2}a_n+2\right)$$에서

$$\alpha=-\frac{1}{2}\alpha+2\qquad\therefore\alpha=\frac{4}{3}$$

$$\therefore\lim_{n\to\infty}a_n=\frac{4}{3}$$

037 정답률 ▸ 57% 답 ①

1단계 S_n, T_n을 각각 n에 대한 식으로 나타내어 보자.

$P_n(0, 3n+1)$, $Q_n(\sqrt{3n+1}, 3n+1)$
이므로 삼각형 P_nOQ_n의 넓이 S_n은

$$S_n=\frac{1}{2}\times\overline{OP_n}\times\overline{P_nQ_n}$$

$$=\frac{1}{2}(3n+1)\sqrt{3n+1}$$

점 R_n은 곡선 $y=x^2$ 위의 점이고 y좌표가 자연수인 점이므로 점 R_n의 좌표를 $(\sqrt{a}, a)$
(a는 자연수)라 하면 직선 P_nR_n의 기울기가 음수이므로
$$a<3n+1$$
이때 삼각형 P_nOR_n의 넓이가 최대이려면 점 R_n의 x좌표가 최대이어야 하므로 $a=3n$일 때 점 R_n의 x좌표가 최대이고, 이때의 점 R_n의 좌표는 $(\sqrt{3n}, 3n)$

즉, 삼각형 P_nOR_n의 최대 넓이 T_n은

$$T_n=\frac{1}{2}\times\overline{OP_n}\times\sqrt{3n}$$

$$=\frac{1}{2}(3n+1)\sqrt{3n}$$

2단계 $\lim_{n\to\infty}\dfrac{S_n-T_n}{\sqrt{n}}$의 값을 구해 보자.

$$\lim_{n\to\infty}\frac{S_n-T_n}{\sqrt{n}}=\lim_{n\to\infty}\frac{(3n+1)\sqrt{3n+1}-(3n+1)\sqrt{3n}}{2\sqrt{n}}$$

$$=\lim_{n\to\infty}\frac{(3n+1)(\sqrt{3n+1}-\sqrt{3n})}{2\sqrt{n}}$$

$$=\lim_{n\to\infty}\frac{(3n+1)(\sqrt{3n+1}-\sqrt{3n})(\sqrt{3n+1}+\sqrt{3n})}{2\sqrt{n}(\sqrt{3n+1}+\sqrt{3n})}$$

$$=\lim_{n\to\infty}\frac{3n+1}{2(\sqrt{3n^2+n}+\sqrt{3n^2})}$$

$$=\lim_{n\to\infty}\frac{3+\dfrac{1}{n}}{2\left(\sqrt{3+\dfrac{1}{n}}+\sqrt{3}\right)}$$

$$=\frac{3+0}{2\times(\sqrt{3+0}+\sqrt{3})}=\frac{\sqrt{3}}{4}$$

038 정답률 ▸ 49% 답 ②

Best Pick 도형의 성질, 특히 삼각형의 성질과 원의 성질은 매년 출제되는 중요한 성질이다. 각각의 문제마다 이용되는 성질이 다르기 때문에 다양한 문제를 풀면서 각각의 성질들을 이해해야 한다.

1단계 삼각형 OA_nB_n에 내접하는 원의 반지름의 길이를 n에 대한 식으로 나타내어 보자.

삼각형 OA_nB_n에 내접하는 원의 반지름의 길이를 r_n이라 하면 삼각형 OA_nB_n의 넓이에서 $\quad \triangle OA_nB_n=\triangle C_nOA_n+\triangle C_nOB_n+\triangle C_nA_nB_n$

$$\frac{1}{2}\times\overline{OA_n}\times\overline{OB_n}=\frac{1}{2}\times r_n\times(\overline{OA_n}+\overline{OB_n}+\overline{A_nB_n})$$

직각삼각형 OA_nB_n에서
$\overline{OA_n}=n$, $\overline{OB_n}=n+1$이므로

$$\overline{A_nB_n}=\sqrt{\overline{OA_n}^2+\overline{OB_n}^2}$$

$$=\sqrt{n^2+(n+1)^2}$$

$$=\sqrt{2n^2+2n+1}$$

$$\therefore r_n=\frac{\overline{OA_n}\times\overline{OB_n}}{\overline{OA_n}+\overline{OB_n}+\overline{A_nB_n}}$$

$$=\frac{n(n+1)}{2n+1+\sqrt{2n^2+2n+1}}\qquad\cdots\cdots\ \bigcirc$$

2단계 삼각형의 닮음을 이용하여 선분 $\overline{OP_n}$의 길이를 n에 대한 식으로 나타내어 보자.

오른쪽 그림과 같이 삼각형 OA_nB_n에 내접하는 원과 세 변의 접점을 각각 D_n, E_n, F_n이라 하면 두 삼각형 $B_nF_nC_n, B_nOP_n$은 서로 닮음
(AA 닮음)이므로

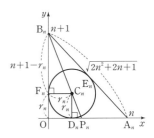

$$\overline{B_nF_n}:\overline{B_nO}=\overline{F_nC_n}:\overline{OP_n}$$

$$(n+1-r_n):(n+1)=r_n:\overline{OP_n}$$

$$\therefore\overline{OP_n}=\frac{(n+1)r_n}{n+1-r_n}\qquad\cdots\cdots\ \bigcirc$$

㉠을 ㉡에 대입하면

$$\overline{OP_n} = \dfrac{\dfrac{n(n+1)^2}{2n+1+\sqrt{2n^2+2n+1}}}{n+1 - \dfrac{n(n+1)}{2n+1+\sqrt{2n^2+2n+1}}}$$

$$= \dfrac{n(n+1)^2}{(2n+1+\sqrt{2n^2+2n+1})(n+1) - n(n+1)}$$

$$= \dfrac{n(n+1)}{(2n+1+\sqrt{2n^2+2n+1}) - n}$$

$$= \dfrac{n(n+1)}{n+1+\sqrt{2n^2+2n+1}}$$

3단계 $\displaystyle\lim_{n\to\infty}\dfrac{\overline{OP_n}}{n}$ 의 값을 구해 보자.

$$\lim_{n\to\infty}\dfrac{\overline{OP_n}}{n} = \lim_{n\to\infty}\dfrac{n+1}{n+1+\sqrt{2n^2+2n+1}}$$

$$= \lim_{n\to\infty}\dfrac{1+\dfrac{1}{n}}{1+\dfrac{1}{n}+\sqrt{2+\dfrac{2}{n}+\dfrac{1}{n^2}}}$$

$$= \dfrac{1+0}{1+0+\sqrt{2+0+0}} = \sqrt{2}-1$$

---

039   정답률 ▸ 25%   답 50

1단계 두 선분 OQ_n, Y_nR_n의 길이를 각각 n에 대한 식으로 나타내어 보자.

$f(x)=x^2$이라 하면 $f'(x)=2x$

곡선 $y=f(x)$ 위의 점 $P_n(n, n^2)$에서의 접선 l_n의 방정식은

$y=2n(x-n)+n^2$ $\therefore y=2nx-n^2$

$\therefore Y_n(0, -n^2)$

직선 l_n이 x축과 만나는 점을 X_n이라 하면

$X_n\left(\dfrac{1}{2}n, 0\right)$ _{원 C_n 밖의 점 X_n에서 원 C_n에 그은
두 접선의 길이는 같으므로}

이때 $\overline{X_nQ_n} = \overline{X_nP_n}$이므로

$$\overline{OQ_n} = \overline{OX_n} + \overline{X_nQ_n}$$

$$= \overline{OX_n} + \overline{X_nP_n}$$

$$= \dfrac{1}{2}n + \sqrt{\left(n-\dfrac{1}{2}n\right)^2 + (n^2)^2}$$

$$= \dfrac{1}{2}n + \sqrt{n^4 + \dfrac{1}{4}n^2}$$

같은 방법으로   _{원 $C_n{}'$ 밖의 점 Y_n에서 원 $C_n{}'$에 그은 두 접
선의 길이는 같으므로}

$$\overline{Y_nR_n} = \overline{Y_nP_n} = \sqrt{n^2 + (n^2+n^2)^2} = \sqrt{4n^4+n^2}$$

2단계 $\displaystyle\lim_{n\to\infty}\dfrac{\overline{OQ_n}}{\overline{Y_nR_n}}$ 의 값을 구하여 $100a$의 값을 구해 보자.

$$\lim_{n\to\infty}\dfrac{\overline{OQ_n}}{\overline{Y_nR_n}} = \lim_{n\to\infty}\dfrac{\dfrac{1}{2}n + \sqrt{n^4 + \dfrac{1}{4}n^2}}{\sqrt{4n^4+n^2}}$$

$$= \lim_{n\to\infty}\dfrac{\dfrac{1}{2n} + \sqrt{1 + \dfrac{1}{4n^2}}}{\sqrt{4 + \dfrac{1}{n^2}}}$$

$$= \dfrac{0 + \sqrt{1+0}}{\sqrt{4+0}} = \dfrac{1}{2}$$

따라서 $a = \dfrac{1}{2}$이므로

$100a = 50$

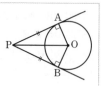
040   정답률 ▸ 89%   답 ①

1단계 수열 $\{a_n\}$의 일반항을 구해 보자.

등차수열 $\{a_n\}$의 공차를 d라 하면

$a_4 - a_2 = (a_1+3d) - (a_1+d) = 2d = 4$ $\therefore d=2$

$\therefore a_n = 4 + (n-1)\times 2 = 2n+2$

2단계 부분분수로의 변형을 이용하여 $\displaystyle\sum_{n=1}^{\infty}\dfrac{2}{na_n}$의 값을 구해 보자.

$$\sum_{n=1}^{\infty}\dfrac{2}{na_n}$$

$$= \sum_{n=1}^{\infty}\dfrac{1}{n(n+1)}$$

$$= \lim_{n\to\infty}\sum_{k=1}^{n}\dfrac{1}{k(k+1)}$$

$$= \lim_{n\to\infty}\sum_{k=1}^{n}\left(\dfrac{1}{k}-\dfrac{1}{k+1}\right)$$

$$= \lim_{n\to\infty}\left\{\left(\dfrac{1}{1}-\dfrac{1}{2}\right)+\left(\dfrac{1}{2}-\dfrac{1}{3}\right)+\left(\dfrac{1}{3}-\dfrac{1}{4}\right)+\cdots+\left(\dfrac{1}{n}-\dfrac{1}{n+1}\right)\right\}$$

$$= \lim_{n\to\infty}\left(1-\dfrac{1}{n+1}\right) = 1-0 = 1$$

---

041   정답률 ▸ 87%   답 ①

1단계 $3^n \times 5^{n+1}$의 양의 약수의 개수 a_n을 구해 보자.

$3^n \times 5^{n+1}$의 모든 양의 약수의 개수 a_n은

$a_n = (n+1)(n+2)$

2단계 부분분수로의 변형을 이용하여 $\displaystyle\sum_{n=1}^{\infty}\dfrac{1}{a_n}$의 값을 구해 보자.

$$\sum_{n=1}^{\infty}\dfrac{1}{a_n}$$

$$= \lim_{n\to\infty}\sum_{k=1}^{n}\dfrac{1}{a_k} = \lim_{n\to\infty}\sum_{k=1}^{n}\dfrac{1}{(k+1)(k+2)}$$

$$= \lim_{n\to\infty}\sum_{k=1}^{n}\left(\dfrac{1}{k+1}-\dfrac{1}{k+2}\right)$$

$$= \lim_{n\to\infty}\left\{\left(\dfrac{1}{2}-\dfrac{1}{3}\right)+\left(\dfrac{1}{3}-\dfrac{1}{4}\right)+\left(\dfrac{1}{4}-\dfrac{1}{5}\right)+\cdots+\left(\dfrac{1}{n+1}-\dfrac{1}{n+2}\right)\right\}$$

$$= \lim_{n\to\infty}\left(\dfrac{1}{2}-\dfrac{1}{n+2}\right) = \dfrac{1}{2}$$

---

042   정답률 ▸ 73%   답 ⑤

1단계 나머지정리를 이용하여 a_n을 구해 보자.

$f(x) = a_nx^2 + a_nx + 2$라 하면 $f(x)$를 $x-n$으로 나눈 나머지는

$f(n) = a_nn^2 + a_nn + 2 = 20$ $\therefore a_n = \dfrac{18}{n(n+1)}$

2단계 부분분수로의 변형을 이용하여 $\sum\limits_{n=1}^{\infty} a_n$의 값을 구해 보자.

$$\sum_{n=1}^{\infty} a_n = \sum_{n=1}^{\infty} \frac{18}{n(n+1)} = \sum_{n=1}^{\infty} 18\left(\frac{1}{n} - \frac{1}{n+1}\right)$$

$$= 18 \lim_{n \to \infty} \sum_{k=1}^{n} \left(\frac{1}{k} - \frac{1}{k+1}\right)$$

$$= 18 \lim_{n \to \infty} \left\{\left(1 - \frac{1}{2}\right) + \left(\frac{1}{2} - \frac{1}{3}\right) + \left(\frac{1}{3} - \frac{1}{4}\right) + \cdots + \left(\frac{1}{n} - \frac{1}{n+1}\right)\right\}$$

$$= 18 \lim_{n \to \infty} \left(1 - \frac{1}{n+1}\right)$$

$$= 18 \times (1 - 0) = 18$$

043 정답률 ▸ 53% 답 ①

Best Pick 이차방정식에서 근과 계수의 관계는 자주 출제되는 소재이다. 여러 단원에서 이차방정식의 근과 계수의 관계가 어떤 형태로 결합되는지 알고 적절하게 사용할 수 있어야 한다.

1단계 수열 $\{\alpha_n - \beta_n\}$의 일반항을 구해 보자.

이차방정식 $(4n^2 - 1)x^2 - 4nx + 1 = 0$의 두 근이 α_n, $\beta_n (\alpha_n > \beta_n)$이므로 이차방정식의 근과 계수의 관계에 의하여

$$\alpha_n + \beta_n = \frac{4n}{4n^2 - 1}, \quad \alpha_n \beta_n = \frac{1}{4n^2 - 1}$$

$$\therefore (\alpha_n - \beta_n)^2 = (\alpha_n + \beta_n)^2 - 4\alpha_n\beta_n$$

$$= \left(\frac{4n}{4n^2 - 1}\right)^2 - \frac{4}{4n^2 - 1}$$

$$= \frac{4}{(4n^2 - 1)^2}\{4n^2 - (4n^2 - 1)\}$$

$$= \frac{4}{(4n^2 - 1)^2} = \left(\frac{2}{4n^2 - 1}\right)^2$$

$$\therefore \alpha_n - \beta_n = \frac{2}{4n^2 - 1} \ (\because \alpha_n > \beta_n)$$

2단계 부분분수로의 변형을 이용하여 $\sum\limits_{n=1}^{\infty} (\alpha_n - \beta_n)$의 값을 구해 보자.

$$\sum_{n=1}^{\infty} (\alpha_n - \beta_n)$$
$$\begin{array}{c}\scriptstyle 2 + \frac{1}{(2n+1) - (2n-1)}\left(\frac{1}{2n-1} - \frac{1}{2n+1}\right) \\ \scriptstyle = \frac{1}{2n-1} - \frac{1}{2n+1}\end{array}$$
$$= \sum_{n=1}^{\infty} \frac{2}{4n^2 - 1} = \sum_{n=1}^{\infty} \frac{2}{(2n-1)(2n+1)}$$

$$= \sum_{n=1}^{\infty} \left(\frac{1}{2n-1} - \frac{1}{2n+1}\right)$$

$$= \lim_{n \to \infty} \sum_{k=1}^{n} \left(\frac{1}{2k-1} - \frac{1}{2k+1}\right)$$

$$= \lim_{n \to \infty} \left\{\left(1 - \frac{1}{3}\right) + \left(\frac{1}{3} - \frac{1}{5}\right) + \left(\frac{1}{5} - \frac{1}{7}\right) + \cdots + \left(\frac{1}{2n-1} - \frac{1}{2n+1}\right)\right\}$$

$$= \lim_{n \to \infty} \left(1 - \frac{1}{2n+1}\right)$$

$$= 1 - 0 = 1$$

다른 풀이

이차방정식 $(4n^2 - 1)x^2 - 4nx + 1 = 0$의 좌변을 인수분해하면

$$\{(2n-1)x - 1\}\{(2n+1)x - 1\} = 0$$

$$\therefore x = \frac{1}{2n-1} \ \text{또는} \ x = \frac{1}{2n+1}$$

이때 $\alpha_n > \beta_n$이므로

$$\alpha_n = \frac{1}{2n-1}, \quad \beta_n = \frac{1}{2n+1}$$

044 정답률 ▸ 68% 답 ⑤

1단계 b_n을 a_n에 대한 식으로 나타내어 보자.

등차수열 $\{a_n\}$의 공차가 3이므로 일반항은

$$a_n = a_1 + 3(n-1) \ (a_1 > 0)$$

이고, 모든 자연수 n에 대하여

$$a_{n+1} - a_n = 3$$

조건 (가)에서

$$\log a_n + \log a_{n+1} + \log b_n = 0$$

$$\log a_n a_{n+1} b_n = 0, \quad a_n a_{n+1} b_n = 1$$

$$\therefore b_n = \frac{1}{a_n a_{n+1}} = \frac{1}{a_{n+1} - a_n}\left(\frac{1}{a_n} - \frac{1}{a_{n+1}}\right)$$

$$= \frac{1}{3}\left(\frac{1}{a_n} - \frac{1}{a_{n+1}}\right)$$

2단계 a_1의 값을 구해 보자.

조건 (나)에서

$$\sum_{n=1}^{\infty} b_n$$

$$= \sum_{n=1}^{\infty} \frac{1}{3}\left(\frac{1}{a_n} - \frac{1}{a_{n+1}}\right)$$

$$= \lim_{n \to \infty} \sum_{k=1}^{n} \frac{1}{3}\left(\frac{1}{a_k} - \frac{1}{a_{k+1}}\right)$$

$$= \lim_{n \to \infty} \frac{1}{3}\left\{\left(\frac{1}{a_1} - \frac{1}{a_2}\right) + \left(\frac{1}{a_2} - \frac{1}{a_3}\right) + \left(\frac{1}{a_3} - \frac{1}{a_4}\right) + \cdots + \left(\frac{1}{a_n} - \frac{1}{a_{n+1}}\right)\right\}$$

$$= \frac{1}{3} \lim_{n \to \infty} \left(\frac{1}{a_1} - \frac{1}{a_{n+1}}\right)$$

$$= \frac{1}{3} \lim_{n \to \infty} \left(\frac{1}{a_1} - \frac{1}{a_1 + 3n}\right)$$

$$= \frac{1}{3} \times \left(\frac{1}{a_1} - 0\right) = \frac{1}{12}$$

이므로 $3a_1 = 12$

$$\therefore a_1 = 4$$

045 정답률 ▸ 92% 답 ②

1단계 급수와 수열의 극한값 사이의 관계를 이용하여 $\lim\limits_{n \to \infty} b_n$의 값을 구해 보자.

$$a_n + 2b_n - 7 = c_n$$이라 하면

$$b_n = \frac{c_n - a_n + 7}{2}$$

급수 $\sum\limits_{n=1}^{\infty} c_n$이 수렴하므로

$$\lim_{n \to \infty} c_n = 0$$

$$\therefore \lim_{n \to \infty} b_n = \lim_{n \to \infty} \frac{c_n - a_n + 7}{2}$$

$$= \frac{0 - 3 + 7}{2} = 2$$

046 정답률 ▸ 92% 답 ①

1단계 $\lim\limits_{n \to \infty} \dfrac{a_n}{n}$의 값을 구해 보자.

급수 $\sum\limits_{n=1}^{\infty} \dfrac{a_n}{n}$이 수렴하므로

$$\lim_{n \to \infty} \frac{a_n}{n} = 0$$

2단계 $\lim\limits_{n\to\infty}\dfrac{a_n+2a_n{}^2+3n^2}{a_n{}^2+n^2}$ 의 값을 구해 보자.

$$\lim_{n\to\infty}\frac{a_n+2a_n{}^2+3n^2}{a_n{}^2+n^2}=\lim_{n\to\infty}\frac{\dfrac{a_n}{n}\times\dfrac{1}{n}+2\left(\dfrac{a_n}{n}\right)^2+3}{\left(\dfrac{a_n}{n}\right)^2+1}$$

$$=\frac{0+2\times0+3}{0+1}$$

$$=3$$

047 정답률 ▶ 91%　　　　답 ③

Best Pick 급수와 수열의 극한값 사이의 관계를 이용하여 수열의 극한값을 구하는 기본적인 문제이다. 수능에 종종 출제되는 문제이므로 많은 문제를 풀어 구하는 식을 수렴하는 일반항이 포함된 식으로 고치는 연습이 필요하다.

1단계 $\lim\limits_{n\to\infty}\dfrac{a_n}{n}$ 의 값을 구해 보자.

급수 $\sum\limits_{n=1}^{\infty}\dfrac{a_n-4n}{n}$ 이 수렴하므로

$$\lim_{n\to\infty}\frac{a_n-4n}{n}=0$$

$$\lim_{n\to\infty}\left(\frac{a_n}{n}-4\right)=0 \qquad \therefore \lim_{n\to\infty}\frac{a_n}{n}=4$$

2단계 $\lim\limits_{n\to\infty}\dfrac{5n+a_n}{3n-1}$ 의 값을 구해 보자.

$$\lim_{n\to\infty}\frac{5n+a_n}{3n-1}=\lim_{n\to\infty}\frac{5+\dfrac{a_n}{n}}{3-\dfrac{1}{n}}=\frac{5+4}{3-0}=3$$

048 정답률 ▶ 84%　　　　답 ⑤

1단계 급수와 수열의 극한값 사이의 관계를 이용하여 $\lim\limits_{n\to\infty}b_n$ 의 값을 구해 보자.

$b_n=a_n-\dfrac{5n^2+1}{2n+3}$ 이라 하면 $a_n=b_n+\dfrac{5n^2+1}{2n+3}$ 이고

급수 $\sum\limits_{n=1}^{\infty}b_n$ 이 수렴하므로

$$\lim_{n\to\infty}b_n=0$$

2단계 $\lim\limits_{n\to\infty}\dfrac{2a_n}{n+1}$ 의 값을 구해 보자.

$$\lim_{n\to\infty}\frac{2a_n}{n+1}=\lim_{n\to\infty}\left\{\frac{2b_n}{n+1}+\frac{2(5n^2+1)}{(2n+3)(n+1)}\right\}$$

$$=\lim_{n\to\infty}\frac{2b_n}{n+1}+\lim_{n\to\infty}\frac{2(5n^2+1)}{(2n+3)(n+1)}$$

$$=\lim_{n\to\infty}\frac{2b_n}{n+1}+\lim_{n\to\infty}\frac{2\left(5+\dfrac{1}{n^2}\right)}{\left(2+\dfrac{3}{n}\right)\left(1+\dfrac{1}{n}\right)}$$

$$=0+\frac{2(5+0)}{(2+0)\times(1+0)}=5$$

049 정답률 ▶ 81%　　　　답 ③

1단계 급수와 수열의 극한값 사이의 관계를 이용하여 $\lim\limits_{n\to\infty}a_n$ 의 값을 구해 보자.

급수 $\sum\limits_{n=1}^{\infty}(2a_n-3)$ 이 수렴하므로

$$\lim_{n\to\infty}(2a_n-3)=0$$

$$\therefore \lim_{n\to\infty}a_n=r=\frac{3}{2}$$

2단계 $\lim\limits_{n\to\infty}\dfrac{r^{n+2}-1}{r^n+1}$ 의 값을 구해 보자.

$r>1$ 이므로 $\lim\limits_{n\to\infty}\dfrac{1}{r^n}=0$

$$\therefore \lim_{n\to\infty}\frac{r^{n+2}-1}{r^n+1}=\lim_{n\to\infty}\frac{r^2-\dfrac{1}{r^n}}{1+\dfrac{1}{r^n}}$$

$$=r^2=\left(\frac{3}{2}\right)^2=\frac{9}{4}$$

050 정답률 ▶ 62%　　　　답 ③

1단계 급수와 수열의 극한값 사이의 관계를 이용하여 $\lim\limits_{n\to\infty}\dfrac{b_n}{n}$ 의 값을 구해 보자.

급수 $\sum\limits_{n=1}^{\infty}\dfrac{b_n}{n}$ 이 수렴하므로

$$\lim_{n\to\infty}\frac{b_n}{n}=0$$

2단계 $\lim\limits_{n\to\infty}\dfrac{a_n+4n}{b_n+3n-2}$ 의 값을 구해 보자.

$$\lim_{n\to\infty}\frac{a_n+4n}{b_n+3n-2}=\lim_{n\to\infty}\frac{\dfrac{a_n}{n}+4}{\dfrac{b_n}{n}+3-\dfrac{2}{n}}$$

$$=\frac{1+4}{0+3-0}=\frac{5}{3}$$

051 정답률 ▶ 65%　　　　답 ③

1단계 수열의 극한의 대소 관계를 이용하여 $\lim\limits_{n\to\infty}\dfrac{a_n}{2^n}$ 의 값을 구해 보자.

$1+2+2^2+\cdots+2^{n-1}<a_n<2^n$ 에서

$\dfrac{1\times(2^n-1)}{2-1}<a_n<2^n$, 즉 $2^n-1<a_n<2^n$

각 변을 2^n 으로 나누면

$$1-\frac{1}{2^n}<\frac{a_n}{2^n}<1$$

이때 $\lim\limits_{n\to\infty}\left(1-\dfrac{1}{2^n}\right)=\lim\limits_{n\to\infty}1=1$ 이므로

$$\lim_{n\to\infty}\frac{a_n}{2^n}=1 \quad\underset{\longrightarrow\,\lim\limits_{n\to\infty}\frac{1}{2^n}=0}{}$$

2단계 급수와 수열의 극한값 사이의 관계를 이용하여 $\lim\limits_{n\to\infty}b_n$ 의 값을 구해 보자.

$\dfrac{3n-1}{n+1}<\sum\limits_{k=1}^{n}b_k<\dfrac{3n+1}{n}$ 에서

$\lim\limits_{n\to\infty}\dfrac{3n-1}{n+1}=\lim\limits_{n\to\infty}\dfrac{3n+1}{n}=3$이므로

$\lim\limits_{n\to\infty}\sum\limits_{k=1}^{n}b_k=3$

이때 급수 $\lim\limits_{n\to\infty}\sum\limits_{k=1}^{n}b_k$가 수렴하므로

$\lim\limits_{n\to\infty}b_n=0$

3단계 $\lim\limits_{n\to\infty}\dfrac{8^n-1}{4^{n-1}a_n+8^{n+1}b_n}$의 값을 구해 보자.

$\lim\limits_{n\to\infty}\dfrac{8^n-1}{4^{n-1}a_n+8^{n+1}b_n}=\lim\limits_{n\to\infty}\dfrac{1-\dfrac{1}{8^n}}{\dfrac{1}{4}\times\dfrac{a_n}{2^n}+8\times b_n}$

$=\dfrac{1-0}{\dfrac{1}{4}\times1+8\times0}=4$

052 정답률 ▸ 70% 답 ②

1단계 급수와 수열의 극한값 사이의 관계를 이용하여 $\lim\limits_{n\to\infty}a_n$의 값을 구해 보자.

$\dfrac{2^n a_n-2^{n+1}}{2^n+1}=b_n$이라 하면 $a_n=\dfrac{(2^n+1)b_n+2^{n+1}}{2^n}$이고

$\sum\limits_{n=1}^{\infty}b_n=1$로 수렴하므로

$\lim\limits_{n\to\infty}b_n=0$

$\therefore\ \lim\limits_{n\to\infty}a_n=\lim\limits_{n\to\infty}\dfrac{(2^n+1)b_n+2^{n+1}}{2^n}$

$=\lim\limits_{n\to\infty}\left\{\left(1+\dfrac{1}{2^n}\right)b_n+2\right\}$

$=1\times0+2=2$

053 정답률 ▸ 68% 답 ①

Best Pick 급수와 수열의 극한값 사이의 관계를 이용하는 문제가 꾸준히 출제되고 있으므로 다양한 문제를 풀어보아야 한다.

1단계 급수와 수열의 극한값 사이의 관계를 이용하여 $\lim\limits_{n\to\infty}a_n$의 값을 구해 보자.

$b_n=na_n-\dfrac{n^2+1}{2n+1}$이라 하면 $a_n=\dfrac{b_n}{n}+\dfrac{n^2+1}{2n^2+n}$이고

$\sum\limits_{n=1}^{\infty}b_n=3$으로 수렴하므로

$\lim\limits_{n\to\infty}b_n=0$

$\therefore\ \lim\limits_{n\to\infty}a_n=\lim\limits_{n\to\infty}\left(\dfrac{b_n}{n}+\dfrac{n^2+1}{2n^2+n}\right)$

$=\lim\limits_{n\to\infty}\left(\dfrac{b_n}{n}+\dfrac{1+\dfrac{1}{n^2}}{2+\dfrac{1}{n}}\right)$

$=0+\dfrac{1+0}{2+0}=\dfrac{1}{2}$

2단계 $\lim\limits_{n\to\infty}(a_n^2+2a_n+2)$의 값을 구해 보자.

$\lim\limits_{n\to\infty}(a_n^2+2a_n+2)=\left(\dfrac{1}{2}\right)^2+2\times\dfrac{1}{2}+2=\dfrac{13}{4}$

054 정답률 ▸ 77% 답 ②

$\sum\limits_{n=1}^{\infty}\dfrac{1+(-1)^n}{3^n}=\sum\limits_{n=1}^{\infty}\left\{\left(\dfrac{1}{3}\right)^n+\left(-\dfrac{1}{3}\right)^n\right\}$

$=\sum\limits_{n=1}^{\infty}\left(\dfrac{1}{3}\right)^n+\sum\limits_{n=1}^{\infty}\left(-\dfrac{1}{3}\right)^n$

$=\dfrac{\dfrac{1}{3}}{1-\dfrac{1}{3}}+\dfrac{-\dfrac{1}{3}}{1-\left(-\dfrac{1}{3}\right)}$

$=\dfrac{1}{2}-\dfrac{1}{4}=\dfrac{1}{4}$

다른 풀이

주어진 급수의 합을 S라 하고, 이를 덧셈으로 연결하여 나타내면

$S=\sum\limits_{n=1}^{\infty}\dfrac{1+(-1)^n}{3^n}$

$=0+\dfrac{2}{3^2}+0+\dfrac{2}{3^4}+0+\dfrac{2}{3^6}+0+\cdots$

$=\dfrac{2}{3^2}+\dfrac{2}{3^4}+\dfrac{2}{3^6}+\dfrac{2}{3^8}+\cdots$

이므로 이 급수는 첫째항이 $\dfrac{2}{9}$이고 공비가 $\dfrac{1}{9}$인 등비급수의 합과 같다.

$\therefore\ S=\sum\limits_{n=1}^{\infty}\dfrac{1+(-1)^n}{3^n}=\dfrac{\dfrac{2}{9}}{1-\dfrac{1}{9}}=\dfrac{1}{4}$

055 정답률 ▸ 89% 답 ①

등비수열 $\{a_n\}$의 공비를 r라 하면

$r=\dfrac{a_2}{a_1}=\dfrac{1}{3}$

따라서 수열 $\{a_n{}^2\}$은 첫째항이 $a_1{}^2=3^2=9$이고, 공비가 $r^2=\left(\dfrac{1}{3}\right)^2=\dfrac{1}{9}$인 등비수열이므로

$\sum\limits_{n=1}^{\infty}(a_n)^2=\dfrac{9}{1-\dfrac{1}{9}}=\dfrac{9}{\dfrac{8}{9}}=\dfrac{81}{8}$

056 정답률 ▸ 83% 답 16

1단계 $a_1+a_2=20$을 이용하여 첫째항과 공비 사이의 관계식을 구해 보자.

등비수열 $\{a_n\}$의 첫째항을 a, 공비를 r $(r>0)$라 하자.

$a_1+a_2=a+ar=a(1+r)=20$

$\therefore\ a=\dfrac{20}{1+r}$ ...... ㉠

2단계 $\sum\limits_{n=3}^{\infty}a_n=\dfrac{4}{3}$를 이용하여 공비를 구해 보자.

$\sum\limits_{n=3}^{\infty}a_n=\dfrac{4}{3}$에서 $|r|<1$이므로

$\sum\limits_{n=3}^{\infty}a_n=\dfrac{a_3}{1-r}$ →등비급수에서 $|$(공비)$|<1$일 때, 등비급수의 합은 $\dfrac{\text{(첫째항)}}{1-\text{(공비)}}$이다.

$\sum\limits_{n=3}^{\infty}a_n$에서 첫째항은 a_3, 공비는 r이다.

$=\dfrac{ar^2}{1-r}$

$=\dfrac{20r^2}{(1+r)(1-r)}$ $(\because$ ㉠$)$

$=\dfrac{20r^2}{1-r^2}$

이때 $\dfrac{20r^2}{1-r^2}=\dfrac{4}{3}$ 이므로

$60r^2=4-4r^2,\ 64r^2=4$

$r^2=\dfrac{1}{16}$

$\therefore\ r=\dfrac{1}{4}\ (\because\ r>0)$

3단계 a_1의 값을 구해 보자.

㉠에 $r=\dfrac{1}{4}$을 대입하면

$a_1=a=\dfrac{20}{1+r}=\dfrac{20}{1+\dfrac{1}{4}}=16$

057 답 ③

1단계 등비수열 $\{a_n\}$의 일반항을 구해 보자.

등비수열 $\{a_n\}$의 첫째항을 a, 공비를 r라 하면

$a_n=ar^{n-1}$이므로

$\displaystyle\lim_{n\to\infty}\dfrac{3^n}{a_n+2^n}=\lim_{n\to\infty}\dfrac{3^n}{ar^{n-1}+2^n}$

$\qquad\qquad\qquad=\lim_{n\to\infty}\dfrac{1}{\dfrac{a}{r}\left(\dfrac{r}{3}\right)^n+\left(\dfrac{2}{3}\right)^n}=6$

이때 $\displaystyle\lim_{n\to\infty}\left(\dfrac{2}{3}\right)^n=0$이므로 $\displaystyle\lim_{n\to\infty}\dfrac{a}{r}\left(\dfrac{r}{3}\right)^n=\dfrac{1}{6}$이어야 한다.

$r>3$이면 $\displaystyle\lim_{n\to\infty}\dfrac{a}{r}\left(\dfrac{r}{3}\right)^n=\infty,$

$r<3$이면 $\displaystyle\lim_{n\to\infty}\dfrac{a}{r}\left(\dfrac{r}{3}\right)^n=0$

이므로

$r=3$

즉, $\displaystyle\lim_{n\to\infty}\dfrac{a}{r}\left(\dfrac{r}{3}\right)^n=\lim_{n\to\infty}\dfrac{a}{3}=\dfrac{1}{6}$이므로

$a=\dfrac{1}{2}\qquad\therefore\ a_n=\dfrac{1}{2}\times3^{n-1}$

2단계 $\displaystyle\sum_{n=1}^{\infty}\dfrac{1}{a_n}$의 값을 구해 보자.

$\dfrac{1}{a_n}=2\left(\dfrac{1}{3}\right)^{n-1}$이므로

$\displaystyle\sum_{n=1}^{\infty}\dfrac{1}{a_n}=\sum_{n=1}^{\infty}2\left(\dfrac{1}{3}\right)^{n-1}$

$\qquad\quad=\dfrac{2}{1-\dfrac{1}{3}}=3$

058 답 ②

1단계 주어진 두 식에서 등비수열 $\{a_n\}$의 첫째항과 공비 사이의 관계식을 각각 구해 보자.

등비수열 $\{a_n\}$의 첫째항을 a, 공비를 r라 하면

$a_n=ar^{n-1}$

즉, $a_n{}^2=(ar^{n-1})^2=a^2\,(r^2)^{n-1}$이고 $\displaystyle\sum_{n=1}^{\infty}a_n{}^2=6$이므로

$0<r^2<1$

$\therefore\ -1<r<1$

$a_{2n-1}=ar^{2n-2},\ a_{2n}=ar^{2n-1}$이므로

$\displaystyle\sum_{n=1}^{\infty}(a_{2n-1}-a_{2n})=\sum_{n=1}^{\infty}ar^{2n-2}-\sum_{n=1}^{\infty}ar^{2n-1}$

$\qquad\qquad\qquad=\sum_{n=1}^{\infty}a(r^2)^{n-1}-\sum_{n=1}^{\infty}(ar)(r^2)^{n-1}$

첫째항 $a,$ 공비 r^2 ←→ 첫째항 $ar,$ 공비 r^2

$\qquad\qquad\qquad=\dfrac{a}{1-r^2}-\dfrac{ar}{1-r^2}\ (\because\ 0<r^2<1)$

$\qquad\qquad\qquad=\dfrac{a(1-r)}{1-r^2}$

$\qquad\qquad\qquad=\dfrac{a}{1+r}=3\ (\because\ -1<r<1)$

$\therefore\ a=3(1+r)\qquad\cdots\cdots$ ㉠

한편,

$\displaystyle\sum_{n=1}^{\infty}a_n{}^2=\sum_{n=1}^{\infty}a^2(r^2)^{n-1}$

$\qquad=\dfrac{a^2}{1-r^2}$ ← 첫째항 a^2, 공비 r^2

$\qquad=\dfrac{a}{1-r}\times\dfrac{a}{1+r}$

$\qquad=\dfrac{a}{1-r}\times3\ (\because\ ㉠)$

$\qquad=6$

$\therefore\ a=2\,(1-r)\qquad\cdots\cdots$ ㉡

2단계 등비수열 $\{a_n\}$의 첫째항과 공비를 각각 구해 보자.

㉠=㉡에서

$3(1+r)=2(1-r)$

$3+3r=2-2r,\ 5r=-1$

$\therefore\ r=-\dfrac{1}{5},\ a=2\times\left\{1-\left(-\dfrac{1}{5}\right)\right\}=\dfrac{12}{5}\ (\because\ ㉡)$

$r=-\dfrac{1}{5}$을 ㉡에 대입하면

$\dfrac{a}{1-\left(-\dfrac{1}{5}\right)}=2$

$\therefore\ a=\dfrac{12}{5}$

3단계 $\displaystyle\sum_{n=1}^{\infty}a_n$의 값을 구해 보자.

$\displaystyle\sum_{n=1}^{\infty}a_n=\sum_{n=1}^{\infty}\dfrac{12}{5}\left(-\dfrac{1}{5}\right)^{n-1}$

$\qquad\quad=\dfrac{\dfrac{12}{5}}{1-\left(-\dfrac{1}{5}\right)}=2$

059 답 ①

1단계 수열 $\{a_n\}$의 일반항을 구해 보자.

$a_na_{n+1}+a_{n+1}=ka_n{}^2+ka_n$에서

$(a_n+1)a_{n+1}=ka_n(a_n+1)$이고 $a_n+1\neq0$이므로

양변을 a_n+1로 나누면 $a_{n+1}=ka_n$

→ 모든 항이 양의 실수이므로 모든 자연수 n에 대하여 $a_n>0$

수열 $\{a_n\}$은 첫째항이 $a_1=k$이고, 공비가 k인 등비수열이므로

$a_n=k^n$

2단계 실수 k의 값을 구해 보자.

등비수열 $\{a_n\}$의 공비 k가 $0<k<1$이므로

$\displaystyle\sum_{n=1}^{\infty}a_n=\sum_{n=1}^{\infty}k^n=\dfrac{k}{1-k}$

즉, $\dfrac{k}{1-k}=5$이므로

$k=5(1-k)$, $6k=5$

$\therefore k=\dfrac{5}{6}$

060 정답률 ▶ 45%　　　답 16

1단계 두 등비수열 $\{a_n\}$, $\{b_n\}$에서 a_1, b_1의 값과 공비를 각각 구해 보자.

두 등비수열 $\{a_n\}$, $\{b_n\}$의 첫째항은 각각 a_1, b_1이고, 공비가 같으므로

공비를 r라 하면 $\sum\limits_{n=1}^{\infty}a_n=8$, $\sum\limits_{n=1}^{\infty}b_n=6$에서 두 등비급수의 합이 모두 수렴

하므로 공비 r는 $|r|<1$이다.

즉, $\sum\limits_{n=1}^{\infty}a_n=\dfrac{a_1}{1-r}=8$에서 $a_1=8-8r$　　……㉠

$\sum\limits_{n=1}^{\infty}b_n=\dfrac{b_1}{1-r}=6$에서 $b_1=6-6r$　　……㉡

이때 $a_1-b_1=1$이므로

$8-8r-(6-6r)=1$, $2r=1$

$\therefore r=\dfrac{1}{2}$

$r=\dfrac{1}{2}$을 ㉠, ㉡에 각각 대입하면

$a_1=8-8\times\dfrac{1}{2}=4$,

$b_1=6-6\times\dfrac{1}{2}=3$

2단계 두 등비수열 $\{a_n\}$, $\{b_n\}$의 일반항 a_n, b_n을 각각 구하고 $\sum\limits_{n=1}^{\infty}a_nb_n$의

값을 구해 보자.

$a_n=4\times\left(\dfrac{1}{2}\right)^{n-1}$, $b_n=3\times\left(\dfrac{1}{2}\right)^{n-1}$이므로

$a_nb_n=12\times\left(\dfrac{1}{4}\right)^{n-1}$

$\therefore \sum\limits_{n=1}^{\infty}a_nb_n=\dfrac{12}{1-\dfrac{1}{4}}=\dfrac{12}{\dfrac{3}{4}}=16$

061 정답률 ▶ 62%　　　답 32

1단계 수열 $\{a_n\}$의 일반항을 구해 보자.

$a_1=3$, $a_{n+1}=\dfrac{2}{3}a_n$이므로 수열 $\{a_n\}$은 첫째항이 3, 공비가 $\dfrac{2}{3}$인 등비수열

이다.

$\therefore a_n=3\times\left(\dfrac{2}{3}\right)^{n-1}$

2단계 $\sum\limits_{n=1}^{\infty}a_{2n-1}$의 값을 구하여 $p+q$의 값을 구해 보자.

$a_{2n-1}=3\times\left(\dfrac{2}{3}\right)^{(2n-1)-1}=3\times\left(\dfrac{2}{3}\right)^{2(n-1)}=3\times\left(\dfrac{4}{9}\right)^{n-1}$

이므로 수열 $\{a_{2n-1}\}$은 첫째항이 3, 공비가 $\dfrac{4}{9}$인 등비수열이다.

$\therefore \sum\limits_{n=1}^{\infty}a_{2n-1}=\dfrac{3}{1-\dfrac{4}{9}}=3\times\dfrac{9}{5}=\dfrac{27}{5}$

따라서 $p=5$, $q=27$이므로

$p+q=5+27=32$

062 정답률 ▶ 50%　　　답 ①

1단계 거듭제곱근의 성질을 이용하여 a_n을 구해 보자.

방정식 $x^n=(-3)^{n-1}$에서

(ⅰ) $n=2k+1\ (k\geq1)$일 때

　$x^n=(-3)^{2k}=3^{2k}>0$

　이때 n이 홀수이므로 실근의 개수는 1이다.

　$\therefore a_{2k+1}=1\ (k\geq1)$

(ⅱ) $n=2k\ (k\geq1)$일 때

　$x^n=(-3)^{2k-1}=-3^{2k-1}<0$

　이때 n이 짝수이므로 실근의 개수는 0이다.

　$\therefore a_{2k}=0\ (k\geq1)$

(ⅰ), (ⅱ)에서

$a_n=\begin{cases}1 & (n=2k+1)\\0 & (n=2k)\end{cases}$ (단, $k\geq1$)

2단계 $\sum\limits_{n=3}^{\infty}\dfrac{a_n}{2^n}$의 값을 구해 보자.

$\sum\limits_{n=3}^{\infty}\dfrac{a_n}{2^n}=\dfrac{1}{2^3}+\dfrac{1}{2^5}+\dfrac{1}{2^7}+\cdots$

$\qquad=\dfrac{\dfrac{1}{8}}{1-\dfrac{1}{4}}=\dfrac{1}{6}$

063 정답률 ▶ 67%　　　답 ②

Best Pick 직선과 이차함수의 그래프의 교점의 좌표를 구하는 방법은 기본적인 개념이지만 이 문제에서처럼 직선의 방정식이 복잡하게 제시되는 경우 당황할 수 있으므로 다시 한 번 개념을 확인해 두도록 하자.

1단계 교점 P_n의 좌표를 구해 보자.

직선 $y=\left(\dfrac{1}{2}\right)^{n-1}(x-1)$과 이차함수 $y=3x(x-1)$의 그래프가 만나는

교점의 x좌표를 구하면

$\left(\dfrac{1}{2}\right)^{n-1}(x-1)=3x(x-1)$에서

$(x-1)\left\{3x-\left(\dfrac{1}{2}\right)^{n-1}\right\}=0$

$\therefore x=1$ 또는 $x=\dfrac{1}{3}\times\left(\dfrac{1}{2}\right)^{n-1}$

　　　　　　　　└─→ 점 A의 x좌표

즉, 점 P_n의 x좌표가 $x=\dfrac{1}{3}\times\left(\dfrac{1}{2}\right)^{n-1}$이므로

$P_n\left(\dfrac{1}{3}\left(\dfrac{1}{2}\right)^{n-1},\ \left(\dfrac{1}{2}\right)^{n-1}\left\{\dfrac{1}{3}\times\left(\dfrac{1}{2}\right)^{n-1}-1\right\}\right)$

$\therefore P_n\left(\dfrac{1}{3}\times\left(\dfrac{1}{2}\right)^{n-1},\ \dfrac{1}{3}\times\left(\dfrac{1}{4}\right)^{n-1}-\left(\dfrac{1}{2}\right)^{n-1}\right)$

2단계 선분 P_nH_n의 길이를 구하여 $\sum\limits_{n=1}^{\infty}\overline{P_nH_n}$의 값을 구해 보자.

$\overline{P_nH_n}=\left(\dfrac{1}{2}\right)^{n-1}-\dfrac{1}{3}\times\left(\dfrac{1}{4}\right)^{n-1}$

$\therefore \sum\limits_{n=1}^{\infty}\overline{P_nH_n}=\sum\limits_{n=1}^{\infty}\left\{\left(\dfrac{1}{2}\right)^{n-1}-\dfrac{1}{3}\times\left(\dfrac{1}{4}\right)^{n-1}\right\}$

$\qquad=\dfrac{1}{1-\dfrac{1}{2}}-\dfrac{\dfrac{1}{3}}{1-\dfrac{1}{4}}$

$\qquad=2-\dfrac{4}{9}=\dfrac{14}{9}$

064 정답률 ▶ 53% 답 ③

1단계 직선의 기울기의 규칙을 찾아 a_n을 구해 보자.

$\overline{OA_1}=\overline{A_1B_1}=1$에서 점 $B_1(1, 1)$

원점과 점 $B_1(1, 1)$을 지나는 직선의 기울기 a_1은

$a_1=1$

원점과 점 $B_2\left(1+\dfrac{1}{2}, \dfrac{1}{2}\right)$을 지나는 직선의 기울기 a_2는

$a_2=\dfrac{\dfrac{1}{2}}{1+\dfrac{1}{2}}$

원점과 점 $B_3\left(1+\dfrac{1}{2}+\left(\dfrac{1}{2}\right)^2, \left(\dfrac{1}{2}\right)^2\right)$을 지나는 직선의 기울기 a_3은

$a_3=\dfrac{\left(\dfrac{1}{2}\right)^2}{1+\dfrac{1}{2}+\left(\dfrac{1}{2}\right)^2}$

$\vdots$

즉, 원점과 점 $B_n\left(1+\dfrac{1}{2}+\left(\dfrac{1}{2}\right)^2+\cdots+\left(\dfrac{1}{2}\right)^{n-1}, \left(\dfrac{1}{2}\right)^{n-1}\right)$을 지나는 직선의 기울기 a_n은

$a_n=\dfrac{\left(\dfrac{1}{2}\right)^{n-1}}{\displaystyle\sum_{k=1}^{n}\left(\dfrac{1}{2}\right)^{k-1}}$

2단계 $\displaystyle\lim_{n\to\infty}2^n a_n$의 값을 구해 보자.

$\displaystyle\lim_{n\to\infty}2^n a_n=\lim_{n\to\infty}\dfrac{2^n\times\left(\dfrac{1}{2}\right)^{n-1}}{\displaystyle\sum_{k=1}^{n}\left(\dfrac{1}{2}\right)^{k-1}}$

$=\displaystyle\lim_{n\to\infty}\dfrac{2}{\displaystyle\sum_{k=1}^{n}\left(\dfrac{1}{2}\right)^{k-1}}=\dfrac{2}{\displaystyle\sum_{n=1}^{\infty}\left(\dfrac{1}{2}\right)^{n-1}}$

$=\dfrac{2}{\dfrac{1}{1-\dfrac{1}{2}}}=1$

065 정답률 ▶ 47% 답 37

1단계 넓이 a_n을 n에 대한 식으로 나타내어 보자.

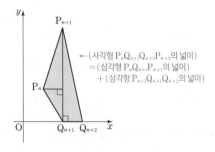

← (사각형 $P_nQ_{n+1}Q_{n+2}P_{n+1}$의 넓이)
= (삼각형 $P_nQ_{n+1}P_{n+1}$의 넓이)
+ (삼각형 $P_{n+1}Q_{n+1}Q_{n+2}$의 넓이)

사각형 $P_nQ_{n+1}Q_{n+2}P_{n+1}$의 네 꼭짓점의 좌표가

$P_n(n, 3^n)$, $P_{n+1}(n+1, 3^{n+1})$, $Q_{n+1}(n+1, 0)$, $Q_{n+2}(n+2, 0)$

이때 P_{n+1}과 Q_{n+1}의 x좌표가 같으므로 두 점 P_{n+1}, Q_{n+1}을 지나는 보조선을 그으면 위의 그림에서

$a_n=\triangle P_nQ_{n+1}P_{n+1}+\triangle P_{n+1}Q_{n+1}Q_{n+2}$

$=\dfrac{1}{2}\times1\times3^{n+1}+\dfrac{1}{2}\times1\times3^{n+1}$

$=3^{n+1}$

2단계 $\displaystyle\sum_{n=1}^{\infty}\dfrac{1}{a_n}$의 값을 구하여 p^2+q^2의 값을 구해 보자.

$\displaystyle\sum_{n=1}^{\infty}\dfrac{1}{3^{n+1}}=\sum_{n=1}^{\infty}\left(\dfrac{1}{3}\right)^{n+1}=\dfrac{\dfrac{1}{9}}{1-\dfrac{1}{3}}=\dfrac{1}{6}$

따라서 $p=6$, $q=1$이므로

$p^2+q^2=6^2+1^2=37$

066 정답률 ▶ 63% 답 ④

1단계 그림 R_1에 색칠한 부분의 넓이 S_1을 구해 보자.

$\overline{P_1B_1}=\overline{B_1Q_1}=2$, $\angle P_1B_1Q_1=90°$이므로

직각이등변삼각형 $P_1B_1Q_1$의 넓이는 $\dfrac{1}{2}\times2\times2=2$

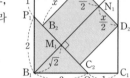

$\overline{B_1D_1}$이 정사각형 $A_2B_2C_2D_2$의 두 변 B_2C_2, D_2A_2와 만나는 점을 각각 M_1, N_1이라 하고, 정사각형 $A_2B_2C_2D_2$의 한 변의 길이를 x라 하면

$\overline{B_1M_1}=\sqrt{2}$, $\overline{M_1N_1}=x$, $\overline{N_1D_1}=\overline{A_2N_1}=\dfrac{x}{2}$

이고 $\overline{B_1D_1}=3\sqrt{2}$이므로

$\overline{B_1D_1}=\overline{B_1M_1}+\overline{M_1N_1}+\overline{N_1D_1}=\sqrt{2}+x+\dfrac{x}{2}=3\sqrt{2}$ $\therefore x=\dfrac{4\sqrt{2}}{3}$

즉, 정사각형 $A_2B_2C_2D_2$의 넓이는

$\left(\dfrac{4\sqrt{2}}{3}\right)^2=\dfrac{32}{9}$

$\therefore S_1=$(직각이등변삼각형 $P_1B_1Q_1$의 넓이)
　　　+(정사각형 $A_2B_2C_2D_2$의 넓이)
　　$=2+\dfrac{32}{9}=\dfrac{50}{9}$

2단계 그림 R_n과 그림 R_{n+1}에 새로 색칠한 부분의 넓이의 비를 구해 보자.

두 정사각형 $A_1B_1C_1D_1$, $A_2B_2C_2D_2$는 서로 닮음이고 닮음비는

$\overline{A_1B_1}:\overline{A_2B_2}=3:\dfrac{4\sqrt{2}}{3}$, 즉 $1:\dfrac{4\sqrt{2}}{9}$이므로 그림 R_1에 색칠한 부분과 그림 R_2에 새로 색칠한 부분의 넓이의 비는 $1^2:\left(\dfrac{4\sqrt{2}}{9}\right)^2=1:\dfrac{32}{81}$이다.

즉, 그림 R_n과 그림 R_{n+1}에 색칠한 부분의 넓이의 비도 $1:\dfrac{32}{81}$이다.

3단계 $\displaystyle\sum_{n=1}^{\infty}S_n$의 값을 구해 보자.

S_n은 첫째항이 $\dfrac{50}{9}$, 공비가 $\dfrac{32}{81}$인 등비수열의 첫째항부터 제n항까지의 합이므로

$\displaystyle\sum_{n=1}^{\infty}S_n=\dfrac{\dfrac{50}{9}}{1-\dfrac{32}{81}}=\dfrac{450}{49}$

067 답 ⑤

1단계 그림 R_1에 색칠한 부분의 넓이 S_1을 구해 보자.

$\overline{B_1D_1}=2\overline{C_1D_1}$이므로

$\overline{B_1D_1}=\dfrac{2}{3}\overline{B_1C_1}=\dfrac{2\sqrt{3}}{3}$, $\overline{C_1D_1}=\dfrac{1}{3}\overline{B_1C_1}=\dfrac{\sqrt{3}}{3}$

이때 직각삼각형 $E_1B_1A_1$에서

$\overline{B_1E_1}=\overline{B_1D_1}=\dfrac{2\sqrt{3}}{3}$, $\overline{OC_1}=\overline{A_1B_1}=1$이므로

$\angle E_1B_1A_1=\dfrac{\pi}{6}$이고 $\longrightarrow \sin(\angle E_1B_1A_1)=\dfrac{\overline{A_1B_1}}{\overline{B_1E_1}}=\dfrac{1}{2}$

$\angle E_1B_1D_1=\dfrac{\pi}{2}-\angle E_1B_1A_1=\dfrac{\pi}{2}-\dfrac{\pi}{6}=\dfrac{\pi}{3}$

$\therefore S_1=($부채꼴 $E_1B_1D_1$의 넓이$)+($부채꼴 $C_2C_1D_1$의 넓이$)$

$\qquad =\dfrac{1}{2}\times\overline{B_1D_1}^2\times\sin(\angle E_1B_1D_1)+\dfrac{1}{2}\times\overline{C_1D_1}^2\times\sin(\angle C_2C_1D_1)$

$\qquad =\dfrac{1}{2}\times\left(\dfrac{2\sqrt{3}}{3}\right)^2\times\dfrac{\pi}{3}+\dfrac{1}{2}\times\left(\dfrac{\sqrt{3}}{3}\right)^2\times\dfrac{\pi}{2}=\dfrac{2}{9}\pi+\dfrac{\pi}{12}=\dfrac{11}{36}\pi$

2단계 그림 R_n과 그림 R_{n+1}에 새로 색칠한 부분의 넓이의 비를 구해 보자.

$\overline{OC_2}=\overline{OC_1}-\overline{C_2C_1}=\dfrac{3-\sqrt{3}}{3}$ ┌ $\overline{C_2B_2}=k$라 하면 $\overline{OC_2}=\overline{A_2B_2}=\dfrac{2}{3}k\times\cos\dfrac{\pi}{6}=\dfrac{\sqrt{3}}{3}k$

이므로 두 직사각형 $OA_1B_1C_1$, $OA_2B_2C_2$는 서로 닮음이고 닮음비는 └ $\therefore \overline{C_2B_2}=\overline{OC_2}=k:\dfrac{\sqrt{3}}{3}k=\sqrt{3}:1$

$\overline{OC_1}:\overline{OC_2}=1:\dfrac{3-\sqrt{3}}{3}$이므로 그림 R_1에 색칠한 부분과 그림 R_2에 새로

색칠한 부분의 넓이의 비는 $1^2:\left(\dfrac{3-\sqrt{3}}{3}\right)^2$, 즉 $1:\dfrac{4-2\sqrt{3}}{3}$이다.

즉, 그림 R_n과 그림 R_{n+1}에 새로 색칠한 부분의 넓이의 비도

$1:\dfrac{4-2\sqrt{3}}{3}$이다.

3단계 $\displaystyle\lim_{n\to\infty}S_n$의 값을 구해 보자.

S_n은 첫째항이 $\dfrac{11}{36}\pi$이고 공비가 $\dfrac{4-2\sqrt{3}}{3}$인 등비수열의 첫째항부터

제n항까지의 합이므로

$\displaystyle\lim_{n\to\infty}S_n=\dfrac{\dfrac{11}{36}\pi}{1-\dfrac{4-2\sqrt{3}}{3}}=\dfrac{\dfrac{11}{36}\pi}{\dfrac{2\sqrt{3}-1}{3}}=\dfrac{11}{12(2\sqrt{3}-1)}\pi=\dfrac{1+2\sqrt{3}}{12}\pi$

---

068 정답률 ▸ 75% 답 ①

1단계 그림 R_1에 색칠한 부분의 넓이 S_1을 구해 보자.

R_1에 색칠된 부채꼴은 반지름의 길이가 1이고 중심각의 크기가 90°이므로

$S_1=\dfrac{1}{2}\times1^2\times\dfrac{\pi}{2}=\dfrac{\pi}{4}$

2단계 그림 R_n과 그림 R_{n+1}에 새로 색칠한 부분의 넓이의 비를 구해 보자.

사각형 $A_2B_2C_2D_2$에서 $\overline{A_2B_2}=x$라 하면 $\overline{A_2D_2}=2x$이므로

$\overline{A_1C_2}=\overline{A_1A_2}+\overline{A_2C_2}$, $2=1+\sqrt{x^2+(2x)^2}$ └ $\overline{A_2D_2}:\overline{A_2B_2}=2:1$

$\sqrt{5}x=1$, $x=\dfrac{\sqrt{5}}{5}$ $\therefore \overline{A_2B_2}=\dfrac{\sqrt{5}}{5}$

두 사각형 $A_1B_1C_1D_1$, $A_2B_2C_2D_2$는 서로 닮음이고 닮음비는

$\overline{A_1B_1}:\overline{A_2B_2}=1:\dfrac{\sqrt{5}}{5}$이므로 그림 R_1에 색칠한 부분과 그림 R_2에 새로

색칠한 부분의 넓이의 비는 $1^2:\left(\dfrac{\sqrt{5}}{5}\right)^2=1:\dfrac{1}{5}$이다.

즉, 그림 R_n과 그림 R_{n+1}에 새로 색칠한 부분의 넓이의 비도 $1:\dfrac{1}{5}$이다.

3단계 $\displaystyle\lim_{n\to\infty}S_n$의 값을 구해 보자.

S_n은 첫째항이 $\dfrac{\pi}{4}$, 공비가 $\dfrac{1}{5}$인 등비수열의 첫째항부터 제n항까지의 합이

므로

$\displaystyle\lim_{n\to\infty}S_n=\dfrac{\dfrac{\pi}{4}}{1-\dfrac{1}{5}}=\dfrac{5}{16}\pi$

---

069 정답률 ▸ 74% 답 ④

1단계 그림 R_1에 색칠한 부분의 넓이 S_1을 구해 보자.

그림 R_1에서 직각삼각형 OA_1B_1과 부채꼴

OA_1B_2가 만나는 점을 C라 하면

$\overline{OC}=\overline{OA_1}=4$

이므로 삼각형 COA_1은 정삼각형이다.

즉, $\angle COA_1=\dfrac{\pi}{3}$이므로 $\angle B_2OC=\dfrac{\pi}{6}$

이때 그림 R_1에서 색칠된 부분의 넓이 S_1

은 부채꼴 OA_1C에서 삼각형 COA_1을 제외

한 부분의 넓이와 삼각형 B_1OC에서 부채꼴

OCB_2를 제외한 부분의 넓이의 합이므로

$S_1=\{($부채꼴 OA_1C의 넓이$)-\triangle COA_1\}$

$\qquad +\{\triangle B_1OC-($부채꼴 OCB_2의 넓이$)\}$

$\quad =\left(\dfrac{1}{2}\times\overline{OA_1}^2\times\dfrac{\pi}{3}-\dfrac{\sqrt{3}}{4}\times\overline{OA_1}^2\right)$

$\qquad +\left(\dfrac{1}{2}\times\overline{B_1O}\times\overline{OC}\times\sin(\angle B_1OC)-\dfrac{1}{2}\times\overline{B_2O}^2\times\dfrac{\pi}{6}\right)$

$\quad =\left(\dfrac{1}{2}\times4^2\times\dfrac{\pi}{3}-\dfrac{\sqrt{3}}{4}\times4^2\right)+\left(\dfrac{1}{2}\times4\sqrt{3}\times4\times\sin\dfrac{\pi}{6}-\dfrac{1}{2}\times4^2\times\dfrac{\pi}{6}\right)$

$\quad =\left(\dfrac{8}{3}\pi-4\sqrt{3}\right)+\left(4\sqrt{3}-\dfrac{4}{3}\pi\right)$

$\quad =\dfrac{4}{3}\pi$

2단계 그림 R_n과 그림 R_{n+1}에 새로 색칠한 부분의 넓이의 비를 구해 보자.

$\overline{A_1B_1}\,/\!/\,\overline{A_2B_2}$이므로 두 직각삼각형 OA_1B_1, OA_2B_2는 서로 닮음이고 닮

음비는 $\overline{OB_1}:\overline{OB_2}=4\sqrt{3}:4$, 즉 $1:\dfrac{\sqrt{3}}{3}$이다.

즉, 그림 R_1에 색칠한 부분과 그림 R_2에 새로 색칠한 부분의 넓이의 비는

$1^2:\left(\dfrac{\sqrt{3}}{3}\right)^2=1:\dfrac{1}{3}$이므로 그림 R_n과 그림 R_{n+1}에 새로 색칠한 부분의

넓이의 비도 $1:\dfrac{1}{3}$이다.

3단계 $\displaystyle\lim_{n\to\infty}S_n$의 값을 구해 보자.

S_n은 첫째항이 $\dfrac{4}{3}\pi$, 공비가 $\dfrac{1}{3}$인 등비수열의 첫째항부터 제n항까지의 합

이므로

$\displaystyle\lim_{n\to\infty}S_n=\dfrac{\dfrac{4}{3}\pi}{1-\dfrac{1}{3}}=2\pi$

---

070 정답률 ▸ 68% 답 ③

1단계 그림 R_1에 색칠한 부분의 넓이 S_1을 구해 보자.

정사각형 $A_1B_1C_1D_1$의 한 변의 길이가 1이

므로 직각삼각형 $A_1B_1C_1$에서

$\overline{A_1C_1}=\sqrt{2}$

이때 $\overline{A_2C_1}=1$이므로 $\overline{A_1A_2}=\sqrt{2}-1$

$\therefore S_1=\dfrac{1}{2}\times\overline{A_1A_2}^2$ → 대각선의 길이가 $\sqrt{2}-1$인 정사각형의 넓이

$\qquad =\dfrac{1}{2}\times(\sqrt{2}-1)^2$

$\qquad =\dfrac{3-2\sqrt{2}}{2}$

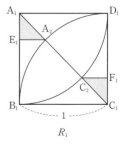

R_1

2단계 그림 R_n과 그림 R_{n+1}에 새로 색칠한 부분의 넓이의 비를 구해 보자.

정사각형 $A_1B_1C_1D_1$의 두 대각선의 교점을 O라 하면

$$\overline{OA_1}=\frac{\sqrt{2}}{2}$$

또한, $\overline{A_1C_2}=1$이므로

$$\overline{OC_2}=\overline{A_1C_2}-\overline{OA_1}$$
$$=1-\frac{\sqrt{2}}{2}=\frac{2-\sqrt{2}}{2}$$

$$\therefore \overline{A_2C_2}=2-\sqrt{2}$$

두 정사각형 $A_1B_1C_1D_1$, $A_2B_2C_2D_2$는 서로 닮음이고 닮음비는

$\overline{A_1C_1}:\overline{A_2C_2}=\sqrt{2}:(2-\sqrt{2})$, 즉 $1:(\sqrt{2}-1)$

이므로 그림 R_1에 색칠한 부분과 그림 R_2에 새로 색칠한 부분의 넓이의 비는 $1^2:(\sqrt{2}-1)^2=1:(3-2\sqrt{2})$이다.

즉, 그림 R_n과 그림 R_{n+1}에 새로 색칠한 부분의 넓이의 비도 $1:(3-2\sqrt{2})$이다.

3단계 $\lim_{n\to\infty}S_n$의 값을 구해 보자.

S_n은 첫째항이 $\frac{3-2\sqrt{2}}{2}$, 공비가 $3-2\sqrt{2}$인 등비수열의 첫째항부터 제n항까지의 합이므로

$$\lim_{n\to\infty}S_n=\frac{\frac{3-2\sqrt{2}}{2}}{1-(3-2\sqrt{2})}=\frac{3-2\sqrt{2}}{4(\sqrt{2}-1)}=\frac{1}{4}(\sqrt{2}-1)$$

---

071 정답률 ▶ 67% 답 ①

1단계 그림 R_1에 색칠한 부분의 넓이 S_1을 구해 보자.

원 O_1의 중심을 O_1, 직선 B_1O_1이 두 선분 A_1C_1, D_1E_1과 만나는 점을 각각 F_1, G_1이라 하면 R_1에서

$$\overline{O_1A_1}=\overline{O_1B_1}=\overline{O_1C_1}=\overline{O_1G_1}=2$$

R_1

이때 점 O_1은 정삼각형 $A_1B_1C_1$의 무게중심이므로

$$\overline{O_1B_1}:\overline{O_1F_1}=2:1$$

$$\therefore \overline{O_1F_1}=\frac{1}{2}\overline{O_1B_1}=\frac{1}{2}\times2=1$$

$$\therefore \overline{F_1G_1}=\overline{O_1G_1}-\overline{O_1F_1}=2-1=1$$

$$\overline{A_1C_1}=2\overline{C_1F_1}=2\overline{O_1C_1}\cos\frac{\pi}{6}=2\times2\times\frac{\sqrt{3}}{2}=2\sqrt{3}$$

즉, (사각형 $A_1C_1D_1E_1$의 넓이)$=2\sqrt{3}\times1=2\sqrt{3}$이고

(호 $A_1G_1C_1$과 현 A_1C_1으로 둘러싸인 활꼴의 넓이)

=(부채꼴 $O_1A_1C_1$의 넓이)−(삼각형 $O_1A_1C_1$의 넓이)

$=\frac{1}{2}\times\overline{O_1A_1}^2\times\frac{2}{3}\pi-\frac{1}{2}\times\overline{A_1C_1}\times\overline{O_1F_1}$ ···→ 중심각의 크기는 $\angle A_1O_1C_1=2\angle A_1B_1C_1=2\times60°=120°$

$=\frac{1}{2}\times2^2\times\frac{2}{3}\pi-\frac{1}{2}\times2\sqrt{3}\times1$

$=\frac{4}{3}\pi-\sqrt{3}$

이므로

$S_1=$(사각형 $A_1C_1D_1E_1$의 넓이

　　−호 $A_1G_1C_1$과 현 A_1C_1으로 둘러싸인 활꼴의 넓이)

$=2\sqrt{3}-\left(\frac{4}{3}\pi-\sqrt{3}\right)=3\sqrt{3}-\frac{4}{3}\pi$

2단계 그림 R_n과 그림 R_{n+1}에 새로 색칠한 부분의 넓이의 비를 구해 보자.

원 O_2의 반지름의 길이는 $\overline{O_1F_1}=1$이므로 두 원 O_1, O_2는 서로 닮음이고 닮음비는 $\overline{O_1G_1}:\overline{O_1F_1}=2:1$, 즉 $1:\frac{1}{2}$이다.

즉, 그림 R_1에 색칠한 부분과 그림 R_2에 새로 색칠한 부분의 넓이의 비는 $1^2:\left(\frac{1}{2}\right)^2=1:\frac{1}{4}$이므로 그림 R_n과 그림 R_{n+1}에 새로 색칠한 부분의 넓이의 비도 $1:\frac{1}{4}$이다.

3단계 $\lim_{n\to\infty}S_n$의 값을 구해 보자.

S_n은 첫째항이 $3\sqrt{3}-\frac{4}{3}\pi$, 공비가 $\frac{1}{4}$인 등비수열의 첫째항부터 제n항까지의 합이므로

$$\lim_{n\to\infty}S_n=\frac{3\sqrt{3}-\frac{4}{3}\pi}{1-\frac{1}{4}}=4\sqrt{3}-\frac{16}{9}\pi$$

---

072 정답률 ▶ 66% 답 ②

Best Pick 일정한 규칙에 의해 무한히 그려지는 도형의 넓이의 합을 등비급수를 이용하여 구하는 문제이다. 앞으로 출제될 가능성이 있는 문제로 충분한 연습을 통해 대비해두어야 한다.

1단계 그림 R_1에 색칠한 부분의 넓이 S_1을 구해 보자.

그림 R_1의 점 E_1에서 변 B_1C_1에 내린 수선의 발을 H_1, 점 G_1에서 변 B_1C_1에 내린 수선의 발을 M_1이라 하자.

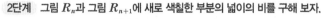

R_1

직각삼각형 $E_1B_1H_1$에서

$$\sin(\angle E_1B_1H_1)=\frac{\overline{E_1H_1}}{\overline{B_1E_1}}=\frac{1}{2}$$

이므로 $\angle E_1B_1H_1=\frac{\pi}{6}$

즉, 직각삼각형 $G_1B_1M_1$에서

$$\overline{G_1M_1}=\overline{B_1M_1}\tan\frac{\pi}{6}=1\times\frac{\sqrt{3}}{3}=\frac{\sqrt{3}}{3}$$

$\therefore S_1=2\{$(부채꼴 $B_1C_1E_1$의 넓이)−(직각삼각형 $G_1B_1C_1$의 넓이)$\}$

$=2\left(\frac{1}{2}\times\overline{B_1C_1}^2\times\frac{\pi}{6}-\frac{1}{2}\times\overline{B_1C_1}\times\overline{G_1M_1}\right)$

$=2\left(\frac{1}{2}\times2^2\times\frac{\pi}{6}-\frac{1}{2}\times2\times\frac{\sqrt{3}}{3}\right)=\frac{2(\pi-\sqrt{3})}{3}$

2단계 그림 R_n과 그림 R_{n+1}에 새로 색칠한 부분의 넓이의 비를 구해 보자.

그림 R_2에서

$\overline{A_2B_2}=a\ (0<a<1)$라 하면

$\overline{B_2M_1}=a$

직각삼각형 $A_2B_1B_2$에서

$\overline{A_2B_2}=\overline{B_1B_2}\tan\frac{\pi}{6}$이므로

$a=(1-a)\times\frac{\sqrt{3}}{3}$

$(3+\sqrt{3})a=\sqrt{3}$

$\therefore a=\frac{\sqrt{3}}{3+\sqrt{3}}=\frac{1}{\sqrt{3}+1}=\frac{\sqrt{3}-1}{2}$

이때 두 직사각형 $A_1B_1C_1D_1$, $A_2B_2C_2D_2$는 서로 닮음이고, 닮음비는

R_2

$\overline{A_1B_1} : \overline{A_2B_2} = 1 : \dfrac{\sqrt{3}-1}{2}$이므로 그림 R_1에 색칠한 부분과 그림 R_2에 새로 색칠한 부분의 넓이의 비는 $1^2 : \left(\dfrac{\sqrt{3}-1}{2}\right)^2 = 1 : \dfrac{2-\sqrt{3}}{2}$이다.

즉, 그림 R_n과 그림 R_{n+1}에 새로 색칠한 부분의 넓이의 비도 $1 : \dfrac{2-\sqrt{3}}{2}$이다.

3단계 $\lim\limits_{n\to\infty} S_n$의 값을 구해 보자.

S_n은 첫째항이 $\dfrac{2(\pi-\sqrt{3})}{3}$, 공비가 $\dfrac{2-\sqrt{3}}{2}$인 등비수열의 첫째항부터 제 n항까지의 합이므로

$$\lim_{n\to\infty} S_n = \dfrac{\dfrac{2(\pi-\sqrt{3})}{3}}{1-\dfrac{2-\sqrt{3}}{2}} = \dfrac{4\sqrt{3}\pi - 12}{9}$$

073 정답률 ▶ 62% 답 ①

1단계 그림 R_1에 색칠한 부분의 넓이 S_1을 구해 보자.

그림 R_1에서 선분 B_1C_1의 중점을 M_1이라 하면 $\overline{B_1M_1} = \sqrt{3}$, $\angle A_2B_1M_1 = \dfrac{\pi}{6}$이므로

$$\overline{A_2B_1} = \dfrac{\overline{B_1M_1}}{\cos\dfrac{\pi}{6}} = \sqrt{3} \times \dfrac{2}{\sqrt{3}} = 2$$

선분 A_2B_1의 중점을 O_1, 선분 A_1B_1과 지름이 A_2B_1인 반원이 만나는 점을 D_1, 점 O_1에서 선분 B_1D_1에 내린 수선의 발을 H_1이라 하면

$\overline{B_1O_1} = 1$, $\overline{O_1H_1} = \dfrac{1}{2}$, $\overline{B_1H_1} = \dfrac{\sqrt{3}}{2}$, $\overline{B_1D_1} = \sqrt{3}$

이므로 그림 R_1에 색칠되어 있는 부분의 넓이 S_1은

$S_1 = 2\{(\text{삼각형 } B_1O_1D_1\text{의 넓이}) + (\text{부채꼴 } A_2O_1D_1\text{의 넓이})\}$

$= 2\left(\dfrac{1}{2} \times \overline{B_1D_1} \times \overline{O_1H_1} + \dfrac{1}{2} \times \overline{O_1A_2}^2 \times \dfrac{\pi}{3}\right)$

$= 2\left(\dfrac{1}{2} \times \sqrt{3} \times \dfrac{1}{2} + \dfrac{1}{2} \times 1^2 \times \dfrac{\pi}{3}\right) = 2\left(\dfrac{\sqrt{3}}{4} + \dfrac{\pi}{6}\right) = \dfrac{\sqrt{3}}{2} + \dfrac{\pi}{3}$

2단계 그림 R_n과 그림 R_{n+1}에 새로 색칠한 부분의 넓이의 비를 구해 보자.

정삼각형 $A_1B_1C_1$의 높이는

$$\overline{A_1M_1} = \overline{A_1B_1} \sin\dfrac{\pi}{3} = 2\sqrt{3} \times \dfrac{\sqrt{3}}{2} = 3$$

정삼각형 $A_2B_2C_2$의 높이는

$$\overline{A_2M_1} = \overline{A_2B_1} \sin\dfrac{\pi}{6} = 2 \times \dfrac{1}{2} = 1$$

> 정삼각형의 내심, 외심, 무게중심은 일치한다.

두 정삼각형 $A_1B_1C_1$, $A_2B_2C_2$는 서로 닮음이고 닮음비는

$\overline{A_1M_1} : \overline{A_2M_1} = 3 : 1$, 즉 $1 : \dfrac{1}{3}$이므로 그림 R_1에 색칠한 부분과 그림 R_2에 새로 색칠한 부분의 넓이의 비는 $1^2 : \left(\dfrac{1}{3}\right)^2 = 1 : \dfrac{1}{9}$이다.

즉, 그림 R_n과 그림 R_{n+1}에 새로 색칠한 부분의 넓이의 비도 $1 : \dfrac{1}{9}$이다.

3단계 $\lim\limits_{n\to\infty} S_n$의 값을 구해 보자.

S_n은 첫째항이 $\dfrac{\sqrt{3}}{2} + \dfrac{\pi}{3}$, 공비가 $\dfrac{1}{9}$인 등비수열의 첫째항부터 제n항까지의 합이므로

$$\lim_{n\to\infty} S_n = \dfrac{\dfrac{\sqrt{3}}{2} + \dfrac{\pi}{3}}{1 - \dfrac{1}{9}} = \dfrac{9\sqrt{3} + 6\pi}{16}$$

074 정답률 ▶ 60% 답 ②

1단계 그림 R_1에 색칠한 부분의 넓이 S_1을 구해 보자.

그림 R_1의 직각삼각형 OA_1E_1에서 $\overline{OA_1} = 1$, $\overline{OE_1} = 2$ 이므로

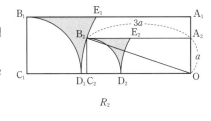

$$\overline{A_1E_1} = \sqrt{2^2 - 1^2} = \sqrt{3}$$

또한,

$$\cos(\angle E_1OA_1) = \dfrac{\overline{OA_1}}{\overline{OE_1}} = \dfrac{1}{2}$$

이므로

$\angle E_1OA_1 = \dfrac{\pi}{3}$ $\therefore \angle E_1OD_1 = \dfrac{\pi}{6}$

$\therefore S_1 = (\text{직사각형 } OA_1B_1C_1\text{의 넓이})$
$\quad - \{(\text{부채꼴 } B_1C_1D_1\text{의 넓이}) + (\text{부채꼴 } D_1OE_1\text{의 넓이})$
$\quad\quad + (\text{직각삼각형 } OA_1E_1\text{의 넓이})\}$

$= (\overline{B_1A_1} \times \overline{B_1C_1})$
$\quad - \left(\dfrac{1}{2} \times \overline{B_1C_1}^2 \times \dfrac{\pi}{2} + \dfrac{1}{2} \times \overline{D_1O}^2 \times \dfrac{\pi}{6} + \dfrac{1}{2} \times \overline{OA_1} \times \overline{A_1E_1}\right)$

$= 3 \times 1 - \left(\dfrac{1}{2} \times 1^2 \times \dfrac{\pi}{2} + \dfrac{1}{2} \times 2^2 \times \dfrac{\pi}{6} + \dfrac{1}{2} \times 1 \times \sqrt{3}\right)$

$= 3 - \dfrac{\sqrt{3}}{2} - \dfrac{7}{12}\pi$

2단계 그림 R_n과 그림 R_{n+1}에 새로 색칠한 부분의 넓이의 비를 구해 보자.

그림 R_2에서 $\overline{OA_2} = a$라 하면 $\overline{A_2B_2} = 3a$이므로 직각삼각형 OA_2B_2에서

$$\overline{OB_2} = \sqrt{a^2 + (3a)^2} = \sqrt{10}a$$

이때 $\overline{OB_2} = \overline{OD_1}$이므로

$\sqrt{10}a = 2$ $\therefore a = \dfrac{\sqrt{10}}{5}$

두 직사각형 $OA_1B_1C_1$, $OA_2B_2C_2$는 서로 닮은 도형이고 닮음비는

$\overline{OA_1} : \overline{OA_2} = 1 : \dfrac{\sqrt{10}}{5}$이므로 그림 R_1에 색칠한 부분과 그림 R_2에 새로 색칠한 부분의 넓이의 비는 $1^2 : \left(\dfrac{\sqrt{10}}{5}\right)^2 = 1 : \dfrac{2}{5}$이다.

즉, 그림 R_n과 그림 R_{n+1}에 새로 색칠한 부분의 넓이의 비도 $1 : \dfrac{2}{5}$이다.

3단계 $\lim\limits_{n\to\infty} S_n$의 값을 구해 보자.

S_n은 첫째항이 $3 - \dfrac{\sqrt{3}}{2} - \dfrac{7}{12}\pi$, 공비가 $\dfrac{2}{5}$인 등비수열의 첫째항부터 제n항까지의 합이므로

$$\lim_{n\to\infty} S_n = \dfrac{3 - \dfrac{\sqrt{3}}{2} - \dfrac{7}{12}\pi}{1 - \dfrac{2}{5}} = \dfrac{5}{3}\left(3 - \dfrac{\sqrt{3}}{2} - \dfrac{7}{12}\pi\right) = 5 - \dfrac{5\sqrt{3}}{6} - \dfrac{35}{36}\pi$$

075 정답률 ▶ 47% 답 ③

1단계 그림 R_1에 색칠한 부분의 넓이 S_1을 구해 보자.

원 O_1의 반지름의 길이가 2이므로 반원의 넓이는

$$\dfrac{1}{2} \times \pi \times 2^2 = 2\pi$$

직각삼각형 $A_1B_1C_1$에서

$$\overline{B_1C_1} = \sqrt{\overline{A_1B_1}^2 + \overline{A_1C_1}^2}$$
$$= \sqrt{4^2 + 3^2} = 5$$

선분 A_1B_1은 원 O_1의 지름이므로

$$\angle A_1D_1B_1 = \frac{\pi}{2} \ (\because \text{반원에 대한 원주각})$$

삼각형 $A_1B_1C_1$에서

$$\frac{1}{2} \times \overline{A_1B_1} \times \overline{A_1C_1} = \frac{1}{2} \times \overline{B_1C_1} \times \overline{A_1D_1}$$

$$\frac{1}{2} \times 4 \times 3 = \frac{1}{2} \times 5 \times \overline{A_1D_1}$$

$$\therefore \overline{A_1D_1} = \frac{12}{5}$$

직각삼각형 $A_1B_1D_1$에서

$$\overline{B_1D_1} = \sqrt{\overline{A_1B_1}^2 - \overline{A_1D_1}^2}$$
$$= \sqrt{4^2 - \left(\frac{12}{5}\right)^2} = \frac{16}{5}$$

이므로 삼각형 $A_1B_1D_1$의 넓이는

$$\frac{1}{2} \times \overline{A_1D_1} \times \overline{B_1D_1} = \frac{1}{2} \times \frac{12}{5} \times \frac{16}{5} = \frac{96}{25}$$

$$\therefore S_1 = (\text{반원의 넓이}) + (\text{삼각형 } A_1B_1D_1\text{의 넓이})$$
$$= 2\pi + \frac{96}{25}$$

2단계 그림 R_n과 그림 R_{n+1}에 새로 색칠한 부분의 넓이의 비를 구해 보자.

그림 R_2에서 오른쪽 그림과 같이 두 원 O_1, O_2의 중심을 각각 O_1, O_2라 하고 두 직선 A_2O_2, B_1C_1의 교점을 E, 점 O_2에서 두 선분 B_1C_1, A_1B_1에 내린 수선의 발을 각각 F, G라 하자.

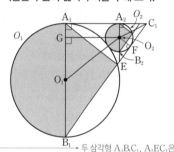

두 삼각형 $A_1B_1C_1$, FEO_2는 서로 닮음 (AA 닮음)이다.

> 두 삼각형 $A_1B_1C_1$, A_2EC_1은 서로 닮음 (AA 닮음)이고, 두 삼각형 A_2EC_1, FEO_2는 서로 닮음 (AA 닮음)이므로

원 O_2의 반지름의 길이를 $r \ (0 < r < 2)$라 하면 $\overline{FO_2} = r$

$\overline{A_1C_1} : \overline{FO_2} = \overline{B_1C_1} : \overline{EO_2}$에서

$$3 : r = 5 : \overline{EO_2} \quad \therefore \overline{EO_2} = \frac{5}{3}r$$

$$\therefore \overline{A_2E} = \overline{A_2O_2} + \overline{EO_2} = r + \frac{5}{3}r = \frac{8}{3}r$$

이때 두 삼각형 $A_1B_1C_1$, A_2EC_1은 서로 닮음 (AA 닮음)이므로

$$\overline{A_1B_1} : \overline{A_2E} = \overline{A_1C_1} : \overline{A_2C_1}$$

$$4 : \frac{8}{3}r = 3 : \overline{A_2C_1}$$

$$\therefore \overline{A_2C_1} = 2r$$

직각삼각형 GO_1O_2에서

$$\overline{GO_1} = \overline{A_1O_1} - \overline{A_1G} = 2 - r,$$

$$\overline{GO_2} = \overline{A_1A_2} = \overline{A_1C_1} - \overline{A_2C_1} = 3 - 2r,$$

$$\overline{O_1O_2} = 2 + r$$

이므로 $\overline{O_1O_2}^2 = \overline{GO_1}^2 + \overline{GO_2}^2$에서

$$(2+r)^2 = (2-r)^2 + (3-2r)^2$$

$$r^2 + 4r + 4 = (r^2 - 4r + 4) + (4r^2 - 12r + 9)$$

$$4r^2 - 20r + 9 = 0$$

$$(2r-1)(2r-9) = 0$$

$$\therefore r = \frac{1}{2} \ (\because 0 < r < 2) \quad \therefore \overline{FO_2} = \frac{1}{2}$$

두 원 O_1, O_2의 닮음비가 $\overline{A_1O_1} : \overline{FO_2} = 2 : \frac{1}{2}$, 즉 $1 : \frac{1}{4}$이므로 그림 R_1에 색칠한 부분과 그림 R_2에 새로 색칠한 부분의 넓이의 비는

$$1^2 : \left(\frac{1}{4}\right)^2 = 1 : \frac{1}{16}$$이다.

즉, 그림 R_n과 그림 R_{n+1}에 새로 색칠한 부분의 넓이의 비도 $1 : \frac{1}{16}$이다.

3단계 $\lim\limits_{n \to \infty} S_n$의 값을 구해 보자.

S_n은 첫째항이 $2\pi + \frac{96}{25}$이고 공비가 $\frac{1}{16}$인 등비수열의 첫째항부터 제n항까지의 합이므로

$$\lim_{n \to \infty} S_n = \frac{2\pi + \frac{96}{25}}{1 - \frac{1}{16}} = \frac{2\pi + \frac{96}{25}}{\frac{15}{16}} = \frac{32}{15}\pi + \frac{512}{125}$$

---

076 정답률 ▶ 56%   **답 ②**

1단계 그림 R_1에 색칠한 부분의 넓이 S_1을 구해 보자.

그림 R_1에서 선분 A_1B_1의 중점을 M_1이라 하면

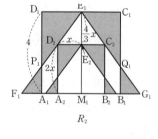

$$\overline{F_1M_1} : \overline{E_1M_1} : \overline{E_1F_1} = 3 : 4 : 5$$

여기서 $\overline{E_1M_1} = 4$이므로

$$\overline{F_1M_1} = 3, \ \overline{E_1F_1} = 5$$이고

$$\overline{F_1A_1} = 1, \ \overline{A_1P_1} = \frac{4}{3},$$

$$\overline{D_1P_1} = \frac{8}{3}$$이다. ← $\overline{F_1H_1} : \overline{H_1E_1} = \overline{F_1A_1} : \overline{A_1P_1}$
이므로 $3 : 4 = 1 : \overline{A_1P_1}$

$$\therefore S_1 = 2\{(\text{삼각형 } P_1F_1A_1\text{의 넓이}) + (\text{삼각형 } P_1E_1D_1\text{의 넓이})\}$$

$$= 2\left\{\left(\frac{1}{2} \times \overline{F_1A_1} \times \overline{A_1P_1}\right) + \left(\frac{1}{2} \times \overline{D_1E_1} \times \overline{D_1P_1}\right)\right\}$$

$$= 2\left\{\left(\frac{1}{2} \times 1 \times \frac{4}{3}\right) + \left(\frac{1}{2} \times 2 \times \frac{8}{3}\right)\right\} = \frac{20}{3}$$

2단계 그림 R_n과 그림 R_{n+1}에 새로 색칠한 부분의 넓이의 비를 구해 보자.

그림 R_2에서 선분 C_2D_2의 중점을 E_2라 하자.

$\overline{D_2E_2} = x$라 하면

$$\overline{E_1E_2} = \frac{4}{3}x, \ \overline{D_2A_2} = 2x$$이므로

$$\overline{A_1D_1} = \overline{E_1E_2} + \overline{D_2A_2} = \frac{4}{3}x + 2x$$

에서 $\frac{10}{3}x = 4 \quad \therefore x = \frac{6}{5}$

두 정사각형 $A_1B_1C_1D_1$, $A_2B_2C_2D_2$의 닮음비는

$$\overline{D_1A_1} : \overline{D_2A_2} = 4 : \frac{12}{5}, \text{즉 } 1 : \frac{3}{5}$$이므로 그림 R_1에 색칠한 부분과 그림 R_2에 새로 색칠한 부분의 넓이의 비는 $1^2 : \left(\frac{3}{5}\right)^2 = 1 : \frac{9}{25}$이다.

즉, 그림 R_n과 그림 R_{n+1}에 새로 색칠한 부분의 넓이의 비도 $1 : \frac{9}{25}$이다.

3단계 $\lim\limits_{n \to \infty} S_n$의 값을 구해 보자.

S_n은 첫째항이 $\frac{20}{3}$, 공비가 $\frac{9}{25}$인 등비수열의 첫째항부터 제n항까지의 합이므로

$$\lim_{n \to \infty} S_n = \frac{\frac{20}{3}}{1 - \frac{9}{25}} = \frac{125}{12}$$

077 정답률 ▶ 46% 답 ⑤

1단계 그림 R_1에 색칠한 부분의 넓이 S_1을 구해 보자.

그림 R_1에서

$\overline{A_1D_1}=\overline{D_1C_1}=2$,

$\overline{A_1E_1}=\overline{E_1B_1}=\overline{B_1F_1}=\overline{F_1C_1}=1$

$\therefore S_1=\triangle A_1E_1D_1+\triangle D_1F_1C_1+\triangle E_1B_1F_1$

$=\left(\dfrac{1}{2}\times\overline{A_1E_1}\times\overline{A_1D_1}\right)+\left(\dfrac{1}{2}\times\overline{F_1C_1}\times\overline{D_1C_1}\right)$

$\qquad+\left(\dfrac{1}{2}\times\overline{B_1F_1}\times\overline{E_1B_1}\right)$

$=\left(\dfrac{1}{2}\times1\times2\right)+\left(\dfrac{1}{2}\times1\times2\right)+\left(\dfrac{1}{2}\times1\times1\right)=\dfrac{5}{2}$

2단계 그림 R_n과 그림 R_{n+1}에 새로 색칠한 부분의 넓이의 비를 구해 보자.

삼각형 $D_1F_1C_1$에서 $\overline{D_1F_1}=\sqrt{1^2+2^2}=\sqrt{5}$

삼각형 $E_1B_1F_1$에서 $\overline{E_1F_1}=\sqrt{1^2+1^2}=\sqrt{2}$

이때 오른쪽 그림과 같이 점 D_1에서 선분 E_1F_1에 내린 수선의 발은 점 F_2와 같으므로

삼각형 $D_1F_2F_1$에서

$\overline{D_1F_2}=\sqrt{(\sqrt{5})^2-\left(\dfrac{\sqrt{2}}{2}\right)^2}=\dfrac{3\sqrt{2}}{2}$

한편, 그림 R_2에서 정사각형 $A_2B_2C_2D_2$의 한 변의 길이를 x라 하면

$\overline{C_2D_2}=x$, $\overline{C_2F_1}=\dfrac{\sqrt{2}-x}{2}$ ▸ $\overline{C_2F_1}=\overline{B_2E_1}=\dfrac{1}{2}(\overline{E_1F_1}-\overline{B_2C_2})$

이때 $\triangle D_1F_2F_1 \backsim \triangle D_2C_2F_1$ (AA 닮음)이므로

$\overline{D_1F_2}:\overline{D_2C_2}=\overline{F_2F_1}:\overline{C_2F_1}$

$\dfrac{3\sqrt{2}}{2}:x=\dfrac{\sqrt{2}}{2}:\dfrac{\sqrt{2}-x}{2}$

$\dfrac{\sqrt{2}}{2}x=\dfrac{3\sqrt{2}(\sqrt{2}-x)}{4}$, $2x=3\sqrt{2}-3x$

$5x=3\sqrt{2}$ $\therefore x=\dfrac{3\sqrt{2}}{5}$

두 정사각형 $A_1B_1C_1D_1$, $A_2B_2C_2D_2$는 닮음이고 닮음비는

$\overline{C_1D_1}:\overline{C_2D_2}=2:\dfrac{3\sqrt{2}}{5}$, 즉 $1:\dfrac{3\sqrt{2}}{10}$이므로 그림 R_1에 색칠한 부분과 그림 R_2에 새로 색칠한 부분의 넓이의 비는 $1^2:\left(\dfrac{3\sqrt{2}}{10}\right)^2=1:\dfrac{9}{50}$이다.

즉, 그림 R_n과 그림 R_{n+1}에 새로 색칠한 부분의 넓이의 비도 $1:\dfrac{9}{50}$이다.

3단계 $\displaystyle\lim_{n\to\infty}S_n$의 값을 구해 보자.

S_n은 첫째항이 $\dfrac{5}{2}$, 공비가 $\dfrac{9}{50}$인 등비수열의 첫째항부터 제n항까지의 합이므로

$\displaystyle\lim_{n\to\infty}S_n=\dfrac{\dfrac{5}{2}}{1-\dfrac{9}{50}}=\dfrac{125}{41}$

078 정답률 ▶ 38% 답 ①

1단계 그림 R_1에 색칠한 부분의 넓이 S_1을 구해 보자.

$\angle B_1AC_1=\dfrac{\pi}{3}$에서 $\angle B_2AD_1=\angle D_1AC_1=\dfrac{\pi}{6}$이므로

$\overline{B_2D_1}=\overline{D_1C_1}$

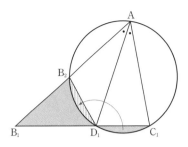

즉, 그림 R_1의 ◟ 모양의 도형의 넓이는 위의 그림과 같이 삼각형 $B_1D_1B_2$의 넓이와 같다.

삼각형 AB_1C_1에서 코사인법칙에 의하여

$\overline{B_1C_1}^2=\overline{AC_1}^2+\overline{AB_1}^2-2\times\overline{AC_1}\times\overline{AB_1}\times\cos(\angle B_1AC_1)$

$=2^2+3^2-2\times2\times3\times\cos\dfrac{\pi}{3}$

$=4+9-6=7$

$\therefore \overline{B_1C_1}=\sqrt{7}$ ($\because \overline{B_1C_1}>0$)

삼각형 AB_1C_1에서 선분 AD_1은 $\angle B_1AC_1$의 이등분선이므로

$\overline{AB_1}:\overline{AC_1}=\overline{B_1D_1}:\overline{D_1C_1}=3:2$

$\therefore \overline{B_1D_1}=\dfrac{3}{5}\overline{B_1C_1}=\dfrac{3\sqrt{7}}{5}$,

$\qquad\overline{D_1C_1}=\dfrac{2}{5}\overline{B_1C_1}=\dfrac{2\sqrt{7}}{5}$

사각형 $AB_2D_1C_1$은 원에 내접하므로 ▸ $\angle B_2D_1C_1=\pi-\angle B_2AC_1$이므로 $\angle B_2D_1B_1=\pi-\angle B_2D_1C_1$ $=\pi-(\pi-\angle B_2AC_1)$ $=\angle B_2AC_1$

$\underline{\angle B_2D_1B_1=\angle B_2AC_1=\dfrac{\pi}{3}}$

$\therefore S_1=$ (삼각형 $B_1D_1B_2$의 넓이)

$=\dfrac{1}{2}\times\overline{B_1D_1}\times\overline{B_2D_1}\times\sin\dfrac{\pi}{3}$

$=\dfrac{1}{2}\times\dfrac{3\sqrt{7}}{5}\times\dfrac{2\sqrt{7}}{5}\times\dfrac{\sqrt{3}}{2}=\dfrac{21\sqrt{3}}{50}$

2단계 그림 R_n과 그림 R_{n+1}에 새로 색칠한 부분의 넓이의 비를 구해 보자.

삼각형 $B_1D_1B_2$에서 코사인법칙에 의하여

$\overline{B_1B_2}^2=\overline{B_1D_1}^2+\overline{B_2D_1}^2-2\times\overline{B_1D_1}\times\overline{B_2D_1}\times\cos(\angle B_1D_1B_2)$

$=\left(\dfrac{3\sqrt{7}}{5}\right)^2+\left(\dfrac{2\sqrt{7}}{5}\right)^2-2\times\dfrac{3\sqrt{7}}{5}\times\dfrac{2\sqrt{7}}{5}\times\cos\dfrac{\pi}{3}$

$=\dfrac{63}{25}+\dfrac{28}{25}-\dfrac{42}{25}=\dfrac{49}{25}$

$\therefore \overline{B_1B_2}=\dfrac{7}{5}$ ($\because \overline{B_1B_2}>0$)

$\therefore \overline{AB_2}=\overline{AB_1}-\overline{B_1B_2}$

$=3-\dfrac{7}{5}=\dfrac{8}{5}$

두 삼각형 AB_1C_1, AB_2C_2는 서로 닮음 (AA 닮음)이고, 닮음비는

$\overline{AB_1}:\overline{AB_2}=3:\dfrac{8}{5}$, 즉 $1:\dfrac{8}{15}$이므로 그림 R_1에 색칠한 부분과 그림 R_2에 새로 색칠한 부분의 넓이의 비는 $1^2:\left(\dfrac{8}{15}\right)^2=1:\dfrac{64}{225}$이다.

즉, 그림 R_n과 그림 R_{n+1}에 새로 색칠한 부분의 넓이의 비도 $1:\dfrac{64}{225}$이다.

3단계 $\displaystyle\lim_{n\to\infty}S_n$의 값을 구해 보자.

S_n은 첫째항이 $\dfrac{21\sqrt{3}}{50}$이고 공비가 $\dfrac{64}{225}$인 등비수열의 첫째항부터 제n항까지의 합이므로

$\displaystyle\lim_{n\to\infty}S_n=\dfrac{\dfrac{21\sqrt{3}}{50}}{1-\dfrac{64}{225}}=\dfrac{\dfrac{21\sqrt{3}}{50}}{\dfrac{161}{225}}=\dfrac{27\sqrt{3}}{46}$

079 정답률 ▶ 38%   답 ⑤

1단계 그림 R_1에 색칠한 부분의 넓이 S_1을 구해 보자.

그림 R_1에서 오른쪽 그림과 같이 점 C_1에서 선분 A_1B_1에 내린 수선의 발을 H라 하자.

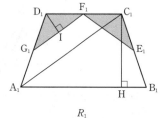

R_1

사다리꼴 $A_1B_1C_1D_1$은 등변사다리꼴이므로 직각삼각형 C_1HB_1에서

$$\overline{B_1H}=\frac{1}{2}(\overline{A_1B_1}-\overline{C_1D_1})$$
$$=\frac{1}{2}\times(10-6)=2$$

$$\therefore \overline{C_1H}=\sqrt{\overline{C_1B_1}^2-\overline{B_1H}^2}=\sqrt{6^2-2^2}=4\sqrt{2}$$

직각삼각형 A_1HC_1에서

$$\overline{A_1H}=\overline{A_1B_1}-\overline{B_1H}=10-2=8$$

이므로

$$\overline{A_1C_1}=\sqrt{\overline{A_1H}^2+\overline{C_1H}^2}=\sqrt{8^2+(4\sqrt{2})^2}=4\sqrt{6}$$

이때 두 삼각형 $A_1C_1D_1$, $G_1F_1D_1$은 서로 닮음 (SAS 닮음)이고 닮음비가 $2:1$이므로

$$\overline{G_1F_1}=\frac{1}{2}\overline{AC_1}=2\sqrt{6}$$

점 D_1에서 선분 G_1F_1에 내린 수선의 발을 I라 하면 직각삼각형 D_1IF_1에서

$$\overline{D_1I}=\sqrt{\overline{D_1F_1}^2-\overline{IF_1}^2}=\sqrt{3^2-(\sqrt{6})^2}=\sqrt{3}$$

두 삼각형 $D_1G_1F_1$, $C_1E_1F_1$은 서로 합동 (SAS 합동)이므로

$$S_1=2\times(삼각형\ D_1G_1F_1의\ 넓이)$$
$$=2\times\left(\frac{1}{2}\times2\sqrt{6}\times\sqrt{3}\right)=6\sqrt{2}$$

2단계 그림 R_n과 그림 R_{n+1}에 새로 색칠한 부분의 넓이의 비를 구해 보자.

그림 R_2에서 두 등변사다리꼴 $A_1B_1C_1D_1$, $A_2B_2C_2D_2$는 서로 닮음이므로 두 선분 A_1D_1, A_2D_2가 서로 평행하다. → 두 밑변 A_1B_1, A_2B_2가 일치하고, 두 선분 A_1D_1, A_2D_2는 대변이므로

오른쪽 그림과 같이 직선 A_2D_2가 선분 C_1D_1과 만나는 점을 J라 하자.

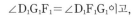

R_2

삼각형 $D_1G_1F_1$은 이등변삼각형이므로

$$\angle D_1G_1F_1=\angle D_1F_1G_1$$이고,

$$\angle D_1F_1G_1 \underset{(\because 엇각)}{=} \angle C_2D_2F_1=\angle F_1C_2D_2$$

이므로 두 삼각형 $G_1F_1D_1$, $D_2C_2F_1$은 서로 닮음 (AA 닮음)이다.

...... ㉠

한편, 두 삼각형 $G_1F_1D_1$, D_2F_1J는 서로 닮음 (AA 닮음)이고,

$$\overline{D_1G_1}:\overline{G_1F_1}=3:2\sqrt{6}$$

$$\overline{JD_2}:\overline{D_2F_1}=3:2\sqrt{6}$$

$$\therefore \overline{D_2F_1}=\frac{2\sqrt{6}}{3}\overline{JD_2}=\frac{2\sqrt{6}}{3}(6-\overline{D_2A_2})$$

또한, ㉠에서 $\overline{D_2F_1}:\overline{D_2C_2}=3:2\sqrt{6}$이므로

$$\overline{D_2C_2}=\frac{2\sqrt{6}}{3}\overline{D_2F_1}=\frac{2\sqrt{6}}{3}\times\frac{2\sqrt{6}}{3}(6-\overline{D_2A_2})$$
$$=\frac{8}{3}(6-\overline{D_2A_2})$$

이때 $\overline{D_2C_2}=\overline{D_2A_2}$이므로

$$\overline{D_2C_2}=\frac{8}{3}(6-\overline{D_2C_2})$$

$$3\overline{D_2C_2}=48-8\overline{D_2C_2}$$

$$11\overline{D_2C_2}=48 \qquad \therefore \overline{D_2C_2}=\frac{48}{11}$$

두 사다리꼴 $A_1B_1C_1D_1$, $A_2B_2C_2D_2$의 닮음비는 $\overline{D_1C_1}:\overline{D_2C_2}=6:\frac{48}{11}$,

즉 $1:\frac{8}{11}$이므로 그림 R_1에 색칠한 부분과 그림 R_2에 새로 색칠한 부분의 넓이의 비는 $1^2:\left(\frac{8}{11}\right)^2=1:\frac{64}{121}$이다.

즉, 그림 R_n과 그림 R_{n+1}에 새로 색칠한 부분의 넓이의 비도 $1:\frac{64}{121}$이다.

3단계 $\lim\limits_{n\to\infty}S_n$의 값을 구해 보자.

S_n은 첫째항이 $6\sqrt{2}$이고 공비가 $\frac{64}{121}$인 등비수열의 첫째항부터 제n항까지의 합이므로

$$\lim_{n\to\infty}S_n=\frac{6\sqrt{2}}{1-\frac{64}{121}}=\frac{6\sqrt{2}}{\frac{57}{121}}=\frac{242\sqrt{2}}{19}$$

다른 풀이

그림 R_1에서 오른쪽 그림과 같이 점 C_1에서 선분 A_1B_1에 내린 수선의 발을 H, $\angle B_1C_1H=\theta$라 하면 직각삼각형 C_1HB_1에서 $\overline{C_1H}=4\sqrt{2}$이므로

$$\cos\theta=\frac{\overline{C_1H}}{\overline{C_1B_1}}=\frac{4\sqrt{2}}{6}=\frac{2\sqrt{2}}{3}$$

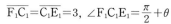

R_1

$$\overline{F_1C_1}=\overline{C_1E_1}=3,\ \angle F_1C_1E_1=\frac{\pi}{2}+\theta$$

이므로

$$S_1=2\times(삼각형\ C_1F_1E_1의\ 넓이)$$
$$=2\times\left\{\frac{1}{2}\times\overline{F_1C_1}\times\overline{C_1E_1}\times\sin\left(\frac{\pi}{2}+\theta\right)\right\}$$
$$=2\times\frac{1}{2}\times\overline{F_1C_1}\times\overline{C_1E_1}\times\cos\theta$$
$$=2\times\frac{1}{2}\times3\times3\times\frac{2\sqrt{2}}{3}=6\sqrt{2}$$

080 정답률 ▶ 82%   답 ②

1단계 그림 R_1에 색칠한 부분의 넓이 S_1을 구해 보자.

정사각형 ABCD는 한 변의 길이가 5인 정사각형이므로 대각선의 길이는 $5\sqrt{2}$이고, 각각의 점 P_1, P_2, P_3, P_4는 대각선 BD의 5등분점이므로

$$\overline{BP_1}=\overline{P_1P_2}=\overline{P_2P_3}=\overline{P_3P_4}=\overline{P_4D}=\sqrt{2}$$

이고, 정사각형 $Q_1P_2Q_2P_3$에서

$$\overline{P_2Q_2}=1$$이므로 → 대각선의 길이가 $\sqrt{2}$인 정사각형의 한 변의 길이는 1이다.

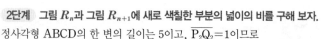

R_2

$$S_1=3\times(1\times1)+2\times\pi\times\left(\frac{\sqrt{2}}{2}\right)^2$$
$$=3+\pi$$

2단계 그림 R_n과 그림 R_{n+1}에 새로 색칠한 부분의 넓이의 비를 구해 보자.

정사각형 ABCD의 한 변의 길이는 5이고, $\overline{P_2Q_2}=1$이므로

$$\overline{FC}=\frac{1}{2}(5-1)=2 \quad \longrightarrow \overline{EQ_1}=\overline{FC}이고\ \overline{EQ_1}+\overline{P_2Q_2}+\overline{FC}=5$$

그림 R_1의 정사각형 ABCD와 그림 R_2에서 새로 그려진 한 꼭짓점이 점 C인 정사각형은 닮음이고 닮음비는 $\overline{BC}:\overline{FC}=5:2$, 즉 $1:\frac{2}{5}$이므로

026 정답 및 해설

그림 R_1에 색칠한 부분과 그림 R_2에 새로 색칠한 부분의 넓이의 비는

$1^2 : \left(\dfrac{2}{5}\right)^2 = 1 : \dfrac{4}{25}$ 이고, 그 개수의 비는 $1 : 2$이다.

즉, 그림 R_n과 그림 R_{n+1}에 새로 색칠한 부분의 넓이의 비도

$1 : \dfrac{4}{25}$ 이고, 그 개수의 비는 $1 : 2$이다.

3단계 $\lim\limits_{n \to \infty} S_n$의 값을 구해 보자.

S_n은 첫째항이 $3+\pi$, 공비가 $\dfrac{4}{25} \times 2 = \dfrac{8}{25}$인 등비수열의 첫째항부터

제n항까지의 합이므로

$\lim\limits_{n \to \infty} S_n = \dfrac{3+\pi}{1-\dfrac{8}{25}} = \dfrac{25}{17}(\pi+3)$

고난도 기출

▶ 본문 037~042쪽

081 정답률 ▶ 25%　　　　　　　　답 ①

Best Pick 이차함수의 성질과 $\sum$의 성질을 활용하여 수열의 극한값을 구할 수 있는지를 묻는 문제이다. 이 성질과 개념은 모두 수능에 자주 출제이므로 이와 같은 복합 유형의 문제를 충분히 연습해야 한다.

1단계 이차함수 $f(x)$를 정리해 보자.

$$f(x) = \sum_{k=1}^{n}\left(x - \frac{k}{n}\right)^2 = \sum_{k=1}^{n}\left(x^2 - \frac{2k}{n}x + \frac{k^2}{n^2}\right)$$

$$= \sum_{k=1}^{n}x^2 - \frac{2x}{n}\sum_{k=1}^{n}k + \frac{1}{n^2}\sum_{k=1}^{n}k^2$$

$$= x^2 n - \frac{2x}{n} \times \frac{n(n+1)}{2} + \frac{1}{n^2} \times \frac{n(n+1)(2n+1)}{6}$$

$$= nx^2 - (n+1)x + \frac{(n+1)(2n+1)}{6n}$$

$$= n\left(x - \frac{n+1}{2n}\right)^2 - \frac{(n+1)^2}{4n} + \frac{(n+1)(2n+1)}{6n}$$

$$= n\left(x - \frac{n+1}{2n}\right)^2 + \frac{n^2-1}{12n} \quad \begin{array}{l} \llcorner \frac{(n+1)}{12n}\{-3(n+1)+2(2n+1)\} \\ \quad = \frac{(n+1)(n-1)}{12n} \end{array}$$

2단계 a_n을 구하여 $\lim\limits_{n \to \infty} \dfrac{a_n}{n}$의 값을 구해 보자.

n이 자연수이므로 이차함수 $f(x)$는 $x = \dfrac{n+1}{2n}$일 때, 최솟값 $\dfrac{n^2-1}{12n}$을 갖는다.

$\therefore a_n = \dfrac{n^2-1}{12n}$

$\therefore \lim\limits_{n \to \infty} \dfrac{a_n}{n} = \lim\limits_{n \to \infty} \dfrac{\dfrac{n^2-1}{12n}}{n}$

$\qquad = \lim\limits_{n \to \infty} \dfrac{n^2-1}{12n^2}$

$\qquad = \lim\limits_{n \to \infty} \dfrac{1-\dfrac{1}{n^2}}{12}$

$\qquad = \dfrac{1-0}{12} = \dfrac{1}{12}$

082 정답률 ▶ 35%　　　　　　　　답 ⑤

Best Pick 등비수열의 극한과 함수의 연속의 성질을 이용하여 해결하는 문제이다. 수능에 등비수열의 극한과 함수의 연속의 성질을 결합한 문제가 자주 출제되므로 연습하기에 적절한 문제이다.

1단계 $\left|\dfrac{x-1}{k}\right|$의 값의 범위에 따른 함수 $f(x)$를 정의하고 함수 $y = f(x)$의 그래프를 그려 보자.

(i) $\left|\dfrac{x-1}{k}\right| > 1$, 즉 $x < 1-k$ 또는 $x > 1+k$일 때

$\lim\limits_{n \to \infty}\left(\dfrac{k}{x-1}\right)^{2n} = 0$이므로

$$f(x)=\lim_{n\to\infty}\frac{\left(\dfrac{x-1}{k}\right)^{2n}-1}{\left(\dfrac{x-1}{k}\right)^{2n}+1}$$

$$=\lim_{n\to\infty}\frac{1-\left(\dfrac{k}{x-1}\right)^{2n}}{1+\left(\dfrac{k}{x-1}\right)^{2n}}$$

$$=\frac{1-0}{1+0}=1$$

(ii) $\left|\dfrac{x-1}{k}\right|=1$, 즉 $x=1-k$ 또는 $x=1+k$일 때

$$\lim_{n\to\infty}\left(\frac{x-1}{k}\right)^{2n}=1$$이므로

$$f(x)=\lim_{n\to\infty}\frac{1^{2n}-1}{1^{2n}+1}$$

$$=\frac{1-1}{1+1}=0$$

(iii) $\left|\dfrac{x-1}{k}\right|<1$, 즉 $1-k<x<1+k$일 때

$$\lim_{n\to\infty}\left(\frac{x-1}{k}\right)^{2n}=0$$이므로

$$f(x)=\lim_{n\to\infty}\frac{\left(\dfrac{x-1}{k}\right)^{2n}-1}{\left(\dfrac{x-1}{k}\right)^{2n}+1}$$

$$=\frac{0-1}{0+1}=-1$$

(i), (ii), (iii)에서

$$f(x)=\begin{cases} 1 & (x<1-k \text{ 또는 } x>1+k) \\ 0 & (x=1-k \text{ 또는 } x=1+k) \\ -1 & (1-k<x<1+k) \end{cases}$$

이므로 함수 $y=f(x)$의 그래프는 오른쪽 그림과 같다.

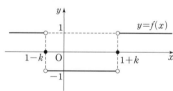

2단계 함수 $g(x)$가 실수 전체의 집합에서 연속이 되도록 하는 상수 k의 값을 구해 보자.

함수 $g(x)$가 실수 전체의 집합에서 연속이므로 $x=k$에서도 연속이다.

즉, $\lim_{x\to k}g(x)=g(k)$가 성립한다.

$$\lim_{x\to k}g(x)=\lim_{x\to k}(x-k)^2=0,$$

$g(k)=(f\circ f)(k)$이므로

$(f\circ f)(k)=0$ ...... ㉠

이때 $f(1-k)=f(1+k)=0$이므로

$f(k)=1-k$ 또는 $f(k)=1+k$

이어야 한다.

그런데 $k>0$에서 $1+k>1$이고

함수 $f(x)$의 치역은 $\{-1,0,1\}$이므로 $1+k$는 치역에 속하지 않는다.

$\therefore f(k)=1-k$ ┌→ $1-k$는 함수 $f(x)$의 치역 $\{-1,0,1\}$의 원소 $-1,0,1$ 중 하나이어야 한다.

(a) $1-k=1$, 즉 $k=0$인 경우

$k=0$이므로 조건을 만족시키지 않는다. ┌→ $k>0$이다.

(b) $1-k=0$, 즉 $k=1$인 경우

$$f(x)=\begin{cases} 1 & (x<0 \text{ 또는 } x>2) \\ 0 & (x=0 \text{ 또는 } x=2) \\ -1 & (0<x<2) \end{cases}$$

$f(f(1))=f(-1)=1\neq0$이므로 조건을 만족시키지 않는다.

(c) $1-k=-1$, 즉 $k=2$인 경우 ┌→ 즉, ㉠을 만족시키지 않으므로 함수 $g(x)$는 $x=1$에서 불연속이다.

$$f(x)=\begin{cases} 1 & (x<-1 \text{ 또는 } x>3) \\ 0 & (x=-1 \text{ 또는 } x=3) \\ -1 & (-1<x<3) \end{cases}$$

$\underline{f(f(2))=f(-1)=0}$ ┌→ 즉, ㉠을 만족시키므로 함수 $g(x)$는 $x=2$에서 연속이다.

(a), (b), (c)에 의하여 $k=2$

3단계 $(g\circ f)(k)$의 값을 구해 보자.

$$(g\circ f)(k)=g(f(2))=g(-1)$$

$$=(-1-2)^2=9$$

---

083 정답률 ▶ 25% 답 12

1단계 직선 l_n에 수직이고 점 Q_n과 원 C_n의 중심을 지나는 직선의 방정식을 구해 보자.

원의 넓이를 이등분하는 직선은 원의 중심을 지난다.

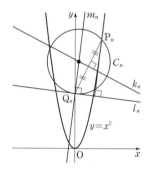

위의 그림과 같이 직선 l_n에 수직이고 점 Q_n과 원 C_n의 중심을 지나는 직선을 m_n이라 하자.

또한, $y=x^2$에서 $y'=2x$이므로 곡선 $y=x^2$ 위의 점 $P_n(2n, 4n^2)$에서의 접선의 기울기는

$2\times 2n=4n$

직선 m_n과 점 P_n에서의 접선은 서로 평행하므로 직선 m_n의 기울기는

$4n$ ┌→ 직선 l_n과 수직

즉, 점 $Q_n(0, 2n^2)$을 지나는 직선 m_n의 방정식은

$y=4nx+2n^2$ ...... ㉠

2단계 선분 P_nQ_n의 수직이등분선의 방정식을 구해 보자.

선분 P_nQ_n의 수직이등분선을 직선 k_n이라 하자.

직선 k_n의 기울기는 직선 P_nQ_n의 기울기가 $\dfrac{4n^2-2n^2}{2n-0}=n$이므로 $-\dfrac{1}{n}$이고, 직선 k_n은 두 점 P_n, Q_n의 중점 $\left(\dfrac{2n+0}{2}, \dfrac{4n^2+2n^2}{2}\right)$, 즉 $(n, 3n^2)$을 지난다.

즉, 직선 k_n의 방정식은

$$y-3n^2=-\frac{1}{n}(x-n)$$

$$\therefore y=-\frac{1}{n}x+3n^2+1$$ ...... ㉡

3단계 원 C_n의 중심의 좌표를 구해 보자.

직선 k_n이 원 C_n의 중심을 지나므로 두 직선 m_n, k_n의 교점은 원 C_n의 중심이다.

원 C_n의 중심의 x좌표는 ㉠=㉡에서

$$4nx+2n^2=-\frac{1}{n}x+3n^2+1$$

$$\left(4n+\frac{1}{n}\right)x=n^2+1$$

$$\therefore x=\frac{n^3+n}{4n^2+1},$$

$$y=4n\times\frac{n^3+n}{4n^2+1}+2n^2=\frac{12n^4+6n^2}{4n^2+1}\ (\because \boxdot)$$

즉, 원 C_n의 중심의 좌표는 $\left(\dfrac{n^3+n}{4n^2+1},\ \dfrac{12n^4+6n^2}{4n^2+1}\right)$이다.

4단계 $\displaystyle\lim_{n\to\infty}\frac{a_n}{n}$의 값을 구해 보자.

원점과 원 C_n의 중심 $\left(\dfrac{n^3+n}{4n^2+1},\ \dfrac{12n^4+6n^2}{4n^2+1}\right)$을 지나는 직선의 기울기 a_n은

$$a_n=\frac{\dfrac{12n^4+6n^2}{4n^2+1}}{\dfrac{n^3+n}{4n^2+1}}=\frac{12n^3+6n}{n^2+1}$$

이므로

$$\lim_{n\to\infty}\frac{a_n}{n}=\lim_{n\to\infty}\frac{12n^3+6n}{n^3+n}$$

$$=\lim_{n\to\infty}\frac{12+\dfrac{6}{n^2}}{1+\dfrac{1}{n^2}}$$

$$=\frac{12+0}{1+0}=12$$

084　정답률 ▶ 12%　　답 19

Best Pick 원의 방정식, 공통현 등 어려운 개념이 포함되어 있어 문제의 실제 난이도보다 체감 난이도가 높은 문제이다. 특히, 공통현은 학습량이 많지 않지만 학생들이 어려워하는 부분이므로 차근차근 하나씩 개념을 짚어보며 연습해 보아야 한다.

1단계 두 원 C, C_n의 방정식을 각각 구해 보자.

중심이 원점이고 반지름의 길이가 1인 원 C의 방정식은

$$x^2+y^2=1$$

원 C를 x축의 방향으로 $\dfrac{2}{n}$만큼 평행이동시킨 원 C_n의 방정식은

$$\left(x-\frac{2}{n}\right)^2+y^2=1 \quad \underset{\longleftarrow}{\text{원 }C\text{의 방정식의 }x\text{ 대신 }x-\frac{2}{n}\text{ 을 대입}}$$

2단계 두 원 C, C_n의 교점의 좌표를 구하고, 공통현의 길이 l_n을 구해 보자.

두 원 C, C_n의 공통현은 두 원 C, C_n의 중심을 이은 선분의 수직이등분선이므로 공통현의 방정식은 $x=\dfrac{1}{n}$이고, 이를 원 C의 방정식에 대입하면

$$\frac{1}{n^2}+y^2=1\text{에서 } y^2=1-\frac{1}{n^2}$$

$$y=\pm\sqrt{1-\frac{1}{n^2}} \quad \therefore y=\pm\frac{\sqrt{n^2-1}}{n}$$

즉, 두 원 C, C_n의 교점의 좌표는 공통현과 원 C의 교점의 좌표와 같으므로

$$\left(\frac{1}{n},\ \frac{\sqrt{n^2-1}}{n}\right),\ \left(\frac{1}{n},\ -\frac{\sqrt{n^2-1}}{n}\right)$$

따라서 공통현의 길이 l_n은 두 교점 사이의 거리이므로

$$l_n=\frac{2\sqrt{n^2-1}}{n}$$

3단계 $\displaystyle\sum_{n=2}^{\infty}\frac{1}{(n\,l_n)^2}$의 값을 구하여 $p+q$의 값을 구해 보자.

$$\sum_{n=2}^{\infty}\frac{1}{(n\,l_n)^2}=\sum_{n=2}^{\infty}\frac{1}{4(n^2-1)}$$

$$=\lim_{n\to\infty}\sum_{k=2}^{n}\frac{1}{4(k-1)(k+1)}$$

$$=\lim_{n\to\infty}\sum_{k=2}^{n}\frac{1}{8}\left(\frac{1}{k-1}-\frac{1}{k+1}\right)$$

$$=\frac{1}{8}\lim_{n\to\infty}\left\{\left(1-\frac{1}{3}\right)+\left(\frac{1}{2}-\frac{1}{4}\right)+\left(\frac{1}{3}-\frac{1}{5}\right)+\cdots\right.$$
$$\left.+\left(\frac{1}{n-2}-\frac{1}{n}\right)+\left(\frac{1}{n-1}-\frac{1}{n+1}\right)\right\}$$

$$=\frac{1}{8}\lim_{n\to\infty}\left(1+\frac{1}{2}-\frac{1}{n}-\frac{1}{n+1}\right)$$

$$=\frac{1}{8}\left(1+\frac{1}{2}\right)$$

$$=\frac{3}{16}$$

따라서 $p=16$, $q=3$이므로

$$p+q=16+3=19$$

085　정답률 ▶ 10%　　답 13

1단계 x의 값의 범위에 따른 함수 $f(x)$를 정의해 보자.

$f(x)=\displaystyle\lim_{n\to\infty}\dfrac{ax^{2n}+bx^{2n-1}+x}{x^{2n}+2}$에서

(ⅰ) $|x|>1$일 때

$\displaystyle\lim_{n\to\infty}\left(\frac{1}{x}\right)^{2n}=0$이므로

$$f(x)=\lim_{n\to\infty}\frac{ax^{2n}+bx^{2n-1}+x}{x^{2n}+2}$$

$$=\lim_{n\to\infty}\frac{a+\dfrac{b}{x}+\dfrac{1}{x^{2n-1}}}{1+\dfrac{2}{x^{2n}}}$$

$$=\frac{a+\dfrac{b}{x}+0}{1+0}$$

$$=a+\frac{b}{x}$$

(ⅱ) $x=1$일 때

$$f(1)=\lim_{x\to\infty}\frac{a\times 1^{2n}+b\times 1^{2n-1}+1}{1^{2n}+2}$$

$$=\frac{a+b+1}{1+2}=\frac{a+b+1}{3}$$

(ⅲ) $|x|<1$일 때

$\displaystyle\lim_{n\to\infty}x^{2n}=0$이므로

$$f(x)=\lim_{x\to\infty}\frac{ax^{2n}+bx^{2n-1}+x}{x^{2n}+2}$$

$$=\frac{0+0+x}{0+2}$$

$$=\frac{x}{2}$$

(ⅳ) $x=-1$일 때

$$f(-1)=\lim_{x\to\infty}\frac{a\times(-1)^{2n}+b\times(-1)^{2n-1}-1}{(-1)^{2n}+2}$$

$$=\frac{a-b-1}{1+2}=\frac{a-b-1}{3}$$

(i)~(iv)에서

$$f(x)=\begin{cases} a+\dfrac{b}{x} & (|x|>1) \\ \dfrac{a+b+1}{3} & (x=1) \\ \dfrac{x}{2} & (|x|<1) \\ \dfrac{a-b-1}{3} & (x=-1) \end{cases}$$

2단계 $c_k=5$인 자연수 k를 구하여 함수 $f(x)$를 구해 보자.

함수 $g(x)=2(x-1)+m$이라 하면 방정식 $f(x)=2(x-1)+m$의 실근의 개수는 두 함수 $y=f(x)$, $y=g(x)$의 그래프의 교점의 개수와 같다.

• $|x|>1$에서

함수 $f(x)$는 감소함수이고 함수 $g(x)$는 증가함수이므로 두 함수 $y=f(x)$, $y=g(x)$의 그래프의 교점의 개수의 최댓값은 2이다.

• $|x|<1$에서

함수 $f(x)$는 최고차항의 계수가 $\dfrac{1}{2}$인 일차함수이고, 함수 $g(x)$는 최고차항의 계수가 2인 일차함수이므로 두 함수 $y=f(x)$, $y=g(x)$의 그래프의 교점의 개수의 최댓값은 1이다.

즉, $c_k=5$인 자연수 k가 존재하려면

$f(1)=g(1)$, $f(-1)=g(-1)$

이어야 하므로 두 함수 $y=f(x)$, $y=g(x)$의 그래프의 개형은 다음 그림과 같다.

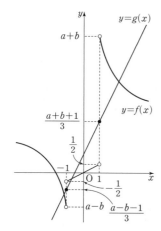

즉, 직선 $y=2(x-1)+k$는

두 점 $\left(1,\ \dfrac{a+b+1}{3}\right)$, $\left(-1,\ \dfrac{a-b-1}{3}\right)$을 지나므로

$$\dfrac{a+b+1}{3}=k \qquad \cdots\cdots \text{㉠}$$

$$\dfrac{a-b-1}{3}=k-4 \qquad \cdots\cdots \text{㉡}$$

㉠-㉡에서

$$\dfrac{2b+2}{3}=4,\ 2b+2=12$$

$2b=10$ ∴ $b=5$

$b=5$를 ㉠에 대입하면

$$k=\dfrac{a}{3}+2 \qquad \cdots\cdots \text{㉢}$$

이때 k가 자연수이므로 a는 3의 배수이다. $\cdots\cdots$ ㉣

또한,

$$\lim_{x\to -1-}f(x)<f(-1)<\lim_{x\to -1+}f(x)$$

에서

$$\lim_{x\to -1-}\left(a+\dfrac{b}{x}\right)<f(-1)<\lim_{x\to -1+}\dfrac{x}{2}$$

$$a-5<\dfrac{a}{3}-2<-\dfrac{1}{2} \rightarrow a-5<\dfrac{a}{3}-2\text{에서 }a<\dfrac{9}{2},\ \dfrac{a}{3}-2<-\dfrac{1}{2}\text{에서 }a<\dfrac{9}{2}$$

$$\therefore a<\dfrac{9}{2} \qquad \cdots\cdots \text{㉤}$$

㉣, ㉤을 동시에 만족시키는 a의 값은

$a=3$, $k=3$ (∵ ㉢)

$$\therefore f(x)=\begin{cases} 3+\dfrac{5}{x} & (|x|>1) \\ 3 & (x=1) \\ \dfrac{x}{2} & (|x|<1) \\ -1 & (x=-1) \end{cases}$$

3단계 $k+\displaystyle\sum_{m=1}^{\infty}(c_m-1)$의 값을 구해 보자.

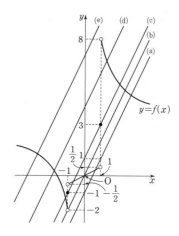

(a) $m=1$일 때, $c_1=2$

(b) $m=2$일 때, $c_2=2$

(c) $m=3$일 때, $c_3=5$

(d) $4\leq m\leq 7$일 때, $c_m=2$

(e) $m\geq 8$일 때, $c_m=1$

(a)~(e)에서

$$k+\sum_{m=1}^{\infty}(c_m-1)=3+\{(2-1)+(2-1)+(5-1)+4\times(2-1)\}$$

$$=13$$

참고

$$\lim_{x\to 1-}f(x)<f(1)<\lim_{x\to 1+}f(x)$$

에서

$$\lim_{x\to 1-}\dfrac{x}{2}<f(1)<\lim_{x\to 1+}\left(a+\dfrac{b}{x}\right)$$

$$\dfrac{1}{2}<\dfrac{a}{3}+2<a+5$$

$$\therefore a>-\dfrac{9}{2}$$

이때 a는 양의 상수이므로

$a>0$

086 정답률 ▶ 11% **답 25**

1단계 삼각형 $\mathrm{OP}_n\mathrm{Q}_n$의 내접원의 중심에서 x축까지의 거리 a_n을 구해 보자.

$\mathrm{P}_n(n,\ 0)$, $\mathrm{Q}_n\left(\dfrac{1}{n},\ \dfrac{\sqrt{3}}{n}\right)$이므로

$$\overline{OP_n}=n$$

$$\overline{OQ_n}=\sqrt{\left(\frac{1}{n}\right)^2+\left(\frac{\sqrt{3}}{n}\right)^2}=\frac{2}{n}$$

$$\overline{P_nQ_n}=\sqrt{\left(n-\frac{1}{n}\right)^2+\left(0-\frac{\sqrt{3}}{n}\right)^2}=\frac{\sqrt{n^4-2n^2+4}}{n}$$

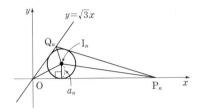

이때 삼각형 OP_nQ_n의 넓이를 S_n이라 하면

$$S_n=\frac{1}{2}\times n\times\frac{\sqrt{3}}{n}=\frac{\sqrt{3}}{2}$$

이고, 삼각형 OP_nQ_n의 내접원의 중심에서 x축까지의 거리 a_n은 내접원의
반지름의 길이와 같으므로 삼각형 OP_nQ_n의 내접원의 중심을 I_n이라 하면

$$S_n=\triangle OP_nI_n+\triangle Q_nOI_n+\triangle P_nQ_nI_n$$

$$=\frac{1}{2}\times\overline{OP_n}+a_n+\frac{1}{2}\times\overline{OQ_n}\times a_n+\frac{1}{2}\times\overline{P_nQ_n}\times a_n$$

$$=\frac{1}{2}\times(\overline{OP_n}+\overline{OQ_n}+\overline{P_nQ_n})\times a_n$$

에서

$$a_n=\frac{2S_n}{\overline{OP_n}+\overline{OQ_n}+\overline{P_nQ_n}}$$

$$=\frac{2\times\dfrac{\sqrt{3}}{2}}{n+\dfrac{2}{n}+\dfrac{\sqrt{n^4-2n^2+4}}{n}}$$

$$=\frac{\sqrt{3}n}{n^2+2+\sqrt{n^4-2n^2+4}}\ (n\geq1) \quad\cdots\cdots \text{㉠}$$

2단계 삼각형 OP_nQ_n의 외접원의 중심에서 x축까지의 거리 b_n을 구해 보자.

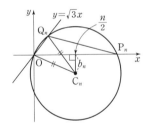

삼각형 OP_nQ_n의 외접원의 중심을 C_n이라 하면 점 C_n은 선분 OP_n의 수직
이등분선 위에 있으므로 점 C_n의 x좌표는 $\dfrac{n}{2}$이다.
└▸삼각형의 외접원의 중심은
세 변의 수직이등분선의 교
점이다.

즉, $C_n\left(\dfrac{n}{2},\ y_n\right)$이라 하면

$\overline{OC_n}^2=\overline{Q_nC_n}^2$에서

$$\left(\frac{n}{2}\right)^2+y_n^2=\left(\frac{n}{2}-\frac{1}{n}\right)^2+\left(y_n-\frac{\sqrt{3}}{n}\right)^2$$

$$\frac{n^2}{4}+y_n^2=\frac{n^2}{4}-1+\frac{1}{n^2}+y_n^2-\frac{2\sqrt{3}}{n}y_n+\frac{3}{n^2}$$

$$\frac{2\sqrt{3}}{n}y_n=\frac{4-n^2}{n^2}$$

$$\therefore y_n=\frac{4-n^2}{2\sqrt{3}n}$$

$n\geq2$일 때 $b_n=|y_n|=-y_n$이므로

$$b_n=\frac{n^2-4}{2\sqrt{3}n}\ (n\geq2) \quad\cdots\cdots \text{㉡}$$

3단계 $\displaystyle\lim_{n\to\infty}a_nb_n$의 값을 구해 보자.

㉠, ㉡에서

$$\lim_{n\to\infty}a_nb_n=\lim_{n\to\infty}\left(\frac{\sqrt{3}n}{n^2+2+\sqrt{n^4-2n^2+4}}\times\frac{n^2-4}{2\sqrt{3}n}\right)$$

$$=\lim_{n\to\infty}\frac{n^2-4}{2(n^2+2+\sqrt{n^4-2n^2+4})}$$

$$=\lim_{n\to\infty}\frac{1-\dfrac{4}{n^2}}{2\left(1+\dfrac{2}{n^2}+\sqrt{1-\dfrac{2}{n^2}+\dfrac{4}{n^4}}\right)}$$

$$=\frac{1-0}{2(1+0+\sqrt{1-0+0})}$$

$$=\frac{1}{4}=L$$

$$\therefore 100L=25$$

001 ⑤	002 ⑤	003 10	004 ②	005 ②	006 ②
007 ①	008 ①	009 ③	010 ④	011 ②	012 ①
013 ④	014 ④	015 ③	016 ②	017 ①	018 ④
019 ④	020 ⑤	021 ⑤	022 ①	023 18	024 20
025 8	026 ⑤	027 2	028 ③	029 60	030 ①
031 ③	032 ④	033 ②	034 ③	035 ④	036 ②
037 4	038 ①	039 20	040 15	041 11	042 2
043 ②	044 ⑤	045 ②	046 16	047 ④	048 ③
049 ⑤	050 ②	051 ③	052 ①	053 ①	054 ④
055 ④	056 ④	057 5	058 ②	059 ③	060 ⑤
061 ④	062 4	063 ①	064 25	065 ③	066 ⑤
067 ①	068 ⑤	069 ①	070 ③	071 16	072 ④
073 ④	074 72	075 15	076 ①	077 ①	078 ⑤
079 ④	080 ②	081 ④	082 ④	083 50	084 ④
085 ③	086 ②	087 ①	088 ②	089 ①	090 ④
091 ①	092 17	093 ④	094 3	095 ④	096 2
097 ③	098 ③	099 15	100 ①	101 ④	102 ③
103 ⑤	104 24	105 ③	106 ②	107 ④	108 4
109 ③	110 4				

001 정답률 ▶ 73% 답 ⑤

$$\lim_{x\to 0}\frac{(a+12)^x-a^x}{x}=\lim_{x\to 0}\frac{\{(a+12)^x-1\}-(a^x-1)}{x}$$
$$=\lim_{x\to 0}\frac{(a+12)^x-1}{x}-\lim_{x\to 0}\frac{a^x-1}{x}$$
$$=\ln(a+12)-\ln a$$
$$=\ln\frac{a+12}{a}$$
$$=\ln 3$$

에서 $\dfrac{a+12}{a}=3$이므로

$a+12=3a$ ∴ $a=6$

002 정답률 ▶ 50% 답 ⑤

1단계 주어진 극한값을 이용하여 $\lim\limits_{x\to 0} f(2x)$의 값을 구해 보자.

$\lim\limits_{x\to 0}\dfrac{\ln\{1+f(2x)\}}{x}=10$에서 $x\to 0$일 때 (분모) $\to 0$이고 극한값이 존재하므로 (분자) $\to 0$이다.

즉, $\lim\limits_{x\to 0}\ln\{1+f(2x)\}=0$이므로

$\lim\limits_{x\to 0} f(2x)=0$

> ┌ $\lim\limits_{x\to 0}\ln\{1+f(2x)\}=0$에서
> 1$+\lim\limits_{x\to 0} f(2x)=1$이므로
> $\lim\limits_{x\to 0} f(2x)=0$이 된다.

2단계 $\lim\limits_{x\to 0}\dfrac{\ln\{1+f(2x)\}}{f(2x)}$의 값을 구해 보자.

$f(2x)=t$라 하면 $x\to 0$일 때 $t\to 0$이므로

$$\lim_{x\to 0}\frac{\ln\{1+f(2x)\}}{f(2x)}=\lim_{t\to 0}\frac{\ln(1+t)}{t}=1$$

3단계 $\lim\limits_{x\to 0}\dfrac{f(x)}{x}$의 값을 구해 보자.

$x=2y$라 하면 $x\to 0$일 때 $y\to 0$이므로

$$\lim_{x\to 0}\frac{f(x)}{x}=\lim_{y\to 0}\frac{f(2y)}{2y}$$
$$=\lim_{y\to 0}\left[\frac{1}{2}\times\frac{f(2y)}{\ln\{1+f(2y)\}}\times\frac{\ln\{1+f(2y)\}}{y}\right]$$
$$=\frac{1}{2}\times 1\times 10$$
$$=5$$

003 정답률 ▶ 88% 답 10

1단계 상수 b의 값을 구해 보자.

함수 $f(x)$가 $x=0$에서 미분가능하므로 $x=0$에서 연속이다.

즉, $\lim\limits_{x\to 0+} f(x)=\lim\limits_{x\to 0-} f(x)=f(0)$이므로

$e^b=1$

∴ $b=0$

2단계 상수 a의 값을 구해 보자.

함수 $f(x)$는 $x=0$에서 미분가능하므로

$$\lim_{x\to 0+}\frac{f(x)-f(0)}{x-0}=\lim_{x\to 0-}\frac{f(x)-f(0)}{x-0}$$이어야 한다.

$$\lim_{x\to 0+}\frac{e^{ax}-1}{x}=a\times\lim_{x\to 0+}\frac{e^{ax}-1}{ax}=a\times 1=a,$$
$$\lim_{x\to 0-}\frac{(x+1)-1}{x}=1$$

이므로 $a=1$

3단계 상수 k의 값을 구해 보자.

$f(x)=\begin{cases} x+1 & (x<0) \\ e^x & (x\geq 0) \end{cases}$이므로

$f(10)=e^{10}$에서

$e^k=e^{10}$

∴ $k=10$

004 정답률 ▶ 50% 답 ②

Best Pick 함수의 연속과 로그함수의 극한을 동시에 물어보는 문제이다. 두 함수의 곱이 연속임을 묻는 문제는 수능에 자주 출제되는 유형이고 다른 형태로도 변형될 수 있으므로 다양한 문제를 풀어 보아야 한다.

1단계 $f(x)=x^2+ax+b$ (a, b는 상수)라 하고 함수 $f(x)g(x)$를 구한 후 함수 $f(x)g(x)$가 구간 $(-1, \infty)$에서 연속일 조건을 알아보자.

$f(x)$는 이차항의 계수가 1인 이차함수이므로

$f(x)=x^2+ax+b$ (a, b는 상수)라 하면

$$f(x)g(x)=\begin{cases} \dfrac{x^2+ax+b}{\ln(x+1)} & (x\neq 0) \\ 8b & (x=0) \end{cases}$$

함수 $f(x)g(x)$가 구간 $(-1, \infty)$에서 연속이려면 $x=0$에서 연속이어야 한다.

2단계 함수 $f(x)g(x)$가 $x=0$에서 연속일 조건을 이용하여 두 상수 a, b의 값을 각각 구해 보자.

함수 $f(x)g(x)$가 $x=0$에서 연속이므로

$$\lim_{x\to 0}f(x)g(x)=f(0)g(0)$$

$$\lim_{x\to 0}\frac{x^2+ax+b}{\ln(x+1)}=8b$$

$x\to 0$일 때 (분모) $\to 0$이고 극한값이 존재하므로 (분자) $\to 0$이다.

즉, $\lim_{x\to 0}(x^2+ax+b)=0$이므로 $b=0$

이때 $\lim_{x\to 0}\dfrac{x^2+ax}{\ln(x+1)}=0$이므로

$$\lim_{x\to 0}\frac{x^2+ax}{\ln(x+1)}=\lim_{x\to 0}\frac{x(x+a)}{\ln(x+1)}$$

$$=\lim_{x\to 0}\frac{x+a}{\dfrac{\ln(x+1)}{x}}$$

$$=\frac{a}{1}=0$$

$\therefore a=0$

3단계 $f(3)$의 값을 구해 보자.

$f(x)=x^2$이므로 $f(3)=9$

2단계 $\lim\limits_{a\to e+}\dfrac{1}{(e-a)f(a)}$의 값을 구해 보자.

$a-e=t$라 하면 $a=t+e$이고, $a\to e+$일 때 $t\to 0+$이므로

$$\lim_{a\to e+}\frac{1}{(e-a)f(a)}=\lim_{a\to e+}\frac{\ln\dfrac{e}{a}}{e-a}$$

$$=\lim_{t\to 0+}\frac{\ln\dfrac{e}{t+e}}{-t}$$

$$=\lim_{t\to 0+}\frac{\ln\dfrac{t+e}{e}}{t}$$

$$=\lim_{t\to 0+}\frac{\ln\left(\dfrac{t}{e}+1\right)}{t}$$

$$=\frac{1}{e}\lim_{t\to 0+}\frac{\ln\left(\dfrac{t}{e}+1\right)}{\dfrac{t}{e}}$$

$$=\frac{1}{e}\times 1=\frac{1}{e}$$

---

005 정답률 ▸ 77% 답 ②

1단계 함수 $e^{f(t)}$을 구해 보자.

$P(t, e^{2t+k})$, $Q(t, e^{-3t+k})$이므로

$$\overline{PQ}=e^{2t+k}-e^{-3t+k}$$

이때 $\overline{PQ}=t$를 만족시키는 실수 k의 값이 $f(t)$이므로

$e^{2t+f(t)}-e^{-3t+f(t)}=t$, $e^{f(t)}(e^{2t}-e^{-3t})=t$

$\therefore e^{f(t)}=\dfrac{t}{e^{2t}-e^{-3t}}$

2단계 $\lim\limits_{t\to 0+}e^{f(t)}$의 값을 구해 보자.

$$\lim_{t\to 0+}e^{f(t)}=\lim_{t\to 0+}\frac{t}{e^{2t}-e^{-3t}}=\lim_{t\to 0+}\frac{1}{\dfrac{e^{2t}-e^{-3t}}{t}}$$

$$=\lim_{t\to 0+}\frac{1}{\dfrac{e^{2t}-1}{2t}\times 2-\dfrac{e^{-3t}-1}{-3t}\times(-3)}$$

$$=\frac{1}{2-(-3)}=\frac{1}{5}$$

---

006 정답률 ▸ 69% 답 ②

1단계 $f(a)$를 구해 보자.

두 곡선 $y=e^{x-1}$과 $y=a^x$이 만나는 점의 x좌표는 방정식 $e^{x-1}=a^x$의 해이다.

방정식 $e^{x-1}=a^x$의 양변에 $\dfrac{e}{a^x}$를 곱하면 $\left(\dfrac{e}{a}\right)^x=e$

$\therefore x=\log_{\frac{e}{a}}e=\dfrac{1}{\ln\dfrac{e}{a}}$

$\therefore f(a)=\dfrac{1}{\ln\dfrac{e}{a}}$

---

007 정답률 ▸ 79% 답 ①

1단계 두 선분 AB, AH의 길이를 각각 구해 보자.

$A(t, 2^t)$, $B\left(t, \left(\dfrac{1}{2}\right)^t\right)$에서 점 H의 좌표는 $(0, 2^t)$이므로

$$\overline{AB}=2^t-\left(\frac{1}{2}\right)^t, \quad \overline{AH}=t$$

2단계 $\lim\limits_{t\to 0+}\dfrac{\overline{AB}}{\overline{AH}}$의 값을 구해 보자.

$$\lim_{t\to 0+}\frac{\overline{AB}}{\overline{AH}}=\lim_{t\to 0+}\frac{2^t-\left(\dfrac{1}{2}\right)^t}{t}$$

$$=\lim_{t\to 0+}\left\{\frac{2^t-1}{t}-\frac{\left(\dfrac{1}{2}\right)^t-1}{t}\right\}$$

$$=\lim_{t\to 0+}\frac{2^t-1}{t}-\lim_{t\to 0+}\frac{\left(\dfrac{1}{2}\right)^t-1}{t}$$

$$=\ln 2-\ln\frac{1}{2}=2\ln 2$$

---

008 정답률 ▸ 68% 답 ①

1단계 삼각형 OHQ의 넓이 $S(t)$를 구해 보자.

점 P의 좌표를 $(a, \ln a)$ $(a>0)$이라 하면

$H(a, 0)$, $Q(a, e^a)$

점 P는 직선 $x+y=t$ 위의 점이므로 $a+\ln a=t$에서

$\ln ae^a=t$ $\quad\therefore ae^a=e^t$ $\quad\cdots\cdots$ ㉠

> $a=\ln e^a$이므로
> $a+\ln a=\ln e^a+\ln a$
> $=\ln ae^a=t$

이때 삼각형 OHQ의 넓이 $S(t)$는

$$S(t)=\frac{1}{2}\times\overline{OH}\times\overline{HQ}$$

$$=\frac{1}{2}\times a\times e^a=\frac{1}{2}ae^a$$

$$=\frac{1}{2}e^t\ (\because ㉠)$$

2단계 $\displaystyle\lim_{t\to0+}\dfrac{2S(t)-1}{t}$의 값을 구해 보자.

$$\lim_{t\to0+}\frac{2S(t)-1}{t}=\lim_{t\to0+}\frac{2\times\frac{1}{2}e^t-1}{t}=\lim_{t\to0+}\frac{e^t-1}{t}=1$$

009 정답률 ▸ 79% 답 ③

1단계 두 선분 PQ, QR를 각각 t에 대한 식으로 나타내어 보자.

$P(k,\ e^{\frac{k}{2}})$, $Q(k,\ e^{\frac{k}{2}+3t})$이므로

$$\overline{PQ}=e^{\frac{k}{2}+3t}-e^{\frac{k}{2}}$$

$R(a,\ e^{\frac{a}{2}})$이라 하면 점 R의 y좌표와 점 Q의 y좌표가 서로 같으므로

$$e^{\frac{a}{2}}=e^{\frac{k}{2}+3t},\ \frac{a}{2}=\frac{k}{2}+3t$$

$$\therefore a=k+6t$$

$$\therefore \overline{QR}=(k+6t)-k=6t$$

2단계 $\overline{PQ}=\overline{QR}$를 이용하여 함수 $f(t)$를 구해 보자.

$\overline{PQ}=\overline{QR}$에서

$$e^{\frac{k}{2}+3t}-e^{\frac{k}{2}}=6t,\ e^{\frac{k}{2}}(e^{3t}-1)=6t$$

$$e^{\frac{k}{2}}=\frac{6t}{e^{3t}-1}$$

위의 식의 양변에 밑이 e인 자연로그를 취하면

$$\frac{k}{2}=\ln\frac{6t}{e^{3t}-1}\qquad\therefore k=2\ln\frac{6t}{e^{3t}-1}$$

$$\therefore f(t)=2\ln\frac{6t}{e^{3t}-1}$$

3단계 $\displaystyle\lim_{t\to0+}f(t)$의 값을 구해 보자.

$$\begin{aligned}\lim_{t\to0+}f(t)&=\lim_{t\to0+}2\ln\frac{6t}{e^{3t}-1}\\&=2\lim_{t\to0+}\ln\left(2\times\frac{3t}{e^{3t}-1}\right)\\&=2\lim_{t\to0+}\ln\frac{2}{\frac{e^{3t}-1}{3t}}\\&=2\ln2=\ln4\end{aligned}$$

010 정답률 ▸ 57% 답 ④

1단계 직선 AC의 기울기와 직선 BC의 기울기를 각각 구하여 $f(a)-g(a)$를 a에 대한 식으로 나타내어 보자.

두 곡선 $y=2^x$, $y=-2^x+a$의 교점 C의 x좌표는 $2^x=-2^x+a$에서

$2\times2^x=a,\ 2^{x+1}=a$

$x+1=\log_2 a$

$$\therefore x=\log_2 a-1=\log_2\frac{a}{2}$$

즉, 점 C의 좌표는 $\left(\log_2\frac{a}{2},\ \frac{a}{2}\right)$이다.　$\rightarrow$ $x=\log_2\frac{a}{2}$를 $y=2^x$에 대입하면 $y=2^{\log_2\frac{a}{2}}=\frac{a}{2}$

$A(0,1)$, $C\left(\log_2\frac{a}{2},\ \frac{a}{2}\right)$이므로 직선 AC의 기울기는

$$f(a)=\frac{\frac{a}{2}-1}{\log_2\frac{a}{2}}$$

$B(0,\ a-1)$, $C\left(\log_2\frac{a}{2},\ \frac{a}{2}\right)$이므로 직선 BC의 기울기는

$$\begin{aligned}g(a)&=\frac{\frac{a}{2}-(a-1)}{\log_2\frac{a}{2}}\\&=-\frac{\frac{a}{2}-1}{\log_2\frac{a}{2}}\end{aligned}$$

$$\begin{aligned}\therefore f(a)-g(a)&=\frac{\frac{a}{2}-1}{\log_2\frac{a}{2}}-\left(-\frac{\frac{a}{2}-1}{\log_2\frac{a}{2}}\right)\\&=2\times\frac{\frac{a}{2}-1}{\log_2\frac{a}{2}}\end{aligned}$$

2단계 $\displaystyle\lim_{a\to2+}\{f(a)-g(a)\}$의 값을 구해 보자.

$\dfrac{a}{2}-1=t$라 하면 $a\to2+$일 때 $t\to0+$이므로

$$\begin{aligned}\lim_{a\to2+}\{f(a)-g(a)\}&=\lim_{a\to2+}\left(2\times\frac{\frac{a}{2}-1}{\log_2\frac{a}{2}}\right)\\&=2\lim_{t\to0+}\frac{t}{\log_2(t+1)}\\&=2\lim_{t\to0+}\frac{1}{\frac{\log_2(t+1)}{t}}\\&=2\times\ln2=2\ln2\end{aligned}$$

011 정답률 ▸ 91% 답 ②

1단계 미분계수의 정의를 이용하여 주어진 식을 변형해 보자.

$$\begin{aligned}&\lim_{h\to0}\frac{f(3+h)-f(3-h)}{h}\\&=\lim_{h\to0}\frac{f(3+h)-f(3-h)-f(3)+f(3)}{h}\\&=\lim_{h\to0}\frac{f(3+h)-f(3)}{h}+\lim_{h\to0}\frac{f(3-h)-f(3)}{-h}\\&=f'(3)+f'(3)=2f'(3)\end{aligned}$$

2단계 로그함수의 도함수를 이용하여 함수 $f'(x)$를 구해 보자.

$f(x)=\log_3 x$에서

$$f'(x)=\frac{1}{x\ln3}$$

3단계 $2f'(3)$의 값을 구해 보자.

$$2f'(3)=2\times\frac{1}{3\ln3}=\frac{2}{3\ln3}$$

012 정답률 ▸ 87% 답 ①

Best Pick 곡선에 대한 접선의 성질을 이해하고 접선의 방정식을 구하는 문제이다. 두 직선의 수직 조건에 대한 이해가 필요하므로 다양한 표현의 문제를 풀어 보아야 한다.

1단계 점 P에서 두 곡선이 만날 때, 두 곡선의 교점의 y좌표가 같음을 이용해 보자.

두 곡선의 교점의 x좌표를 t라 하면 두 곡선의 교점의 y좌표가 서로 같으므로

$ke^t+1=t^2-3t+4$

$\therefore ke^t=t^2-3t+3$ ...... ㉠

2단계 점 P에서 두 곡선에 접하는 두 직선이 서로 수직임을 이용하여 양수 k의 값을 구해 보자.

$y=ke^x+1$, $y=x^2-3x+4$에서

$y'=ke^x$, $y'=2x-3$

$x=t$에서 두 접선의 기울기는 각각 ke^t, $2t-3$이다.

이때 점 P에서의 두 곡선에 접하는 두 직선이 서로 수직이므로 접선의 기울기의 곱이 -1이다.

$\therefore ke^t\times(2t-3)=-1$ ...... ㉡

㉠을 ㉡에 대입하면

$(2t-3)(t^2-3t+3)=-1$

$2t^3-9t^2+15t-8=0$

$(t-1)(2t^2-7t+8)=0$

$\therefore t=1 \rightarrow 2t^2-7t+8>0$

$t=1$을 ㉠에 대입하면

$k=\dfrac{1}{e}$

---

013 정답률 ▸ 83% 답 ④

Best Pick 조건 (나)에서 $x<0$일 때 미분계수의 정의를 떠올리고 기울기가 3인 직선임을 알아내는 수학적 사고력을 요구하는 문제이다. '임의의', '어떤' 등의 문구를 포함한 문제는 학생들에게 생소하므로 이런 표현이 있는 다양한 문제를 풀어 보아야 한다.

1단계 $x=0$에서 연속임을 이용하여 $x<0$일 때의 함수 $f(x)$를 구해 보자.

조건 (나)에서 임의의 x_1 $(x_1<0)$에 대하여

$f'(x_1)=\lim\limits_{x\to x_1}\dfrac{f(x)-f(x_1)}{x-x_1}$

$=\lim\limits_{x\to x_1}\dfrac{3x-3x_1}{x-x_1}$

$=\lim\limits_{x\to x_1}3=3$

즉, $x<0$일 때, $f'(x)=3$이므로

$f(x)=\displaystyle\int 3\,dx=3x+C$ (단, C는 적분상수)

$\lim\limits_{x\to 0-}f(x)=\lim\limits_{x\to 0-}(3x+C)=C$

2단계 $x=0$에서 연속임을 이용하여 $x>0$일 때의 함수 $f(x)$를 구해 보자.

조건 (가)에서 함수 $f(x)$가 $x=0$에서 연속이므로

$f(0)=\lim\limits_{x\to 0+}f(x)=\lim\limits_{x\to 0+}(axe^{2x}+bx^2)=0$

$f(0)=0$이므로 $f(x)=3x$

즉, $x<0$일 때,

$f(x)=3x$

함수 $f(x)$가 $x=0$에서 미분가능하므로

$\lim\limits_{x\to 0+}\dfrac{f(x)-f(0)}{x-0}=\lim\limits_{x\to 0-}\dfrac{f(x)-f(0)}{x-0}$

$\lim\limits_{x\to 0+}\dfrac{axe^{2x}+bx^2}{x}=\lim\limits_{x\to 0-}\dfrac{3x}{x}$

$\lim\limits_{x\to 0+}(ae^{2x}+bx)=3$

$\therefore a=3$

즉, $x>0$일 때, $f(x)=3xe^{2x}+bx^2$

이때 $f\left(\dfrac{1}{2}\right)=2e$이므로 $\dfrac{3e}{2}+\dfrac{b}{4}=2e$

$\therefore b=2e$

즉, $x>0$일 때, $f(x)=3xe^{2x}+2ex^2$이므로

$f(x)=\begin{cases} 3x & (x\le 0) \\ 3xe^{2x}+2ex^2 & (x>0) \end{cases}$

3단계 $f'\left(\dfrac{1}{2}\right)$의 값을 구해 보자.

$f'(x)=\begin{cases} 3 & (x<0) \\ 3e^{2x}+6xe^{2x}+4ex & (x>0) \end{cases}$

이므로

$f'\left(\dfrac{1}{2}\right)=3e+3e+2e=8e$

---

014 정답률 ▸ 86% 답 ③

1단계 $\sin\theta$의 값을 구해 보자.

$\sin^2\theta+\cos^2\theta=1$에 $\cos\theta=-\dfrac{3}{5}$을 대입하면

$\sin^2\theta+\dfrac{9}{25}=1$, $\sin^2\theta=\dfrac{16}{25}$

$\therefore \sin\theta=\dfrac{4}{5} \rightarrow \dfrac{\pi}{2}<\theta<\pi$에서 $\sin\theta>0$

2단계 $\csc(\pi+\theta)$의 값을 구해 보자.

$\csc(\pi+\theta)=\dfrac{1}{\sin(\pi+\theta)}$ ┐ $\pi+\theta$는 제3사분면의 각이므로 $\sin(\pi+\theta)=-\sin\theta$

$=-\dfrac{1}{\sin\theta}$

$=-\dfrac{5}{4}$

---

015 정답률 ▸ 90% 답 ③

1단계 $\sin\theta\cos\theta$의 값을 구해 보자.

$(\sin\theta-\cos\theta)^2=\sin^2\theta-2\sin\theta\cos\theta+\cos^2\theta$

$=1-2\sin\theta\cos\theta$

$=\dfrac{3}{4}$

이므로 $2\sin\theta\cos\theta=\dfrac{1}{4}$

$\therefore \sin\theta\cos\theta=\dfrac{1}{8}$

2단계 $\tan\theta+\cot\theta$의 값을 구해 보자.

$\tan\theta+\cot\theta=\dfrac{\sin\theta}{\cos\theta}+\dfrac{\cos\theta}{\sin\theta}$

$=\dfrac{\sin^2\theta+\cos^2\theta}{\sin\theta\cos\theta}$

$=\dfrac{1}{\sin\theta\cos\theta}=8$

016 정답률 ▸ 91%   답 ②

1단계 $\tan \alpha$의 값을 구해 보자.

$2 \cos \alpha = 3 \sin \alpha$에서

$\dfrac{\sin \alpha}{\cos \alpha} = \dfrac{2}{3}$

$\therefore \tan \alpha = \dfrac{2}{3}$

2단계 삼각함수의 덧셈정리를 이용하여 $\tan \beta$의 값을 구해 보자.

$$\tan(\alpha + \beta) = \dfrac{\tan \alpha + \tan \beta}{1 - \tan \alpha \tan \beta}$$

$$= \dfrac{\dfrac{2}{3} + \tan \beta}{1 - \dfrac{2}{3}\tan \beta}$$

$$= \dfrac{2 + 3\tan \beta}{3 - 2\tan \beta} = 1$$

에서

$2 + 3\tan \beta = 3 - 2\tan \beta$

$5\tan \beta = 1$

$\therefore \tan \beta = \dfrac{1}{5}$

017 정답률 ▸ 80%   답 ①

1단계 코사인함수의 그래프에서 α, β의 값의 범위를 각각 구해 보자.

$0 < \alpha < \beta < 2\pi$, $\cos \alpha = \cos \beta = \dfrac{1}{3}$이므로

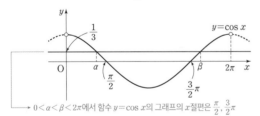

→ $0 < \alpha < \beta < 2\pi$에서 함수 $y = \cos x$의 그래프의 x절편은 $\dfrac{\pi}{2}$, $\dfrac{3}{2}\pi$

$\therefore 0 < \alpha < \dfrac{\pi}{2}$, $\dfrac{3}{2}\pi < \beta < 2\pi$

2단계 $\sin \alpha$, $\sin \beta$의 값을 구한 후 $\sin(\beta - \alpha)$의 값을 구해 보자.

$\cos \alpha = \cos \beta = \dfrac{1}{3}$에서

$\sin \alpha = \dfrac{2\sqrt{2}}{3}$, $\sin \beta = -\dfrac{2\sqrt{2}}{3}$ $\left(\because 0 < \alpha < \dfrac{\pi}{2}, \dfrac{3}{2}\pi < \beta < 2\pi \right)$

$\therefore \sin(\beta - \alpha) = \sin \beta \cos \alpha - \cos \beta \sin \alpha$

$$= \left(-\dfrac{2\sqrt{2}}{3} \right) \times \dfrac{1}{3} - \dfrac{1}{3} \times \dfrac{2\sqrt{2}}{3}$$

$$= -\dfrac{4\sqrt{2}}{9}$$

018 정답률 ▸ 86%   답 ④

1단계 삼각함수의 덧셈정리를 이용하여 $\cos(x-y)$의 값을 구해 보자.

$\sin x + \sin y = 1$의 양변을 제곱하면

$\sin^2 x + \sin^2 y + 2\sin x \sin y = 1$ ⋯⋯ ㉠

$\cos x + \cos y = \dfrac{1}{2}$의 양변을 제곱하면

$\cos^2 x + \cos^2 y + 2\cos x \cos y = \dfrac{1}{4}$ ⋯⋯ ㉡

㉠+㉡에서

$\underbrace{2 + 2(\cos x \cos y + \sin x \sin y)}_{} = \dfrac{5}{4}$

→ $(\sin^2 x + \cos^2 x) + (\sin^2 y + \cos^2 y)$ $= 1 + 1 = 2$

$2 + 2\cos(x-y) = \dfrac{5}{4}$

$2\cos(x-y) = -\dfrac{3}{4}$ $\therefore \cos(x-y) = -\dfrac{3}{8}$

019 정답률 ▸ 92%   답 ④

Best Pick 두 직선의 기울기를 이용하여 삼각함수의 덧셈정리를 이용하는 문제이다. 직선이 x축의 양의 방향과 이루는 각의 크기를 $\tan$함수를 이용하여 나타낼 수 있음을 알고 있어야 한다. 이 개념은 좌표평면에서 직선의 방정식에 두루 사용되므로 기억해 두도록 하자.

1단계 주어진 두 직선의 기울기를 $\tan$함수로 나타내어 보자.

직선 $x - y - 1 = 0$이 x축의 양의 방향과 이루는 각의 크기를 α라 하면

$\tan \alpha = 1$ → 직선의 기울기

직선 $ax - y + 1 = 0$이 x축의 양의 방향과 이루는 각의 크기를 β라 하면

$\tan \beta = a$ → 직선의 기울기

2단계 삼각함수의 덧셈정리를 이용하여 $\tan \theta$를 상수 a로 나타내어 보자.

두 직선 $x - y - 1 = 0$, $ax - y + 1 = 0$이 이루는 예각의 크기가 θ이므로

$\theta = \beta - \alpha$ $(\because a > 1)$ → $\beta > \alpha$

$\therefore \tan \theta = \tan(\beta - \alpha)$

$$= \dfrac{\tan \beta - \tan \alpha}{1 + \tan \alpha \tan \beta}$$

$$= \dfrac{a - 1}{1 + a}$$

3단계 상수 a의 값을 구해 보자.

$\dfrac{a-1}{1+a} = \dfrac{1}{6}$에서 $6a - 6 = 1 + a$

$5a = 7$ $\therefore a = \dfrac{7}{5}$

020 정답률 ▸ 76%   답 ⑤

1단계 점 D와 직선 BC 사이의 거리를 구해 보자.

오른쪽 그림과 같이 점 D에서 직선 BC에 내린 수선의 발을 H라 하면 점 D와 직선 BC 사이의 거리는 선분 DH의 길이와 같다.

정삼각형 ABC에서 $\angle ACB = \dfrac{\pi}{3}$이고, $\overline{CD} = 1$이므로

$\overline{DH} = \overline{CD} \times \sin(\angle DCH)$

$$= \sin\left\{ \pi - \left(\dfrac{\pi}{3} + \dfrac{\pi}{4} \right) \right\}$$

$$= \sin\left(\dfrac{\pi}{3} + \dfrac{\pi}{4} \right)$$

$$= \sin \dfrac{\pi}{3} \cos \dfrac{\pi}{4} + \cos \dfrac{\pi}{3} \sin \dfrac{\pi}{4}$$

$$= \dfrac{\sqrt{3}}{2} \times \dfrac{\sqrt{2}}{2} + \dfrac{1}{2} \times \dfrac{\sqrt{2}}{2} = \dfrac{\sqrt{6} + \sqrt{2}}{4}$$

021 정답률 ▶ 88% 답 ⑤

1단계 두 선분 AD, ED의 길이를 각각 구해 보자.

점 E는 선분 AD를 3 : 1로 내분하므로
$\overline{AE}=3t$, $\overline{ED}=t$ $(t>0)$라 하자.

두 직각삼각형 ADC와 EDC에서
$\overline{AC}^2-\overline{AD}^2=\overline{EC}^2-\overline{ED}^2$

$(2\sqrt{5})^2-(4t)^2=(\sqrt{5})^2-t^2$

$20-16t^2=5-t^2$

$15t^2=15$, $t^2=1$

$\therefore t=1$ $(\because t>0)$

$\therefore \overline{AD}=4$, $\overline{ED}=1$

2단계 두 선분 BD, CD의 길이를 각각 구해 보자.

직각삼각형 ABD에서
$\overline{BD}=\sqrt{\overline{AB}^2-\overline{AD}^2}$
$=\sqrt{5^2-4^2}=3$

직각삼각형 EDC에서
$\overline{CD}=\sqrt{\overline{EC}^2-\overline{ED}^2}$
$=\sqrt{(\sqrt{5})^2-1^2}=2$

3단계 삼각함수의 덧셈정리를 이용하여 $\cos(\alpha-\beta)$의 값을 구해 보자.

$\cos(\alpha-\beta)=\cos\alpha\cos\beta+\sin\alpha\sin\beta$
$=\dfrac{3}{5}\times\dfrac{2\sqrt{5}}{5}+\dfrac{4}{5}\times\dfrac{\sqrt{5}}{5}$
$=\dfrac{2\sqrt{5}}{5}$

022 정답률 ▶ 76% 답 ①

1단계 두 접선 l, m의 기울기를 각각 구해 보자.

$y=e^x$에서 $y'=e^x$이므로 곡선 $y=e^x$ 위의 두 점 $A(t, e^t)$, $B(-t, e^{-t})$에서의 접선 l, m의 기울기는 각각 e^t, e^{-t}이다.

2단계 t의 값을 구해 보자.

두 직선 l, m이 x축과 양의 방향으로 이루는 각의 크기를 각각 α, β라 하면
$\alpha-\beta=\dfrac{\pi}{4}$이고
$\tan\alpha=e^t$, $\tan\beta=e^{-t}$이므로

$\tan\dfrac{\pi}{4}=\tan(\alpha-\beta)$
$=\dfrac{\tan\alpha-\tan\beta}{1+\tan\alpha\tan\beta}$
$=\dfrac{e^t-e^{-t}}{1+e^t\times e^{-t}}$
$=\dfrac{e^t-e^{-t}}{2}$
$=1$

에서
$e^t-e^{-t}=2$ ······ ㉠

$e^{2t}-2e^t-1=0$

이때 $e^t=k$ $(k>0)$이라 하면
$k^2-2k-1=0$

$\therefore k=1+\sqrt{2}$ $(\because k>0)$

즉, $e^t=1+\sqrt{2}$이므로
$t=\ln(1+\sqrt{2})$ ······ ㉡

3단계 두 점 A, B를 지나는 직선의 기울기를 구해 보자.

$A(t, e^t)$, $B(-t, e^{-t})$이므로 두 점 A, B를 지나는 직선의 기울기는

$\dfrac{e^{-t}-e^t}{-t-t}=\dfrac{e^t-e^{-t}}{2t}=\dfrac{1}{\ln(1+\sqrt{2})}$ $(\because ㉠, ㉡)$

023 정답률 ▶ 33% 답 18

1단계 삼각형의 내각과 외각 사이의 관계를 이용하여 α, β 사이의 관계식을 구해 보자.

삼각형 BCD는 $\overline{BD}=\overline{CD}$인 이등변삼각형이므로
$\angle CBD=\angle BCD=\alpha$

$\therefore \angle ADC=\angle BCD+\angle CBD=\alpha+\alpha=2\alpha$

삼각형 ADC에서
$\beta=\pi-(\angle DAC+\angle ADC)$
$=\pi-\left(\dfrac{2}{3}\pi+2\alpha\right)=\dfrac{\pi}{3}-2\alpha$ ······ ㉠

2단계 $\tan 2\alpha$의 값을 구해 보자.

$\cos 2\alpha=\cos\alpha\cos\alpha-\sin\alpha\sin\alpha=\cos^2\alpha-\sin^2\alpha$
$=2\cos^2\alpha-1$ $(\because \sin^2\alpha=1-\cos^2\alpha)$
$=2\times\dfrac{7+\sqrt{21}}{14}-1=\dfrac{\sqrt{21}}{7}$

$\therefore \sin 2\alpha=\sqrt{1-\cos^2 2\alpha}=\sqrt{1-\dfrac{21}{49}}=\dfrac{2\sqrt{7}}{7}$ $(\because 0<2\alpha<\pi)$,

$\tan 2\alpha=\dfrac{\sin 2\alpha}{\cos 2\alpha}=\dfrac{\dfrac{2\sqrt{7}}{7}}{\dfrac{\sqrt{21}}{7}}=\dfrac{2\sqrt{3}}{3}$

3단계 $\tan\beta$의 값을 구하여 $54\sqrt{3}\times\tan\beta$의 값을 구해 보자.

$\tan\beta=\tan\left(\dfrac{\pi}{3}-2\alpha\right)$ $(\because ㉠)$

$=\dfrac{\tan\dfrac{\pi}{3}-\tan 2\alpha}{1+\tan\dfrac{\pi}{3}\tan 2\alpha}$

$=\dfrac{\sqrt{3}-\dfrac{2\sqrt{3}}{3}}{1+\sqrt{3}\times\dfrac{2\sqrt{3}}{3}}=\dfrac{\sqrt{3}}{9}$

$\therefore 54\sqrt{3}\times\tan\beta=18$

024 정답률 ▶ 76% 답 20

1단계 함수 $f(\theta)$를 간단히 하여 $\displaystyle\lim_{\theta\to 0}\dfrac{10f(\theta)}{\theta}$의 값을 구해 보자.

$f(\theta)=1-\dfrac{1}{1+2\sin\theta}=\dfrac{1+2\sin\theta-1}{1+2\sin\theta}=\dfrac{2\sin\theta}{1+2\sin\theta}$

이므로

$\displaystyle\lim_{\theta\to 0}\dfrac{10f(\theta)}{\theta}=10\lim_{\theta\to 0}\dfrac{\dfrac{2\sin\theta}{1+2\sin\theta}}{\theta}=10\lim_{\theta\to 0}\dfrac{2\sin\theta}{\theta(1+2\sin\theta)}$

$=10\times\displaystyle\lim_{\theta\to 0}\dfrac{\sin\theta}{\theta}\times\lim_{\theta\to 0}\dfrac{2}{1+2\sin\theta}$

$=10\times 1\times\dfrac{2}{1+0}=20$

025   정답률 ▸ 65%   답 8

$\lim\limits_{x \to 0} x^2 f(x)$

$= \lim\limits_{x \to 0} \left\{ f(x) \left(1 - \cos \dfrac{x}{2} \right) \times \dfrac{x^2}{1 - \cos \dfrac{x}{2}} \right\}$

$= \lim\limits_{x \to 0} \left\{ f(x) \left(1 - \cos \dfrac{x}{2} \right) \times \dfrac{x^2 \left(1 + \cos \dfrac{x}{2} \right)}{\left(1 - \cos \dfrac{x}{2} \right) \left(1 + \cos \dfrac{x}{2} \right)} \right\}$

$= \lim\limits_{x \to 0} \left\{ f(x) \left(1 - \cos \dfrac{x}{2} \right) \times \dfrac{x^2 \left(1 + \cos \dfrac{x}{2} \right)}{1 - \cos^2 \dfrac{x}{2}} \right\}$

$= \lim\limits_{x \to 0} \left\{ f(x) \left(1 - \cos \dfrac{x}{2} \right) \times \dfrac{x^2 \left(1 + \cos \dfrac{x}{2} \right)}{\sin^2 \dfrac{x}{2}} \right\}$

$= \lim\limits_{x \to 0} \left\{ 4 \times f(x) \left(1 - \cos \dfrac{x}{2} \right) \times \left(\dfrac{\dfrac{x}{2}}{\sin \dfrac{x}{2}} \right)^2 \times \left(1 + \cos \dfrac{x}{2} \right) \right\}$

$= 4 \times 1 \times 1^2 \times (1 + 1) = 8$

026   정답률 ▸ 80%   답 ⑤

1단계 상수 a의 값을 구해 보자.

주어진 식의 양변에 $x = 0$을 대입하면

$(1 - 1)^2 f(0) = a - 4 \cos 0$

$0 = a - 4$ $\therefore a = 4$

2단계 함수 $f(x)$가 연속임을 이용하여 $f(x)$를 나타내고, $f(0)$의 값을 구해 보자.

$x \neq 0$이면 $e^{2x} - 1 \neq 0$이므로

$f(x) = \dfrac{4 - 4 \cos \dfrac{\pi}{2} x}{(e^{2x} - 1)^2}$ (단, $x \neq 0$)

이때 함수 $f(x)$는 실수 전체의 집합에서 연속이므로 $x = 0$일 때도 연속이다.

$\therefore f(0) = \lim\limits_{x \to 0} f(x) = \lim\limits_{x \to 0} \dfrac{4 - 4 \cos \dfrac{\pi}{2} x}{(e^{2x} - 1)^2}$

$= 4 \lim\limits_{x \to 0} \dfrac{\left(1 - \cos \dfrac{\pi}{2} x \right) \left(1 + \cos \dfrac{\pi}{2} x \right)}{(e^{2x} - 1)^2 \left(1 + \cos \dfrac{\pi}{2} x \right)}$

$= 4 \lim\limits_{x \to 0} \dfrac{\left(1 - \cos^2 \dfrac{\pi}{2} x \right)}{(e^{2x} - 1)^2 \left(1 + \cos \dfrac{\pi}{2} x \right)}$

$= 4 \lim\limits_{x \to 0} \dfrac{\sin^2 \dfrac{\pi}{2} x}{(e^{2x} - 1)^2 \left(1 + \cos \dfrac{\pi}{2} x \right)}$

$= 4 \lim\limits_{x \to 0} \left\{ \dfrac{\pi^2}{16} \times \left(\dfrac{\sin \dfrac{\pi}{2} x}{\dfrac{\pi}{2} x} \right)^2 \times \left(\dfrac{2x}{e^{2x} - 1} \right)^2 \times \dfrac{1}{1 + \cos \dfrac{\pi}{2} x} \right\}$

$= 4 \times \dfrac{\pi^2}{16} \times 1^2 \times 1^2 \times \dfrac{1}{2} = \dfrac{\pi^2}{8}$

3단계 $a \times f(0)$의 값을 구해 보자.

$a \times f(0) = 4 \times \dfrac{\pi^2}{8} = \dfrac{\pi^2}{2}$

027   정답률 ▸ 80%   답 2

1단계 선분 OR를 삼각함수에 대한 식으로 나타내어 보자.

$\overline{OP} = \sqrt{t^2 + \sin^2 t}$이고 원 C의 반지름 RP의 길이는 $\sin t$이므로

$\overline{OR} = \overline{OP} - \overline{RP}$

$\quad = \sqrt{t^2 + \sin^2 t} - \sin t$

2단계 $\lim\limits_{t \to 0+} \dfrac{\overline{OQ}}{\overline{OR}}$의 값을 구하여 $a + b$의 값을 구해 보자.

$\lim\limits_{t \to 0+} \dfrac{\overline{OQ}}{\overline{OR}} = \lim\limits_{t \to 0+} \dfrac{t}{\sqrt{t^2 + \sin^2 t} - \sin t}$

$= \lim\limits_{t \to 0+} \dfrac{t(\sqrt{t^2 + \sin^2 t} + \sin t)}{(\sqrt{t^2 + \sin^2 t} - \sin t)(\sqrt{t^2 + \sin^2 t} + \sin t)}$

$= \lim\limits_{t \to 0+} \dfrac{t(\sqrt{t^2 + \sin^2 t} + \sin t)}{t^2 + \sin^2 t - \sin^2 t}$

$= \lim\limits_{t \to 0+} \dfrac{\sqrt{t^2 + \sin^2 t} + \sin t}{t}$

$= \lim\limits_{t \to 0+} \left\{ \sqrt{1 + \left(\dfrac{\sin t}{t} \right)^2} + \dfrac{\sin t}{t} \right\}$

$= \sqrt{1 + 1^2} + 1$

$= 1 + \sqrt{2}$

따라서 $a = 1$, $b = 1$이므로

$a + b = 1 + 1 = 2$

028   정답률 ▸ 61%   답 ③

1단계 닮음인 두 도형을 찾아서 함수 $f(t)$를 구해 보자.

점 P의 좌표가 $(t, t \sin t)$이므로

$\overline{OP} = \sqrt{t^2 + t^2 \sin^2 t}$

$\quad = t\sqrt{1 + \sin^2 t}$ ($\because t > 0$),

$\overline{OQ} = \overline{OP} - \overline{PQ}$ 원이 y축에 접하므로
$\overline{PQ}$ = (원의 반지름의 길이)

$\quad = t\sqrt{1 + \sin^2 t} - t$ = (점 P의 x좌표)

$\quad = t(\sqrt{1 + \sin^2 t} - 1)$

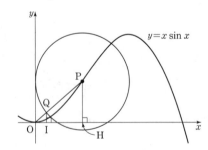

위의 그림과 같이 두 점 P, Q에서 x축에 내린 수선의 발을 각각 H, I라 하면

$\overline{OH} = t$, $\overline{OI} = f(t)$

두 직각삼각형 OHP, OIQ가 서로 닮음 (AA 닮음)이므로

$\overline{OH} : \overline{OI} = \overline{OP} : \overline{OQ}$

$t : f(t) = t\sqrt{1 + \sin^2 t} : t(\sqrt{1 + \sin^2 t} - 1)$

$f(t) \times t\sqrt{1 + \sin^2 t} = t \times t(\sqrt{1 + \sin^2 t} - 1)$

$\therefore f(t) = \dfrac{t(\sqrt{1 + \sin^2 t} - 1)}{\sqrt{1 + \sin^2 t}}$

2단계 $\lim_{t \to 0+} \dfrac{f(t)}{t^3}$의 값을 구해 보자.

$$\lim_{t \to 0+} \frac{f(t)}{t^3} = \lim_{t \to 0+} \frac{\sqrt{1+\sin^2 t}-1}{t^2\sqrt{1+\sin^2 t}}$$

$$= \lim_{t \to 0+} \frac{(\sqrt{1+\sin^2 t}-1)(\sqrt{1+\sin^2 t}+1)}{t^2\sqrt{1+\sin^2 t}\,(\sqrt{1+\sin^2 t}+1)}$$

$$= \lim_{t \to 0+} \frac{\sin^2 t}{t^2\sqrt{1+\sin^2 t}\,(\sqrt{1+\sin^2 t}+1)}$$

$$= \lim_{t \to 0+} \left\{ \left(\frac{\sin t}{t}\right)^2 \times \frac{1}{\sqrt{1+\sin^2 t}\,(\sqrt{1+\sin^2 t}+1)} \right\}$$

$$= 1^2 \times \frac{1}{\sqrt{1+0}\times(\sqrt{1+0}+1)}$$

$$= \frac{1}{2}$$

---

029 정답률 ▸ 77% 답 60

1단계 삼각형 ABG와 부채꼴 ADF의 넓이를 이용하여 $f(\theta)$를 구해 보자.

직각삼각형 ABG에서 $\overline{GB}=2\tan\theta$이므로
삼각형 ABG의 넓이는

$$\frac{1}{2}\times\overline{AB}\times\overline{GB}=\frac{1}{2}\times2\times2\tan\theta=2\tan\theta$$

부채꼴 ADF의 넓이는

$$\frac{1}{2}\times\overline{AD}^2\times\theta=\frac{1}{2}\times1^2\times\theta=\frac{\theta}{2}$$

$$\therefore f(\theta)=(\text{삼각형 ABG의 넓이})-(\text{부채꼴 ADF의 넓이})$$
$$=2\tan\theta-\frac{\theta}{2}$$

2단계 $\angle$EAF의 크기를 구하여 $g(\theta)$를 구해 보자.

호 DE의 삼등분점 중 점 D에 가까운 점이 F이므로

$$\angle EAF=2\times\angle FAD=2\theta$$

$$\therefore g(\theta)=\frac{1}{2}\times\overline{AE}^2\times2\theta=\frac{1}{2}\times1^2\times2\theta=\theta$$

3단계 $\lim_{\theta \to 0+} \dfrac{f(\theta)}{g(\theta)}$의 값을 구하여 $40\times\lim_{\theta \to 0+}\dfrac{f(\theta)}{g(\theta)}$의 값을 구해 보자.

$$\lim_{\theta \to 0+}\frac{f(\theta)}{g(\theta)}=\lim_{\theta \to 0+}\frac{2\tan\theta-\dfrac{\theta}{2}}{\theta}$$

$$=\lim_{\theta \to 0+}\left(\frac{2\tan\theta}{\theta}-\frac{1}{2}\right)$$

$$=2\times1-\frac{1}{2}=\frac{3}{2}$$

$$\therefore 40\times\lim_{\theta \to 0+}\frac{f(\theta)}{g(\theta)}=60$$

---

030 정답률 ▸ 77% 답 ①

1단계 함수 $r(\theta)$를 구해 보자.

직각삼각형 OQB에서 $\angle BOQ=\theta$, $\overline{OB}=1$이고 $\angle OQB=\dfrac{\pi}{2}$이므로

$$\overline{BQ}=\overline{BO}\sin\theta=\sin\theta$$

또한, 삼각형 BRQ에서

$$\angle RQB=\frac{\pi}{2}-\angle QBR=\frac{\pi}{2}-\left(\frac{\pi}{2}-\theta\right)=\theta$$

이고, $\overline{BQ}=\sin\theta$, $\angle BRQ=\dfrac{\pi}{2}$이므로

$$\overline{BR}=\sin^2\theta,\ \overline{RQ}=\sin\theta\cos\theta$$

> $\overline{BQ}^2=\overline{BR}\times\overline{BO}$
> $\sin^2\theta=\overline{BR}\times1$
> $\overline{RQ}\times\overline{BO}=\overline{BQ}\times\overline{OQ}$
> $\overline{RQ}\times1=\sin\theta\cos\theta$

직각삼각형 BRQ의 넓이는

$$\frac{1}{2}\times\overline{BR}\times\overline{RQ}=\frac{1}{2}\times r(\theta)\times(\overline{BQ}+\overline{RQ}+\overline{BR})$$

$$\frac{1}{2}\times\sin^2\theta\times\sin\theta\cos\theta=\frac{1}{2}\times r(\theta)\times(\sin\theta+\sin\theta\cos\theta+\sin^2\theta)$$

$$\therefore r(\theta)=\frac{\sin^2\theta\cos\theta}{1+\sin\theta+\cos\theta}$$

2단계 $\lim_{\theta \to 0+}\dfrac{r(\theta)}{\theta^2}$의 값을 구해 보자.

$$\lim_{\theta \to 0+}\frac{r(\theta)}{\theta^2}=\lim_{\theta \to 0+}\frac{\sin^2\theta\cos\theta}{\theta^2(1+\sin\theta+\cos\theta)}$$

$$=\lim_{\theta \to 0+}\left\{\left(\frac{\sin\theta}{\theta}\right)^2\times\frac{\cos\theta}{1+\sin\theta+\cos\theta}\right\}$$

$$=1^2\times\frac{1}{1+0+1}=\frac{1}{2}$$

---

031 정답률 ▸ 81% 답 ③

1단계 함수 $S(\theta)$를 구해 보자.

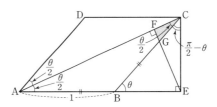

사각형 ABCD는 마름모이므로

$$\angle DAC=\angle CAB=\frac{\theta}{2}$$

> $\triangle DAC\equiv\triangle BAC$ (SAS 합동)이므로
> $\overline{CB}=1$
> $\angle DAC=\angle BAC=\dfrac{1}{2}\angle DAB$

또한, $\angle CBE=\angle DAB=\theta$이므로
직각삼각형 CBE에서

$$\angle BCE=\frac{\pi}{2}-\theta$$

$$\therefore \angle ECF=\angle ACB+\angle BCE$$
$$=\frac{\theta}{2}+\left(\frac{\pi}{2}-\theta\right)=\frac{\pi}{2}-\frac{\theta}{2}$$

직각삼각형 CBE에서

$$\overline{CE}=\overline{CB}\sin\theta$$
$$=\sin\theta$$

직각삼각형 CFE에서

$$\overline{CF}=\overline{CE}\times\cos\left(\frac{\pi}{2}-\frac{\theta}{2}\right)=\sin\theta\sin\frac{\theta}{2}$$

또한, 직각삼각형 CFG에서

$$\overline{FG}=\overline{CF}\times\tan\frac{\theta}{2}$$

$$=\sin\frac{\theta}{2}\sin\theta\tan\frac{\theta}{2}$$

$$\therefore S(\theta)=\frac{1}{2}\times\overline{CF}\times\overline{FG}$$

$$=\frac{1}{2}\sin\theta\sin\frac{\theta}{2}\sin\frac{\theta}{2}\sin\theta\tan\frac{\theta}{2}$$

$$=\frac{1}{2}\sin^2\frac{\theta}{2}\sin^2\theta\tan\frac{\theta}{2}$$

2단계 $\lim\limits_{\theta\to0+}\dfrac{S(\theta)}{\theta^5}$의 값을 구해 보자.

$$\lim_{\theta\to0+}\frac{S(\theta)}{\theta^5}=\lim_{\theta\to0+}\frac{\dfrac{1}{2}\sin^2\dfrac{\theta}{2}\sin^2\theta\tan\dfrac{\theta}{2}}{\theta^5}$$

$$=\lim_{\theta\to0+}\left\{\frac{1}{16}\times\left(\frac{\sin\dfrac{\theta}{2}}{\dfrac{\theta}{2}}\right)^2\times\left(\frac{\sin\theta}{\theta}\right)^2\times\frac{\tan\dfrac{\theta}{2}}{\dfrac{\theta}{2}}\right\}$$

$$=\frac{1}{16}\times1^2\times1^2\times1=\frac{1}{16}$$

032 정답률▶81%   답 ④

1단계 세 각 EAO, CBD, CDH의 크기를 각각 θ에 대한 식으로 나타내어 보자.

오른쪽 그림과 같이 내접원의 중심을 O, 선분 AC와 원의 접점을 E, 점 C에서 선분 AD의 연장선에 내린 수선의 발을 H라 하면

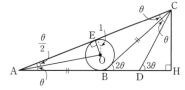

$$\angle\text{EAO}=\frac{1}{2}\angle\text{CAB}=\frac{\theta}{2}$$

┌─ $\triangle\text{EAO}\equiv\triangle\text{BAO}$ (RHS합동)

이므로

$\angle\text{EAO}=\angle\text{BAO}$

$$\angle\text{CBD}=\angle\text{CAB}+\angle\text{BCA}$$
$$=\theta+\theta=2\theta$$

$$\angle\text{CDH}=\angle\text{CBD}+\angle\text{BCD}$$
$$=2\theta+\theta=3\theta$$

2단계 두 선분 BC, DC의 길이를 각각 θ에 대한 식으로 나타내어 보자.

직각삼각형 AOE에서 $\angle\text{EAO}=\dfrac{\theta}{2}$이므로

$$\overline{\text{AE}}=\frac{\overline{\text{OE}}}{\tan\dfrac{\theta}{2}}=\frac{1}{\tan\dfrac{\theta}{2}}$$

$$\therefore\overline{\text{AC}}=2\overline{\text{AE}}=\frac{2}{\tan\dfrac{\theta}{2}}$$

직각삼각형 CAH에서 $\angle\text{CAH}=\theta$이므로

$$\overline{\text{CH}}=\overline{\text{AC}}\sin\theta=\frac{2}{\tan\dfrac{\theta}{2}}\times\sin\theta=\frac{2\sin\theta}{\tan\dfrac{\theta}{2}}$$

직각삼각형 CBH에서 $\angle\text{CBD}=2\theta$이므로

$$\overline{\text{BC}}=\frac{\overline{\text{CH}}}{\sin2\theta}$$

$$=\frac{2\sin\theta}{\tan\dfrac{\theta}{2}}\times\frac{1}{\sin2\theta}$$

$$=\frac{2\sin\theta}{\tan\dfrac{\theta}{2}\sin2\theta}$$

직각삼각형 CDH에서 $\angle\text{CDH}=3\theta$이므로

$$\overline{\text{CD}}=\frac{\overline{\text{CH}}}{\sin3\theta}$$

$$=\frac{2\sin\theta}{\tan\dfrac{\theta}{2}}\times\frac{1}{\sin3\theta}$$

$$=\frac{2\sin\theta}{\tan\dfrac{\theta}{2}\sin3\theta}$$

3단계 함수 $S(\theta)$를 구해 보자.

$$S(\theta)=\frac{1}{2}\times\overline{\text{BC}}\times\overline{\text{CD}}\times\sin(\angle\text{BDC})$$

$$=\frac{1}{2}\times\frac{2\sin\theta}{\tan\dfrac{\theta}{2}\sin2\theta}\times\frac{2\sin\theta}{\tan\dfrac{\theta}{2}\sin3\theta}\times\sin\theta$$

$$=\frac{2\sin^3\theta}{\sin2\theta\sin3\theta\tan^2\dfrac{\theta}{2}}$$

4단계 $\lim\limits_{\theta\to0+}\{\theta\times S(\theta)\}$의 값을 구해 보자.

$$\lim_{\theta\to0+}\{\theta\times S(\theta)\}$$

$$=\lim_{\theta\to0+}\frac{2\theta\sin^3\theta}{\sin2\theta\sin3\theta\tan^2\dfrac{\theta}{2}}$$

$$=\lim_{\theta\to0+}\left\{\frac{4}{3}\times\left(\frac{\sin\theta}{\theta}\right)^3\times\frac{2\theta}{\sin2\theta}\times\frac{3\theta}{\sin3\theta}\times\left(\frac{\dfrac{\theta}{2}}{\tan\dfrac{\theta}{2}}\right)^2\right\}$$

$$=\frac{4}{3}\times1^3\times1\times1\times1^2=\frac{4}{3}$$

033 정답률▶60%   답 ②

1단계 함수 $S(\theta)$를 구해 보자.

직각삼각형 OAR에서 $\angle\text{ORA}=\dfrac{\pi}{2}$이므로

$$\overline{\text{OR}}=\overline{\text{OA}}\cos\theta=\cos\theta$$

이때 $\overline{\text{OP}}=1$이므로

$$\overline{\text{PR}}=\overline{\text{OP}}-\overline{\text{OR}}=1-\cos\theta$$

또한, 직각삼각형 OQP에서

$$\overline{\text{PQ}}=\overline{\text{OP}}\sin\theta=\sin\theta$$이고

$\angle\text{QPR}=\dfrac{\pi}{2}-\theta$이므로

$$S(\theta)=\frac{1}{2}\times\overline{\text{PR}}\times\overline{\text{PQ}}\times\sin\left(\frac{\pi}{2}-\theta\right)$$

$$=\frac{1}{2}(1-\cos\theta)\sin\theta\cos\theta$$

2단계 $\lim\limits_{\theta\to0+}\dfrac{S(\theta)}{\theta^3}$의 값을 구해 보자.

$$\lim_{\theta\to0+}\frac{S(\theta)}{\theta^3}=\lim_{\theta\to0+}\frac{(1-\cos\theta)\sin\theta\cos\theta}{2\theta^3}$$

$$=\lim_{\theta\to0+}\frac{(1+\cos\theta)(1-\cos\theta)\sin\theta\cos\theta}{2\theta^3(1+\cos\theta)}$$

$$=\lim_{\theta\to0+}\frac{\sin^3\theta\cos\theta}{2\theta^3(1+\cos\theta)}$$

$$=\frac{1}{2}\lim_{\theta\to0+}\left\{\left(\frac{\sin\theta}{\theta}\right)^3\times\frac{\cos\theta}{1+\cos\theta}\right\}$$

$$=\frac{1}{2}\times1^3\times\frac{1}{1+1}$$

$$=\frac{1}{4}$$

다른 풀이 ┌ $\frac{1}{2}\times\overline{\text{PQ}}\times\overline{\text{OQ}}$ ┌ $\frac{1}{2}\times\overline{\text{OR}}\times\overline{\text{OQ}}\times\sin\theta$

$$S(\theta)=(\text{삼각형 POQ의 넓이})-(\text{삼각형 ROQ의 넓이})$$

$$=\frac{1}{2}\sin\theta\cos\theta-\frac{1}{2}\cos^2\theta\sin\theta$$

$$=\frac{1}{2}\sin\theta\cos\theta(1-\cos\theta)$$

034

Best Pick 도형의 넓이를 구하여 극한값을 구하는 문제로 삼각형, 부채꼴 등의 넓이를 이용하여 주어진 도형의 넓이를 구하는 연습이 필요하다.

1단계 함수 $l(\theta)$를 구해 보자.

직각삼각형 ABP에서

$\overline{AP} = \overline{AB}\cos\theta = 2\cos\theta$, $\overline{PB} = \overline{AB}\sin\theta = 2\sin\theta$

$\therefore l(\theta) = 2\sin\theta$

2단계 함수 $S(\theta)$를 구해 보자.

$\angle AQP = \pi - (\angle PAQ + \angle APQ) = \pi - \left(\theta + \dfrac{\theta}{3}\right) = \pi - \dfrac{4}{3}\theta$

삼각형 AQP에서 사인법칙에 의하여

$\dfrac{\overline{AQ}}{\sin(\angle APQ)} = \dfrac{\overline{AP}}{\sin(\angle AQP)}$

$\therefore \overline{AQ} = \dfrac{2\cos\theta\sin\dfrac{\theta}{3}}{\sin\left(\pi - \dfrac{4}{3}\theta\right)} = \dfrac{2\cos\theta\sin\dfrac{\theta}{3}}{\sin\dfrac{4}{3}\theta}$

$\therefore S(\theta) = \dfrac{1}{2} \times \overline{AP} \times \overline{AQ} \times \sin(\angle PAB)$

$= \dfrac{1}{2} \times 2\cos\theta \times \dfrac{2\cos\theta\sin\dfrac{\theta}{3}}{\sin\dfrac{4}{3}\theta} \times \sin\theta$

$= \dfrac{2\cos^2\theta\sin\dfrac{\theta}{3}\sin\theta}{\sin\dfrac{4}{3}\theta}$

3단계 $\displaystyle\lim_{\theta\to0+}\dfrac{S(\theta)}{l(\theta)}$의 값을 구해 보자.

$\displaystyle\lim_{\theta\to0+}\dfrac{S(\theta)}{l(\theta)} = \lim_{\theta\to0+}\dfrac{2\cos^2\theta\sin\dfrac{\theta}{3}\sin\theta}{\sin\dfrac{4}{3}\theta} \times \dfrac{1}{2\sin\theta}$

$= \displaystyle\lim_{\theta\to0+}\dfrac{\cos^2\theta\sin\dfrac{\theta}{3}}{\sin\dfrac{4}{3}\theta}$

$= \displaystyle\lim_{\theta\to0+}\left(\dfrac{1}{4} \times \cos^2\theta \times \dfrac{\sin\dfrac{\theta}{3}}{\dfrac{\theta}{3}} \times \dfrac{\dfrac{4}{3}\theta}{\sin\dfrac{4}{3}\theta}\right)$

$= \dfrac{1}{4} \times 1^2 \times 1 \times 1 = \dfrac{1}{4}$

035

1단계 함수 $f(\theta)$를 구해 보자.

직각삼각형 OHP에서 $\overline{OP} = 1$이므로

$\overline{OH} = \cos\theta$, $\overline{PH} = \sin\theta$ $\therefore f(\theta) = \dfrac{1}{2}\sin\theta\cos\theta$

2단계 함수 $g(\theta)$를 구해 보자.

$\angle OPQ = \dfrac{\pi}{2}$이므로 $\overline{OQ} = \sec\theta$ → 원의 접선 PQ와 반지름 OP가 이루는 각의 크기는 $\dfrac{\pi}{2}$이다.

$\therefore \overline{AQ} = \overline{OQ} - \overline{OA} = \sec\theta - 1$

이때 부채꼴 AQR에서 $\angle AQR = \dfrac{\pi}{2} - \theta$이므로

$g(\theta) = \dfrac{1}{2}(\sec\theta - 1)^2\left(\dfrac{\pi}{2} - \theta\right)$ → 직각삼각형 OPQ에서 $\angle AQR = \dfrac{\pi}{2} - \theta$

3단계 $\displaystyle\lim_{\theta\to0+}\dfrac{\sqrt{g(\theta)}}{\theta \times f(\theta)}$의 값을 구해 보자.

$\displaystyle\lim_{\theta\to0+}\dfrac{\sqrt{g(\theta)}}{\theta \times f(\theta)} = \lim_{\theta\to0+}\dfrac{\sqrt{\dfrac{1}{2}(\sec\theta-1)^2\left(\dfrac{\pi}{2}-\theta\right)}}{\theta \times \dfrac{1}{2}\sin\theta\cos\theta}$

$= \displaystyle\lim_{\theta\to0+}\dfrac{(\sec\theta-1)\sqrt{\dfrac{\pi}{4}-\dfrac{\theta}{2}}}{\dfrac{1}{2}\theta\sin\theta\cos\theta}$ ($\because \sec\theta - 1 > 1$)

$= \displaystyle\lim_{\theta\to0+}\dfrac{\cos\theta(\sec\theta-1)\sqrt{\dfrac{\pi}{4}-\dfrac{\theta}{2}}}{\dfrac{1}{2}\theta\sin\theta\cos^2\theta}$

$= \displaystyle\lim_{\theta\to0+}\dfrac{(1-\cos\theta)\sqrt{\dfrac{\pi}{4}-\dfrac{\theta}{2}}}{\dfrac{1}{2}\theta\sin\theta\cos^2\theta}$

$= \displaystyle\lim_{\theta\to0+}\dfrac{(1-\cos\theta)(1+\cos\theta)\sqrt{\dfrac{\pi}{4}-\dfrac{\theta}{2}}}{\dfrac{1}{2}\theta\sin\theta\cos^2\theta(1+\cos\theta)}$

$= \displaystyle\lim_{\theta\to0+}\dfrac{2\sin^2\theta\sqrt{\dfrac{\pi}{4}-\dfrac{\theta}{2}}}{\theta\sin\theta\cos^2\theta(1+\cos\theta)}$

$= \displaystyle\lim_{\theta\to0+}\left(2 \times \dfrac{\sin\theta}{\theta} \times \dfrac{\sqrt{\dfrac{\pi}{4}-\dfrac{\theta}{2}}}{\cos^2\theta(1+\cos\theta)}\right)$

$= 2 \times 1 \times \dfrac{\sqrt{\dfrac{\pi}{4}-0}}{1^2\times(1+1)} = \dfrac{\sqrt{\pi}}{2}$

036

1단계 함수 $S(\theta)$를 구해 보자.

직선 CD는 $\angle$ACB를 이등분하므로 $\overline{AC} : \overline{BC} = \overline{AD} : \overline{BD}$

이때 $\overline{AD} = x$라 하면 직각삼각형 ABC에서 $\overline{AB} = 1$이므로

$\overline{BD} = 1 - x$, $\overline{AC} = \dfrac{\overline{AB}}{\cos\theta} = \dfrac{1}{\cos\theta} = \sec\theta$,

$\overline{BC} = \overline{AB}\tan\theta = \tan\theta$

에서 $\sec\theta : \tan\theta = x : (1-x)$

$(1-x)\sec\theta = x\tan\theta$, $\sec\theta - x\sec\theta = x\tan\theta$

$x(\sec\theta + \tan\theta) = \sec\theta$

$\therefore x = \dfrac{\sec\theta}{\sec\theta + \tan\theta} = \dfrac{1}{1+\sin\theta}$ → 분자, 분모에 $\cos\theta$를 곱하면

$\therefore S(\theta) = \dfrac{1}{2} \times \overline{AD}^2 \times \theta = \dfrac{1}{2} \times \left(\dfrac{1}{1+\sin\theta}\right)^2 \times \theta = \dfrac{1}{2} \times \dfrac{\theta}{(1+\sin\theta)^2}$

2단계 함수 $T(\theta)$를 구해 보자.

$\overline{CE} = \overline{AC} - \overline{AE} = \sec\theta - \dfrac{1}{1+\sin\theta}$이므로

$T(\theta) = \dfrac{1}{2} \times \overline{CE} \times \overline{BC} \times \sin(\angle ACB)$

$= \dfrac{1}{2} \times \left(\sec\theta - \dfrac{1}{1+\sin\theta}\right) \times \tan\theta \times \sin\left(\dfrac{\pi}{2} - \theta\right)$

$= \dfrac{1}{2} \times \left(\sec\theta - \dfrac{1}{1+\sin\theta}\right) \times \tan\theta \times \cos\theta$

$= \dfrac{1}{2} \times \left(\sec\theta - \dfrac{1}{1+\sin\theta}\right) \times \sin\theta$

3단계 $\displaystyle\lim_{\theta\to0+}\dfrac{\{S(\theta)\}^2}{T(\theta)}$ 의 값을 구해 보자.

$$\lim_{\theta\to0+}\dfrac{\{S(\theta)\}^2}{T(\theta)}$$

$$=\lim_{\theta\to0+}\dfrac{\left\{\dfrac{1}{2}\times\dfrac{\theta}{(1+\sin\theta)^2}\right\}^2}{\dfrac{1}{2}\times\sin\theta\times\left(\sec\theta-\dfrac{1}{1+\sin\theta}\right)}$$

$$=\lim_{\theta\to0+}\dfrac{\dfrac{\theta^2}{4(1+\sin\theta)^4}}{\dfrac{1}{2}\times\sin\theta\times\left(\dfrac{1}{\cos\theta}-\dfrac{1}{1+\sin\theta}\right)}$$

$$=\lim_{\theta\to0+}\dfrac{\theta^2\cos\theta}{2\sin\theta\times(1+\sin\theta-\cos\theta)(1+\sin\theta)^3}$$

$$=\lim_{\theta\to0+}\left\{\dfrac{1}{2}\times\dfrac{\theta}{\sin\theta}\times\dfrac{\theta}{1+\sin\theta-\cos\theta}\times\dfrac{\cos\theta}{(1+\sin\theta)^3}\right\}$$

$$=\lim_{\theta\to0+}\left\{\dfrac{1}{2}\times\dfrac{\theta}{\sin\theta}\times\dfrac{1}{\dfrac{1-\cos\theta}{\theta}+\dfrac{\sin\theta}{\theta}}\times\dfrac{\cos\theta}{(1+\sin\theta)^3}\right\}$$

$$=\lim_{\theta\to0+}\left\{\dfrac{1}{2}\times\dfrac{\theta}{\sin\theta}\times\dfrac{1}{\dfrac{\sin^2\theta}{\theta(1+\cos\theta)}+\dfrac{\sin\theta}{\theta}}\times\dfrac{\cos\theta}{(1+\sin\theta)^3}\right\}$$

$$=\lim_{\theta\to0+}\left\{\dfrac{1}{2}\times\dfrac{\theta}{\sin\theta}\times\dfrac{1}{\dfrac{\sin\theta}{\theta}\times\dfrac{\sin\theta}{1+\cos\theta}+\dfrac{\sin\theta}{\theta}}\times\dfrac{\cos\theta}{(1+\sin\theta)^3}\right\}$$

$$=\dfrac{1}{2}\times1\times\dfrac{1}{1\times0+1}\times\dfrac{1}{(1+0)^3}$$

$$=\dfrac{1}{2}$$

---

037 정답률 ▸ 52%   답 4

1단계 두 함수 $S(\theta)$, $T(\theta)$를 각각 구해 보자.

다음 그림과 같이 선분 AB의 중점을 O, 선분 PB와 호 PB에 접하는 원의 반지름의 길이를 r_1, 삼각형 ABQ에 내접하는 원의 중심을 C, 반지름의 길이를 r_2라 하자.

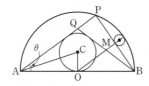

선분 AB는 반원의 지름이므로
$\angle\text{APB}=90°$
삼각형 PAB에서 삼각형의 두 변의 중점을 연결한 선분의 성질에 의하여
$\overline{\text{PA}}\,/\!/\,\overline{\text{MO}}$이므로
$\angle\text{MOB}=\angle\text{PAB}=\theta,\ \angle\text{OMB}=\angle\text{APB}=90°$
삼각형 MOB에서 $\overline{\text{OB}}=1$이므로
$\overline{\text{OM}}=\overline{\text{OB}}\cos\theta=\cos\theta$

$\therefore\ r_1=\dfrac{1-\cos\theta}{2},\ S(\theta)=\pi\left(\dfrac{1-\cos\theta}{2}\right)^2$

→ $\overline{\text{OM}}+2r_1=1$이므로
$2r_1=1-\cos\theta$에서
$r_1=\dfrac{1-\cos\theta}{2}$

또한, 삼각형 CAO는 $\angle\text{AOC}=90°$인 직각삼각형이고
$\angle\text{CAO}=\dfrac{\theta}{2},\ \overline{\text{OA}}=1$이므로
$\overline{\text{CO}}=\overline{\text{OA}}\tan\dfrac{\theta}{2}$

$\therefore\ r_2=\tan\dfrac{\theta}{2},\ T(\theta)=\pi\tan^2\dfrac{\theta}{2}$

2단계 $\displaystyle\lim_{\theta\to0+}\dfrac{\theta^2\times T(\theta)}{S(\theta)}$ 의 값을 구해 보자.

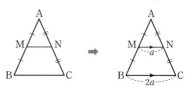

$$\lim_{\theta\to0+}\dfrac{\theta^2\times T(\theta)}{S(\theta)}=\lim_{\theta\to0+}\dfrac{\theta^2\times\pi\tan^2\dfrac{\theta}{2}}{\pi\left(\dfrac{1-\cos\theta}{2}\right)^2}$$

$$=\lim_{\theta\to0+}\dfrac{4\theta^2\tan^2\dfrac{\theta}{2}}{(1-\cos\theta)^2}$$

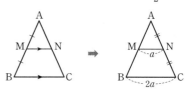

$$=\lim_{\theta\to0+}\dfrac{4\theta^2\tan^2\dfrac{\theta}{2}(1+\cos\theta)^2}{(1-\cos\theta)^2(1+\cos\theta)^2}$$

$$=4\lim_{\theta\to0+}\left\{\dfrac{1}{4}\times\left(\dfrac{\theta}{\sin^4\theta}\right)^4\times\left(\dfrac{\tan\dfrac{\theta}{2}}{\dfrac{\theta}{2}}\right)^2\times(1+\cos\theta)^2\right\}$$

$$=4\times\dfrac{1}{4}\times1^4\times1^2\times(1+1)^2=4$$

> **참고** 삼각형의 두 변의 중점을 연결한 선분의 성질
>
> 삼각형 ABC에서
> (1) $\overline{\text{AM}}=\overline{\text{MB}}$, $\overline{\text{AN}}=\overline{\text{NC}}$이면 $\overline{\text{MN}}\,/\!/\,\overline{\text{BC}}$, $\overline{\text{MN}}=\dfrac{1}{2}\overline{\text{BC}}$
>
>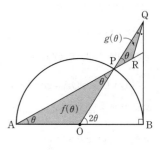
>
> (2) $\overline{\text{AM}}=\overline{\text{MB}}$, $\overline{\text{MN}}\,/\!/\,\overline{\text{BC}}$이면 $\overline{\text{AN}}=\overline{\text{NC}}$, $\overline{\text{MN}}=\dfrac{1}{2}\overline{\text{BC}}$

---

038 정답률 ▸ 53%   답 ①

1단계 함수 $f(\theta)$를 구해 보자.

삼각형 OPA는 $\overline{\text{OA}}=\overline{\text{OP}}=1$인 이등변삼각형이므로
$\angle\text{OAP}=\angle\text{OPA}=\theta,\ \angle\text{AOP}=\pi-2\theta$

$\therefore\ f(\theta)=\dfrac{1}{2}\times\overline{\text{OA}}\times\overline{\text{OP}}\times\sin(\angle\text{AOP})$

$=\dfrac{1}{2}\times1\times1\times\sin(\pi-2\theta)$

$=\dfrac{1}{2}\sin2\theta$

2단계 함수 $g(\theta)$를 구해 보자.

직각삼각형 OBQ에서
$\angle\text{QOB}=2\theta$이므로 $\overline{\text{OQ}}=\dfrac{1}{\cos2\theta}$

$\therefore\ \overline{\text{PQ}}=\overline{\text{OQ}}-\overline{\text{OP}}=\dfrac{1}{\cos2\theta}-1$

한편,
$\angle\text{OQB}=\pi-(\angle\text{OBQ}+\angle\text{BOQ})$
$=\pi-\left(\dfrac{\pi}{2}+2\theta\right)=\dfrac{\pi}{2}-2\theta$

이므로 $\angle\text{PQR}=\dfrac{1}{2}\angle\text{OQB}=\dfrac{\pi}{4}-\theta$

삼각형 PRQ에서

$\angle\text{PRQ}=\pi-(\angle\text{QPR}+\angle\text{RQP})=\pi-\left\{\theta+\left(\dfrac{\pi}{4}-\theta\right)\right\}=\dfrac{3}{4}\pi$

이므로 사인법칙에 의하여

$\dfrac{\overline{\text{PQ}}}{\sin(\angle\text{PRQ})}=\dfrac{\overline{\text{PR}}}{\sin(\angle\text{PQR})},\quad \dfrac{\dfrac{1}{\cos 2\theta}-1}{\sin\dfrac{3}{4}\pi}=\dfrac{\overline{\text{PR}}}{\sin\left(\dfrac{\pi}{4}-\theta\right)}$

$\therefore\ \overline{\text{PR}}=\sqrt{2}\left(\dfrac{1}{\cos 2\theta}-1\right)\sin\left(\dfrac{\pi}{4}-\theta\right)$

$\therefore\ g(\theta)=\dfrac{1}{2}\times\overline{\text{PQ}}\times\overline{\text{PR}}\times\sin(\angle\text{QPR})$

$\qquad =\dfrac{1}{2}\left(\dfrac{1}{\cos 2\theta}-1\right)\times\sqrt{2}\left(\dfrac{1}{\cos 2\theta}-1\right)\sin\left(\dfrac{\pi}{4}-\theta\right)\sin\theta$

$\qquad =\dfrac{\sqrt{2}}{2}\left(\dfrac{1-\cos 2\theta}{\cos 2\theta}\right)^2\sin\left(\dfrac{\pi}{4}-\theta\right)\sin\theta$

3단계 $\displaystyle\lim_{\theta\to 0+}\dfrac{g(\theta)}{\theta^4\times f(\theta)}$의 값을 구해 보자.

$\displaystyle\lim_{\theta\to 0+}\dfrac{g(\theta)}{\theta^4\times f(\theta)}$

$=\displaystyle\lim_{\theta\to 0+}\dfrac{\dfrac{\sqrt{2}}{2}\left(\dfrac{1-\cos 2\theta}{\cos 2\theta}\right)^2\sin\left(\dfrac{\pi}{4}-\theta\right)\sin\theta}{\theta^4\times\dfrac{1}{2}\sin 2\theta}$

$=\displaystyle\lim_{\theta\to 0+}\dfrac{\sqrt{2}\times\dfrac{(1-\cos 2\theta)^2}{\cos^2 2\theta}\sin\left(\dfrac{\pi}{4}-\theta\right)\sin\theta}{\theta^4\sin 2\theta}$

$=\displaystyle\lim_{\theta\to 0+}\dfrac{\sqrt{2}\,(1-\cos 2\theta)^2(1+\cos 2\theta)^2\sin\left(\dfrac{\pi}{4}-\theta\right)\sin\theta}{\theta^4\cos^2 2\theta\,(1+\cos 2\theta)^2\sin 2\theta}$

$=\displaystyle\lim_{\theta\to 0+}\dfrac{\sqrt{2}\,(1-\cos^2 2\theta)^2\sin\left(\dfrac{\pi}{4}-\theta\right)\sin\theta}{\theta^4\cos^2 2\theta\,(1+\cos 2\theta)^2\sin 2\theta}$

$=\displaystyle\lim_{\theta\to 0+}\dfrac{\sqrt{2}\sin^3 2\theta\sin\left(\dfrac{\pi}{4}-\theta\right)\sin\theta}{\theta^4\cos^2 2\theta\,(1+\cos 2\theta)^2}\quad(\because\ \sin^2 2\theta=1-\cos^2 2\theta)$

$=\displaystyle\lim_{\theta\to 0+}\left\{8\sqrt{2}\times\dfrac{\sin\theta}{\theta}\times\left(\dfrac{\sin 2\theta}{2\theta}\right)^3\times\dfrac{1}{(1+\cos 2\theta)^2}\times\dfrac{\sin\left(\dfrac{\pi}{4}-\theta\right)}{\cos^2 2\theta}\right\}$

$=8\sqrt{2}\times 1\times 1^3\times\dfrac{1}{4}\times\dfrac{\sqrt{2}}{2}=2$

---

039 정답률 ▸ 41%　　　　　　　　　**답 20**

1단계 두 함수 $f(\theta)$, $g(\theta)$를 각각 구해 보자.

$\overline{\text{OD}}=a$라 하면 직각삼각형 GOD에서 $\overline{\text{GD}}=a\tan\dfrac{\theta}{3}$이므로

$f(\theta)=\overline{\text{GD}}^2=\left(a\tan\dfrac{\theta}{3}\right)^2=a^2\tan^2\dfrac{\theta}{3}$

또한, 직각삼각형 POD에서

$\overline{\text{OP}}=\overline{\text{OD}}\cos\theta=a\cos\theta$

삼각형 POQ에서

$\overline{\text{PQ}}=\overline{\text{OP}}\tan\dfrac{2}{3}\theta=a\cos\theta\tan\dfrac{2}{3}\theta$

$\therefore\ g(\theta)=\dfrac{1}{2}\times\overline{\text{OP}}\times\overline{\text{PQ}}$

$\qquad =\dfrac{1}{2}\times a\cos\theta\times a\cos\theta\tan\dfrac{2}{3}\theta$

$\qquad =\dfrac{a^2}{2}\cos^2\theta\tan\dfrac{2}{3}\theta$

2단계 $\displaystyle\lim_{\theta\to 0+}\dfrac{f(\theta)}{\theta\times g(\theta)}$의 값을 구하여 $60k$의 값을 구해 보자.

$\displaystyle\lim_{\theta\to 0+}\dfrac{f(\theta)}{\theta\times g(\theta)}=\lim_{\theta\to 0+}\dfrac{a^2\tan^2\dfrac{\theta}{3}}{\theta\times\dfrac{a^2}{2}\cos^2\theta\tan\dfrac{2}{3}\theta}$

$\qquad =\displaystyle\lim_{\theta\to 0+}\dfrac{2\tan^2\dfrac{\theta}{3}}{\theta\cos^2\theta\tan\dfrac{2}{3}\theta}$

$\qquad =\displaystyle\lim_{\theta\to 0+}\left\{\dfrac{1}{3}\times\left(\dfrac{\tan\dfrac{\theta}{3}}{\dfrac{\theta}{3}}\right)^2\times\dfrac{1}{\cos^2\theta}\times\dfrac{\dfrac{2}{3}\theta}{\tan\dfrac{2}{3}\theta}\right\}$

$\qquad =\dfrac{1}{3}\times 1^2\times 1\times 1$

$\qquad =\dfrac{1}{3}$

따라서 $k=\dfrac{1}{3}$이므로

$60k=20$

---

040 정답률 ▸ 29%　　　　　　　　　**답 15**

1단계 두 삼각형 DMC, HMC의 넓이를 θ에 대한 식으로 각각 나타내어 보자.

직각삼각형 BMH에서 $\overline{\text{MB}}=1$이므로

$\overline{\text{MH}}=\overline{\text{MB}}\sin\theta=\sin\theta$

삼각형 ABM은 $\overline{\text{AB}}=\overline{\text{BM}}=1$인 이등변삼각형이므로

$\angle\text{AMB}=\dfrac{1}{2}(\pi-\angle\text{ABM})$

$\qquad =\dfrac{\pi-\theta}{2}$

이때 $\overline{\text{MC}}=1$, $\overline{\text{MD}}=\overline{\text{MH}}=\sin\theta$,

$\angle\text{DMC}=\pi-\angle\text{DMB}$

$\qquad =\pi-\dfrac{\pi-\theta}{2}=\dfrac{\pi}{2}+\dfrac{\theta}{2}$

이므로 삼각형 DMC의 넓이는

$\dfrac{1}{2}\times\overline{\text{MD}}\times\overline{\text{MC}}\times\sin(\angle\text{DMC})=\dfrac{1}{2}\times\sin\theta\times 1\times\sin\left(\dfrac{\pi}{2}+\dfrac{\theta}{2}\right)$

$\qquad\qquad =\dfrac{1}{2}\sin\theta\cos\dfrac{\theta}{2}$

또한,

$\overline{\text{MC}}=1$, $\overline{\text{MH}}=\sin\theta$,

$\angle\text{HMC}=\pi-\angle\text{HMB}$

$\qquad =\pi-\left(\dfrac{\pi}{2}-\theta\right)=\dfrac{\pi}{2}+\theta$

이므로 삼각형 HMC의 넓이는

$\dfrac{1}{2}\times\overline{\text{MH}}\times\overline{\text{MC}}\times\sin(\angle\text{HMC})=\dfrac{1}{2}\times\sin\theta\times 1\times\sin\left(\dfrac{\pi}{2}+\theta\right)$

$\qquad\qquad =\dfrac{1}{2}\sin\theta\cos\theta$

2단계 $f(\theta)-g(\theta)$를 구해 보자.

$f(\theta)-g(\theta)=(\text{삼각형 DMC의 넓이})-(\text{삼각형 HMC의 넓이})$

$\qquad =\dfrac{1}{2}\sin\theta\cos\dfrac{\theta}{2}-\dfrac{1}{2}\sin\theta\cos\theta$

$\qquad =\dfrac{1}{2}\sin\theta\left(\cos\dfrac{\theta}{2}-\cos\theta\right)$

3단계 $\displaystyle\lim_{\theta \to 0+} \dfrac{f(\theta)-g(\theta)}{\theta^3}$ 의 값을 구하여 $80a$의 값을 구해 보자.

$$\lim_{\theta \to 0+} \frac{f(\theta)-g(\theta)}{\theta^3}$$

$$=\lim_{\theta \to 0+} \frac{\frac{1}{2}\sin\theta\left(\cos\frac{\theta}{2}-\cos\theta\right)}{\theta^3}=\frac{1}{2}\lim_{\theta \to 0+}\left(\frac{\sin\theta}{\theta}\times\frac{\cos\frac{\theta}{2}-\cos\theta}{\theta^2}\right)$$

$$=\frac{1}{2}\lim_{\theta \to 0+}\left\{\frac{\sin\theta}{\theta}\times\frac{\left(\cos\frac{\theta}{2}-\cos\theta\right)\left(\cos\frac{\theta}{2}+\cos\theta\right)}{\theta^2\left(\cos\frac{\theta}{2}+\cos\theta\right)}\right\}$$

$$=\frac{1}{2}\lim_{\theta \to 0+}\left\{\frac{\sin\theta}{\theta}\times\frac{\cos^2\frac{\theta}{2}-\cos^2\theta}{\theta^2\left(\cos\frac{\theta}{2}+\cos\theta\right)}\right\}$$

$$=\frac{1}{2}\lim_{\theta \to 0+}\left\{\frac{\sin\theta}{\theta}\times\frac{\left(\cos^2\frac{\theta}{2}-1\right)-(\cos^2\theta-1)}{\theta^2\left(\cos\frac{\theta}{2}+\cos\theta\right)}\right\}$$

$$=\frac{1}{2}\lim_{\theta \to 0+}\left\{\frac{\sin\theta}{\theta}\times\frac{\sin^2\theta-\sin^2\frac{\theta}{2}}{\theta^2\left(\cos\frac{\theta}{2}+\cos\theta\right)}\right\}$$

$$=\frac{1}{2}\lim_{\theta \to 0+}\left\{\frac{\sin\theta}{\theta}\times\frac{\left(\frac{\sin\theta}{\theta}\right)^2-\left(\frac{\sin\frac{\theta}{2}}{\frac{\theta}{2}}\right)^2\times\frac{1}{4}}{\cos\frac{\theta}{2}+\cos\theta}\right\}$$

$$=\frac{1}{2}\times1\times\frac{1^2-1^2\times\frac{1}{4}}{1+1}$$

$$=\frac{3}{16}$$

따라서 $a=\dfrac{3}{16}$ 이므로

$$80a=15$$

다른 풀이

$$(\text{삼각형 HMC의 넓이})=(\text{삼각형 HBM의 넓이})$$
$$=\frac{1}{2}\times\overline{HM}\times\overline{BH}$$
$$=\frac{1}{2}\sin\theta\cos\theta$$

041 정답률 ▶ 23% 답 11

1단계 함수 $f(\theta)$를 구해 보자.

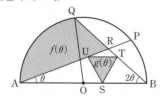

위의 그림과 같이 반원의 중심을 O라 하면
삼각형 OBQ는 $\overline{OB}=\overline{OQ}=1$인 이등변삼각형이므로
$\angle OQB=\angle OBQ=2\theta$,
$\angle BOQ=\pi-(\angle OQB+\angle OBQ)=\pi-(2\theta+2\theta)=\pi-4\theta$
즉, 삼각형 OBQ의 넓이는

$$\frac{1}{2}\times\overline{OB}\times\overline{OQ}\times\sin(\angle BOQ)=\frac{1}{2}\times1^2\times\sin(\pi-4\theta)$$
$$=\frac{1}{2}\sin4\theta$$

또한,
$$\angle AOQ=\pi-\angle BOQ$$
$$=\pi-(\pi-4\theta)=4\theta$$
이므로 부채꼴 AOQ의 넓이는
$$\frac{1}{2}\times\overline{OA}^2\times(\angle AOQ)=\frac{1}{2}\times1^2\times4\theta=2\theta$$

삼각형 ABR에서
$$\angle ARB=\pi-(\angle RAB+\angle RBA)$$
$$=\pi-(\theta+2\theta)=\pi-3\theta$$
이므로 사인법칙에 의하여
$$\frac{\overline{AB}}{\sin(\angle ARB)}=\frac{\overline{RB}}{\sin(\angle RAB)},\quad \frac{2}{\sin(\pi-3\theta)}=\frac{\overline{RB}}{\sin\theta}$$
$$\therefore \overline{RB}=\frac{2\sin\theta}{\sin3\theta}$$
즉, 삼각형 ABR의 넓이는
$$\frac{1}{2}\times\overline{AB}\times\overline{RB}\times\sin(\angle ABR)=\frac{1}{2}\times2\times\frac{2\sin\theta}{\sin3\theta}\times\sin2\theta$$
$$=\frac{2\sin\theta\sin2\theta}{\sin3\theta}$$

$\therefore f(\theta)=(\text{삼각형 OBQ의 넓이})+(\text{부채꼴 AOQ의 넓이})$
$\qquad\qquad -(\text{삼각형 ABR의 넓이})$
$$=\frac{1}{2}\sin4\theta+2\theta-\frac{2\sin\theta\sin2\theta}{\sin3\theta}$$
$$=\frac{4\theta\sin3\theta+\sin4\theta\sin3\theta-4\sin2\theta\sin\theta}{2\sin3\theta}$$

2단계 함수 $g(\theta)$를 구해 보자.

두 삼각형 RUT, RAB는 서로 닮음 (AA 닮음)이다.
정삼각형 STU의 한 변의 길이를 a라 하면
$\overline{UT}:\overline{AB}=\overline{RT}:\overline{RB}$에서
$$a:2=\overline{RT}:\frac{2\sin\theta}{\sin3\theta}$$
$$\therefore \overline{RT}=\frac{a\sin\theta}{\sin3\theta}$$

한편, 삼각형 SBT에서 $\angle TSB=\dfrac{\pi}{3}$ ($\because \angle STU$와 엇각)이므로
사인법칙에 의하여
$$\frac{\overline{TB}}{\sin(\angle TSB)}=\frac{\overline{TS}}{\sin(\angle TBS)}$$
$$\frac{\overline{TB}}{\sin\frac{\pi}{3}}=\frac{a}{\sin2\theta}\qquad \therefore \overline{TB}=\frac{\sqrt{3}a}{2\sin2\theta}$$

$\overline{RB}=\overline{RT}+\overline{TB}$에서
$$\frac{2\sin\theta}{\sin3\theta}=\frac{a\sin\theta}{\sin3\theta}+\frac{\sqrt{3}a}{2\sin2\theta}$$
$$4\sin\theta\sin2\theta=2a\sin\theta\sin2\theta+\sqrt{3}a\sin3\theta$$
$$=a(2\sin\theta\sin2\theta+\sqrt{3}\sin3\theta)$$
$$\therefore a=\frac{4\sin2\theta\sin\theta}{2\sin2\theta\sin\theta+\sqrt{3}\sin3\theta}$$
$$\therefore g(\theta)=\frac{\sqrt{3}}{4}a^2$$
$$=\frac{4\sqrt{3}\,(\sin2\theta\sin\theta)^2}{(2\sin2\theta\sin\theta+\sqrt{3}\sin3\theta)^2}$$

3단계 $\displaystyle\lim_{\theta \to 0+}\dfrac{g(\theta)}{\theta\times f(\theta)}$ 의 값을 구하여 $p+q$의 값을 구해 보자.

$$\lim_{\theta \to 0+}\frac{g(\theta)}{\theta\times f(\theta)}=\lim_{\theta \to 0+}\left\{\frac{\theta}{f(\theta)}\times\frac{g(\theta)}{\theta^2}\right\}$$

에서

$$\lim_{\theta \to 0+} \frac{\theta}{f(\theta)} = \lim_{\theta \to 0+} \frac{2\theta \sin 3\theta}{4\theta \sin 3\theta + \sin 4\theta \sin 3\theta - 4 \sin 2\theta \sin \theta}$$

$$= \lim_{\theta \to 0+} \frac{2}{\dfrac{4\theta \sin 3\theta}{\theta \sin 3\theta} + \dfrac{\sin 4\theta \sin 3\theta}{\theta \sin 3\theta} - \dfrac{4 \sin 2\theta \sin \theta}{\theta \sin 3\theta}}$$

$$\underset{\overset{\uparrow}{\frac{\sin 4\theta}{4\theta} \times 4} \quad \frac{\sin 2\theta}{2\theta} \times \frac{3\theta}{\sin 3\theta} \times \frac{\sin \theta}{\theta} \times \frac{8}{3}}{= \frac{2}{4+4-\dfrac{8}{3}}}$$

$$= \frac{3}{8},$$

$$\lim_{\theta \to 0+} \frac{g(\theta)}{\theta^2} = \lim_{\theta \to 0+} \frac{4\sqrt{3}\,(\sin 2\theta \sin \theta)^2}{\theta^2 (2 \sin 2\theta \sin \theta + \sqrt{3} \sin 3\theta)^2}$$

$$= \lim_{\theta \to 0+} \frac{4\sqrt{3}}{\left(\dfrac{2\theta \sin 2\theta \sin \theta}{\sin 2\theta \sin \theta} + \dfrac{\sqrt{3}\,\theta \sin 3\theta}{\sin 2\theta \sin \theta}\right)^2}$$

$$= \frac{4\sqrt{3}}{\left(0+\dfrac{3\sqrt{3}}{2}\right)^2} = \frac{16\sqrt{3}}{27}$$

이므로

$$\lim_{\theta \to 0+} \left\{ \frac{\theta}{f(\theta)} \times \frac{g(\theta)}{\theta^2} \right\} = \lim_{\theta \to 0+} \frac{\theta}{f(\theta)} \times \lim_{\theta \to 0+} \frac{g(\theta)}{\theta^2}$$

$$= \frac{3}{8} \times \frac{16\sqrt{3}}{27} = \frac{2\sqrt{3}}{9}$$

따라서 $p=9$, $q=2$이므로

$p+q=9+2=11$

042 정답률 ▶ 93% 답 2

$f(x) = \sin x - \sqrt{3} \cos x$에서

$f'(x) = \cos x + \sqrt{3} \sin x$ $\underbrace{\qquad}_{\substack{\rightarrow y=\sin x \Rightarrow y'=\cos x \\ y=\cos x \Rightarrow y'=-\sin x}}$

$\therefore f'\left(\dfrac{\pi}{3}\right) = \cos \dfrac{\pi}{3} + \sqrt{3} \sin \dfrac{\pi}{3}$

$\qquad = \dfrac{1}{2} + \sqrt{3} \times \dfrac{\sqrt{3}}{2}$

$\qquad = 2$

043 정답률 ▶ 83% 답 ②

1단계 $\displaystyle\lim_{x \to \frac{\pi}{2}} \dfrac{f(x)-1}{x-\frac{\pi}{2}}$ 을 간단히 해 보자.

$f(x) = \sin x + a \cos x$에서 $f\left(\dfrac{\pi}{2}\right) = \underbrace{\sin \dfrac{\pi}{2} + a \cos \dfrac{\pi}{2}}_{\substack{\uparrow \\ \sin \frac{\pi}{2}=1,\, \cos \frac{\pi}{2}=0}} = 1$이므로

$$\lim_{x \to \frac{\pi}{2}} \frac{f(x)-1}{x-\frac{\pi}{2}} = \lim_{x \to \frac{\pi}{2}} \frac{f(x)-f\left(\frac{\pi}{2}\right)}{x-\frac{\pi}{2}} = f'\left(\frac{\pi}{2}\right) = 3$$

2단계 함수 $f(x)$의 식을 구해 보자.

$f'(x) = \cos x - a \sin x$에서

$f'\left(\dfrac{\pi}{2}\right) = \cos \dfrac{\pi}{2} - a \sin \dfrac{\pi}{2} = -a = 3$이므로

$a = -3$

$\therefore f(x) = \sin x - 3 \cos x$

3단계 $f\left(\dfrac{\pi}{4}\right)$의 값을 구해 보자.

$f\left(\dfrac{\pi}{4}\right) = \sin \dfrac{\pi}{4} - 3 \cos \dfrac{\pi}{4} = \dfrac{\sqrt{2}}{2} - 3 \times \dfrac{\sqrt{2}}{2} = -\sqrt{2}$

044 정답률 ▶ 95% 답 ⑤

1단계 미분계수의 정의를 이용하여 주어진 식을 변형해 보자.

$$\lim_{h \to 0} \frac{f(e+h)-f(e-2h)}{h}$$

$$= \lim_{h \to 0} \frac{f(e+h)-f(e-2h)-f(e)+f(e)}{h}$$

$$= \lim_{h \to 0} \frac{f(e+h)-f(e)}{h} - \lim_{h \to 0} \frac{f(e-2h)-f(e)}{-2h} \times (-2)$$

$$= f'(e) + 2f'(e) = 3f'(e)$$

2단계 함수의 몫의 미분법을 이용하여 함수 $f'(x)$를 구해 보자.

$f(x) = \dfrac{\ln x}{x^2}$에서

$$f'(x) = \frac{\dfrac{1}{x} \times x^2 - \ln x \times 2x}{x^4} = \frac{1-2\ln x}{x^3}$$

3단계 $3f'(e)$의 값을 구해 보자.

$3f'(e) = 3 \times \dfrac{1-2}{e^3} = -\dfrac{3}{e^3}$

045 정답률 ▶ 94% 답 ②

Best Pick 기본적인 계산 능력 및 극한의 성질, 미분계수의 정의를 정확히 알고 있어야 풀 수 있는 문제이다. 충분히 연습이 되어 있지 않으면 많은 시간이 소요되고 중간 계산 과정에서 실수할 수 있다.

1단계 $f(2)$의 값을 구해 보자.

$\displaystyle\lim_{x \to 2} \dfrac{f(x)-3}{x-2} = 5$에서 $x \to 2$일 때 (분모) $\to 0$이고 극한값이 존재하므로 (분자) $\to 0$이다.

즉, $\displaystyle\lim_{x \to 2} \{f(x)-3\} = 0$이므로 $f(2) = 3$

2단계 $f'(2)$의 값을 구해 보자.

$\displaystyle\lim_{x \to 2} \dfrac{f(x)-3}{x-2} = 5$, 즉 $\displaystyle\lim_{x \to 2} \dfrac{f(x)-f(2)}{x-2} = 5$이므로 $f'(2) = 5$

3단계 함수의 몫의 미분법을 이용하여 $g'(x)$를 구해 보자.

$g(x) = \dfrac{f(x)}{e^{x-2}}$에서

$$g'(x) = \frac{f'(x) \times e^{x-2} - f(x) \times (e^{x-2})'}{(e^{x-2})^2} = \frac{\{f'(x)-f(x)\} \times e^{x-2}}{(e^{x-2})^2}$$

$$= \frac{f'(x)-f(x)}{e^{x-2}} \quad (\because e^{x-2} > 0)$$

4단계 $g'(2)$의 값을 구해 보자.

$g'(2) = \dfrac{f'(2)-f(2)}{1} = 5-3 = 2$

046 정답률 ▶ 77% 답 16

1단계 함수의 몫의 미분법을 이용하여 $f'(x)$를 구해 보자.

$f(x) = \dfrac{x}{x^2+x+8}$에서

$$f'(x) = \frac{(x^2+x+8)-x(2x+1)}{(x^2+x+8)^2}$$
$$= -\frac{x^2-8}{(x^2+x+8)^2}$$

2단계 부등식 $f'(x)>0$의 해를 구하고, $\alpha^2+\beta^2$의 값을 구해 보자.

$f'(x)>0$에서

$$-\frac{x^2-8}{(x^2+x+8)^2}>0$$

$$x^2-8<0 \ (\because (x^2+x+8)^2>0)$$

$$(x+2\sqrt{2})(x-2\sqrt{2})<0$$

$$\therefore -2\sqrt{2}<x<2\sqrt{2}$$

따라서 $\alpha = -2\sqrt{2}$, $\beta = 2\sqrt{2}$이므로

$$\alpha^2+\beta^2 = (-2\sqrt{2})^2+(2\sqrt{2})^2 = 16$$

---

047 정답률 ▶ 90% 답 ④

1단계 합성함수의 미분법을 이용하여 주어진 식의 양변을 미분해 보자.

$f(2x+1) = (x^2+1)^2$에서

$$2\times f'(2x+1) = 2(x^2+1)\times 2x \quad \cdots\cdots \ \text{㉠}$$

2단계 $f'(3)$의 값을 구해 보자.

㉠에 $x=1$을 대입하면

$$2f'(2+1) = 4\times 2$$

$$\therefore f'(3) = 4$$

---

048 정답률 ▶ 91% 답 ③

1단계 함수의 몫의 미분법과 합성함수의 미분법을 이용하여 함수 $g'(x)$를 구해 보자.

$g(x) = \dfrac{f(x)}{(e^x+1)^2}$에서

$$g'(x) = \frac{f'(x)\times(e^x+1)^2 - f(x)\times 2(e^x+1)\times e^x}{(e^x+1)^4}$$

$$= \frac{(e^x+1)f'(x)-2e^xf(x)}{(e^x+1)^3}$$

2단계 $g'(0)$의 값을 구해 보자.

$$g'(0) = \frac{(1+1)\times f'(0)-2\times 1\times f(0)}{(1+1)^3}$$

$$= \frac{2f'(0)-2f(0)}{8}$$

$$= \frac{4}{8} = \frac{1}{2} \ (\because f'(0)-f(0)=2)$$

---

049 정답률 ▶ 92% 답 ⑤

Best Pick 흔히 볼 수 있는 기본적인 문제이지만 미분계수의 정의를 이해하고 합성함수의 미분을 수식이 아닌 개념적으로 이해해야만 풀 수 있는 문제이다.

1단계 $g'(1)$의 값을 구해 보자.

$\displaystyle\lim_{x\to 1}\frac{g(x)+1}{x-1}=2$에서 $x\to 1$일 때 (분모)$\to 0$이고 극한값이 존재하므로 (분자)$\to 0$이다.

즉, $\displaystyle\lim_{x\to 1}\{g(x)+1\}=0$이므로 $g(1)+1=0$

$$\therefore g(1)=-1$$

$$\therefore \lim_{x\to 1}\frac{g(x)+1}{x-1} = \lim_{x\to 1}\frac{g(x)-g(1)}{x-1} = g'(1)=2$$

2단계 $h'(1)$의 값을 구해 보자.

$\displaystyle\lim_{x\to 1}\frac{h(x)-2}{x-1}=12$에서 $x\to 1$일 때 (분모)$\to 0$이고 극한값이 존재하므로 (분자)$\to 0$이다.

$\displaystyle\lim_{x\to 1}\{h(x)-2\}=0$이므로 $h(1)-2=0$

$$\therefore h(1)=2$$

$$\therefore \lim_{x\to 1}\frac{h(x)-2}{x-1} = \lim_{x\to 1}\frac{h(x)-h(1)}{x-1} = h'(1)=12$$

3단계 $f(-1)$, $f'(-1)$의 값을 각각 구하여 $f(-1)+f'(-1)$의 값을 구해 보자.

$h(x)=(f\circ g)(x)$에서 $x=1$일 때

$$h(1)=f(g(1))=f(-1)=2$$

$h'(x)=f'(g(x))g'(x)$에서 $x=1$일 때

$$h'(1)=f'(g(1))g'(1)=f'(-1)\times 2=12$$

$$\therefore f'(-1)=6 \qquad {\scriptstyle\rightarrow\ h'(1)=12,\ g(1)=-1,\ g'(1)=2}$$

$$\therefore f(-1)+f'(-1)=2+6=8$$

---

050 정답률 ▶ 90% 답 ④

1단계 조건 (가)에서 미분계수의 정의를 이용하여 $g'(2)$의 값을 구해 보자.

조건 (가)에서

$$\lim_{h\to 0}\frac{g(2+4h)-g(2)}{h} = \lim_{h\to 0}\left\{\frac{g(2+4h)-g(2)}{4h}\times 4\right\}$$

$$= 4g'(2)=8$$

$$\therefore g'(2)=2$$

2단계 조건 (나)를 이용하여 $g(2)$의 값을 구해 보자.

조건 (나)에서

$$f'(g(2))\times g'(2)=10$$

이므로

$$f'(g(2))=5$$

한편, $f(x)=\dfrac{2^x}{\ln 2}$에서

$$f'(x)=\frac{1}{\ln 2}\times 2^x \ln 2 = 2^x$$이므로

$$f'(g(2))=2^{g(2)}=5$$

$$\therefore g(2)=\log_2 5$$

---

051 정답률 ▶ 89% 답 ③

1단계 조건 (나)를 이용하여 $h(1)$, $h'(1)$의 값을 각각 구해 보자.

조건 (나)의 $\displaystyle\lim_{x\to 1}\frac{h(x)-5}{x-1}=12$에서 $x\to 1$일 때 (분모)$\to 0$이고 극한값이 존재하므로 (분자)$\to 0$이다.

즉, $\lim\limits_{x \to 1}\{h(x)-5\}=0$이므로

$h(1)=5$ ...... ㉠

$\lim\limits_{x \to 1}\dfrac{h(x)-5}{x-1}=12$ 즉, $\lim\limits_{x \to 1}\dfrac{h(x)-h(1)}{x-1}=12$이므로

$h'(1)=12$ ...... ㉡

2단계 $h'(x)$를 구하여 $g(2)+g'(2)$의 값을 구해 보자.

조건 (가)에서 $f(1)=2$, $f'(1)=3$이므로

$h(1)=g(f(1))=g(2)=5$ $(\because$ ㉠$)$

$h(x)=g(f(x))$에서

$h'(x)=g'(f(x))f'(x)$이므로

$h'(1)=g'(f(1))f'(1)=g'(2)\times 3=12$ $(\because$ ㉡$)$

$\therefore g'(2)=4$

$\therefore g(2)+g'(2)=5+4=9$

052 답 ①

1단계 $f'(-2)$의 값을 구해 보자.

함수 $y=f(x)$의 그래프가 y축에 대하여 대칭이므로 정의역에 속하는 모든 실수 x에 대하여 $f(-x)=f(x)$가 성립한다.

$f(-x)=f(x)$에서 $f'(-x)\times(-1)=f'(x)$

$f'(-x)=-f'(x)$

이때 $f'(2)=-3$이므로

$f'(-2)=-f'(2)=-(-3)=3$

2단계 미분계수의 정의를 이용하여 $\lim\limits_{x \to -2}\dfrac{f(x^2)-f(4)}{f(x)-f(-2)}$의 값을 구해 보자.

$\lim\limits_{x \to -2}\dfrac{f(x^2)-f(4)}{f(x)-f(-2)}$ ┈┈ $x^2=t$라 하면 $x \to -2$일 때 $t \to 4$ 이므로 $\lim\limits_{x \to -2}\dfrac{f(x^2)-f(4)}{x^2-4}=\lim\limits_{t \to 4}\dfrac{f(t)-f(4)}{t-4}=f'(4)$

$=\lim\limits_{x \to -2}\left\{\dfrac{f(x^2)-f(4)}{x^2-4}\times \dfrac{x-(-2)}{f(x)-f(-2)}\times(x-2)\right\}$

$=f'(4)\times \dfrac{1}{f'(-2)}\times(-4)=6\times \dfrac{1}{3}\times(-4)=-8$

053 답 ①

1단계 합성함수의 미분법을 이용하여 주어진 식의 양변을 미분해 보자.

$f(\cos x)=\sin 2x+\tan x$에서

$f'(\cos x)\times(-\sin x)=2\cos 2x+\sec^2 x$ ...... ㉠

2단계 $f'\left(\dfrac{1}{2}\right)$의 값을 구해 보자.

$x=\dfrac{\pi}{3}$일 때, $\cos x=\dfrac{1}{2}$이므로 ㉠의 양변에 $x=\dfrac{\pi}{3}$를 대입하면

$f'\left(\dfrac{1}{2}\right)\times \left(-\dfrac{\sqrt{3}}{2}\right)=2\times \left(-\dfrac{1}{2}\right)+4$

$\therefore f'\left(\dfrac{1}{2}\right)=-2\sqrt{3}$ ┈┈ $2\cos \dfrac{2}{3}\pi+\sec^2 \dfrac{\pi}{3}=2\times \left(-\dfrac{1}{2}\right)+2^2$

054 답 ④

1단계 $f(b)$, $f'(b)$의 값을 각각 구해 보자.

함수 $g(x)$가 실수 전체에서 미분가능하므로 함수 $g(x)$는 실수 전체에서 연속이다.

즉, 함수 $g(x)$가 $x=b$에서 연속이므로

$\lim\limits_{x \to b+}g(x)=\lim\limits_{x \to b-}g(x)=g(b)$에서

$f(b)-a=0$ ┈┈ $\lim\limits_{x \to b+}\{f(x)-a\}=\lim\limits_{x \to b+}0=0$이므로 $f(b)-a=0$

$\therefore f(b)=a$

$g'(x)=\begin{cases}f'(x) & (x>b)\\ 0 & (x<b)\end{cases}$이고 함수 $g(x)$가 실수 전체에서 미분가능하므로 $x=b$에서 미분가능하다.

즉, $\lim\limits_{x \to b+}g'(x)=\lim\limits_{x \to b-}g'(x)$ ┈┈ $x=b$에서 (우미분계수)=(좌미분계수)

에서

$\lim\limits_{x \to b+}f'(x)=\lim\limits_{x \to b-}0$

$\therefore f'(b)=0$

2단계 두 상수 a, b의 값을 각각 구해 보자.

$f(x)=xe^{-2x+1}$에서

$f'(x)=e^{-2x+1}+xe^{-2x+1}\times(-2)$

$\qquad =(1-2x)e^{-2x+1}$

이므로

$f'(b)=(1-2b)e^{-2b+1}=0$

$\therefore b=\dfrac{1}{2}$ $(\because e^{-2b+1}>0)$

$f(b)=f\left(\dfrac{1}{2}\right)=\dfrac{1}{2}$이므로 $a=\dfrac{1}{2}$ ┈┈ $f(b)=a$이므로 $a=\dfrac{1}{2}$

┈┈ $f\left(\dfrac{1}{2}\right)=\dfrac{1}{2}e^{-1+1}=\dfrac{1}{2}e^0=\dfrac{1}{2}$

3단계 ab의 값을 구해 보자.

$ab=\dfrac{1}{2}\times \dfrac{1}{2}=\dfrac{1}{4}$

055 답 ④

Best Pick 함수 $g(x)$를 어떻게 변형하느냐에 따라 풀이가 달라지는 문제로 다양한 각도로 접근하는 연습을 하기에 좋다. 미분하기 적당한 식을 만들어 해결하는 요즘 경향에 맞는 문제이다.

1단계 $g(x)=\dfrac{f(x)\cos x}{e^x}$에 자연로그를 취하여 양변을 미분해 보자.

$g(x)=\dfrac{f(x)\cos x}{e^x}$의 양변에 자연로그를 취하면

$\ln|g(x)|=\ln|f(x)|+\ln|\cos x|-\ln e^x$

$\qquad\qquad =\ln|f(x)|+\ln|\cos x|-x$

위 등식의 양변을 x에 대하여 미분하면

$\dfrac{g'(x)}{g(x)}=\dfrac{f'(x)}{f(x)}+\dfrac{-\sin x}{\cos x}-1$ ...... ㉠

2단계 $\dfrac{f'(\pi)}{f(\pi)}$의 값을 구해 보자.

㉠에 $x=\pi$를 대입하면

$\dfrac{g'(\pi)}{g(\pi)}=\dfrac{f'(\pi)}{f(\pi)}+\dfrac{-\sin \pi}{\cos \pi}-1$

이고, $\dfrac{g'(\pi)}{g(\pi)}=e^\pi$이므로 ┈┈ $\sin \pi=0$, $\cos \pi=-1$이므로 $\dfrac{-\sin \pi}{\cos \pi}=0$

$e^\pi=\dfrac{f'(\pi)}{f(\pi)}+0-1$

$\therefore \dfrac{f'(\pi)}{f(\pi)}=e^\pi+1$

$$f'\!\left(g\!\left(\frac{x+8}{10}\right)\right)\times g'\!\left(\frac{x+8}{10}\right)\times\frac{1}{10}=1$$

$$\therefore f'\!\left(g\!\left(\frac{x+8}{10}\right)\right)g'\!\left(\frac{x+8}{10}\right)=10 \quad\cdots\cdots\ \text{㉢}$$

2단계 $|g'(1)|$의 값을 구해 보자.

㉢에 $x=2$를 대입하면

$$f'(g(1))g'(1)=10$$

$$\therefore f'(0)g'(1)=10 \quad\cdots\cdots\ \text{㉣}$$

이때 $f(x)=(x^2+2)e^{-x}$에서

$$f'(x)=2xe^{-x}+(x^2+2)e^{-x}\times(-1)$$
$$=(2x-x^2-2)e^{-x}$$

$$\therefore f'(0)=-2$$

㉣에 $f'(0)=-2$를 대입하면

$$(-2)\times g'(1)=10$$

$$\therefore g'(1)=-5$$

$$\therefore |g'(1)|=5$$

다른 풀이

$g(x)=\dfrac{f(x)\cos x}{e^x}$의 양변에 e^x을 곱하면

$$e^x g(x)=f(x)\cos x \quad\cdots\cdots\ \text{㉠}$$

㉠의 양변에 $x=\pi$를 대입하면

$$e^\pi g(\pi)=f(\pi)\cos\pi=-f(\pi)$$

$$\therefore f(\pi)=-e^\pi g(\pi)=-g'(\pi)$$

㉠의 양변을 x에 대하여 미분하면

$$e^x g(x)+e^x g'(x)=f'(x)\cos x-f(x)\sin x \quad\cdots\cdots\ \text{㉡}$$

㉡의 양변에 $x=\pi$를 대입하면

$$e^\pi g(\pi)+e^\pi g'(\pi)=f'(\pi)\times\cos\pi-f(\pi)\times\sin\pi$$

$$(e^\pi+1)g'(\pi)=-f'(\pi)\ (\because\ g'(\pi)=e^\pi g(\pi))$$

$$\therefore f'(\pi)=-(e^\pi+1)g'(\pi)$$

$$\therefore \frac{f'(\pi)}{f(\pi)}=\frac{-(e^\pi+1)g'(\pi)}{-g'(\pi)}$$
$$=e^\pi+1$$

---

056 정답률 ▶ 81%   답 ④

1단계 미분계수의 정의를 이용하여 주어진 식을 변형해 보자.

$g(f(x))=h(x)$라 하면

$$h\!\left(\frac{\pi}{4}\right)=g\!\left(f\!\left(\frac{\pi}{4}\right)\right)=g\!\left(\frac{1}{2}\right)=\sqrt{e}$$
→ $f\!\left(\dfrac{\pi}{4}\right)=\sin^2\dfrac{\pi}{4}=\left(\dfrac{\sqrt{2}}{2}\right)^2=\dfrac{1}{2}$

이므로

$$\lim_{x\to\frac{\pi}{4}}\frac{g(f(x))-\sqrt{e}}{x-\frac{\pi}{4}}=\lim_{x\to\frac{\pi}{4}}\frac{h(x)-h\!\left(\frac{\pi}{4}\right)}{x-\frac{\pi}{4}}$$
$$=h'\!\left(\frac{\pi}{4}\right)$$

2단계 $\displaystyle\lim_{x\to\frac{\pi}{4}}\dfrac{g(f(x))-\sqrt{e}}{x-\frac{\pi}{4}}$의 값을 구해 보자.

$f'(x)=2\sin x\cos x,\ g'(x)=e^x$이므로

$$h'(x)=g'(f(x))f'(x)$$
$$=e^{\sin^2 x}\times 2\sin x\cos x$$

$$\therefore \lim_{x\to\frac{\pi}{4}}\frac{g(f(x))-\sqrt{e}}{x-\frac{\pi}{4}}=h'\!\left(\frac{\pi}{4}\right)$$

$$=e^{\sin^2\frac{\pi}{4}}\times 2\sin\frac{\pi}{4}\cos\frac{\pi}{4}$$
→ $\sin^2\dfrac{\pi}{4}=\dfrac{1}{2}$이므로 $e^{\sin^2\frac{\pi}{4}}=e^{\frac{1}{2}}=\sqrt{e}$

$$=\sqrt{e}\times 2\times\frac{\sqrt{2}}{2}\times\frac{\sqrt{2}}{2}=\sqrt{e}$$

---

057 정답률 ▶ 77%   답 5

Best Pick 최근 자주 출제되는 역함수의 성질과 합성함수의 미분을 결합한 문제이다. 합성함수 미분법은 단순 계산부터 다양한 소재와 결합되어 자주 출제된다.

1단계 합성함수의 미분법을 이용하여 주어진 식의 양변을 미분해 보자.

$g\!\left(\dfrac{x+8}{10}\right)=f^{-1}(x)$에서

$$f\!\left(g\!\left(\frac{x+8}{10}\right)\right)=x$$ → 역함수의 정의를 이용하여 간단히 나타낸다.

---

058 정답률 ▶ 92%   답 ②

1단계 $x,\ y$를 각각 매개변수 t에 대해 미분하여 $\dfrac{dy}{dx}$를 구해 보자.

$x=e^t+\cos t$에서

$$\frac{dx}{dt}=e^t-\sin t$$

$y=\sin t$에서

$$\frac{dy}{dt}=\cos t$$

$$\therefore \frac{dy}{dx}=\frac{\dfrac{dy}{dt}}{\dfrac{dx}{dt}}=\frac{\cos t}{e^t-\sin t}\ (\text{단},\ e^t-\sin t\neq 0)\quad\cdots\cdots\ \text{㉠}$$

2단계 $t=0$일 때, $\dfrac{dy}{dx}$의 값을 구해 보자.

$t=0$을 ㉠에 대입하면

$$\frac{1}{1-0}=1$$

---

059 정답률 ▶ 91%   답 ③

1단계 $x,\ y$를 각각 매개변수 t에 대하여 미분하여 $\dfrac{dy}{dx}$를 구해 보자.

$x=t+\sqrt{t}$에서 $\dfrac{dx}{dt}=1+\dfrac{1}{2\sqrt{t}}$

$y=t^3+\dfrac{1}{t}$에서 $\dfrac{dy}{dt}=3t^2-\dfrac{1}{t^2}$

$$\therefore \frac{dy}{dx}=\frac{\dfrac{dy}{dt}}{\dfrac{dx}{dt}}=\frac{3t^2-\dfrac{1}{t^2}}{1+\dfrac{1}{2\sqrt{t}}}=\frac{\dfrac{3t^4-1}{t^2}}{\dfrac{2\sqrt{t}+1}{2\sqrt{t}}}=\frac{2\sqrt{t}(3t^4-1)}{t^2(2\sqrt{t}+1)}\quad\cdots\cdots\ \text{㉠}$$

2단계 $t=1$일 때, $\dfrac{dy}{dx}$의 값을 구해 보자.

$t=1$을 ㉠에 대입하면

$$\frac{2(3-1)}{2+1}=\frac{4}{3}$$

060 정답률 ▶ 88%   답 ⑤

Best Pick 매개변수로 나타낸 함수의 미분법은 다양한 형태로 출제가 되는 유형이다. 단순히 매개변수로 나타낸 함수의 미분법만이 아니라 매개변수로 나타낸 곡선, 특정한 매개변수의 값에 대응하는 점, 그 점에서의 접선의 기울기와 매개변수로 나타낸 함수의 도함수의 관계 등에 대한 전반적인 이해와 학습이 필요하다.

1단계 x, y를 각각 매개변수 t에 대하여 미분하여 $\dfrac{dy}{dx}$를 구해 보자.

$x = \ln t + t$에서 $\dfrac{dx}{dt} = \dfrac{1}{t} + 1$

$y = -t^3 + 3t$에서 $\dfrac{dy}{dt} = -3t^2 + 3$

$$\therefore \frac{dy}{dx} = \frac{\dfrac{dy}{dt}}{\dfrac{dx}{dt}} = \frac{-3t^2 + 3}{\dfrac{1}{t} + 1}$$

$$= \frac{-3t(t+1)(t-1)}{t+1}$$

$$= -3t(t-1) \ (\because t > 0)$$

2단계 $\dfrac{dy}{dx}$가 최댓값을 가질 때, t의 값을 구해 보자.

$f(t) = -3t(t-1)$이라 하면

$f(t) = -3\left(t - \dfrac{1}{2}\right)^2 + \dfrac{3}{4}$

이므로 함수 $f(t)$는 $t = \dfrac{1}{2}$에서 최댓값을 갖는다.

$$\therefore a = \frac{1}{2}$$

061 정답률 ▶ 95%   답 ④

1단계 음함수의 미분법을 이용하여 $\dfrac{dy}{dx}$를 구해 보자.

$\pi x = \cos y + x \sin y$의 양변을 x에 대하여 미분하면

$\pi = -\sin y \times \dfrac{dy}{dx} + \sin y + x \cos y \times \dfrac{dy}{dx}$

$(\sin y - x \cos y)\dfrac{dy}{dx} = \sin y - \pi$

$\therefore \dfrac{dy}{dx} = \dfrac{\sin y - \pi}{\sin y - x \cos y}$ (단, $\sin y - x \cos y \neq 0$) ……㉠

2단계 점 $\left(0, \dfrac{\pi}{2}\right)$에서의 접선의 기울기를 구해 보자.

점 $\left(0, \dfrac{\pi}{2}\right)$에서의 접선의 기울기는 $x = 0$, $y = \dfrac{\pi}{2}$를 ㉠에 대입하면

$$\frac{\sin \dfrac{\pi}{2} - \pi}{\sin \dfrac{\pi}{2} - 0 \times \cos \dfrac{\pi}{2}} = 1 - \pi$$

062 정답률 ▶ 70%   답 4

1단계 실수 a의 값을 구해 보자.

점 $(a, 0)$은 곡선 $x^3 - y^3 = e^{xy}$ 위의 점이므로

$a^3 = 1$ $\therefore a = 1$ ($\because a$는 실수)

2단계 음함수의 미분법을 이용하여 $\dfrac{dy}{dx}$를 구한 후 실수 b의 값을 구해 보자.

$x^3 - y^3 = e^{xy}$의 양변을 x에 대하여 미분하면

$3x^2 - 3y^2 \dfrac{dy}{dx} = ye^{xy} + xe^{xy}\dfrac{dy}{dx}$
　　　　$\longrightarrow$ e^{xy}에서 y를 x에 대한 함수로 보고 합성함수의 미분법을 이용한다.

$(xe^{xy} + 3y^2)\dfrac{dy}{dx} = 3x^2 - ye^{xy}$
　　　　$\dfrac{d}{dx}(e^{xy}) = e^{xy} \times y + e^{xy} \times x \times \dfrac{dy}{dx}$

$\therefore \dfrac{dy}{dx} = \dfrac{3x^2 - ye^{xy}}{xe^{xy} + 3y^2}$ (단, $xe^{xy} + 3y^2 \neq 0$)

즉, 곡선 $x^3 - y^3 = e^{xy}$ 위의 점 $(1, 0)$에서의 접선의 기울기는

$\dfrac{3 - 0}{1 + 0} = 3$ $\therefore b = 3$

3단계 $a + b$의 값을 구해 보자.

$a + b = 1 + 3 = 4$

063 정답률 ▶ 88%   답 ①

1단계 음함수의 미분법을 이용하여 $\dfrac{dy}{dx}$를 구해 보자.

$e^x - e^y = y$의 양변을 x에 대하여 미분하면

$e^x - e^y \dfrac{dy}{dx} = \dfrac{dy}{dx}$

$\dfrac{dy}{dx}(e^y + 1) = e^x$ $\therefore \dfrac{dy}{dx} = \dfrac{e^x}{e^y + 1}$

2단계 a, b의 값을 각각 구해 보자.

점 (a, b)가 곡선 $e^x - e^y = y$ 위의 점이므로

$e^a - e^b = b$ ……㉠

또한, 점 (a, b)에서의 접선의 기울기가 1이므로

$x = a$, $y = b$일 때의 $\dfrac{dy}{dx}$의 값이 1이다.

$\dfrac{e^a}{e^b + 1} = 1$

$\therefore e^a = e^b + 1$ ……㉡

㉡을 ㉠에 대입하면

$(e^b + 1) - e^b = b$ $\therefore b = 1$

$b = 1$을 ㉠에 대입하면

$e^a - e = 1$에서 $e^a = e + 1$

$\therefore a = \ln(e + 1)$

3단계 $a + b$의 값을 구해 보자.

$a + b = 1 + \ln(e + 1)$

064 정답률 ▶ 81%   답 25

1단계 $g(1)$의 값을 구해 보자.

$f(x) = \tan 2x$에서

$f'(x) = 2 \sec^2 2x$

$g(1) = k$라 하면 $f(k) = 1$이므로

$\tan 2k = 1$

$\therefore k = \dfrac{\pi}{8}$ $\left(\because -\dfrac{\pi}{4} < k < \dfrac{\pi}{4}\right)$ $\therefore g(1) = \dfrac{\pi}{8}$

$f(g(x))=x$의 양변을 x에 대하여 미분하면

$f'(g(x))g'(x)=1$

2단계 $g'(1)$의 값을 구해 보자.

$g'(1)=\dfrac{1}{f'(g(1))}=\dfrac{1}{f'\left(\dfrac{\pi}{8}\right)}=\dfrac{1}{2\sec^2\dfrac{\pi}{4}}=\dfrac{1}{4}$

$\therefore 100\times g'(1)=25$

---

065 정답률 ▸ 93% 답 ③

1단계 $g'(2)$의 값을 구해 보자.

함수 $g(x)$는 함수 $f(x)$의 역함수이므로

$g(2)=1$이고 → $f(1)=2$

$g'(2)=\dfrac{1}{f'(g(2))}=\dfrac{1}{f'(1)}=\dfrac{1}{3}$

2단계 $h'(2)$의 값을 구해 보자.

$h(x)=xg(x)$에서

$h'(x)=g(x)+xg'(x)$

$\therefore h'(2)=g(2)+2\times g'(2)=1+2\times\dfrac{1}{3}=\dfrac{5}{3}$

---

066 정답률 ▸ 92% 답 ⑤

Best Pick 개념 이해없이 문제 푸는 연습만 한 학생들이 어려워하는 문제이다. 이 문제를 풀 수 없다면 다시 한번 개념을 확인해야 한다. 또한, 이런 형태의 문제는 고난도 문제에도 응용된다.

$f(x)=\dfrac{1}{1+e^{-x}}$에서 $f'(x)=\dfrac{e^{-x}}{(1+e^{-x})^2}$

$\therefore g'(f(-1))=\dfrac{1}{f'(-1)}=\dfrac{1}{\dfrac{e}{(1+e)^2}}=\dfrac{(1+e)^2}{e}$

---

067 정답률 ▸ 91% 답 ①

1단계 미분계수의 정의를 이용하여 주어진 식을 변형해 보자.

$\lim\limits_{h\to0}\dfrac{g(3e+h)-g(3e-h)}{h}$

$=\lim\limits_{h\to0}\dfrac{g(3e+h)-g(3e-h)-g(3e)+g(3e)}{h}$

$=\lim\limits_{h\to0}\dfrac{g(3e+h)-g(3e)}{h}+\lim\limits_{h\to0}\dfrac{g(3e-h)-g(3e)}{-h}$

$=g'(3e)+g'(3e)=2g'(3e)$

2단계 $g'(3e)$의 값을 구하여 주어진 극한값을 구해 보자.

$f(x)=3x\ln x$에서

$f'(x)=3\ln x+3x\times\dfrac{1}{x}=3\ln x+3$

함수 $f(x)=3x\ln x$의 그래프가 점 $(e,3e)$를 지나므로

$f(e)=3e$ → $g(3e)=e$

$\therefore g'(3e)=\dfrac{1}{f'(g(3e))}=\dfrac{1}{f'(e)}=\dfrac{1}{3+3}=\dfrac{1}{6}$

$\therefore \lim\limits_{h\to0}\dfrac{g(3e+h)-g(3e-h)}{h}=2g'(3e)=2\times\dfrac{1}{6}=\dfrac{1}{3}$

---

068 정답률 ▸ 84% 답 ⑤

1단계 $f(1)$, $f'(1)$의 값을 각각 구해 보자.

$\lim\limits_{x\to1}\dfrac{f(x)-2}{x-1}=\dfrac{1}{3}$에서 $x\to1$일 때 (분모) $\to0$이고 극한값이 존재하므로 (분자) $\to0$이다.

즉, $\lim\limits_{x\to1}\{f(x)-2\}=0$이므로 $f(1)=2$

$\therefore \lim\limits_{x\to1}\dfrac{f(x)-2}{x-1}=\lim\limits_{x\to1}\dfrac{f(x)-f(1)}{x-1}=f'(1)=\dfrac{1}{3}$

2단계 $g(2)$, $g'(2)$의 값을 각각 구해 보자.

$f(x)$의 역함수는 $g(x)$이므로

$f(1)=2$에서 $g(2)=1$

$\therefore g'(2)=\dfrac{1}{f'(1)}=\dfrac{1}{\dfrac{1}{3}}=3$

> $f(x)$의 역함수가 $g(x)$일 때
> $f(a)=b$, 즉 $g(b)=a$이면
> $g'(b)=\dfrac{1}{f'(g(b))}=\dfrac{1}{f'(a)}$ (단, $f'(a)\neq0$)

3단계 $g(2)+g'(2)$의 값을 구해 보자.

$g(2)+g'(2)=1+3=4$

---

069 정답률 ▸ 77% 답 ①

1단계 $\dfrac{1}{f'(a)}$을 구해 보자.

$f(x)=\ln(e^x-1)$에서

$f'(x)=\dfrac{e^x}{e^x-1}$이므로 $\dfrac{1}{f'(a)}=\dfrac{e^a-1}{e^a}$

2단계 $\dfrac{1}{g'(a)}$을 구해 보자.

$g(a)=b$라 하면 $f(b)=a$이므로 $f(b)=\ln(e^b-1)=a$, $e^a=e^b-1$

이때 $g'(a)=\dfrac{1}{f'(b)}$이므로

$\dfrac{1}{g'(a)}=f'(b)=\dfrac{e^b}{e^b-1}=\dfrac{e^a+1}{e^a}$ → $g(a)=b$, $f(b)=a$이므로

3단계 $\dfrac{1}{f'(a)}+\dfrac{1}{g'(a)}$의 값을 구해 보자.

$\dfrac{1}{f'(a)}+\dfrac{1}{g'(a)}=\dfrac{e^a-1}{e^a}+\dfrac{e^a+1}{e^a}=\dfrac{2e^a}{e^a}=2$

다른 풀이

함수 $f(x)=\ln(e^x-1)$의 역함수를 구해 보면

$y=\ln(e^x-1)$에서

$e^y=e^x-1$, $e^x=e^y+1$

양변에 자연로그를 취하면 $x=\ln(e^y+1)$

x와 y를 서로 바꾸면 $y=\ln(e^x+1)$

$\therefore g(x)=\ln(e^x+1)$

$\therefore f'(x)=\dfrac{e^x}{e^x-1}$, $g'(x)=\dfrac{e^x}{e^x+1}$

---

070 정답률 ▸ 86% 답 ③

1단계 함수의 극한의 성질을 이용하여 상수 a의 값을 구해 보자.

$\lim\limits_{x\to-2}\dfrac{g(x)}{x+2}=b$에서 $x\to-2$일 때 (분모) $\to0$이고 극한값이 존재하므로 (분자) $\to0$이다.

즉, $\lim_{x \to -2} g(x)=0$이므로 $g(-2)=0$

$\therefore f(0)=-2$

이때 $f(0)=\ln\left(\dfrac{\sec 0+\tan 0}{a}\right)=\ln\left(\dfrac{1+0}{a}\right)=\ln\dfrac{1}{a}$

이므로

$\ln\dfrac{1}{a}=-2,\ \dfrac{1}{a}=e^{-2}=\dfrac{1}{e^2}$

$\therefore a=e^2$

2단계 역함수의 미분법을 이용하여 상수 b의 값을 구해 보자.

$b=\lim_{x \to -2}\dfrac{g(x)}{x+2}=\lim_{x \to -2}\dfrac{g(x)-g(-2)}{x-(-2)}=g'(-2)$

이고,

$f(x)=\ln\left(\dfrac{\sec x+\tan x}{e^2}\right)$에서

$f'(x)=\dfrac{\dfrac{\sec x \tan x+\sec^2 x}{e^2}}{\dfrac{\sec x+\tan x}{e^2}}=\sec x$

$\therefore g'(-2)=\dfrac{1}{f'(g(-2))}=\dfrac{1}{f'(0)}$

$\qquad\qquad =\dfrac{1}{\sec 0}=1$

$\therefore b=g'(-2)=1$

3단계 ab의 값을 구해 보자.

$ab=e^2 \times 1=e^2$

---

071 정답률 ▶ 61% 답 16

Best Pick 역함수의 미분법, 삼각함수의 미분법, 미분계수의 정의 등 다양한 개념을 확인할 수 있는 문제이다. 문제를 차근차근 풀어 보며 각각의 개념을 이해하고 있는지 확인해 볼 수 있다.

1단계 미분계수의 정의를 이용하여 주어진 식을 변형해 보자.

함수 $f(x)$의 역함수가 $g(x)$이고 $f\left(\dfrac{\pi}{4}\right)=\ln\left(\tan\dfrac{\pi}{4}\right)=0$이므로

$g(0)=\dfrac{\pi}{4}$
$\qquad\qquad \rightarrow \ln\left(\tan\dfrac{\pi}{4}\right)=\ln 1=0$

$\therefore \lim_{h \to 0}\dfrac{4g(8h)-\pi}{h}=4\lim_{h \to 0}\dfrac{g(8h)-\dfrac{\pi}{4}}{h}$

$\qquad\qquad\qquad\quad =4\lim_{h \to 0}\dfrac{g(8h)-g(0)}{h}$

$\qquad\qquad\qquad\quad =4 \times 8\lim_{h \to 0}\dfrac{g(8h)-g(0)}{8h}$

$\qquad\qquad\qquad\quad =32g'(0)$

2단계 $g'(0)$의 값을 구하여 주어진 극한값을 구해 보자.

$f(x)=\ln(\tan x)$에서

$f'(x)=\dfrac{\sec^2 x}{\tan x}$

$f'\left(\dfrac{\pi}{4}\right)=\dfrac{\sec^2\dfrac{\pi}{4}}{\tan\dfrac{\pi}{4}}=\dfrac{2}{1}=2$이므로
$\qquad \rightarrow \tan\dfrac{\pi}{4}=1,\ \cos\dfrac{\pi}{4}=\dfrac{\sqrt{2}}{2}$이므로 $\sec^2\dfrac{\pi}{4}=\left(\dfrac{2}{\sqrt{2}}\right)^2=2$

$g'(0)=\dfrac{1}{f'\left(\dfrac{\pi}{4}\right)}=\dfrac{1}{2}$
$\qquad \rightarrow f(x)$의 역함수가 $g(x)$이고 $f\left(\dfrac{\pi}{4}\right)=0$, 즉 $g(0)=\dfrac{\pi}{4}$이므로 $g'(0)=\dfrac{1}{f'\left(\dfrac{\pi}{4}\right)}$

$\therefore \lim_{h \to 0}\dfrac{4g(8h)-\pi}{h}=32g'(0)$

$\qquad\qquad\qquad\quad =32 \times \dfrac{1}{2}=16$

---

072 정답률 ▶ 59% 답 ④

1단계 조건 (가)를 이용하여 두 상수 a, b의 값을 각각 구해 보자.

조건 (가)에서 $f(1)=e$이므로

$f(1)=(1+a+b)e=e$

$1+a+b=1$

$\therefore a+b=0 \qquad\qquad \cdots\cdots \ominus$

$f(x)=(x^2+ax+b)e^x$의 양변을 x에 대하여 미분하면

$f'(x)=(2x+a)e^x+(x^2+ax+b)e^x$

$\qquad =\{x^2+(a+2)x+a+b\}e^x$
$\qquad \rightarrow f'(x)=(x^2+ax+b)'e^x+(x^2+ax+b)(e^x)'$
$\qquad\qquad =(2x+a)e^x+(x^2+ax+b)e^x$

조건 (가)에서 $f'(1)=e$이므로

$f'(1)=\{1+(a+2)+a+b\}e=e$

$2a+b+3=1$

$\therefore 2a+b=-2 \qquad\qquad \cdots\cdots \boxminus$

$\ominus$, $\boxminus$을 연립하여 풀면

$a=-2,\ b=2$

2단계 $h'(e)$의 값을 구해 보자.

$f(x)=(x^2-2x+2)e^x$에서
$\qquad \rightarrow f'(x)=\{x^2+(a+2)x+a+b\}e^x$에 $a=-2,\ b=2$를 대입

$f'(x)=x^2e^x$

$f''(x)=2xe^x+x^2e^x=(x^2+2x)e^x$

이때 모든 실수 x에 대하여 $f'(x) \ge 0$이므로 함수 $f(x)$는 역함수가 존재한다.
$\qquad \rightarrow x^2 \ge 0,\ e^x>0 \qquad \rightarrow f(x)$가 일대일 대응이므로

즉, $f(1)=e$에서 $f^{-1}(e)=1$이므로
$\qquad \rightarrow f(f^{-1}(x))=x$의 양변을 x에 대하여 미분하면
$\qquad f'(f^{-1}(x))(f^{-1})'(x)=1$
$\qquad$ 양변에 $x=e$를 대입하면

$(f^{-1})'(e)=\dfrac{1}{f'(1)}=\dfrac{1}{e}$
$\qquad f'(f^{-1}(e))(f^{-1})'(e)=1$,
$\qquad f'(1)(f^{-1})'(e)=1$

한편, $g(f(1))=f'(1)$이므로
$\qquad \therefore (f^{-1})'(e)=\dfrac{1}{f'(1)}$

$g(e)=e$

$g(f(x))=f'(x)$의 양변을 x에 대하여 미분하면

$g'(f(x))f'(x)=f''(x) \qquad\qquad \cdots\cdots \boxdot$

$\boxdot$의 양변에 $x=1$을 대입하면

$g'(f(1))f'(1)=f''(1)$

$g'(e) \times e=3e \rightarrow f''(x)=(x^2+2x)e^x$이므로
$\qquad\qquad\qquad f''(1)=(1^2+2)e^1=3e$

$\therefore g'(e)=3$

$h(x)=f^{-1}(x)g(x)$에서

$h'(x)=(f^{-1})'(x)g(x)+f^{-1}(x)g'(x)$

$\therefore h'(e)=(f^{-1})'(e)g(e)+f^{-1}(e)g'(e)$

$\qquad\qquad =\dfrac{1}{e} \times e+1 \times 3=4$

---

073 정답률 ▶ 45% 답 ④

Best Pick 이 문제와 같이 x좌표가 함숫값 $f(t)$, y좌표가 정의역 t로 표현된 것을 보고 역함수를 떠올릴 수 있어야 한다. 역함수 미분법은 출제 빈도가 매우 높으면서 신유형 문제가 자주 출제된다.

1단계 $h(t)=t \times \{f(t)-g(t)\}$에서 $h'(5)$를 나타내어 보자.

$h(t)=t\times\{f(t)-g(t)\}$에서

$h'(t)=f(t)-g(t)+t\times\{f'(t)-g'(t)\}$

$\therefore h'(5)=f(5)-g(5)+5\{f'(5)-g'(5)\}$ ...... ㉠

2단계 $f(5)$, $g(5)$의 값을 각각 구해 보자.

$y=x^3+2x^2-15x+5$와 직선 $y=5$가 만나는 점의 x좌표는

$x^3+2x^2-15x+5=5$에서

$x(x^2+2x-15)=0$

$x(x+5)(x-3)=0$

> 곡선 $y=x^3+2x^2-15x+5$와 직선 $y=5$가 만나는 세 점 중 x좌표가 가장 큰 점의 x좌표가 $f(5)$, x좌표가 가장 작은 점의 좌표가 $g(5)$이므로

$\therefore x=-5$ 또는 $x=0$ 또는 $x=3$

$\therefore f(5)=3$, $g(5)=-5$ ...... ㉡

3단계 $f'(5)$, $g'(5)$의 값을 각각 구해 보자.

$p(x)=x^3+2x^2-15x+5$라 하면

$p'(x)=3x^2+4x-15$

$p(f(t))=p(g(t))=t$이므로 각 변을 t에 대하여 미분하면

$p'(f(t))f'(t)=p'(g(t))g'(t)=1$

$p'(f(t))f'(t)=1$에서

$f'(t)=\dfrac{1}{p'(f(t))}$

$\therefore f'(5)=\dfrac{1}{p'(f(5))}=\dfrac{1}{p'(3)}=\dfrac{1}{24}$ ...... ㉢

> $p'(3)=3\times3^2+4\times3-15$
> $=27+12-15=24$

마찬가지로 $p'(g(t))g'(t)=1$이므로

$g'(t)=\dfrac{1}{p'(g(t))}$

$\therefore g'(5)=\dfrac{1}{p'(g(5))}=\dfrac{1}{p'(-5)}=\dfrac{1}{40}$ ...... ㉣

4단계 $h'(5)$의 값을 구해 보자.

㉡, ㉢, ㉣을 ㉠에서 대입하면

$h'(5)=3-(-5)+5\left(\dfrac{1}{24}-\dfrac{1}{40}\right)=\dfrac{97}{12}$

074
정답률 ▶ 34%　　　　　　　　　　　　　　　　　답 72

1단계 조건 (가)를 이용하여 상수 a의 값을 구해 보자.

함수 $y=f(x)$의 그래프의 개형은 오른쪽 그림과 같다.

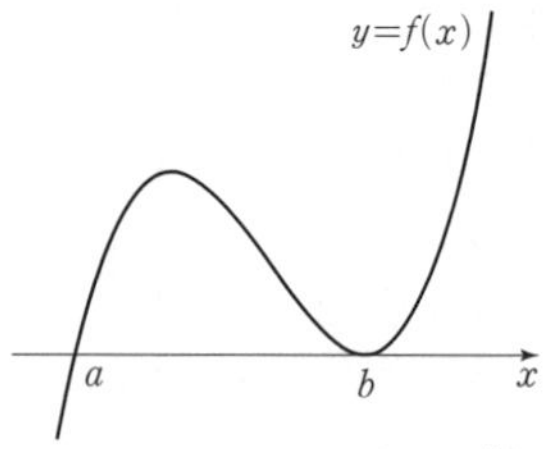

이때

$h(x)=(f\circ g^{-1})(x)$
$\qquad=f(g^{-1}(x))$
$\qquad=(g^{-1}(x)-a)(g^{-1}(x)-b)^2$

이므로 함수 $y=|h(x)|$의 그래프의 개형은 오른쪽 그림과 같다.

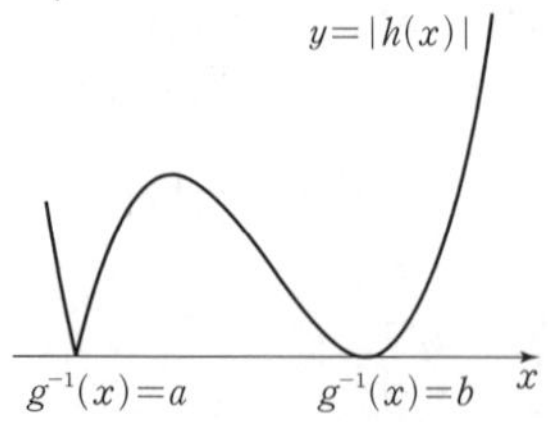

함수 $|h(x)|$가 $g^{-1}(x)=a$일 때만 미분가능하지 않으므로 조건 (가)에 의하여 함수

$y=(x-1)|h(x)|$
$\quad=(x-1)|f(g^{-1}(x))|$

가 실수 전체의 집합에서 미분가능하기 위해서는 $g^{-1}(x)=a$에서 미분가능해야 한다.

이때 $g^{-1}(1)=a$에서 $g(a)=1$이므로

$a^3+a+1=1$

$a^3+a=0$, $a(a^2+1)=0$

$\therefore a=0$ ($\because a^2+1>0$)

2단계 조건 (나)를 이용하여 상수 b의 값을 구해 보자.

$f(x)=x(x-b)^2$에서

$f'(x)=(x-b)^2+x\times2(x-b)$
$\qquad=(3x-b)(x-b)$

이고

$h(x)=f(g^{-1}(x))$에서

$h'(x)=f'(g^{-1}(x))(g^{-1})'(x)$

또한, $g(x)=x^3+x+1$에서

$g(1)=3$, $g^{-1}(3)=1$이고

$g'(x)=3x^2+1$

조건 (나)에서 $h'(3)=2$이므로

$h'(3)=f'(g^{-1}(3))(g^{-1})'(3)$
$\qquad=f'(1)(g^{-1})'(3)$
$\qquad=f'(1)\times\dfrac{1}{g'(1)}$

> $(g^{-1})'(3)=\dfrac{1}{g'(g^{-1}(3))}$

$\qquad=f'(1)\times\dfrac{1}{4}$
$\qquad=\dfrac{1}{4}(3-b)(1-b)=2$

에서

$(3-b)(1-b)=8$

$b^2-4b-5=0$, $(b+1)(b-5)=0$

$\therefore b=5$ ($\because a<b$)

3단계 $f(8)$의 값을 구해 보자.

$f(x)=x(x-5)^2$이므로

$f(8)=8\times9=72$

075
정답률 ▶ 39%　　　　　　　　　　　　　　　　　답 15

Best Pick 역함수의 미분법을 이용하여 함숫값을 구하는 문제로도 출제되지만 고난도 문제의 풀이에도 잘 이용되므로 연습이 필요하다.

1단계 $g^{-1}(0)$이 될 수 있는 값을 구해 보자.

함수 $h(x)$가 실수 전체의 집합에서 미분가능하므로 실수 전체의 집합에서 연속이다.

즉, 함수 $h(x)$는 $x=0$에서 연속이므로

$\displaystyle\lim_{x\to0+}h(x)=\lim_{x\to0-}h(x)=h(0)$이고

$\displaystyle\lim_{x\to0+}h(x)=\lim_{x\to0+}\dfrac{1}{\pi}\sin\pi x=0$,

$\displaystyle\lim_{x\to0-}h(x)=\lim_{x\to0-}\{(f\circ g^{-1})(x)\}=(f\circ g^{-1})(0)=f(g^{-1}(0))$,

$h(0)=0$

이므로

$f(g^{-1}(0))=0$

이때 $g^{-1}(0)=k$라 하면 $g(k)=0$, $f(k)=0$이다.

$f(k)=k^3-k=k(k+1)(k-1)$

이므로

$f(k)=0$에서

$k=-1$ 또는 $k=0$ 또는 $k=1$ ...... ㉠

2단계 역함수의 미분법을 이용하여 $g'(0)$의 값을 구해 보자.

$f(x)=x^3-x$에서

$f'(x)=3x^2-1$

$g(x)=ax^3+x^2+bx+1$에서

$g'(x)=3ax^2+2x+b$

이고, 함수 $h(x)$가 실수 전체의 집합에서 미분가능하므로

$h(x)=\begin{cases}(f\circ g^{-1})(x) & (x<0 \text{ 또는 } x>1)\\ \dfrac{1}{\pi}\sin \pi x & (0\le x\le 1)\end{cases}$ 에서

$h'(x)=\begin{cases}f'(g^{-1}(x))\{(g^{-1})'(x)\} & (x<0 \text{ 또는 } x>1)\\ \cos \pi x & (0<x<1)\end{cases}$

함수 $h(x)$가 $x=0$에서 미분가능하므로

$\lim\limits_{x\to 0+} h'(x)=\lim\limits_{x\to 0-} h'(x)$에서

$\cos 0=f'(g^{-1}(0))(g^{-1})'(0)$

$f'(g^{-1}(0))\{(g^{-1})'(0)\}=1$

$f'(k)\times\dfrac{1}{g'(k)}=1\left(\because (g^{-1})'(0)=\dfrac{1}{g'(k)}\right)$

$f'(k)=g'(k)$ ← 역함수의 미분법에 의하여

$\therefore 3k^2-1=3ak^2+2k+b$ ...... ㉡

또한, 함수 $h(x)$는 $x=1$에서 미분가능하므로

$\lim\limits_{x\to 1+} h'(x)=\lim\limits_{x\to 1-} h'(x)$에서

$f'(g^{-1}(1))(g^{-1})'(1)=\cos \pi$

$f'(0)\times\dfrac{1}{g'(0)}=-1\left(\because (g^{-1})'(1)=\dfrac{1}{g'(0)}\right)$

$\therefore g'(0)=b=1 \ (\because f'(0)=-1)$

3단계 함수 $g(x)$를 구하여 $g(a+b)$의 값을 구해 보자. ← 함수 $g(x)$는 일대일대응

삼차함수 $g(x)$는 역함수 $g^{-1}(x)$를 갖고 $g'(0)=1>0$이므로 증가함수이다.

즉, $g(k)=0$, $g(0)=1$이므로 $k<0$이고, ㉠에서 $k=-1$

㉡에 $k=-1$, $b=1$을 대입하면

$3-1=3a-2+1$ $\therefore a=1$

따라서 $g(x)=x^3+x^2+x+1$이므로

$g(a+b)=g(1+1)=g(2)=8+4+2+1=15$

---

076 정답률 ▸ 88% 답 ①

1단계 함수 $f(x)$의 이계도함수를 구해 보자.

함수 $f(x)=\dfrac{1}{x+3}$에서

$f'(x)=-\dfrac{1}{(x+3)^2}$

$f''(x)=\dfrac{2}{(x+3)^3}$

2단계 실수 a의 값을 구해 보자.

$\lim\limits_{h\to 0}\dfrac{f'(a+h)-f'(a)}{h}=f''(a)$이므로

$2=\dfrac{2}{(a+3)^3}$, $(a+3)^3=1$

$a+3=1$ $\therefore a=-2$

---

077 정답률 ▸ 73% 답 ①

1단계 조건 (나)를 이용하여 $f'(f(1))$의 값을 구해 보자.

조건 (나)의 $\lim\limits_{x\to 1}\dfrac{f'(f(x))-1}{x-1}=3$에서 $x\to 1$일 때, (분모) $\to 0$이고 극한값이 존재하므로 (분자) $\to 0$이어야 한다.

즉, $f'(f(1))-1=0$

$\therefore f'(f(1))=1$

2단계 조건 (가)와 이계도함수의 정의를 이용하여 $f''(2)$의 값을 구해 보자.

$\lim\limits_{x\to 1}\dfrac{f'(f(x))-1}{x-1}$

$=\lim\limits_{x\to 1}\dfrac{f'(f(x))-f'(f(1))}{x-1}$

$=\lim\limits_{x\to 1}\left\{\dfrac{f'(f(x))-f'(f(1))}{f(x)-f(1)}\times\dfrac{f(x)-f(1)}{x-1}\right\}$

$=f''(f(1))\times f'(1)=3$

조건 (가)에 의하여

$f''(f(1))\times f'(1)=f''(2)\times 3$

이므로

$f''(2)\times 3=3$

$\therefore f''(2)=1$

---

078 정답률 ▸ 91% 답 ⑤

1단계 음함수의 미분법을 이용하여 $\dfrac{dy}{dx}$를 구해 보자.

$e^y\ln x=2y+1$의 양변을 x에 대하여 미분하면

$e^y\dfrac{dy}{dx}\times\ln x+e^y\times\dfrac{1}{x}=2\dfrac{dy}{dx}$

$(e^y\ln x-2)\dfrac{dy}{dx}=-\dfrac{e^y}{x}$

$\therefore \dfrac{dy}{dx}=-\dfrac{e^y}{x(e^y\ln x-2)}$ ...... ㉠

2단계 곡선 위의 점 $(e,\ 0)$에서의 접선의 방정식을 구해 보자.

$x=e$, $y=0$을 ㉠에 대입하면

$\dfrac{dy}{dx}=-\dfrac{1}{e(1\times 1-2)}=\dfrac{1}{e}$

즉, 곡선 $e^y\ln x=2y+1$ 위의 점 $(e,\ 0)$에서의 접선의 기울기는 $\dfrac{1}{e}$이므로

접선의 방정식은

$y-0=\dfrac{1}{e}(x-e)$

$\therefore y=\dfrac{1}{e}x-1$

3단계 ab의 값을 구해 보자.

$a=\dfrac{1}{e}$, $b=-1$이므로

$ab=\dfrac{1}{e}\times(-1)=-\dfrac{1}{e}$

---

079 정답률 ▸ 86% 답 ④

1단계 점 P의 좌표를 구해 보자.

$f(x)=0$에서

$\ln(\tan x)=0$, $\tan x=1$

$0<x<\dfrac{\pi}{2}$이므로 $x=\dfrac{\pi}{4}$

즉, 점 P의 좌표는 $\text{P}\left(\dfrac{\pi}{4},\ 0\right)$이다.

$f(x)=\ln(\tan x)$에서

$$f'(x)=\frac{(\tan x)'}{\tan x}=\frac{\sec^2 x}{\tan x}$$

곡선 $y=f(x)$ 위의 점 $P\left(\dfrac{\pi}{4},\,0\right)$에서의 접선의 기울기는

$$f'\left(\frac{\pi}{4}\right)=\frac{\left(\sec\dfrac{\pi}{4}\right)^2}{\tan\dfrac{\pi}{4}}=\frac{(\sqrt{2})^2}{1}=2$$

이므로 접선의 방정식은

$$y=2\left(x-\frac{\pi}{4}\right) \qquad \therefore\ y=2x-\frac{\pi}{2}$$

따라서 곡선 $y=f(x)$ 위의 점 P에서의 접선의 y절편은 $-\dfrac{\pi}{2}$이다.

080 답 ②

1단계 $x,\ y$를 각각 매개변수 t에 대하여 미분하여 $\dfrac{dy}{dx}$를 구해 보자.

$x=e^t+2t$에서 $\dfrac{dx}{dt}=e^t+2$

$y=e^{-t}+3t$에서 $\dfrac{dy}{dt}=-e^{-t}+3$

$$\therefore\ \frac{dy}{dx}=\frac{-e^{-t}+3}{e^t+2} \quad\cdots\cdots\ \bigcirc$$

2단계 $t=0$에 대응하는 점에서의 접선의 방정식을 구해 보자.

$t=0$을 ㉠에 대입하면

$$\frac{dy}{dx}=\frac{-1+3}{1+2}=\frac{2}{3}$$

즉, $t=0$에 대응하는 점에서의 접선의 방정식은

$$y-1=\frac{2}{3}(x-1)$$

$$\therefore\ y=\frac{2}{3}x+\frac{1}{3} \quad\cdots\cdots\ \bigcirc\!\!\bigcirc$$

3단계 a의 값을 구해 보자.

접선 ㉡이 점 $(10,\,a)$를 지나므로

$$a=\frac{20}{3}+\frac{1}{3}=7$$

다른 풀이

$t=0$일 때 $x=1$, $y=1$, $\dfrac{dy}{dx}=\dfrac{2}{3}$이므로 두 점 $(1,\,1)$, $(10,\,a)$를 지나는 직선의 기울기는 $\dfrac{2}{3}$이다.

즉, $\dfrac{a-1}{10-1}=\dfrac{2}{3}$에서

$3a-3=18,\ 3a=21$

$\therefore\ a=7$

081 정답률 ▶ 79%　　　답 ④

1단계 원점에서 곡선 $y=e^{|x|}$에 그은 두 접선을 각각 구해 보자.

$x\geq 0$일 때 $y=e^x$에서

$y'=e^x$

접점의 좌표를 $(t,\,e^t)$이라 하면 접선의 방정식은

$y-e^t=e^t(x-t)$

$\therefore\ y=e^t x+e^t(1-t)$

위의 접선이 원점을 지나므로

$0=e^t(1-t)$

$\therefore\ t=1$

이때 접선의 기울기는 e이므로 접선의 방정식은

$y=ex$

곡선 $y=e^{|x|}$은 y축에 대하여 대칭이므로
$(\because\ e^{|-x|}=e^{|x|})$

$x<0$일 때 접선의 방정식은

$y=-ex$

2단계 $\tan\theta$의 값을 구해 보자.

두 직선 $y=ex$, $y=-ex$가 x축의 양의 방향과 이루는 각의 크기를 각각 α, β라 하면

$$\tan\theta=\tan(\beta-\alpha)$$
$$=\frac{\tan\beta-\tan\alpha}{1+\tan\beta\tan\alpha}$$
$$=\frac{-e-e}{1+(-e)\times e}$$
$$=\frac{2e}{e^2-1}$$

다른 풀이

두 직선 $y=ex$, $y=-ex$가 y축과 이루는 각의 크기는 모두 $\dfrac{\theta}{2}$이고

$$\tan\left(\frac{\pi}{2}-\frac{\theta}{2}\right)=\frac{1}{\tan\dfrac{\theta}{2}}=e,\ \text{즉}\ \tan\frac{\theta}{2}=\frac{1}{e}$$이므로

$$\tan\theta=\tan\left(\frac{\theta}{2}+\frac{\theta}{2}\right)=\frac{\tan\dfrac{\theta}{2}+\tan\dfrac{\theta}{2}}{1-\tan\dfrac{\theta}{2}\tan\dfrac{\theta}{2}}$$

$$=\frac{\dfrac{1}{e}+\dfrac{1}{e}}{1-\dfrac{1}{e}\times\dfrac{1}{e}}=\frac{\dfrac{2}{e}}{1-\dfrac{1}{e^2}}=\frac{2e}{e^2-1}$$

082 정답률 ▶ 89%　　　답 ④

1단계 점 A의 좌표를 구해 보자.

$y=3^x$에서 $y'=3^x\ln 3$이므로 곡선 $y=3^x$ 위의 점 $P(k,\,3^k)$에서의 접선의 기울기는 $3^k\ln 3$이고, 접선의 방정식은

$$y-3^k=(3^k\ln 3)(x-k) \quad\cdots\cdots\ \bigcirc$$

이때 직선 ㉠이 x축과 만나는 점이 점 A이므로 ㉠에 $y=0$을 대입하면

$-3^k=(3^k\ln 3)(x-k)$

$-\dfrac{1}{\ln 3}=x-k$

$\therefore\ x=k-\dfrac{1}{\ln 3}$

$\therefore\ A\left(k-\dfrac{1}{\ln 3},\,0\right)$

2단계 점 B의 좌표를 구해 보자.

$y=a^{x-1}$에서 $y'=a^{x-1}\ln a$이므로 곡선 $y=a^{x-1}$ 위의 점 $P(k,\,a^{k-1})$에서의 접선의 기울기는 $a^{k-1}\ln a$이고, 접선의 방정식은

$$y-a^{k-1}=(a^{k-1}\ln a)(x-k) \quad\cdots\cdots\ \bigcirc\!\!\bigcirc$$

이때 직선 ⓛ이 x축과 만나는 점이 점 B이므로 ⓛ에 $y=0$을 대입하면
$$-a^{k-1}=(a^{k-1}\ln a)(x-k)$$
$$-\frac{1}{\ln a}=x-k$$
$$\therefore x=k-\frac{1}{\ln a}$$
$$\therefore B\left(k-\frac{1}{\ln a},\,0\right)$$

3단계 상수 a의 값을 구해 보자.

$\overline{AH}=2\overline{BH}$이므로

> 세 점 $A\left(k-\dfrac{1}{\ln 3},\,0\right)$, $B\left(k-\dfrac{1}{\ln a},\,0\right)$, $H(k,\,0)$에 대하여
> $\overline{AH}=\left|\left(k-\dfrac{1}{\ln 3}\right)-k\right|=\dfrac{1}{\ln 3}$
> $\overline{BH}=\left|\left(k-\dfrac{1}{\ln a}\right)-k\right|=\dfrac{1}{\ln a}$

$$\frac{1}{\ln 3}=\frac{2}{\ln a}$$
$$\ln a=2\ln 3=\ln 3^2=\ln 9$$
$$\therefore a=9$$

---

083 정답률▸80% 답 50

1단계 $f'(e)$, $g'(e)$ 사이의 관계식을 세워 보자.

$g(x)=f(x)\ln x^4$에서
$$g'(x)=f'(x)\ln x^4+f(x)\times\frac{4x^3}{x^4}$$
$$=4f'(x)\ln x+\frac{4f(x)}{x}$$
$$\therefore g'(e)=4f'(e)\ln e+\frac{4\times(-e)}{e}\;(\because f(e)=-e)$$
$$=4f'(e)-4 \quad\cdots\cdots\;\bigcirc$$

2단계 $f'(e)$의 값을 구하여 $100f'(e)$의 값을 구해 보자.

$x=e$에서의 두 접선이 서로 수직이므로
$$f'(e)g'(e)=-1$$
$$f'(e)\{4f'(e)-4\}=-1\;(\because \bigcirc)$$
$$4\{f'(e)\}^2-4f'(e)+1=0$$
$$\{2f'(e)-1\}^2=0 \qquad \therefore f'(e)=\frac{1}{2}$$
$$\therefore 100f'(e)=50$$

---

084 정답률▸61% 답 ④

1단계 주어진 문제 상황을 만족시키는 조건을 알아보자.

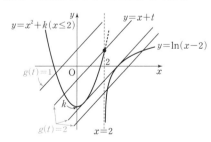

함수 $y=f(x)$의 그래프의 개형은 위의 그림과 같으므로 k의 값에 관계없이 $g(t_1)=1$인 t_1과 $g(t_2)=2$인 t_2가 각각 적어도 한 개 이상 존재한다. 이때 함수 $g(t)$가 불연속인 점을 1개 가지려면 직선 $y=x+t$는 두 곡선 $y=x^2+k$, $y=\ln(x-2)$에 동시에 접해야 한다.

2단계 곡선 $y=\ln(x-2)$에 접하고 기울기가 1인 직선의 방정식을 구해 보자.

직선 $y=x+t$의 기울기가 1이므로 곡선 $y=\ln(x-2)$ 위의 점 $(x_1,\,y_1)$

에서의 접선의 기울기를 1이라 하면 $y'=\dfrac{1}{x-2}$에서
$$\frac{1}{x_1-2}=1 \qquad \therefore x_1=3$$
$$\therefore y_1=\ln(3-2)=0$$
즉, 점 $(3,\,0)$에서 곡선 $y=\ln(x-2)$에 접하고 기울기가 1인 직선의 방정식은
$$y=x-3$$

3단계 실수 k의 값을 구해 보자.

직선 $y=x-3$과 곡선 $y=x^2+k$가 접해야 하므로
$x-3=x^2+k$, 즉 $x^2-x+k+3=0$은 중근을 가져야 한다.
이 이차방정식의 판별식을 D라 하면 $D=0$이어야 하므로
$$D=(-1)^2-4\times 1\times(k+3)=0$$
$$1-4k-12=0$$
$$\therefore k=-\frac{11}{4}$$

---

085 정답률▸78% 답 ③

1단계 점 C의 좌표를 구해 보자.

곡선 $y=a^x$이 y축과 만나는 점의 좌표는 $(0,\,1)$이므로
$$A(0,\,1)$$
점 B의 y좌표는 점 A의 y좌표와 같고, 점 B는 곡선 $y=\log_2\left(x+\dfrac{1}{2}\right)$ 위의 점이므로 $\log_2\left(x+\dfrac{1}{2}\right)=1$에서
$$x+\frac{1}{2}=2 \qquad \therefore x=\frac{3}{2}$$
$$\therefore B\left(\frac{3}{2},\,1\right)$$
또한, 점 C의 x좌표는 점 B의 x좌표와 같고, 곡선 $y=a^x$ 위의 점이므로
$$C\left(\frac{3}{2},\,a^{\frac{3}{2}}\right)$$

2단계 곡선 $y=g(x)$ 위의 점 C에서의 접선의 방정식을 구하고, 점 D의 좌표를 구해 보자.

$g(x)=a^x$에서 $g'(x)=a^x\ln a$이므로 곡선 $y=g(x)$ 위의 점 $C\left(\dfrac{3}{2},\,a^{\frac{3}{2}}\right)$에서의 접선의 기울기는 $g'\left(\dfrac{3}{2}\right)=a^{\frac{3}{2}}\ln a$이고, 접선의 방정식은
$$y-a^{\frac{3}{2}}=a^{\frac{3}{2}}\ln a\left(x-\frac{3}{2}\right) \quad\cdots\cdots\;\bigcirc$$
이때 직선 ㉠이 x축과 만나는 점이 점 D이므로 ㉠에 $y=0$을 대입하면
$$-a^{\frac{3}{2}}=a^{\frac{3}{2}}\ln a\left(x-\frac{3}{2}\right)$$
$$x-\frac{3}{2}=-\frac{1}{\ln a}$$
$$\therefore x=\frac{3}{2}-\frac{1}{\ln a}$$
$$\therefore D\left(\frac{3}{2}-\frac{1}{\ln a},\,0\right) \quad\cdots\cdots\;\bigcirc$$

3단계 a의 값을 구해 보자.

$\overline{AD}=\overline{BD}$이므로 점 D는 선분 AB의 수직이등분선과 x축의 교점이다.

$$\therefore D\left(\frac{3}{4},\,0\right) \quad\cdots\cdots\;\bigcirc$$

> 선분의 수직이등분선 위의 임의의 점에서 선분의 양 끝점에 이르는 거리는 같다.

㉡, ㉢이 일치하므로

> 두 점 $A(0,\,1)$, $B\left(\dfrac{3}{2},\,1\right)$에

$$\frac{3}{2}-\frac{1}{\ln a}=\frac{3}{4}$$

> 대하여 선분 AB의 중점의 좌표는 $\left(\dfrac{0+\frac{3}{2}}{2},\,\dfrac{1+1}{2}\right)$ 즉 $\left(\dfrac{3}{4},\,1\right)$이므로 점 D의 x좌표는 $\dfrac{3}{4}$이다.

$\dfrac{1}{\ln a}=\dfrac{3}{4}$, $\ln a=\dfrac{4}{3}$

$\therefore a=e^{\frac{4}{3}}$

4단계 $g(2)$의 값을 구해 보자.

$g(x)=e^{\frac{4}{3}x}$이므로

$g(2)=e^{\frac{4}{3}\times2}=e^{\frac{8}{3}}$

다른 풀이

$A(0,\ 1)$, $B\left(\dfrac{3}{2},\ 1\right)$, $D\left(\dfrac{3}{2}-\dfrac{1}{\ln a},\ 0\right)$에 대하여

$\overline{AD}^2=\overline{BD}^2$이므로

$\left\{\left(\dfrac{3}{2}-\dfrac{1}{\ln a}\right)-0\right\}^2+(0-1)^2=\left(\dfrac{3}{2}-\dfrac{1}{\ln a}-\dfrac{3}{2}\right)^2+(0-1)^2$

$\left(\dfrac{3}{2}-\dfrac{1}{\ln a}\right)^2=\left(\dfrac{1}{\ln a}\right)^2$

이때 $a>1$에서 $\dfrac{1}{\ln a}>0$이므로

$\dfrac{3}{2}-\dfrac{1}{\ln a}=\dfrac{1}{\ln a}$

$\dfrac{2}{\ln a}=\dfrac{3}{2}$, $\ln a=\dfrac{4}{3}$

$\therefore a=e^{\frac{4}{3}}$

---

086 정답률 ▸ 44% 답 ②

Best Pick x에 대한 함수에서 t에 대한 함수를 정의하여 풀어야 하는 아주 중요한 문제이다. 최근에 이런 형태의 문제의 출제율이 높아지고 있지만 많은 학생들이 어려워하는 부분이므로 꼭 풀어 보아야 한다.

1단계 원점에서 곡선 $y=f(x)$에 그은 접선의 접점의 좌표를 $(x_1,\ f(x_1))$로 놓고 접선의 방정식을 구해 보자.

$f(x)=\dfrac{\ln x}{x}$에서

$f'(x)=\dfrac{\dfrac{1}{x}\times x-\ln x\times1}{x^2}$

$=\dfrac{1-\ln x}{x^2}$

원점에서 곡선 $y=f(x)$에 그은 접선의 접점의 좌표를 $(x_1,\ f(x_1))$이라 하면 접선의 방정식은 $\quad\longrightarrow f(x_1)=\dfrac{\ln x_1}{x_1}$

$y-\dfrac{\ln x_1}{x_1}=\dfrac{1-\ln x_1}{(x_1)^2}(x-x_1)$ ······ ㉠

2단계 기울기 a를 구해 보자.

직선 ㉠이 원점을 지나므로

$0-\dfrac{\ln x_1}{x_1}=\dfrac{1-\ln x_1}{(x_1)^2}(0-x_1)$

$\ln x_1=\dfrac{1}{2}$

$x_1=e^{\frac{1}{2}}=\sqrt{e}$

$\therefore a=f'(\sqrt{e})=\dfrac{1-\ln\sqrt{e}}{(\sqrt{e})^2}=\dfrac{1}{2e}$

3단계 $g'(a)$를 구하여 $ag'(a)$의 값을 구해 보자.

기울기가 t인 직선이 곡선 $y=f(x)$에 접할 때 접점의 x좌표가 $g(t)$이므로

$f'(g(t))=\dfrac{1-\ln g(t)}{\{g(t)\}^2}=t$

이때 $1-\ln g(t)=t\{g(t)\}^2$이므로

양변을 t에 대하여 미분하면

$-\dfrac{g'(t)}{g(t)}=\{g(t)\}^2+2tg(t)g'(t)$

양변에 $t=a$를 대입하면

$-\dfrac{g'(a)}{\sqrt{e}}=(\sqrt{e})^2+2\times\dfrac{1}{2e}\times\sqrt{e}\times g'(a)=e+\dfrac{g'(a)}{\sqrt{e}}$

$\therefore g'(a)=-\dfrac{e\sqrt{e}}{2}$

$\therefore a\times g'(a)=\dfrac{1}{2e}\times\left(-\dfrac{e\sqrt{e}}{2}\right)$

$=-\dfrac{\sqrt{e}}{4}$

---

087 정답률 ▸ 93% 답 ①

1단계 함수 $f(x)$의 증가와 감소를 표로 나타내어 보자.

$f(x)=(x^2-2x-7)e^x$에서

$f'(x)=(2x-2)e^x+(x^2-2x-7)e^x$

$=(x+3)(x-3)e^x$

$f'(x)=0$에서

$x=-3$ 또는 $x=3$

함수 $f(x)$의 증가와 감소를 표로 나타내면 다음과 같다.

x	$\cdots$	-3	$\cdots$	3	$\cdots$
$f'(x)$	$+$	0	$-$	0	$+$
$f(x)$	$\nearrow$	$8e^{-3}$	$\searrow$	$-4e^3$	$\nearrow$

2단계 a, b의 값을 각각 구하여 $a\times b$의 값을 구해 보자.

함수 $f(x)$는 $x=-3$에서 극댓값 $8e^{-3}$, $x=3$에서 극솟값 $-4e^3$을 갖는다.

따라서 $a=8e^{-3}$, $b=-4e^3$이므로

$a\times b=8e^{-3}\times(-4e^3)=-32$

---

088 정답률 ▸ 77% 답 ②

1단계 $f'\left(\dfrac{1}{2}\right)=0$임을 이용하여 상수 a의 값을 구해 보자.

함수 $f(x)=\tan(\pi x^2+ax)$가 $x=\dfrac{1}{2}$에서 극솟값을 가지므로

$f'\left(\dfrac{1}{2}\right)=0$

$f'(x)=(2\pi x+a)\sec^2(\pi x^2+ax)$이므로

$f'\left(\dfrac{1}{2}\right)=(\pi+a)\sec^2\left(\dfrac{\pi}{4}+\dfrac{a}{2}\right)=0$

$\sec^2\left(\dfrac{\pi}{4}+\dfrac{a}{2}\right)\neq0$이므로

$a=-\pi$

2단계 극솟값 k의 값을 구해 보자.

$f(x)=\tan(\pi x^2-\pi x)$이므로 함수 $f(x)$의 극솟값 k는

$k=f\left(\dfrac{1}{2}\right)=\tan\left(\dfrac{\pi}{4}-\dfrac{\pi}{2}\right)$

$=\tan\left(-\dfrac{\pi}{4}\right)$

$=-1$

089 정답률 ▶ 39%　　　　　답 ①

1단계 $f'(x)$를 구하고, 함수 $f(x)$의 증가와 감소를 표로 나타내어 보자.

$f(x)=e^x(\sin x+\cos x)$에서

$f'(x)=e^x(\sin x+\cos x)+e^x(\cos x-\sin x)=2e^x\cos x$

$f'(x)=0$에서

$x=\dfrac{\pi}{2}$ 또는 $x=\dfrac{3}{2}\pi$ $(\because 0<x<2\pi,\ e^x>0)$

열린구간 $(0,\ 2\pi)$에서 함수 $f(x)$의 증가와 감소를 표로 나타내면 다음과 같다.

x	(0)	$\cdots$	$\dfrac{\pi}{2}$	$\cdots$	$\dfrac{3}{2}\pi$	$\cdots$	(2π)
$f'(x)$		$+$	0	$-$	0	$+$	
$f(x)$		↗	극대	↘	극소	↗	

2단계 함수 $f(x)$의 극댓값 M, 극솟값 m을 구하고 Mm의 값을 구해 보자.

함수 $f(x)$는 $x=\dfrac{\pi}{2}$에서 극댓값 $M=e^{\frac{\pi}{2}}$, $x=\dfrac{3}{2}\pi$에서

극솟값 $m=-e^{\frac{3}{2}\pi}$을 갖는다.

$\therefore Mm=e^{\frac{\pi}{2}}\times(-e^{\frac{3}{2}\pi})=-e^{2\pi}$

090 정답률 ▶ 47%　　　　　답 ④

1단계 함수 $f(x)$가 역함수를 가질 조건을 알아보자.

$f(x)=e^{x+1}\{x^2+(n-2)x-n+3\}+ax$에서

$f'(x)=e^{x+1}\{x^2+(n-2)x-n+3\}+e^{x+1}(2x+n-2)+a$
　　　$=e^{x+1}(x^2+nx+1)+a$

이고, 함수 $f(x)$가 역함수를 가지려면 일대일대응이어야 하므로 실수 전체의 집합에서 $f'(x)\geq0$이어야 한다.

┗→ 미분가능한 함수 $f(x)$가 일대일대응이려면 $f'(x)\geq0$ 또는 $f'(x)\leq0$이어야 한다.
　그런데 $\lim\limits_{x\to\infty}f'(x)=\infty$이므로 모든 실수 x에 대하여 $f'(x)\leq0$일 수는 없다.

2단계 $h(x)=e^{x+1}(x^2+nx+1)$이라 놓고 함수 $y=h(x)$의 그래프의 개형을 그려 보자.

$h(x)=e^{x+1}(x^2+nx+1)$이라 하면

$h'(x)=e^{x+1}(x^2+nx+1)+e^{x+1}(2x+n)$
　　　$=e^{x+1}\{x^2+(n+2)x+n+1\}$
　　　$=e^{x+1}(x+1)(x+n+1)$

$h'(x)=0$에서 $x=-n-1$ 또는 $x=-1$ ┄→ n은 2 이상의 자연수이므로 $-n-1<-1$

함수 $h(x)$의 증가와 감소를 표로 나타내면 다음과 같다.

x	$\cdots$	$-n-1$	$\cdots$	-1	$\cdots$
$h'(x)$	$+$	0	$-$	0	$+$
$h(x)$	↗	극대	↘	극소	↗

이때 $\lim\limits_{x\to-\infty}h(x)=0$이므로 함수 $y=h(x)$의 그래프의 개형은 다음 그림과 같다.

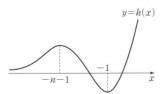

3단계 주어진 조건을 만족시키는 모든 n의 값의 합을 구해 보자.

n이 2 이상의 자연수이므로 함수 $h(x)$는 $x=-1$에서

최솟값 $h(-1)=2-n$을 갖는다.

$h(x)\geq2-n$이므로 $f'(x)\geq0$에서

$2-n+a\geq0$, $a\geq n-2$

즉, 실수 a의 최솟값 $g(n)$은

$g(n)=n-2$

$1\leq g(n)\leq8$에서 $1\leq n-2\leq8$

$\therefore 3\leq n\leq10$

따라서 주어진 조건을 만족시키는 모든 자연수 n의 값의 합은

$3+4+5+\cdots+10=\dfrac{8(3+10)}{2}=52$

091 정답률 ▶ 39%　　　　　답 ①

1단계 정수 a의 값을 구해 보자.

$a=-1$이면, $f(x)=\dfrac{(x+1)^2}{x+1}=x+1$

이때 구간 $[0,\ 2)$에서 함수 $f(x)$는 증가하므로 $x=0$에서 극댓값을 갖지 않는다.

즉, 주어진 조건을 만족시키지 않으므로

$a\neq-1$

$f(x)=\dfrac{(x-a)^2}{x+1}$에서

$f'(x)=\dfrac{2(x-a)(x+1)-(x-a)^2\times1}{(x+1)^2}=\dfrac{(x-a)(x+2+a)}{(x+1)^2}$

$f'(x)=0$에서

$x=a$ 또는 $x=-a-2$ ──→ $a\neq-1$이므로 $a\neq-a-2$

(i) $a<-a-2$, 즉 $a<-1$일 때

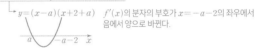

$f'(x)$의 분자의 부호가 $x=-a-2$의 좌우에서 음에서 양으로 바뀐다.

$x=-a-2$의 좌우에서 $f'(x)$의 부호가 음에서 양으로 바뀌므로 $x=-a-2$에서 $f(x)$는 극솟값을 갖는다.

구간 $[0,\ 2)$에서 함수 $f(x)$는 $x=0$에서 극댓값을 가지므로 함수 $f(x)$가 극솟값을 가지려면 구간 $(0,\ 2)$에서 극솟값을 가져야 한다.

즉, $0<-a-2<2$이어야 하므로 $-4<a<-2$

이때 a는 정수이므로 $a=-3$

(ii) $a>-a-2$, 즉 $a>-1$일 때

$f'(x)$의 분자의 부호가 $x=a$의 좌우에서 음에서 양으로 바뀐다.

$x=a$의 좌우에서 $f'(x)$의 부호가 음에서 양으로 바뀌므로 $x=a$에서 $f(x)$는 극솟값을 갖는다.

구간 $[0,\ 2)$에서 함수 $f(x)$는 $x=0$에서 극댓값을 가지므로 함수 $f(x)$가 극솟값을 가지려면 구간 $(0,\ 2)$에서 극솟값을 가져야 한다.

즉, $0<a<2$이어야 하고 a는 정수이므로

$a=1$

(i), (ii)에서 $a=-3$ 또는 $a=1$

┗→ $a=-3$일 때, 함수 $y=f(x)$의 그래프를 그려 보면 오른쪽 그림과 같이 $x=0$에서 극댓값을 갖는다.
$a=1$일 때, 함수 $y=f(x)$와 그래프를 그려 보면 오른쪽 그림과 같이 $x=0$에서 극댓값을 갖는다.

2단계 모든 정수 a의 값의 곱을 구해 보자.

$a=-3$ 또는 $a=1$이므로 $-3\times1=-3$

092 정답률 ▶ 34%   답 17

1단계 함수 $f(x)$를 미분하여 함수 $g(t)$에 대한 식을 구해 보자.

$f(x)=t(\ln x)^2-x^2$에서

$f'(x)=\dfrac{2t\ln x}{x}-2x$

$f'(x)=0$에서 $\dfrac{2t\ln x}{x}-2x=0$

$\therefore t\ln x-x^2=0$

함수 $f(x)$가 $x=g(t)$에서 극대이므로

$t\ln g(t)-\{g(t)\}^2=0$ ······ ㉠

2단계 $g'(a)$의 값을 구해 보자.

$t=a$를 ㉠에 대입하면

$a\ln g(a)-\{g(a)\}^2=0$

$a\ln e^2-(e^2)^2=0$

$2a=e^4$ $\therefore a=\dfrac{e^4}{2}$ ······ ㉡

또한, ㉠을 t에 대하여 미분하면

$\ln g(t)+\dfrac{tg'(t)}{g(t)}-2g(t)g'(t)=0$

위의 식에 $t=a$를 대입하면

$\ln g(a)+\dfrac{ag'(a)}{g(a)}-2g(a)g'(a)=0$

$\ln e^2+\dfrac{e^2g'(a)}{2}-2e^2g'(a)=0\ (\because ㉡)$

$\left(2e^2-\dfrac{e^2}{2}\right)g'(a)=2,\ \dfrac{3}{2}e^2g'(a)=2$

$\therefore g'(a)=\dfrac{4}{3e^2}$

3단계 $a\times\{g'(a)\}^2$의 값을 구하여 $p+q$의 값을 구해 보자.

$a\times\{g'(a)\}^2=\dfrac{e^4}{2}\times\left(\dfrac{4}{3e^2}\right)^2=\dfrac{8}{9}$

따라서 $p=9,\ q=8$이므로

$p+q=9+8=17$

---

093 정답률 ▶ 84%   답 ①

1단계 곡선 $y=xe^{-2x}$의 변곡점 A의 좌표를 구해 보자.

$f(x)=xe^{-2x}$에서

$f'(x)=e^{-2x}-2xe^{-2x}$

$\quad\ =(1-2x)e^{-2x}$

$f''(x)=-2e^{-2x}-2(1-2x)e^{-2x}$

$\quad\ \ =4(x-1)e^{-2x}$

$f'(x)=0$에서 $x=\dfrac{1}{2}$

$f''(x)=0$에서 $x=1\ (\because e^{-2x}>0)$

함수 $f(x)$의 증가와 감소를 표로 나타내면 다음과 같다.

x	$\cdots$	$\dfrac{1}{2}$	$\cdots$	1	$\cdots$
$f''(x)$	$-$	$-$	$-$	0	$+$
$f'(x)$	$+$	0	$-$	$-$	$-$
$f(x)$	↗	$\dfrac{1}{2}e^{-1}$	↘	e^{-2}	↘

즉, 곡선 $y=f(x)$의 변곡점 A의 좌표는 $(1,\ e^{-2})$이다.

2단계 곡선 $y=f(x)$ 위의 점 A에서의 접선의 방정식을 구하여 점 B의 좌표를 구해 보자.

곡선 $y=f(x)$ 위의 점 $A(1,\ e^{-2})$에서의 접선의 방정식은

$y-e^{-2}=f'(1)(x-1)$

$y-e^{-2}=-e^{-2}(x-1)$

$\therefore y=-e^{-2}(x-2)$

즉, 위의 접선이 x축과 만나는 점 B의 좌표는 $(2,\ 0)$이다.

3단계 삼각형 OAB의 넓이를 구해 보자.

삼각형 OAB의 넓이는

$\dfrac{1}{2}\times2\times e^{-2}=e^{-2}$

---

094 정답률 ▶ 85%   답 3

1단계 $f(x)=\dfrac{1}{3}x^3+2\ln x$라 하고, 함수 $f'(x),\ f''(x)$를 각각 구해 보자.

$f(x)=\dfrac{1}{3}x^3+2\ln x$라 하면

$f'(x)=x^2+\dfrac{2}{x}$ ┄→ 정의역은 $\{x\,|\,x>0\}$

$\qquad\qquad\qquad\quad f'(x)=\dfrac{1}{3}\times3x^2+2\times\dfrac{1}{x}=x^2+\dfrac{2}{x}$

$f''(x)=2x-\dfrac{2}{x^2}$

2단계 변곡점의 x좌표를 구해 보자.

$f''(x)=0$에서 $2x-\dfrac{2}{x^2}=0$

$\therefore x=1$ ┄→ $2(x^3-1)=0,\ 2(x-1)(x^2+x+1)=0$
$\qquad\qquad\qquad x^2+x+1>0$이므로 $x=1$

$f''(1)=0$이고 $0<x<1$일 때 $f''(x)<0$, $x>1$일 때 $f''(x)>0$이므로

곡선 $y=f(x)$는 $x=1$에서 변곡점을 갖는다.

3단계 변곡점에서의 접선의 기울기를 구해 보자.

곡선 $y=\dfrac{1}{3}x^3+2\ln x$의 변곡점에서의 접선의 기울기는

$f'(1)=1+2=3$ ┄→ 점 $\left(1,\ \dfrac{1}{3}\right)$

---

095 정답률 ▶ 75%   답 ④

1단계 $f(x)=ax^2-2\sin 2x$라 하고 함수 $f'(x),\ f''(x)$를 각각 구해 보자.

$f(x)=ax^2-2\sin 2x$라 하면

$f'(x)=2ax-4\cos 2x$

$f''(x)=2a+8\sin 2x$

2단계 곡선 $y=f(x)$가 변곡점을 갖도록 하는 실수 a의 값의 범위를 구하고, 정수 a의 개수를 구해 보자.

$f''(x)=0$에서

$2a+8\sin 2x=0$

$\therefore \sin 2x=-\dfrac{a}{4}$

곡선 $y=f(x)$가 변곡점을 가지려면 $f''(x)=0$을 만족시키는 실수 x의 좌우에서 $f''(x)$의 부호가 바뀌어야 한다.

이때 모든 실수 x에 대하여 $-1\le\sin 2x\le1$이므로 $f''(x)=0$을 만족시키는 실수 x가 존재하고, 그 좌우에서 $f''(x)$의 부호가 바뀌려면

$-1<-\dfrac{a}{4}<1$ $\therefore -4<a<4$ ┄→ 삼각함수 $y=\sin 2x$의 그래프와
$\qquad\qquad\qquad\qquad\qquad\qquad\qquad$ 직선 $y=-\dfrac{a}{4}$의 대소를 비교하면 된다.

따라서 정수 a의 개수는 $-3,\ -2,\ -1,\ \cdots,\ 3$의 7이다.

096 정답률 ▶ 67%   답 2

1단계 오직 하나의 변곡점을 갖기 위한 조건을 파악해 보자.

함수 $f(x)=3\sin kx+4x^3$의 그래프가 오직 하나의 변곡점을 가지려면 $f''(x)=0$의 근이 오직 하나이어야 한다.

2단계 $f''(x)=0$을 구해 보자.

$f(x)=3\sin kx+4x^3$에서

$f'(x)=3k\cos kx+12x^2$

$f''(x)=-3k^2\sin kx+24x$

$f''(x)=0$에서 $-3k^2\sin kx+24x=0$

$\therefore k^2\sin kx=8x$

3단계 두 함수의 그래프를 그려 보자.

$k^2\sin kx=8x$에서 두 함수를 $y=k^2\sin kx$, $y=8x$라 하면 두 함수의 그래프의 개형은 다음 그림과 같다.

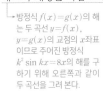 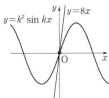

> 방정식 $f(x)=g(x)$의 해는 두 곡선 $y=f(x)$, $y=g(x)$의 교점의 x좌표이므로 주어진 방정식 $k^2\sin kx=8x$의 해를 구하기 위해 오른쪽과 같이 두 곡선을 그려 본다.

4단계 점 $(0, 0)$에서 곡선 $y=k^2\sin kx$의 기울기가 직선 $y=8x$의 기울기보다 작아야 하는 조건을 알아보고 실수 k의 최댓값을 구해 보자.

두 함수 $y=k^2\sin kx$, $y=8x$의 그래프의 교점의 x좌표가 1개이려면 곡선 $y=k^2\sin kx$의 점 $(0, 0)$에서의 접선의 기울기가 8보다 작거나 같으면 된다.   …… ㉠

이때 접선의 기울기는

$y'=k^3\cos kx$ → 곡선 $y=f(x)$ 위의 점 $(a, f(a))$에서의 기울기는 $f'(a)$

점 $(0, 0)$에서의 곡선 $y=k^2\sin kx$의 기울기는 k^3

㉠에서 $k^3\le 8$ $\therefore k\le 2$ → $k^3-8=(k-2)(k^2+2k+4)\le 0$에서 $k^2+2k+4>0$이므로 $k\le 2$

따라서 k의 최댓값은 2이다.

097 정답률 ▶ 54%   답 ③

1단계 조건 (가)를 이용하여 상수 a의 값을 구해 보자.

$g(x)=\sin(x^2+ax+b)$에서

$g'(x)=(2x+a)\cos(x^2+ax+b)$

조건 (가)에서 모든 실수 x에 대하여 $g'(-x)=-g'(x)$이므로

$x=0$을 대입하면

$g'(0)=0$ $\therefore a\cos b=0$

$0<b<\dfrac{\pi}{2}$에서 $\cos b\ne 0$이므로

$a=0$

2단계 조건 (나)를 이용하여 상수 b의 값을 구하고, $a+b$의 값을 구해 보자.

$g(x)=\sin(x^2+b)$에서

$g'(x)=2x\cos(x^2+b)$

$g''(x)=2\cos(x^2+b)-4x^2\sin(x^2+b)$

조건 (나)에서 점 $(k, g(k))$는 곡선 $y=g(x)$의 변곡점이므로

$g''(k)=0$

$2\cos(k^2+b)-4k^2\sin(k^2+b)=0$ …… ㉠

$k=0$이면 $0<b<\dfrac{\pi}{2}$에서 $\cos b\ne 0$이므로 ㉠이 성립하지 않고,

$\cos(k^2+b)=0$이면 ㉠에서 $\sin(k^2+b)=0$이므로

$\sin^2(k^2+b)+\cos^2(k^2+b)=1$이 성립하지 않는다.

따라서 $k\ne 0$, $\cos(k^2+b)\ne 0$

㉠에서 $\tan(k^2+b)=\dfrac{1}{2k^2}$ …… ㉡

한편, 조건 (나)에서 $2kg(k)=\sqrt{3}\,g'(k)$이므로

$2k\sin(k^2+b)=2\sqrt{3}\,k\cos(k^2+b)$

즉, $\tan(k^2+b)=\sqrt{3}$ …… ㉢

㉡, ㉢에서

$\dfrac{1}{2k^2}=\sqrt{3}$

$k^2=\dfrac{\sqrt{3}}{6}$

㉢에서 $\tan\left(\dfrac{\sqrt{3}}{6}+b\right)=\sqrt{3}$이고 $0<b<\dfrac{\pi}{2}$이므로

$\dfrac{\sqrt{3}}{6}+b=\dfrac{\pi}{3}$ → $\dfrac{\sqrt{3}}{6}<b+\dfrac{\sqrt{3}}{6}<\dfrac{\pi}{2}+\dfrac{\sqrt{3}}{6}$ $\dfrac{\sqrt{3}}{6}<\dfrac{\pi}{3}<\dfrac{\pi}{2}+\dfrac{\sqrt{3}}{6}$

$\therefore b=\dfrac{\pi}{3}-\dfrac{\sqrt{3}}{6}$

$\therefore a+b=0+\left(\dfrac{\pi}{3}-\dfrac{\sqrt{3}}{6}\right)=\dfrac{\pi}{3}-\dfrac{\sqrt{3}}{6}$

098 정답률 ▶ 58%   답 ③

Best Pick 도함수의 활용 단원에서 일대일대응, 변곡점의 정의 등을 정확히 이해하는 것이 문제 풀이의 기본이다. 이 문제는 이 두 가지 개념을 두 조건 (가), (나)에서 파악할 수 있게 제시하였다.

1단계 조건 (가)를 이용하여 a, b 사이의 관계식을 구해 보자.

$f(x)=ae^{3x}+be^x$에서

$f'(x)=3ae^{3x}+be^x$

$f''(x)=9ae^{3x}+be^x$ → $x=\ln\dfrac{2}{3}$의 좌우에서 $f''(x)$의 부호가 바뀌므로 $f''\left(\ln\dfrac{2}{3}\right)=0$이다.

이때 조건 (가)에서 곡선 $y=f(x)$는 $x=\ln\dfrac{2}{3}$에서 변곡점을 가지므로

$f''\left(\ln\dfrac{2}{3}\right)=9ae^{3\ln\frac{2}{3}}+be^{\ln\frac{2}{3}}$

$=9a\times\left(\dfrac{2}{3}\right)^3+b\times\dfrac{2}{3}=0$

에서 $4a+b=0$

$\therefore b=-4a$

2단계 조건 (나)를 만족시키는 m의 값을 구해 보자.

$f'(x)=3ae^{3x}+(-4a)e^x=ae^x(3e^{2x}-4)$

$f'(x)=0$에서 $3e^{2x}=4$

$\therefore x=\dfrac{1}{2}\ln\dfrac{4}{3}$

이때 함수 $f(x)$의 증가와 감소를 표로 나타내면 다음과 같다.

x	$\cdots$	$\dfrac{1}{2}\ln\dfrac{4}{3}$	$\cdots$
$f'(x)$	$-$	0	$+$
$f(x)$	$\searrow$	극소	$\nearrow$

즉, 함수 $f(x)$는 $x=\dfrac{1}{2}\ln\dfrac{4}{3}$일 때 극솟값을 갖는다.

한편, 조건 (나)에서 구간 $[k, \infty)$에서 함수 $f(x)$의 역함수가 존재해야 하므로 구간 $[k, \infty)$에서 함수 $f(x)$는 일대일대응이어야 한다.

즉, 구간 $[k, \infty)$에서는 함수 $f(x)$의 극값이 존재하지 않아야 하므로 $k \geq \dfrac{1}{2} \ln \dfrac{4}{3}$이어야 한다.

즉, 실수 k의 최솟값은 $\dfrac{1}{2} \ln \dfrac{4}{3}$이다.

$\therefore m = \dfrac{1}{2} \ln \dfrac{4}{3}$

3단계 $f(0)$의 값을 구해 보자.

$m = \dfrac{1}{2} \ln \dfrac{4}{3}$에서 $e^{2m} = \dfrac{4}{3}$이고 $f(2m) = -\dfrac{80}{9}$이므로

$$f(2m) = ae^{3 \times 2m} + (-4a)e^{2m}$$
$$= a\left(\dfrac{4}{3}\right)^3 - 4a \times \dfrac{4}{3}$$
$$= -\dfrac{80}{27}a = -\dfrac{80}{9}$$

$\therefore a = 3$

따라서 $f(x) = 3e^{3x} - 12e^x$이므로

$f(0) = 3 - 12 = -9$

---

099 정답률 ▸ 44% 답 15

Best Pick 극값의 의미와 증가함수의 표현을 식으로 확인할 수 있는 문제이다. 최신 경향의 도함수 활용의 고난도 문항을 해결하기 위하여 기본적인 개념과 의미를 알고 계산 능력을 기르기 위해 반드시 풀어 보아야 하는 문제이다.

1단계 조건 (가)를 이용하여 함수 $f'(x)$를 구해 보자.

$f(x) = (ax^2 + bx + c)e^x$에서

$$f'(x) = (2ax + b)e^x + (ax^2 + bx + c)e^x$$
$$= \{ax^2 + (2a+b)x + b + c\}e^x$$

이때 $e^x > 0$이므로 $f'(x) = 0$에서

$ax^2 + (2a+b)x + b + c = 0$ ⋯⋯ ㉠

함수 $f(x)$는 실수 전체의 집합에서 미분가능하므로

조건 (가)에서

$f'(-\sqrt{3}) = 0$, $f'(\sqrt{3}) = 0$

즉, 이차방정식 ㉠의 두 근이 $-\sqrt{3}$, $\sqrt{3}$이므로 이차방정식의 근과 계수의 관계에 의하여

$(두 근의 합) = -\dfrac{2a+b}{a} = 0$,

$(두 근의 곱) = \dfrac{b+c}{a} = -3$

$\therefore b = -2a$, $c = -a$ ⋯⋯ ㉡

$\therefore f'(x) = a(x^2 - 3)e^x$

2단계 조건 (나)에서 평균값 정리를 이용하여 abc의 최댓값을 구해 보자.

조건 (나)에서 $0 \leq x_1 < x_2$인 임의의 두 실수 x_1, x_2에 대하여

$f(x_2) - f(x_1) + x_2 - x_1 \geq 0$이므로 양변을 $x_2 - x_1$로 나누면

$\dfrac{f(x_2) - f(x_1)}{x_2 - x_1} + 1 \geq 0$ →$x_2 - x_1 > 0$

함수 $f(x)$는 닫힌구간 $[x_1, x_2]$에서 연속이고, 열린구간 (x_1, x_2)에서 미분가능하므로 평균값 정리에 의하여

$\dfrac{f(x_2) - f(x_1)}{x_2 - x_1} = f'(c)$

인 c가 x_1과 x_2 사이에 적어도 하나 존재한다.

즉, 임의의 양수 c에 대하여 $f'(c) + 1 \geq 0$이므로

$f'(x) + 1 \geq 0$ →$0 \leq x_1 < c < x_2$ ⋯⋯ ㉢

한편,

$$f''(x) = a\{2xe^x + (x^2 - 3)e^x\}$$
$$= a(x^2 + 2x - 3)e^x$$
$$= a(x+3)(x-1)e^x$$

이므로

$f''(x) = 0$에서 $x = -3$ 또는 $x = 1$

x	(0)	$\cdots$	1	$\cdots$
$f''(x)$		$-$	0	$+$
$f'(x)$		$\searrow$	$-2ae$	$\nearrow$

$x > 0$에서 $f'(x)$는 $x = 1$에서 극소이면서 최소이다.

이때 $x > 0$이므로 함수 $f'(x)$는 $x = 1$에서 극소이며 최소이고 최솟값 $f'(1) = -2ae$를 갖는다.

㉢에서 $f'(x) \geq -1$이므로

$-2ae \geq -1$ →$f'(x)$가 -1 이상이므로 $f'(x)$의 최솟값도 -1 이상이다.

$\therefore a \leq \dfrac{1}{2e}$

$\therefore abc = a \times (-2a) \times (-a)$ $(\because ㉡)$
$= 2a^3$
$\leq 2 \times \left(\dfrac{1}{2e}\right)^3$
$= \dfrac{1}{4e^3}$

3단계 k의 값을 구하여 $60k$의 값을 구해 보자.

abc의 최댓값은 $\dfrac{1}{4e^3}$이므로

$k = \dfrac{1}{4}$

$\therefore 60k = 15$

---

100 정답률 ▸ 36% 답 ①

1단계 조건 (나)에서 $\dfrac{0}{0}$ 꼴의 함수의 극한의 성질을 이용해 보자.

조건 (나)에서 $x \to 3$일 때 (분모) $\to 0$이고 극한값이 존재하므로 (분자) $\to 0$이다.

즉, $\lim\limits_{x \to 3}\{f(x) - g(x)\} = 0$에서 두 함수 $f(x)$, $g(x)$는 실수 전체의 집합에서 연속이므로 $f(3) = g(3)$이다. →함수 $f(x)$가 실수 전체의 집합에서 ▨하고 두 곡선 $y = f(x)$, $y = g(x)$가 ▨선 $y = x$에 대하여 대칭이므로 두 곡▨

또한, $f(x)$와 $g(x)$는 서로 역함수의 관계에 있으므로

$f(3) = g(3) = 3$ ⋯⋯ ㉠ 교점은 직선 $y = x$ 위에 생긴다.

2단계 조건 (나)에서 미분계수의 정의와 역함수의 미분법을 이용하여 $f'(3)$의 값을 구해 보자.

조건 (나)에서

$\lim\limits_{x \to 3} \dfrac{f(x) - g(x)}{(x-3)g(x)}$

$= \lim\limits_{x \to 3} \dfrac{f(x) - f(3) - g(x) + g(3)}{(x-3)g(x)}$ $(\because ㉠)$

$= \lim\limits_{x \to 3} \left\{ \dfrac{f(x) - f(3)}{x-3} \times \dfrac{1}{g(x)} - \dfrac{g(x) - g(3)}{x-3} \times \dfrac{1}{g(x)} \right\}$

$= f'(3) \times \dfrac{1}{g(3)} - g'(3) \times \dfrac{1}{g(3)}$

$= \dfrac{1}{3}\{f'(3) - g'(3)\}$ $(\because ㉠)$

$= \dfrac{8}{9}$

$g'(3) = \dfrac{1}{f'(g(3))} = \dfrac{1}{f'(3)}$이므로

$\dfrac{1}{3}\{f'(3)-g'(3)\}=\dfrac{8}{9}$에서

$\dfrac{1}{3}\left\{f'(3)-\dfrac{1}{f'(3)}\right\}=\dfrac{8}{9}$

$3\{f'(3)\}^2-8f'(3)-3=0$

$\{3f'(3)+1\}\{f'(3)-3\}=0$

$\therefore f'(3)=-\dfrac{1}{3}$ 또는 $f'(3)=3$

그런데 $f(x)$의 삼차항의 계수는 양수이고 역함수가 존재해야 하므로 $f'(x)\geq 0$이다.

$\therefore f'(3)=3$ ...... ㉡

3단계 ㉠, ㉡과 변곡점을 이용하여 함수 $f(x)$의 식을 정하고, $f(1)$의 값을 구해 보자. → $f'(3)-3=0$이므로 $f(x)-3$은 $x-3$을 인수로 갖는다.

㉠에서 $f(x)-3=(x-3)(x^2+ax+b)$

라 하고, 양변을 x에 대하여 미분하면

$f'(x)=x^2+ax+b+(x-3)(2x+a)$ ...... ㉢

㉡에서 $f'(3)=9+3a+b=3$

$\therefore 3a+b=-6$ ...... ㉣

㉢의 양변을 x에 대하여 미분하면

$f''(x)=2x+a+(2x+a)+2(x-3)=6x+2a-6$

이때 변곡점의 x좌표는 $6x+2a-6=0$에서

$x=\dfrac{3-a}{3}$

그런데 $f'(3)=3$에서 $g'(3)=\dfrac{1}{f'(3)}=\dfrac{1}{3}$이므로 조건 (가)에서 $f(x)$의 변곡점의 x좌표는 3이 되어야 한다.

$\dfrac{3-a}{3}=3$ $\therefore a=-6$

$a=-6$을 ㉣에 대입하면 $b=12$이므로

$f(x)-3=(x-3)(x^2+ax+b)=(x-3)(x^2-6x+12)$

$\therefore f(1)=-2\times 7+3=-11$

다른 풀이

$f(x)=x^3+px^2+qx+r$라 하면

$f'(x)=3x^2+2px+q$

㉠, ㉡에서 $f(3)=3$, $f'(3)=3$이므로

$9p+3q+r=-24$ ...... ㉤

$27+6p+q=3$

$\therefore q=-24-6p$ ...... ㉥

조건 (가)에서 $g'(x)\leq\dfrac{1}{3}$이므로 역함수의 미분법에 의하여

$f'(x)\geq 3$, 즉 $3x^2+2px+q\geq 3$에서

$3x^2+2px+q-3\geq 0$

앞의 부등식이 항상 성립하려면 이차방정식 $3x^2+2px+q-3=0$의 판별

식을 D라 할 때, $\dfrac{D}{4}\leq 0$이어야 한다.

$\dfrac{D}{4}=p^2-3(q-3)\leq 0$

위의 식에 ㉥을 대입하면

$p^2-3(-6p-27)\leq 0$

$p^2+18p+81\leq 0$, $(p+9)^2\leq 0$

$\therefore p=-9$, $q=30$

$p=-9$, $q=30$을 ㉥에 대입하면

$r=-33$

$\therefore f(x)=x^3-9x^2+30x-33$

$\therefore f(1)=1-9+30-33=-11$

---

101 정답률 ▶ 71% **답 ④**

1단계 방정식 $f(x)=g(x)$의 서로 다른 양의 실근의 개수가 3이 되는 경우를 생각해 보자.

방정식 $f(x)=g(x)$의 서로 다른 양의 실근의 개수가 3이려면 $x>0$에서 두 곡선 $y=f(x)$, $y=g(x)$는 다음 그림과 같이 서로 다른 세 점에서 만나고 그 중 한 점에서는 접해야 한다.

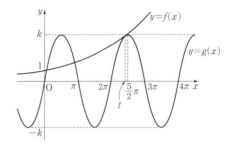

2단계 미분을 이용하여 양수 k의 값을 구해 보자.

접점의 x좌표를 t라 하면 $2\pi<t<\dfrac{5}{2}\pi$이어야 하고

$f(t)=g(t)$에서

$e^t=k\sin t$ ...... ㉠

㉠의 양변을 t에 대하여 미분하면

$e^t=k\cos t$ ...... ㉡

㉠÷㉡에서

$1=\dfrac{\sin t}{\cos t}=\tan t$

$\therefore t=\dfrac{9}{4}\pi\ \left(\because 2\pi<t<\dfrac{5}{2}\pi\right)$

$t=\dfrac{9}{4}\pi$를 ㉠에 대입하면

$e^{\frac{9}{4}\pi}=k\sin\dfrac{9}{4}\pi$

$\therefore k=\dfrac{e^{\frac{9}{4}\pi}}{\sin\dfrac{9}{4}\pi}=\dfrac{e^{\frac{9}{4}\pi}}{\dfrac{\sqrt{2}}{2}}=\sqrt{2}e^{\frac{9}{4}\pi}$

---

102 정답률 ▶ 86% **답 ③**

1단계 $f(x)\leq g(x)$를 만족시키는 조건을 알아보자.

닫힌구간 $[0,4]$에서 $f(x)\leq g(x)$를 만족시키기 위해서는 일차함수 $y=g(x)$의 그래프가 점 $A(1,2)$에서 함수 $y=f(x)$의 그래프와 접해야 한다.

즉, 직선 $y=g(x)$는 $x=1$에서의 함수 $y=f(x)$의 그래프의 접선이다.

2단계 함수 $g(x)$를 구하여 $g(3)$의 값을 구해 보자.

$f(x)=2\sqrt{2}\sin\dfrac{\pi}{4}x$에서

$f'(x)=2\sqrt{2}\cos\dfrac{\pi}{4}x\times\dfrac{\pi}{4}=\dfrac{\sqrt{2}\pi}{2}\cos\dfrac{\pi}{4}x$

$\therefore f'(1)=\dfrac{\sqrt{2}\pi}{2}\times\dfrac{\sqrt{2}}{2}=\dfrac{\pi}{2}$

즉, 곡선 $y=f(x)$ 위의 점 $(1,2)$에서의 접선의 기울기가 $\dfrac{\pi}{2}$이므로 접선의 방정식은

$y-2=\dfrac{\pi}{2}(x-1)$

$\therefore y=\dfrac{\pi}{2}x-\dfrac{\pi}{2}+2$

따라서 $g(x)=\dfrac{\pi}{2}x-\dfrac{\pi}{2}+2$이므로

$g(3)=\dfrac{3}{2}\pi-\dfrac{\pi}{2}+2=\pi+2$

103 정답률 ▶ 75% 답 ⑤

1단계 방정식 $\sin x-x\cos x-k=0$이 서로 다른 두 실근을 갖는 조건을 알아보자.

$\sin x-x\cos x-k=0$에서

$\sin x-x\cos x=k$ ······ ㉠

방정식 ㉠이 서로 다른 두 실근을 가지려면 곡선 $y=\sin x-x\cos x$와 직선 $y=k$가 서로 다른 두 점에서 만나야 한다.

2단계 $f(x)=\sin x-x\cos x$라 하고, 함수 $f(x)$의 증가와 감소를 표로 나타내어 보자.

$f(x)=\sin x-x\cos x$라 하면

$f'(x)=\cos x-(\cos x-x\sin x)=x\sin x$

$f'(x)=0$에서 $x=0$ 또는 $\sin x=0$

$\therefore x=0$ 또는 $x=\pi$ 또는 $x=2\pi$ ($\because 0\le x\le 2\pi$)

닫힌구간 $[0, 2\pi]$에서 함수 $f(x)$의 증가와 감소를 표로 나타내면 다음과 같다.

x	0	$\cdots$	π	$\cdots$	2π
$f'(x)$	0	+	0	−	0
$f(x)$	0	↗	π	↘	-2π

3단계 조건을 만족시키는 모든 정수 k의 값을 구하여 그 합을 구해 보자.

함수 $y=f(x)$의 그래프의 개형은 오른쪽 그림과 같으므로 함수 $y=f(x)$의 그래프와 직선 $y=k$가 서로 다른 두 점에서 만나도록 하는 k의 값의 범위는

$0\le k<\pi$

따라서 모든 정수 k의 값은 0, 1, 2, 3이므로 그 합은

$0+1+2+3=6$

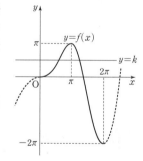

104 정답률 ▶ 29% 답 24

Best Pick 주어진 조건을 이용하여 함수를 파악하는 문제는 고난도로 자주 출제되므로 조건을 모두 알맞게 활용하는 연습이 필요하다.

1단계 함수 $g(x)$를 미분하고 조건 (가)를 이용하여 함수 $f(x)$를 나타내어 보자.

$g(x)=\{f(x)+2\}e^{f(x)}$에서

$g'(x)=f'(x)e^{f(x)}+\{f(x)+2\}f'(x)e^{f(x)}$
$\qquad =f'(x)\{f(x)+3\}e^{f(x)}$

$g'(x)=0$에서

$f'(x)=0$ 또는 $f(x)=-3$

조건 (가)에 의하여 $f(a)=6$인 a에 대하여 함수 $g(x)$가 $x=a$에서 극댓값을 가지므로

$g'(a)=0$에서

$f'(a)=0$ 또는 $f(a)=-3$

그런데 $f(a)=6\ne -3$이므로 $f'(a)=0$이고 $f(x)$가 이차함수이므로

$f(x)=k(x-a)^2+6\ (k\ne 0)$ ······ ㉠

2단계 조건 (나)를 이용하여 함수 $f(x)$를 나타내어 보자.

조건 (나)에 의하여 함수 $g(x)$는 $x=b$, $x=b+6$에서 극솟값을 가지므로

$g'(b)=0$에서

$f'(b)=0$ 또는 $f(b)=-3$

$g'(b+6)=0$에서

$f'(b+6)=0$ 또는 $f(b+6)=-3$

그런데 $f'(b)\ne 0$, $f'(b+6)\ne 0$ ($\because f'(a)=0$)이므로

$f(b)=f(b+6)=-3$ ······ ㉡
→ $f'(x)$는 일차함수이므로 $f'(x)=0$을 만족시키는 x의 값의 개수는 1이다.

이때 $f(x)$는 이차함수이므로 ㉠, ㉡에서

$\dfrac{b+(b+6)}{2}=a$ → 꼭짓점의 x좌표는 b와 $b+6$의 중간값이어야 한다.

$\therefore b=a-3$

$b=a-3$을 ㉡에 대입하면 $f(b)=f(a+3)=-3$이고

$f(a+3)=k(a+3-a)^2+6=9k+6$

이므로

$9k+6=-3$

$\therefore k=-1$

$\therefore f(x)=-(x-a)^2+6$

3단계 이차방정식의 근과 계수의 관계를 이용하여 $(\alpha-\beta)^2$의 값을 구해 보자.

$f(x)=0$에서

$x^2-2ax+a^2-6=0$

이차방정식의 근과 계수의 관계에 의하여

$\alpha+\beta=2a$, $\alpha\beta=a^2-6$

$\therefore (\alpha-\beta)^2=(\alpha+\beta)^2-4\alpha\beta$
$\qquad\qquad =(2a)^2-4(a^2-6)=24$

105 정답률 ▶ 51% 답 ③

1단계 $f'(x)=0$인 x의 값을 구해 보자.

$f(x)=x^2e^{-x+2}$에서

$f'(x)=2xe^{-x+2}-x^2e^{-x+2}=(-x^2+2x)e^{-x+2}$

$f'(x)=0$에서 $x(2-x)e^{-x+2}=0$

$\therefore x=0$ 또는 $x=2$ ($\because e^{-x+2}>0$)

2단계 함수 $y=(f\circ f)(x)$의 증가와 감소를 표로 나타낸 후 함수의 그래프를 그려 보자.

$y=(f\circ f)(x)$에서 $\dfrac{dy}{dx}=f'(f(x))f'(x)$

$\dfrac{dy}{dx}=0$에서 $f'(x)=0$ 또는 $f'(f(x))=0$

(ⅰ) $f'(x)=0$에서

$x=0$ 또는 $x=2$

(ⅱ) $f'(f(x))=0$에서

$f(x)=0$일 때, $x=0$

$f(x)=2$일 때,

오른쪽 그림에서 $f(x)=2$인 x의 값은

$x=\alpha\ (\alpha<0)$ 또는 $x=\beta\ (0<\beta<2)$

또는 $x=\gamma\ (\gamma>2)$

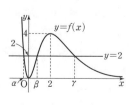

(i), (ii)에서 함수 $y=(f \circ f)(x)$의 증가와 감소를 표로 나타내면 다음과 같다.

$x<\alpha$ 또는 $\beta<x<\gamma$일 때 $f(x)>2$이므로 $f'(f(x))<0$
$\alpha<x<0$ 또는 $0<x<\beta$ 또는 $x>\gamma$일 때 $0<f(x)<2$이므로 $f'(f(x))>0$

x	$\cdots$	α	$\cdots$	0	$\cdots$	β	$\cdots$	2	$\cdots$	γ	$\cdots$
$f'(x)$	$-$	$-$	$-$	0	$+$	$+$	$+$	0	$+$	$+$	$-$
$f'(f(x))$	$-$	0	$+$	0	$+$	0	$-$	$-$	$-$	0	$+$
$\dfrac{dy}{dx}$	$+$	0	$-$	0	$+$	0	$-$	0	$-$	0	$-$
y	↗	극대	↘	극소	↗	극대	↘	극소	↗	극대	↘

즉, 함수 $y=f(f(x))$는 $x=\alpha$, $x=\beta$, $x=\gamma$에서 극대이고 극댓값 $f(f(\alpha))=f(f(\beta))=f(f(\gamma))=f(2)=4$를 갖고, $x=0$, $x=2$에서 극소 $\longrightarrow f(f(2))=f(4)=4^2e^{-2}=\dfrac{16}{e^2}$
이고 극솟값 $f(f(0))=0$, $f(f(2))=\dfrac{16}{e^2}$ 을 갖는다.

$\lim_{x \to -\infty} f(f(x))=\lim_{t \to \infty} f(t)=0$, $\longrightarrow x \to -\infty$일 때 $f(x) \to \infty$
$\lim_{x \to \infty} f(f(x))=\lim_{t \to 0+} t(t)=0$이므로 $\longrightarrow x \to \infty$일 때 $f(x) \to 0+$
함수 $y=f(f(x))$의 그래프의 개형은 다음 그림과 같다.

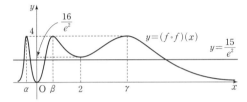

3단계 함수 $y=(f \circ f)(x)$의 그래프와 직선 $y=\dfrac{15}{e^2}$의 교점의 개수를 구해 보자.

위의 그림에서 함수 $y=(f \circ f)(x)$의 그래프와 직선 $y=\dfrac{15}{e^2}$가 만나는 점의 개수는 4이다.

---

106 정답률 ▶ 54%   답 ②

Best Pick 한 함수를 다른 함수로 나타낸 문제도 두 함수 간의 관계를 파악하는 것이 핵심인 문제이다. 도함수의 활용 문제는 조건이 다양한 방법으로 제시되므로 많은 연습이 필요하다.

1단계 함수 $g(x)$를 미분하여 함수 $g(x)$가 극솟값을 가질 수 있는 경우를 알아보자.

$f(x)=6\pi(x-1)^2$에서
$f'(x)=12\pi(x-1)$
$g(x)=3f(x)+4\cos f(x)$에서
$g'(x)=3f'(x)-4\sin f(x) \times f'(x)$
$\qquad =f'(x)\{3-4\sin f(x)\}$
$g'(x)=0$에서 $f'(x)=0$ 또는 $\sin f(x)=\dfrac{3}{4}$

2단계 $f'(x)=0$일 때 함수 $g(x)$가 극소가 되는 x의 값을 구해 보자.

(i) $f'(x)=0$일 때
$\quad 12\pi(x-1)=0$에서 $x=1$ $\quad \lceil \lim_{x \to 1} \{3-4\sin f(x)\}=3$
$\quad x=1$의 좌우에서 $3-4\sin f(x)>0$이고,
$\quad 0<x<1$에서 $f'(x)<0$이므로 $g'(x)<0$,
$\quad 1<x<2$에서 $f'(x)>0$이므로 $g'(x)>0$

즉, $g'(1)=0$이고 $x=1$의 좌우에서 함수 $g'(x)$의 부호가 음$(-)$에서 양$(+)$으로 바뀌므로 함수 $g(x)$는 $x=1$에서 극소이다.

3단계 $\sin f(x)=\dfrac{3}{4}$일 때 함수 $g(x)$가 극소가 되는 x를 알아보자.

(ii) $\sin f(x)=\dfrac{3}{4}$일 때
$f(x)=k$라 하면 $0<x<2$에서 $0 \le k<6\pi$

다음 [그림 1]과 같이 함수 $y=\sin k$와 직선 $y=\dfrac{3}{4}$의 교점의 x좌표를 작은 수부터 차례대로 k_t $(t=1, 2, 3, \cdots, 6)$이라 하고, [그림 2]와 같이 함수 $y=f(x)$의 그래프와 직선 $y=k_t$의 두 교점의 x좌표를 각각 a_t, b_t $(a_t<b_t)$라 하자.

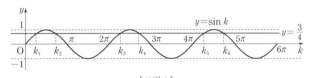

[그림 1]

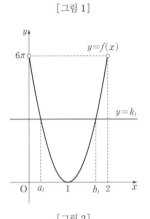

[그림 2]

함수 $g(x)$가 극소가 되는 x를 알아보자.
$x=a_t$ 또는 $x=b_t$에서 함수 $g'(x)$의 부호가 음$(-)$에서 양$(+)$으로 바뀌어야 한다.

ⓐ $0<x<1$일 때
$\quad f'(x)<0$이므로 $3-4\sin f(x)$의 부호가 양$(+)$에서 음$(-)$으로
$\quad$바뀌어야 한다. $\longrightarrow$ 이 점의 좌우에서 함수 $y=\sin k$의
$\quad$[그림 1]에서 $f(x)$가 k_2, k_4, k_6일 때이고, 함숫값이 $\dfrac{3}{4}$보다 큰 값에서 작은 값으로 변한다.
$\quad f'(x)<0$이므로 [그림 2]에서 $x=a_2$, a_4, a_6이다.
$\quad$즉, 함수 $g(x)$가 극소가 되는 x는 a_2, a_4, a_6

ⓑ $1<x<2$일 때
$\quad f'(x)>0$이므로 $3-4\sin f(x)$의 부호도 음$(-)$에서 양$(+)$으로
$\quad$바뀌어야 한다. $\longrightarrow$ 이 점의 좌우에서 함수 $y=\sin k$의
$\quad$[그림 1]에서 $f(x)$가 k_1, k_3, k_5일 때이고, 함숫값이 $\dfrac{3}{4}$보다 작은 값에서 큰 값으로 변한다.
$\quad f'(x)>0$이므로 [그림 2]에서 $x=b_1$, b_3, b_5이다.
$\quad$즉, 함수 $g(x)$가 극소가 되는 x는 b_1, b_3, b_5

ⓐ, ⓑ에서 $\sin f(x)=\dfrac{3}{4}$에서 함수 $g(x)$가 극소가 되는 x의 값은 a_2, a_4, a_6, b_1, b_3, b_5

4단계 함수 $g(x)$가 극소가 되는 x의 개수를 구해 보자.

(i), (ii)에서 함수 $g(x)$가 극소가 되는 x의 개수는
1, a_2, a_4, a_6, b_1, b_3, b_5의 7

> **참고**
>
> $0<x<1$일 때 함수 $g(x)$는 $x=a_1$, a_3, a_5에서 극댓값을 갖고,
> $1<x<2$일 때 함수 $g(x)$는 $x=b_2$, b_4, b_6에서 극댓값을 갖는다.

(ii) $\sin f(x)=\dfrac{3}{4}$일 때

함수 $h(x)=\sin f(x)$라 하고 함수 $y=h(x)$의 그래프를 그려 보자.

$h'(x)=f'(x)\cos f(x)$

$h'(x)=0$에서 $f'(x)=0$ 또는 $\cos f(x)=0$

ⓐ $f'(x)=0$일 때, $x=1$

ⓑ $\cos f(x)=0$일 때, $f(x)=\dfrac{\pi}{2}$, $\dfrac{3}{2}\pi$, $\dfrac{5}{2}\pi$, $\cdots$

$\therefore x=1\pm\sqrt{\dfrac{1}{12}}$, $1\pm\sqrt{\dfrac{3}{12}}$, $1\pm\sqrt{\dfrac{5}{12}}$, $\cdots$, $1\pm\sqrt{\dfrac{11}{12}}$

$(\because 0<x<2)$

$0<x<1$에서 함수 $h(x)$의 증가와 감소를 표로 나타내면 다음과 같다.

x	(0)	$\cdots$	$1-\sqrt{\dfrac{11}{12}}$	$\cdots$	$1-\sqrt{\dfrac{9}{12}}$	$\cdots$	$1-\sqrt{\dfrac{7}{12}}$	$\cdots$
㉠← $f'(x)$		+	+	+	+	+	+	+
㉡← $\cos f(x)$		−	0	+	0	−	0	+
㉠×㉡← $h'(x)$		−	0	+	0	−	0	+
$h(x)$		↘	극소	↗	극대	↘	극소	↗

x	$1-\sqrt{\dfrac{5}{12}}$	$\cdots$	$1-\sqrt{\dfrac{3}{12}}$	$\cdots$	$1-\sqrt{\dfrac{1}{12}}$	$\cdots$	(1)
$f'(x)$	+	+	+	+	+	+	
$\cos f(x)$	0	−	0	+	0	−	
$h'(x)$	0	−	0	+	0	−	
$h(x)$	극대	↘	극소	↗	극대	↘	

이때 함수 $y=f(x)$의 그래프는 직선 $x=1$에 대하여 대칭이므로 함수 $y=h(x)$의 그래프도 직선 $x=1$에 대하여 대칭이다. 즉, $0<x<2$에서 함수 $y=h(x)$의 그래프의 개형은 다음 그림과 같다.

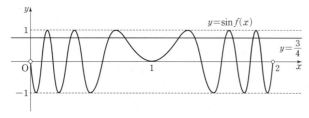

함수 $y=h(x)$의 그래프와 직선 $y=\dfrac{3}{4}$의 교점의 x좌표를 작은 수부터 차례대로 x_t $(t=1, 2, 3, \cdots, 12)$라 하자.

$0<x<1$에서 함수 $g(x)$의 증가와 감소를 표로 나타내면 다음과 같다.

x	(0)	$\cdots$	x_1	$\cdots$	x_2	$\cdots$	x_3	$\cdots$
㉢← $f'(x)$		−	−	−	−	−	−	−
㉣← $3-4\sin f(x)$		−	0	+	0	−	0	+
㉢×㉣← $g'(x)$		+	0	−	0	+	0	−
$g(x)$		↗	극대	↘	극소	↗	극대	↘

x	x_4	$\cdots$	x_5	$\cdots$	x_6	$\cdots$	(1)
$f'(x)$	−	−	−	+	−	−	
$3-4\sin f(x)$	0	−	0	+	0	−	
$g'(x)$	0	+	0	−	0	+	
$g(x)$	극소	↗	극대	↘	극소	↗	

즉, 함수 $g(x)$는 x가 x_2, x_4, x_6일 때 극솟값을 갖는다.

같은 방법으로 $1<x<2$에서 함수 $g(x)$는 x가 x_7, x_9, x_{11}일 때 극솟값을 갖는다.

따라서 함수 $g(x)$는 x가 x_2, x_4, x_6, x_7, x_9, x_{11}일 때 극솟값을 갖는다.

107 정답률 ▶ 89% 답 ④

Best Pick 속도와 가속도 유형의 가장 기본적인 문제이다. 수능에 종종 출제되는 유형으로 어렵지는 않지만 마지막 유형이라 개념을 소홀히 하여 틀리는 경우가 있다. 마지막 유형까지 꼼꼼히 학습해야 한다.

1단계 매개변수로 나타내어진 함수의 미분법을 이용하여 점 P의 시각 t에서의 속도를 구해 보자.

$x=3t-\sin t$에서

$\dfrac{dx}{dt}=3-\cos t$,

$y=4-\cos t$에서

$\dfrac{dy}{dt}=\sin t$

즉, 점 P의 시각 t에서의 속도는

$(3-\cos t,\ \sin t)$

2단계 점 P의 속력의 최댓값 M, 최솟값 m을 각각 구하여 $M+m$의 값을 구해 보자.

점 P의 시각 t에서의 속력은

$\sqrt{\left(\dfrac{dx}{dt}\right)^2+\left(\dfrac{dy}{dt}\right)^2}=\sqrt{(3-\cos t)^2+\sin^2 t}$

$=\sqrt{(9-6\cos t+\cos^2 t)+\sin^2 t}$

$=\sqrt{10-6\cos t}$ ⋯⋯ ㉠

$-1\le\cos t\le1$이므로 ㉠은 $\cos t=-1$일 때 최댓값 4를 갖고, $\cos t=1$일 때 최솟값 2를 갖는다.

$\therefore M=4,\ m=2$

$\therefore M+m=4+2=6$

108 정답률 ▶ 83% 답 4

1단계 매개변수로 나타내어진 함수의 미분법을 이용하여 점 P의 시각 t에서의 속도를 구해 보자.

$x=\dfrac{1}{2}e^{2(t-1)}-at$에서

$\dfrac{dx}{dt}=e^{2(t-1)}-a$,

$y=be^{t-1}$에서

$\dfrac{dy}{dt}=be^{t-1}$

이므로 점 P의 시각 t에서의 속도는

$\left(\dfrac{dx}{dt},\ \dfrac{dy}{dt}\right)=(e^{2(t-1)}-a,\ be^{t-1})$

2단계 a, b의 값을 각각 구하여 $a+b$의 값을 구해 보자.

점 P의 시각 $t=1$에서의 속도는

$(1-a,\ b\times1)=(1-a,\ b)$

즉, $1-a=-1$, $b=2$이므로

$a=2$, $b=2$

$\therefore a+b=2+2=4$

109 정답률 ▶ 76%　　　　　　　답 ③

1단계 매개변수로 나타내어진 함수의 미분법을 이용하여 점 P의 시각 t에서의 속도를 구해 보자.

$x=t+\sin t\cos t$에서

$\dfrac{dx}{dt}=1+\{\cos t\cos t+\sin t\times(-\sin t)\}$

　　$=1+\cos^2 t-\sin^2 t$

　　$=1+2\cos^2 t-1$

　　$=2\cos^2 t$

$y=\tan t$에서

$\dfrac{dy}{dt}=\sec^2 t$

이므로 점 P의 시각 t에서의 속도는

$(2\cos^2 t,\ \sec^2 t)$

2단계 $0<t<\dfrac{\pi}{2}$에서 점 P의 속력의 최솟값을 구해 보자.

점 P의 시각 t에서의 속력은

$\sqrt{\left(\dfrac{dx}{dt}\right)^2+\left(\dfrac{dy}{dt}\right)^2}=\sqrt{(2\cos^2 t)^2+(\sec^2 t)^2}$

　　　　　　　　　　$=\sqrt{4\cos^4 t+\sec^4 t}$

$\cos t=s$라 하면

$\sqrt{4\cos^4 t+\sec^4 t}=\sqrt{4s^4+\dfrac{1}{s^4}}$

이때 $0<t<\dfrac{\pi}{2}$에서 $s>0$이므로 산술평균과 기하평균의 관계에 의하여

$4s^4+\dfrac{1}{s^4}\geq2\sqrt{4s^4\times\dfrac{1}{s^4}}$

　　　　　$=2\times2=4$ (단, 등호는 $4\cos^4 t=\sec^4 t$일 때 성립)

따라서 점 P의 속력의 최솟값은

$\sqrt{4}=2$

110 정답률 ▶ 78%　　　　　　　답 4

1단계 점 P의 시각 t에서의 속도를 구해 보자.

점 P의 시각 t에서의 위치 $x=1-\cos 4t$, $y=\dfrac{1}{4}\sin 4t$에서

$\dfrac{dx}{dt}=4\sin 4t$, $\dfrac{dy}{dt}=\cos 4t$

이므로 점 P의 시각 t에서의 속도는

$(4\sin 4t,\ \cos 4t)$

2단계 점 P의 속력이 최대가 되도록 하는 조건을 구해 보자.

점 P의 시각 t에서의 속력은

$\sqrt{(4\sin 4t)^2+(\cos 4t)^2}$　→　$\sqrt{\left(\dfrac{dx}{dt}\right)^2+\left(\dfrac{dy}{dt}\right)^2}$

$=\sqrt{16\sin^2 4t+1-\sin^2 4t}$

$=\sqrt{15\sin^2 4t+1}$

이므로 속력이 최대이려면 $\sin^2 4t=1$, 즉 $\cos^2 4t=0$이어야 한다.

3단계 점 P의 속력이 최대일 때의 점 P의 가속도의 크기를 구해 보자.

$\dfrac{d^2x}{dt^2}=16\cos 4t$, $\dfrac{d^2y}{dt^2}=-4\sin 4t$

이므로 점 P의 시각 t에서의 가속도는

$(16\cos 4t,\ -4\sin 4t)$

점 P의 시각 t에서의 가속도의 크기는

$\sqrt{(16\cos 4t)^2+(-4\sin 4t)^2}$　→　$\sqrt{\left(\dfrac{d^2x}{dt^2}\right)^2+\left(\dfrac{d^2y}{dt^2}\right)^2}$

$=\sqrt{256\cos^2 4t+16\sin^2 4t}$

따라서 $\sin^2 4t=1$, $\cos^2 4t=0$일 때 점 P의 가속도의 크기는

$\sqrt{256\times0+16\times1}=4$　└→점 P의 속력이 최대일 때

| 111 ① | 112 11 | 113 ④ | 114 72 | 115 64 | 116 29 |
| 117 5 | 118 30 | 119 10 | 120 6 | 121 27 | 122 216 |

111 정답률 ▶ 47% 답 ①

1단계 $x \geq 0$에서 함수 $y = f(x)$의 그래프의 개형을 그려 보자.

$x \geq 0$일 때

$f(x) = (x-2)^2 e^x + k$에서

$f'(x) = 2(x-2)e^x + (x-2)^2 e^x$

$\qquad = x(x-2)e^x$

$f'(x) = 0$에서

$x = 0$ 또는 $x = 2$

$x \geq 0$에서 함수 $f(x)$의 증가와 감소를 표로 나타내면 다음과 같다.

x	0	$\cdots$	2	$\cdots$
$f'(x)$		$-$	0	$+$
$f(x)$	$4+k$	$\searrow$	k	$\nearrow$

즉, $x \geq 0$에서 함수 $y = f(x)$의 그래프의 개형은 오른쪽 그림과 같다.

└▶ 또한, $x < 0$에서 $y = f(x)$의 그래프는 다음 그림과 같다.

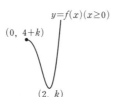

2단계 정수 k의 값의 범위를 나누어 함수 $y = g(x)$의 그래프의 개형을 그려 보자.

$g(x) = |f(x)| - f(x)$

$\qquad = \begin{cases} 0 & (f(x) \geq 0) \\ -2f(x) & (f(x) < 0) \end{cases}$

이므로 함수 $y = g(x)$의 그래프의 개형은 다음과 같이 4가지 경우로 나눌 수 있다.

(i) $k \geq 0$인 경우

함수 $y = g(x)$의 그래프의 개형은 다음 그림과 같다.

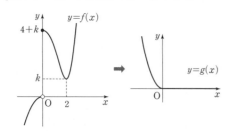

즉, 함수 $g(x)$는 모든 실수에서 연속이고, $g(x) = \begin{cases} 0 & (x \geq 0) \\ 2x^2 & (x < 0) \end{cases}$에서

$\displaystyle\lim_{x \to 0+} \frac{g(x)-g(0)}{x} = \lim_{x \to 0+} \frac{0}{x} = 0,$

$\displaystyle\lim_{x \to 0-} \frac{g(x)-g(0)}{x} = \lim_{x \to 0-} \frac{2x^2}{x} = 0$

└▶ $x=0$에서의 함수 $g(x)$의 (우미분계수) = (좌미분계수)

이므로 함수 $g(x)$는 $x = 0$에서 미분가능하다.

즉, 함수 $g(x)$는 모든 실수에서 미분가능하므로 조건 (나)를 만족시키지 않는다.

(ii) $-4 < k < 0$인 경우

함수 $y = g(x)$의 그래프의 개형은 다음 그림과 같다.

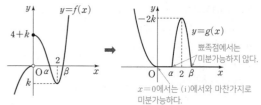

└▶ 뾰족점에서는 미분가능하지 않다.

└▶ $x=0$에서는 (i)에서와 마찬가지로 미분가능하다.

즉, 함수 $g(x)$는 모든 실수에서 연속이고, $x = \alpha$, $x = \beta$인 점에서만 미분가능하지 않으므로 조건 (가), (나)를 모두 만족시킨다.

(iii) $k = -4$인 경우

함수 $y = g(x)$의 그래프의 개형은 다음 그림과 같다.

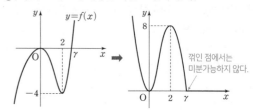

└▶ 꺾인 점에서는 미분가능하지 않다.

함수 $g(x)$는 모든 실수에서 연속이고,

$g(x) = \begin{cases} 0 & (x \geq \gamma) \\ -2\{(x-2)^2 e^x - 4\} & (0 \leq x < \gamma) \\ 2x^2 & (x < 0) \end{cases}$에서

$\displaystyle\lim_{x \to 0+} \frac{g(x)-g(0)}{x} = \lim_{x \to 0+} \frac{-2\{(x-2)^2 e^x - 4\}}{x}$

$\qquad = -2 \lim_{x \to 0+} \left\{ \frac{(x-2)^2(e^x-1)}{x} + \frac{(x-2)^2-4}{x} \right\}$

$\qquad = -2 \lim_{x \to 0+} \left\{ (x-2)^2 \times \frac{e^x-1}{x} + \frac{x(x-4)}{x} \right\}$

$\qquad = -2 \lim_{x \to 0+} \left\{ (x-2)^2 \times \frac{e^x-1}{x} + x - 4 \right\}$

$\qquad = -2(4 \times 1 - 4) = 0$

$\displaystyle\lim_{x \to 0-} \frac{g(x)-g(0)}{x} = \lim_{x \to 0-} \frac{2x^2}{x} = 0$

└▶ $x=0$에서의 함수 $g(x)$의 (우미분계수) = (좌미분계수)

이므로 함수 $g(x)$는 $x = 0$에서 미분가능하다.

즉, 함수 $g(x)$는 $x = \gamma$인 점에서만 미분가능하지 않으므로 조건 (나)를 만족시키지 않는다.

(iv) $k < -4$인 경우

함수 $y = g(x)$의 그래프의 개형은 다음 그림과 같다.

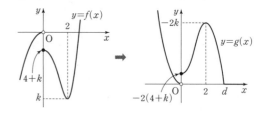

즉, 함수 $g(x)$는 $x = 0$에서 불연속이므로 조건 (가)를 만족시키지 않는다.

3단계 조건 (가), (나)를 모두 만족시키는 정수 k의 개수를 구해 보자.

(i)~(iv)에서 $-4 < k < 0$이므로 정수 k의 개수는 -3, -2, -1의 3

112 정답률 ▶ 12% 답 11

1단계 주어진 곡선과 직선이 만나는 서로 다른 두 점의 x좌표를 각각 구해 보자.

곡선 $y = \ln(1 + e^{2x} - e^{-2t})$과 직선 $y = x + t$가 만나는 서로 다른 두 점의

좌표를 각각 $(\alpha,\ \alpha+t)$, $(\beta,\ \beta+t)$ $(\alpha<\beta)$라 하면 두 점 사이의 거리는

$$f(t)=\sqrt{(\beta-\alpha)^2+\{(\beta+t)-(\alpha+t)\}^2}$$
$$=\sqrt{2(\beta-\alpha)^2}=\sqrt{2}\,(\beta-\alpha)\qquad\cdots\cdots\ \text{㉠}$$

$\ln(1+e^{2x}-e^{-2t})=x+t$에서

$1+e^{2x}-e^{-2t}=e^{x+t}$, $e^{2x}-e^t e^x+1-e^{-2t}=0$

$(e^x-e^{-t})(e^x-e^t+e^{-t})=0$

$\therefore\ e^x=e^{-t}$ 또는 $e^x=e^t-e^{-t}$ → $e^\alpha=e^{-t}$, $e^\beta=e^t-e^{-t}$ 또는 $e^\alpha=e^t-e^{-t}$, $e^\beta=e^{-t}$

2단계 두 점의 x좌표의 값의 차를 이용하여 함수 $f(t)$를 구해 보자.

$g(t)=(e^t-e^{-t})-e^{-t}=e^t-2e^{-t}$이라 하면

$g'(t)=e^t+2e^{-t}>0$이므로 함수 $g(t)$는 증가함수이고

$t>\dfrac{1}{2}\ln 2$인 실수 t에 대하여

$$g(t)\geq g\left(\dfrac{1}{2}\ln 2\right)=0$$

$\therefore\ g(t)=(e^t-e^{-t})-e^{-t}\geq 0$

즉, $t>\dfrac{1}{2}\ln 2$에서 $e^{-t}<e^t-e^{-t}$이므로

$e^\alpha=e^{-t}$, $e^\beta=e^t-e^{-t}$이고

$e^{\beta-\alpha}=\dfrac{e^t-e^{-t}}{e^{-t}}=e^{2t}-1$

$\therefore\ \beta-\alpha=\ln(e^{2t}-1)$

$\therefore\ f(t)=\sqrt{2}\ln(e^{2t}-1)$ $(\because\ \text{㉠})$

3단계 $f'(\ln 2)$의 값을 구하여 $p+q$의 값을 구해 보자.

$f'(t)=\sqrt{2}\times\dfrac{2e^{2t}}{e^{2t}-1}$이므로

$f'(\ln 2)=\sqrt{2}\times\dfrac{2e^{2\ln 2}}{e^{2\ln 2}-1}=\dfrac{8\sqrt{2}}{3}$ → $e^{2\ln 2}=e^{\ln 4}=4$

따라서 $p=3$, $q=8$이므로

$p+q=3+8=11$

---

113 정답률 ▶ 36% 답 ④

1단계 두 함수 $f(x)$, $g(x)$를 각각 구해 보자.

$F(x)=\ln|f(x)|$이므로 $F'(x)=\dfrac{f'(x)}{f(x)}$

$\lim\limits_{x\to 1}(x-1)F'(x)=3$에서

$$\lim\limits_{x\to 1}\left\{(x-1)\times\dfrac{f'(x)}{f(x)}\right\}=3\qquad\cdots\cdots\ \text{㉠}$$

㉠에서 $x\to 1$일 때 (분자) $\to 0$이고 0이 아닌 극한값이 존재하므로 (분모) $\to 0$이다. 즉,

$\lim\limits_{x\to 1}f(x)=f(1)=0$

즉, 사차함수 $f(x)$가 $x-1$을 인수로 가지므로

$f(x)=(x-1)^n p(x)$ $(p(1)\neq 0,\ n$은 4 이하의 자연수)라 하면 ㉠에서

$$\lim\limits_{x\to 1}\left\{(x-1)\times\dfrac{f'(x)}{f(x)}\right\}$$
$$=\lim\limits_{x\to 1}\dfrac{(x-1)\{n(x-1)^{n-1}p(x)+(x-1)^n p'(x)\}}{(x-1)^n p(x)}$$
$$=\lim\limits_{x\to 1}\dfrac{np(x)+(x-1)p'(x)}{p(x)}$$
$$=\lim\limits_{x\to 1}\dfrac{np(x)}{p(x)}+\lim\limits_{x\to 1}\dfrac{(x-1)p'(x)}{p(x)}$$
$$=n+0=3$$

$\therefore\ n=3$

사차함수 $f(x)$의 최고차항의 계수가 1이므로

$f(x)=(x-1)^3(x+a)$ $(a$는 상수$)$라 할 수 있다.

한편, $G(x)=\ln|g(x)\sin x|$에서

$G'(x)=\dfrac{g'(x)\sin x+g(x)\cos x}{g(x)\sin x}$이고 → $F'(x)=\dfrac{f'(x)}{f(x)}=\dfrac{3(x-1)^2(x+a)+(x-1)^3}{(x-1)^3(x+a)}$

$$\lim\limits_{x\to 0}\dfrac{F'(x)}{G'(x)}=\lim\limits_{x\to 0}\dfrac{g(x)\sin x\times\{3(x-1)^2(x+a)+(x-1)^3\}}{\{g'(x)\sin x+g(x)\cos x\}(x-1)^3(x+a)}$$
$$=\lim\limits_{x\to 0}\dfrac{g(x)\sin x\times(4x+3a-1)}{\{g'(x)\sin x+g(x)\cos x\}(x-1)(x+a)}$$
$$=\dfrac{1}{4}\qquad\cdots\cdots\ \text{㉡}$$

㉡에서 $x\to 0$일 때 (분자) $\to 0$이고 0이 아닌 극한값이 존재하므로 (분모) $\to 0$이다.

$$\lim\limits_{x\to 0}(x-1)(x+a)\{g'(x)\sin x+g(x)\cos x\}$$
$$=(-1)\times a\times\{g'(0)\sin 0+g(0)\cos 0\}$$
$$=(-1)\times a\times g(0)=0$$

$\therefore\ a=0$ 또는 $g(0)=0$

(ⅰ) $a=0$인 경우

㉡에서

$$\lim\limits_{x\to 0}\dfrac{g(x)\sin x\times(4x-1)}{\{g'(x)\sin x+g(x)\cos x\}x(x-1)}$$
$$=\lim\limits_{x\to 0}\dfrac{g(x)}{g'(x)\sin x+g(x)\cos x}\times\lim\limits_{x\to 0}\dfrac{\sin x}{x}\times\lim\limits_{x\to 0}\dfrac{4x-1}{x-1}$$
$$=\lim\limits_{x\to 0}\dfrac{g(x)}{g'(x)\sin x+g(x)\cos x}=\dfrac{1}{4}\qquad\cdots\cdots\ \text{㉢}$$

$g(0)\neq 0$이면

$$\lim\limits_{x\to 0}\dfrac{g(x)}{g'(x)\sin x+g(x)\cos x}=\dfrac{g(0)}{g(0)}=1\neq\dfrac{1}{4}$$이므로 모순이다.

$\therefore\ g(0)=0$

즉, 삼차함수 $g(x)$는 x를 인수로 가지므로

$g(x)=x^k q(x)$ $(q(0)\neq 0,\ k$는 3 이하의 자연수)라 할 수 있다.

㉢에서 → 곱의 미분법에 의해 $g'(x)=kx^{k-1}q(x)+x^k q'(x)$

$$\lim\limits_{x\to 0}\dfrac{x^k q(x)}{\{kx^{k-1}q(x)+x^k q'(x)\}\sin x+x^k q(x)\cos x}$$
$$=\lim\limits_{x\to 0}\dfrac{xq(x)}{\{kq(x)+xq'(x)\}\sin x+xq(x)\cos x}$$
$$=\lim\limits_{x\to 0}\dfrac{1}{\dfrac{kq(x)+xq'(x)}{q(x)}\times\dfrac{\sin x}{x}+\cos x}$$
$$=\dfrac{1}{\lim\limits_{x\to 0}\dfrac{kq(x)+xq'(x)}{q(x)}\times\lim\limits_{x\to 0}\dfrac{\sin x}{x}+\lim\limits_{x\to 0}\cos x}$$
$$=\dfrac{1}{\lim\limits_{x\to 0}\dfrac{kq(x)+xq'(x)}{q(x)}\times 1+1}$$
$$=\dfrac{1}{4}$$

즉, $\lim\limits_{x\to 0}\dfrac{kq(x)+xq'(x)}{q(x)}=3$이므로

$$\lim\limits_{x\to 0}\dfrac{kq(x)}{q(x)}+\lim\limits_{x\to 0}\dfrac{xq'(x)}{q(x)}=k+0=3$$

$\therefore\ k=3$ → $\lim\limits_{x\to 0}x\times\lim\limits_{x\to 0}\dfrac{q'(x)}{q(x)}=0\times\dfrac{q'(0)}{q(0)}=0$ $(\because\ q(0)\neq 0)$

$g(x)$가 최고차항의 계수가 1인 삼차함수이므로

$g(x)=x^3$ → $g(x)$는 x를 인수로 갖는다.

(ⅱ) $a\neq 0$이고 $g(0)=0$인 경우 → $g'(x)=mx^{m-1}s(x)+x^m s'(x)$

$g(x)=x^m s(x)$ $(s(0)\neq 0,\ m$은 3 이하의 자연수)라 하면 ㉡에서

$$\lim_{x \to 0} \frac{x^m s(x) \sin x \times (4x + 3a - 1)}{\{mx^{m-1}s(x)\sin x + x^m s'(x)\sin x + x^m s(x)\cos x\}(x-1)(x+a)}$$

$$= \lim_{x \to 0} \frac{s(x)\sin x \times (4x+3a-1)}{\left\{ms(x)\dfrac{\sin x}{x} + s'(x)\sin x + s(x)\cos x\right\}(x-1)(x+a)}$$

$$= \frac{1}{4} \qquad \cdots\cdots ㉣$$

㉣에서 $x \to 0$일 때 (분자) $\to 0$이고 0이 아닌 극한값이 존재하므로 (분모) $\to 0$이어야 한다. 즉,

$$\lim_{x \to 0}\left\{ms(x)\frac{\sin x}{x} + s'(x)\sin x + s(x)\cos x\right\}(x-1)(x+a)$$

$$= \{ms(0) + s(0)\} \times (-1) \times a$$

$$= -a(m+1)s(0) = 0$$

이고 $m + 1 \neq 0$, $s(0) \neq 0$이므로

$$a = 0$$

즉, $a \neq 0$에 모순이다.

(i), (ii)에서

$$f(x) = x(x-1)^3, \quad g(x) = x^3$$

2단계 $f(3) + g(3)$의 값을 구해 보자.

$$f(3) + g(3) = 3 \times 2^3 + 3^3 = 51$$

114 정답률 ▶ 14%   답 72

Best Pick 변곡점에서의 접선, 원함수, 점근선 등을 통해 접선의 개수를 구하는 문제이다. 그래프를 정확히 그릴 수 있어야 하며 대수적이 아닌 그래프를 통해 접선의 개수를 구해야 하는 대표적인 문제이므로 반드시 풀어 보아야 한다.

1단계 $f(x) = ax^2 + bx + c$로 놓고 함수 $g(x)$의 도함수와 이계도함수를 각각 구해 보자.

$$g'(x) = f'(x)e^{-x} - f(x)e^{-x} = e^{-x}\{-f(x) + f'(x)\}$$
$$g''(x) = -e^{-x}\{-f(x) + f'(x)\} + e^{-x}\{-f'(x) + f''(x)\}$$
$$= e^{-x}\{f(x) - f'(x) - f'(x) + f''(x)\}$$
$$= e^{-x}\{f(x) - 2f'(x) + f''(x)\}$$

$f(x) = ax^2 + bx + c$ (a, b, c는 상수, $a \neq 0$)이라 하면
$f'(x) = 2ax + b$, $f''(x) = 2a$이므로
$$g''(x) = e^{-x}\{ax^2 + bx + c - 2(2ax + b) + 2a\}$$
$$= e^{-x}\{ax^2 + (b-4a)x + (2a - 2b + c)\}$$

2단계 $f(x)$, $f'(x)$, $g(x)$, $g'(x)$를 간단히 해 보자.

두 점 $(1, g(1))$, $(4, g(4))$가 곡선 $y = g(x)$의 변곡점이므로
$$g''(1) = g''(4) = 0$$
$g''(x) = 0$에서 $e^{-x} > 0$이므로 1, 4는 이차방정식
$ax^2 + (b-4a)x + (2a - 2b + c) = 0$의 두 근이다.
이차방정식의 근과 계수의 관계에 의하여
$$(두 근의 합) = \frac{-b + 4a}{a} = 5, \quad (두 근의 곱) = \frac{2a - 2b + c}{a} = 4$$

이므로 $b = -a$, $c = 0$

$$\therefore f(x) = a(x^2 - x), \quad f'(x) = a(2x - 1)$$

이때 $g(x) = f(x)e^{-x} = ae^{-x}(x^2 - x)$이므로
$$g'(x) = e^{-x}\{-f(x) + f'(x)\}$$
$$= e^{-x}\{-a(x^2 - x) + a(2x - 1)\}$$
$$= ae^{-x}(-x^2 + 3x - 1)$$

3단계 그래프를 그려 조건 (나)를 만족시키는 함수 $g(x)$의 식을 구하여 $g(-2) \times g(4)$의 값을 구해 보자.

곡선 $y = g(x)$ 위의 점 $(t, g(t))$에서 그은 접선의 방정식은
$$y - g(t) = g'(t)(x - t)$$
이 접선이 점 $(0, k)$를 지나므로
$$k - g(t) = g'(t)(0 - t)$$에서
$$k = g(t) - tg'(t)$$
$$= ae^{-t}(t^2 - t) - ate^{-t}(-t^2 + 3t - 1)$$
$$= a(t^3 - 2t^2)e^{-t}$$

> 점 $(0, k)$에서 곡선 $y = g(x)$에 그은 접선이 3개이려면 방정식 $k = h(t)$의 근이 3개이어야 하므로 곡선 $y = h(t)$와 직선 $y = k$가 세 점에서 만나야 한다.

이때 $h(t) = a(t^3 - 2t^2)e^{-t}$이라 하면

$$h'(t) = a(3t^2 - 4t)e^{-t} + a(t^3 - 2t^2)e^{-t} \times (-1) = -at(t-1)(t-5)e^{-t}$$
$$h'(t) = 0$$에서 $t = 0$ 또는 $t = 1$ 또는 $t = 5$

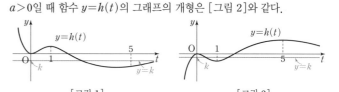

$a < 0$일 때

t	$\cdots$	0	$\cdots$	1	$\cdots$	5	$\cdots$
$h'(t)$	$-$	0	$+$	0	$-$	0	$+$
$h(t)$	↘	극소	↗	극대	↘	극소	↗

또한, $\lim\limits_{t \to -\infty} h(t) = \infty$, $\lim\limits_{t \to \infty} h(t) = 0$

$a > 0$일 때

t	$\cdots$	0	$\cdots$	1	$\cdots$	5	$\cdots$
$h'(t)$	$+$	0	$-$	0	$+$	0	$-$
$h(t)$	↗	극대	↘	극소	↗	극대	↘

또한, $\lim\limits_{t \to -\infty} h(t) = -\infty$, $\lim\limits_{t \to \infty} h(t) = 0$

$a < 0$일 때 함수 $y = h(t)$의 그래프의 개형은 [그림 1]과 같고,
$a > 0$일 때 함수 $y = h(t)$의 그래프의 개형은 [그림 2]와 같다.

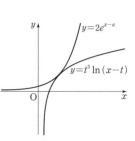

[그림 1]   [그림 2]

조건 (나)에서 함수 $y = h(t)$의 그래프와 직선 $y = k$가 서로 다른 세 점에서 만나도록 하는 실수 k의 값의 범위가 $-1 < k < 0$이므로 $a > 0$이고, $h(1) = -1$이어야 한다.
$h(1) = -ae^{-1} = -1$에서 $a = e$
$$\therefore g(x) = ae^{-x}(x^2 - x) = e \times e^{-x}(x^2 - x) = e^{-x+1}(x^2 - x)$$
$$\therefore g(-2) \times g(4) = e^{2+1}\{(-2)^2 - (-2)\} \times e^{-4+1}(4^2 - 4)$$
$$= e^3(4+2) \times e^{-3}(16-4)$$
$$= 6e^3 \times 12e^{-3}$$
$$= 72$$

115 정답률 ▶ 7%   답 64

1단계 곡선 $y = t^3 \ln(x - t)$가 곡선 $y = 2e^{x-a}$과 오직 한 점에서 만나도록 하는 조건을 알아보자.

곡선 $y = t^3 \ln(x - t)$와 곡선 $y = 2e^{x-a}$이 만나는 점의 x좌표를 α ($\alpha > t$)라 하면
$$t^3 \ln(\alpha - t) = 2e^{\alpha - a} \qquad \cdots\cdots ㉠$$

한편, 두 곡선 $y = t^3 \ln(x - t)$, $y = 2e^{x-a}$의 그래프의 개형은 오른쪽 그림과 같으므로 두 곡선이 오직 한 점에서 만나려면 두 곡선이 만나는 점에서의 미분계수가 같아야 한다.

2단계 함수 $f'(t)$를 구해 보자.

$y = t^3 \ln(x - t)$에서 $y' = \dfrac{t^3}{x - t}$,
$y = 2e^{x-a}$에서 $y' = 2e^{x-a}$
이므로 두 곡선이 만나는 점의 x좌표 α에 대하여
$$\frac{t^3}{\alpha - t} = 2e^{\alpha - a} \qquad \cdots\cdots ㉡$$

⊙의 양변을 t에 대하여 미분하면

$$3t^2 \ln(a-t) - \frac{t^3}{a-t} = -2e^{a-a} \times \frac{da}{dt}$$

⊙, ⊙을 대입하면

$$\frac{3 \times 2e^{a-a}}{t} - 2e^{a-a} = -2e^{a-a} \times \frac{da}{dt}$$

$$\left(\frac{3}{t} - 1 + \frac{da}{dt}\right)2e^{a-a} = 0, \quad \frac{3}{t} - 1 + \frac{da}{dt} = 0 \; (\because 2e^{a-a} > 0)$$

$$\therefore \frac{da}{dt} = f'(t) = 1 - \frac{3}{t}$$

3단계 $\left\{f'\left(\dfrac{1}{3}\right)\right\}^2$의 값을 구해 보자.

$f'\left(\dfrac{1}{3}\right) = 1 - 9 = -8$이므로 $\left\{f'\left(\dfrac{1}{3}\right)\right\}^2 = 64$

---

116 정답률 ▶ 11%   답 29

1단계 함수 $g(x)$가 극값을 갖는 경우를 알아보자.

$h(x) = \sin^2 \pi x$라 하면

$g(x) = f(h(x))$에서

$g'(x) = f'(h(x))h'(x)$

$g'(x) = 0$에서 $h'(x) = 0$ 또는 $f'(h(x)) = 0$

(i) $h'(x) = 0$일 때

$h'(x) = 2\sin\pi x \times \pi\cos\pi x = \pi\sin 2\pi x$ → $\pi \times (2\sin\pi x\cos\pi x)$ $= \pi\sin 2\pi x$

$h'(x) = 0$에서 $x = \dfrac{1}{2}$ $(\because 0 < x < 1)$

$0 < x < 1$에서 함수 $h(x)$의 증가와 감소를 표로 나타내면 다음과 같다.

x	(0)	$\cdots$	$\dfrac{1}{2}$	$\cdots$	(1)
$h'(x)$		$+$	0	$-$	
$h(x)$		↗	극대	↘	

즉, 함수 $y = h(x)$의 그래프의 개형은 오른쪽 그림과 같고, 함수 $h(x)$는 $x = \dfrac{1}{2}$에서 극댓값을 가지므로 함수 $g(x)$는 $x = \dfrac{1}{2}$에서 극값을 가질 수 있다. ← 아직까지는 정확히 알 수 없다.

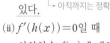

(ii) $f'(h(x)) = 0$일 때

삼차함수 $f(x)$에 대하여 방정식 $f'(x) = 0$을 만족시키는 x의 개수는 0 또는 1 또는 2이다.

ⓐ $f'(h(x)) = 0$을 만족시키는 $h(x)$의 개수가 0인 경우

함수 $g(x)$가 최대 1개의 극값을 가지므로 조건 (가)를 만족시키지 않는다. → (i) $x = \dfrac{1}{2}$에서

ⓑ $f'(h(x)) = 0$을 만족시키는 $h(x)$의 개수가 1인 경우

$h(x) = \alpha$, 즉 $f'(\alpha) = 0$일 때 $f'(h(x)) = 0$을 만족시킨다고 하자.

방정식 $h(x) = \alpha$의 해의 개수는 오른쪽 그림과 같이 최대 2이다.

이때 $f'(x) = 0$을 만족시키는 x의 개수가 최대 2이므로 함수 $g(x)$가 최대 3개의 극값을 갖게 된다.

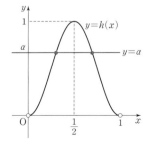

그런데 이 3개의 극값 모두 극댓값이 될 수 없다. → 연속함수 $f(x)$의 극댓값이 3개이려면 극솟값은 2개 이상이어야 한다.

즉, 조건 (가)를 만족시키지 않는다.

ⓒ $f'(h(x)) = 0$을 만족시키는 $h(x)$의 개수가 2인 경우

$h(x) = \alpha$, 즉 $f'(\alpha) = 0$일 때와 $h(x) = \beta$, 즉 $f'(\beta) = 0$일 때 $f'(h(x)) = 0$을 만족시킨다고 하자.

삼차함수 $f(x)$가 극댓값을 갖는 x의 값을 α, 극솟값을 갖는 x의 값을 β라 하면 함수 $f(x)$의 최고차항의 계수가 양수이므로 $\alpha < \beta$이다.

조건 (가)가 성립하려면 오른쪽 그림과 같이 $0 < \alpha < \beta < 1$이어야 하고 두 방정식 $h(x) = \alpha$, $h(x) = \beta$를 만족시키는 x의 값이 각각 2개씩 존재해야 한다.

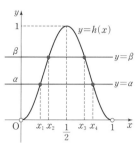

ⓐ, ⓑ, ⓒ에서 $f'(h(x)) = 0$을 만족시키는 $h(x)$의 개수는 2이고, 이때 $f'(h(x)) = 0$을 만족시키는 x의 개수가 4이므로 함수 $g(x)$가 5개의 극값을 가질 수 있다. → (i)에서 1개 (ii)에서 4개

(i), (ii)에서 조건 (가)에 의하여 함수 $g(x)$는 $x = \dfrac{1}{2}$에서 극댓값을 가지고,

$h(x_1) = h(x_4) = \alpha$, $h(x_2) = h(x_3) = \beta$라 하면

$x_1 < x_2 < \dfrac{1}{2} < x_3 < x_4$이므로

함수 $g(x)$는 $x = x_2$ 또는 $x = x_3$일 때 극솟값을 가지고, $x = x_1$ 또는 $x = \dfrac{1}{2}$ 또는 $x = x_4$일 때 극댓값을 갖는다.

2단계 함수 $f(x)$를 구해 보자.

조건 (가)에서 함수 $g(x)$의 극댓값이 모두 동일하고 조건 (나)에서 함수 $g(x)$의 최댓값은 $\dfrac{1}{2}$이므로 → 극대이며 최대

$$\left.\begin{array}{l} g\left(\dfrac{1}{2}\right) = f\left(h\left(\dfrac{1}{2}\right)\right) = f(1) = \dfrac{1}{2} \\[6pt] g(x_1) = f(h(x_1)) = f(\alpha) = \dfrac{1}{2} \\[6pt] g(x_4) = f(h(x_4)) = f(\alpha) = \dfrac{1}{2} \end{array}\right\} \text{⊙}$$

또한, 함수 $y = g(x)$의 그래프는 다음 그림과 같이 세 점에서 직선 $y = \dfrac{1}{2}$과 접해야 한다.

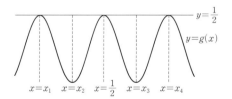

⊙에서

$$f(x) - \frac{1}{2} = (x - \alpha)^2(x - 1)$$

$$\therefore f(x) = (x - \alpha)^2(x - 1) + \frac{1}{2}$$

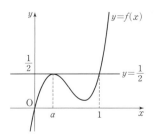

한편, 함수 $g(x)$의 값은 함수 $f(x)$의 값에 따라 결정되므로 함수 $g(x)$의 최솟값은 닫힌구간 $[0, 1]$에서 함수 $f(x)$의 최솟값과 같고, 최솟값은 최대·최소 정리에 의하여 극솟값 또는 구간의 양 끝에서의 함숫값 중 가장 작은 값이다.

$$f'(x)=2(x-a)(x-1)+(x-a)^2$$
$$=(x-a)(3x-a-2)$$

$f'(x)=0$에서

$x=a$ 또는 $x=\dfrac{a+2}{3}$ → $f(0), f(a), f\left(\dfrac{a+2}{3}\right), f(1)$의 값 중 가장 작은 값이 최솟값이다.

이때 $f(a), f(1)$은 최댓값이므로 $x=a$일 때 최소가 될 수 없다.

조건 (나)에 의하여 함수 $g(x)$의 최솟값이 0이므로 함수 $f(x)$의 최솟값이 0이다.

(a) $x=\dfrac{a+2}{3}$일 때

$$f\left(\dfrac{a+2}{3}\right)=\dfrac{4}{9}(a-1)^2\times\dfrac{1}{3}(a-1)+\dfrac{1}{2}$$
$$=\dfrac{4(a-1)^3}{27}+\dfrac{1}{2}$$
$$=0$$

에서

$$(a-1)^3=-\dfrac{27}{8}$$

$$a-1=-\dfrac{3}{2}$$

$$\therefore a=-\dfrac{1}{2}$$

그런데 $a>0$의 조건을 만족시키지 않는다.

(b) $x=0$일 때

$$f(0)=a^2\times(-1)+\dfrac{1}{2}$$
$$=-a^2+\dfrac{1}{2}$$
$$=0$$

에서

$$a^2=\dfrac{1}{2}$$

$$\therefore a=\dfrac{\sqrt{2}}{2}\ (\because a>0)$$

(a), (b)에서

$$a=\dfrac{\sqrt{2}}{2}$$

$$\therefore f(x)=\left(x-\dfrac{\sqrt{2}}{2}\right)^2(x-1)+\dfrac{1}{2}$$

3단계 $f(2)$의 값을 구하여 a^2+b^2의 값을 구해 보자.

$$f(2)=\left(\dfrac{9}{2}-2\sqrt{2}\right)\times1+\dfrac{1}{2}=5-2\sqrt{2}$$

따라서 $a=5$, $b=-2$이므로
$$a^2+b^2=5^2+(-2)^2=29$$

117

1단계 함수 $y=f(x)$의 그래프의 개형을 그려 보자.

(i) $x\leq0$일 때

$$f(x)=-x^2+ax=-\left(x-\dfrac{a}{2}\right)^2+\dfrac{a^2}{4}$$

이므로 꼭짓점이 $\left(\dfrac{a}{2}, \dfrac{a^2}{4}\right)$이고 점 $(0, 0)$을 지나는 이차함수이다.

(ii) $x>0$일 때

$$f(x)=\dfrac{\ln(x+b)}{x}\text{에서}$$

$$f'(x)=\dfrac{\dfrac{x}{x+b}-\ln(x+b)}{x^2}$$

이때 $h(x)=\dfrac{x}{x+b}-\ln(x+b)$라 하면

$$h'(x)=\dfrac{(x+b)-x}{(x+b)^2}-\dfrac{1}{x+b}$$
$$=\dfrac{b-(x+b)}{(x+b)^2}$$
$$=-\dfrac{x}{(x+b)^2}$$
$$<0\ (\because x>0)$$

이므로 함수 $h(x)$는 감소함수이다.

$0<b<1$에서 → 방정식 $h(x)=0$의 근은 오직 하나 존재한다.

$$\lim_{x\to0+}h(x)=\lim_{x\to0+}\left\{\dfrac{x}{x+b}-\ln(x+b)\right\}$$
$$=0-\ln b$$
$$=-\ln b>0,$$

$$h(e-b)=\dfrac{e-b}{(e-b)+b}-\ln\{(e-b)+b\}$$
$$=\dfrac{e-b}{e}-1$$
$$=-\dfrac{b}{e}<0$$

이므로 함수 $h(x)$는 열린구간 $(0, e-b)$에서 $h'(c)=0$을 만족시키는 실수 c가 존재한다.

$$\therefore f'(c)=\dfrac{h(c)}{x^2}=0$$

$x>0$일 때 함수 $f(x)$의 증가와 감소를 표로 나타내면 다음과 같다.

x	(0)	$\cdots$	c	$\cdots$	$e-b$	$\cdots$
$h'(x)$		$+$	0	$-$	$-$	$-$
$f'(x)$		$+$	0	$-$	$-$	$-$
$f(x)$		$\nearrow$	극대	$\searrow$	$\searrow$	$\searrow$

(i), (ii)에서 함수 $y=f(x)$의 그래프의 개형은 다음 그림과 같다.

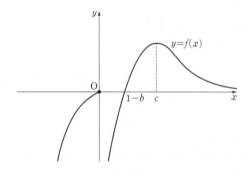

2단계 양수 m의 값의 범위에 따라 함수 $g(m)$을 구하여 양수 a에 대하여 알아보자.

직선 $y=mx$가 함수 $y=\dfrac{\ln(x+b)}{x}$의 그래프와 접할 때의 직선 $y=mx$의 기울기를 k라 하자.

$y=-x^2+ax$에서 $y'=-2x+a$

이므로 점 $(0, 0)$에서의 접선의 기울기는 a이다.

이때 직선 $y=mx$와 함수 $y=f(x)$의 그래프가 만나는 점의 개수는

(a) $a<k$일 때

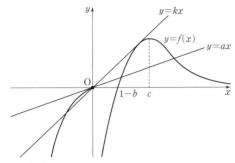

ⓐ $0<m\le a$일 때, 3

ⓑ $a<m<k$일 때, 4

ⓒ $m=k$일 때, 3

ⓓ $m>k$일 때, 2

ⓐ~ⓓ에서 함수 $g(m)$과 그 그래프는 다음과 같다.

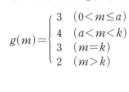
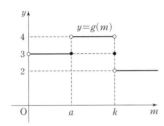

$$g(m)=\begin{cases}3 & (0<m\le a)\\4 & (a<m<k)\\3 & (m=k)\\2 & (m>k)\end{cases}$$

그런데 $\lim_{m\to a-}g(m)-\lim_{m\to a+}g(m)=1$을 만족시키는 실수 a의 값은 존재하지 않는다.

(b) $a=k$일 때

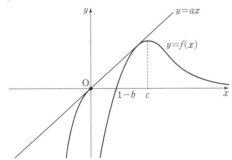

ⓐ $0<m<a$일 때, 3

ⓑ $m\ge a$일 때, 2

ⓐ, ⓑ에서 함수 $g(m)$과 그 그래프는 다음과 같다.

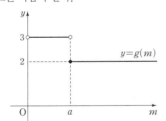

$$g(m)=\begin{cases}3 & (0<m<a)\\2 & (m\ge a)\end{cases}$$

이때 $\lim_{m\to a-}g(m)-\lim_{m\to a+}g(m)=1$이므로 $a=a$

(c) $a>k$일 때

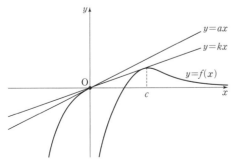

ⓐ $0<m<k$일 때, 3

ⓑ $m=k$일 때, 2

ⓒ $k<m\le a$일 때, 1

ⓓ $m>a$일 때, 2

ⓐ~ⓓ에서 함수 $g(m)$과 그 그래프는 다음과 같다.

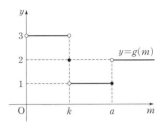

$$g(m)=\begin{cases}3 & (0<m<k)\\2 & (m=k)\\1 & (k<m\le a)\\2 & (m>a)\end{cases}$$

그런데 $\lim_{m\to a-}g(m)-\lim_{m\to a+}g(m)=1$을 만족시키는 실수 a의 값은 존재하지 않는다.

(a), (b), (c)에서 $a=a$

3단계 ab^2의 값을 구하여 $p+q$의 값을 구해 보자.

$0<b<1$이므로 점 $(b, f(b))$는 직선 $y=ax$와 곡선 $y=\dfrac{\ln(x+b)}{2}$의 접점이다.

즉, 점 $(b, f(b))$가 직선 $y=ax$와 곡선 $y=\dfrac{\ln(x+b)}{2}$ 위의 점이므로

$$ab=\frac{\ln 2b}{b}$$

$$\therefore a=\frac{\ln 2b}{b^2} \qquad \cdots\cdots \ \text{㉠}$$

또한, 직선 $y=ax$와 곡선 $y=\dfrac{\ln(x+b)}{x}$가 $x=b$에서 접선의 기울기가 서로 같다.

각각의 도함수가 $y'=a$, $y'=\dfrac{\dfrac{x}{x+b}-\ln(x+b)}{x^2}$이므로

$$a=\frac{\dfrac{b}{2b}-\ln 2b}{b^2}=\frac{1-2\ln 2b}{2b^2} \qquad \cdots\cdots \ \text{㉡}$$

㉠$=$㉡에서

$$\frac{\ln 2b}{b^2}=\frac{1-2\ln 2b}{2b^2},\ 2\ln 2b=1-2\ln 2b$$

$$\therefore \ln 2b=\frac{1}{4}$$

$$\therefore ab^2=\ln 2b=\frac{1}{4}\ (\because \text{㉠})$$

따라서 $p=4$, $q=1$이므로

$$p+q=4+1=5$$

118 정답률 ▶ 12% **답 30**

Best Pick 합성함수로 이루어진 방정식을 통해 함수 $f(x)$를 추론하는 문제이다. 이 개념은 미적분뿐만 아니라 수학 Ⅱ에서도 중요하므로 합성함수 $y=h(x)$의 그래프도 그릴 수 있도록 연습해야 한다.

1단계 함수 $y=g(x)$의 그래프의 개형을 그려 보자.

$g(x)=2x^4 e^{-x}$에서

$g'(x)=8x^3 e^{-x}-2x^4 e^{-x}=-2x^3 e^{-x}(x-4)$

$g'(x)=0$에서 $x=0$ 또는 $x=4$

함수 $g(x)$의 증가와 감소를 표로 나타내면 다음과 같다.

x	$\cdots$	0	$\cdots$	4	$\cdots$
$g'(x)$	$-$	0	$+$	0	$-$
$g(x)$	$\searrow$	0	$\nearrow$	$2^9 e^{-4}$	$\searrow$

이때 $\lim\limits_{x \to -\infty} g(x) = \infty$, $\lim\limits_{x \to \infty} g(x) = 0$이
므로 함수 $y = g(x)$의 그래프의 개형은
오른쪽 그림과 같다.

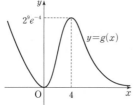

2단계 조건 (가)를 만족시키는 함수 $f(x)$에 대하여 알아보자.

조건 (가)에서 방정식 $h(x) = 0$, 즉 $f(g(x)) = 0$의 서로 다른 실근의 개
수가 4이다. └▸곡선 $y=g(x)$와 직선 $y=t$의 교점은 최대 3개이므로
이때 $g(x) = t$ $(t \geq 0)$라 하면 방정식 $g(x) = t$를 만족시키는 x의 값은 최
대 3개이다. ┌▸만약 방정식 $f(t)=0$이 단 하나의 실근을 갖는다면 방정식
$h(x)=0$, $f(g(x))=0$의 서로 다른 실근은 최대 3개이다.
즉, 방정식 $f(t) = 0$은 적어도 2개의 실근을 갖는다.

그런데 함수 $f(x)$는 최고차항의 계수가 $\dfrac{1}{2}$이고, 최솟값이 0이므로

$$f(x) = \frac{1}{2}(x-\alpha)^2 (x-\beta)^2 \ (0 \leq \alpha < \beta) \quad \cdots\cdots \ \text{㉠}$$

으로 놓을 수 있다.

3단계 조건 (나)를 만족시키는 함수 $f(x)$에 대하여 알아보자.

$h(x) = f(g(x))$에서 $h'(x) = f'(g(x))g'(x)$
이고, 조건 (나)에서 함수 $h(x)$는 $x = 0$에서 극소이므로 $h'(0) = 0$이고,
$x = 0$의 좌우에서 $h'(x)$의 부호가 $-$에서 $+$로 바뀌어야 한다.
이때 함수 $g(x)$의 $x = 0$의 좌우에서 $g'(x)$의 부호가 각각 $-$, $+$이므로
함수 $f'(g(x))$의 $x = 0$의 좌우에서 $f'(g(x))$의 부호는 $+$이어야 한다.
한편, x의 값이 0에 아주 가까이 있을 때, $x < 0$이면 $g(x) > 0$이고 $x > 0$
이면 $g(x) > 0$이다.
또한, $g(0) = 0$이므로 위의 조건을 만족시키기 위해서는 함수 $f(x)$에서
x의 값이 0의 근처이고 양수일 때, $f'(x) > 0$이어야 한다.

즉, ㉠에서 $f(x) = \dfrac{1}{2}x^2(x-\beta)^2$이고, 함수

$y = f(x)$의 그래프의 개형은 오른쪽 그림과 같다.
이때 방정식 $g(x) = 0$을 만족시키는 서로 다른
실근의 개수는 1이므로 방정식 $g(x) = \beta$를 만
족시키는 서로 다른 실근의 개수는 3이다.

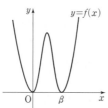

4단계 조건 (다)를 만족시키는 함수 $f(x)$를 구해 보자.

조건 (다)에서 방정식 $h(x) = 8$의 서로 다른 실근의 개수가 6이므로 방정
식 $f(g(x)) = 8$의 서로 다른 실근의 개수도 6이다. ▸이때 $f(g(x))=8$에서 $g(x)=t$로
(i) 함수 $f(x)$의 극댓값이 8보다 작은 경우 놓으면 $f(t)=8$이고 $g(x)\geq 0$이므로 $t\geq 0$이어야 한다.
오른쪽 그림과 같이 함수 $y = f(x)$의 그
래프와 직선 $y = 8$의 교점의 x좌표 중 양
수인 값을 a라 하면 방정식 $g(x) = a$를
만족시키는 서로 다른 실근의 개수는 6이
어야 한다.
그런데 함수 $y = g(x)$의 그래프와 직선
$y = a$의 교점은 최대 3개이다.

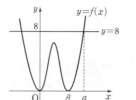

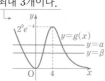

즉, 주어진 조건을 만족시키지 않는다.

(ii) 함수 $f(x)$의 극댓값이 8인 경우
오른쪽 그림과 같이 함수 $y = f(x)$의 그
래프와 직선 $y = 8$의 교점의 x좌표 중 양
수인 값을 각각 b, c $(b < c)$라 하면 방정
식 $g(x) = b$ 또는 방정식 $g(x) = c$를 만
족시키는 서로 다른 실근의 개수는 6이어
야 한다.

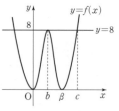

함수 $y = g(x)$의 그래프와 두 직선 $y = b$, $y = c$의 교점은 각각 최대 3
개씩이므로 주어진 조건을 만족시킬 수 있다.

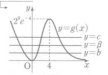

(iii) 함수 $f(x)$의 극댓값이 8보다 큰 경우
오른쪽 그림과 같이 함수 $y = f(x)$의 그
래프와 직선 $y = 8$의 교점의 x좌표 중 양
수인 값을 각각 d, e, f $(d < e < f)$라 하
면 방정식 $g(x) = d$ 또는 방정식
$g(x) = e$ 또는 $g(x) = f$를 만족시키는 서
로 다른 실근의 개수는 6이어야 한다.

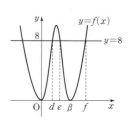

그런데 함수 $y = g(x)$의 그래프와 직선 $y = d$ 또는 $y = e$의 교점은 각
각 3개씩이고, 함수 $y = g(x)$의 그래프와 직선 $y = f$의 교점은 최소 1
개이다.

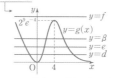

즉, 주어진 조건을 만족시키지 않는다.

(i), (ii), (iii)에서 함수 $f(x)$의 극댓값은 8이다.

$f(x) = \dfrac{1}{2}x^2(x-\beta)^2$에서

$f'(x) = x(x-\beta)^2 + x^2(x-\beta)$
$\qquad = x(2x-\beta)(x-\beta)$

$f'(x) = 0$에서 $x = 0$ 또는 $x = \dfrac{\beta}{2}$ 또는 $x = \beta$

함수 $f(x)$의 증가와 감소를 표로 나타내면 다음과 같다.

x	$\cdots$	0	$\cdots$	$\dfrac{\beta}{2}$	$\cdots$	β	$\cdots$
$f'(x)$	$-$	0	$+$	0	$-$	0	$+$
$f(x)$	$\searrow$	극소	$\nearrow$	극대	$\searrow$	극소	$\nearrow$

즉, 함수 $f(x)$는 $x = \dfrac{\beta}{2}$에서 극댓값을 가지므로

$f\left(\dfrac{\beta}{2}\right) = \dfrac{1}{2} \times \left(\dfrac{\beta}{2}\right)^2 \times \left(\dfrac{\beta}{2} - \beta\right)^2$
$\qquad\quad = 8$

$\beta^4 = 256$

$\therefore \beta = 4 \ (\because \beta > 0)$

$\therefore f(x) = \dfrac{1}{2}x^2(x-4)^2$

5단계 $f'(5)$의 값을 구해 보자.

$f'(x) = x(2x-4)(x-4)$
$\qquad = 2x(x-2)(x-4)$

$\therefore f'(5) = 2 \times 5 \times 3 \times 1 = 30$

119 정답률 ▶ 8%   답 10

1단계 함수 $f(x)$에 대하여 알아보고 $f(2)$의 값을 구해 보자.

$f(x)=-\dfrac{ax^3+bx}{x^2+1}$에서

$f'(x)=-\dfrac{(3ax^2+b)(x^2+1)-(ax^3+bx)\times 2x}{(x^2+1)^2}$

$=-\dfrac{ax^4+(3a-b)x^2+b}{(x^2+1)^2}$

모든 실수 x에 대하여 $x^2+1\neq 0$이므로 함수 $f'(x)$는 실수 전체의 집합에서 연속이다.

이때 모든 실수 x에 대하여 $f'(x)\neq 0$이고 $f'(0)=-b<0$이므로 모든 실수 x에 대하여 $f'(x)<0$이다.

즉, 함수 $f(x)$는 감소함수이다.

또한, $f(0)=0$이고 $f(-x)=-f(x)$이므로 함수 $y=f(x)$의 그래프는 원점에 대하여 대칭이다.

한편, $h(x)=f(f(x))-f^{-1}(f(x))=f(f(x))-x$이고

$h(0)=f(f(0))-0=f(0)-0=0$

이므로 조건 (가)의 $g(2)=h(0)$에서

$f(2)-f^{-1}(2)=0$ ∴ $f(2)=f^{-1}(2)$

$f(2)=f^{-1}(2)=t$ $(t<0)$이라 하면 점 $(2,\,t)$는 두 함수 $y=f(x)$, $y=f^{-1}(x)$의 그래프의 교점이고, 함수 $y=f(x)$의 그래프가 원점에 대하여 대칭이므로 점 $(-t,\,-2)$도 함수 $y=f(x)$의 그래프 위의 점이다.

함수 $f(x)$가 감소함수이고 $f(0)=0$이므로 두 점 $(2,\,t)$, $(-t,\,-2)$를 지나는 직선의 기울기는 -1이다. └ 직선 $y=x$ 위의 점은 오직 원점뿐이다.

$\dfrac{t-(-2)}{2-(-t)}=-1$에서

$t+2=-2-t$

$2t=-4$

∴ $t=-2$

∴ $f(2)=f^{-1}(2)=-2$

2단계 역함수의 미분법을 이용하여 $f'(2)$가 될 수 있는 값을 구해 보자.

역함수의 미분법에 의하여

$g'(2)=f'(2)-(f^{-1})'(2)$

$=f'(2)-\dfrac{1}{f'(f^{-1}(2))}$

$=f'(2)-\dfrac{1}{f'(-2)}$

또한, $h'(x)=f'(f(x))f'(x)-1$이므로

$h'(2)=f'(f(2))f'(2)-1=f'(-2)f'(2)-1$

$=\{f'(2)\}^2-1\ (\because f'(-x)=f'(x))$

조건 (나)에서 $g'(2)=-5h'(2)$이므로 └ $f(-x)=-f(x)$에서 $-f'(-x)=-f'(x)$ ∴ $f'(-x)=f'(x)$

$f'(2)-\dfrac{1}{f'(-2)}=-5\{f'(2)\}^2+5$

$5\{f'(2)\}^3+\{f'(2)\}^2-5f'(2)-1=0$

$\{f'(2)+1\}\{5f'(2)+1\}\{f'(2)-1\}=0$

∴ $f'(2)=-1$ 또는 $f'(2)=-\dfrac{1}{5}$ $(\because f'(x)<0)$

3단계 두 양수 a, b의 값을 각각 구하여 $4(b-a)$의 값을 구해 보자.

$f(2)=-2$에서

$-\dfrac{8a+2b}{5}=-2$

∴ $4a+b=5$ ······ ㉠

또한,

$f'(2)=-\dfrac{16a+4(3a-b)+b}{(4+1)^2}=-\dfrac{28a-3b}{25}$

(i) $f'(2)=-1$일 때

$-\dfrac{28a-3b}{25}=-1$에서

$28a-3b=25$ ······ ㉡

㉠, ㉡을 연립하여 풀면

$a=1$, $b=1$

그런데 $a\neq b$를 만족시키지 않는다.

(ii) $f'(2)=-\dfrac{1}{5}$일 때

$-\dfrac{28a-3b}{25}=-\dfrac{1}{5}$에서

$28a-3b=5$ ······ ㉢

㉠, ㉢을 연립하여 풀면

$a=\dfrac{1}{2}$, $b=3$

(i), (ii)에서 $a=\dfrac{1}{2}$, $b=3$

∴ $4(b-a)=4\times\left(3-\dfrac{1}{2}\right)=10$

참고

> 함수 $f(x)$가 감소함수일 때 함수 $y=f(x)$와 그 역함수 $y=f^{-1}(x)$의 그래프의 교점은 홀수 개이다. 이때 한 점은 직선 $y=x$ 위의 점이고, 나머지 교점은 직선 $y=-x+k$ (k는 상수) 위의 점이다.

120 정답률 ▶ 6%   답 6

1단계 함수 $h(x)$의 최솟값을 구해 보자.

함수 $h(x)$는 $x=k$에서 최솟값 $g(k)$를 가지므로

$g(k)=|g(k)-f(0)|$에서

$g(k)=g(k)-f(0)$ 또는 $g(k)=-g(k)+f(0)$

∴ $f(0)=0$ 또는 $f(0)=2g(k)$

이때 $f(x)=\ln(e^x+1)+2e^x$에서

$f(0)=\ln(e^0+1)+2e^0$

$=\ln 2+2\neq 0$

이므로 $f(0)=2g(k)$에서

$g(k)=\dfrac{1}{2}f(0)=\dfrac{1}{2}\ln 2+1=\ln\sqrt{2}+1$

즉, 함수 $h(x)$의 최솟값은 $\ln\sqrt{2}+1$이다.

2단계 함수 $y=h(x)$의 그래프의 개형을 알아보자.

$f(x)=\ln(e^x+1)+2e^x$에서

$f(x)>0$이고

$f'(x)=\dfrac{e^x}{e^x+1}+2e^x>0$이므로 함수 $f(x)$는 실수 전체의 집합에서 증가한다.

└ $f''(x)=\dfrac{e^x}{(e^x+1)^2}+2e^x>0$이므로 곡선 $y=f(x)$는 아래로 볼록하고 $\lim\limits_{x\to\infty}f(x)=\infty$, $\lim\limits_{x\to-\infty}f(x)=0$이므로 곡선 $y=f(x)$의 개형은 오른쪽 그림과 같다.

이때 함수 $y=f(x)$의 그래프를 x축의 방향으로 k만큼 평행이동한 함수 $y=f(x-k)$의 그래프의 개형은 오른쪽 그림과 같이 증가하는 함수이고, 제1, 2사분면 위에 그려진다.

함수 $g(x)$는 이차함수이고 함수 $h(x)$의 최솟값은 $\ln\sqrt{2}+1\neq 0$이므로 두 함수 $y=g(x)$, $y=f(x-k)$의 그래프의 교점이 없어야 한다.

즉, 이차함수 $y=g(x)$의 그래프는 위로 볼록하므로 그래프의 개형은 위의 그림과 같다.

이때 함수 $h(x)=|g(x)-f(x-k)|$는 $g(x)$, $f(x-k)$의 함숫값의 차이므로 함수 $y=h(x)$의 그래프의 개형은 오른쪽 그림과 같다.

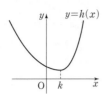

3단계 $g'(k)$의 값을 구해 보자.

$h(k)=g(k)$이고 $g(k)$는 함수 $h(x)$의 최솟값이므로 $h'(k)=0$이다.

$h(x)=\underline{f(x-k)-g(x)}$에서 $h'(x)=f'(x-k)-g'(x)$이므로 _{→ 실수 전체의 집합에서}

$h'(k)=f'(0)-g'(k)=0$

$g'(k)=f'(0)=\dfrac{e^0}{e^0+1}+2e^0=\dfrac{5}{2}$

> 실수 전체의 집합에서
> $f(x-k)>g(x)$이므로
> $h(x)=|g(x)-f(x-k)|$
> $\quad =f(x-k)-g(x)$
> $e^0=1$

4단계 이차함수 $g(x)$의 최고차항의 계수를 구해 보자.

함수 $g(x)$는 이차함수이므로

$g(x)=ax^2+bx+c$ (a, b, c는 상수, $a\neq 0$)

으로 놓을 수 있다.

이때 $g'(x)=2ax+b$이므로

$g(k)=ak^2+bk+c=\ln\sqrt 2+1$ ...... ㉠

$g'(k)=2ak+b=\dfrac{5}{2}$ ...... ㉡

이때 $h(k-1)<h(k+1)$이므로 닫힌구간 $[k-1,\ k+1]$에서 함수 $h(x)$의 최댓값은 $h(k+1)$이다.

> $f(x-k)$, $g(x)$의 함숫값의 차는
> $x=k-1$일 때보다 $x=k+1$일 때 더 크다.

$h(k+1)=f(1)-g(k+1)$

$\qquad =\ln(e+1)+2e-a(k+1)^2-b(k+1)-c$

$\qquad =\ln(e+1)+2e-(ak^2+bk+c)-(2ak+b)-a$

> $g(k)$ ... $g'(k)$

$\qquad =\ln(e+1)+2e-(\ln\sqrt 2+1)-\dfrac{5}{2}-a$ ($\because$ ㉠, ㉡)

$\qquad =2e+\ln\left(\dfrac{1+e}{\sqrt 2}\right)-\dfrac{7}{2}-a$

$\qquad =2e+\ln\left(\dfrac{1+e}{\sqrt 2}\right)$

에서 $a=-\dfrac{7}{2}$

5단계 $g'\left(k-\dfrac{1}{2}\right)$의 값을 구해 보자.

$g'\left(k-\dfrac{1}{2}\right)=2a\left(k-\dfrac{1}{2}\right)+b$

$\qquad =(2ak+b)-a$

$\qquad =\dfrac{5}{2}-\left(-\dfrac{7}{2}\right)=6$

> $g'(k)$

121 답 27

함수의 그래프에서 삼각함수를 이용한 문제는 다양한 형태로 응용되어 고난도 문제로 출제될 가능성이 매우 높다. 삼각함수의 대칭성, 주기성 등을 평상시에 잘 연습해 두어야 한다.

1단계 조건 (가)를 이용하여 $f(0)$, $f'(0)$의 값을 각각 구해 보자.

$g(x)=\dfrac{1}{2+\sin(f(x))}$에서

$g'(x)=-\dfrac{\cos(f(x))\times f'(x)}{\{2+\sin(f(x))\}^2}$ _{→ $2+\sin(f(a))\geq 1$}

이때 함수 $g(x)$가 $x=a_n$에서 극값을 가지려면

$g'(a_n)=0$에서 $\cos(f(a_n))\times f'(a_n)=0$

$\therefore \cos(f(a_n))=0$ 또는 $f'(a_n)=0$ ...... ㉠

즉, $f(a_n)=\dfrac{2k-1}{2}\pi$ (k는 정수) 또는 $f'(a_n)=0$

그런데 조건 (가)에서 $a_1=0$이므로

$g(0)=\dfrac{1}{2+\sin(f(0))}=\dfrac{2}{5}$

$\therefore \sin(f(0))=\dfrac{1}{2}$

이때 $0<f(0)<\dfrac{\pi}{2}$이므로 $f(0)=\dfrac{\pi}{6}$

즉, $\cos(f(a_1))=\cos(f(0))\neq 0$이므로

$f'(0)=0$

> ㉠에 의해 $f'(a_1)=0$이어야 한다.

2단계 조건 (나)를 이용하여 $f(a_2)$ 또는 $f(a_5)$의 값을 구해 보자.

조건 (나)에서

> $\dfrac{1}{g(a_5)}=2+\sin(f(a_5))$, $\dfrac{1}{g(a_2)}=2+\sin(f(a_2))$

$\dfrac{1}{g(a_5)}-\dfrac{1}{g(a_2)}=\sin(f(a_5))-\sin(f(a_2))=\dfrac{1}{2}$ ...... ㉡

이때 ㉠에서 $f'(a_2)\neq 0$이면 $\cos(f(a_2))=0$, 즉

$\sin(f(a_2))=1$ 또는 $\sin(f(a_2))=-1$이어야 하고,

$f'(a_5)\neq 0$이면 $\cos(f(a_5))=0$, 즉

$\sin(f(a_5))=1$ 또는 $\sin(f(a_5))=-1$이어야 한다.

따라서 $f'(a_2)\neq 0$이고, $f'(a_5)\neq 0$이면 ㉡을 만족시킬 수 없다.

$\therefore f'(a_2)=0$, $f'(a_5)\neq 0$ 또는 $f'(a_2)\neq 0$, $f'(a_5)=0$

(i) $f'(a_2)=0$, $f'(a_5)\neq 0$인 경우

$f'(a_2)=0$이려면 $f(a_2)\geq -\dfrac{\pi}{2}$이어야 한다.

즉, $x\geq 0$에서 함수 $y=f(x)$의 그래프는 오른쪽 그림과 같고

$f(a_5)=\dfrac{5}{2}\pi$이므로

$\sin(f(a_5))=1$이고

㉡에 의하여

$\sin(f(a_2))=\dfrac{1}{2}$

> $-1\leq\sin(f(a_2))<\dfrac{1}{2}$

그런데 $-\dfrac{\pi}{2}\leq f(a_2)<\dfrac{\pi}{6}$이므로

위의 식을 만족시키는 a_2는 존재하지 않는다.

(ii) $f'(a_2)\neq 0$, $f'(a_5)=0$인 경우

$x\geq 0$에서 함수 $y=f(x)$의 그래프는 오른쪽 그림과 같고,

$\sin(f(a_2))=\sin\left(-\dfrac{\pi}{2}\right)=-1$

이므로 ㉡에 의하여

$\sin(f(a_5))=-\dfrac{1}{2}$

위의 그림에서

$-\dfrac{7}{2}\pi<f(a_5)<-\dfrac{5}{2}\pi$

이어야 하므로

$f(a_5)=-\dfrac{17}{6}\pi$

3단계 삼차함수 $f(x)$를 구해 보자.

최고차항의 계수가 6π인 삼차함수 $f(x)$는 $x=0$에서 극댓값 $\dfrac{\pi}{6}$를 가지고 $x=a_5$에서 극솟값 $-\dfrac{17}{6}\pi$를 갖는다.

$f(0)=\dfrac{\pi}{6}$, $f'(0)=0$이므로

$f(x)=6\pi x^3+px^2+\dfrac{\pi}{6}$ (p는 상수)라 하면

$f(x)-\dfrac{\pi}{6}=h(x)$라 하면
$h(0)=0$, $h'(0)=0$이므로
$h(x)$는 x^2을 인수로 갖는다. 즉,
$h(x)=f(x)-\dfrac{\pi}{6}=6\pi x^3+px^2$ (p는 상수)
로 놓을 수 있다.

$f'(x)=18\pi x^2+2px=2x(9\pi x+p)$

$f'(a_5)=0$에서 $a_5=-\dfrac{p}{9\pi}$이므로

$f(a_5)=6\pi\left(-\dfrac{p}{9\pi}\right)^3+p\left(-\dfrac{p}{9\pi}\right)^2+\dfrac{\pi}{6}$

$\qquad =-\dfrac{17}{6}\pi$

$-\dfrac{2p^3}{3^5\pi^2}+\dfrac{p^3}{3^4\pi^2}=-3\pi$

$p^3=-3^6\pi^3$ $\therefore p=-9\pi$

$\therefore f(x)=6\pi x^3-9\pi x^2+\dfrac{\pi}{6}$, $f'(x)=18\pi x^2-18\pi x$

4단계 $g'\left(-\dfrac{1}{2}\right)$의 값을 구하여 a^2의 값을 구해 보자.

$f\left(-\dfrac{1}{2}\right)=-\dfrac{17}{6}\pi$, $f'\left(-\dfrac{1}{2}\right)=\dfrac{27}{2}\pi$

이므로

$g'\left(-\dfrac{1}{2}\right)=-\dfrac{\cos\left(f\left(-\dfrac{1}{2}\right)\right)\times f'\left(-\dfrac{1}{2}\right)}{\left\{2+\sin\left(f\left(-\dfrac{1}{2}\right)\right)\right\}^2}$

$\qquad =-\dfrac{\left(-\dfrac{\sqrt{3}}{2}\right)\times\dfrac{27}{2}\pi}{\left(2-\dfrac{1}{2}\right)^2}=3\sqrt{3}\pi$

따라서 $a=3\sqrt{3}$이므로

$a^2=27$

122 정답률 ▶ 3%　　　　　답 216

1단계 조건 (가), (나), (다)를 만족시키는 함수 $g(x)$에 대하여 알아보자.

조건 (나)에서

$f(\alpha)=M$, $f(\beta)=M$, $f'(\alpha)=0$, $f'(\beta)=0$

조건 (가)의 $g(x)=(x-a)f(x)$에서

$g'(x)=f(x)+(x-a)f'(x)$이므로

$g(\alpha)=(\alpha-a)M$, $g(\beta)=(\beta-a)M$

$g'(\alpha)=M$, $g'(\beta)=M$ →
$g'(\alpha)=f(\alpha)+(\alpha-a)f'(\alpha)=M+(\alpha-a)\times 0=M$
$g'(\beta)=f(\beta)+(\beta-a)f'(\beta)=M+(\beta-a)\times 0=M$

또한, $f(x)=\dfrac{g(x)}{x-a}=\dfrac{h(x)}{x-a}+M$이라 하면

$h(x)=g(x)-M(x-a)$ ...... ㉠

$\therefore h(\alpha)=0$, $h(\beta)=0$ ...... ㉡

또한, $h'(x)=g'(x)-M$이므로

$h'(\alpha)=0$, $h'(\beta)=0$ ...... ㉢

이때 ㉠에서 $h(x)$는 최고차항의 계수가 -1인 사차함수이고 ㉡, ㉢에 의하여

$h(x)=-(x-\alpha)^2(x-\beta)^2$이므로

$h(\alpha)=0$, $h'(\alpha)=0$이므로
$h(x)$는 $(x-\alpha)^2$을 인수로 갖는다.
또한, $h(\beta)=0$, $h'(\beta)=0$이므로
$h(x)$는 $(x-\beta)^2$을 인수로 갖는다.

$g(x)=-(x-\alpha)^2(x-\beta)^2+M(x-a)$

$f(x)=\dfrac{g(x)}{x-a}=-\dfrac{(x-\alpha)^2(x-\beta)^2}{x-a}+M$이므로

$f'(x)=-\dfrac{2(x-\alpha)(x-\beta)(2x-\alpha-\beta)(x-a)-(x-\alpha)^2(x-\beta)^2}{(x-a)^2}$

$\qquad =\dfrac{-(x-\alpha)(x-\beta)\{2(2x-\alpha-\beta)(x-a)-(x-\alpha)(x-\beta)\}}{(x-a)^2}$

$f(x)=2(2x-\alpha-\beta)(x-a)-(x-\alpha)(x-\beta)$라 하면
$f(a)=-(a-\alpha)(a-\beta)<0$ ($\because \alpha>a$, $\beta>a$) → $F(\alpha)\neq 0$, $F(\beta)\neq 0$

즉, $x>a$일 때, $x\neq\alpha$, $x\neq\beta$인 $F(x)=0$을 만족시키는 해가 한 개 있으므로 함수 $f(x)$는 3개의 극값을 갖는다. → 이차항의 계수가 3인 이차방정식이다.

$x>a$일 때 방정식 $F(x)=0$의 해를 $x=\gamma$라 하면
방정식 $f'(x)=0$은 세 실근 α, β, γ를 갖는다.
즉, 함수 $f(x)$는 $x=\alpha$, $x=\beta$, $x=\gamma$에서 극값을 갖는다.

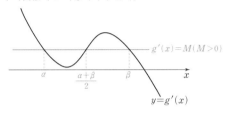

한편, 함수 $g(x)=-(x-\alpha)^2(x-\beta)^2+M(x-a)$는 사차함수이고 조건 (다)에 의해 2개 이하의 극값을 가져야 하므로

$g'(x)=-2(x-\alpha)(x-\beta)^2-2(x-\alpha)^2(x-\beta)+M$

$\qquad =-2(x-\alpha)(x-\beta)(2x-\alpha-\beta)+M$

에서 함수 $y=g'(x)$의 그래프의 개형이 다음 그림과 같아야 한다.

즉, $g'(x)$의 극솟값이 0 이상이어야 한다.

2단계 $g'(x)$의 극솟값이 0 이상이어야 함과 $\beta-\alpha=6\sqrt{3}$을 이용하여 M의 최솟값을 구해 보자.

$g''(x)=-2(x-\beta)^2-8(x-\alpha)(x-\beta)-2(x-\alpha)^2$이므로

$g''(x)=0$에서 → $(x-\beta)^2+4(x-\alpha)(x-\beta)+(x-\alpha)^2=0$

$6x^2-6(\alpha+\beta)x+\alpha^2+\beta^2+4\alpha\beta=0$

$6x^2-6(\alpha+\beta)x+\{(\beta-\alpha)^2+2\alpha\beta\}+4\alpha\beta=0$

$6x^2-6(\alpha+\beta)x+(\beta-\alpha)^2+6\alpha\beta=0$

$6x^2-6(\alpha+\beta)x+(6\sqrt{3})^2+6\alpha\beta=0$

즉, $x^2-(\alpha+\beta)x+18+\alpha\beta=0$ ...... ㉣

$\therefore x=\dfrac{(\alpha+\beta)\pm\sqrt{(\alpha+\beta)^2-4(18+\alpha\beta)}}{2}$

$\qquad =\dfrac{(\alpha+\beta)\pm\sqrt{(\beta-\alpha)^2-4\times 18}}{2}$

$\qquad =\dfrac{(\alpha+\beta)\pm\sqrt{(6\sqrt{3})^2-4\times 18}}{2}$

$\qquad =\dfrac{\alpha+\beta\pm 6}{2}$

$\dfrac{\alpha+\beta-6}{2}=x_1$, $\dfrac{\alpha+\beta+6}{2}=x_2$라 하면 함수 $g'(x)$의 극솟값은

$g'\left(\dfrac{\alpha+\beta-6}{2}\right)=g'(x_1)$

$\qquad =-2(x_1-\alpha)(x_1-\beta)(2x_1-\alpha-\beta)+M$

이때 $2x_1-\alpha-\beta=-6$이고

㉣에서 $(x_1-\alpha)(x_1-\beta)+18=0$이므로

$(x_1-\alpha)(x_1-\beta)=-18$

$\therefore g'(x_1)=-2\times(-18)\times(-6)+M\geq 0$

$\therefore M\geq 216$ → $g'(x)$의 극솟값이 0 이상이어야 하므로

따라서 M의 최솟값은 216이다.

001 ⑤	002 ②	003 ④	004 ⑤	005 ②	006 ④
007 ④	008 ②	009 72	010 ④	011 ①	012 ②
013 ①	014 12	015 ③	016 ②	017 ①	018 3
019 ②	020 ④	021 12	022 ②	023 ⑤	024 17
025 2	026 ①	027 ⑤	028 ②	029 6	030 ④
031 ③	032 ②	033 ④	034 ④	035 ④	036 ③
037 64	038 9	039 12	040 ①	041 ①	042 ①
043 ④	044 ①	045 ③	046 ①	047 ①	048 ④
049 ②	050 ④	051 ②	052 ③	053 ①	054 ⑤
055 ①	056 ②	057 ④	058 7	059 ⑤	060 ④
061 ③	062 96	063 ④	064 ③	065 ②	066 ②
067 24	068 ②	069 ②	070 ③	071 12	072 ④
073 56	074 ①	075 ⑤	076 64	077 15	

001
정답률 ▶ 70% 답 ⑤

1단계 부정적분을 이용하여 함수 $f(x)$를 구해 보자.

$f'(x)=\begin{cases} e^{x-1} & (x\le 1) \\ \dfrac{1}{x} & (x>1) \end{cases}$에서

$f(x)=\int f'(x)\,dx=\begin{cases} e^{x-1}+C_1 & (x\le 1) \\ \ln x+C_2 & (x>1) \end{cases}$ (단, C_1, C_2는 적분상수)

함수 $f(x)$가 모든 실수에서 연속이므로 $x=1$에서도 연속이다.

$\displaystyle\lim_{x\to 1+}f(x)=\lim_{x\to 1-}f(x)=f(1)$

즉,

$\displaystyle\lim_{x\to 1+}f(x)=\lim_{x\to 1+}(\ln x+C_2)=C_2$,

$\displaystyle\lim_{x\to 1-}f(x)=\lim_{x\to 1-}(e^{x-1}+C_1)=1+C_1$,

$f(1)=1+C_1$에서

$C_2=1+C_1$ ······ ㉠

이때 $f(-1)=e+\dfrac{1}{e^2}=e^{-2}+C_1$이므로

$C_1=e$

$C_1=e$를 ㉠에 대입하면 $C_2=1+e$

$\therefore f(x)=\begin{cases} e^{x-1}+e & (x\le 1) \\ \ln x+e+1 & (x>1) \end{cases}$

2단계 $f(e)$의 값을 구해 보자.

$e>1$이므로

$f(e)=\ln e+e+1=e+2$

002
정답률 ▶ 77% 답 ②

1단계 부정적분을 이용하여 함수 $f(x)$를 구해 보자.

$f'(x)=2-\dfrac{3}{x^2}$에서

$f(x)=\int f'(x)\,dx$

$=\int\left(2-\dfrac{3}{x^2}\right)dx$

$=2x+\dfrac{3}{x}+C_1$ (단, C_1은 적분상수)

이때 $f(1)=5$이므로

$2+3+C_1=5$ $\therefore C_1=0$

$\therefore f(x)=2x+\dfrac{3}{x}$

2단계 두 조건 (가), (나)를 이용하여 함수 $g(x)$를 구하여 $g(-3)$의 값을 구해 보자.

조건 (나)에서

$g(-2)=9-f(2)=9-\left(4+\dfrac{3}{2}\right)=\dfrac{7}{2}$

한편,

$f'(-x)=2-\dfrac{3}{(-x)^2}=2-\dfrac{3}{x^2}$

이고, 조건 (가)에서

$g'(x)=f'(-x)=2-\dfrac{3}{x^2}$이므로

$g(x)=\int g'(x)\,dx$

$=\int\left(2-\dfrac{3}{x^2}\right)dx$

$=2x+\dfrac{3}{x}+C_2$ (단, C_2는 적분상수)

이때 $g(-2)=\dfrac{7}{2}$이므로

$-4+\left(-\dfrac{3}{2}\right)+C_2=\dfrac{7}{2}$ $\therefore C_2=9$

따라서 $g(x)=2x+\dfrac{3}{x}+9\ (x<0)$이므로

$g(-3)=-6-1+9=2$

003
정답률 ▶ 65% 답 ④

1단계 부정적분을 이용하여 함수 $f(x)$를 구해 보자.

함수 $f(x)$의 역함수가 $g(x)$이므로

$g(f(x))=x$

위의 식의 양변을 x에 대하여 미분하면

$g'(f(x))f'(x)=1$

$\therefore g'(f(x))=\dfrac{1}{f'(x)}$

조건 (나)에서

$f(x)g'(f(x))=\dfrac{f(x)}{f'(x)}=\dfrac{1}{x^2+1}$

즉, $\dfrac{f'(x)}{f(x)}=x^2+1$이므로 양변을 x에 대하여 적분하면

$\displaystyle\int\dfrac{f'(x)}{f(x)}\,dx=\int(x^2+1)\,dx$

$\ln|f(x)|=\dfrac{1}{3}x^3+x+C$ (단, C는 적분상수)

$\therefore |f(x)|=e^{\frac{1}{3}x^3+x+C}$

조건 (가)에서 $f(0)=1>0$이고 함수 $f(x)$가 실수 전체의 집합에서 미분 가능하므로

$f(x)=e^{\frac{1}{3}x^3+x+C}$

이때 $f(0)=1$이므로

$f(0)=e^C=1$　　$\therefore C=0$

$\therefore f(x)=e^{\frac{1}{3}x^3+x}$

2단계 $f(3)$의 값을 구해 보자.

$f(3)=e^{\frac{1}{3}\times3^3+3}=e^{12}$

---

004 정답률 ▶ 72%　　　　　　　　　　답 ⑤

1단계 치환적분법을 이용하여 함수 $f(x)$를 구해 보자.

$\sqrt{x-1}\,f'(x)=3x-4$에서

$f'(x)=\dfrac{3x-4}{\sqrt{x-1}}$

이때 $x-1=t$라 하면 $1=\dfrac{dt}{dx}$이므로

$\begin{aligned}
f(x)&=\int f'(x)\,dx=\int \frac{3x-4}{\sqrt{x-1}}\,dx\\
&=\int \frac{3(x-1)-1}{\sqrt{x-1}}\,dx\\
&=\int \frac{3t-1}{\sqrt{t}}\,dt\\
&=\int \left(3\sqrt{t}-\frac{1}{\sqrt{t}}\right)dt\\
&=2t\sqrt{t}-2\sqrt{t}+C \text{ (단, }C\text{는 적분상수)}\\
&=2(x-1)\sqrt{x-1}-2\sqrt{x-1}+C
\end{aligned}$

2단계 $f(5)-f(2)$의 값을 구해 보자.

$f(5)-f(2)=(12+C)-C=12$

---

005 정답률 ▶ 87%　　　　　　　　　　답 ②

1단계 치환적분법을 이용하여 조건 (가)의 등식의 양변을 x에 대하여 적분해 보자.

$\{f(x)\}^2 f'(x)=\dfrac{2x}{x^2+1}$에서

$\int \{f(x)\}^2 f'(x)\,dx=\int \frac{2x}{x^2+1}\,dx$

이때 $f(x)=t$라 하면 $f'(x)=\dfrac{dt}{dx}$이므로

$\begin{aligned}
\int \{f(x)\}^2 f'(x)\,dx&=\int t^2\,dt=\frac{1}{3}t^3+C_1\\
&=\frac{1}{3}\{f(x)\}^3+C_1 \text{ (단, }C_1\text{은 적분상수)}
\end{aligned}$

$\int \dfrac{2x}{x^2+1}\,dx=\ln(x^2+1)+C_2$ (단, C_2는 적분상수) $\longrightarrow \frac{2x}{x^2+1}=\frac{(x^2+1)'}{x^2+1}$

$\therefore \{f(x)\}^3=3\ln(x^2+1)+C$ (단, C는 적분상수) …… ㉠
$\longrightarrow C=C_2-C_1$

2단계 조건 (나)를 이용하여 적분상수 C를 구해 보자.

조건 (나)에서 $f(0)=0$이므로 ㉠에 $x=0$을 대입하면

$\{f(0)\}^3=3\ln(0^2+1)+C$　　$\therefore C=0$

3단계 $\{f(1)\}^3$의 값을 구해 보자.

$\{f(x)\}^3=3\ln(x^2+1)$이므로

$\{f(1)\}^3=3\ln(1^2+1)=3\ln 2$

---

006 정답률 ▶ 51%　　　　　　　　　　답 ④

Best Pick 치환적분법을 이용하여 등식의 양변을 x에 대하여 적분하는 문제이다. 함수 $f(x)$의 거듭제곱과 도함수 $f'(x)$가 곱해져 있는 경우 치환적분법을 적용할 수 있음을 꼭 기억해야 한다.

1단계 치환적분법을 이용하여 조건 (가)의 등식의 양변을 x에 대하여 적분해 보자.

조건 (가)에서 등식의 양변을 x에 대하여 적분하면

$\int 2\{f(x)\}^2 f'(x)\,dx=\int \{f(2x+1)\}^2 f'(2x+1)\,dx$ …… ㉠

㉠의 좌변에서 $f(x)=t$라 하면 $f'(x)=\dfrac{dt}{dx}$이므로

$\begin{aligned}
\int 2\{f(x)\}^2 f'(x)\,dx&=\int 2t^2\,dt\\
&=\frac{2}{3}t^3+C_1 \text{ (단, }C_1\text{은 적분상수)}\\
&=\frac{2}{3}\{f(x)\}^3+C_1
\end{aligned}$

㉠의 우변에서 $f(2x+1)=k$라 하면 $2f'(2x+1)=\dfrac{dk}{dx}$이므로

$\begin{aligned}
\int \{f(2x+1)\}^2 f'(2x+1)\,dx&=\int \frac{1}{2}k^2\,dk\\
&=\frac{1}{6}k^3+C_2 \text{ (단, }C_2\text{는 적분상수)}\\
&=\frac{1}{6}\{f(2x+1)\}^3+C_2
\end{aligned}$

즉, $\dfrac{2}{3}\{f(x)\}^3+C_1=\dfrac{1}{6}\{f(2x+1)\}^3+C_2$이므로

$\{f(2x+1)\}^3=4\{f(x)\}^3+C$ (단, C는 적분상수) …… ㉡

2단계 조건 (나)를 이용하여 적분상수 C를 구해 보자.

㉡의 양변에 $x=-\dfrac{1}{8}$을 대입하면

$\left\{f\left(\dfrac{3}{4}\right)\right\}^3=4\left\{f\left(-\dfrac{1}{8}\right)\right\}^3+C$

$\therefore \left\{f\left(\dfrac{3}{4}\right)\right\}^3=4+C \;(\because \text{(나)})$

㉡의 양변에 $x=\dfrac{3}{4}$을 대입하면

$\begin{aligned}
\left\{f\left(\dfrac{5}{2}\right)\right\}^3&=4\left\{f\left(\dfrac{3}{4}\right)\right\}^3+C\\
&=4(4+C)+C\\
&=16+5C
\end{aligned}$

㉡의 양변에 $x=\dfrac{5}{2}$를 대입하면

$\{f(6)\}^3=4f\left\{\left(\dfrac{5}{2}\right)\right\}^3+C=4(16+5C)+C=64+21C$

$8=64+21C \;(\because \text{(나)})$

$21C=-56$

$\therefore C=-\dfrac{8}{3}$

3단계 $f(-1)$의 값을 구해 보자.

$\{f(2x+1)\}^3=4\{f(x)\}^3-\dfrac{8}{3}$에 $x=-1$을 대입하면

$\{f(-1)\}^3=4\{f(-1)\}^3-\dfrac{8}{3}$

$3\{f(-1)\}^3=\dfrac{8}{3}, \; \{f(-1)\}^3=\dfrac{8}{9}$

$\therefore f(-1)=\dfrac{2\sqrt[3]{3}}{3}$

007 정답률 ▸ 84% 답 ④

1단계 부분적분법을 이용하여 함수 $f(x)$를 구해 보자.

$f'(x) = \begin{cases} 2x+3 & (x<1) \\ \ln x & (x>1) \end{cases}$ 에서

$f(x) = \displaystyle\int f'(x)\,dx = \begin{cases} x^2+3x+C_1 & (x<1) \\ x\ln x - x + C_2 & (x>1) \end{cases}$

$\begin{aligned} &\rightarrow \int \ln x\,dx = x\ln x - \int 1\,dx \\ &\qquad\qquad = x\ln x - x + C_2 \end{aligned}$

(단, C_1, C_2는 적분상수)

이때 $f(e)=2$이므로

$e\ln e - e + C_2 = 2$ ∴ $C_2 = 2$

한편, 함수 $f(x)$는 실수 전체의 집합에서 연속이므로 $x=1$에서도 연속이다.

즉, $\displaystyle\lim_{x\to 1+}f(x) = \lim_{x\to 1-}f(x) = f(1)$이므로

$\displaystyle\lim_{x\to 1+}f(x) = \lim_{x\to 1+}(x\ln x - x + 2) = \ln 1 - 1 + 2 = 1$,

$\displaystyle\lim_{x\to 1-}f(x) = \lim_{x\to 1-}(x^2+3x+C_1) = 1 + 3\times 1 + C_1 = 4 + C_1$,

$\displaystyle\lim_{x\to 1+}f(x) = \lim_{x\to 1-}f(x)$에서

$1 = 4 + C_1$ ∴ $C_1 = -3$

∴ $f(x) = \begin{cases} x^2+3x-3 & (x<1) \\ x\ln x - x + 2 & (x\geq 1) \end{cases}$

2단계 $f(-6)$의 값을 구해 보자.

$f(-6) = (-6)^2 + 3\times(-6) - 3 = 15$

008 정답률 ▸ 76% 답 ②

1단계 부분적분법을 이용하여 조건 (나)의 등식의 양변을 x에 대하여 적분해 보자.

$\{xf(x)\}' = f(x) + xf'(x) = x\cos x$에서

$\begin{aligned} &\rightarrow u(x)=x, v'(x)=\cos x$라 하면 \\ &u'(x)=1, v(x)=\sin x$이므로 \end{aligned}$

$\displaystyle\int \{xf(x)\}'\,dx = \int x\cos x\,dx$

$\int x\cos x\,dx = x\sin x - \int \sin x\,dx$
$= x\sin x + \cos x + C$

∴ $xf(x) = x\sin x + \cos x + C$ (단, C는 적분상수)

2단계 조건 (가)를 이용하여 적분상수 C를 구해 보자.

조건 (가)에서 $f\left(\dfrac{\pi}{2}\right) = 1$이므로

$\dfrac{\pi}{2}f\left(\dfrac{\pi}{2}\right) = \dfrac{\pi}{2}\sin\dfrac{\pi}{2} + \cos\dfrac{\pi}{2} + C$

$\dfrac{\pi}{2} = \dfrac{\pi}{2} + C$ ∴ $C = 0$

3단계 $f(\pi)$의 값을 구해 보자.

$\pi f(\pi) = \pi\sin\pi + \cos\pi$에서

$f(\pi) = -\dfrac{1}{\pi}$

009 정답률 ▸ 57% 답 72

1단계 부분적분법을 이용하여 조건 (나)의 등식의 양변을 x에 대하여 적분해 보자.

조건 (나)에서

$\dfrac{xf'(x) - f(x)}{x^2} = \left\{\dfrac{f(x)}{x}\right\}' = xe^x$

$\dfrac{f(x)}{x} = \displaystyle\int \left\{\dfrac{f(x)}{x}\right\}'\,dx = \int xe^x\,dx$에서

$u(x)=x$, $v'(x)=e^x$이라 하면

$u'(x)=1$, $v(x)=e^x$이므로

$\begin{aligned} \dfrac{f(x)}{x} &= \int xe^x\,dx \\ &= xe^x - \int e^x\,dx \\ &= xe^x - e^x + C \\ &= (x-1)e^x + C \text{ (단, } C\text{는 적분상수)} \end{aligned}$

2단계 $f(3)\times f(-3)$의 값을 구해 보자.

조건 (가)에서 $f(1)=0$이므로 $C=0$

따라서 $f(x) = x(x-1)e^x$이므로

$f(3) = 6e^3$, $f(-3) = 12e^{-3}$

∴ $f(3)\times f(-3) = 6e^3 \times 12e^{-3} = 72$

010 정답률 ▸ 85% 답 ④

$\begin{aligned} \displaystyle\int_0^{\frac{\pi}{3}} \cos\left(\theta + \dfrac{\pi}{6}\right)d\theta &= \left[\sin\left(\theta + \dfrac{\pi}{6}\right)\right]_0^{\frac{\pi}{3}} \\ &= \sin\dfrac{\pi}{2} - \sin\dfrac{\pi}{6} \\ &= 1 - \dfrac{1}{2} = \dfrac{1}{2} \end{aligned}$

011 정답률 ▸ 80% 답 ①

$\begin{aligned} \displaystyle\int_3^6 \dfrac{2}{x^2-2x}\,dx &= \int_3^6 \dfrac{2}{x(x-2)}\,dx \\ &= \int_3^6 \left(\dfrac{1}{x-2} - \dfrac{1}{x}\right)dx \\ &= \Big[\ln|x-2| - \ln|x|\Big]_3^6 \\ &= (\ln 4 - \ln 6) - (\ln 1 - \ln 3) = \ln 2 \end{aligned}$

012 정답률 ▸ 75% 답 ②

Best Pick 함수 $f(x)$를 구하거나 주어진 등식의 양변을 적분하여 해결하는 문제이다. 두 가지 풀이 방법이 모두 중요하므로 두 가지 방법 모두 알고 다른 문제에도 활용할 수 있어야 한다.

1단계 함수 $f(x)$를 구해 보자.

$2f(x) + \dfrac{1}{x^2}f\left(\dfrac{1}{x}\right) = \dfrac{1}{x} + \dfrac{1}{x^2}$ ...... ㉠

㉠의 x에 $\dfrac{1}{x}$을 대입하면

$2f\left(\dfrac{1}{x}\right) + x^2 f(x) = x + x^2$ ...... ㉡

㉡의 양변을 $2x^2$으로 나누면

$\dfrac{1}{x^2}f\left(\dfrac{1}{x}\right) + \dfrac{1}{2}f(x) = \dfrac{1}{2x} + \dfrac{1}{2}$ ...... ㉢

㉠－㉢을 하면

$\dfrac{3}{2}f(x) = \dfrac{1}{2x} + \dfrac{1}{x^2} - \dfrac{1}{2}$

∴ $f(x) = \dfrac{1}{3x} + \dfrac{2}{3x^2} - \dfrac{1}{3}$

2단계 $\int_{\frac{1}{2}}^{2} f(x)\,dx$의 값을 구해 보자.

$$\int_{\frac{1}{2}}^{2} f(x)\,dx = \int_{\frac{1}{2}}^{2}\left(\frac{1}{3x}+\frac{2}{3x^2}-\frac{1}{3}\right)dx$$

$$=\left[\frac{1}{3}\ln|x|-\frac{2}{3x}-\frac{1}{3}x\right]_{\frac{1}{2}}^{2}$$

$$=\left(\frac{1}{3}\ln 2-1\right)-\left(\frac{1}{3}\ln\frac{1}{2}-\frac{3}{2}\right)$$

$$=\frac{2\ln 2}{3}+\frac{1}{2}$$

다른 풀이

$\int_{\frac{1}{2}}^{2}\frac{1}{x^2}f\left(\frac{1}{x}\right)dx$에서 $\frac{1}{x}=t$라 하면 $-\frac{1}{x^2}=\frac{dt}{dx}$이고

$x=\frac{1}{2}$일 때 $t=2$, $x=2$일 때 $t=\frac{1}{2}$이므로

$$\int_{\frac{1}{2}}^{2}\frac{1}{x^2}f\left(\frac{1}{x}\right)dx=\int_{2}^{\frac{1}{2}}\{-f(t)\}\,dt=\int_{\frac{1}{2}}^{2}f(t)\,dt$$

따라서 $\int_{\frac{1}{2}}^{2}2f(x)\,dx+\int_{\frac{1}{2}}^{2}\frac{1}{x^2}f\left(\frac{1}{x}\right)dx=\int_{\frac{1}{2}}^{2}\left(\frac{1}{x}+\frac{1}{x^2}\right)dx$에서

$$\int_{\frac{1}{2}}^{2}2f(x)\,dx+\int_{\frac{1}{2}}^{2}f(x)\,dx=\int_{\frac{1}{2}}^{2}\left(\frac{1}{x}+\frac{1}{x^2}\right)dx$$

$$3\int_{\frac{1}{2}}^{2}f(x)\,dx=\left[\ln x-\frac{1}{x}\right]_{\frac{1}{2}}^{2}=\left(\ln 2-\frac{1}{2}\right)-(-\ln 2-2)$$

$$=2\ln 2+\frac{3}{2}$$

$$\therefore \int_{\frac{1}{2}}^{2}f(x)\,dx=\frac{2\ln 2}{3}+\frac{1}{2}$$

조건 (가)에서 함수 $f(x)$는 주기가 2인 주기함수이므로

$f(2)=f(0)=1$

또한, 함수 $f(x)$는 연속함수이고 조건 (다)에서

$1<x<2$일 때, $f'(x)\geq 0$이므로

$f(x)=1$

즉, 함수 $y=f(x)$의 그래프는 다음 그림과 같다.

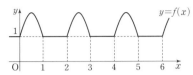

2단계 $\int_{0}^{6}f(x)\,dx$의 값을 구하여 $p+q$의 값을 구해 보자.

$$\int_{0}^{6}f(x)\,dx=3\int_{0}^{2}f(x)\,dx$$

$$=3\int_{0}^{1}f(x)\,dx+3\int_{1}^{2}f(x)\,dx$$

$$=3\int_{0}^{1}(\sin \pi x+1)\,dx+3\int_{1}^{2}1\,dx$$

$$=3\left[-\frac{1}{\pi}\cos \pi x+x\right]_{0}^{1}+3\left[x\right]_{1}^{2}$$

$$=3\left\{\left(\frac{1}{\pi}+1\right)-\left(-\frac{1}{\pi}\right)\right\}+3\times(2-1)$$

$$=6+\frac{6}{\pi}$$

따라서 $p=6$, $q=6$이므로

$p+q=6+6=12$

---

013   정답률 ▶ 74%   답 ①

1단계 주어진 정적분을 두 함수 $f(x)$, $g(x)$의 함숫값을 이용하여 나타내어 보자.

함수 $g(x)$는 함수 $f(x)$의 역함수이므로

$f(g(x))=x$, $g(f(x))=x$

위의 두 식의 양변을 x에 대하여 각각 미분하면

$f'(g(x))g'(x)=1$, $g'(f(x))f'(x)=1$

즉, $\dfrac{1}{f'(g(x))}=g'(x)$, $\dfrac{1}{g'(f(x))}=f'(x)$이므로

$$\int_{1}^{3}\left\{\frac{f(x)}{f'(g(x))}+\frac{g(x)}{g'(f(x))}\right\}dx=\int_{1}^{3}\{f(x)g'(x)+g(x)f'(x)\}\,dx$$

$$=\int_{1}^{3}\{f(x)g(x)\}'\,dx$$

$$=\left[f(x)g(x)\right]_{1}^{3}$$

$$=f(3)g(3)-f(1)g(1)$$

2단계 $f(1)=3$, $g(1)=3$을 이용하여 주어진 정적분의 값을 구해 보자.

$f(1)=3$에서 $g(3)=1$, $g(1)=3$에서 $f(3)=1$

$\therefore f(3)g(3)-f(1)g(1)=1\times 1-3\times 3=-8$

---

014   정답률 ▶ 53%   답 12

1단계 함수 $y=f(x)$의 그래프를 그려 보자.

조건 (나)에서

$f(0)=\sin 0+1=1$, $f(1)=\sin \pi+1=1$

---

015   정답률 ▶ 53%   답 ③

1단계 주어진 조건을 이용하여 구간 $(0,1)$에서 함수 $f(x)$를 구해 보자.

조건 (다)에 의하여 구간 $(0,1)$에서 $f''(x)=e^x$이므로

$f'(x)=\int f''(x)\,dx=\int e^x\,dx=e^x+C_1$ (단, C_1은 적분상수)

조건 (가)에 의하여 $f'(0)=1$이므로

$f'(0)=e^0+C_1=1+C_1=1$

$\therefore C_1=0$

$\therefore f'(x)=e^x$ $(0<x<1)$

같은 방법으로

$f(x)=\int f'(x)\,dx=\int e^x\,dx=e^x+C_2$ (단, C_2는 적분상수)

조건 (가)에 의하여 $f(0)=1$이므로

$f(0)=e^0+C_2=1+C_2=1$

$\therefore C_2=0$

$\therefore f(x)=e^x$ $(0<x<1)$

2단계 실수 전체의 집합에서 미분가능함을 이용하여 $\int_{0}^{2}f(x)\,dx$의 최솟값을 구해 보자.

함수 $f(x)$는 실수 전체의 집합에서 미분가능하므로 실수 전체의 집합에서 연속이다.

즉, $x=1$에서도 함수 $f(x)$는 연속이어야 하므로 $f(1)=e$, $f'(1)=e$이고, 조건 (나)에 의하여 $f'(x)$는 구간 $(1,2)$에서 증가하므로

$f'(1)=e\leq f'(x)$ ······ ㉠

$1\leq x<2$에서 ㉠의 양변을 적분하면

$$\int_{1}^{x}e\,dx\leq \int_{1}^{x}f'(x)\,dx \rightarrow \int_{1}^{x}f'(x)\,dx=\left[f(x)\right]_{1}^{x}=f(x)-f(1)$$

$$\left[ex\right]_1^x \leq f(x)-f(1),\ ex-e \leq f(x)-e$$

즉, $ex \leq f(x)$이므로

$$\int_1^2 ex\,dx \leq \int_1^2 f(x)\,dx \text{에서}$$

$$\int_1^2 ex\,dx = \left[\frac{1}{2}ex^2\right]_1^2 = 2e - \frac{1}{2}e = \frac{3}{2}e$$

$$\therefore \int_0^2 f(x)\,dx = \int_0^1 f(x)\,dx + \int_1^2 f(x)\,dx$$

$$\geq \int_0^1 e^x\,dx + \frac{3}{2}e = \left[e^x\right]_0^1 + \frac{3}{2}e$$

$$= e-1+\frac{3}{2}e = \frac{5}{2}e-1$$

따라서 구하는 최솟값은 $\dfrac{5}{2}e-1$이다.

016 정답률 ▶ 42% 답 ②

Best Pick 주어진 식을 정리하여 함수의 그래프의 개형을 그리고, 한 주기에 대한 사인함수의 적분값이 0임을 활용하여 해결하는 문제이다. 삼각함수의 주기성과 결합한 적분 문제는 출제 빈도가 높으므로 꼭 숙지해야 한다.

1단계 함수 $y=f(x)$의 그래프의 개형을 그려 보자.

$a_1=-1,\ a_n=2-\dfrac{1}{2^{n-2}}$이므로

$a_1=-1,\ a_2=1,\ a_3=\dfrac{3}{2},\ a_4=\dfrac{7}{4},\ \cdots$이고

$$f(x)=\begin{cases} \sin(2\pi x) & (-1 \leq x \leq 1) \\ \sin(2^2\pi x) & \left(1 \leq x \leq \dfrac{3}{2}\right) \\ \sin(2^3\pi x) & \left(\dfrac{3}{2} \leq x \leq \dfrac{7}{4}\right) \\ \vdots & \\ \sin(2^n\pi x) & (a_n \leq x \leq a_{n+1}) \end{cases}$$

즉, 함수 $y=f(x)$의 그래프의 개형은 다음 그림과 같다.

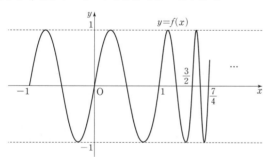

2단계 t의 값의 개수가 103일 때, 103번째 t의 값의 위치에 대하여 알아보자.

$-1<a<0$인 실수 a에 대하여 $\displaystyle\int_a^t f(x)\,dx=0$을 만족시키는 t의 값을 작은 수부터 차례대로 $t_k\ (1 \leq k \leq 103)$이라 할 때, 다음 그림과 같다.

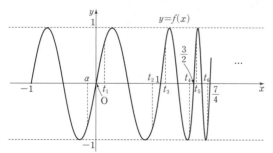

$\displaystyle\int_a^t f(x)\,dx=0$을 만족시키는 t의 값의 개수가 103이려면 닫힌구간 $[0,\ a_2],\ [a_2,\ a_3],\ [a_3,\ a_4],\ \cdots,\ [a_{51},\ a_{52}]$에 각각 2개씩 존재해야 하고 닫힌구간 $[a_{52},\ a_{53}]$에 한 개 존재해야 하므로

$$t_{103}=\frac{a_{52}+a_{53}}{2}$$

3단계 $1-\cos(2\pi a)$의 값을 구해 보자.

$\displaystyle\int_a^{t_{103}} f(x)\,dx=0$이므로

$$\int_a^0 f(x)\,dx + \int_0^{a_2} f(x)\,dx + \int_{a_2}^{a_3} f(x)\,dx + \int_{a_3}^{a_4} f(x)\,dx + \cdots$$

$$+ \int_{a_{51}}^{a_{52}} f(x)\,dx + \int_{a_{52}}^{t_{103}} f(x)\,dx = 0$$

$$\therefore \int_a^0 f(x)\,dx + \int_{a_{52}}^{t_{103}} f(x)\,dx = 0 \quad \cdots\cdots \ \text{㉠}$$

한편, $a_2=1$이므로

$$\int_0^{a_2} f(x)\,dx = \int_0^{\frac{1}{2}} \sin(2\pi x)\,dx = \left[-\frac{1}{2\pi}\cos(2\pi x)\right]_0^{\frac{1}{2}}$$

$$= \frac{1}{2\pi} - \left(-\frac{1}{2\pi}\right) = \frac{1}{\pi}$$

$$\int_{a_2}^{\frac{a_2+a_3}{2}} f(x)\,dx = \int_1^{\frac{5}{4}} \sin(2^2\pi x)\,dx = \left[-\frac{1}{2^2\pi}\cos(2^2\pi x)\right]_1^{\frac{5}{4}}$$

$$= \frac{1}{4\pi} - \left(-\frac{1}{4\pi}\right) = \frac{1}{2\pi}$$

$$\int_{a_3}^{\frac{a_3+a_4}{2}} f(x)\,dx = \int_{\frac{3}{2}}^{\frac{13}{8}} \sin(2^3\pi x)\,dx = \left[-\frac{1}{2^3\pi}\cos(2^3\pi x)\right]_{\frac{3}{2}}^{\frac{13}{8}}$$

$$= \frac{1}{8\pi} - \left(-\frac{1}{8\pi}\right) = \frac{1}{2^2\pi}$$

$$\vdots$$

$$\int_{a_{52}}^{\frac{a_{52}+a_{53}}{2}} f(x)\,dx = \int_{a_{52}}^{t_{103}} \sin(2^{52}\pi x)\,dx = \frac{1}{2^{51}\pi}$$

이때 ㉠에서

$$\int_a^0 f(x)\,dx = -\int_{a_{52}}^{t_{103}} f(x)\,dx = -\frac{1}{2^{51}\pi}$$

또한,

$$\int_a^0 f(x)\,dx = \int_a^0 \sin(2\pi x)\,dx = \left[-\frac{1}{2\pi}\cos(2\pi x)\right]_a^0$$

$$= -\frac{1}{2\pi}\{1-\cos(2\pi a)\} = -\frac{1}{2^{51}\pi}$$

이므로 $1-\cos(2\pi a) = \dfrac{1}{2^{50}}$

4단계 $\log_2\{1-\cos(2\pi a)\}$의 값을 구해 보자.

$$\log_2\{1-\cos(2\pi a)\} = \log_2 \frac{1}{2^{50}} = -50$$

017 정답률 ▶ 93% 답 ①

1단계 치환적분법을 이용하여 $\displaystyle\int_1^e \frac{3(\ln x)^2}{x}\,dx$의 값을 구해 보자.

$\ln x=t$라 하면 $\dfrac{1}{x}=\dfrac{dt}{dx}$이고

$x=1$일 때 $t=0$, $x=e$일 때 $t=1$이므로

$$\int_1^e \frac{3(\ln x)^2}{x}\,dx = \int_0^1 3t^2\,dt = \left[t^3\right]_0^1 = 1-0 = 1$$

018 정답률 ▸ 74% 　　　　　　답 3

1단계 치환적분법을 이용하여 $\int_0^{\frac{\pi}{2}} (\cos x + 3\cos^3 x)\,dx$의 값을 구해 보자.

$$\int_0^{\frac{\pi}{2}} (\cos x + 3\cos^3 x)\,dx = \int_0^{\frac{\pi}{2}} \cos x (1 + 3\cos^2 x)\,dx$$
$$= \int_0^{\frac{\pi}{2}} \cos x (4 - 3\sin^2 x)\,dx$$

$\sin x = t$라 하면 $\cos x = \dfrac{dt}{dx}$이고

$x = 0$일 때 $t = 0$, $x = \dfrac{\pi}{2}$일 때 $t = 1$이므로

$$\int_0^{\frac{\pi}{2}} \cos x (4 - 3\sin^2 x)\,dx = \int_0^1 (4 - 3t^2)\,dt = \Big[4t - t^3\Big]_0^1$$
$$= (4 - 1) - 0 = 3$$

019 정답률 ▸ 78% 　　　　　　답 ②

1단계 치환적분법을 이용하여 주어진 등식의 양변을 적분해 보자.

주어진 등식의 좌변에서 $\ln x = t$라 하면 $\dfrac{1}{x} = \dfrac{dt}{dx}$이고

$x = e^2$일 때 $t = 2$, $x = e^3$일 때 $t = 3$이므로

$$\int_{e^2}^{e^3} \frac{a + \ln x}{x}\,dx = \int_2^3 (a + t)\,dt = \Big[at + \frac{1}{2}t^2\Big]_2^3$$
$$= \Big(3a + \frac{9}{2}\Big) - (2a + 2) = a + \frac{5}{2}$$

주어진 등식의 우변에서 $\sin x = k$라 하면 $\cos x = \dfrac{dk}{dx}$이고

$x = 0$일 때 $k = 0$, $x = \dfrac{\pi}{2}$일 때 $k = 1$이므로

$$\int_0^{\frac{\pi}{2}} (1 + \sin x)\cos x\,dx = \int_0^1 (1 + k)\,dk = \Big[k + \frac{1}{2}k^2\Big]_0^1$$
$$= 1 + \frac{1}{2} = \frac{3}{2}$$

2단계 상수 a의 값을 구해 보자.

$\int_{e^2}^{e^3} \dfrac{a + \ln x}{x}\,dx = \int_0^{\frac{\pi}{2}} (1 + \sin x)\cos x\,dx$이므로

$a + \dfrac{5}{2} = \dfrac{3}{2}$ 　　　 $\therefore a = -1$

020 정답률 ▸ 81% 　　　　　　답 ④

1단계 치환적분법을 이용하여 함수 $f(x)$를 구해 보자.

$f(x) = \int_0^x \dfrac{1}{1 + e^{-t}}\,dt = \int_0^x \dfrac{e^t}{e^t + 1}\,dt$에서

$e^t + 1 = s$라 하면 $e^t = \dfrac{ds}{dt}$이고

$t = 0$일 때 $s = 2$, $t = x$일 때 $s = e^x + 1$이므로

$$f(x) = \int_0^x \frac{e^t}{e^t + 1}\,dt = \int_2^{e^x + 1} \frac{1}{s}\,ds = \Big[\ln s\Big]_2^{e^x + 1}$$
$$= \ln(e^x + 1) - \ln 2 = \ln \frac{e^x + 1}{2}$$

2단계 $(f \circ f)(a)$를 실수 a에 대한 식으로 나타내어 보자.

$f(x) = \ln \dfrac{e^x + 1}{2}$에서

$$(f \circ f)(a) = f(f(a))$$
$$= f\Big(\ln \frac{e^a + 1}{2}\Big)$$
$$= \ln \frac{e^{\ln \frac{e^a + 1}{2}} + 1}{2}$$

이때 $e^{\ln \frac{e^a + 1}{2}} = \Big(\dfrac{e^a + 1}{2}\Big)^{\ln e} = \dfrac{e^a + 1}{2}$이므로

$$(f \circ f)(a) = \ln \frac{e^{\ln \frac{e^a + 1}{2}} + 1}{2}$$
$$= \ln \frac{\frac{e^a + 1}{2} + 1}{2}$$
$$= \ln \frac{e^a + 3}{4}$$

3단계 실수 a의 값을 구해 보자.

$(f \circ f)(a) = \ln 5$이므로 $\ln \dfrac{e^a + 3}{4} = \ln 5$

$\dfrac{e^a + 3}{4} = 5$, $e^a = 17$ 　　　 $\therefore a = \ln 17$

021 정답률 ▸ 56% 　　　　　　답 12

1단계 $\int_1^5 \dfrac{40}{g'(f(x))\{f(x)\}^2}\,dx$를 간단히 해 보자.

$g(x)$는 $f(x)$의 역함수이므로

$g'(f(x)) = \dfrac{1}{f'(x)}$ ⟶ $g(f(x)) = x$에서 $g'(f(x))f'(x) = 1$

$\therefore \int_1^5 \dfrac{40}{g'(f(x))\{f(x)\}^2}\,dx = 40 \int_1^5 \dfrac{f'(x)}{\{f(x)\}^2}\,dx$

2단계 치환적분법을 이용하여 주어진 정적분의 값을 구해 보자.

$f(x) = t$라 하면 $f'(x) = \dfrac{dt}{dx}$

$g(2) = 1$, $g(5) = 5$에서 $f(1) = 2$, $f(5) = 5$이므로

$x = 1$일 때 $t = 2$, $x = 5$일 때 $t = 5$이다. ⟶ 두 함수 $f(x), g(x)$가 서로 역함수 관계일 때 $f(a) = b$이면 $g(b) = a$

$\therefore 40 \int_1^5 \dfrac{f'(x)}{\{f(x)\}^2}\,dx = 40 \int_2^5 \dfrac{1}{t^2}\,dt$
$$= 40 \Big[-\frac{1}{t}\Big]_2^5$$
$$= 40 \Big\{-\frac{1}{5} - \Big(-\frac{1}{2}\Big)\Big\}$$
$$= 12$$

022 정답률 ▸ 74% 　　　　　　답 ②

1단계 조건 (가)를 이용하여 주어진 식을 변형해 보자.

조건 (가)에서 연속함수 $f(x)$는 직선 $x = a$에 대하여 대칭이므로

$f(2a - x) = f(x)$ ⟶ $f(2a - x) = f(a + (a - x)) = f(a - (a - x)) = f(x)$

$\therefore \int_0^a \{f(2x) + f(2a - x)\}\,dx = \int_0^a f(2x)\,dx + \int_0^a f(x)\,dx$

2단계 치환적분법을 이용하여 $\int_0^a f(2x)\,dx$의 값을 구해 보자.

$\int_0^a f(2x)\,dx$에서 $2x = t$라 하면 $2 = \dfrac{dt}{dx}$이고

$x = 0$일 때 $t = 0$, $x = a$일 때 $t = 2a$이므로

$$\int_0^a f(2x)\,dx = \int_0^{2a}\left\{f(t)\times\frac{1}{2}\right\}dt$$
$$=\frac{1}{2}\int_0^{2a}f(t)\,dt$$
$$=\frac{1}{2}\times 2\int_0^a f(t)\,dt$$
$$=\int_0^a f(t)\,dt=8\ (\because \text{조건 (나)})$$

3단계 $\displaystyle\int_0^a \{f(2x)+f(2a-x)\}dx$의 값을 구해 보자.

$$\int_0^a \{f(2x)+f(2a-x)\}\,dx=\int_0^a f(2x)\,dx+\int_0^a f(x)\,dx$$
$$=8+8=16$$

023 정답률 ▸ 67% 답 ⑤

Best Pick 최근 선택과목에 합답형 문제는 나오지 않는 추세이지만 ㄷ과 같이 주기 및 치환적분법을 이용하여 정적분을 구하는 문제가 단독 문제로 출제될 가능성이 충분히 있다.

1단계 $f(1+x)=f(1-x)$, $f(2+x)=f(2-x)$임을 이용하여 ㄱ의 참, 거짓을 판별해 보자.

ㄱ. $f(x+2)=f(2+x)=f(2-x)$
$$=f(1+(1-x))=f(1-(1-x))=f(x)$$
$\therefore f(x+2)=f(x)$ (참) $\quad$→ 주어진 조건에서 $f(1+x)=f(1-x)$

2단계 $\displaystyle\int_2^5 f'(x)dx=4$임을 이용하여 ㄴ의 참, 거짓을 판별해 보자.

ㄴ. $\displaystyle\int_2^5 f'(x)\,dx=\Big[f(x)\Big]_2^5=f(5)-f(2)=4$

ㄱ에 의하여 $f(5)=f(1)$이고 $\quad$→ $f(5)=f(3)=f(1)$
$f(2)=f(0)$이므로
$f(1)-f(0)=4$ (참)

3단계 치환적분법을 이용하여 ㄷ의 참, 거짓을 판별해 보자.

ㄷ. $f(0)=a$라 하면 $f(1)=a+4$

$f(x)=t$라 하면 $f'(x)=\dfrac{dt}{dx}$이고

$x=0$일 때 $t=f(0)$, $x=1$일 때 $t=f(1)$이므로

$$\int_0^1 f(f(x))f'(x)\,dx=\int_{f(0)}^{f(1)}f(t)\,dt$$
$$=\int_a^{a+4}f(t)\,dt$$
$$=2\int_a^{a+2}f(t)\,dt\ (\because f(x+2)=f(x))$$
$$=6$$

즉, $\displaystyle\int_a^{a+2}f(t)\,dt=3$에서 $\displaystyle\int_0^2 f(t)\,dt=3$이므로

$$\int_0^{10}f(x)\,dx=5\int_0^2 f(x)\,dx=15$$

$f(1+x)=f(1-x)$이므로

$$\int_0^1 f(x)\,dx=\int_1^2 f(x)\,dx=\frac{3}{2}$$

$$\therefore \int_1^{10}f(x)\,dx=\int_0^{10}f(x)\,dx-\int_0^1 f(x)\,dx$$
$$=15-\frac{3}{2}=\frac{27}{2}\ (\text{참})$$

따라서 옳은 것은 ㄱ, ㄴ, ㄷ이다.

024 정답률 ▸ 33% 답 17

Best Pick 함수를 치환하여 적분하고 다시 치환하여 해결하는 치환적분법 문제로 치환적분법을 어려워 하는 학생들은 반드시 연습해 보아야 하는 문제이다.

1단계 치환적분법을 이용하여 함수 $g(e^x)$을 함수 $g(t)$로 나타내어 보자.

$$g(e^x)=\begin{cases}f(x) & (0\le x<1)\\ g(e^{x-1})+5 & (1\le x\le 2)\end{cases}\text{에서}$$

$e^x=t$라 하면 $x=\ln t$이므로

$$g(t)=\begin{cases}f(\ln t) & (1\le t<e)\quad\to\,0\le\ln t<1\text{에서}\,e^0\le t<e^1\text{이므로}\,1\le t<e\\ g\left(\dfrac{t}{e}\right)+5 & (e\le t\le e^2)\quad\to\,1\le\ln t\le2\text{에서}\,e^1\le t\le e^2\text{이므로}\,e\le t\le e^2\end{cases}$$

2단계 함수 $g(t)$를 이용하여 등식 $\displaystyle\int_1^{e^2}g(x)\,dx=6e^2+4$를 변형해 보자.

$\displaystyle\int_1^{e^2}g(x)\,dx=6e^2+4$에서

$$\int_1^{e^2}g(x)\,dx=\int_1^e f(\ln x)\,dx+\int_e^{e^2}\left\{g\left(\frac{x}{e}\right)+5\right\}dx$$
$$=6e^2+4 \qquad\cdots\cdots\ ㉠$$

이때 $\displaystyle\int_e^{e^2}\left\{g\left(\frac{x}{e}\right)+5\right\}dx$에서 $\dfrac{x}{e}=k$라 하면 $\dfrac{1}{e}=\dfrac{dk}{dx}$이고

$x=e$일 때 $k=1$, $x=e^2$일 때 $k=e$이므로

$$\int_e^{e^2}\left\{g\left(\frac{x}{e}\right)+5\right\}dx=e\int_1^e \{g(k)+5\}\,dk$$
$$=e\int_1^e g(k)\,dk+e\int_1^e 5\,dk$$
$$=e\int_1^e g(k)\,dk+e\Big[5k\Big]_1^e$$
$$=e\int_1^e f(\ln k)\,dk+5e^2-5e \qquad\cdots\cdots\ ㉡$$

㉡을 ㉠에 대입하면

$$\int_1^e f(\ln x)\,dx+e\int_1^e f(\ln k)\,dk+5e^2-5e=6e^2+4$$

3단계 a^2+b^2의 값을 구해 보자.

$\displaystyle\int_1^e f(\ln x)\,dx=\alpha$ (α는 상수)라 하면

$\alpha+\alpha e+5e^2-5e=6e^2+4$, $(1+e)\alpha=e^2+5e+4$

$(1+e)\alpha=(e+1)(e+4)$ $\quad\therefore \alpha=e+4$

따라서 $a=1$, $b=4$이므로

$a^2+b^2=1^2+4^2=17$

025 정답률 ▸ 87% 답 2

1단계 부분적분법을 이용하여 $\displaystyle\int_0^\pi x\cos(\pi-x)\,dx$의 값을 구해 보자.

$\displaystyle\int_0^\pi x\cos(\pi-x)\,dx$에서

$u(x)=x$, $v'(x)=\cos(\pi-x)$라 하면

$u'(x)=1$, $v(x)=-\sin(\pi-x)$이므로

$$\int_0^\pi x\cos(\pi-x)\,dx=\Big[-x\sin(\pi-x)\Big]_0^\pi+\int_0^\pi \sin(\pi-x)\,dx$$
$$=(-\pi\sin 0-0)+\Big[\cos(\pi-x)\Big]_0^\pi$$
$$=\cos 0-\cos\pi=2$$

026 답 ①

Best Pick 부분적분법이 어려운 이유는 무엇을 적분하고 미분해야 할지 헷갈리기 때문일 것이다. 로그함수, 다항함수, 삼각함수, 지수함수 순으로 먼저 나오는 함수를 $f(x)$, 나중에 나오는 함수를 $g'(x)$라 하면 편리하다.

1단계 부분적분법을 이용하여 $\int_1^2 (x-1)e^{-x}\,dx$의 값을 구해 보자.

$u(x)=x-1$, $v'(x)=e^{-x}$이라 하면
$u'(x)=1$, $v(x)=-e^{-x}$이므로

$$\int_1^2 (x-1)e^{-x}\,dx = \Big[-(x-1)e^{-x}\Big]_1^2 - \int_1^2 (-e^{-x})\,dx$$

$$= -e^{-2} + \int_1^2 e^{-x}\,dx$$

$$= -e^{-2} + \Big[-e^{-x}\Big]_1^2$$

$$= -e^{-2} + (-e^{-2}+e^{-1})$$

$$= \frac{1}{e} - \frac{2}{e^2}$$

027 답 ⑤

1단계 두 조건 (가), (나)를 이용하여 $f^{-1}(1)$, $f^{-1}(-2)$의 값을 각각 구해 보자.

조건 (가)에 의하여 함수 $f(x)$는 감소함수이므로 조건 (나)에 의하여
$f(-1)=1$, $f(3)=-2$
$\therefore f^{-1}(1)=-1$, $f^{-1}(-2)=3$

2단계 치환적분법과 부분적분법을 이용하여 $\int_{-2}^1 f^{-1}(x)\,dx$의 값을 구해 보자.

$\int_{-2}^1 f^{-1}(x)\,dx$에서

$f^{-1}(x)=t$라 하면 $x=f(t)$, $\dfrac{dx}{dt}=f'(t)$이고

$x=-2$일 때 $t=3$, $x=1$일 때 $t=-1$이므로

$$\int_{-2}^1 f^{-1}(x)\,dx = \int_3^{-1} t f'(t)\,dt$$

이때 $u(t)=t$, $v'(t)=f'(t)$라 하면
$u'(t)=1$, $v(t)=f(t)$이므로

$$\int_3^{-1} t f'(t)\,dt = \Big[t f(t)\Big]_3^{-1} - \int_3^{-1} f(t)\,dt$$

$$= \{-f(-1)-3f(3)\} + \int_{-1}^3 f(t)\,dt$$

$$= -1 - 3\times(-2) + 3 = 8$$

028 답 ②

1단계 조건 (나)의 식을 간단히 해 보자.
조건 (가)에서
$f(1)g(1)=f(-1)g(-1)=0$ ...... ㉠
조건 (나)에서 $u(x)=\{f(x)\}^2$, $v'(x)=g'(x)$라 하면
$u'(x)=2f(x)f'(x)$, $v(x)=g(x)$이므로

$$\int_{-1}^1 \{f(x)\}^2 g'(x)\,dx$$

$$= \Big[\{f(x)\}^2 g(x)\Big]_{-1}^1 - \int_{-1}^1 2f(x)f'(x)g(x)\,dx \quad \longrightarrow f(x)g(x)=x^4-1$$

$$= \{f(1)\}^2 g(1) - \{f(-1)\}^2 g(-1) - 2\int_{-1}^1 (x^4-1)f'(x)\,dx$$

$\longrightarrow f(1)f(1)g(1)-f(-1)f(-1)g(-1)$
$= f(1)\times 0 - f(-1)\times 0 = 0$ $(\because$ (가)$)$

$$= -2\int_{-1}^1 (x^4-1)f'(x)\,dx \ (\because ㉠) \quad \cdots\cdots ㉡$$

2단계 부분적분법을 이용하여 주어진 정적분의 값을 구해 보자.

㉡에서 $m(x)=x^4-1$, $n(x)=f'(x)$라 하면
$m'(x)=4x^3$, $n(x)=f(x)$이므로

$$-2\int_{-1}^1 (x^4-1)f'(x)\,dx = -2\left\{\Big[(x^4-1)f(x)\Big]_{-1}^1 - \int_{-1}^1 4x^3 f(x)\,dx\right\}$$

$$= 8\int_{-1}^1 x^3 f(x)\,dx = 120$$

$$\therefore \int_{-1}^1 x^3 f(x)\,dx = 15$$

029 답 6

1단계 치환적분법을 이용하여 조건 (나)의 식을 변형해 보자.

조건 (나)의 $\int_0^1 (x-1)f'(x+1)\,dx=-4$에서

$x+1=t$라 하면 $1=\dfrac{dt}{dx}$이고

$x=0$일 때 $t=1$, $x=1$일 때 $t=2$이므로

$$\int_0^1 (x-1)f'(x+1)\,dx = \int_1^2 (t-2)f'(t)\,dt$$

2단계 부분적분법을 이용하여 $\int_1^2 f(x)\,dx$의 값을 구해 보자.

부분적분법을 이용하면

$$\int_1^2 (t-2)f'(t)\,dt = \Big[(t-2)f(t)\Big]_1^2 - \int_1^2 f(t)\,dt$$

$$= f(1) - \int_1^2 f(t)\,dt$$

$$= 2 - \int_1^2 f(t)\,dt = -4$$

$$\therefore \int_1^2 f(x)\,dx = 6$$

030 답 ④

1단계 $\int_0^1 f(x)g'(x)\,dx=\dfrac{1}{6}$의 좌변을 부분적분법을 이용하여 변형해 보자.

$$\int_0^1 f(x)g'(x)\,dx = \Big[f(x)g(x)\Big]_0^1 - \int_0^1 f'(x)g(x)\,dx$$

$$= f(1)g(1) - f(0)g(0) - \int_0^1 \frac{x^2}{(1+x^3)^2}\,dx \quad \cdots\cdots ㉠$$

2단계 치환적분법을 이용하여 $\int_0^1 \dfrac{x^2}{(1+x^3)^2}\,dx$의 값을 구해 보자.

$\int_0^1 \dfrac{x^2}{(1+x^3)^2}\,dx$에서

$1+x^3=t$라 하면 $3x^2=\dfrac{dt}{dx}$이고

$x=0$일 때 $t=1$, $x=1$일 때 $t=2$이므로

$$\int_0^1 \frac{x^2}{(1+x^3)^2}\,dx = \int_1^2 \frac{1}{t^2} \times \frac{1}{3}\,dt = \frac{1}{3}\left[-\frac{1}{t}\right]_1^2$$
$$= \frac{1}{3}\left(-\frac{1}{2}+1\right) = \frac{1}{6} \qquad \cdots\cdots \text{ⓛ}$$

3단계 $f(1)$의 값을 구해 보자.

㉠, ㉡에서

$$\frac{1}{6} = f(1)g(1) - f(0)g(0) - \frac{1}{6}$$

이때 $g(0)=0$, $g(1)=1$이므로

$$\frac{1}{6} = f(1) - \frac{1}{6}$$

$$\therefore f(1) = \frac{1}{3}$$

031 정답률 ▸ 39%   답 ③

1단계 부분적분법을 이용하여 함수 $g(x)$를 구해 보자.

$$g(x) = \frac{4}{e^4}\int_1^x e^{t^2} f(t)\,dt$$

$$= \frac{2}{e^4}\int_1^x \left\{2te^{t^2} \times \frac{f(t)}{t}\right\}dt$$

이때 $u(t) = \dfrac{f(t)}{t}$, $v'(t) = 2te^{t^2}$이라 하면

$$u'(t) = \left\{\frac{f(t)}{t}\right\}', \ v(t) = e^{t^2}$$이므로

$$g(x) = \frac{2}{e^4}\int_1^x \left\{2te^{t^2} \times \frac{f(t)}{t}\right\}dt$$

$$= \frac{2}{e^4}\left\{\left[e^{t^2} \times \frac{f(t)}{t}\right]_1^x - \int_1^x e^{t^2} \times \left(\frac{f(t)}{t}\right)'dt\right\}$$

$$= \frac{2}{e^4}\left\{e^{x^2} \times \frac{f(x)}{x} - ef(1) - \int_1^x e^{t^2} \times t^2 e^{-t^2}\,dt\right\}$$

$$= \frac{2}{e^4}\left\{e^{x^2} \times \frac{f(x)}{x} - 1 - \int_1^x t^2\,dt\right\} \left(\because f(1) = \frac{1}{e}\right)$$

$$= \frac{2}{e^4}\left\{e^{x^2} \times \frac{f(x)}{x} - 1 - \left[\frac{1}{3}t^3\right]_1^x\right\}$$

$$= \frac{2}{e^4}\left\{e^{x^2} \times \frac{f(x)}{x} - 1 - \frac{1}{3} \times (x^3 - 1)\right\}$$

2단계 $f(2) - g(2)$의 값을 구해 보자.

$$g(2) = \frac{2}{e^4}\left\{e^{2^2} \times \frac{f(2)}{2} - 1 - \frac{1}{3} \times (2^3 - 1)\right\}$$

$$= f(2) - \frac{20}{3e^4}$$

이므로

$$f(2) - g(2) = \frac{20}{3e^4}$$

032 정답률 ▸ 87%   답 ②

1단계 상수 a의 값을 구해 보자.

주어진 식의 양변에 $x=1$을 대입하면

$$\int_1^1 f(t)\,dt = 1^2 - a\sqrt{1}$$

$$0 = 1 - a \qquad \therefore a = 1$$

2단계 $f(1)$의 값을 구해 보자.

$\int_1^x f(t)\,dt = x^2 - \sqrt{x}$의 양변을 x에 대하여 미분하면

$$f(x) = 2x - \frac{1}{2\sqrt{x}}$$

$$\therefore f(1) = 2 \times 1 - \frac{1}{2\sqrt{1}} = \frac{3}{2}$$

033 정답률 ▸ 85%   답 ④

Best Pick 정적분으로 정의된 함수는 수능에 3점부터 킬러문제까지 모든 문제의 소재로 사용된다. 기본적인 문제로 개념을 정확히 파악하는 것이 중요하다.

1단계 상수 a의 값을 구해 보자.

$xf(x) = 3^x + a + \int_0^x tf'(t)\,dt$의 양변에 $x=0$을 대입하면

$$0 = 1 + a$$

$$\therefore a = -1$$

2단계 $f(a)$의 값을 구해 보자.

$xf(x) = 3^x - 1 + \int_0^x tf'(t)\,dt$의 양변을 x에 대하여 미분하면

$$f(x) + xf'(x) = 3^x \ln 3 + xf'(x)$$

$$\therefore f(x) = 3^x \ln 3$$

$$\therefore f(a) = f(-1) = \frac{\ln 3}{3}$$

034 정답률 ▸ 40%   답 ②

1단계 $f(x)$를 x에 대하여 미분하여 $f'(x)$를 구해 보자.

$f(x) = \int_0^x \dfrac{1}{1+t^6}\,dt$의 양변을 x에 대하여 미분하면

$$f'(x) = \frac{d}{dx}\int_0^x \frac{1}{1+t^6}\,dt = \frac{1}{1+x^6}$$

2단계 치환적분법과 $f(a) = \dfrac{1}{2}$임을 이용하여 주어진 정적분의 값을 구해 보자.

$\int_0^a \dfrac{e^{f(x)}}{1+x^6}\,dx$에서 $e^{f(x)} = t$라 하고 양변을 x에 대하여 미분하면

$$\frac{dt}{dx} = e^{f(x)} \times f'(x) = \frac{e^{f(x)}}{1+x^6} \longrightarrow dx = \frac{1+x^6}{e^{f(x)}}\,dt$$

$x=0$일 때 $f(0) = \int_0^0 \dfrac{1}{1+t^6}\,dt = 0$이므로

$$t = e^{f(0)} = 1$$

$x=a$일 때 $f(a) = \dfrac{1}{2}$이므로

$$t = e^{f(a)} = e^{\frac{1}{2}} = \sqrt{e}$$

$$\therefore \int_0^a \frac{e^{f(x)}}{1+x^6}\,dx = \int_1^{\sqrt{e}} 1\,dt = \left[t\right]_1^{\sqrt{e}} = \sqrt{e} - 1$$

다른 풀이

$f(x) = t$라 하면 $x=0$일 때 $t = f(0) = 0$이고,

$x=a$일 때 $t = f(a) = \dfrac{1}{2}$이다.

또한, $\dfrac{dt}{dx}=f'(x)=\dfrac{1}{1+x^6}$이므로

$$\int_0^a \dfrac{e^{f(x)}}{1+x^6}\,dx=\int_0^{\frac{1}{2}} e^t\,dt$$
$$=\Big[e^t\Big]_0^{\frac{1}{2}}=\sqrt{e}-1$$

035 정답률 ▶ 81%　　　　　　　　　　　　　　　　답 ④

1단계 $F(-1)$의 값을 구해 보자.

$$\int_{-1}^x f(t)\,dt=F(x) \quad\cdots\cdots\ \text{㉠}$$

㉠의 양변을 x에 대하여 미분하면

$$F'(x)=f(x)$$

㉠의 양변에 $x=-1$을 대입하면

$$F(-1)=0$$

2단계 $\displaystyle\int_{-1}^1 xf(x)\,dx$의 값을 구해 보자.

$\displaystyle\int_0^1 xf(x)\,dx=\int_0^{-1} xf(x)\,dx$이므로

$$\int_0^1 xf(x)\,dx-\int_0^{-1} xf(x)\,dx=0$$
$$\int_0^1 xf(x)\,dx+\int_{-1}^0 xf(x)\,dx=0$$
$$\therefore \int_{-1}^1 xf(x)\,dx=0$$

3단계 부분적분법을 이용하여 $\displaystyle\int_{-1}^1 F(x)\,dx$의 값을 구해 보자.

$\displaystyle\int_{-1}^1 F(x)\,dx$에서

$u(x)=F(x),\ v'(x)=1$이라 하면

$u'(x)=F'(x)=f(x),\ v(x)=x$이므로

$$\int_{-1}^1 F(x)\,dx=\Big[xF(x)\Big]_{-1}^1-\int_{-1}^1 xf(x)\,dx$$
$$=F(1)+F(-1)-0$$
$$=F(1)+0$$
$$=\int_{-1}^1 f(x)\,dx$$
$$=12$$

036 정답률 ▶ 72%　　　　　　　　　　　　　　　　답 ③

Best Pick 최근 절댓값 기호가 포함된 함수의 적분 문제가 유행처럼 출제되고 있다. 적분 구간의 위끝, 아래끝이 모두 함수로 주어진 경우의 최댓값 또는 최솟값을 이용한 문제는 미적분 과목뿐만 아니라 수학 Ⅱ 과목에서도 의미 있는 문제이다.

1단계 $f'(x)=0$을 만족시키는 x의 값을 구해 보자.

$f(x)=\displaystyle\int_x^{x+2} |2^t-5|\,dt$에서

$$f'(x)=|2^{x+2}-5|-|2^x-5|$$

$f'(x)=0$에서 $|2^{x+2}-5|=|2^x-5|$

이때 함수 $y=|2^{x+2}-5|$의 그래프와 함수 $y=|2^x-5|$의 그래프의 교점의 x좌표를 a라 하면

$-2+\log_2 5<a<\log_2 5$이므로

$|2^{x+2}-5|=|2^x-5|$

$2^{x+2}-5=-(2^x-5)$ ┌ $-2+\log_2 5<x<\log_2 5$에서 $2^{x+2}-5>0$, $2^x-5<0$

$5\times 2^x=10$　$\therefore\ x=1$

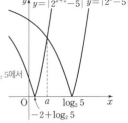

2단계 m의 값을 구해 보자.

$x<1$에서 $f'(x)<0$이고, $x>1$에서 $f'(x)>0$이므로 함수 $f(x)$는 $x=1$에서 극소이면서 최소이다.

$$\therefore\ m=f(1)$$
$$=\int_1^3 |2^t-5|\,dt$$
$$=\int_1^{\log_2 5} (-2^t+5)\,dt+\int_{\log_2 5}^3 (2^t-5)\,dt$$

→ 함수 $y=2^t-5$는 $t=\log_2 5$를 기준으로 부호가 바뀐다.

$$=\Big[-\dfrac{2^t}{\ln 2}+5t\Big]_1^{\log_2 5}+\Big[\dfrac{2^t}{\ln 2}-5t\Big]_{\log_2 5}^3$$
$$=\Big(-\dfrac{3}{\ln 2}+5\log_2 5-5\Big)+\Big(\dfrac{3}{\ln 2}+5\log_2 5-15\Big)$$
$$=\log_2\Big(\dfrac{5}{4}\Big)^{10}$$

3단계 2^m의 값을 구해 보자.

$$2^m=\Big(\dfrac{5}{4}\Big)^{10}$$

037 정답률 ▶ 64%　　　　　　　　　　　　　　　　답 64

1단계 두 상수 a, b의 값을 각각 구해 보자.

$$x\int_0^x f(t)\,dt-\int_0^x tf(t)\,dt=ae^{2x}-4x+b \quad\cdots\cdots\ \text{㉠}$$

㉠의 양변에 $x=0$을 대입하면

$$0=a+b \quad\cdots\cdots\ \text{㉡}$$

㉠의 양변을 x에 대하여 미분하면

$$\int_0^x f(t)\,dt+xf(x)-xf(x)=2ae^{2x}-4$$
$$\therefore \int_0^x f(t)\,dt=2ae^{2x}-4$$

위의 식의 양변에 $x=0$을 대입하면

$$0=2a-4\quad\therefore\ a=2$$

$a=2$를 ㉡에 대입하면

$$b=-2$$

2단계 $f(x)$를 구하여 $f(a)f(b)$의 값을 구해 보자.

$\displaystyle\int_0^x f(t)\,dt=4e^{2x}-4$이므로 양변을 x에 대하여 미분하면

$$f(x)=8e^{2x}$$
$$\therefore\ f(a)f(b)=f(2)f(-2)=8e^4\times 8e^{-4}=64$$

038 정답률 ▶ 53%　　　　　　　　　　　　　　　　답 9

1단계 치환적분법을 이용하여 주어진 식을 변형해 보자.

$F(x)=\displaystyle\int_0^x tf(x-t)\,dt$에서 $x-t=z$라 하면 $-1=\dfrac{dz}{dt}$이고

$t=0$일 때 $z=x$, $t=x$일 때 $z=0$이므로

$$F(x)=\int_x^0 (x-z)f(z)\times(-1)\,dz$$
$$=\int_0^x (x-z)f(z)\,dz$$
$$=x\int_0^x f(z)\,dz-\int_0^x zf(z)\,dz \quad\cdots\cdots\ \text{㉠}$$

2단계 ㉠의 양변을 x에 대하여 미분하여 상수 a의 값을 구해 보자.

㉠의 양변을 x에 대하여 미분하면

$$F'(x)=\int_0^x f(z)\,dz+xf(x)-xf(x)$$
$$=\int_0^x f(z)\,dz$$
$$=\int_0^x \frac{1}{1+z}\,dz$$
$$=\Big[\ln|1+z|\Big]_0^x$$
$$=\ln(1+x)\ (\because x\geq 0)$$

즉, $F'(a)=\ln(1+a)=\ln 10$이므로

$1+a=10$ $\therefore a=9$

039
답 12

1단계 두 함수 $f(x)$, $g(x)$ 사이의 관계를 알아보자.

$F(x)=\int_0^x \{t-f(s)\}\,ds$에서

$F'(x)=t-f(x)$

> $x>0$일 때, 함수 $F'(x)$는 항상 감소하고 x축과 반드시 한 점에서 만난다. 즉, 함수 $F(x)$는 그 한 점에서 극대이며 최대이다.

함수 $F(x)$가 $x=a$에서 최댓값을 가지므로 $x=a$에서 극댓값을 갖는다.

$F'(a)=0$에서 $t-f(a)=0$

$\therefore f(a)=t$

이때 실수 a의 값을 $g(t)$이므로

$$f(g(t))=t \quad\cdots\cdots\ \text{㉠}$$

즉, 두 함수 $f(x)$, $g(x)$는 서로 역함수 관계이다.

2단계 치환적분법을 이용하여 $\displaystyle\int_{f(1)}^{f(5)} \frac{g(t)}{1+e^{g(t)}}\,dt$의 값을 구해 보자.

㉠의 양변을 t에 대하여 미분하면

$$f'(g(t))g'(t)=1 \quad \therefore f'(g(t))=\frac{1}{g'(t)} \quad\cdots\cdots\ \text{㉡}$$

또한, $f(x)=e^x+x-1$에서

$f'(x)=e^x+1$

즉, $f'(g(t))=e^{g(t)}+1$이므로

$$\int_{f(1)}^{f(5)} \frac{g(t)}{1+e^{g(t)}}\,dt=\int_{f(1)}^{f(5)} \frac{g(t)}{f'(g(t))}\,dt$$
$$=\int_{f(1)}^{f(5)} g(t)g'(t)\,dt\ (\because \text{㉡})$$

이때 $g(t)=u$라 하면 $g'(t)=\dfrac{du}{dx}$이고

$t=f(1)$일 때 $u=g(f(1))=1$,

$t=f(5)$일 때 $u=g(f(5))=5$이므로

$$\int_{f(1)}^{f(5)} g(t)g'(t)\,dt=\int_1^5 u\,du$$
$$=\Big[\frac{1}{2}u^2\Big]_1^5$$
$$=\frac{25}{2}-\frac{1}{2}=12$$

040
정답률 ▸ 52%
답 ①

1단계 함수 $g'(x)$를 구해 보자.

조건 (가)에서

$$g(x)=\int_1^x \frac{f(t^2+1)}{t}\,dt \quad\cdots\cdots\ \text{㉠}$$

㉠의 양변에 $x=1$을 대입하면 $g(1)=0$

㉠의 양변을 x에 대하여 미분하면 $g'(x)=\dfrac{f(x^2+1)}{x}$

2단계 치환적분법과 부분적분법을 이용하여 $\displaystyle\int_1^2 xg(x)\,dx$의 값을 구해 보자.

$\displaystyle\int_1^2 xg(x)\,dx$에서 $u(x)=g(x)$, $v'(x)=x$라 하면

$u'(x)=g'(x)$, $v(x)=\dfrac{1}{2}x^2$이므로

$$\int_1^2 xg(x)\,dx=\Big[\frac{1}{2}x^2 g(x)\Big]_1^2-\int_1^2 \frac{1}{2}x^2 g'(x)\,dx$$
$$=\Big\{2g(2)-\frac{1}{2}g(1)\Big\}-\frac{1}{2}\int_1^2 xf(x^2+1)\,dx$$
$$=\Big(2\times 3-\frac{1}{2}\times 0\Big)-\frac{1}{2}\int_1^2 xf(x^2+1)\,dx$$

이때 $x^2+1=t$라 하면 $2x=\dfrac{dt}{dx}$이고

$x=1$일 때 $t=2$, $x=2$일 때 $t=5$이므로

$$\int_1^2 xf(x^2+1)\,dx=\frac{1}{2}\int_2^5 f(t)\,dt=\frac{1}{2}\times 16=8\ (\because \text{(나)})$$

$$\therefore \int_1^2 xg(x)\,dx=6-\frac{1}{2}\times 8=2$$

041
정답률 ▸ 50%
답 ①

1단계 두 조건 (가), (나)를 이용하여 함수 $g(x)$에 대하여 알아보자.

$$g(x)=\int_0^x \ln f(t)\,dt \quad\cdots\cdots\ \text{㉠}$$

㉠에 $x=0$을 대입하면 $g(0)=0$

㉠의 양변을 x에 대하여 미분하면

$g'(x)=\ln f(x)$

$g''(x)=\dfrac{f'(x)}{f(x)}$

조건 (가)에 의하여 $g(1)=2$, $g'(1)=0$이고,

조건 (나)에 의하여 $g'(-1)=g'(1)=0$이다.

2단계 부분적분법을 이용하여 $\displaystyle\int_{-1}^1 \frac{xf'(x)}{f(x)}\,dx$의 값을 구해 보자.

$$\int_{-1}^1 \frac{xf'(x)}{f(x)}\,dx=\int_{-1}^1 xg''(x)\,dx$$

이때 $u(x)=x$, $v'(x)=g''(x)$라 하면

$u'(x)=1$, $v(x)=g'(x)$이므로

$$\int_{-1}^1 xg''(x)\,dx=\Big[xg'(x)\Big]_{-1}^1-\int_{-1}^1 g'(x)\,dx$$
$$=\{g'(1)+g'(-1)\}-2\int_0^1 g'(x)\,dx\ (\because \text{조건 (나)})$$

> 함수 $g'(x)$는 우함수이다.

$$=-2\int_0^1 g'(x)\,dx$$
$$=-2\Big[g(x)\Big]_0^1$$
$$=-2\{g(1)-g(0)\}$$
$$=-2\times(2-0)=-4$$

042 정답률 ▶ 43% 답 ①

1단계 주어진 등식의 양변을 x에 대하여 미분해 보자.

$$f(x)=\frac{\pi}{2}\int_{1}^{x+1}f(t)\,dt \quad \cdots\cdots \text{㉠}$$

㉠의 양변을 x에 대하여 미분하면

$$f'(x)=\frac{\pi}{2}f(x+1)$$이므로

$$f(x+1)=\frac{2}{\pi}f'(x) \quad \cdots\cdots \text{㉡}$$

2단계 부분적분법을 이용하여 $\pi^2\int_{0}^{1}xf(x+1)\,dx$를 변형해 보자.

$$\pi^2\int_{0}^{1}xf(x+1)\,dx=\pi^2\int_{0}^{1}\left\{x\times\frac{2}{\pi}f'(x)\right\}dx \ (\because \text{㉡})$$
$$=2\pi\int_{0}^{1}xf'(x)\,dx$$

$\int_{0}^{1}xf'(x)\,dx$에서 $u(x)=x$, $v'(x)=f'(x)$라 하면

$u'(x)=1$, $v(x)=f(x)$이므로

$$\int_{0}^{1}xf'(x)\,dx=\Big[xf(x)\Big]_{0}^{1}-\int_{0}^{1}f(x)\,dx$$
$$=f(1)-\int_{0}^{1}f(x)\,dx$$

3단계 함수 $y=f(x)$의 그래프가 원점에 대하여 대칭임을 이용하여 주어진 정적분의 값을 구해 보자.

함수 $y=f(x)$의 그래프가 원점에 대하여 대칭이므로 $f(1)=1$에서 $f(-1)=-1$이다.

$f(-1)=\frac{\pi}{2}\int_{1}^{0}f(t)\,dt=-1$에서 $\int_{0}^{1}f(t)\,dt=\frac{2}{\pi}$

$$\therefore \pi^2\int_{0}^{1}xf(x+1)\,dx=2\pi\int_{0}^{1}xf'(x)\,dx$$
$$=2\pi\times\left\{f(1)-\int_{0}^{1}f(x)\,dx\right\}$$
$$=2\pi\times\left(1-\frac{2}{\pi}\right)$$
$$=2(\pi-2)$$

043 정답률 ▶ 45% 답 ④

1단계 닫힌구간 $[0, 1]$에서 곡선 $y=f(x)$와 x축이 만나서 생기는 두 부분의 넓이를 각각 구해 보자.

함수 $f(x)$는 닫힌구간 $[0, 1]$에서 증가하는 연속함수이고

$$\int_{0}^{1}f(x)\,dx<\int_{0}^{1}|f(x)|\,dx$$

이므로 오른쪽 그림과 같이 함수 $y=f(x)$의 그래프는 닫힌구간 $[0, 1]$에서 x축과 만나는 점이 존재한다.

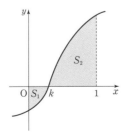

이때 이 점의 x좌표를 k라 하자.

곡선 $y=f(x)$와 x축, y축으로 둘러싸인 부분의 넓이를 S_1, 곡선 $y=f(x)$와 x축 및 직선 $x=1$로 둘러싸인 부분의 넓이를 S_2라 하면

$$\int_{0}^{1}f(x)\,dx=2$$에서

$$\int_{0}^{k}f(x)\,dx+\int_{k}^{1}f(x)\,dx=2 \quad \rightarrow 0<x<k\text{에서 }f(x)<0\text{이므로}$$
$$\qquad\qquad\qquad\qquad\qquad\qquad\qquad \int_{0}^{k}f(x)\,dx<0$$
$$\therefore -S_1+S_2=2 \quad \cdots\cdots \text{㉠}$$

$$\int_{0}^{1}|f(x)|\,dx=2\sqrt{2}$$에서 $\rightarrow |f(x)|=\begin{cases}-f(x) & (0\leq x<k)\\ f(x) & (k\leq x\leq 1)\end{cases}$

$$\int_{0}^{k}\{-f(x)\}\,dx+\int_{k}^{1}f(x)\,dx=2\sqrt{2}$$
$$\therefore S_1+S_2=2\sqrt{2} \quad \cdots\cdots \text{㉡}$$

㉠, ㉡을 연립하여 풀면

$$S_1=\sqrt{2}-1, \ S_2=\sqrt{2}+1$$

2단계 $x=k$를 경계로 x의 값의 범위를 나누어 $F(x)$를 각각 구한 후 치환적분법을 이용하여 $\int_{0}^{1}f(x)F(x)\,dx$의 값을 구해 보자.

$F(x)=\int_{0}^{x}|f(t)|\,dt \ (0\leq x\leq 1)$에서

(i) $0\leq x\leq k$인 경우

$F(x)=\int_{0}^{x}\{-f(t)\}\,dt$이므로

$F(0)=0$, $F'(x)=-f(x)$

$\int_{0}^{k}f(x)F(x)\,dx$에서

$F(x)=s$라 하면 $F'(x)\,dx=ds$에서 $-f(x)\,dx=ds$이고

$x=0$일 때 $s=0$, $x=k$일 때 $s=\sqrt{2}-1$이므로

$$\int_{0}^{k}f(x)\,F(x)\,dx=\int_{0}^{\sqrt{2}-1}(-s)\,ds$$
$$=\left[-\frac{1}{2}s^2\right]_{0}^{\sqrt{2}-1}$$
$$=-\frac{1}{2}(\sqrt{2}-1)^2$$

(ii) $k\leq x\leq 1$인 경우

$$F(x)=\int_{0}^{k}\{-f(t)\}\,dt+\int_{k}^{x}f(t)\,dt$$
$$=(\sqrt{2}-1)+\int_{k}^{x}f(t)\,dt$$

이므로 $F'(x)=f(x)$

$\int_{k}^{1}f(x)F(x)\,dx$에서

$F(x)=s$라 하면 $F'(x)\,dx=ds$에서 $f(x)\,dx=ds$이고

$x=k$일 때 $s=\sqrt{2}-1$, $x=1$일 때 $s=2\sqrt{2}$이므로

$$\int_{k}^{1}f(x)\,F(x)\,dx=\int_{\sqrt{2}-1}^{2\sqrt{2}}s\,ds=\left[\frac{1}{2}s^2\right]_{\sqrt{2}-1}^{2\sqrt{2}}$$
$$=4-\frac{1}{2}(\sqrt{2}-1)^2$$

(i), (ii)에서

$$\int_{0}^{1}f(x)F(x)\,dx=\int_{0}^{k}f(x)\,F(x)\,dx+\int_{k}^{1}f(x)F(x)\,dx$$
$$=-\frac{1}{2}(\sqrt{2}-1)^2+4-\frac{1}{2}(\sqrt{2}-1)^2$$
$$=4-(\sqrt{2}-1)^2=1+2\sqrt{2}$$

044 정답률 ▶ 61% 답 ①

1단계 치환적분법을 이용하여 함수 $g'(x)$를 구해 보자.

$x-t=s$라 하면 $-1=\frac{ds}{dt}$이고

$t=0$일 때 $s=x$, $t=x$일 때 $s=0$이므로

$$g(x)=\int_{0}^{x}tf(x-t)\,dt=\int_{x}^{0}(x-s)f(s)(-ds)$$
$$=\int_{0}^{x}(x-s)f(s)\,ds=x\int_{0}^{x}f(s)\,ds-\int_{0}^{x}sf(s)\,ds$$

$$\therefore g'(x)=\left\{\int_0^x f(s)\,ds+xf(x)\right\}-xf(x)$$
$$=\int_0^x f(s)\,ds \quad \cdots\cdots \ \text{㉠}$$

2단계 함수 $y=f(x)$의 그래프의 개형을 그려 보자.

$x>0$일 때 함수 $f(x)=\sin(\pi\sqrt{x})$에서

$$f'(x)=\cos(\pi\sqrt{x})\times\frac{\pi}{2\sqrt{x}}$$

$f'(x)=0$에서

$$\pi\sqrt{x}=\frac{\pi}{2},\ \frac{3}{2}\pi,\ \frac{5}{2}\pi,\ \cdots\left(\because\frac{\pi}{2\sqrt{x}}\neq0\right)$$

$$\sqrt{x}=\frac{1}{2},\ \frac{3}{2},\ \frac{5}{2},\ \cdots$$

$$\therefore x=\frac{1}{4},\ \frac{3^2}{4},\ \frac{5^2}{4},\ \cdots$$

$x\geq0$에서 함수 $f(x)$의 증가와 감소를 표로 나타내면 다음과 같다.

x	0	$\cdots$	$\frac{1}{4}$	$\cdots$	$\frac{3^2}{4}$	$\cdots$	$\frac{5^2}{4}$	$\cdots$
$f'(x)$		$+$	0	$-$	0	$+$	0	$-$
$f(x)$	0	$\nearrow$	1	$\searrow$	-1	$\nearrow$	1	$\searrow$

즉, $x\geq0$에서 함수 $y=f(x)$의 그래프의 개형은 다음 그림과 같다.

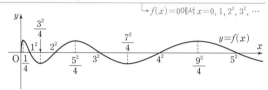

$f(x)=0$에서 $x=0,\,1,\,2^2,\,3^2,\,\cdots$

3단계 함수 $g(x)$가 극댓값을 갖는 x의 값을 구하여 자연수 k의 값을 구해 보자.

$$\int_0^1 f(x)\,dx<\int_1^{2^2}|f(x)|\,dx<\int_{2^2}^{3^2}f(x)\,dx<\int_{3^2}^{4^2}|f(x)|\,dx<\cdots$$

이므로 $\displaystyle\int_0^t f(x)\,dx=0$을 만족시키는 실수 t가 닫힌구간

$[1,\,2^2],\ [2^2,\,3^2],\ [3^2,\,4^2],\ \cdots$에 각각 하나씩 존재한다.

이 t의 값을 작은 수부터 크기순으로 $t_1,\,t_2,\,t_3,\,\cdots$이라 하면

$g'(x)=0$에서

$$\int_0^x f(s)\,ds=0$$

$\therefore x=0$ 또는 $x=t_1$ 또는 $x=t_2$ 또는 $x=t_3$ 또는 $\cdots$

$x\geq0$에서 함수 $g(x)$의 증가와 감소를 표로 나타내면 다음과 같다.

x	0	$\cdots$	t_1	$\cdots$	t_2	$\cdots$	t_3	$\cdots$	t_4	$\cdots$
$g'(x)$		$+$	0	$-$	0	$+$	0	$-$	0	$+$
$g(x)$	0	$\nearrow$	극대	$\searrow$	극소	$\nearrow$	극대	$\searrow$	극소	$\nearrow$

$x\geq0$에서 함수 $y=g(x)$의 그래프의 개형은 다음 그림과 같다.

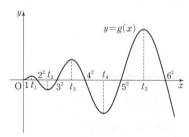

즉, 함수 $g(x)$는 x가 $t_1,\,t_3,\,t_5,\,\cdots$일 때 극댓값을 가지므로

$a_1=t_1,\ a_2=t_3,\ a_3=t_5,\ a_4=t_7,\ a_5=t_9,\ a_6=t_{11}$

따라서 $11^2<a_6<12^2$이므로 자연수 k의 값은 11이다.

$$\int_n^{(n+1)^2}f(x)\,dx=\int_{n^2}^{(n+1)^2}\sin(\pi\sqrt{x})\,dx$$에서

$\sqrt{x}=t$라 하면 $x=t^2$, $\dfrac{dx}{dt}=2t$

$x=n^2$일 때 $t=n$, $x=(n+1)^2$일 때 $t=n+1$이므로

$$\int_{n^2}^{(n+1)^2}\sin(\pi\sqrt{x})\,dx=\int_n^{n+1}2t\sin\pi t\,dt$$

$u(t)=2t$, $v'(t)=\sin\pi t$라 하면 $u'(t)=2$, $v(t)=-\dfrac{1}{\pi}\cos\pi t$이므로

$$\int_n^{n+1}2t\sin\pi t\,dt$$
$$=\left[2t\times\left(-\frac{1}{\pi}\cos\pi t\right)\right]_n^{n+1}-\int_n^{n+1}\left(-\frac{2}{\pi}\cos\pi t\right)dt$$
$$=-\frac{2(n+1)}{\pi}\cos(n+1)\pi+\frac{2n}{\pi}\cos n\pi+\left[\frac{2}{\pi^2}\sin\pi t\right]_n^{n+1}$$
$\qquad\qquad\qquad\qquad\qquad\qquad\qquad\qquad\ \ \, {\scriptstyle\rightarrow 0}$
$$=\frac{2n}{\pi}\cos n\pi-\frac{2(n+1)}{\pi}\cos(n+1)\pi$$

• $n=0$일 때: $\displaystyle\int_0^1\sin(\pi\sqrt{x})\,dx=\frac{2}{\pi}$

• $n=1$일 때: $\displaystyle\int_1^{2^2}\sin(\pi\sqrt{x})\,dx=-\frac{2}{\pi}-\frac{4}{\pi}=-\frac{6}{\pi}$

• $n=2$일 때: $\displaystyle\int_{2^2}^{3^2}\sin(\pi\sqrt{x})\,dx=\frac{4}{\pi}+\frac{6}{\pi}=\frac{10}{\pi}$

$\qquad\qquad\qquad\vdots$

• $n=2k-1$일 때: $\displaystyle\int_{(2k-1)^2}^{(2k)^2}\sin(\pi\sqrt{x})\,dx=-\frac{2(2k-1)}{\pi}-\frac{2\times2k}{\pi}$

• $n=2k$일 때: $\displaystyle\int_{(2k)^2}^{(2k+1)^2}\sin(\pi\sqrt{x})\,dx=\frac{2\times2k}{\pi}+\frac{2(2k+1)}{\pi}$

즉, $g'(k_n)=\displaystyle\int_0^{k_n}f(s)\,ds=0$을 만족시키는 $n^2<k_n<(n+1)^2$인 k_n이 존재한다.

---

045 답 ③

1단계 주어진 식을 정적분으로 나타내어 그 값을 구해 보자.

$$\lim_{n\to\infty}\sum_{k=1}^{n}\frac{k^2+2kn}{k^3+3k^2n+n^3}=\lim_{n\to\infty}\sum_{k=1}^{n}\frac{\dfrac{1}{n}\left(\dfrac{k^2}{n^2}+2\times\dfrac{k}{n}\right)}{\dfrac{k^3}{n^3}+3\times\dfrac{k^2}{n^2}+1}$$
$$=\int_0^1\frac{x^2+2x}{x^3+3x^2+1}\,dx$$
$$=\frac{1}{3}\int_0^1\frac{(x^3+3x^2+1)'}{x^3+3x^2+1}\,dx$$
$$=\frac{1}{3}\left[\ln(x^3+3x^2+1)\right]_0^1$$
$$=\frac{1}{3}(\ln5-\ln1)=\frac{\ln5}{3}$$

---

046 답 ①

1단계 주어진 식을 정적분으로 나타내어 보자.

$$\lim_{n\to\infty}\sum_{k=1}^{n}\frac{\pi}{n}f\left(\frac{k\pi}{n}\right)=\int_0^\pi f(x)\,dx=\int_0^\pi\sin(3x)\,dx$$

$$\int_0^1 f(x)\,dx=a\int_0^1(x^2-3x)\,dx$$

$$=a\left[\frac{1}{3}x^3-\frac{3}{2}x^2\right]_0^1$$

$$=a\left(\frac{1}{3}-\frac{3}{2}\right)=-\frac{7}{6}a=\frac{7}{6}$$

$$\therefore a=-1$$

$$\therefore f(x)=-x^2+3x$$

2단계 $f'(0)$의 값을 구해 보자.

$f'(x)=-2x+3$이므로

$f'(0)=3$

2단계 치환적분법을 이용하여 정적분의 값을 구해 보자.

$3x=t$로 놓으면 $3=\dfrac{dt}{dx}$이고

$x=0$일 때 $t=0$, $x=\pi$일 때 $t=3\pi$이므로

$$\int_0^\pi \sin(3x)\,dx=\int_0^{3\pi}\frac{1}{3}\sin t\,dt$$

$$=\left[-\frac{1}{3}\cos t\right]_0^{3\pi}$$

$$=\left(-\frac{1}{3}\cos 3\pi\right)-\left(-\frac{1}{3}\cos 0\right)$$

$$=\frac{2}{3}$$

---

047 정답률 ▸ 79% 답 ①

1단계 주어진 식을 정적분으로 나타내어 그 값을 구해 보자.

$$\lim_{n\to\infty}\frac{1}{n}\sum_{k=1}^{n}\sqrt{\frac{3n}{3n+k}}=\lim_{n\to\infty}\frac{1}{n}\sum_{k=1}^{n}\sqrt{\frac{3}{3+\frac{k}{n}}}$$

$$=\int_0^1\frac{\sqrt{3}}{\sqrt{3+x}}\,dx$$

$$=\sqrt{3}\left[2\sqrt{x+3}\right]_0^1$$

$$=\sqrt{3}\times(2\sqrt{4}-2\sqrt{3})$$

$$=4\sqrt{3}-6$$

---

048 정답률 ▸ 73% 답 ④

1단계 주어진 식을 정적분으로 나타내어 보자.

$$\lim_{n\to\infty}\sum_{k=1}^{n}\frac{k\pi}{n^2}f\left(\frac{\pi}{2}+\frac{k\pi}{n}\right)=\lim_{n\to\infty}\sum_{k=1}^{n}\left\{\frac{1}{\pi}\times\frac{\pi}{n}\times\frac{\pi k}{n}f\left(\frac{\pi}{2}+\frac{\pi k}{n}\right)\right\}$$

$$=\int_0^\pi\frac{1}{\pi}xf\left(\frac{\pi}{2}+x\right)dx$$

$$=\frac{1}{\pi}\int_0^\pi x\cos\left(\frac{\pi}{2}+x\right)dx$$

$$=\frac{1}{\pi}\int_0^\pi x(-\sin x)\,dx \quad\cdots\cdots\ \text{㉠}$$

2단계 부분적분법을 이용하여 식의 값을 구해 보자.

㉠에서 $u(x)=x$, $v'(x)=-\sin x$라 하면

$u'(x)=1$, $v(x)=\cos x$이므로

$$\frac{1}{\pi}\int_0^\pi x(-\sin x)\,dx=\frac{1}{\pi}\left(\left[x\cos x\right]_0^\pi-\int_0^\pi\cos x\,dx\right)$$

$$=\frac{1}{\pi}\left(-\pi-\left[\sin x\right]_0^\pi\right)$$

$$=\frac{1}{\pi}\times(-\pi-0)=-1$$

---

049 정답률 ▸ 78% 답 ②

1단계 주어진 등식의 좌변을 정적분으로 나타내어 함수 $f(x)$를 구해 보자.

함수 $f(x)$의 최고차항의 계수를 a라 하면

$f(x)=ax(x-3)=a(x^2-3x)$

---

050 정답률 ▸ 77% 답 ④

$$\int_0^1 f(x)\,dx-\int_0^1 g(x)\,dx=\int_0^1 2^x\,dx-\int_0^1\left(\frac{1}{2}\right)^x dx$$

$$=\left[\frac{2^x}{\ln 2}\right]_0^1-\left[\frac{\left(\frac{1}{2}\right)^x}{\ln\frac{1}{2}}\right]_0^1$$

$$=\left(\frac{2}{\ln 2}-\frac{1}{\ln 2}\right)-\left(\frac{\frac{1}{2}}{\ln\frac{1}{2}}-\frac{1}{\ln\frac{1}{2}}\right)$$

$$=\frac{1}{\ln 2}-\left(-\frac{1}{2\ln 2}+\frac{1}{\ln 2}\right)$$

$$=\frac{1}{2\ln 2}$$

---

051 정답률 ▸ 87% 답 ②

1단계 두 곡선 $y=2^x-1$, $y=\left|\sin\dfrac{\pi}{2}x\right|$로 둘러싸인 부분을 파악하여 그 넓이를 구해 보자.

두 곡선 $y=2^x-1$, $y=\left|\sin\dfrac{\pi}{2}x\right|$의 교점의 좌표는 $(0,0)$, $(1,1)$이다.

이때 $0\leq x\leq 1$에서 $\sin\dfrac{\pi}{2}x\geq 0$이고, $\sin\dfrac{\pi}{2}x\geq 2^x-1$이므로

구하는 넓이는

$$\int_0^1\left\{\sin\frac{\pi}{2}x-(2^x-1)\right\}dx=\int_0^1\left(\sin\frac{\pi}{2}x-2^x+1\right)dx$$

$$=\left[-\frac{2}{\pi}\cos\frac{\pi}{2}x-\frac{2^x}{\ln 2}+x\right]_0^1$$

$$=\left(-\frac{2}{\ln 2}+1\right)-\left(-\frac{2}{\pi}-\frac{1}{\ln 2}\right)$$

$$=\frac{2}{\pi}-\frac{1}{\ln 2}+1$$

---

052 정답률 ▸ 74% 답 ③

Best Pick 절댓값 기호가 포함된 삼각함수의 그래프의 개형을 그리고 주기를 파악하여 곡선과 x축 사이의 넓이를 구하는 문제이다. 삼각함수의 전반적인 이해와 정적분과 함수의 주기에 대한 이해가 필요하다.

1단계 곡선 $y=|\sin 2x|+1$과 x축 및 두 직선 $x=\dfrac{\pi}{4}$, $x=\dfrac{5}{4}\pi$를 파악하여 그 넓이를 구해 보자.

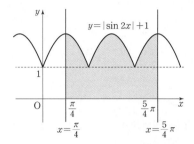

곡선 $y=|\sin 2x|+1$과 x축 및 두 직선 $x=\dfrac{\pi}{4}$, $x=\dfrac{5}{4}\pi$로 둘러싸인 부분의 넓이는 위의 그림에서 어두운 부분의 넓이와 같다.

따라서 구하는 넓이는

$$\int_{\frac{\pi}{4}}^{\frac{5}{4}\pi} (|\sin 2x|+1)\,dx=4\int_{\frac{\pi}{4}}^{\frac{\pi}{2}} (\sin 2x+1)\,dx$$

($\longrightarrow \dfrac{\pi}{4}\le x\le \dfrac{5}{4}\pi$에서 $|\sin 2x|+1\ge 0$)

$$=4\left[-\frac{1}{2}\cos 2x+x\right]_{\frac{\pi}{4}}^{\frac{\pi}{2}}$$

$$=4\times\left\{\left(\frac{1}{2}+\frac{\pi}{2}\right)-\left(0+\frac{\pi}{4}\right)\right\}$$

$$=\pi+2$$

053

답 ①

1단계 구하는 넓이를 정적분을 이용하여 나타내고 치환적분법을 이용하여 간단히 해 보자.

$x\ln(x^2+1)=0$에서

$x=0$ ($\because \ln(x^2+1)\ne 0$)

또한, $0\le x\le 1$에서

$x\ln(x^2+1)\ge 0$

이므로 구하는 넓이는

$$\int_0^1 |x\ln(x^2+1)|\,dx=\int_0^1 x\ln(x^2+1)\,dx$$

이때 $x^2+1=t$라 하면

$2x=\dfrac{dt}{dx}$이고

$x=1$일 때 $t=2$,

$x=0$일 때 $t=1$이므로

$$\int_0^1 x\ln(x^2+1)\,dx=\int_1^2 \frac{1}{2}\ln t\,dt$$

$$=\frac{1}{2}\int_1^2 \ln t\,dt \quad\cdots\cdots\ \bigcirc$$

2단계 부분적분법을 이용하여 $\bigcirc$의 값을 구해 보자.

$\bigcirc$에서 $u(t)=\ln t$, $v'(t)=1$이라 하면

$u'(t)=\dfrac{1}{t}$, $v(t)=t$이므로

$$\frac{1}{2}\int_1^2 \ln t\,dt=\frac{1}{2}\left\{\left[t\ln t\right]_1^2-\int_1^2 1\,dt\right\}$$

$$=\frac{1}{2}\left[t\ln t-t\right]_1^2$$

$$=\frac{1}{2}\{(2\ln 2-2)-(0-1)\}$$

$$=\ln 2-\frac{1}{2}$$

054

답 ⑤

1단계 점 $(1, 0)$에서 곡선 $y=e^x$에 그은 접선 l의 방정식을 구해 보자.

$y=e^x$에서 $y'=e^x$

이때 접점의 좌표를 (t, e^t)이라 하면 접선의 기울기는 e^t이므로 접선의 방정식은

$$y-e^t=e^t(x-t) \qquad \therefore\ y=e^t x-e^t(t-1) \quad\cdots\cdots\ \bigcirc$$

직선 $\bigcirc$이 점 $(1, 0)$을 지나므로

$0=e^t-e^t(t-1)$, $e^t(2-t)=0$

$\therefore t=2$ ($\because e^t>0$)

즉, 접선 l의 방정식은 $y=e^2 x-e^2$

2단계 곡선 $y=e^x$과 y축 및 직선 l로 둘러싸인 부분의 넓이를 구해 보자.

구하는 넓이는 오른쪽 그림에서 어두운 부분의 넓이와 같으므로

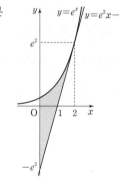

$$\int_0^2 \{e^x-(e^2 x-e^2)\}\,dx$$

($\longrightarrow 0\le x\le 2$에서 $e^x\ge e^2 x-e^2$)

$$=\int_0^2 (e^x-e^2 x+e^2)\,dx$$

$$=\left[e^x-\frac{e^2}{2}x^2+e^2 x\right]_0^2$$

$$=(e^2-2e^2+2e^2)-1$$

$$=e^2-1$$

055

답 ①

1단계 A의 넓이와 B의 넓이가 같음을 이용하여 상수 a의 값을 구해 보자.

A의 넓이와 B의 넓이가 같으므로 두 직선 $y=-2x+a$와 $x=1$ 및 x축, y축으로 둘러싸인 영역의 넓이와 곡선 $y=e^{2x}$과 직선 $x=1$ 및 x축, y축으로 둘러싸인 영역의 넓이는 같다.

두 직선 $y=-2x+a$와 $x=1$ 및 x축, y축으로 둘러싸인 영역의 넓이는

$$\int_0^1 (-2x+a)\,dx=\left[-x^2+ax\right]_0^1=-1+a \quad\cdots\cdots\ \bigcirc$$

($\longrightarrow 0\le x\le 1$에서 $-2x+a\ge 0$)

또한, 곡선 $y=e^{2x}$과 직선 $x=1$ 및 x축, y축으로 둘러싸인 영역의 넓이는

$$\int_0^1 e^{2x}\,dx=\left[\frac{1}{2}e^{2x}\right]_0^1=\frac{e^2-1}{2} \quad\cdots\cdots\ \bigcirc$$

($\longrightarrow 0\le x\le 1$에서 $e^{2x}\ge 0$)

$\bigcirc$, $\bigcirc$에서

$$-1+a=\frac{e^2-1}{2} \qquad \therefore\ a=\frac{e^2+1}{2}$$

다른 풀이

오른쪽 그림에서 직선 $y=-2x+a$와 곡선 $y=e^{2x}$이 만나는 점의 x좌표를 t라 하자.

이때 A의 넓이와 B의 넓이가 같으므로

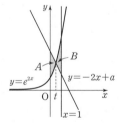

$$\int_0^t (-2x+a-e^{2x})\,dx$$

$$=\int_t^1 \{e^{2x}-(-2x+a)\}\,dx$$

$$\left[-x^2+ax-\frac{1}{2}e^{2x}\right]_0^t=\left[\frac{1}{2}e^{2x}+x^2-ax\right]_t^1$$

$$-t^2+at-\frac{1}{2}e^{2t}+\frac{1}{2}=\frac{1}{2}e^2+1-a-\left(\frac{1}{2}e^{2t}+t^2-at\right)$$

$$\frac{1}{2}e^2+\frac{1}{2}-a=0$$

$$\therefore a=\frac{e^2+1}{2}$$

056 정답률 ▸ 85%　　　　답 ②

1단계 S의 값을 구해 보자.

곡선 $y=\dfrac{1}{x}$과 두 직선 $x=1$, $x=2$ 및 x축으

로 둘러싸인 부분의 넓이 S는

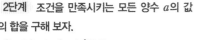

$S=\displaystyle\int_1^2 \dfrac{1}{x}\,dx=\Big[\ln x\Big]_1^2=\ln 2$

2단계 조건을 만족시키는 모든 양수 a의 값의 합을 구해 보자.

$2S=2\ln 2=\ln 4$이므로

(i) $a>1$일 때

　곡선 $y=\dfrac{1}{x}$과 두 직선 $x=1$, $x=a$ 및 x축으로 둘러싸인 부분의 넓이

　를 구하면

　$\displaystyle\int_1^a \dfrac{1}{x}\,dx=\Big[\ln x\Big]_1^a$

　$\qquad\qquad=\ln a$

　이므로

　$\ln a=\ln 4$

　$\therefore a=4$

(ii) $0<a<1$일 때

　곡선 $y=\dfrac{1}{x}$과 두 직선 $x=1$, $x=a$ 및 x축으로 둘러싸인 부분의 넓이

　를 구하면

　$\displaystyle\int_a^1 \dfrac{1}{x}\,dx=\Big[\ln x\Big]_a^1$

　$\qquad\qquad=-\ln a$

　이므로

　$-\ln a=\ln 4 \qquad \therefore a=\dfrac{1}{4}$

(i), (ii)에서 모든 양수 a의 값의 합은

$4+\dfrac{1}{4}=\dfrac{17}{4}$

057 정답률 ▸ 85%　　　　답 ④

1단계 두 영역 A, B의 넓이를 정적분으로 나타내어 보자.

$f(x)=\dfrac{2x-2}{x^2-2x+2}=\dfrac{2(x-1)}{(x-1)^2+1}$에서

$f(1)=0$

$x\geq 1$이면 $f(x)\geq 0$이고, $x<1$이면 $f(x)<0$이므로

영역 A의 넓이는

$\displaystyle\int_0^1 |f(x)|\,dx=-\int_0^1 f(x)\,dx$

영역 B의 넓이는

$\displaystyle\int_1^3 |f(x)|\,dx=\int_1^3 f(x)\,dx$

2단계 영역 A의 넓이와 영역 B의 넓이의 합을 구해 보자.

$-\displaystyle\int_0^1 f(x)\,dx+\int_1^3 f(x)\,dx$

$=-\displaystyle\int_0^1 \dfrac{2x-2}{x^2-2x+2}\,dx+\int_1^3 \dfrac{2x-2}{x^2-2x+2}\,dx$

$=-\Big[\ln(x^2-2x+2)\Big]_0^1+\Big[\ln(x^2-2x+2)\Big]_1^3$

$=\ln 2+\ln 5=\ln 10$

058 정답률 ▸ 79%　　　　답 7

1단계 $A=B$임을 이용하여 $\displaystyle\int_0^2 f(x)\,dx$의 값을 구해 보자.

$A=B$이므로

$\displaystyle\int_0^2 f(x)\,dx=0 \quad \cdots\cdots \text{㉠}$

2단계 부분적분법을 이용하여 $\displaystyle\int_0^2 (2x+3)f'(x)\,dx$의 값을 구해 보자.

$u(x)=2x+3$, $v'(x)=f'(x)$라 하면

$u'(x)=2$, $v(x)=f(x)$이므로

$\displaystyle\int_0^2 (2x+3)f'(x)\,dx=\Big[(2x+3)f(x)\Big]_0^2-\int_0^2 2f(x)\,dx$

$\qquad\qquad=7f(2)-3f(0) \ (\because \text{㉠})$

$\qquad\qquad=7\times 1-3\times 0=7$

059 정답률 ▸ 50%　　　　답 ⑤

1단계 α, β를 각각 정적분으로 나타내어 보자.

두 부분 A, B의 넓이가 각각 α, β이고,

부분 A는 닫힌구간 $[0, p]$에서 곡선과 x축으로 둘러싸인 영역이므로

$\alpha=\displaystyle\int_0^p f(x)\,dx \quad \cdots\cdots \text{㉠} \to 0\leq x\leq p$에서 $f(x)\geq 0$

부분 B는 닫힌구간 $[p, 2p^2]$에서 곡선과 x축으로 둘러싸인 영역이므로

$\beta=-\displaystyle\int_p^{2p^2} f(x)\,dx \quad \cdots\cdots \text{㉡} \to p\leq x\leq 2p^2$에서 $f(x)\leq 0$

2단계 치환적분법을 이용하여 주어진 정적분의 값을 구해 보자.

$\displaystyle\int_0^p xf(2x^2)\,dx$에서 $2x^2=t$라 하면 $4x=\dfrac{dt}{dx}$이고,

$x=0$일 때 $t=0$, $x=p$일 때 $t=2p^2$이므로

$\displaystyle\int_0^p xf(2x^2)\,dx=\int_0^{2p^2} f(t)\times\dfrac{1}{4}\,dt$

$\qquad\qquad=\dfrac{1}{4}\displaystyle\int_0^{2p^2} f(t)\,dt$

$\qquad\qquad=\dfrac{1}{4}\Big\{\displaystyle\int_0^p f(t)\,dt+\int_p^{2p^2} f(t)\,dt\Big\}$

$\qquad\qquad=\dfrac{1}{4}(\alpha-\beta) \ (\because \text{㉠}, \text{㉡})$

060 정답률 ▸ 74%　　　　답 ④

1단계 부분적분법을 이용하여 넓이를 구해 보자.

구하는 넓이는

$\displaystyle\int_{\frac{\pi}{2}}^{\pi} \Big\{(\sin x)\ln x-\dfrac{\cos x}{x}\Big\}\,dx$

$=\displaystyle\int_{\frac{\pi}{2}}^{\pi} (\sin x)\ln x\,dx-\int_{\frac{\pi}{2}}^{\pi} \dfrac{\cos x}{x}\,dx \to \begin{array}{l} u(x)=\ln x, v'(x)=\sin x$라 하면 $\\ u'(x)=\dfrac{1}{x}, v(x)=-\cos x$이므로 $\end{array}$

$=\Big\{\Big[(-\cos x)\ln x\Big]_{\frac{\pi}{2}}^{\pi}-\displaystyle\int_{\frac{\pi}{2}}^{\pi}\Big(-\dfrac{\cos x}{x}\Big)\,dx\Big\}-\int_{\frac{\pi}{2}}^{\pi}\dfrac{\cos x}{x}\,dx$

$=\Big[(-\cos x)\ln x\Big]_{\frac{\pi}{2}}^{\pi}$

$=\ln \pi$

061 정답률 ▸ 88% 답 ③

1단계 두 곡선의 교점의 x좌표를 구해 보자.

두 곡선 $y=e^x$, $y=xe^x$의 교점의 x좌표는 $e^x=xe^x$에서

$e^x(1-x)=0$

$\therefore x=1 \ (\because e^x>0)$

2단계 a, b를 각각 정적분으로 나타내어 보자.

두 곡선 $y=e^x$, $y=xe^x$과 y축으로 둘러싸인 부분 A의 넓이 a는

$a=\displaystyle\int_0^1 (e^x-xe^x)\,dx \longrightarrow {}_{0\le x\le 1에서 e^x\ge xe^x}$

두 곡선 $y=e^x$, $y=xe^x$과 직선 $x=2$로 둘러싸인 부분 B의 넓이 b는

$b=\displaystyle\int_1^2 (xe^x-e^x)\,dx \longrightarrow {}_{1\le x\le 2에서 xe^x\ge e^x}$

3단계 부분적분법을 이용하여 $b-a$의 값을 구해 보자.

$b-a=\displaystyle\int_1^2 (xe^x-e^x)\,dx-\int_0^1 (e^x-xe^x)\,dx$

$\qquad =\displaystyle\int_1^2 (xe^x-e^x)\,dx+\int_0^1 (xe^x-e^x)\,dx$

$\qquad =\displaystyle\int_0^2 (xe^x-e^x)\,dx$

$\qquad =\displaystyle\int_0^2 (x-1)e^x\,dx$

이때 $u(x)=x-1$, $v'(x)=e^x$이라 하면

$u'(x)=1$, $v(x)=e^x$이므로

$\displaystyle\int_0^2 (x-1)e^x\,dx=\Big[(x-1)e^x\Big]_0^2-\int_0^2 e^x\,dx$

$\qquad =\Big[(x-1)e^x\Big]_0^2-\Big[e^x\Big]_0^2$

$\qquad =e^2+1-(e^2-1)=2$

062 정답률 ▸ 67% 답 96

Best Pick 함수의 증감표와 최댓값을 이용하여 미지수를 구한 후 넓이를 구하는 문제이다. 정적분의 최댓값을 이용하는 소재는 일반적이지 않아 수능에 한 번 더 출제될 수 있다.

1단계 함수 $f(x)$가 최댓값을 갖는 x의 값을 구해 보자.

$f(x)=\displaystyle\int_0^x (a-t)e^t\,dt$에서

$f'(x)=(a-x)e^x$이므로 $f'(x)=0$에서 $x=a$이다.

즉, 함수 $f(x)$의 증가와 감소를 표로 나타내면 다음과 같다.

x	$\cdots$	a	$\cdots$
$f'(x)$	$+$	0	$-$
$f(x)$	↗	극대	↘

함수 $f(x)$는 $x=a$에서 극대이면서 최대이므로 최댓값을 갖는다.

2단계 곡선과 두 직선으로 둘러싸인 부분의 넓이를 구해 보자.

$f(x)=\displaystyle\int_0^x (a-t)e^t\,dt=\Big[(a-t)e^t\Big]_0^x-\int_0^x (-e^t)\,dt$

$\qquad =\Big[(a-t)e^t\Big]_0^x+\Big[e^t\Big]_0^x \longrightarrow {}^{u(t)=a-t,\ v'(t)=e^t이라 하면}_{u'(t)=-1,\ v(t)=e^t이므로}$

$\qquad =\{(a-x)e^x-a\}+(e^x-1)$

$\qquad =(a+1-x)e^x-a-1$

이고, $f(a)=e^a-a-1=32$에서 $e^a-a=33$이므로 다음 그림에서 곡선 $y=3e^x$과 두 직선 $x=a$, $y=3$으로 둘러싸인 부분의 넓이는

$\displaystyle\int_0^a (3e^x-3)\,dx=\Big[3e^x-3x\Big]_0^a$

$\qquad =(3e^a-3a)-(3-0)$

$\qquad =3(e^a-a)-3$

$\qquad =3\times 33-3=96$

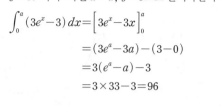

063 정답률 ▸ 69% 답 ②

1단계 주어진 조건을 이용하여 점 P의 좌표와 상수 a의 값을 구해 보자.

두 함수 $f(x)=ax^2$, $g(x)=\ln x$의 그래프가 만나는 점 P의 x좌표를 t라 하면

$at^2=\ln t \qquad \cdots\cdots \ \text{㉠}$

두 곡선 $y=f(x)$, $y=g(x)$ 위의 점 P에서의 접선의 기울기가 서로 같으므로

$f'(x)=2ax$, $g'(x)=\dfrac{1}{x}$에서

$2at=\dfrac{1}{t} \qquad \therefore 2at^2=1 \qquad \cdots\cdots \ \text{㉡}$

㉠, ㉡에 의하여 $\ln t=\dfrac{1}{2}$

$\therefore t=\sqrt{e}, \ a=\dfrac{1}{2e}$

즉, 점 P의 좌표는 $\left(\sqrt{e}, \ \dfrac{1}{2}\right)$이다.

2단계 부분적분법을 이용하여 두 곡선 $y=f(x)$, $y=g(x)$와 x축으로 둘러싸인 부분의 넓이를 구해 보자.

두 함수 $f(x)=\dfrac{1}{2e}x^2$, $g(x)=\ln x$의 그래프는 다음 그림과 같다.

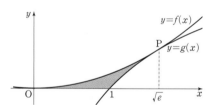

따라서 구하는 넓이는

$\displaystyle\int_1^{\sqrt{e}} \dfrac{x^2}{2e}\,dx-\int_1^{\sqrt{e}} \ln x\,dx \longrightarrow {}^{u(x)=\ln x,\ v'(x)=1이라 하면 u'(x)=\frac{1}{x},\ v(x)=x이므로}$

$=\Big[\dfrac{x^3}{6e}\Big]_0^{\sqrt{e}}-\Big\{\Big[x\ln x\Big]_1^{\sqrt{e}}-\int_1^{\sqrt{e}} \Big(\dfrac{1}{x}\times x\Big)\,dx\Big\}$

$=\Big[\dfrac{x^3}{6e}\Big]_0^{\sqrt{e}}-\Big[x\ln x\Big]_1^{\sqrt{e}}+\Big[x\Big]_1^{\sqrt{e}}$

$=\Big(\dfrac{\sqrt{e}}{6}-0\Big)-\Big(\dfrac{\sqrt{e}}{2}-0\Big)+(\sqrt{e}-1)$

$=\dfrac{2\sqrt{e}-3}{3}$

064 정답률 ▸ 82% 답 ③

1단계 A의 넓이와 B의 넓이가 같음을 식으로 나타내어 보자.

A, B의 넓이를 각각 S_A, S_B라 하면

$S_A=\displaystyle\int_0^k x\sin x\,dx$

$$S_B = \int_k^{\frac{\pi}{2}} \left(\frac{\pi}{2} - x\sin x \right) dx$$

$$= \int_k^{\frac{\pi}{2}} \frac{\pi}{2} dx - \int_k^{\frac{\pi}{2}} x\sin x\, dx$$

$S_A = S_B$이므로

$$\int_0^k x\sin x\, dx = \int_k^{\frac{\pi}{2}} \frac{\pi}{2} dx - \int_k^{\frac{\pi}{2}} x\sin x\, dx$$

$$\int_0^k x\sin x\, dx + \int_k^{\frac{\pi}{2}} x\sin x\, dx = \int_k^{\frac{\pi}{2}} \frac{\pi}{2} dx$$

$$\int_0^{\frac{\pi}{2}} x\sin x\, dx = \frac{\pi}{2}\left(\frac{\pi}{2} - k \right) \quad \cdots\cdots \text{㉠}$$

→ 가로의 길이가 $\frac{\pi}{2} - k$, 세로의 길이가 $\frac{\pi}{2}$인 직사각형의 넓이와 같다.

2단계 부분적분법을 이용하여 상수 k의 값을 구해 보자.

$\int_0^{\frac{\pi}{2}} x\sin x\, dx$에서

$u(x) = x$, $v'(x) = \sin x$라 하면

$u'(x) = 1$, $v(x) = -\cos x$이므로

$$\int_0^{\frac{\pi}{2}} x\sin x\, dx = \left[x(-\cos x) \right]_0^{\frac{\pi}{2}} - \int_0^{\frac{\pi}{2}} 1 \times (-\cos x)\, dx$$

$$= \left[\sin x \right]_0^{\frac{\pi}{2}}$$

$$= 1 \quad \cdots\cdots \text{㉡}$$

㉡을 ㉠에 대입하면

$$1 = \frac{\pi}{2}\left(\frac{\pi}{2} - k \right), \ \frac{2}{\pi} = \frac{\pi}{2} - k$$

$$\therefore k = \frac{\pi}{2} - \frac{2}{\pi}$$

---

065 정답률 ▸ 54%   답 ②

1단계 곡선 $y = f(x)$와 x축 및 직선 l로 둘러싸인 부분의 넓이와 곡선 $y = f(x)$와 x축 및 직선 $x = a$로 둘러싸인 부분의 넓이를 각각 구해 보자.

$f'(x) = \cos x$이므로 점 P에서의 접선 l의 방정식은

$y = \cos a(x - a) + \sin a$

$y = \cos a(x-a) + \sin a$에 $y = 0$을 대입하면

$0 = \cos a(x-a) + \sin a$이므로 $x = a - \frac{\sin a}{\cos a}$

직선 l이 x축과 만나는 점을 Q라 하면 $Q\left(a - \frac{\sin a}{\cos a}, 0 \right)$이고, 점 P에서 x축에 내린 수선의 발을 R라 하면 $R(a, 0)$이다.

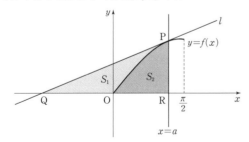

그림과 같이 곡선 $y = \sin x$와 x축 및 직선 l로 둘러싸인 부분의 넓이를 S_1, 곡선 $y = \sin x$와 x축 및 직선 $x = a$로 둘러싸인 부분의 넓이를 S_2라 하면

$$S_1 = \frac{1}{2} \times \frac{\sin a}{\cos a} \times \sin a - \int_0^a \sin x\, dx$$

$$S_2 = \int_0^a \sin x\, dx$$

→ $\triangle PQR = \frac{1}{2} \times \overline{QR} \times \overline{PR}$

2단계 $S_1 = S_2$임을 이용하여 $\cos a$의 값을 구해 보자.

$S_1 = S_2$이므로

$$\frac{1}{2} \times \frac{\sin a}{\cos a} \times \sin a - \int_0^a \sin x\, dx = \int_0^a \sin x\, dx$$

$$\frac{\sin^2 a}{2\cos a} = 2\int_0^a \sin x\, dx$$

$$\frac{1 - \cos^2 a}{2\cos a} = 2\left[-\cos x \right]_0^a$$

$$\frac{1 - \cos^2 a}{2\cos a} = 2(-\cos a + 1)$$

$$1 - \cos^2 a = 4\cos a(-\cos a + 1)$$

$$3\cos^2 a - 4\cos a + 1 = 0$$

$$(3\cos a - 1)(\cos a - 1) = 0$$

$0 < a < \frac{\pi}{2}$이므로

$$\cos a = \frac{1}{3}$$

---

066 정답률 ▸ 87%   답 ②

Best Pick 역함수의 성질을 이용하여 두 부분의 넓이가 같음을 이용하는 문제이다. 이 문제는 간단하지만 좀 더 어렵게 변형이 가능하므로 기본적인 문제로 개념을 정확히 알아야 한다.

1단계 $n = 3$일 때 각 점의 좌표와 두 함수 $y = 2^x$과 $y = \log_2 x$의 관계를 알아보자.

$n = 3$일 때, $A(2^3, 0)$, $B(2^3, 2^3)$, $C(0, 2^3)$이므로 직선 BC와 곡선 $y = 2^x$이 만나는 점을 E라 하면 $E(3, 2^3)$이다.

두 함수 $y = 2^x$, $y = \log_2 x$는 역함수 관계이므로 두 함수의 그래프는 직선 $y = x$에 대하여 대칭이다.

이때 점 E를 지나고 y축에 평행한 직선이 직선 $y = x$와 만나는 점을 F라 하면 $F(3, 3)$이다. → 직선 $x = 3$

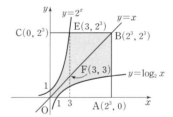

2단계 색칠된 부분의 넓이를 구해 보자.

색칠된 부분의 넓이를 S라 하면

$$S = 2\left\{ \int_0^3 (2^x - x)\, dx + \frac{1}{2} \times (2^3 - 3) \times (2^3 - 3) \right\}$$

$$= 2\left(\left[\frac{2^x}{\ln 2} - \frac{1}{2}x^2 \right]_0^3 + \frac{25}{2} \right)$$

→ 직선 $y = x$에 의하여 이등분된 부분 중 위쪽 부분의 넓이이다.

$$= 2\left(\frac{7}{\ln 2} - \frac{9}{2} + \frac{25}{2} \right) = 16 + \frac{14}{\ln 2}$$

다른 풀이

오른쪽 그림에서 빗금친 부분의 넓이는

$$\int_1^8 \log_2 x\, dx$$

$$= \frac{1}{\ln 2}\left[x\ln x - x \right]_1^8$$

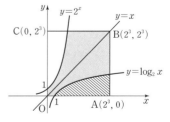

$$= \frac{1}{\ln 2}\{8\ln 8 - 8 - (-1)\}$$

$$= \frac{1}{\ln 2}(8\ln 8 - 7) = 24 - \frac{7}{\ln 2}$$

따라서 색칠된 부분의 넓이를 S라 하면

$$S = 2\left\{\frac{1}{2} \times 8^2 - \left(24 - \frac{7}{\ln 2}\right)\right\}$$

$$= 16 + \frac{14}{\ln 2}$$

067 정답률 ▸ 41% 답 24

Best Pick 함수와 역함수의 관계, 이계도함수의 그래프의 개형을 알고 있는지를 묻는 문제이다. 이처럼 정적분 문제는 함수의 그래프를 적당히 그려 해결하는 문제가 종종 출제되므로 많이 연습해 보아야 한다.

1단계 함수 $y = f(x)$의 그래프의 개형을 그려 보자.

조건 (가)에서 $f(1) = 1$, $f(3) = 3$, $f(7) = 7$이고, 조건 (나)에서 $x \neq 3$인 모든 실수 x에 대하여 $f''(x) < 0$이므로 함수 $y = f(x)$의 그래프의 개형은 다음 그림과 같다.

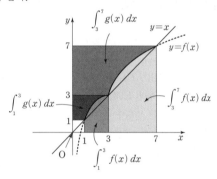

2단계 $\int_1^3 f(x)\,dx$, $\int_3^7 f(x)\,dx$의 값을 각각 구해 보자.

함수 $f(x)$는 역함수 $g(x)$가 존재하므로 일대일대응이다.

조건 (가)에서 $f(1) < f(3)$이므로 함수 $f(x)$는 닫힌구간 $[1, 3]$에서 증가한다.

$$\therefore \int_1^3 f(x)\,dx = 3 \times 3 - 1 \times 1 - \int_1^3 g(x)\,dx$$

$$= 9 - 1 - 3 = 5$$

또한, 조건 (다)에서 $\int_1^7 f(x)\,dx = 27$이므로

$$\int_3^7 f(x)\,dx = \int_1^7 f(x)\,dx - \int_1^3 f(x)\,dx$$

$$= 27 - 5$$

$$= 22$$

3단계 $12\int_3^7 |f(x) - x|\,dx$의 값을 구해 보자.

조건 (나)에서 함수 $y = f(x)$의 그래프는 열린구간 $(3, 7)$에서 위로 볼록하고, 조건 (가)에서 $f(3) = 3$, $f(7) = 7$이므로 닫힌구간 $[3, 7]$에서 $f(x) - x \geq 0$이다.

$$\therefore 12\int_3^7 |f(x) - x|\,dx = 12\int_3^7 \{f(x) - x\}\,dx$$

$$= 12\left\{\int_3^7 f(x)\,dx - \int_3^7 x\,dx\right\}$$

$$= 12\left\{22 - (3+7) \times 4 \times \frac{1}{2}\right\}$$

└▸ 윗변의 길이가 3, 아랫 변의 길이가 7 높이가 4인 사다리꼴의 넓이 와 같다.

$$= 12(22 - 20)$$

$$= 24$$

068 정답률 ▸ 92% 답 ②

Best Pick 미적분 과목의 빈출 유형이다. 단면적의 넓이를 구하고 적분 구간을 정할 수만 있다면 쉽게 해결할 수 있다. 다양한 문제를 연습하여 실수하지 않고 빨리 푸는 것이 중요하다.

1단계 단면의 넓이를 t에 대한 식으로 나타내어 보자.

오른쪽 그림과 같이 주어진 입체도형을 x좌표가 t $(0 \leq t \leq k)$인 점을 지나고 x축에 수직인 평면으로 자른 단면은 한 변의 길이가 $\sqrt{\dfrac{e^t}{e^t + 1}}$

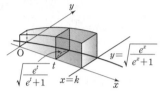

인 정사각형이므로 그 넓이를 $S(t)$라 하면

$$S(t) = \left(\sqrt{\frac{e^t}{e^t + 1}}\right)^2 = \frac{e^t}{e^t + 1}$$

2단계 입체도형의 부피가 $\ln 7$임을 이용하여 k의 값을 구해 보자.

$\displaystyle\int_0^k S(t)\,dt = \int_0^k \frac{e^t}{e^t + 1}\,dt$에서

$e^t + 1 = s$라 하면 $e^t = \dfrac{ds}{dt}$이고

$t = 0$일 때 $s = 2$, $t = k$일 때 $s = e^k + 1$이므로

$$\int_0^k S(t)\,dt = \int_0^k \frac{e^t}{e^t + 1}\,dt = \int_2^{e^k+1} \frac{1}{s}\,ds$$

$$= \Big[\ln s\Big]_2^{e^k+1}$$

$$= \ln(e^k + 1) - \ln 2$$

$$= \ln\frac{e^k + 1}{2}$$

이때 입체도형의 부피가 $\ln 7$이므로

$$\frac{e^k + 1}{2} = 7, \quad e^k = 13$$

$$\therefore k = \ln 13$$

069 정답률 ▸ 83% 답 ②

1단계 단면의 넓이를 x에 대한 식으로 나타내어 보자.

입체도형을 x축에 수직인 평면으로 자른 단면은 한 변의 길이가 $\sqrt{\dfrac{3x+1}{x^2}}$인 정사각형이다.

단면의 넓이를 $S(x)$라 하면

$$S(x) = \left(\sqrt{\frac{3x+1}{x^2}}\right)^2$$

$$= \frac{3x+1}{x^2}$$

2단계 입체도형의 부피를 구해 보자.

구하는 입체도형의 부피는

$$\int_1^2 S(x)\,dx = \int_1^2 \frac{3x+1}{x^2}\,dx = \int_1^2 \left(\frac{3}{x} + \frac{1}{x^2}\right)dx$$

$$= \left[3\ln x - \frac{1}{x}\right]_1^2$$

$$= \left(3\ln 2 - \frac{1}{2}\right) - (-1)$$

$$= \frac{1}{2} + 3\ln 2$$

070 정답률 ▸ 83% 답 ③

1단계 단면의 넓이를 t에 대한 식으로 나타내어 보자.

x좌표가 $t\left(\dfrac{1}{\sqrt{2k}}\le t\le\dfrac{1}{\sqrt{k}}\right)$인 점을 지나고 축에 수직인 평면으로 자른 단면은 한 변의 길이가 $f(t)$인 정삼각형이므로 단면의 넓이를 $S(t)$라 하면

$$S(t)=\frac{\sqrt{3}}{4}\{f(t)\}^2$$
$$=\frac{\sqrt{3}}{4}\times4te^{2kt^2}$$
$$=\sqrt{3}te^{2kt^2}$$

2단계 입체도형의 부피가 $\sqrt{3}(e^2-e)$임을 이용하여 k의 값을 구해 보자.

입체도형의 부피는

$$\int_{\frac{1}{\sqrt{2k}}}^{\frac{1}{\sqrt{k}}}S(t)\,dt=\int_{\frac{1}{\sqrt{2k}}}^{\frac{1}{\sqrt{k}}}\sqrt{3}te^{2kt^2}\,dt$$

$2kt^2=s$라 하면 $4kt=\dfrac{ds}{dt}$이고

$t=\dfrac{1}{\sqrt{2k}}$일 때 $s=1$, $t=\dfrac{1}{\sqrt{k}}$일 때 $s=2$이므로

$$\int_{\frac{1}{\sqrt{2k}}}^{\frac{1}{\sqrt{k}}}\sqrt{3}te^{2kt^2}\,dt=\frac{\sqrt{3}}{4k}\int_1^2 e^s\,ds$$
$$=\frac{\sqrt{3}}{4k}\Big[e^s\Big]_1^2$$
$$=\frac{\sqrt{3}}{4k}(e^2-e)$$

이때 입체도형의 부피가 $\sqrt{3}\,(e^2-e)$이므로

$$\frac{\sqrt{3}}{4k}(e^2-e)=\sqrt{3}\,(e^2-e)$$

$$\therefore k=\frac{1}{4}$$

071 정답률 ▸ 77% 답 12

1단계 선분 AB를 한 변으로 하는 정사각형의 넓이를 구해 보자.

선분 AB를 한 변으로 하는 정사각형의 넓이를 $S(x)$라 하면

$\overline{AB}=f(x)=\sqrt{x}e^{\frac{x}{2}}$이므로

$$S(x)=(\sqrt{x}e^{\frac{x}{2}})^2=xe^x$$

2단계 정사각형이 만드는 입체도형의 부피를 구해 보자.

점 A의 x좌표가 $x=1$에서 $x=\ln 6$까지 변할 때, 이 정사각형이 만드는 입체도형의 부피는

$$\int_1^{\ln 6}S(x)\,dx=\int_1^{\ln 6}xe^x\,dx$$

$u(x)=x$, $v'(x)=e^x$이라 하면

$u'(x)=1$, $v(x)=e^x$이므로

$$\int_1^{\ln 6}xe^x\,dx=\Big[xe^x\Big]_1^{\ln 6}-\int_1^{\ln 6}e^x\,dx$$
$$=\Big[xe^x\Big]_1^{\ln 6}-\Big[e^x\Big]_1^{\ln 6}$$
$$=(6\ln 6-e)-(6-e)$$
$$=-6+6\ln 6$$

3단계 $a+b$의 값을 구해 보자.

$a=6$, $b=6$이므로
$a+b=6+6=12$

072 정답률 ▸ 66% 답 ④

1단계 선분 PH의 길이를 구해 보자.

$x<0$일 때,
$\overline{PH}=e^{-x}$

$x\ge0$일 때,
$\overline{PH}=\sqrt{\ln(x+1)+1}$

2단계 선분 PH를 한 변으로 하는 정사각형의 넓이를 구해 보자.

선분 PH를 한 변으로 하는 정사각형의 넓이는

$x<0$일 때,
$\overline{PH}^2=(e^{-x})^2=e^{-2x}$

$x\ge0$일 때,
$\overline{PH}^2=(\sqrt{\ln(x+1)+1})^2$
$\qquad=\ln(x+1)+1$

3단계 정사각형이 만드는 입체도형의 부피를 구해 보자.

점 P의 x좌표가 $x=-\ln 2$에서 $x=0$까지 변할 때의 입체도형의 부피를 V_1이라 하고, 점 P의 x좌표가 $x=0$에서 $x=e-1$까지 변할 때의 입체도형의 부피를 V_2라 하면 구하는 입체도형의 부피는 V_1+V_2이고

$$V_1=\int_{-\ln 2}^0 e^{-2x}\,dx$$
$$=-\frac{1}{2}\Big[e^{-2x}\Big]_{-\ln 2}^0$$
$$=-\frac{1}{2}(1-e^{2\ln 2})$$
$$=\frac{3}{2}$$

$$V_2=\int_0^{e-1}\{\ln(x+1)+1\}\,dx$$

이때 $x+1=t$라 하면 $1=\dfrac{dt}{dx}$이고,

$x=0$일 때 $t=1$, $x=e-1$일 때 $t=e$이므로

$$V_2=\int_1^e(\ln t+1)\,dt$$

$u(t)=\ln t+1$, $v'(t)=1$이라 하면

$u'(t)=\dfrac{1}{t}$, $v(t)=t$이므로

$$V_2=\Big[(\ln t+1)t\Big]_1^e-\int_1^e dt$$
$$=(\ln e+1)e-1-\Big[t\Big]_1^e$$
$$=2e-1-(e-1)$$
$$=e$$

$$\therefore V_1+V_2=e+\frac{3}{2}$$

073 정답률 ▸ 63% 답 56

1단계 l을 정적분으로 나타내어 보자.

$y=\dfrac{1}{3}x\sqrt{x}$에서 $\dfrac{dy}{dx}=\dfrac{1}{2}\sqrt{x}$이므로

$$l=\int_0^{12}\sqrt{1+\left(\frac{dy}{dx}\right)^2}\,dx$$
$$=\int_0^{12}\sqrt{1+\frac{x}{4}}\,dx$$

2단계 치환적분법을 이용하여 l의 값을 구하고, $3l$의 값을 구해 보자.

$\sqrt{1+\dfrac{x}{4}}=t$라 하면 $1+\dfrac{x}{4}=t^2$, $\dfrac{dx}{dt}=8t$이고,

$x=0$일 때 $t=1$, $x=12$일 때 $t=2$이므로

$l=\displaystyle\int_1^2 8t^2\,dt=\left[\dfrac{8}{3}t^3\right]_1^2=\dfrac{64}{3}-\dfrac{8}{3}=\dfrac{56}{3}$

$\therefore 3l=56$

074 정답률▶55%　　　　답①

1단계 점 P의 좌표를 시각 t에 대하여 나타내어 보자.

곡선 $y=x^2$과 직선 $y=t^2x-\dfrac{\ln t}{8}$가 만나는 서로 다른 두 점의 좌표를

각각 $(\alpha,\ \alpha^2)$, $(\beta,\ \beta^2)$이라 하면

점 P의 위치는 두 점 $(\alpha,\ \alpha^2)$, $(\beta,\ \beta^2)$의 중점이므로

$\left(\dfrac{\alpha+\beta}{2},\ \dfrac{\alpha^2+\beta^2}{2}\right)$　　……㉠

한편, α, β는 방정식

$x^2=t^2x-\dfrac{\ln t}{8}$, 즉 $x^2-t^2x+\dfrac{\ln t}{8}=0$

의 서로 다른

두 실근이므로 이차방정식의 근과 계수의 관계에 의하여

$\alpha+\beta=t^2$, $\alpha\beta=\dfrac{\ln t}{8}$

$\therefore \alpha^2+\beta^2=(\alpha+\beta)^2-2\alpha\beta$

　　　　　　$=t^4-\dfrac{\ln t}{4}$

즉, 점 P의 위치는 ㉠에서

$\left(\dfrac{t^2}{2},\ \dfrac{t^4}{2}-\dfrac{\ln t}{8}\right)$

2단계 시각 $t=1$에서 $t=e$까지 점 P가 움직인 거리를 구해 보자.

$x=\dfrac{t^2}{2}$에서 $\dfrac{dx}{dt}=t$

$y=\dfrac{t^4}{2}-\dfrac{\ln t}{8}$에서 $\dfrac{dy}{dt}=2t^3-\dfrac{1}{8t}$

따라서 시각 $t=1$에서 $t=e$까지 점 P가 움직인 거리는

$\displaystyle\int_1^e \sqrt{\left(\dfrac{dx}{dt}\right)^2+\left(\dfrac{dy}{dt}\right)^2}\,dt=\int_1^e \sqrt{t^2+\left(2t^3-\dfrac{1}{8t}\right)^2}\,dt$

$\qquad\qquad=\displaystyle\int_1^e \sqrt{t^2+\left(4t^6-\dfrac{1}{2}t^2+\dfrac{1}{64t^2}\right)}\,dt$

$\qquad\qquad=\displaystyle\int_1^e \sqrt{\left(2t^3+\dfrac{1}{8t}\right)^2}\,dt$

$\qquad\qquad=\displaystyle\int_1^e \left(2t^3+\dfrac{1}{8t}\right)dt\ (\because t>0)$

$\qquad\qquad=\left[\dfrac{1}{2}t^4+\dfrac{\ln t}{8}\right]_1^e$

$\qquad\qquad=\left(\dfrac{e^4}{2}+\dfrac{1}{8}\right)-\dfrac{1}{2}$

$\qquad\qquad=\dfrac{e^4}{2}-\dfrac{3}{8}$

075 정답률▶75%　　　　답⑤

1단계 점 P의 시각 t에서의 속도를 구해 보자.

$x=t+2\cos t$, $y=\sqrt{3}\sin t$에서

$\dfrac{dx}{dt}=1-2\sin t$, $\dfrac{dy}{dt}=\sqrt{3}\cos t$이므로

점 P의 시각 t에서의 속도는

$(1-2\sin t,\ \sqrt{3}\cos t)$

2단계 점 P의 시각 t에서의 속도를 이용하여 ㄱ, ㄴ, ㄷ의 참, 거짓을 판별해 보자.

ㄱ. $t=\dfrac{\pi}{2}$일 때, 점 P의 속도는

$\left(1-2\sin\dfrac{\pi}{2},\ \sqrt{3}\cos\dfrac{\pi}{2}\right)=(-1,\ 0)$ (참)

ㄴ. 점 P의 속도의 크기는

$\sqrt{(1-2\sin t)^2+(\sqrt{3}\cos t)^2}$

$=\sqrt{1-4\sin t+4\sin^2 t+3\cos^2 t}$

$=\sqrt{\sin^2 t-4\sin t+4}\ (\because \sin^2 t+\cos^2 t=1)$

$=\sqrt{(\sin t-2)^2}$

$=|\sin t-2|$

$=2-\sin t\ (\because 0\le t\le 2\pi)$

$-1\le \sin t\le 1$이므로 $t=\dfrac{\pi}{2}$일 때, 점 P의 속도의 크기의 최솟값은 1이다. (참)

ㄷ. 점 P가 $t=\pi$에서 $t=2\pi$까지 움직인 거리는

$\displaystyle\int_\pi^{2\pi} \sqrt{\left(\dfrac{dx}{dt}\right)^2+\left(\dfrac{dy}{dt}\right)^2}\,dt=\int_\pi^{2\pi}(2-\sin t)\,dt$

$\qquad\qquad=\left[2t+\cos t\right]_\pi^{2\pi}$

$\qquad\qquad=(4\pi+1)-(2\pi-1)$

$\qquad\qquad=2\pi+2$ (참)

따라서 옳은 것은 ㄱ, ㄴ, ㄷ이다.

076 정답률▶41%　　　　답 64

1단계 점 P가 $t=0$에서 $t=2\pi$까지 움직인 거리를 구해 보자.

점 P가 $t=0$에서 $t=2\pi$까지 움직인 거리는

$\displaystyle\int_0^{2\pi} \sqrt{\left(\dfrac{dx}{dt}\right)^2+\left(\dfrac{dy}{dt}\right)^2}\,dt$

$=\displaystyle\int_0^{2\pi}\sqrt{\{4(-\sin t+\cos t)\}^2+(-2\sin 2t)^2}\,dt$

$=\displaystyle\int_0^{2\pi}\sqrt{16(1-\sin 2t)+4\sin^2 2t}\,dt\ (\because \sin^2 t+\cos^2 t=1)$

$=2\displaystyle\int_0^{2\pi}\sqrt{4(1-\sin 2t)+\sin^2 2t}\,dt$

$=2\displaystyle\int_0^{2\pi}\sqrt{(2-\sin 2t)^2}\,dt$

$=2\displaystyle\int_0^{2\pi}|2-\sin 2t|\,dt$　$\left.\begin{array}{l}-1\le\sin 2t\le 1\text{에서 }1\le 2-\sin 2t\le 3\text{이므로}\\|2-\sin 2t|=2-\sin 2t\end{array}\right.$

$=2\displaystyle\int_0^{2\pi}(2-\sin 2t)\,dt$

$=2\left[2t+\dfrac{1}{2}\cos 2t\right]_0^{2\pi}$

$=2\left\{\left(4\pi+\dfrac{1}{2}\right)-\dfrac{1}{2}\right\}=8\pi$

2단계 a^2의 값을 구해 보자.

$a\pi=8\pi$이므로 $a=8$

$\therefore a^2=8^2=64$

1단계 s를 t에 대한 식으로 나타내어 보자.

점 P의 시각 t에서의 위치 (x, y)가

$$\begin{cases} x = 2\ln t \\ y = f(t) \end{cases}$$

이므로

$$\frac{dx}{dt} = \frac{2}{t}, \ \frac{dy}{dt} = f'(t)$$

점 P가 점 $(0, f(1))$로부터 움직인 거리 s는

$$s = \int_1^t \sqrt{\left(\frac{dx}{dt}\right)^2 + \left(\frac{dy}{dt}\right)^2} \, dt$$

$$= \int_1^t \sqrt{\left(\frac{2}{t}\right)^2 + \{f'(t)\}^2} \, dt$$

$$= \int_1^t \sqrt{\frac{4}{t^2} + \{f'(t)\}^2} \, dt \quad \cdots\cdots \ \text{㉠}$$

이때의 시각 t는 $t = \dfrac{s + \sqrt{s^2 + 4}}{2}$이므로

$$2t - s = \sqrt{s^2 + 4}$$

위의 식의 양변을 제곱하면

$$4t^2 - 4st + s^2 = s^2 + 4$$

$$4st = 4t^2 - 4$$

$$\therefore s = \frac{t^2 - 1}{t}$$

2단계 $f'(t)$를 구해 보자.

㉠에서 $\displaystyle\int_1^t \sqrt{\frac{4}{t^2} + \{f'(t)\}^2}\, dt = \frac{t^2 - 1}{t}$이므로

양변을 t에 대하여 미분하면

$$\sqrt{\frac{4}{t^2} + \{f'(t)\}^2} = \frac{t^2 + 1}{t^2}$$

양변을 제곱하면

$$\frac{4}{t^2} + \{f'(t)\}^2 = \frac{(t^2 + 1)^2}{t^4}$$

$$\therefore \{f'(t)\}^2 = \frac{(t^2 - 1)^2}{t^4}$$

$t = 2$일 때 점 P의 속도가 $\left(1, \dfrac{3}{4}\right)$이므로

$$f'(t) = \frac{t^2 - 1}{t^2} = 1 - \frac{1}{t^2} \quad \xrightarrow{\ f'(t) > 0\ }$$

3단계 a의 값을 구하여 $60a$의 값을 구해 보자.

$t = 2$일 때 점 P의 가속도가 $\left(-\dfrac{1}{2}, a\right)$이므로

$$f''(t) = \frac{2}{t^3}$$에서

$$a = f''(2) = \frac{2}{8} = \frac{1}{4}$$

$$\therefore 60a = 15$$

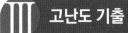

고난도 기출　　　　　　　　　　▶ 본문 123~136쪽

Best Pick 좌변은 치환적분법을 이용하고, 우변은 부분적분법을 이용하는 문제이다. 치환적분법을 적용할 수 있도록 양변에 적당한 식을 곱하는 것이 매력적인 문제이며, 다항함수와 삼각함수가 곱해져 있는 함수의 부분적분법을 정확히 숙지하도록 한다.

1단계 $f(3)$의 값을 구해 보자.

주어진 등식의 양변에 $x = 0$을 대입하면

$$f'(1) = 0 + 0 + 0 \quad \therefore f'(1) = 0$$

주어진 등식의 양변에 $x = -1$을 대입하면

$$f'(1) = 0 - f(3) + 5 \quad \therefore f(3) = 5$$

$$\therefore f'(x^2 + x + 1) = \pi f(1)\sin \pi x + 5x + 5x^2 \quad \cdots\cdots \ \text{㉠}$$

2단계 부분적분법을 이용하여 주어진 등식을 정리해 보자.

㉠의 양변에 $2x + 1$을 곱하면

$$(2x+1)f'(x^2+x+1) = \pi f(1)(2x+1)\sin \pi x + 10x^3 + 15x^2 + 5x \quad \cdots\cdots \ \text{㉡}$$

㉡의 좌변을 x에 대하여 적분하면

$$\int (2x+1)f'(x^2+x+1)\, dx = f(x^2+x+1) \quad \xrightarrow{\ } \int f(g(x))g'(x)\, dx = \int f(g(x))\, dx$$

㉡의 우변을 x에 대하여 적분하면

$$\int \{\pi f(1)(2x+1)\sin \pi x + 10x^3 + 15x^2 + 5x\}\, dx$$

$$= \pi f(1)\int (2x+1)\sin \pi x\, dx + \int (10x^3 + 15x^2 + 5x)\, dx$$

이때 $u(x) = 2x + 1$, $v'(x) = \sin \pi x$라 하면

$u'(x) = 2$, $v(x) = -\dfrac{1}{\pi}\cos \pi x$이므로

$$\pi f(1)\int (2x+1)\sin \pi x\, dx + \int (10x^3 + 15x^2 + 5x)\, dx$$

$$= \pi f(1)\left[\left\{-\frac{(2x+1)\cos \pi x}{\pi}\right\} + \int \frac{2}{\pi}\cos \pi x\, dx\right]$$

$$\quad + \int (10x^3 + 15x^2 + 5x)\, dx$$

$$= f(1)\left\{-(2x+1)\cos \pi x + \frac{2}{\pi}\sin \pi x\right\} + \frac{5}{2}x^4 + 5x^3 + \frac{5}{2}x^2 + C$$

$$\text{(단, } C\text{는 적분상수)}$$

$$\therefore f(x^2 + x + 1)$$

$$= f(1)\left\{-(2x+1)\cos \pi x + \frac{2}{\pi}\sin \pi x\right\} + \frac{5}{2}x^4 + 5x^3 + \frac{5}{2}x^2 + C$$

$$\cdots\cdots \ \text{㉢}$$

3단계 $f(1)$, C의 값을 각각 구해 보자.

㉢의 양변에 $x = 0$을 대입하면

$$f(1) = -f(1) + C$$에서 $C = 2f(1)$

㉢의 양변에 $x = 1$을 대입하면

$$f(3) = 3f(1) + 10 + C$$

$5=3f(1)+10+2f(1)$

$\therefore f(1)=-1,\ C=-2$

4단계 $f(7)$의 값을 구해 보자.

$f(x^2+x+1)=(2x+1)\cos \pi x-\dfrac{2}{\pi}\sin \pi x+\dfrac{5}{2}x^4+5x^3+\dfrac{5}{2}x^2-2$

이므로 위의 식의 양변에 $x=2$를 대입하면

$f(7)=5-0+40+40+10-2=93$

---

079 정답률 ▶ 18% 답 36

Best Pick 절댓값 기호가 포함된 함수의 정적분으로 정의된 함수는 고난도 문제로 자주 출제되고 있으므로 비슷한 유형의 문제를 많이 풀어 보아야 한다. 구간에 따라 정의된 함수를 구하고, 주어진 조건을 만족시키도록 계수나 적분상수를 찾아내는 과정으로 문제를 해결할 수 있다.

1단계 구간에 따라 정의된 함수 $g(x)$를 구해 보자.

(i) $0<x<1$일 때

$0<t\le x$일 때 $f(x)\ge f(t)$이므로

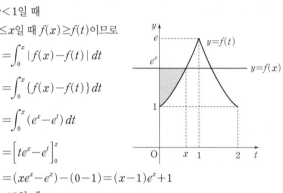

$g(x)=\displaystyle\int_0^x |f(x)-f(t)|\,dt$

$\qquad=\displaystyle\int_0^x \{f(x)-f(t)\}\,dt$

$\qquad=\displaystyle\int_0^x (e^x-e^t)\,dt$

$\qquad=\Big[te^x-e^t\Big]_0^x$

$\qquad=(xe^x-e^x)-(0-1)=(x-1)e^x+1$

(ii) $1\le x<2$일 때

$0<t<2-x$일 때 $f(x)>f(t)$,

$2-x\le t\le x$일 때 $f(x)\le f(t)$

이므로

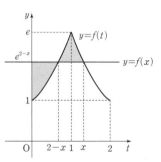

$g(x)=\displaystyle\int_0^x |f(x)-f(t)|\,dt$

$\qquad=\displaystyle\int_0^{2-x} \{f(x)-f(t)\}\,dt$

$\qquad\quad+\displaystyle\int_{2-x}^x \{f(t)-f(x)\}\,dt$

(i)에서

$\displaystyle\int_0^{2-x} \{f(x)-f(t)\}\,dt=(2-x-1)e^{2-x}+1$

$\qquad\qquad\qquad\qquad\quad=(1-x)e^{2-x}+1$

한편, 함수 $y=e^{2-x}$의 그래프는 함수 $y=e^x$의 그래프와 직선 $x=1$에 대하여 대칭이므로

$\displaystyle\int_{2-x}^x \{f(t)-f(x)\}\,dt=2\displaystyle\int_1^x \{f(t)-f(x)\}\,dt$

$\qquad\qquad\qquad\qquad=2\displaystyle\int_1^x (e^{2-t}-e^{2-x})\,dt$

$\qquad\qquad\qquad\qquad=2\Big[-e^{2-t}-te^{2-x}\Big]_1^x$

$\qquad\qquad\qquad\qquad=2\{(-e^{2-x}-xe^{2-x})-(-e-e^{2-x})\}$

$\qquad\qquad\qquad\qquad=2e-2xe^{2-x}$

$\therefore g(x)=(1-x)e^{2-x}+1+2e-2xe^{2-x}$

$\qquad\quad=(1-3x)e^{2-x}+2e+1$

(i), (ii)에서

$g(x)=\begin{cases}(x-1)e^x+1 & (0<x<1) \\ (1-3x)e^{2-x}+2e+1 & (1\le x<2)\end{cases}$

2단계 함수 $g(x)$의 극댓값과 극솟값을 구하고, 그 차를 구해 보자.

$g'(x)=\begin{cases}xe^x & (0<x<1) \\ (3x-4)e^{2-x} & (1<x<2)\end{cases}$

이므로 열린구간 $(0,\ 2)$에서 함수 $g(x)$의 증가와 감소를 표로 나타내면 다음과 같다.

> $1<x<2$일 때, $g'(x)=0$에서 $x=\dfrac{4}{3}$

x	(0)	$\cdots$	1	$\cdots$	$\dfrac{4}{3}$	$\cdots$	(2)
$g'(x)$		$+$		$-$	0	$+$	
$g(x)$		↗	극대	↘	극소	↗	

함수 $g(x)$는 $x=1$에서 극댓값 $g(1)=1$을 갖고, $x=\dfrac{4}{3}$에서 극솟값

$g\Big(\dfrac{4}{3}\Big)=-3e^{\frac{2}{3}}+2e+1$을 갖는다.

즉, 함수 $g(x)$의 극댓값과 극솟값의 차는

$1-(-3e^{\frac{2}{3}}+2e+1)=-2e+3e^{\frac{2}{3}}=-2e+3\sqrt[3]{e^2}$

3단계 $(ab)^2$의 값을 구해 보자.

$a=-2,\ b=3$이므로 $(ab)^2=\{(-2)\times 3\}^2=(-6)^2=36$

---

080 정답률 ▶ 17% 답 586

1단계 함수 $g(x)$가 극값을 가질 수 있는 x의 값에 대하여 알아보자.

함수 $g(x)=\ln f(x)-\dfrac{1}{10}\{f(x)-1\}$에서

$g'(x)=\dfrac{f'(x)}{f(x)}-\dfrac{1}{10}f'(x)=\dfrac{f'(x)}{10f(x)}\{10-f(x)\}$

$g'(x)=0$에서 $f'(x)=0$ 또는 $f(x)=10$

이때 $f(x)=ax^2+b$에서 $f'(x)=2ax$이므로

$2ax=0$ 또는 $ax^2+b=10$

$\therefore x=0$ 또는 $x=\pm\sqrt{\dfrac{10-b}{a}}$

2단계 조건 (가)를 만족시키는 자연수 b의 값의 범위를 구해 보자.

(i) $b\ge 10$일 때 —— 방정식 $f(x)=10$이 실근을 갖지 않거나 중근을 가질 때

$g'(x)=0$에서 $x=0$

함수 $g(x)$의 증가와 감소를 표로 나타내면 다음과 같다.

x	$\cdots$	0	$\cdots$
$g'(x)$	$+$	0	$-$
$g(x)$	↗	극대	↘

그런데 함수 $g(x)$가 $x=0$에서 극댓값을 가지므로 조건 (가)를 만족시키지 않는다.

(ii) $1\le b\le 9$일 때 —— 방정식 $f(x)=10$이 서로 다른 두 실근을 가질 때

방정식 $f(x)=10$의 두 실근을 $\alpha,\ \beta\ (\alpha<\beta)$라 하면

$g'(x)=0$에서

$\alpha=-\sqrt{\dfrac{10-b}{a}}$ 또는 $x=0$ 또는 $\beta=\sqrt{\dfrac{10-b}{a}}$

또한, $f(-x)=f(x)$이므로
> $g(-x)=\ln f(-x)-\dfrac{1}{10}\{f(-x)-1\}$

$g(-x)=g(x)$
> $\qquad=\ln f(x)-\dfrac{1}{10}\{f(x)-1\}=g(x)$

함수 $y=g(x)$의 그래프는 y축에 대하여 대칭이므로

$g(\alpha)=g(\beta)$

함수 $g(x)$의 증가와 감소를 표로 나타내면 다음과 같다.

x	$\cdots$	α	$\cdots$	0	$\cdots$	β	$\cdots$
$g'(x)$	$+$	0	$-$	0	$+$	0	$-$
$g(x)$	↗	극대	↘	극소	↗	극대	↘

즉, 함수 $g(x)$가 $x=0$에서 극솟값을 가지므로 조건 (가)를 만족시킨다.

(i), (ii)에서 $1 \le b \le 9$

3단계 b의 값의 범위에 따라 함수 $y=|g(x)|$의 그래프의 개형을 그려 조건 (나)를 만족시키는 자연수 b의 값을 구해 보자.

$$g(0)=\ln f(0)-\frac{1}{10}\{f(0)-1\}=\ln b-\frac{1}{10}(b-1)$$

이때

$$p(x)=\ln x-\frac{1}{10}(x-1)$$

이라 하면

$$p'(x)=\frac{1}{x}-\frac{1}{10}=\frac{10-x}{10x}$$

$1 \le x \le 9$일 때 $p'(x)>0$이므로 $p(x)$는 증가함수이다.
이때 $g(0)=p(b) \ge p(1)=0$이므로
함수 $y=|g(x)|$의 그래프의 개형은 다음 2가지 경우이다.
ⓐ $b=1$, 즉 $g(0)=0$일 때

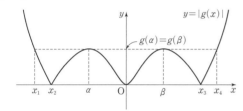

즉, 함수 $h(t)$와 그 그래프는 다음과 같다.

$$h(t)=\begin{cases} 2 & (|g(t)|>g(\alpha)) \\ 4 & (|g(t)|=g(\alpha)) \\ 6 & (0<|g(t)|<g(\alpha)) \\ 3 & (|g(t)|=0) \end{cases},$$

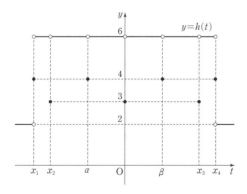

이때 함수 $h(t)$가 $t=k$에서 불연속인 k의 값의 개수는 7이므로 조건 (나)를 만족시킨다.

ⓑ $2 \le b \le 9$, 즉 $g(0)>0$일 때

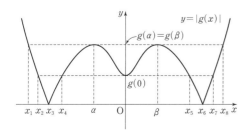

즉, 함수 $h(t)$와 그 그래프는 다음과 같다.

$$h(t)=\begin{cases} 2 & (|g(t)|>g(\alpha)) \\ 4 & (|g(t)|=g(\alpha)) \\ 6 & (g(0)<|g(t)|<g(\alpha)) \\ 5 & (|g(t)|=g(0)) \\ 4 & (0<|g(t)|<g(0)) \\ 2 & (|g(t)|=0) \end{cases},$$

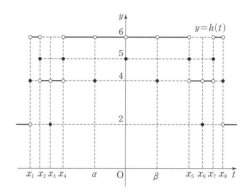

함수 $h(t)$가 $t=k$에서 불연속인 k의 값의 개수는 11이므로 조건 (나)를 만족시키지 않는다.

ⓐ, ⓑ에서 $b=1$

4단계 $\int_0^a e^x f(x)\,dx$의 값을 구하여 자연수 m의 값을 구해 보자.

$$\int_0^a e^x f(x)\,dx=\int_0^a (ax^2+1)e^x\,dx$$

이때 $u(x)=ax^2+1$, $v'(x)=e^x$이라 하면
$u'(x)=2ax$, $v(x)=e^x$이므로

$$\int_0^a (ax^2+1)e^x\,dx=\Big[(ax^2+1)e^x\Big]_0^a-\int_0^a 2axe^x\,dx \quad \cdots\cdots\ \bigcirc$$

$\displaystyle\int_0^a 2axe^x\,dx$에서
$u_1(x)=2ax$, $v_1'(x)=e^x$이라 하면
$u_1'(x)=2a$, $v_1(x)=e^x$이므로

$$\int_0^a 2axe^x\,dx=\Big[2axe^x\Big]_0^a-\int_0^a 2ae^x\,dx$$

$$=\Big[2axe^x\Big]_0^a-\Big[2ae^x\Big]_0^a=\Big[(2ax-2a)e^x\Big]_0^a$$

$\bigcirc$에서

$$\Big[(ax^2+1)e^x\Big]_0^a-\int_0^a 2axe^x\,dx=\Big[(ax^2+1)e^x\Big]_0^a-\Big[(2ax-2a)e^x\Big]_0^a$$

$$=\Big[(ax^2-2ax+2a+1)e^x\Big]_0^a$$

$$=(a^3-2a^2+2a+1)e^a-2a-1$$

$$=me^a-19$$

이므로 $m=a^3-2a^2+2a+1$
$19=2a+1$
따라서 $a=9$이므로
$m=729-162+18+1=586$

081 정답률 ▸ 17%   **답 14**

1단계 조건 (가)를 만족시키는 실수 a의 값의 범위를 구해 보자.

$$\int_0^{\frac{\pi}{a}} f(x)\,dx=\int_0^{\frac{\pi}{a}} \sin(ax)\,dx=\Big[-\frac{1}{a}\cos(ax)\Big]_0^{\frac{\pi}{a}}=\frac{2}{a}$$

이므로 조건 (가)에서

$$\frac{2}{a} \geq \frac{1}{2}$$

→ $a<0$이면 $\frac{2}{a} \geq \frac{1}{2}$이 성립하지 않는다.

$$\therefore \ 0<a \leq 4 \quad \cdots\cdots \ \bigcirc$$

2단계 조건 (나)의 등식을 정리하여 실수 a에 대하여 알아보자.

조건 (나)에서

$$\int_0^{3\pi} \{|f(x)+t|-|f(x)-t|\} \, dx = 0$$

이때

$$g(x)=|f(x)+t|-|f(x)-t|$$

라 하면

$$\int_0^{3\pi} g(x) \, dx = 0$$이고,

$$g(x)=\begin{cases} -2t & (-1 \leq f(x) < -t) \\ 2\sin(ax) & (-t \leq f(x) < t) \\ 2t & (t \leq f(x) \leq 1) \end{cases}$$

한편, 함수 $f(x)=\sin(ax)$의 주기는 $\dfrac{2\pi}{|a|}=\dfrac{2}{a}\pi \ (\because \ a>0)$이다.

닫힌구간 $\left[0, \dfrac{2}{a}\pi\right]$에서 방정식 $f(x)=t$, 즉 $\sin(ax)=t$의 해를 $x=x_1$ 또는 $x=x_2 \ (x_1<x_2)$라 하고, 방정식 $f(x)=-t$, 즉 $\sin(ax)=-t$의 해를 $x=x_3$ 또는 $x=x_4 \ (x_3<x_4)$라 하면 닫힌구간 $\left[0, \dfrac{2}{a}\pi\right]$에서 함수 $g(x)$와 그 그래프는 다음과 같다.

$$g(x)=\begin{cases} 2\sin(at) & (0 \leq x < x_1) \\ 2t & (x_1 \leq x < x_2) \\ 2\sin(at) & (x_2 \leq x < x_3) \\ -2t & (x_3 \leq x < x_4) \\ 2\sin(at) & \left(x_4 \leq x \leq \dfrac{2}{a}\pi\right) \end{cases},$$

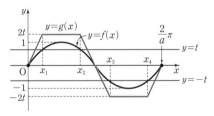

즉, $0<k<\dfrac{2}{a}\pi$인 모든 실수 k에 대하여

$$\int_0^k g(x) \, dx > 0$$이고 $\int_0^{\frac{2}{a}\pi} g(x) \, dx = 0$이다.

이때 함수 $g(x)$는 주기가 $\dfrac{2}{a}\pi$이고 $\int_0^{3\pi} g(x) \, dx = 0$이므로

$$3\pi = \frac{2}{a}\pi \times n \ (n은 \ 자연수)$$

$$\therefore \ a = \frac{2}{3}n$$
→ 닫힌구간 $\left[0, \dfrac{2}{a}\pi\right]$에서의 함수 $y=g(x)$의 그래프가 닫힌구간 $[0, 3\pi]$에서 n번 반복된다.

3단계 조건을 만족시키는 모든 a의 값을 구하여 그 합을 구해 보자.

$\bigcirc$에서 $0<\dfrac{2}{3}n \leq 4$이므로

$$0<n \leq 6$$

$$\therefore \ n=1, 2, 3, 4, 5, 6$$

이때 n에 대응되는 a의 값은

$$\frac{2}{3}, \frac{4}{3}, 2, \frac{8}{3}, \frac{10}{3}, 4$$

이므로 그 합은

$$\frac{2}{3}+\frac{4}{3}+2+\frac{8}{3}+\frac{10}{3}+4 = 14$$

1단계 두 조건 (가), (나)를 만족시키는 $f(x)$의 값을 구해 보자.

두 조건 (가), (나)에서

$f(1)=1$이므로

$$g(2)=2f(1)=2 \quad \therefore \ f(2)=2$$
$$g(4)=2f(2)=4 \quad \therefore \ f(4)=4$$
$$g(8)=2f(4)=8 \quad \therefore \ f(8)=8$$

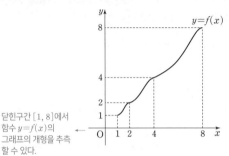

닫힌구간 $[1, 8]$에서 함수 $y=f(x)$의 그래프의 개형을 추측할 수 있다.

2단계 부분적분법을 이용하여 식 $\displaystyle\int_1^8 xf'(x) \, dx$를 정리해 보자.

$\displaystyle\int_1^8 xf'(x) \, dx$에서

$u(x)=x$, $v'(x)=f'(x)$라 하면

$u'(x)=1$, $v(x)=f(x)$이므로

$$\int_1^8 xf'(x) \, dx = \Big[xf(x)\Big]_1^8 - \int_1^8 f(x) \, dx$$

$$= \{8f(8)-f(1)\} - \int_1^8 f(x) \, dx$$

$$= (8 \times 8 - 1) - \int_1^8 f(x) \, dx$$

$$= 63 - \int_1^8 f(x) \, dx \quad \cdots\cdots \ \bigcirc$$

3단계 두 함수 $f(x)$, $g(x)$가 서로 역함수임을 이용하여 $\displaystyle\int_1^8 f(x) \, dx$의 값을 구해 보자.

(ⅰ) $\displaystyle\int_2^4 f(x) \, dx$의 값을 구해 보자.

$$\int_2^4 f(x) \, dx = 4^2 - \left\{2^2 + \int_2^4 g(x) \, dx\right\}$$

이때 $\displaystyle\int_2^4 g(x) \, dx$에서 $x=2t$라 하면 $1=2 \times \dfrac{dt}{dx}$이고

$x=2$일 때 $t=1$, $x=4$일 때 $t=2$이므로

$$\int_2^4 g(x) \, dx = 2\int_1^2 g(2t) \, dt$$

$$= 4\int_1^2 f(t) \, dt \ (\because \ 조건 \ (나))$$

$$= 4 \times \frac{5}{4} = 5 \ (\because \ 조건 \ (가))$$

$$\therefore \ \int_2^4 f(x) \, dx = 4^2 - \left\{2^2 + \int_2^4 g(x) \, dx\right\} = 16-(4+5)=7$$

(ⅱ) $\displaystyle\int_4^8 f(x) \, dx$의 값을 구해 보자.

$$\int_4^8 f(x) \, dx = 8^2 - \left\{4^2 + \int_4^8 g(x) \, dx\right\}$$

이때 $\displaystyle\int_4^8 g(x) \, dx$에서 $x=2s$라 하면 $1=2 \times \dfrac{ds}{dx}$이고

$x=4$일 때 $s=2$, $x=8$일 때 $s=4$이므로

$$\int_4^8 g(x) \, dx = 2\int_2^4 g(2s) \, ds = 4\int_2^4 f(s) \, ds \ (\because \ 조건 \ (나))$$

$$= 4 \times 7 = 28$$

$$\therefore \int_4^8 f(x)\,dx = 8^2 - \left\{4^2 + \int_4^8 g(x)\,dx\right\}$$
$$= 64 - (16+28) = 20$$

(i), (ii)에서
$$\int_1^8 f(x)\,dx = \int_1^2 f(x)\,dx + \int_2^4 f(x)\,dx + \int_4^8 f(x)\,dx$$
$$= \frac{5}{4} + 7 + 20 = \frac{113}{4}$$

4단계 ㉠을 이용하여 $\int_1^8 xf'(x)\,dx$의 값을 구하고, $p+q$의 값을 구해 보자.

㉠에서
$$\int_1^8 xf'(x)\,dx = 63 - \int_1^8 f(x)\,dx$$
$$= 63 - \frac{113}{4} = \frac{139}{4}$$

따라서 $p=4$, $q=139$이므로
$$p+q = 4+139 = 143$$

다른 풀이

$$\int_1^8 xf'(x)\,dx$$
$$= 8^2 - \left\{1^2 + \int_1^8 f(x)\,dx\right\}$$
$$= \int_1^8 g(x)\,dx$$

이므로

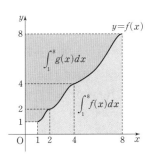

$$\int_1^2 g(x)\,dx = 2^2 - \left\{1^2 + \int_1^2 f(x)\,dx\right\}$$
$$= 2^2 - \left(1^2 + \frac{5}{4}\right) = \frac{7}{4},$$

$$\int_2^4 g(x)\,dx = 5, \quad \int_4^8 g(x)\,dx = 28$$

$$\therefore \int_1^8 xf'(x)\,dx = \int_1^8 g(x)\,dx$$
$$= \int_1^2 g(x)\,dx + \int_2^4 g(x)\,dx + \int_4^8 g(x)\,dx$$
$$= \frac{7}{4} + 5 + 28$$
$$= \frac{139}{4}$$

3단계 a, b, c의 값을 각각 구해 보자.

㉣이 $x \le b$인 모든 실수 x에 대하여 성립하므로
$$4a^2 = -2a, \quad 4-2c=0$$
$$4a^2 + 2a = 0$$에서 $2a(2a+1)=0$
$$\therefore a = -\frac{1}{2} \text{ 또는 } a=0$$
$$4-2c=0$$에서 $c=2$

그런데 $a=0$이면 $f(x)=c$에서 $f(0)=c=0$이 되므로 모순이다.
$$\therefore a = -\frac{1}{2}, \quad c=2$$

즉, $x \le b$일 때 $f(x) = -\frac{1}{2}(x-b)^2 + 2$

이때 $b<0$이면 $f(b)=2$이고 ㉠에서 $f(0)=0$이므로 모든 실수 x에 대하여 $f'(x) \ge 0$이라는 조건에 모순이다. ($\because$ ㉡)
$$\therefore b \ge 0$$

㉠에서 $f(0)=0$이므로
$$f(0) = -\frac{1}{2}b^2 + 2 = 0$$
$$b^2 = 4 \quad \therefore b=2 \ (\because b \ge 0)$$

4단계 함수 $f(x)$를 구해 보자.

$x \le 2$일 때 $f(x) = -\frac{1}{2}(x-2)^2 + 2$이고

㉡에서 $f'(x) \ge 0$, $f(x) \le 2$이므로 $x>2$일 때 $f(x)=2$

$$\therefore f(x) = \begin{cases} -\dfrac{1}{2}(x-2)^2 + 2 & (x \le 2) \\ 2 & (x>2) \end{cases}$$

5단계 $\int_0^6 f(x)\,dx$의 값을 구하여 $p+q$의 값을 구해 보자.

$$\int_0^6 f(x)\,dx = \int_0^2 f(x)\,dx + \int_2^6 f(x)\,dx$$
$$= \int_0^2 \left\{-\frac{1}{2}(x-2)^2 + 2\right\}dx + \int_2^6 2\,dx$$
$$= \left[-\frac{1}{6}(x-2)^3 + 2x\right]_0^2 + \left[2x\right]_2^6$$
$$= \left(4 - \frac{4}{3}\right) + (12-4) = 12 - \frac{4}{3} = \frac{32}{3}$$

따라서 $p=3$, $q=32$이므로
$$p+q = 3+32 = 35$$

---

083 **답 35**

1단계 조건 (나)에서 주어진 등식에 $x=0$을 대입하고 주어진 등식의 양변을 x에 대하여 미분하여 $\{f'(x)\}^2$을 구해 보자.

조건 (나)에서 주어진 등식에 $x=0$을 대입하면
$$f(0)=0 \qquad \cdots\cdots ㉠$$
또한, 조건 (나)에서 주어진 등식의 양변을 x에 대하여 미분하면
$$f'(x) = \sqrt{4-2f(x)}$$
$$\therefore \{f'(x)\}^2 = 4-2f(x) \ (\text{단, } f'(x) \ge 0, f(x) \le 2) \quad \cdots\cdots ㉡$$

2단계 조건 (가)에서 $f'(x)$를 구하여 ㉡에 대입해 보자.

조건 (가)에서 $x \le b$일 때, $f(x) = a(x-b)^2 + c$이므로
$$f'(x) = 2a(x-b) \qquad \cdots\cdots ㉢$$
㉢을 ㉡에 대입하면
$$4a^2(x-b)^2 = 4-2\{a(x-b)^2 + c\} \qquad \cdots\cdots ㉣$$

---

084 **답 127**

1단계 조건 (나)를 이용하여 t에 대한 식을 세워 보자.

두 조건 (가), (나)를 만족시키도록 곡선 $y=f(x)$와 삼각형을 좌표평면 위에 나타내면 오른쪽 그림과 같다. 네 점 $\mathrm{A}(t, f(t))$, $\mathrm{B}(t+1, f(t+1))$, $\mathrm{C}(t, 0)$, $\mathrm{D}(t+1, 0)$에 대하여 삼각형 ABO의 넓이는 삼각형 AOC의 넓이와 사다리꼴 ABDC의 넓이의 합에서 삼각형 OBD의 넓이를 뺀 것이므로

$$\triangle \mathrm{ABO}$$
$$= \frac{1}{2} \times t \times f(t) + \{f(t) + f(t+1)\} \times \frac{1}{2} \times 1 - \frac{1}{2} \times (t+1) \times f(t+1)$$
$$\underset{\triangle \mathrm{AOC} + \square \mathrm{ACDB} - \triangle \mathrm{ODB}}{}$$
$$= \frac{1}{2}\{(t+1)f(t) - tf(t+1)\}$$

조건 (나)에서 $\frac{1}{2}\{(t+1)f(t)-tf(t+1)\}=\frac{t+1}{t}$이므로

$\frac{f(t)}{t}-\frac{f(t+1)}{t+1}=\frac{2}{t^2}$

$\therefore \frac{f(t+1)}{t+1}-\frac{f(t)}{t}=-\frac{2}{t^2}$ …… ㉠

2단계 $\int_1^2 \frac{f(x)}{x}dx=2$**를 이용하여** $\int_a^{a+1}\frac{f(x)}{x}dx$**를** a**에 대한 식으로 나타내어 보자.**

조건 (다)에서 $g(t)=\frac{f(t)}{t}$라 하면 $\int_1^2 g(x)\,dx=2$이고

$g(t+1)-g(t)=-\frac{2}{t^2}$ ($\because$ ㉠)이므로

$\int_a^{a+1}g(t+1)\,dt-\int_a^{a+1}g(t)\,dt=\int_a^{a+1}\left(-\frac{2}{t^2}\right)dt=\left[\frac{2}{t}\right]_a^{a+1}$

$\int_{a+1}^{a+2}g(t)\,dt-\int_a^{a+1}g(t)\,dt=\frac{2}{a+1}-\frac{2}{a}$

$\int_{a+1}^{a+2}g(t)\,dt-\frac{2}{a+1}=\int_a^{a+1}g(t)\,dt-\frac{2}{a}$

이때 임의의 실수 a에 대하여

$\int_a^{a+1}g(t)\,dt-\frac{2}{a}=C$ (C는 상수) …… ㉡

로 놓고 ㉡에 $a=1$을 대입하면

$\int_1^2 g(t)\,dt-2=C$

$\therefore C=0\left(\because \int_1^2 g(x)dx=2\right)$

$\therefore \int_a^{a+1}g(t)\,dt=\frac{2}{a}$

3단계 p**,** q**의 값을 각각 구하여** $p+q$**의 값을 구해 보자.**

$\int_a^{a+1}\frac{f(x)}{x}dx=\frac{2}{a}$이므로

$\int_{\frac{7}{2}}^{\frac{11}{2}}\frac{f(x)}{x}dx=\int_{\frac{7}{2}}^{\frac{9}{2}}\frac{f(x)}{x}dx+\int_{\frac{9}{2}}^{\frac{11}{2}}\frac{f(x)}{x}dx$

$=\frac{2}{\frac{7}{2}}+\frac{2}{\frac{9}{2}}=\frac{64}{63}$

따라서 $p=63$, $q=64$이므로

$p+q=63+64=127$

085 정답률 ▸ 21% 답 ⑤

1단계 함수 $f(x)$**가 연속임을 이용하여** $f(x)$**를 구해 보자.**

$$f'(x)=\begin{cases} l\cos x & \left(0<x<\frac{\pi}{2}\right) \\ m\cos x & \left(\frac{\pi}{2}<x<\pi\right) \\ n\cos x & \left(\pi<x<\frac{3}{2}\pi\right)\end{cases}$$ 에서

$f(x)=\int f'(x)dx$

$$=\begin{cases} l\sin x+C_1 & \left(0\le x<\frac{\pi}{2}\right) \\ m\sin x+C_2 & \left(\frac{\pi}{2}\le x<\pi\right) \\ n\sin x+C_3 & \left(\pi\le x\le\frac{3}{2}\pi\right)\end{cases}$$ (단, C_1, C_2, C_3은 적분상수)

$0\le x\le\frac{3}{2}\pi$에서 함수 $f(x)$가 연속이므로

$\lim_{x\to0+}(l\sin x+C_1)=f(0)=0$

$\therefore C_1=0$

$\lim_{x\to\frac{\pi}{2}+}(m\sin x+C_2)=\lim_{x\to\frac{\pi}{2}-}(l\sin x+C_1)=f\left(\frac{\pi}{2}\right)$

$l=m+C_2$ ($\because C_1=0$)

$\therefore C_2=l-m$ …… ㉠

$\lim_{x\to\pi+}(n\sin x+C_3)=\lim_{x\to\pi-}(m\sin x+C_2)=f(\pi)$

$\therefore C_2=C_3$ …… ㉡

$\lim_{x\to\frac{3}{2}\pi-}(n\sin x+C_3)=f\left(\frac{3}{2}\pi\right)=1$

$-n+C_3=1$

$\therefore C_3=n+1$ …… ㉢

$$\therefore f(x)=\begin{cases} l\sin x & \left(0\le x<\frac{\pi}{2}\right) \\ m\sin x+n+1 & \left(\frac{\pi}{2}\le x<\pi\right) \\ n\sin x+n+1 & \left(\pi\le x\le\frac{3}{2}\pi\right)\end{cases}$$

2단계 $\int_0^{\frac{3}{2}\pi}f(x)\,dx$**의 값이 최대가 되도록 하는 세 정수** l**,** m**,** n**의 값을 각각 구한 후** $l+2m+3n$**의 값을 구해 보자.**

$\int_0^{\frac{3}{2}\pi}f(x)\,dx$의 값이 최대가 되려면 구간 $\left[0, \frac{\pi}{2}\right]$에서 $f(x)$는 증가하는 함수이어야 하므로 $l>0$

또한, $f(x)<0$인 x의 값이 존재하지 않아야 하므로

$f(\pi)=n+1\ge0$

$\therefore n>0$ ($\because n$은 0이 아닌 정수)

(i) $m>0$인 경우

$|l|+|m|+|n|\le10$에서

$l+m+n\le10$

이때 ㉠, ㉡, ㉢에서

$l-m=n+1$

즉, $m+n=l-1$이므로

$2l-1\le10$

$\therefore l\le\frac{11}{2}$

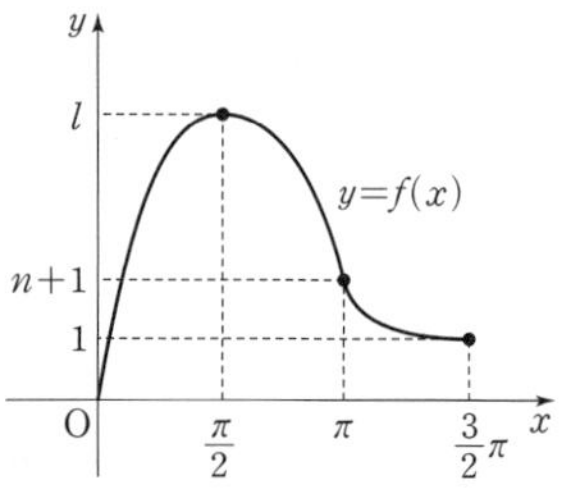

$\int_0^{\frac{3}{2}\pi}f(x)\,dx$의 값이 최대가 되려면

l과 $n+1$의 값이 최대이어야 하므로

$l=5$, $m=1$, $n=3$ → $l\le\frac{11}{2}$에서 $l=5$, $l-m=n+1$, 즉 $5-m=n+1$에서 $n+1$이 최대가 되려면 $m=1$, $n=3$

$\therefore \int_0^{\frac{3}{2}\pi}f(x)\,dx$

$=\int_0^{\frac{\pi}{2}}5\sin x\,dx+\int_{\frac{\pi}{2}}^{\pi}(\sin x+4)\,dx+\int_{\pi}^{\frac{3}{2}\pi}(3\sin x+4)\,dx$

$=\left[-5\cos x\right]_0^{\frac{\pi}{2}}+\left[-\cos x+4x\right]_{\frac{\pi}{2}}^{\pi}+\left[-3\cos x+4x\right]_{\pi}^{\frac{3}{2}\pi}$

$=\{0-(-5)\}+\{(1+4\pi)-2\pi\}+\{6\pi-(3+4\pi)\}$

$=4\pi+3$

(ii) $m<0$인 경우

$|l|+|m|+|n|\le10$에서

$l-m+n\le10$

이때 ㉠, ㉡, ㉢에서

$l-m=n+1$이므로

$2n+1\le10$

$\therefore n\le\frac{9}{2}$

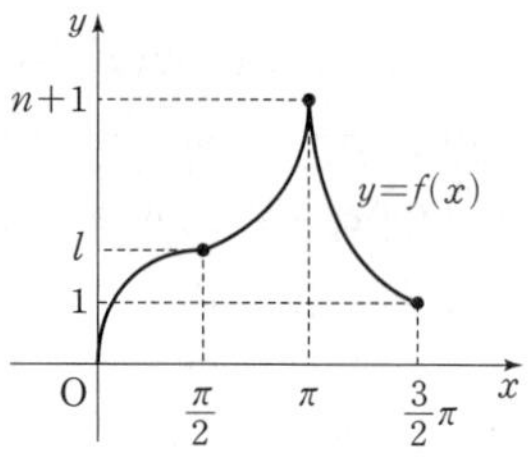

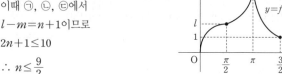

$\int_0^{\frac{3}{2}\pi} f(x)\,dx$의 값이 최대가 되려면

l과 $n+1$의 값이 최대이어야 하므로

$l=4,\ m=-1,\ n=4$

$\therefore \int_0^{\frac{3}{2}\pi} f(x)\,dx$

$=\int_0^{\frac{\pi}{2}} 4\sin x\,dx+\int_{\frac{\pi}{2}}^{\pi}(-\sin x+5)\,dx+\int_{\pi}^{\frac{3}{2}\pi}(4\sin x+5)\,dx$

$=\Big[-4\cos x\Big]_0^{\frac{\pi}{2}}+\Big[\cos x+5x\Big]_{\frac{\pi}{2}}^{\pi}+\Big[-4\cos x+5x\Big]_{\pi}^{\frac{3}{2}\pi}$

$=\{0-(-4)\}+\Big\{(-1+5\pi)-\dfrac{5}{2}\pi\Big\}+\Big\{\dfrac{15}{2}\pi-(4+5\pi)\Big\}$

$=5\pi-1$

(i), (ii)에서 $4\pi+3>5\pi-1$이므로 $\int_0^{\frac{3}{2}\pi} f(x)\,dx$의 값이 최대가 되도록

하는 $l,\ m,\ n$의 값은

$l=5,\ m=1,\ n=3$

$\therefore l+2m+3n=5+2\times1+3\times3=16$

086   정답률 ▸ 14%   답 25

1단계 $g(-1)$의 값을 구하여 두 상수 $a,\ b$ 사이의 관계식을 구해 보자.

$f(x)=kx^2+px+q\ (k>0,\ p,\ q$는 상수)라 하면

$\underline{f(0)=f(-2)}$이므로 → 그래프는 직선 $x=\dfrac{0+(-2)}{2}=-1$ 에 대하여 대칭

$q=4k-2p+q$

$\therefore p=2k$

$\therefore f(x)=kx^2+2kx+q\ (k>0,\ \underline{q\neq0})$ → $f(0)\neq0$이므로

한편, 조건 (가)의 부등식

$(x+1)\{g(x)-mx-m\}\le0$

에서

$x>-1$일 때

$g(x)-mx-m\le0,$

$x<-1$일 때

$g(x)-mx-m\ge0$

이때 함수 $g(x)$는 실수 전체의 집합에서 연속이므로

$h(x)=g(x)-mx-m$이라 하면 함수 $h(x)$도 실수 전체의 집합에서 연속이다.

즉, 함수 $h(x)$는 $x=-1$에서 연속이므로 $h(-1)=0$이다.

$g(-1)+m-m=0$에서 $g(-1)=0$이므로

$g(-1)=(-a+b)e^{f(-1)}=0$

$\therefore b=a\ (\because e^{f(-1)}\neq0)$ ...... ㉠

2단계 $g'(-1)$의 값을 구해 보자.

$g(x)=(ax+a)e^{kx^2+2kx+q}$에서

$g'(x)=ae^{kx^2+2kx+q}+(ax+a)(2kx+2k)e^{kx^2+2kx+q}$

$=\{a+(ax+a)(2kx+2k)\}e^{kx^2+2kx+q}$

$=a\{1+2k(x+1)^2\}e^{kx^2+2kx+q}$

$g''(x)=4ak(x+1)e^{kx^2+2kx+q}$

$\qquad +a\{1+2k(x+1)^2\}\times(2kx+2k)e^{kx^2+2kx+q}$

$=2ak(x+1)\{3+2k(x+1)^2\}e^{kx^2+2kx+q}$

$g''(x)=0$에서 $x=-1$

이때 $x=-1$의 좌우에서 $g''(x)$의 부호가 양$(+)$에서 음$(-)$으로 바뀌므로 함수 $g'(x)$는 $x=-1$에서 극대이며 최대이다.

조건 (가)의 부등식 $(x+1)\{g(x)-mx-m\}\le0$에서

$(x+1)\{(ax+a)e^{kx^2+2kx+q}-mx-m\}\le0$

$(x+1)^2(ae^{kx^2+2kx+q}-m)\le0$

$ae^{kx^2+2kx+q}\le m\ (\because (x+1)^2\ge0)$

이때 조건 (가)에서 주어진 부등식을 만족시키는 m의 최솟값이 -2이므로

$g'(-1)=ae^{-k+q}=-2$ ...... ㉡

3단계 조건 (나)를 이용하여 함수 $f(x)$를 구해 보자.

조건 (나)의 $\int_0^1 g(x)\,dx=\dfrac{e-e^4}{k}$에서

$\int_0^1 g(x)\,dx=\int_0^1 a(x+1)e^{kx^2+2kx+q}\,dx$

$kx^2+2kx+q=t$라 하면

$2k(x+1)=\dfrac{dt}{dx}$이고,

$x=0$일 때 $t=q,\ x=1$일 때 $t=3k+q$이므로

$\int_0^1 a(x+1)e^{kx^2+2kx+q}\,dx=\int_q^{3k+q}\dfrac{a}{2k}e^t\,dt$

$\qquad =\Big[\dfrac{a}{2k}e^t\Big]_q^{3k+q}$

$\qquad =\dfrac{a}{2k}(e^{3k+q}-e^q)$

$\qquad =\dfrac{e-e^4}{k}$

㉡에서

$a=\dfrac{-2}{e^{-k+q}}=-2e^{k-q}$

이므로

$\dfrac{-2e^{k-q}}{2k}(e^{3k+q}-e^q)=\dfrac{e-e^4}{k}$

$\dfrac{-2e^k}{2k}(e^{3k}-1)=\dfrac{e-e^4}{k}$

$-e^k(e^{3k}-1)=e-e^4$

$-e^{4k}+e^k=e-e^4$

$e^{4k}-e^4-e^k+e=0$

$(e^k-e)(e^{3k}+e^{2k+1}+e^{k+2}+e^3-1)=0$

$e^k-e=0\ (\because e^{3k}+e^{2k+1}+e^{k+2}+e^3-1>0)$

$\therefore k=1$

→ $i(k)=e^{3k}+e^{2k+1}+e^{k+2}+e^3-1$이라 하면
$i'(k)=3e^{3k}+2e^{2k+1}+e^{k+2}>0$
즉, 함수 $i(k)$는 증가함수이고 $i(0)>0$이므로
$k>0$인 k에 대하여 $i(k)>0$이다.

조건 (나)에서

$\int_{-2f(0)}^1 g(x)\,dx-\int_0^1 g(x)\,dx=\int_{-2f(0)}^0 g(x)\,dx=0$

이므로

$\int_{-2q}^0 a(x+1)e^{x^2+2x+q}\,dx=0$

이때 $x^2+2x+q=t$이므로

$(x+1)^2-1+q=t$에서 $2(x+1)\dfrac{dx}{dt}=1$이고,

$x=-2q$일 때 $t=4q^2-3q,\ x=0$일 때 $t=q$이므로

$\int_{-2q}^0 a(x+1)e^{x^2+2x+q}\,dx=\int_{4q^2-3q}^q \dfrac{a}{2}e^t\,dt=\Big[\dfrac{a}{2}e^t\Big]_{4q^2-3q}^q$

$\qquad =\dfrac{a}{2}(e^q-e^{4q^2-3q})=0$

에서

$e^q=e^{4q^2-3q}\ (\because a\neq0)$

$q=4q^2-3q,\ 4q^2-4q=0$

$4q(q-1)=0 \quad \therefore q=1\ (\because q\neq0)$

$\therefore f(x)=x^2+2x+1$

4단계 $f(ab)$의 값을 구해 보자.

©에 $k=1$, $q=1$을 대입하면 $ae^{-1+1}=-2$

$\therefore a=-2$, $b=-2$ ($\because$ ㉠)

$\therefore f(ab)=f(4)=16+8+1=25$

087 답 128

1단계 조건 (나)를 이용하여 함수 $f(x)$에 대하여 알아보자.

조건 (나)의 $f(k+t)=f(k)$ $(0<t\leq1)$에서

$k=0$이면 $f(t)=f(0)=1$ ($\because f(0)=1$)

$k=1$이면 $f(1+t)=f(1)$

$k=2$이면 $f(2+t)=f(2)$

$k=3$이면 $f(3+t)=f(3)$

$\vdots$

즉, $0\leq k\leq7$인 각각의 정수 k에 대하여 $f(k+t)=f(k)$ $(0<t\leq1)$을 만족시키는 함수 $y=f(x)$ $(k<x\leq k+1)$은 그 그래프가 x축과 평행한 상수함수이다.

또한, $f(k+t)=2^t\times f(k)$ $(0<t\leq1)$에서

$k=0$이면 $f(t)=2^t\times f(0)=2^t$ ($\because f(0)=1$)

$k=1$이면 $f(1+t)=2^t\times f(1)$

$k=2$이면 $f(2+t)=2^t\times f(2)$

$k=3$이면 $f(3+t)=2^t\times f(3)$

$\vdots$

즉, $0\leq k\leq7$인 각각의 정수 k에 대하여 $f(k+t)=2^t\times f(k)$ $(0<t\leq1)$을 만족시키는 함수 $y=f(x)$ $(k<x\leq k+1)$은 밑이 2인 지수함수이다.

2단계 두 조건 (가), (다)를 만족시키는 함수 $y=f(x)$의 그래프의 개형을 그려 보자.

조건 (가)에서 $f(8)\leq100$이고, $2^6=64$, $2^7=128$이므로 함수 $f(x)$의 최댓값은 64이어야 한다.

한편, 조건 (다)에서 열린구간 $(0, 8)$에서 함수 $f(x)$가 미분가능하지 않은 점의 개수가 2이어야 하므로 함수 $y=f(x)$의 그래프는 열린구간 $(0, 8)$에서 (상수함수, 지수함수, 상수함수) 또는 (지수함수, 상수함수, 지수함수)의 순서로 그려져야 한다.

이때 $\int_0^8 f(x)dx$가 최댓값을 가져야 하므로 연속함수 $y=f(x)$의 그래프는 다음 그림과 같이 두 가지 경우로 그려질 수 있다.

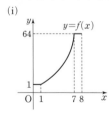 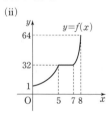

3단계 **2단계** 의 (i), (ii)인 경우의 $\int_0^8 f(x)dx$의 값을 각각 구하여 최댓값을 구한 후 $p+q$의 값을 구해 보자.

(i)인 경우

$$\int_0^8 f(x)\,dx=\int_0^1 1\,dx+\int_1^7 2^{x-1}\,dx+\int_7^8 64\,dx$$

$$=\Big[x\Big]_0^1+\Big[\frac{2^{x-1}}{\ln 2}\Big]_1^7+\Big[64x\Big]_7^8$$

$$=(1-0)+\Big(\frac{2^6}{\ln 2}-\frac{1}{\ln 2}\Big)+(512-448)=65+\frac{63}{\ln 2}$$

(ii)인 경우

$$\int_0^8 f(x)\,dx=\int_0^5 2^x\,dx+\int_5^7 32\,dx+\int_7^8 2^{x-2}\,dx$$

$$=\int_0^5 2^x\,dx+\Big[32x\Big]_5^7+\int_5^6 2^x\,dx$$

$$=\int_0^6 2^x\,dx+\Big[32x\Big]_5^7$$

$$=\Big[\frac{2^x}{\ln 2}\Big]_0^6+\Big[32x\Big]_5^7$$

$$=\Big(\frac{2^6}{\ln 2}-\frac{1}{\ln 2}\Big)+(224-160)=64+\frac{63}{\ln 2}$$

(i), (ii)에서 $\int_0^8 f(x)dx$의 최댓값은 $65+\dfrac{63}{\ln 2}$

따라서 $p=65$, $q=63$이므로

$p+q=65+63=128$

088 답 115

1단계 조건 (가)를 이용하여 삼차함수 $f(x)$를 알아보자.

조건 (가)의 $\displaystyle\lim_{n\to0}\frac{\sin(\pi\times f(x))}{x}$에서 $h(x)=\sin(\pi\times f(x))$라 하면

$\displaystyle\lim_{x\to0}\frac{h(x)}{x}=0$이므로 $h(0)=0$, $h'(0)=0$ → (분모) → 0이고 극한값이 존재하므로 (분자) → 0이다.

즉, $\displaystyle\lim_{x\to0}h(x)=0$에서 $h(0)=0$

또한, $\displaystyle\lim_{h\to0}\frac{h(x)-h(0)}{h-0}=0$에서 $h'(0)=0$

$h(0)=0$에서 $\sin(\pi\times f(0))=0$이므로

$f(0)=n$ (단, n은 정수)

$h(x)=\sin(\pi\times f(x))$에서

$h'(x)=\pi\cos(\pi\times f(x))\times f'(x)$

이때 $h'(0)=0$이므로 $\pi\cos(\pi\times f(0))\times f'(0)=0$

$\therefore f'(0)=0$ ($\because\cos(\pi\times f(0))\neq0$) $\cdots\cdots$ ㉠

함수 $f(x)$가 최고차항의 계수가 9인 삼차함수이므로

$f(x)=9x^3+ax^2+bx+n$ (a, b는 상수)라 하면

$f'(x)=27x^2+2ax+b$ → $f(0)=n$이므로

$f'(0)=0$에서 $b=0$ ($\because$ ㉠)

한편, 함수 $g(x)$가 $g(x+1)=g(x)$이고 실수 전체의 집합에서 연속이므로

$g(0)=g(1)$, 즉 $f(0)=f(1)$이므로 → 함수 $f(x)$가 연속이므로

$n=9+a+n$ $\qquad\therefore a=-9$

$\therefore f(x)=9x^3-9x^2+n$ (n은 정수)

2단계 조건 (나)를 이용하여 삼차함수 $f(x)$를 구해 보자.

$f'(x)=27x^2-18x=27x\Big(x-\dfrac{2}{3}\Big)$이므로

$f'(x)=0$에서 $x=0$ 또는 $x=\dfrac{2}{3}$

함수 $f(x)$의 증가와 감소를 표로 나타내면 다음과 같다.

x	$\cdots$	0	$\cdots$	$\dfrac{2}{3}$	$\cdots$
$f'(x)$	$+$	0	$-$	0	$+$
$f(x)$	↗	극대	↘	극소	↗

즉, 함수 $f(x)$는 $x=0$에서 극댓값 n, $x=\dfrac{2}{3}$에서 극솟값 $n-\dfrac{4}{3}$를 갖는다.

조건 (나)에서 함수 $f(x)$의 극댓값과 극솟값의 곱은 5이므로

$f(0)f\Big(\dfrac{2}{3}\Big)=5$에서

$n\Big(n-\dfrac{4}{3}\Big)=5$, $3n^2-4n-15=0$

$(3n+5)(n-3)=0$ $\therefore n=3$ $(\because n$은 정수$)$

$\therefore f(x)=9x^3-9x^2+3$

3단계 $\displaystyle\int_0^5 xg(x)\,dx$의 값을 구하여 $p+q$의 값을 구해 보자.

$\displaystyle\int_0^5 xg(x)\,dx$

$\displaystyle =\int_0^1 xg(x)\,dx+\int_1^2 xg(x)\,dx+\int_2^3 xg(x)\,dx$

$\displaystyle \qquad +\int_3^4 xg(x)\,dx+\int_4^5 xg(x)\,dx$

$\displaystyle =\int_0^1 xg(x)\,dx+\int_0^1 (x+1)g(x+1)\,dx+\int_0^1 (x+2)g(x+2)\,dx$

$\displaystyle \qquad +\int_0^1 (x+3)g(x+3)\,dx+\int_0^1 (x+4)g(x+4)\,dx$

$\displaystyle =\int_0^1 xg(x)\,dx+\int_0^1 (x+1)g(x)\,dx+\int_0^1 (x+2)g(x)\,dx$

$\displaystyle \qquad +\int_0^1 (x+3)g(x)\,dx+\int_0^1 (x+4)g(x)\,dx\ (\because g(x)=g(x+1))$

$\displaystyle =\int_0^1 (5x+10)g(x)\,dx$

<small>$0\le x<1$에서 $g(x)=f(x)$이고
$f(x)$는 연속이므로
$0\le x\le 1$에서 $g(x)=f(x)$</small>

$\displaystyle =\int_0^1 (5x+10)(9x^3-9x^2+3)\,dx$

$\displaystyle =\int_0^1 (45x^4+45x^3-90x^2+15x+30)\,dx$

$\displaystyle =\left[9x^5+\frac{45}{4}x^4-30x^3+\frac{15}{2}x^2+30x\right]_0^1$

$\displaystyle =9+\frac{45}{4}-30+\frac{15}{2}+30=\frac{111}{4}$

따라서 $p=4$, $q=111$이므로

$p+q=4+111=115$

<small>**참고**</small>

$x=t+1$이라 하면 $1=\dfrac{dt}{dx}$이고

$x=1$일 때 $t=0$, $x=2$일 때 $t=1$이므로

$\displaystyle\int_1^2 xg(x)\,dx=\int_0^1 (t+1)g(t+1)\,dt$

$\displaystyle \qquad\qquad =\int_0^1 (t+1)g(t)\,dt\ (\because 0\le x<1$일 때 $g(x)=g(x+1))$

$\displaystyle \qquad\qquad =\int_0^1 (x+1)g(x)\,dx$

같은 방법으로

$\displaystyle\int_n^{n+1} xg(x)\,dx=\int_0^1 (x+n)g(x)\,dx$ (단, $n=2,3,4$)

---

089 <small>정답률 ▶ 9%</small>　　　　　　　　　　　　**답 16**

1단계 함수 $g(t)$를 구해 보자.

곡선 $y=f(x)$ 위의 점 $(t,f(t))$에서의 접선의 방정식은

$y-f(t)=f'(t)(x-t)$

$\therefore y=f'(t)x-tf'(t)+f(t)$

즉, 접선의 y절편은

$g(t)=f(t)-tf'(t)$ ...... ㉠

2단계 구하는 식을 $g(t)$에 대하여 나타내어 보자.

㉠에서 $f(t)=g(t)+tf'(t)$이고

$\displaystyle\int_{-4}^4 f(t)\,dt=\int_{-4}^4 g(t)\,dt+\int_{-4}^4 tf'(t)\,dt$ ...... ㉡

이때 $\displaystyle\int_{-4}^4 tf'(t)\,dt$에서

$u(t)=t$, $v'(t)=f'(t)$라 하면

$u'(t)=1$, $v(t)=f(t)$이므로

$\displaystyle\int_{-4}^4 tf'(t)\,dt=\left[tf(t)\right]_{-4}^4-\int_{-4}^4 f(t)\,dt$

$\displaystyle \qquad\qquad =4f(4)+4f(-4)-\int_{-4}^4 f(t)\,dt$

즉, ㉡에서

$\displaystyle\int_{-4}^4 f(t)\,dt=\int_{-4}^4 g(t)\,dt+4f(4)+4f(-4)-\int_{-4}^4 f(t)\,dt$

$\displaystyle 2\int_{-4}^4 f(t)\,dt=\int_{-4}^4 g(t)\,dt+4f(4)+4f(-4)$

$\displaystyle\therefore 2\{f(4)+f(-4)\}-\int_{-4}^4 f(x)\,dx=-\frac{1}{2}\int_{-4}^4 g(t)\,dt$

3단계 부분적분법을 이용하여 $\displaystyle\int_0^1 g(t)\,dt$의 값을 구해 보자.

㉠에서

$\displaystyle\int_0^1 g(t)\,dt=\int_0^1 f(t)\,dt-\int_0^1 tf'(t)\,dt$ → <small>$u(t)=t$, $v'(t)=f'(t)$라 하면
$u'(t)=1$, $v(t)=f(t)$이므로</small>

$\displaystyle \qquad =\int_0^1 f(t)\,dt-\left\{\left[tf(t)\right]_0^1-\int_0^1 f(t)\,dt\right\}$

$\displaystyle \qquad =-\frac{\ln 10}{2}-f(1)\ \left(\because \int_0^1 f(t)\,dt=-\frac{\ln 10}{4}\right)$

$\displaystyle \qquad =-\frac{\ln 10}{2}-4-\frac{\ln 17}{8}\ \left(\because f(1)=4+\frac{\ln 17}{8}\right)$

4단계 $g(t)$의 한 부정적분을 $G(t)$라 하고, $G(t+1)-G(t)$를 구해 보자.

$(1+t^2)\{g(t+1)-g(t)\}=2t$에서

$g(t+1)-g(t)=\dfrac{2t}{1+t^2}$

이때 $g(t)$의 한 부정적분을 $G(t)$라 하고, 위의 식의 양변을 t에 대하여 적분하면

$\displaystyle\int\{g(t+1)-g(t)\}\,dt=\int\frac{2t}{1+t^2}\,dt$

$\therefore G(t+1)-G(t)=\ln(1+t^2)+C$ (단, C는 적분상수)

$\displaystyle G(1)-G(0)=\int_0^1 g(t)\,dt$

$\displaystyle \qquad\qquad =-\frac{\ln 10}{2}-4-\frac{\ln 17}{8}$

이므로

$C=-\dfrac{\ln 10}{2}-4-\dfrac{\ln 17}{8}$

$\therefore G(t+1)-G(t)=\ln(1+t^2)-\dfrac{\ln 10}{2}-4-\dfrac{\ln 17}{8}$

5단계 $\displaystyle 2\{f(4)+f(-4)\}-\int_{-4}^4 f(x)\,dx$의 값을 구해 보자.

위의 식에 $t=3,2,1,\cdots,-4$를 차례대로 대입하면

$G(4)-G(3)=\ln 10-\dfrac{\ln 10}{2}-4-\dfrac{\ln 17}{8}$

$G(3)-G(2)=\ln 5-\dfrac{\ln 10}{2}-4-\dfrac{\ln 17}{8}$

$G(2)-G(1)=\ln 2-\dfrac{\ln 10}{2}-4-\dfrac{\ln 17}{8}$

$\vdots$

$G(-3)-G(-4)=\ln 17-\dfrac{\ln 10}{2}-4-\dfrac{\ln 17}{8}$

위의 식을 변끼리 더하면

$$G(4)-G(-4)$$
$$=\ln 10+\ln 5+\ln 2+\ln 1+\ln 2+\ln 5+\ln 10+\ln 17$$
$$\quad-8\left(\frac{\ln 10}{2}+4+\frac{\ln 17}{8}\right)$$
$$=-32$$
$$\therefore 2\{f(4)+f(-4)\}-\int_{-4}^{4}f(x)\,dx=-\frac{1}{2}\int_{-4}^{4}g(t)\,dt$$
$$=-\frac{1}{2}\{G(4)-G(-4)\}$$
$$=-\frac{1}{2}\times(-32)$$
$$=16$$

090 정답률 ▶ 8%　　　　　　답 125

1단계 두 상수 a, b의 부호를 알아보자.

함수 $y=f(x)$의 그래프의 개형은 a의 값의 부호에 따라 다음 그림과 같이 두 가지 경우가 있다.

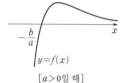 

[$a>0$일 때]　　　　　[$a<0$일 때]

$g(x)=\int_{0}^{x}f(t)\,dt$에서

$g(0)=0$, $\underline{g'(x)=f(x)}$ → $g'(x)=\dfrac{d}{dx}\int_{0}^{x}f(t)\,dt=f(x)$

$\underline{g'(x)=0$에서 $x=-\dfrac{b}{a}}$ → $(ax+b)e^{-\frac{x}{2}}=0$에서 $e^{-\frac{x}{2}}\neq 0$이므로 $ax+b=0$ ∴ $x=-\dfrac{b}{a}$

조건 (가)에서 함수 $g(x)$는 $x=-\dfrac{b}{a}$에서 극댓값 α를 가지므로

$a<0$, $b>0$ $(\because ab<0)$ → $g\left(-\dfrac{b}{a}\right)=\alpha$

2단계 $p(x)=g(x)-xf(x)$라 하고 함수 $p(x)$의 최댓값을 구해 보자.

$g(x)-k\ge xf(x)$에서

$g(x)-xf(x)\ge k$

$p(x)=g(x)-xf(x)$라 하면

$$p'(x)=g'(x)-f(x)-xf'(x)$$
$$=-xf'(x)\ (\because g'(x)=f(x))$$

$f(x)=(ax+b)e^{-\frac{x}{2}}$에서

$$f'(x)=ae^{-\frac{x}{2}}+(ax+b)\left(-\frac{1}{2}e^{-\frac{x}{2}}\right)$$
$$=-\frac{1}{2}a\left(x-2+\frac{b}{a}\right)e^{-\frac{x}{2}}$$

이므로

$\underline{p'(x)=\dfrac{1}{2}ax\left(x-2+\dfrac{b}{a}\right)e^{-\frac{x}{2}}}$ → $p'(x)=-xf'(x)$

함수 $p(x)$는 $x=2-\dfrac{b}{a}$에서 극댓값을 가지므로 조건 (가), (나)를 만족시키는 함수 $y=p(x)$의 그래프의 개형은 다음 그림과 같다.

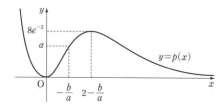

$y=p(x)$

$g\left(-\dfrac{b}{a}\right)=\alpha$, $f\left(-\dfrac{b}{a}\right)=0$이므로

$$p\left(-\frac{b}{a}\right)=g\left(-\frac{b}{a}\right)-\left(-\frac{b}{a}\right)f\left(-\frac{b}{a}\right)=\alpha$$

조건 (가)의 $h(\alpha)=2$에서

$-\dfrac{b}{a}=2$　　……㉠

$p(x)=g(x)-xf(x)\ge k$에서 양의 실수 x에 대하여 함수 $p(x)$의 최댓값은 $h(k)$의 값이 존재하는 k의 최댓값과 같으므로

$p\left(2-\dfrac{b}{a}\right)=p(4)=8e^{-2}$

3단계 두 상수 a, b의 값을 각각 구하여 $100(a^2+b^2)$의 값을 구해 보자.

$f(4)=a\left(4+\dfrac{b}{a}\right)e^{-2}=2ae^{-2}$,

$$g(4)=\int_{0}^{4}(at+b)e^{-\frac{t}{2}}\,dt$$ → ㉠에서 $\dfrac{b}{a}=-2$이므로 $at+b=a\left(t+\dfrac{b}{a}\right)=a(t-2)$
$$=\int_{0}^{4}a(t-2)e^{-\frac{t}{2}}\,dt\ (\because ㉠)$$
$$=a\left\{\left[(t-2)\times(-2e^{-\frac{t}{2}})\right]_{0}^{4}-\int_{0}^{4}(-2e^{-\frac{t}{2}})\,dt\right\}$$ → $u(t)=t-2$, $v'(t)=e^{-\frac{t}{2}}$이라 하면 $u'(t)=1$, $v(t)=-2e^{-\frac{t}{2}}$이므로
$$=a\left\{(-4e^{-2}-4)-\left[4e^{-\frac{t}{2}}\right]_{0}^{4}\right\}$$
$$=a\{(-4e^{-2}-4)-(4e^{-2}-4)\}$$
$$=-8ae^{-2}$$

이므로

$$p(4)=g(4)-4f(4)$$
$$=-8ae^{-2}-4\times 2ae^{-2}$$
$$=-16ae^{-2}$$

즉, $-16ae^{-2}=8e^{-2}$에서 $a=-\dfrac{1}{2}$

㉠에 $a=-\dfrac{1}{2}$을 대입하면 $b=1$

$\therefore 100(a^2+b^2)=100\times\left\{\left(-\dfrac{1}{2}\right)^2+1^2\right\}=125$

091 정답률 ▶ 7%　　　　　　답 26

1단계 $g(n)$ (n은 정수)를 구해 보자.

조건 (나)의 양변에 $x=0$을 대입하여 정리하면

$g(1)=0$

조건 (가)의 $x=1$, 2, 3, $\cdots$을 대입하여 정리하면

$g(2)-g(1)=0$이므로 $g(2)=0$

$g(3)-g(2)=0$이므로 $g(3)=0$

$g(4)-g(3)=0$이므로 $g(4)=0$

$\vdots$

$\therefore g(n)=0$ (n은 정수) → $\int_{1}^{10}f(x)\,dx=\sum\limits_{n=1}^{9}\int_{n}^{n+1}f(x)\,dx$의 값을 구해야 하므로 ……㉠

2단계 조건 (나)에서 $\int_{t}^{t+1}f(x)\,dx$를 구해 보자.

$g(x+1)=\int_{0}^{x}\{f(t+1)e^t-f(t)e^t+g(t)\}\,dt$의 양변을 x에 대하여 미분하면

$g'(x+1)=f(x+1)e^x-f(x)e^x+g(x)$

$g'(x+1)-g(x)=f(x+1)e^x-f(x)e^x$

$\therefore f(x+1)-f(x)=\{g'(x+1)-g(x)\}e^{-x}$

임의의 실수 t에 대하여 양변을 x에 대하여 적분하면

$\int_{0}^{t}\{f(x+1)-f(x)\}\,dx=\int_{0}^{t}\{g'(x+1)-g(x)\}e^{-x}\,dx$에서

(좌변)$=\int_0^t f(x+1)\,dx-\int_0^t f(x)\,dx$

$\quad=\int_1^{t+1} f(x)\,dx-\int_0^t f(x)\,dx \rightarrow \left\{\int_1^{t+1} f(x)\,dx+\int_0^1 f(x)\,dx\right\}$

$\quad=\int_t^{t+1} f(x)\,dx-\int_0^1 f(x)\,dx \qquad -\left\{\int_1^t f(x)\,dx+\int_0^1 f(x)\,dx\right\}$

(우변)$=\int_0^t \{g'(x+1)-g(x)\}e^{-x}\,dx$

$\quad=\int_0^t g'(x+1)e^{-x}\,dx-\int_0^t g(x)e^{-x}\,dx$

이때 $u(x)=e^{-x}$, $v'(x)=g'(x+1)$이라 하면

$u'(x)=-e^{-x}$, $v(x)=g(x+1)$이므로

$\int_0^t g'(x+1)e^{-x}\,dx-\int_0^t g(x)e^{-x}\,dx$

$=\Big[g(x+1)e^{-x}\Big]_0^t+\int_0^t g(x+1)e^{-x}\,dx-\int_0^t g(x)e^{-x}\,dx$

$=g(t+1)e^{-t}-g(1)+\int_0^t \{g(x+1)-g(x)\}e^{-x}\,dx$

$=g(t+1)e^{-t}-\int_0^t \pi(e+1)\sin(\pi x)\,dx$

$=g(t+1)e^{-t}+(e+1)\Big[\cos(\pi x)\Big]_0^t$

$=g(t+1)e^{-t}+(e+1)\cos(\pi t)-(e+1)$

$\therefore \int_t^{t+1} f(x)\,dx$

$\quad=\int_0^1 f(x)\,dx+g(t+1)e^{-t}+(e+1)\cos(\pi t)-(e+1)$

3단계 $\int_1^{10} f(x)\,dx$의 값을 구해 보자.

$\int_1^{10} f(x)\,dx$

$=\sum_{n=1}^{9}\int_n^{n+1} f(x)\,dx$

$=\sum_{n=1}^{9}\left\{\int_0^1 f(x)\,dx+g(n+1)e^{-n}+(e+1)\cos(\pi n)-(e+1)\right\}$

$=9\int_0^1 f(x)\,dx+0+(e+1)\sum_{n=1}^{9}\{\cos(\pi n)-1\}$
$\qquad \rightarrow \text{㉠에서 } g(n)=0$

$=9\left(\dfrac{10}{9}e+4\right)+(e+1)\times(-10)=26$

---

092 정답률 ▶ 8%　　　　　　　　　　　　　　**답 16**

Best Pick 킬러 문제이지만 함수의 그래프의 성질과 정적분으로 정의된 함수의 근의 의미를 알고 있다면 쉽게 풀 수 있다. 정적분과 함수의 그래프의 대칭성을 학습할 수 있는 우수 문제이다.

1단계 함수 $f(x)$를 구해 보자.

$g(x)=\int_a^x f(t)\,dt$의 양변을 x에 대하여 미분하면

$g'(x)=f(x)$

이때 조건 (가)에서 $g'(1)=0$이므로

$f(1)=\ln 2-c=0 \quad \therefore c=\ln 2$

$\therefore f(x)=\ln(x^4+1)-\ln 2$

2단계 함수 $y=f(x)$의 그래프의 개형을 그려 보자.

$f'(x)=\dfrac{4x^3}{x^4+1}$이므로 $f'(x)=0$에서 $x=0$

이때 함수 $f(x)$의 증가와 감소를 표로 나타내면 다음과 같다.

x	$\cdots$	0	$\cdots$
$f'(x)$	$-$	0	$+$
$f(x)$	$\searrow$	$-\ln 2$	$\nearrow$

함수 $f(x)$는 $x=0$일 때, 극솟값 $-\ln 2$를 갖는다.
또한, $f(x)=f(-x)$이므로 함수 $y=f(x)$의 그래프의 개형은 오른쪽 그림과 같다.

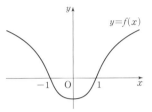

3단계 자연수 m의 값을 구해 보자.

곡선 $y=f(x)$에서 함수 $y=g(x)$의 그래프는 $x=-1$에서 극대, $x=1$에서 극소가 됨을 알 수 있다.

함수 $y=g(x)$의 그래프가 x축과 만나는 서로 다른 점의 개수가 2가 되려면 함수 $y=g(x)$의 그래프는 [그림 1] 또는 [그림 2]와 같다.

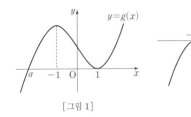

[그림 1]　　　　　　　[그림 2]

이때 [그림 1]에서 함수 $y=g(x)$의 그래프가 x축과 만나는 1이 아닌 점을 α, [그림 2]에서 함수 $y=g(x)$의 그래프가 x축과 만나는 -1이 아닌 점을 β라 하면 $\alpha<-1<1<\beta$이므로

$\alpha_1=\alpha$, $\alpha_2=-1$, $\alpha_3=1$, $\alpha_4=\beta$이고 $m=4$이다.

4단계 상수 k의 값을 구하여 $mk\times e^c$의 값을 구해 보자.

$g'(x)=f(x)$이고 $f(x)=f(-x)$이므로 함수 $y=g(x)$의 그래프는 점 $(0, g(0))$에 대하여 대칭이다.

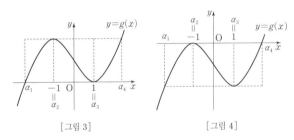

[그림 3]　　　　　　　[그림 4]

[그림 3]에서 $g(-1)-g(1)=2g(0)$이고 도형의 넓이를 이용하면

$\int_{\alpha_1}^{\alpha_4} g(x)\,dx=\dfrac{1}{2}(\alpha_4-\alpha_1)\,|g(-1)-g(1)|$

$\qquad\qquad\qquad =2\alpha_4|g(0)| \ (\because \alpha_4=-\alpha_1, \ g(-1)-g(1)=2g(0))$

[그림 4]에서 같은 방법으로 하면

$\int_{\alpha_1}^{\alpha_4} g(x)\,dx=2\alpha_4|g(0)|$

또한,

$\int_0^1 |f(x)|\,dx=\int_0^1 \{-f(x)\}\,dx=\int_0^1 \{-g'(x)\}\,dx$

$\qquad\qquad\quad =-\Big[g(x)\Big]_0^1=|g(0)-g(1)|=|g(0)|$

즉, $m=4$이므로

$\int_{\alpha_1}^{\alpha_4} g(x)\,dx=k\alpha_4\int_0^1 |f(x)|\,dx$에서

$2\alpha_4|g(0)|=k\alpha_4|g(0)| \quad \therefore k=2$

$\therefore mk\times e^c=4\times 2\times e^{\ln 2}=4\times 2\times 2=16$

MEMO

메가스터디 고등학습 시리즈

수능 기출
올픽

미적분

BOOK 2 우수 기출 PICK

정답 및 해설

메가스터디BOOKS

내용 문의 02-6984-6901 | 구입 문의 02-6984-6868,9 | www.megastudybooks.com